AF749746

MANUAL DEL INGENIERO

Es propiedad del Editor.

IMP. DE EDUARDO ARIAS, SAN LORENZO, 5, MADRID.—TEL. 2.717.

MANUALES ROMO

MANUAL
DEL
INGENIERO

POR

G. COLOMBO

TRADUCIDO DE LA ÚLTIMA EDICIÓN ITALIANA

POR

D. Antonio Alvarez y Redondo,

Ingeniero de Caminos, Canales y Puertos,
Arquitecto de la Real Academia de San Fernando.

TERCERA EDICIÓN
CORREGIDA Y CONSIDERABLEMENTE AUMENTADA

MADRID
ADRIAN ROMO
EDITOR
1908

© de la presente edición
del 2013:

Editorial MAXTOR
Fray Luis de León, 20
47002 Valladolid (España)
+34 983 090 110
pedidos@maxtor.es
www.maxtor.es

I.S.B.N. 978-84-9001-416-5
depósito legal: VA-887-2013

INDICE DE TABLAS

Págs.

Pág.

INDICE

NOTACIONES MÉTRICAS

Y OTRAS ABREVIATURAS USADAS EN EL PRESENTE MANUAL

m.	metro.
m.^{2}	metro cuadrado
m.^{3}	metro cúbico.
dm.	decímetro.
dm.^{2}	decímetro cuadrado.
dm.^{3}	cúbico.
cm.	centímetro.
cm^2	centímetro cuadrado
cm^3	centímetro cúbico.
mm.	milímetro
mm.^{2}	milímetro cuadrado.
mm.^{3}	milímetro cúbico.
km.	kilómetro.
km.^{2}	kilómetro cuadrado.
ha	hectarea.
a.	área.
s.	estéreo.
g.	gramo
hg.	hectógramo
kg.	kilogramo.
q.	quintal.
t. ó **ton.**	tonelada.
l.	litro
Dl.	decalitro.
Hl.	hectólitro.
atm.	atmósferas.
⊢P.	caballo de fuerza.
H. P.	caballo de fuerza.
v.	voltio
a.	amperio.
w	vatio
hw.	hectowatio
kw.	kilowatio.
va.	volt amperio.
kva.	kilo-volt amperio.
f. e. m.	fuerza electro-motriz
kgm.	kilogrametro.
$\parallel$	paralela
$\perp$	perpendicular.
$\div$	de . . a. ..
$>$	mayor
$<$	menor.
$\geqq$	igual ó mayor
$\leqq$	igual ó menor.
$\sim$	aproximadamente.
p. h.	por hora.
p. 1'	por minuto.
p. 1"	por segundo.
p. m. l.	por metro lineal.
p. m^2	por metro cuadrado.
p. cm^2	por centímetro cuadrado.
p. mm.^{2}	por milímetro cuadrado

MATEMÁTICAS

TABLA I.

Cuadrado, cubo, raíz cuadrada y cúbica, valor recíproco y logaritmo de los números de 1 á 1.000, circunferencia y área del círculo de diametro *n*.

n	n^2	n^3	$\sqrt{n}$	$\sqrt[3]{n}$	$1000 . \frac{1}{n}$	log n	πn	$\frac{1}{4} \pi n^2$
0	0	0	0,0000	0,0000	∞	— ∞	0,000	0,0000
1	1	1	1,0000	1,0000	1000,000	0,0000	3,142	0,7854
2	4	8	1,4142	1,2599	500,000	0,3010	6,283	3,1416
3	9	27	1,7321	1,4422	333,333	0,4771	9 425	7,0686
4	16	64	2,0000	1,5874	250,000	0,6021	12,57	12,566
5	25	125	2,2361	1,7100	200.000	0,6990	15,71	19,635
6	36	216	2,4495	1,8171	166,667	0,7782	18,85	28,274
7	49	343	2,6458	1,9129	142,857	0,8451	21,99	38,484
8	64	512	2,8284	2,0000	125,000	0,9031	25,13	50,265
9	81	729	3,0000	2,0801	111,111	0,9542	28,27	63,617
10	100	1000	3,1623	2,1544	100,000	1,0000	31,42	78,540
11	121	1331	3,3166	2,2240	90,9091	1,0414	34,56	95,033
12	144	1728	3,4641	2,2894	83,3333	1,0792	37,70	113,10
13	169	2197	3.6056	2,3513	76,9231	1,1139	40,84	132,73
14	196	2744	3,7417	2,4101	71,4286	1,1461	43,98	153,94
15	225	3375	3,8730	2,4662	66,6667	1,1761	47,12	176,71
16	256	4096	4,0000	2,5198	62,5000	1,2041	50,27	201,06
17	289	4913	4,1231	2,5713	53,8235	1,2304	53,41	226,98
18	324	5832	4,2426	2,6207	55,5556	1,2553	56,55	254,47
19	361	6859	4,3589	2 6684	52,6316	1,2788	59,69	283,53
20	400	8000	4,4721	2,7144	50,0000	1,3010	62,83	314,16
21	441	9261	4,5826	2,7589	47,6190	1,3222	65,97	346,36
22	484	10648	4.6904	2,8020	45,4545	1,3424	69,12	380,13
23	529	12167	4,7958	2,8439	43,4783	1,3617	72,26	415,48
24	576	13824	4,8990	2,8845	41,6667	1,3802	75,40	452,39
25	625	15625	5,0000	2,9240	40,0000	1,3979	78,54	490,87
26	676	17576	5,0990	2,9625	38,4615	1,4150	81,68	530,93
27	729	19683	5,1962	3,0000	37,0370	1,4314	84,82	572,56
28	784	21952	5,2915	3,0366	35,7143	1,4472	87,96	615,75
29	841	24389	5,3852	3,0723	34,4828	1,4624	91,11	660,52
30	900	27000	5,4772	3,1072	34,3333	1,4771	94,25	706,86
31	961	29791	5.5678	3,1414	32,2581	1,4914	97,39	754 77
32	1024	32768	5,6569	3,1748	31,2500	1,5051	100 5	804,25
33	1089	35937	5,7446	3,2075	30,3030	1,5185	103,7	855,30
34	1156	39304	5,8310	3,2396	29,4118	1,5315	106,8	907,92
35	1225	42875	5,9161	3 2711	28,5714	1,5441	111,0	962,11
36	1296	46656	6,0000	3,3019	27,7778	1,5563	113,1	1017,9
37	1369	50653	6,0828	3,3322	27,0270	1,5682	116,2	1075,2
38	1444	54872	6,1644	3,3620	26,3158	1,5798	119,4	1134,1
39	1521	59319	6,2450	3,3912	25,6410	1,5911	122,5	1194,6
40	1600	64000	6,3246	3,4200	25,0000	1,6021	125,7	1256,6

n	n^2	n^3	$\sqrt{n}$	$\sqrt[3]{n}$	$1000 \cdot \frac{1}{n}$	log. n	πn	$\frac{1}{4} \pi n^2$
41	1681	68921	6,4031	3,4482	24,3902	1,6128	128,8	1320,3
42	1764	74088	6,4807	3,4760	23,8095	1,6232	131,9	1385,4
43	1849	79507	6,5574	3,5034	23,2558	1,6335	135,1	1452,2
44	1936	85184	6,6332	3,5303	22,7273	1,6435	138,2	1520,5
45	2025	91125	6,7082	3,5569	22,2222	1,6532	141,4	1590,4
46	2116	97336	6,7823	3,5830	21,7391	1,6628	144,5	1661,9
47	2209	103823	6,8557	3,6088	21,2766	1,6721	147,7	1734,9
48	2304	110592	6,9282	3,6342	20,8333	1,6812	150,8	1809,6
49	2401	117649	7,0000	3,6593	20,4082	1,6902	153,9	1885,7
50	2500	125000	7,0711	3,6840	20,0000	1,6990	157,1	1963,5
51	2601	132651	7,1414	3,7084	19,6078	1,7076	160,2	2042,8
52	2704	140608	7 2111	3,7325	19,2308	1,7160	163,4	2123,7
53	2809	148877	7,2801	3,7563	18,8679	1,7243	166,5	2206,2
54	2916	157464	7,3485	3,7798	18,5185	1,7324	169,6	2290,2
55	3025	166375	7,4162	3,8030	18,1818	1,7404	172,8	2375,8
56	3136	175616	7,4833	3,8259	17,8571	1,7482	175,9	2463,0
57	3249	185193	7,5498	3 8485	17,5439	1,7559	179,1	2551,8
58	3364	195112	7,6158	3,8709	17,2414	1,7634	182,2	2642,1
59	3481	205379	7,6811	3,8930	16,9492	1,7709	185,4	2734,0
60	3600	216000	7,7460	3,9149	16,6667	1,7782	188,5	2827,4
61	3721	226981	7,8102	3,9365	16,3934	1,7853	191,6	2922,5
62	3844	238328	7,8740	3,9579	16,1290	1,7924	194,8	3019,1
63	3969	250047	7,9373	3,9791	15,8730	1,7993	197,9	3117,2
64	4096	262144	8,0000	4,0000	15,6250	1,8062	201,1	3217,0
65	4225	274625	8,0623	4,0207	15,3846	1,8129	204,2	3318,3
66	4356	287496	8,1240	4,0412	15,1515	1,8195	207,3	3421,2
67	4489	300763	8,1854	4,0615	14,9254	1,8261	210,5	3525,7
68	4624	314432	8,2462	4,0817	14,7059	1,8325	213,6	3631,7
69	4761	328509	8,3066	4,1016	14,4928	1,8388	216,8	3739,3
70	4900	343000	8,3666	4,1213	14,2857	1,8451	219,9	3848,5
71	5041	357911	8,4261	4,1408	14,0845	1,8513	223,1	3959,2
72	5184	373248	8,4853	4,1602	13,8889	1,8573	226,2	4071,5
73	5329	389017	8,5440	4,1793	13,6986	1,8633	229,3	4185,4
74	5476	405224	8,6033	4,1983	13,5135	1,8692	232,5	4300,8
75	5625	421875	8,6603	4,2172	13,3333	1,8751	235,6	4417,9
76	5776	438976	8,7178	4,2358	13,1579	1,8808	238,8	4536,5
77	5929	456533	8,7750	4,2543	12,9870	1,8865	241,9	4656,6
78	6084	474552	8,8318	4,2727	12,8205	1,8921	245,0	4778,4
79	6241	493039	8,8882	4,2908	12,6582	1,8976	248,2	4901,7
80	6400	512000	8,9443	4,3089	12,5000	1,9031	251,3	5026,5
81	6561	531441	9,0000	4,3267	12,3457	1,9085	254,5	5153,0
82	6724	551368	9,0554	4,3445	12,1951	1,9138	257,6	5281,0
83	6889	571787	9,1104	4,3621	12,0482	1,9191	260,8	5410,6
84	7056	592704	9,1652	4,3795	11,9048	1,9243	263,9	5541,8
85	7225	614125	9,2195	4,3968	11,7647	1,9294	267,0	5674,5
86	7396	636056	9,2736	4,4140	11,6279	1,9345	270,2	5808,8
87	7569	658503	9,3274	4,4310	11,4943	1,9395	273,3	5944,7
88	7744	681472	9,3808	4,4480	11,3636	1,9445	276,5	6082,1
89	7921	704969	9,4340	4,4647	11,2360	1,9494	279,6	6221,1
90	8100	729000	9,4868	4,4814	11,1111	1,9542	282,7	6361,7

n	n^2	n^3	$\sqrt{n}$	$\sqrt[3]{n}$	$1000 . \frac{1}{n}$	log. n	πn	$\frac{1}{4} \pi n^2$
91	8281	753571	9,5394	4,4979	10,9890	1,9590	285,9	6503,9
92	8464	778688	9,5917	4,5144	10,8696	1,9638	289,0	6647,6
93	8649	804357	9,6437	4,5307	10,7527	1,9685	292,2	6792,9
94	8836	830584	9,6954	4,5468	10,6383	1,9731	295,3	6939,8
95	9025	857375	9,7468	4,5629	10,5263	1,9777	298,5	7088,2
96	9216	884736	9,7980	4,5789	10,4167	1,9823	301,6	7238,2
97	9409	912673	9,8489	4,5947	10,3093	1,9868	304,7	7389 8
98	9604	941192	9,8995	4,6104	10,2041	1,9912	307,9	7543,0
99	9801	970299	9,9499	4,6261	10,1010	1,9956	311,0	7697,7
100	10000	1000000	10,0000	4,6416	10,0000	2,0000	314,2	7854,0
101	10201	1030301	10,0499	4,6570	9,90099	2,0043	317,3	8011,8
102	10404	1061208	10,0995	4,6723	9,80392	2,0086	320,4	8171,3
103	10609	1092727	10,1489	4,6875	9,70874	2,0128	323,6	8332,3
104	10816	1124864	10,1980	4,7027	9,61538	2,0170	326,7	8494,9
105	11025	1157625	10,2470	4,7177	9,52381	2,0212	329,9	8659,0
106	11236	1191016	10,2956	4,7326	9,43396	2,0253	333,0	8824,7
107	11449	1225043	10,3441	4,7475	9,34579	2,0294	336,2	8992,0
108	11664	1259712	10,3923	4,7622	9,25926	2,0334	339,3	9160,9
109	11881	1295029	10,4403	4,7769	9,17431	2,0374	342,4	9331,3
110	12100	1331000	10,4881	4,7914	9,09091	2,0414	345,6	9503,3
111	12311	1367631	10,5357	4,8059	9,00901	2,0453	348,7	9676,9
112	12544	1404928	10,5830	4,8203	8,92857	2,0492	351,9	9852,0
113	12769	1442897	10,6301	4,8346	8,84956	2,0531	355,0	10029
114	12996	1481544	10,6771	4,8488	8 77193	2,0569	358,1	10207
115	13225	1520875	10,7238	4,8629	8,69565	2,0607	361,3	10387
116	13456	1560896	10,7703	4 8770	8,62069	2,0645	364,4	10568
117	13689	1601613	10,8167	4,8910	8,54701	2,0682	367,6	10751
118	13924	1643032	10,8628	4,9049	8,47458	2,0719	370,7	10936
119	14161	1685159	10,9087	4,9187	8,40336	2,0755	373,8	11122
120	14400	1728000	10,9545	4,9324	8,33333	2,0792	377,0	11310
121	14641	1771561	11,0000	4,9461	8,26446	2,0828	380,1	11499
122	14884	1815848	11,0454	4,9597	8,19672	2,0864	383,3	11690
123	15129	1860867	11,0905	4,9732	8,13008	2,0899	386,4	11882
124	15376	1906624	11,1355	4,9866	8,06452	2,0934	389,6	12076
125	15625	1953125	11,1803	5,0000	8,00000	2,0969	392,7	12272
126	15876	2000376	11,2250	5,0133	7,93651	2,1004	395,8	12469
127	16129	2048383	11,2694	5,0265	7,87402	2,1038	399,0	12668
128	16384	2097152	11,3137	5,0397	7,81250	2,1072	402,1	12868
129	16641	2146689	11,3578	5,0528	7,75194	2,1106	405,3	13070
130	16900	2197000	11,4018	5,0658	7,69231	2,1139	408,4	13273
131	17161	2248091	11,4455	5,0788	7,63359	2,1173	411,5	13478
132	17424	2299968	11,4891	5,0916	7,57576	2,1206	414,7	13685
133	17689	2352637	11,5326	5,1045	7,51880	2,1239	417,8	13893
134	17956	2406104	11,5758	5,1172	7,46269	2,1271	421,0	14103
135	18225	2460375	11,6190	5,1299	7,40741	2,1303	424,1	14314
136	18496	2515456	11,6619	5,1426	7,35294	2,1335	427,3	12527
137	18769	2571353	11,7047	5,1551	7,29927	2,1367	430,4	14741
138	19044	2628072	11,7473	5,1676	7,24638	2,1399	433,5	14957
139	19321	2685619	11,7898	5,1801	7,19424	2,1430	436,7	15175
140	19600	2744000	11,8322	5,1925	7,14286	2,1461	439,8	15394

n	n^2	n^3	$\sqrt{n}$	$\sqrt[3]{n}$	$1000.\frac{1}{n}$	log. n	πn	$\frac{1}{4}\pi n^2$
141	19881	2803221	11,8743	5,2048	7,09220	2,1492	443,0	15615
142	20164	2863288	11,9164	5,2171	7,04225	2,1523	446,1	15837
143	20449	2924207	11,9583	5 2293	6,99301	2,1553	449,2	16061
144	20736	2985984	12,0000	5,2415	6,94444	2,1584	452,4	16286
145	21025	3048625	12,0416	5,2536	6,89655	2,1614	455,5	16513
146	21316	3112136	12,0830	5,2656	6,84932	2,1644	458,7	16742
147	21609	3176523	12,1244	5,2776	6,80272	2,1673	461,8	16972
148	21904	3241792	12,1655	5,2896	6,75676	2,1703	465,0	17203
149	22201	3307949	12,2066	5,3015	6,71141	2,1732	468,1	17437
150	22500	3375000	12,2474	5,3133	6,66667	2,1761	471,2	17671
151	22801	3442951	12,2882	5,3251	6,62252	2,1790	474,4	17908
152	23104	3511808	12,3288	5,3368	6,57893	2,1818	477,5	18146
153	23409	3581577	12,3693	5,3485	6,53595	2,1847	480,7	18385
154	23716	3652264	12,4097	5,3601	6,49351	2,1875	483,8	18627
155	24025	3723875	12,4499	5,3717	6,45161	2,1903	486,9	18869
156	24336	3796416	12,4900	5,3832	6,41026	2,1931	490,1	19113
157	24649	3869893	12,5300	5,3947	6,36943	2,1959	493,2	19359
158	24964	3944312	12,5698	5,4061	6 32911	2,1987	496,4	19607
159	25281	4019679	12,6095	5,4175	6,28931	2,2014	499,5	19856
160	25600	4096000	12,6491	5,4288	6,25000	2,2041	502,7	20106
161	25921	4173281	12,6886	5,4401	6,21118	2,2068	505,8	20358
162	26244	4251528	12,7279	5,4514	6,17284	2,2095	508,9	20612
163	26569	4330747	12,7671	5,4626	6,13497	2,2122	512,1	20867
164	26896	4410944	12,8062	5 4737	6,09756	2,2148	515,2	21124
165	27225	4492125	12,8452	5,4848	6,06061	2,2175	518,4	21382
166	27556	4574296	12,8841	5,4959	6,02410	2,2201	521,5	21642
167	27889	4657463	12,9228	2,5069	5,98802	2,2227	524,6	21904
168	28224	4741632	12,9615	5,5178	5,95238	2,2253	527,8	22167
169	28561	4826809	13,0000	5,5288	5,91716	2,2279	530,9	22432
170	28900	4913000	13,0384	5,5397	5,88235	2,2304	534,1	22698
171	29241	5000211	13,0767	5,5505	5,84795	2,2330	537,2	22966
172	29584	5088448	13,1149	5,5613	5,81395	2,2355	540,4	23235
173	29929	5177717	13,1529	5,5721	5,78035	2,2380	543,5	23506
174	30276	5268024	13,1909	5,5828	5,74713	2,2405	546,6	23779
175	30625	5359375	13,2288	5,5934	5,71429	2,2430	549,8	24053
176	30976	5451776	13,2665	5,6041	5,68182	2,2455	552,9	24328
177	31329	5545233	13,3041	5,6147	5,64972	2,2480	356,1	24606
178	31684	5639752	13,3417	5 6252	5,61798	2,2504	559,2	24885
179	32041	5735339	13,3791	5,6357	5,58659	2,2529	562,3	25165
180	32400	5832000	13,4164	5,6462	5,55556	2,2553	565,5	25447
181	32761	5929741	13,4536	5,6567	5,52486	2,2577	568,6	25730
182	33124	6028568	13,4907	5,6671	5,49451	2,2601	571,8	26016
183	33489	6128487	13,5277	5,6774	5 46448	2,2625	574,9	26302
184	33856	6229504	13 5647	5,6877	5,43478	2,2648	578,1	26590
185	34225	6331625	13,6015	5,6980	5,40541	2,2672	581,2	26880
186	34596	6434856	13,6382	5,7083	5,37634	2,2695	584,3	27172
187	34969	6539203	13 6748	5,7185	5 34759	2,2718	587,5	27465
188	35344	6644672	13,7113	5,7287	5,31915	2,2742	590,6	27759
189	35721	6751269	13,7477	5,7388	5,29101	2,2765	593,8	28055
190	36100	6859000	13 7840	5,7489	5,26316	2,2788	596,9	28353

n	n^2	n^3	$\sqrt{n}$	$\sqrt[3]{n}$	$1000 \cdot \frac{1}{n}$	log. n	πn	$\frac{1}{4}\pi n^2$
191	36481	6967871	13,8203	5,7590	5,23560	2,2810	600,0	28652
192	36864	7077888	13,8564	5,7690	5,20833	2,2833	603,2	28953
193	37249	7189057	13,8924	5,7790	5,18135	2,2856	606,3	29255
194	37636	7301384	13,9284	5,7990	5,15464	2,2878	609,5	29559
195	38025	7414875	13,9642	5.7989	5,12821	2,2900	612,6	29865
196	38416	7529536	14,0000	5,8088	5,10204	2,2923	615,8	30172
197	38809	7645373	14,0357	5,8186	5,07614	2,2945	618,9	30481
198	39204	7762392	14,0712	5,8285	5,05051	2,2967	622,0	30791
199	39601	7880599	14.1067	5,8383	5,02513	2,2989	625,2	31103
200	40000	8000000	14,1421	5,8480	5,00000	2,3010	628,3	31416
201	40401	8120601	14,1774	5,8578	4,97512	2,3032	631,5	31731
202	40804	8242408	14,2127	5,8675	4,95050	2,3054	634,6	32047
203	41209	8365427	14,2478	5.8771	4,92611	2,3075	637,7	32365
204	41616	8489664	14,2829	5,8868	4,90196	2,3096	640,9	32685
205	42025	8615125	14,3178	5,8964	4,87805	2,3118	644,0	33006
206	42436	8741816	14,3527	5,9059	4,85437	2,3139	647,2	33329
207	42849	8869743	14,3875	5,9155	4,83092	2,3160	650,3	33654
208	43264	8998912	14,4222	5,9250	4,80769	2,3181	653,5	33979
209	43681	9129329	14,4568	5,9345	4,78469	2,3201	656,6	34307
210	44100	9261000	14,4914	5,9439	4,76190	2,3222	659,7	34636
211	44521	9393931	14,5258	5,9533	4,73934	2,3243	662,9	34967
212	44944	9528128	14,5602	5.9627	4,71698	2,3263	666,0	35299
213	45369	9663597	14,5945	5,9721	4,69484	2,3284	669,2	35633
214	45796	9800344	14,6287	5,9814	4,67290	2,3304	672,3	35968
215	46225	9938375	14,6629	5,9907	4,65116	2,3324	675,4	36305
216	46656	10077696	14,6969	6,0000	4,62963	2,3345	678,6	36644
217	47089	10218313	14,7309	6,0092	4,60829	2,3365	681,7	36984
218	47524	10360232	14,7648	6,0185	4,58716	2,3385	684,9	37325
219	47961	10503459	14,7986	6,0277	4,56621	2,3404	688,0	37668
220	48400	10648000	14,8324	6,0368	4,54545	2,3424	691,2	38013
221	48841	10793861	14,8661	6,0459	4,52489	2,3444	694,3	38360
222	49284	10941048	14,8997	6,0550	4,50450	2,3464	697,4	38708
223	49729	11089567	14,9332	6,0641	4,48431	2,3483	700,6	39057
224	50176	11239424	14,9666	6,0732	4,46429	2,3502	703,7	39408
225	50625	11390625	15,0000	6,0822	4,44444	2,3522	706,9	39761
226	51076	11543176	15,0333	6,0912	4,42478	2,3541	710,0	40115
227	51529	11697083	15,0665	6,1002	4,40529	2,3560	713,1	40471
228	51984	11852352	15,0997	6,1091	4,38596	2,3579	716,3	40828
229	52441	12008989	15,1327	6,1180	4,36681	2,3598	719,4	41187
230	52900	12167000	15,1658	6,1269	4,34783	2,3617	722,6	41548
231	53361	12326391	15,1987	6,1358	4,32900	2,3636	725,7	41910
232	53824	12487168	15,2315	6,1446	4,31034	2,3655	728,8	42273
233	54289	12649337	15,2643	6,1534	4,29185	2,3674	732,0	42638
234	54756	12812904	15,2971	6,1622	4,27350	2,3692	735,1	43005
235	55225	12977875	15,3297	6,1710	4,25532	2,3711	738,3	43374
236	55696	13144256	15,3623	6,1797	4,23729	2,3729	741,4	43744
237	56169	13312053	15,3948	6,1885	4,21941	2,3747	744,6	44115
238	56644	13481272	15,4272	6,1972	4,20168	2,3766	747,7	44488
239	57121	13651919	15,4596	6,2058	4,18410	2,3784	750,8	44863
240	57600	13824000	15,4919	6.2145	4,16667	2,3802	754,0	45239

n	n^2	n^3	$\sqrt{n}$	$\sqrt[3]{n}$	$1000 \cdot \frac{1}{n}$	log. n	πn	$\frac{1}{4} \pi n^2$
241	58081	13997521	15,5242	6,2231	4,14938	2,3820	757,1	45617
242	58564	14172488	15,5563	6,2317	4,13223	2,3838	760,3	45996
243	59049	14348907	15,5885	6,2403	4,11523	2,3856	763,4	46377
244	59536	14526784	15,6205	6,2488	4,09836	2,3874	766,5	46759
245	60025	14706125	15,6525	6,2573	4,08163	2,3892	769,7	47144
246	60516	14886936	15,6844	6,2658	4,06504	2,3909	772,8	47529
247	61009	15069223	15,7162	6,2743	1,04856	2,3927	776,0	47916
248	61504	15252992	15,7480	6,2828	4,03226	2,3945	779,1	48305
249	62001	15438249	15,7797	6,2912	4,01606	2,3962	782,3	48695
250	62500	15625000	15,8114	6,2996	4,00000	2,3979	785,4	49087
251	63001	15813251	15,8430	6,3080	3,98406	2,3997	788,5	49481
252	63504	16003008	15,8745	6,3164	3,96825	2,4014	791,7	49876
253	64009	16194277	15,9060	6 3247	3,95257	2,4031	794,8	50273
254	64516	16387064	15,9374	6 3330	3,93701	2,4048	798,0	50671
255	65025	16581375	15,9687	6,3413	3,92157	2,4065	801,1	51071
256	65536	16777216	16,0000	6.3496	3,90625	2,4082	804,2	51472
257	66049	16974593	16,0312	6,3579	3,89105	2,4099	807,4	51875
258	66564	17173512	16,0624	6,3661	3,87597	2,4116	810,5	52279
259	67081	17373979	16,0935	6,3743	3.86100	2,4133	813,7	52685
260	67600	17576000	16,1245	6 3825	3,84615	2,4150	816,8	53093
261	68124	17779581	16,1555	6,3907	3,83142	2,4166	820,0	53502
262	68644	17984728	16,1864	6,3988	3,81679	2,4183	823,1	53913
263	69169	18191447	16,2173	6,4070	3,80228	2,4200	826,2	54325
264	69696	18399744	16,2481	6 4151	3,78788	2,4216	829,4	54739
265	70225	18609625	16,2788	6,4232	3,77358	2,4232	832,5	55155
266	70756	18821096	16,3095	6,4312	3,75940	2,4249	835,7	55572
267	71289	19034163	16,3401	6,4393	3,74532	2,4265	838,8	55990
268	71824	19248832	16,3707	6,4473	3,73134	2,4281	841,9	56410
269	72361	19465109	16,4012	6,4553	3,71747	2,4298	845,1	56832
270	72900	19683000	16,4317	6,4633	3,70370	2,4314	848,2	57256
271	73441	19902511	16,4621	6,4713	3,69004	2,4330	851,4	57680
272	73984	20123648	16,4924	6,4792	3,67647	2,4346	854,5	58107
273	74529	20346417	16,5227	6,4872	3,66300	2,4362	857,7	58535
274	75076	20570824	16,5529	6,4951	3,64964	2,4378	860,8	58965
275	75625	20796875	16,5831	6,5030	3,63636	2,4393	863,9	59395
276	76176	21024576	16,6132	6,5108	3,62319	2,4409	867,1	59828
277	76729	21253933	16,6433	6,5187	3,61011	2,4425	870,2	60263
278	77284	21484952	16,6733	6,5265	3,59712	2,4440	873,4	60699
279	77841	21717639	16,7033	6,5343	3,58423	2,4456	876,5	61136
280	78400	21952000	16,7332	6,5421	3,57143	2,4472	879,6	61575
281	78961	22188041	16,7631	6,5499	3,55872	2,4487	882,8	62216
282	79524	22425768	16,7929	6,5577	3,54610	2,4502	885,9	62458
283	80089	22665187	16,8226	6,5654	3,53357	2,4518	889,1	62902
284	80656	22906304	16,8523	6,5731	3,52113	2,4533	892,2	63347
285	81225	23149125	16,8819	6,5808	3,50877	2,4548	895,4	63794
286	81796	23393656	16,9115	6,5885	3,49650	2,4564	898,5	64242
287	82369	23639903	16,9411	6,5962	3,48432	2,4579	901 6	64692
288	82944	23887872	16,9706	6,6039	3,47222	2,4594	904,8	65144
289	83521	24137569	17,0000	6,6115	3,46021	2,4609	907,9	65597
290	84100	24389000	17,0294	6,6191	3,44828	2,4624	911,1	66052

n	n^2	n^3	$\sqrt{n}$	$\sqrt[3]{n}$	$1000 \cdot \frac{1}{n}$	log. n	πn	$\frac{1}{4}\pi n^2$
291	84681	24642171	17,0587	6,6267	3,43643	2,4639	914,2	66508
292	85264	24897088	17,0880	6,6343	3,42466	2,4654	917,3	66966
293	85849	25153757	17,1172	6,6419	3,41297	2,4669	920,5	67426
294	86436	25412184	17,1464	6,6494	3,40136	2,4683	923,6	67887
295	87025	25672375	17,1756	6,6569	3,38983	2,4698	926,8	68349
296	87616	25934336	17,2047	6,6644	3,37838	2,4713	929,9	68813
297	88209	26198073	17,2337	6,6719	3,36700	2,4728	933,1	69279
298	88804	26463592	17,2627	6,6794	3,35570	2,4742	936,2	69746
299	89401	26730899	17,2916	6,6869	3,34448	2,4757	939,3	70215
300	90000	27000000	17,3205	6,6943	3,33333	2,4771	942,5	70686
301	90601	27270901	17,3494	6,7018	3,32226	2,4786	945,6	71158
302	91204	27543608	17,3781	6,7092	3,31126	2,4800	948,8	71631
303	91809	27818127	17,4069	6,7166	3,30033	2,4814	951,9	72107
304	92416	28094464	17,4356	6,7240	3,28947	2,4829	955,0	72583
305	93025	28372625	17,4642	6,7313	3,27869	2,4843	958,2	73062
306	93636	28652616	17,4929	6,7387	3,26797	2,4857	961,3	73542
307	94249	28934443	17,5214	6,7460	3,25733	2,4871	964,5	74023
308	94864	29218112	17,5499	6,7533	3,24675	2,4886	967,6	74506
309	95481	29503629	17,5784	6,7606	3,23625	2,4900	970,8	74991
310	96100	29791000	17,6068	6,7679	3,22581	2,4914	973,9	75477
311	96721	30080231	17,6352	6,7752	3,21543	2,4928	977,0	75964
312	97344	30371328	17,6635	6,7824	3,20513	2,4942	980,2	76454
313	97969	30664297	17,6918	6,7897	3,19489	2,4955	983,3	76945
314	98596	30959144	17,7200	6,7969	3,18471	2,4969	986,5	77437
315	99225	31255875	17,7482	6,8041	3,17460	2,4983	989,6	77931
316	99856	31554496	17,7764	6,8113	3,16456	2,4997	992,7	78427
317	100489	31855013	17,8045	6,8185	3,15457	2,5011	995,9	78924
318	101124	32157432	17,8326	6,8256	3,14465	2,5024	999,0	79423
319	101761	32461759	17,8606	6,8328	3,13480	2,5038	1002	79923
320	102400	32768000	17,8885	6,8399	3,12500	2,5051	1005	80425
321	103041	33076161	17,9165	6,8470	3,11527	2,5065	1008	80928
322	103684	33386248	17,9444	6,8541	3,10559	2,5079	1012	81433
323	104329	33698267	17,9722	6,8612	3,09598	2,5092	1015	81940
324	104976	34012224	18,0000	6,8683	3,08642	2,5105	1018	82448
325	105625	34328125	18,0278	6,8753	3,07692	2,5119	1021	82958
326	106276	34645976	18,0555	6,8824	3,06748	2,5132	1024	83469
327	106929	34965783	18,0831	6,8894	3,05810	2,5145	1027	83982
328	107584	35287552	18,1108	6,8964	3,04878	2,5159	1030	84496
329	108241	35611289	18,1384	6,9034	3,03951	2,5172	1034	85012
330	108900	35937000	18,1659	6,9104	3,03030	2,5185	1037	85530
331	109561	36264691	18,1934	6,9174	3,02115	2,5198	1040	86049
332	110224	36594368	18,2209	6,9244	3,01205	2,5211	1043	86570
333	110889	36926037	18,2483	6,9313	3,00300	2,5224	1046	87092
334	111556	37259704	18,2757	6,9382	2,99401	2,5237	1049	87616
335	112225	37595375	18,3030	6,9451	2,98507	2,5250	1052	88141
336	112896	37933056	18,3303	6,9521	2,97619	2,5263	1056	88668
337	113569	38272753	18,3576	6,9589	2,96736	2,5276	1059	89197
338	114244	38614472	18,3848	6,9658	2,95858	2,5289	1062	89727
339	114921	38958219	18,4120	6,9727	2,94985	2,5302	1065	90259
340	115600	39304000	18,4391	6,9795	2,94118	2,5315	1068	90792

n	n^2	n^3	$\sqrt{n}$	$\sqrt[3]{n}$	$1000 \cdot \frac{1}{n}$	log. n	πn	$\frac{1}{n} \pi n^2$
341	116281	39651821	18,4662	6,9864	2,93255	2,5328	1071	91327
342	116964	40001688	18,4932	6,9932	2,92398	2,5340	1074	91863
343	117649	40353607	18,5203	7,0000	2,91545	2,5353	1078	92401
344	118336	40707584	18,5472	7,0068	2,90698	2,5366	1081	92941
345	119025	41063625	18,5742	7,0136	2,89855	2,5378	1084	93482
346	119716	41421736	18,6011	7,0203	2,89017	2,5391	1087	94025
347	120409	41781923	18,6279	7,0271	2,88184	2,5403	1090	94569
348	121104	42144192	18,6548	7,0338	2,87356	2,5416	1093	95115
349	121801	42508549	18,6815	7,0406	2,86533	2,5428	1096	95662
350	122500	42875000	18,7083	7,0473	2,85714	2,5441	1100	96211
351	123201	43243551	18,7350	7,0540	2,84900	2,5453	1103	96762
352	123904	43614208	18,7617	7,0607	2,84091	2,5465	1106	97314
353	124609	43986977	18,7883	7,0674	2,83286	2,5478	1109	97868
354	125316	44361864	18,8149	7,0740	2,82486	2,5490	1112	98423
355	126025	44738875	18,8414	7,0807	2,81690	2,5502	1115	98980
356	126736	45118016	18,8680	7,0873	2,80899	2,5514	1118	99538
357	127449	45499293	18,8944	7,0940	2,80112	2,5527	1122	100098
358	128164	45882712	18,9209	7,1006	2,79330	2,5539	1125	100660
359	128881	46268279	18,9473	7,1072	2,78552	2,5551	1128	101223
360	129600	46656000	18,9737	7,1138	2,77778	2,5563	1131	101788
361	130321	47045881	19,0000	7,1204	2,77008	2,5575	1134	102354
362	131044	47437928	19,0263	7,1269	2,76243	2,5587	1137	102922
363	131769	47832147	19,0526	7,1335	2,75482	2,5599	1140	103491
364	132496	48228544	19,0788	7,1400	2,74725	2,5611	1144	104062
365	133225	48627125	19,1050	7,1466	2,73973	2,5623	1147	104635
366	133956	49027896	19,1311	7,1531	1,73224	2,5635	1150	105209
367	134689	49430863	19,1572	7,1596	2,72480	2,5647	1153	105784
368	135424	49836032	19,1833	7,1661	2,71739	2,5658	1156	106362
369	136161	50243409	19,2094	7,1726	2,71003	2,5670	1159	106941
370	136900	50653000	19,2354	7,1791	2,70270	2,5682	1162	107521
371	137641	51064811	19,2614	7,1855	2,69542	2,5694	1166	108103
372	138384	51478848	19,2873	7,1920	2,68817	2,5705	1169	108687
373	139129	51895117	19,3132	7,1984	2,68097	2,5717	1172	109272
374	139876	52313624	19,3391	7,2048	2,67380	2,5729	1175	109858
375	140625	52734375	19,3649	7,2112	2,66667	2,5740	1178	110447
376	141376	53157376	19,3907	7,2177	2,65957	2,5752	1181	111036
377	142129	53582633	19,4165	7,2240	2,65252	2,5763	1184	111628
378	142884	54010152	19,4422	7,2304	2,64550	2,5775	1188	112221
379	143641	54439939	19,4679	7,2368	2,63852	2,5786	1191	112815
380	144400	54872000	19,4936	7,2432	2,63158	2,5798	1194	113411
381	145161	55306341	19,5192	7,2495	2,62467	2,5809	1197	114009
382	145924	55742968	19,5448	7,2558	2,61780	2,5821	1200	114608
383	146689	56181887	19,5704	7,2622	2,61097	2,5832	1203	115209
384	147456	56623104	19,5959	7,2685	2,60417	2,5843	1206	115812
385	148225	57066625	19,6214	7,2748	2,59740	2,5855	1210	116416
386	148996	57512456	19,6469	7,2811	2,59067	2,5866	1213	117021
387	149769	57960603	19,6723	7,2874	2,58398	2,5877	1216	117628
388	150544	58411072	19,6977	7,2936	2,57732	2,5888	1219	118237
389	151321	58863869	19,7231	7,2999	2,57069	2,5899	1222	118847
390	152100	59319000	19,7484	7,3061	2,56410	2,5911	1225	119459

n	n^2	n^3	$\sqrt{n}$	$\sqrt[5]{n}$	$1000 \cdot \frac{1}{n}$	log. n	πn	$\frac{1}{4} \pi n^2$
391	152881	59776471	19,7737	7,3124	2,55754	2,5922	1228	120072
392	153664	60236288	19,7990	7,3186	2,55102	2,5933	1232	120687
393	154449	60698457	19,8242	7,3248	2,54453	2,5944	1235	121304
394	155236	61162684	19,8494	7,3310	2,53807	2,5955	1238	121922
395	156025	61629875	19,8746	7,3376	2,53165	2,5966	1241	122542
396	156816	62099136	19,8997	7,3434	2,52525	2,5977	1241	123164
397	157609	62570773	19,9249	7,3496	2,51889	2,5988	1247	123786
398	158404	63044792	19,9499	7,3558	2,51256	2,5999	1250	124410
399	159201	63521199	19,9750	7,3619	2,50627	2,6010	1253	125036
400	160000	64000000	20,0000	7,3681	2,50000	2,6021	1257	125664
401	160801	64481201	20,0250	7,3742	2,49377	2,6031	1260	126293
402	161604	64964808	20,0499	7,3803	2,48756	2,6042	1263	126923
403	162409	65450827	20,0749	7,3864	2,48139	2,6053	1266	127556
404	163216	65939264	20,0998	7,3925	2,47525	2,6064	1269	128190
405	164025	66430125	20,1246	7,3986	2,46914	2,6075	1272	128825
406	164836	66923416	20,1494	7,4047	2,46305	2,6085	1275	129462
407	165649	67419143	20,1742	7,4108	2,45700	2,6096	1279	130100
408	166464	67917312	20,1990	7,4169	2,45098	2,6107	1282	130741
409	167281	68417929	20,2237	7,4229	2,44499	2,6117	1285	131382
410	168100	68921000	20,2485	7,4290	2,43902	2,6128	1288	132025
411	168921	69426531	20,2731	7,4350	2,43309	2,6138	1291	132670
412	169744	69934528	20,2978	7,4410	2,42718	2,6149	1294	133317
413	170569	70444997	20,3224	7,4470	2,42131	2,6160	1297	133965
414	171396	70957944	20,3470	7,4530	2,41546	2,6170	1301	134614
415	172225	71473375	20,3715	7,4590	2,40964	2,6180	1804	135265
416	173056	71991296	20,3961	7,4650	2,40385	2,6191	1307	135918
417	173889	72511713	20,4206	7,4710	2,39808	2,6201	1310	136572
418	174724	73034632	20,4450	7,4770	2,39234	2,6212	1313	13722[illegible]
419	175561	73560059	20,4695	7,4829	2,38663	2,6222	1316	137885
420	176400	74088000	20,4939	7,4889	2,38095	2,6232	1319	138544
421	177241	74618461	20,5183	7,4948	2,37530	2,6243	1323	139205
422	178084	75151448	20,5426	7,5007	2,36967	2,6253	1326	139867
423	178929	75686967	20,5670	7,5067	2,36407	2,6263	1329	140531
424	179776	76225024	20,5913	7,5126	2,35849	2,6274	1332	141196
425	180625	76765625	20,6155	7,5185	2,35294	2,6284	1335	141863
426	181476	77308776	20,6398	7,5244	2,34742	2,6294	1338	142531
427	182329	77854483	20,6640	7,5302	2,34192	2,6304	1341	143201
428	183184	78402752	20,6882	7,5361	2,33645	2,6314	1345	143872
429	184041	78953589	20,7123	7,5420	2,33100	2,6325	1348	144545
430	184900	79507000	20,7364	7,5478	2,32558	2,6335	1351	145220
431	185761	80062991	20,7605	7,5537	2,32019	2,6345	1354	145896
432	186624	80621568	20,7846	7,5595	2,31481	2,6355	1357	146574
433	187489	81182737	20,8087	7,5654	2,30947	2,6365	1360	147254
434	188356	81746504	20,8327	7,5712	2,30415	2,6375	1363	147934
435	189225	82312875	20,8567	7,5770	2,29885	2,6385	1367	148617
436	190096	82881856	20,8806	7,5828	2,29358	2,6395	1370	149301
437	190969	83453453	20,9045	7,5886	2,28833	2,6405	1373	149987
438	191844	84027672	20,9284	7,5944	2,28311	2,6415	1376	150674
439	192721	84604519	20,9523	7,6001	2,27790	2,6425	1379	151363
440	193600	85184000	20,9762	7,6509	2,27273	2,6435	1382	152053

n	n^2	n^3	$\sqrt{n}$	$\sqrt[3]{n}$	$1000 \cdot \frac{1}{n}$	log. n	πn	$\frac{1}{4} \pi n^2$
441	194481	85766121	21,0000	7,6117	2,26757	2,6444	1385	152745
442	195364	86350888	21,0238	7,6174	2,26244	2,6454	1389	153439
443	196249	86938307	21,0476	7,6232	2,25734	2,6464	1392	154134
444	197136	87528384	21,0713	7,6289	2,25225	2,6474	1395	154830
445	198025	88121125	21,0950	7,6346	2,24719	2,6484	1398	155528
446	198916	88716536	21,1187	7 6403	2,24215	2,6493	1401	156228
447	199809	89314623	21,1424	7,6460	2,23714	2,6503	1404	156930
448	200704	89915392	21,1660	7,6517	2,23214	2,6513	1407	157633
449	201601	90518849	21,1896	7,6574	2,22717	2,6522	1411	158337
450	202500	91125000	21,2132	7,6631	2,22222	2,6532	1414	159043
451	203401	91733851	21,2368	7,6688	2,21730	2,6542	1417	159751
452	204304	92345408	21,2603	7,6744	2,21239	2,6551	1420	160460
453	205209	92959677	21,2838	7,6801	2,20751	2,6561	1423	161171
454	206116	93576664	21,3073	7,6857	2,20264	2,6571	1426	161883
455	207025	94196375	21,3307	7,6914	2,19780	2,6580	1429	162597
456	207936	94818816	21,3542	7,6970	2,19298	2,6590	1433	163313
457	208849	95443993	21,3776	7,7026	2,18817	2,6599	1436	164030
458	209764	96071912	21,4009	7,7082	2,18341	2,6609	1439	164748
459	210681	96702579	21,4243	7,7138	2,17865	2,6618	1442	165468
460	211600	97336000	21,4476	7,7149	2,17391	2,6628	1445	166190
461	212521	97972181	21,4709	7,7250	2,16920	2,6637	1448	166914
462	213444	98611128	21,4942	7,7306	2,16950	2,6646	1451	167639
463	214369	99252847	21,5174	7,7362	2,15983	2,6656	1455	168365
464	215296	99897344	21,5407	7,7418	2,15517	2,6665	1458	169093
465	216225	100544625	21,5639	7,7473	2,15054	2,6675	1461	169823
466	217156	101194696	21,5870	7,7529	2,14592	2,6684	1464	176554
467	218089	101847563	21,6102	7,7584	2,14133	2,6693	1467	171287
468	219024	102503232	21,6333	7,7639	2,13675	2,6702	1470	172021
469	219961	103161709	21,6564	7,7695	2,13220	2,6712	1473	172757
470	220900	103823000	21,6795	7,7750	2,12766	2,6721	1477	173494
471	221841	104487111	21,7025	7,7805	2,12314	2,6730	1480	174234
472	222784	105154048	21,7256	7,7860	2,11864	2,6739	1483	174974
473	223729	105823817	21,7486	7,7915	2,11416	2,6749	1486	175716
474	224676	106496424	21,7715	7,7970	2,10970	2,6758	1489	176460
475	225625	107171875	21,7945	7,8025	2,10526	2,6767	1492	177205
476	226576	107850176	21,8174	7,8079	2,10084	2,6776	1495	177952
477	227529	108531333	21,8403	7,8134	2,09644	2,6785	1499	178701
478	228484	109215352	21,8632	7,8188	2,09205	2,6794	1502	179451
479	229441	109902239	21,8861	7,8243	2,08768	2,6803	1505	180203
480	230400	110592000	21,9089	7,8297	2,08333	2,6812	1508	180956
481	231361	111284641	21,9317	7,8352	2,07900	2,6821	1511	181711
482	232324	111980168	21,9545	7,8406	2,07469	2,6830	1514	182467
483	233289	112678587	21,9773	7,8460	2,07039	2,6839	1517	183225
484	234256	113379904	22,0000	7,8514	2,06612	2,6848	1521	183984
485	235225	114084125	22,0227	7,8568	2,06186	2,6857	1524	184745
486	236196	114791256	22,0454	7,8622	2,05761	2,6866	1527	185508
487	237169	115501303	22,0681	7,8676	2,05339	2,6875	1530	186272
488	238144	116214272	22,0907	7,8730	2,04918	2,6884	1533	187038
489	239121	116930169	22,1133	7,8784	2,04499	2,6893	1536	187805
490	240100	117649000	22,1359	7,8837	2,04082	2,6902	1539	188574

n	n^2	n^3	$\sqrt{n}$	$\sqrt[3]{n}$	$1000 \cdot \frac{1}{n}$	log. n	πn	$\frac{1}{4} \pi n^2$
491	241081	118370771	22,1586	7,8891	2,03666	2,6911	1543	189345
492	242064	119095488	22,1811	7,8944	2,03252	2,6920	1546	190117
493	243049	119823157	22,2036	7,8998	2,02840	2,6928	1549	190890
494	244036	120553784	22,2261	7,9051	2,02429	2,6937	1552	191665
495	245025	121287375	22,2486	7,9105	2,02020	2,6946	1555	192442
496	246016	122023936	22,2711	7,9158	2,01613	2,6955	1558	193221
497	247009	122763473	22,2935	7,9211	2,01207	2,6964	1561	194000
498	248004	123505992	22,3159	7,9264	2,00803	2,6972	1565	194782
499	249001	124251499	22,3383	7,9317	2,00401	2,6981	1568	195565
500	250000	125000000	22,3607	7,9370	2,00000	2,6990	1571	196350
501	251001	125751501	22,3830	7,9423	1,99601	2,6998	1574	197136
502	252004	126506008	22,4054	7,9476	1,99203	2,7007	1577	197923
503	253009	127263527	22,4277	7,9528	1,98807	2,7016	1580	198713
504	254016	128024064	22,4499	7,9581	1,98413	2,7024	1583	199504
505	255025	128787625	22,4722	7,9634	1,98020	2,7033	1587	200296
506	256036	129554216	22,4944	7,9686	1,97628	2,7042	1590	201090
507	257049	130323843	22,5167	7,9739	1,97239	2,7050	1593	201886
508	258064	131096512	22,5389	7,9791	1,96850	2,7059	1596	202683
509	259081	131872229	22,5610	7,9843	1,96464	2,7067	1599	203482
510	260100	132651000	22,5832	7,9896	1,96078	2,7076	1602	204282
511	261121	133432831	22,6053	7,9948	1,95695	2,7084	1605	205084
512	262144	134217728	22,6274	8,0000	1,95312	2,7093	1608	205887
513	263169	135005697	22,6495	8,0052	1,94932	2,7101	1612	206692
514	264196	135796744	22,6716	8,0104	1,94553	2,7110	1615	207499
515	265225	136590875	22,6936	8,0156	1,94175	2,7118	1618	208307
516	266256	137388096	22,7156	8,0208	1,93798	2,7126	1621	209117
517	267289	138188413	22,7376	8,0260	1,93424	2,7135	1624	209928
518	268324	138991832	22,7596	8,0311	1,93050	2,7143	1627	210741
519	269361	139798359	22,7816	8,0363	1,92678	2,7152	1630	211556
520	270400	140608000	22,8035	8,0415	1,92308	2,7160	1634	212372
521	271441	141420761	22,8254	8,0466	1,91939	2,7168	1637	213189
522	272484	142236648	22,8473	8,0517	1,91571	2,7177	1640	214008
523	273529	143055667	22,8692	8,0569	1,91205	2,7185	1643	214829
524	274576	143877824	22,8910	8,0620	1,90840	2,7193	1646	215651
525	275625	144703125	22,9129	8,0671	1,90476	2,7202	1649	216475
526	276676	145531576	22,9347	8,0723	1,90114	2,7210	1652	217301
527	277729	146363183	22,9565	8,0774	1,89753	2,7218	1656	218128
528	278784	147197952	22,9783	8,0825	1,89394	2,7226	1659	218956
529	279841	148035889	23,0000	8,0876	1,89036	2,7235	1662	219787
530	280900	148877000	23,0217	8,0927	1,88679	2,7243	1665	220618
531	281961	149721291	23,0434	8,0978	1,88324	2,7251	1668	221452
532	283024	150568768	23,0651	8,1028	1,87970	2,7259	1671	222287
533	284089	151419437	23,0868	8,1079	1,87617	2,7267	1674	223123
534	285156	152273304	23,1084	8,1130	1,87266	2,7275	1678	223961
535	286225	153130375	23,1301	8,1180	1,86916	2,7284	1681	224801
536	287296	153990656	23,1517	8,1231	1,86567	2,7292	1684	225642
537	288369	154854153	23,1733	8,1281	1,86220	2,7300	1687	226484
538	289444	155720872	23,1948	8,1332	1,85874	2,7308	1690	227329
539	290521	156590819	23,2164	8,1382	1,85529	2,7316	1693	228175
540	291600	157464000	23,2379	8,1433	1,85185	2,7324	1696	229022

n	n^2	n^3	$\sqrt{n}$	$\sqrt[3]{n}$	$1000 \cdot \frac{1}{n}$	log. n	πn	$\frac{1}{4} \pi n^2$
541	292681	158340241	23,2594	8,1483	1,84843	2,7332	1700	229871
542	293764	159220088	23,2809	8,1533	1,84502	2,7340	1703	230722
543	294849	160103007	23,3024	8,1583	1,84162	2,7348	1706	231574
544	295936	160989184	23,3238	8,1633	1,83824	2,7356	1709	232428
545	297025	161878625	23,3452	8,1683	1,83486	2,7364	1712	233283
546	298116	162771336	23,3666	8,1733	1,83150	2,7372	1715	234140
547	299209	163667323	23,3880	8,1783	1,82815	2,7380	1718	234998
548	300304	164566592	23,4094	8,1833	1,82482	2,7388	1722	245858
549	301401	165469149	23,4307	8,1882	1,82149	2,7396	1725	236720
550	302500	166375000	23,4521	8,1932	1,81818	2,7404	1728	237583
551	303601	167284151	23,4734	8,1982	1,81488	2,7412	1731	238448
552	304704	168196608	23,4947	8,2031	1,81159	2,7419	1734	239314
553	305809	169112377	23,5160	8,2081	1,80832	2,7427	1737	240182
554	306916	170031464	23,5372	8,2130	1,80505	2,7435	1740	241051
555	308025	170953875	23,5584	8,2180	1,80180	2,7443	1744	241922
556	309136	171879616	23,5797	8,2229	1,79856	2,7451	1747	242795
557	310249	172808693	23,6008	8,2278	1,79533	2,7459	1750	243669
558	311364	173741112	23,6220	8,2327	1,79211	2,7466	1753	244545
559	312481	174676879	23,6432	8,2377	1,78891	2,7474	1756	245422
560	313600	175616000	23,6643	8,2426	1,78571	2,7482	1759	246301
561	314721	176558481	23,6854	8,2475	1,78253	2,7490	1762	247181
562	315844	177504328	23,7065	8,2524	1,77936	2,7497	1766	248063
563	316969	178453547	23,7276	8,2573	1,77620	2,7505	1769	248947
564	318096	179406144	23,7487	8,2621	1,77305	2,7513	1772	249832
565	319225	180362125	23,7697	8,2670	1,76991	2,7520	1775	250719
566	320356	181321496	23,7908	8,2719	1,76678	2,7528	1778	251607
567	321489	182284263	23,8118	8,2768	1,76367	2,7536	1781	252497
568	322624	183250432	23,8328	8,2816	1,76056	2,7543	1784	253388
569	323761	184220009	23,8537	8,2865	1,75747	2,7551	1788	254281
570	324900	185193000	23,8747	8,2913	1,75439	2,7559	1791	255176
571	326041	186169411	23,8956	8,2962	1,75131	2,7566	1794	256072
572	327184	187149248	23,9165	8,3010	1,74825	2,7574	1797	256970
573	328329	188132517	23,9374	8,3059	1,74520	2,7582	1800	257869
574	329476	189119224	23,9583	8,3107	1,74216	2,7589	1803	258770
575	330625	190109375	23,9792	8,3155	1,73913	2,7597	1806	259672
576	331776	191102976	24,0000	8,3203	1,73611	2,7604	1810	260576
577	332929	192100033	24,0208	8,3251	1,73310	2,7612	1813	261482
578	334084	193100552	24,0416	8,3300	1,73010	2,7619	1816	262389
579	335241	194104539	24,0624	8,3348	1,72712	2,7627	1819	263298
580	336400	195112000	24,0832	8,3396	1,72414	2,7634	1822	264208
581	337561	196122941	24,1039	8,3443	1,72117	2,7642	1825	265120
582	338724	197137368	24,1247	8,3491	1,71821	2,7649	1828	266033
583	339889	198155287	24,1454	8,3539	1,71527	2,7657	1832	266948
584	341056	199176704	24,1661	8,3587	1,71233	2,7664	1835	267865
585	342225	200201625	24,1868	8,3634	1,70940	2,7672	1838	268783
586	343396	201230056	24,2074	8,3682	1,70648	2,7679	1841	269703
587	344569	202262003	24,2281	8,3730	1,70358	2,7686	1844	270624
588	345744	203297472	24,2487	8,3777	1,70068	2,7694	1847	271547
589	346921	204336469	24,2693	8,3825	1,69779	2,7701	1850	272471
590	348100	205379000	24,2899	8,3872	1,69492	2,7709	1854	273397

n	n^2	n^3	$\sqrt{n}$	$\sqrt[3]{n}$	$1000 \cdot \frac{1}{n}$	log. n	πn	$\frac{1}{4} \pi n^2$
591	349281	206425071	24,3105	8,3919	1,69205	2,7716	1857	274325
592	350464	207474688	24,3311	8,3967	1,68919	2,7723	1860	275254
593	351649	208527857	24,3516	8,4014	1,68634	2,7731	1863	276185
594	352836	209584584	24,3721	8,4061	1,68350	2,7738	1866	277117
595	354025	210644875	24,3926	8,4108	1,68067	2,7745	1869	278051
596	355216	211708736	24,4131	8,4155	1,67785	2,7752	1872	278986
597	3 6409	212776173	24,4336	8,4202	1,67504	2,7760	1876	279923
598	357604	213847192	24,4540	8,4249	1,67224	2,7767	1879	280862
599	358801	214921799	24,4745	8,4296	1,66945	2,7774	1882	281802
600	360000	216000000	24,4949	8,4343	1,66667	2,7782	1885	282744
601	361201	217081801	24,5153	8,4390	1,66389	2,7789	1888	283687
602	362404	218167208	24,5357	8,4437	1,66113	2,7796	1891	284632
603	363609	219256227	24,5561	8,4484	1,65837	2,7803	1894	285578
604	364816	220348864	24,5764	8,4530	1,65563	2,7810	1898	286526
605	366025	221445125	24,5967	8,4577	1,65289	2,7818	1901	287475
606	367236	222545016	24,6171	8,4623	1,65017	2,7825	1904	[illegible]88426
607	368449	223648543	24,6374	8,4670	1,64745	2,7832	1907	289379
608	369664	224755712	24,6577	8,4716	1,64474	2,7839	1910	290333
609	370881	225866529	24,6779	8,4763	1,64204	2,7846	1913	291289
610	372100	226981000	24,6982	8,4809	1,63934	2,7853	1916	292247
611	373321	228099131	24,7184	8,4856	1,63666	2,7860	1920	293206
612	374544	229220928	24,7386	8,4902	1,63399	2,7868	1923	294166
613	375769	230346397	24,7558	8,4948	1,63132	2,7875	1926	295128
614	376996	231475544	24,7790	8,4994	1,62866	2,7882	1929	296092
615	378225	232608375	24,7992	8,5040	1,62602	2,7889	1932	297057
616	379456	233744896	24,8193	8,5086	1,62338	2,7896	1935	298024
617	380689	234885113	24,8395	8,5132	1,62075	2,7903	1938	298992
618	381924	236029032	24,8596	8,5178	1,61812	2,7910	1942	299962
619	383161	237176659	24,8797	8,5224	1,61551	2,7917	1945	300934
620	384400	238328000	24,8998	8,5270	1,61290	2,7924	1948	301907
621	385641	239483061	24,9199	8,5316	1,61031	2,7931	1951	302882
622	386884	240641848	24,9399	8,5362	1,60772	2,7938	1954	303858
623	388129	241804367	24,9600	8,5408	1,60514	2,7945	1957	304836
624	389376	242970624	24,9800	8,5453	1,60256	2,7952	1960	305815
625	390625	244140625	25,0000	8,5499	1,60000	2,7959	1963	306796
626	391876	245314376	25,0200	8,5544	1,59744	2,7966	1967	307779
627	393129	246491883	25,0400	8,5590	1,59490	2,7973	1970	308763
628	394384	247673152	25,0599	8,5635	1,59236	2,7980	1973	309748
629	395641	248858189	25,0799	8,5681	1,58983	2,7987	1976	310736
630	396900	250047000	25,0998	8,5726	1,58730	2,7993	1979	311725
631	398161	251239591	25,1197	8,5772	1,58479	2,8000	1982	312715
632	399424	252435968	25,1396	8.5817	1,58228	2,8007	1985	313707
633	400689	253636137	25,1595	8,5862	1,57978	2,8014	1989	314700
634	401956	254840104	25,1794	8,5907	1,57729	2,8021	1992	315696
635	403225	256047875	25,1992	8,5952	1,57480	2,8028	1995	316692
636	404496	257259456	25,2190	8,5997	1,57233	2,8035	1998	317690
637	405769	258474853	15,2389	8,6043	1,56986	2,8041	2001	318690
638	407044	259694072	25,2587	8,6088	1,56740	2,8048	2004	319692
639	408321	260917119	25,2784	8,6132	1,56495	2,8055	2007	320695
640	409600	262144000	25,2982	8,6177	1,56250	2,8062	2011	321699

n	n^2	n^3	$\sqrt{n}$	$\sqrt[3]{n}$	$1000 \cdot \frac{1}{n}$	log. n	πn	$\frac{1}{4}\pi n^2$
641	410881	263374721	25,3180	8,6222	1,56006	2,8069	2014	322705
642	412164	264609288	25,3377	8,6267	1,55763	2,8075	2017	323713
643	413449	265847707	25,3574	8,6312	1,55521	2,8082	2020	324722
644	414736	267089984	25,3772	8,6357	1,55280	2,8089	2023	325733
645	416025	268336125	25,3969	8,6401	1,55039	2,8096	2027	326745
646	417316	269586136	25,4165	8,6446	1,54799	2,8102	2029	327759
647	418609	270840023	25,4362	8,6490	1,54560	2,8109	2033	328775
648	419904	272097792	25,4558	8,6535	1,54321	2,8116	2036	329792
649	421201	273359449	25,4755	8,6579	1,54083	2,8122	2039	830810
650	422500	264625000	25,4951	8,6624	1,53846	2,8129	2042	331831
651	423801	275894451	25,5147	8,6668	1,53610	2,8136	2045	332853
652	425104	277167808	25,5343	8,6713	1,53374	2,8142	2048	333876
653	426409	278445077	25,5539	8,6757	1,53139	2,8149	2051	334901
654	427716	279726264	25,5734	8,6801	1,52905	2,8156	2055	335927
655	429025	281011375	25,5930	8,6845	1,52672	2,8162	2058	336955
656	430336	282300416	25,6125	8,6890	1,52439	2,8169	2061	337985
657	431649	283593393	25,6320	8,6934	1,52207	2,8176	2064	339016
658	432964	284890312	25,6515	8,6978	1,51976	2,8182	2067	340049
659	434281	286191179	25,6710	8,7022	1,51745	2,8189	2070	341083
660	435600	287496000	25,6905	8,7066	1,51515	2,8195	2073	342119
661	436921	288804781	25,7099	8,7110	1,51286	2,8202	2077	343157
662	438244	290117528	25,7294	8,7154	1,51057	2,8209	2080	344196
663	439569	291434247	25,7488	8,7198	1,50830	2,8215	2083	345237
664	440896	292754944	25,7682	8,7241	1,50602	2,8222	2086	346279
665	442225	294079625	25,7876	8,7285	1,50376	2,8228	2089	347323
666	443556	295408296	25,8070	8,7329	1,50150	2,8235	2092	348368
667	444889	296740963	25,8263	8,7373	1,49925	2,8241	2095	349415
668	446224	298077632	25,8457	8,7416	1,49701	2,8248	2099	350464
669	447561	299418309	25,8650	8,7460	1,49447	2,8254	2102	351514
670	448900	300763000	25,8844	8,7503	1,49254	2,8261	2105	352565
671	450241	302111711	25,9037.	8,7547	1,49031	2,8267	2108	353618
672	451584	303464448	25,9230	8,7590	1,48810	2,8274	2111	354673
673	452929	304821217	25,9422	8,7634	1,48588	2,8280	2114	355730
674	454276	306182024	25,9615	8,7677	1,48368	2,8287	2117	356788
675	455625	307546875	25,9808	8,7721	1 48148	2,8293	2121	357847
676	456976	308915776	26,0000	8,7764	1,47929.	2,8299	2124	358908
677	458329	310288733	26,0192	8,7807	1,47710	2,8306	2127	359971
678	459684	311665752	26,0384	8,7850	1,47493	2,8312	2130	361035
679	461041	313046839	26,0576	8,7893	1,47275	2,8319	2133	362101
680	462400	314432000	26,0768	8,7937	1,47059	2,8325	2136	363168
681	463761	315821241	26,0960	8,7980	1,46843	2,8331	2139	364237
682	465124	317214568	26,1151	8,8023	1,46628	2,8338	2143	365308
683	466489	318611987	26,1343	8,8066	1,46413	2,8344	2146	366380
684	467856	320013504	26,1534	8,8109	1,46199	2,8351	2149	367453
685	469225	321419125	26,1725	8,8152	1,45985	2,8357	2152	368528
686	470596	322828856	26,1916	8,8194	1,45773	2,8363	2155	369605
687	471969	324242703	26,2107	8,8237	1,45560	2,8370	2158	370684
688	473344	325660672	26,2298	8,8280	1,45349	2,8376	2161	371764
689	474721	327082769	26,2488	8,8323	1,45138	2,8382	2165	372845
690	476100	328509000	26,2679	8,8366	1,44928	2,8388	2168	373928

n	n^2	n^3	$\sqrt{n}$	$\sqrt[3]{n}$	$1000 \cdot \frac{1}{n}$	log. n	πn	$\frac{1}{4} \pi n^2$
691	477481	329939371	26,2869	8,8408	1,44718	2,8395	2171	375013
692	478864	331373888	26,3059	8,8451	1,44509	2,8401	2174	376099
693	480249	332812557	26,3249	8,8493	1,44300	2,8407	2177	377187
694	481636	334255384	26,3439	8,8536	1,44092	2,8414	2180	378276
695	483025	335702375	26,3629	8,8578	1,43885	[illegible]	2183	379367
696	484416	337153536	26,3818	8,8621	1,43678	2,8426	2187	380460
697	485809	338608873	26,4008	8,8663	1,43472	2,8432	2190	381553
698	487204	340068392	26,4197	8,8706	1,43266	2,8439	2193	382649
699	488601	341532099	26,4386	8,8748	1,43062	2,8445	2196	383746
700	490000	343000000	26,4575	8,8790	1,42857	2,8451	2199	384845
701	491401	344472101	26,4764	8,8833	1,42653	2,8457	2202	385945
702	492804	345948408	26,4953	8,8875	1,42450	2,8463	2205	387047
703	494209	347428927	26,5141	8,8917	1,42248	2,8470	2209	388151
704	495616	348913664	26,5330	8,8959	1,42045	2,8476	2212	389256
705	497025	350402625	26,5518	8,9001	1,41844	2,8482	2215	390363
706	498436	351895816	26,5707	8,9043	1,41643	2,8488	2218	391471
707	499849	353393243	26,5895	8,9085	1,41443	2,8494	2221	392580
708	501264	354894912	26,6083	8,9127	1,41243	2,8500	2224	393692
709	502681	356400829	26,6271	8,9169	1,41044	2,8506	2227	394805
710	504100	357911000	26,6458	8,9211	1,40845	2,8513	2231	395919
711	505521	359425431	26,6646	8,9253	1,40647	2,8519	2234	397035
712	506944	360944128	26,6833	8,9295	1,40449	2,8525	2237	398153
713	508369	362467097	26,7021	8,9337	1,40252	2,8531	2240	399272
714	509796	363994344	26,7208	8,9378	1,40056	2,8537	2243	400393
715	511225	365525875	26,7395	8,9420	1,39860	2,8543	2246	401515
716	512656	367061696	26,7582	8,9462	1,39665	2,8549	2249	402639
717	514089	368601813	26,7769	3,9503	1,39470	2,8555	2253	403765
718	515524	370146232	26,7955	8,9545	1,39276	2,8561	2256	404892
719	516961	371694959	26,8142	8,9587	1,39082	2,8567	2259	406020
720	518400	373248000	26,8328	8,9628	1,38889	2,8573	2262	407150
721	519841	374805361	26,8514	8,9670	1,38696	2,8579	2265	408282
722	521284	376367048	26,8701	8,9711	1,38504	2,8585	2268	409415
723	522729	377933067	26,8887	8,9752	1,38313	2,8591	2271	410550
724	524176	379503424	26,9072	8,9794	1,38122	2,8597	2275	411687
725	525625	381078125	26,9258	8,9835	1,37931	2,8603	2278	412825
726	527076	382657176	26,9444	8,9876	1,37741	2,8609	2281	413965
727	528529	384240583	26,9629	8,9918	1,37552	2,8615	2284	415106
728	529984	385828352	26,9815	8,9959	1,37363	2,8621	2287	416248
729	531441	387420489	27,0000	9,0000	1,37174	2,8627	2290	417393
730	532900	389017000	27,0185	9,0041	1,36986	2,8633	2293	418539
731	534361	390617891	27,0370	9,0082	1,36799	2,8639	2297	419686
732	535824	392223168	27,0555	9,0123	1,36612	2,8645	2300	420835
733	537289	393832837	27,0740	9,0164	1,36426	2,8651	2303	421986
734	538756	395446904	27,0924	9,0205	1,36240	2,8657	2306	423138
735	540225	397065375	27,1109	9,0246	1,36054	2,8663	2309	424292
736	541696	398688256	27,1293	9,0287	1,35870	2,8669	2312	425447
737	543169	400315553	27,1477	9,0328	1,35685	2,8675	2315	426604
738	544644	401947272	27,1662	9,0369	1,35501	2,8681	2318	427762
739	546121	403583419	27,1846	9,0410	1,35318	2,8686	2322	428922
740	547600	405224000	27,2029	9,0450	1,35135	2,8692	2325	430084

n	n^2	n^3	$\sqrt{n}$	$\sqrt[3]{n}$	$1000 . \frac{1}{n}$	log. n	πn	$\frac{1}{4} \pi n^2$
741	549081	406869021	27,2213	9,0491	1,34953	2,8698	2328	431247
742	550564	408518488	27,2397	9,0532	1,34771	2,8704	2331	432412
743	552049	410172407	27,2580	9,0572	1,34590	2,8710	2334	433578
744	553536	411830784	27,2764	9,0613	1,34409	2,8716	2337	434746
745	555025	413493625	17,2947	9,0654	1,34228	2,8722	2340	435916
746	556516	415160936	27,3130	9,0694	1,34048	2,8727	2344	437087
747	558009	416832723	27,3313	9,0735	1,33869	2,8733	2347	438259
748	559504	418508992	27,3496	9,0775	1,33690	2,8739	2350	439433
749	561001	420189749	27,3679	9,0816	1,33511	2,8745	2353	440609
750	562500	421875000	27,3861	9,0856	1,33333	2,8751	2356	441786
751	564001	423564751	27,4044	9,0896	1,33156	2,8756	2359	442965
752	565504	425259008	27,4226	9,0937	1,32979	2,8762	2362	444146
753	567009	426957777	27,4408	9,0977	1,32802	2,8768	2366	445328
754	568516	428661064	27,4591	9,1017	1,32626	2,8774	2369	446511
755	570025	4303688 5	27,4773	9,1057	1,32450	2,8779	2372	447697
756	571536	432081216	27,4955	9 1098	1,32275	2,8785	2375	448883
757	573049	433798093	27,5136	9,1138	1,32100	2,8791	2378	450072
758	574564	435519512	27,5318	9,1178	1,31926	2,8797	2381	451262
759	576081	437245479	27,5500	9,1218	1,31752	2,8802	2384	452453
760	577600	438976000	27,5681	9,1258	1,31579	2,8808	2388	453646
761	579121	440711081	27,5862	9,1298	1,31406	2,8814	2391	454841
762	580644	442450728	27,6043	9,1338	1,31234	2,8820	2394	456037
763	582169	444194947	27,6225	9,1378	1,31062	2,8825	2397	457234
764	583696	445943744	27,6405	9,1418	1,30890	2,8831	2400	458434
765	585225	447697125	27,6586	9,1458	1,30719	2,8837	2403	459635
766	586756	449455096	27,6767	9,1498	1,30548	2,8842	2406	460837
767	588289	451217663	27,6948	9,1537	1,30378	2,8848	2410	462041
768	589824	452984832	27,7128	9,1577	1,30208	2,8854	2413	463247
769	591361	454756609	27,7308	9,1617	1 30039	2,8859	2416	464454
770	592900	456533000	27,7489	9,1657	1,29870	2,8865	2419	465663
771	594441	458314011	27,7669	9,1696	1,29702	2,8871	2422	466873
772	595984	460099648	27,7849	9,1736	1,29534	2,8876	2425	468085
773	597529	461889917	27,8029	9,1775	1,29366	2,8882	2428	469298
774	599076	463684824	27,8209	9,1815	1,29199	2,8887	2432	470513
775	600625	465484375	27,8388	9,1855	1,29032	2,8893	2435	471730
776	602176	467288576	27,8568	9,1894	1,28866	2 8899	2438	472948
777	603729	469097433	27,8747	9,1933	1,28700	2,8904	2441	474168
778	605284	470910952	27,8927	9,1973	1,28535	2,8910	2444	475389
779	606841	472729139	27,9106	9,2012	1,28370	2,8915	2447	476612
780	668400	474552000	27,9285	9,2052	1,28205	2,8921	2450	477836
781	609961	476379541	27,9464	9,2091	1,28041	2,8927	2454	479062
782	611524	478211768	27,9643	9,2130	1,27877	2,8932	2457	480290
783	613089	480048687	27,9821	9,2170	1,27714	2,8938	2460	481519
784	614656	481890304	28,0000	9,2209	1,27551	2,8943	2463	482750
785	616225	483736625	28,0179	9,2248	1,27389	2,8949	2466	483982
786	617796	485587656	28,0357	9,2287	1,27226	2,8954	2469	485216
787	619369	487443403	28,0535	9,2326	1,27065	2,8960	2472	486451
788	620944	489303872	28,0713	9,2365	1,26904	2,8965	2476	487688
789	622521	491169069	28,0891	9,2404	1,26743	2,8971	2479	488927
790	624100	493039000	28,1069	9,2443	1,26582	2,8976	2482	490167

n	n^2	n^3	$\sqrt{n}$	$\sqrt[3]{n}$	$1000 \cdot \frac{1}{n}$	log. n	πn	$\frac{1}{4}\pi n^2$
791	625681	494913671	28,1247	9,2482	1,26422	2,8982	2485	491409
792	627264	496793088	28,1425	9,2521	1,26263	2,8987	2488	492652
793	628849	498677257	28,1603	9,2560	1,26103	2,8993	2491	493897
794	630436	500566184	28,1780	9,2599	1,25945	2,8998	2494	495143
795	632025	502459875	28,1957	9,2677	1,25786	2,9004	2498	496391
796	633616	504358336	28,2135	9,2638	1,25628	2,9009	2501	497641
797	635209	506261573	28,2312	9,2716	1,25471	2,9015	2504	498892
798	636804	508169592	28,2489	9,2754	1,25313	2,9020	2507	500145
799	638401	510082399	28,2666	9,2793	1,25156	2,9025	2510	501399
800	640000	512000000	28,2843	9,2832	1,25000	2,9031	2513	502655
801	641601	513922401	28,3019	9,2870	1,24844	2,9036	2516	503912
802	643204	515849608	28,3196	9,2909	1'24688	2,9042	2520	505171
803	644809	517781627	28,3373	9,2948	1,24533	2,9047	2523	506432
804	646416	519718464	28,3549	9,2986	1,24378	2,9053	2526	507694
805	648025	521660125	28,3725	9,3025	1,24224	2'9058	2529	508958
806	649636	523606616	28,3901	9,3063	1,24069	2,9063	2532	510223
807	651249	525557943	28,4077	9,3102	1,23916	2,9069	2535	511490
808	652864	527514112	28,4253	9,3140	1,23762	2,9074	2538	512758
809	654481	529475129	28,4429	9,3179	1,23609	2,9079	2542	514028
810	656100	531441000	28,4605	9,3217	1,23457	2,9085	2545	515300
811	657721	533411731	28,4781	9,3255	1,23305	2,9090	2548	516573
812	659344	535387328	28,4956	9,3294	1,23153	2,9096	2551	517848
813	660969	537367797	28,5132	9,3332	1,23001	2,9101	2554	519124
814	662566	539353144	28,5307	9,3370	1,22850	2,9106	2557	520402
815	664225	541343375	28,5482	9,3408	1,22699	2,9112	2560	521681
816	665856	543338496	28,5657	9,3447	1,22549	2,9117	2564	522962
817	667489	545338513	28,5832	9,3485	1,22399	2,9122	2567	524245
818	669124	547343432	28,6007	9,3523	1,22249	2,9128	2570	525529
819	670761	549353259	28,6182	9,3561	1,22100	2,9133	2573	526814
820	672400	551368000	28,6356	9,3599	1,21951	2,9138	2576	528102
821	674041	553387661	28,6531	9,3637	1,21803	2,9143	2579	529391
822	675684	555412248	28,6705	9,3675	1,21655	2,9149	2582	530681
823	677329	557441767	28,6880	9,3713	1,21507	2,9154	2586	531973
824	678976	559476224	28,7054	9,3751	1,21359	2,9159	2589	533267
825	680625	561515625	28,7228	9,3789	1,21212	2,9165	2592	534562
826	682276	563559976	28,7402	9,3827	1,21065	2,9170	2595	535858
827	683929	565609283	28,7576	9,3865	1,20919	2,9175	2598	537157
828	685584	567663552	28,7750	9,3902	1,20773	2,9180	2601	538456
829	687241	569722789	28,7924	9,3940	1,20627	2,9186	2604	539758
830	688900	571787000	28,8097	9,3978	1,20482	2,9191	2608	541061
831	690561	573856191	28,8271	9,4016	1,20337	2,9196	2611	542365
832	692224	575930368	28,8444	9,4053	1,20192	2,9201	2614	543671
833	693889	578009537	28,8617	9,4091	1,20048	2,9206	2617	544979
834	695556	580093704	28,8791	9,4129	1,19904	2,9212	2620	546288
835	697225	582182875	28,8964	9,4166	1,19760	2,9217	2623	547599
836	698896	584277056	28,9137	9,4204	1,19617	2,9222	2626	548912
837	700569	586376253	28,9310	9,4241	1,19474	2,9227	2630	550226
838	702244	588480472	28,9482	9,4279	1,19332	2,9232	2633	551541
839	703921	590589719	28,9655	9,4316	1,19190	2,9238	2636	552858
840	705600	592704000	28,9828	9,4354	1,19048	2,9243	2639	554177

n	n^2	n^3	$\sqrt{n}$	$\sqrt[3]{n}$	$1000 \cdot \frac{1}{n}$	log. n	πn	$\frac{1}{4} \pi n^2$
841	707281	594823321	29,0000	9,4391	1,18906	2,9248	2642	555497
842	708964	596947688	29,0172	9,4429	1,18765	2,9253	2645	556819
843	710649	599077107	29,0345	9,4466	1,18624	2,9258	2648	558142
844	712336	601211584	29,0517	9,4503	1,18483	2,9263	2652	559467
845	714025	603351125	29,0689	9,4541	1,18343	2,9269	2655	560794
846	715716	605495736	29,0861	9,4578	1,18203	2,9274	2658	562122
847	717409	607645423	29,1033	9,4615	1,18064	2,9279	2661	563452
848	719104	609800192	29,1204	9,4652	1,17925	2,9284	2664	564783
849	720801	611960049	29,1376	9,4690	1,17786	2,9289	2667	566116
850	722500	614125000	29,1548	9,4727	1,17647	2,9294	2670	567450
851	724201	616295051	29,1719	9,4764	1,17509	2,9299	2673	568786
852	725904	618470208	29,1890	9,4801	1,17371	2,9304	2677	570124
853	727609	620650477	29,2062	9,4838	1,17233	2,9309	2680	571463
854	729316	622835864	29,2233	9,4875	1,17096	2,9315	2683	572803
855	731025	625026375	29,2404	9 4912	1,16959	2,9320	2686	574146
856	732736	627222016	29,2575	9,4949	1,16822	2,9325	2689	575490
857	734449	629422793	29,2746	9,4986	1,16686	2,9330	2692	526835
858	736164	631628712	29,2916	9,5023	1,16550	2,9335	2695	578182
859	737881	633839779	29,3087	9,5060	1,16414	2,9340	2699	579530
860	739600	636056000	29,3258	9,5097	1,16279	2,9345	2702	580880
861	741321	638277381	29,3428	9,5134	1,16144	2,9350	2705	582232
862	743044	640503928	29,3598	9,5171	1,16009	2,9355	2708	583585
863	744769	642735647	29,3769	9,5207	1,15875	2,9360	2711	584940
864	746496	644972544	29,3939	9,5244	1,15741	2,9365	2714	586297
865	748225	647214625	29,4109	9,5281	1,15607	2,9370	2717	587655
866	749956	649461896	29,4279	9,5317	1,15473	2,9375	2721	589014
867	751689	651714363	29,4449	9,5354	1,15340	2,9380	2724	590375
868	753424	653972032	29,4618	9,5391	1,15207	2,9385	2727	591738
869	755161	656234909	29,4788	9,5427	1,15075	2,9390	2730	593102
870	756900	658503000	29 4958	9 5464	1,14943	2,9395	2733	594468
871	758641	660776311	29,5127	9,5501	1,14811	2,9400	2736	595835
872	760384	663054848	29,5296	9,5537	1,14679	2,9405	2739	597204
873	762129	665338617	29,5466	9,5574	1,14548	2,9410	2743	598575
874	763876	667627624	29,5635	9,5610	1,14416	2,9415	2746	599947
875	765625	669921875	29,5804	9,5647	1,14286	2,9420	2749	601320
876	767376	672221376	29,5973	9,5683	1,14155	2,9425	2752	602696
877	769129	674526133	29,6142	9,5719	1,14025	2,9430	2755	604073
878	770884	676836152	29,6311	9,5756	1,13895	2,9435	2758	605451
879	772641	679151439	29,6479	9,5792	1,13766	2,9440	2761	606831
880	774400	681472000	20,6648	9,5828	1,13636	2,9445	2765	608212
881	776161	683797841	29,6816	9,5865	1,13507	2,9450	2768	609595
882	777924	686128968	29,6985	9,5901	1,13379	2,9455	2771	610980
883	779689	688465387	29,7153	9,5937	1,13250	2,9460	2774	612366
884	781456	690807104	29,7321	9,5973	1,13122	2,9465	2777	613754
885	783225	693154125	29,7489	9,6010	1,12994	2,9469	2780	615143
886	784996	695506456	29,7658	9,6046	1,12867	2,9474	2783	616534
887	786769	697864103	29,7825	9,6082	1,12740	2,9479	2787	617927
888	788544	700227072	29,7993	9,6118	1,12613	2,9484	2790	619321
889	790321	702595369	29,8161	9,6154	1,12486	2,9489	2793	620717
890	792100	704969000	29,8329	9,6190	1,12360	2,9494	2796	622114

n	n^2	n^3	$\sqrt{n}$	$\sqrt[3]{n}$	$1000 \cdot \frac{1}{n}$	$\log. n$	πn	$\frac{1}{4}\pi n^2$
891	793881	707347971	29,8496	9,6226	1,12233	2,9499	2799	623513
892	795664	709732288	29,8664	9,6262	1,12108	2,9504	2802	624913
893	797449	712121957	29,8831	9,6298	1,11982	2,9509	2805	626315
894	799236	714516984	29,8998	9.6334	1,11857	2,9513	2809	627718
895	801025	716917375	29,9166	9,6370	1,11732	2,9518	2812	629124
896	802816	719323136	29,9333	9,6406	1,11607	2,9523	2815	630530
897	804609	721734273	29,9500	9,6442	1,11483	2,9528	2818	631938
898	806404	724150792	29,9666	9,6477	1,11359	2,9533	2821	633348
899	808201	726572699	29,9833	9,6513	1,11235	2,9538	2824	634760
900	810000	729000000	30,0000	9,6549	1,11111	2,9542	2827	636173
901	811801	731432701	30,0167	9,6585	1,10988	2,9547	2831	637587
902	813604	733870808	30,0333	9,6620	1,10865	2,9552	2834	639003
903	815409	736314327	30,0500	9 6656	1,10742	2,9557	2837	640421
904	817216	738763264	30,0666	9,6692	1,10619	2,9562	2840	641840
905	819025	741217625	30,0832	9,6727	1,10497	2,9566	2843	643261
906	820836	743677416	30,0998	9,6763	1,10375	2,9571	2846	644683
907	822649	746142643	30,1164	9,6799	1,10254	2,9576	2849	646107
908	824464	748613312	30,1330	9,6834	1,10132	2,9581	2853	647533
909	826281	751089429	30,1496	9,6870	1,10011	2,9586	2856	648960
910	828100	753571000	30,1662	9,6905	1,09890	2,9590	2859	650388
911	829921	756058031	30 1828	9,6941	1,09769	2,9595	2862	651818
912	831744	758550528	30,1993	9,6976	1,09649	2,9600	2865	653250
913	833569	761048497	30,2159	9,7012	1,09529	2,9605	2868	654684
914	835396	763551944	30,2324	9 7047	1,09409	2,9609	2871	656118
915	837225	766060875	30,2490	9,7082	1,09290	2,9614	2875	657555
916	839056	768575296	30,2655	9,7118	1,09170	2,9619	2878	658993
917	840889	771095213	30,2820	9,7153	1,09051	2,9624	2881	660433
918	842724	773620632	30,2985	9,7188	1,08932	2,9628	2884	661874
919	844561	776151559	30,3150	9,7224	1,08814	2,9633	2887	663317
920	846400	778688000	30,3315	9,7259	1,08696	2,9638	2890	664761
921	848241	781229961	30,3480	9,7294	1,08578	2,9643	2893	666207
922	850084	783777448	30,3645	9,7329	1,08460	2,9647	2897	667654
923	851929	786330467	30 3809	9,7364	1,08342	2,9652	2900	669103
924	853776	788889024	30,3974	9,7400	1,08225	2,9657	2903	670554
925	855625	791453125	30,4138	9,7435	1,08108	2,9661	2906	672006
926	857476	794022776	30,4302	9,7470	1,07991	2,9666	2909	673460
927	859329	796597983	30,4467	9,7505	1,07875	2,9671	2912	674915
928	861184	799178752	30,4631	9,7540	1,07759	2,9675	2915	676372
929	863041	801765089	30,4795	9,7575	1,07643	2,9680	2919	677831
930	864900	804357000	30,4959	9.7610	1,07527	2,9685	2922	679291
931	866761	806954491	30,5123	9,7645	1,07411	2,9689	2925	680752
932	868624	809557568	30,5287	9,7680	1,07296	2,9694	2928	682216
933	870489	812166237	30,5450	9,7715	1,07181	2,9699	2931	683680
934	872356	814780504	30,5614	9,7750	1,07066	2,9703	2934	685147
935	874225	817400375	30,5778	9,7785	1,06952	2,9708	2937	686615
936	876096	820025856	30,5941	9,7819	1,06838	2,9713	2941	688084
937	877969	822656953	30,6105	9,7854	1,06724	2,9717	2944	689555
938	879844	825293672	30,6268	9,7889	1,06610	2,9722	2947	691028
939	881721	827936019	30,6431	9,7924	1,06496	2,9727	2950	692502
940	883600	830584000	30,6594	9,7959	1,06383	2,9731	2953	693978

n	n^2	n^3	$\sqrt{n}$	$\sqrt[3]{n}$	$1000 \cdot \frac{1}{n}$	log. n	πn	$\frac{1}{4} \pi n^2$
941	885481	833237621	30,6757	9,7993	1,06270	2,9736	2956	695455
942	887364	835896888	30,6920	9,8028	1,06157	2,9741	2959	696934
943	889249	838561807	30,7083	9,8063	1,06045	2,9745	2963	698415
944	891136	841232384	30,7246	9,8097	1,05932	2,9750	2966	699897
945	893025	843908625	30,7409	9,8132	1,05820	2,9754	2969	701380
946	894916	846590536	30 7571	9,8167	1,05708	2,9759	2972	702865
947	896809	849278123	30,7734	9,8201	1,05597	2,9763	2975	704352
948	898704	851971392	30,7896	9,8236	1,05485	2,9768	2978	705840
949	900601	854670349	30,8058	9,8270	1,05374	2,9773	2981	707330
950	902500	857375000	30,8221	9,8305	1,05263	2,9777	2985	708822
951	904401	860085351	30,8383	9,8339	1,05152	2,9782	2988	710315
952	906304	862801408	30,8545	9,8374	1,05042	2,9786	2991	711809
953	908209	865523177	30,8707	9,8408	1,04932	2,9791	2994	713306
954	910116	868250664	30,8869	9,8443	1,04822	2,9795	2997	714803
955	912025	870983875	30,9031	9,8477	1,04712	2,9800	3000	716303
956	913936	873722816	30,9192	9,8511	1,04603	2,9805	3003	717804
957	915849	876467493	30,9354	9,8546	1,04493	2,9809	3007	719306
958	917764	879217912	30,9516	9,8580	1,04384	2,9814	3010	720810
959	919681	881974079	30,9677	9,8614	1,04275	2,9818	3013	722316
960	921600	884736000	30,9839	9,8648	1,04167	2,9823	3016	723823
961	923521	887503681	31,0000	9,8683	1,04058	2,9827	3019	725332
962	925444	890277128	31,0161	9,8717	1,03950	2,9832	3022	726842
963	927369	893056347	31,0322	9,8751	1,03842	2,9836	3025	728354
964	929296	895841344	31,0483	9,8785	1,03734	2,9841	3028	729867
965	931225	898632125	31,0644	9,8819	1,03627	2,9845	3032	731382
966	933156	901428696	31,0805	9,8854	1,03520	2,9850	3035	732899
967	935089	904231063	31,0966	9,8888	1,03413	2,9854	3038	734417
968	937024	907039232	31,1127	9,8922	1,03306	2,9859	3041	735937
969	938961	909853209	31,1288	9,8956	1,03199	2,9863	3044	737458
970	940900	912673000	31,1448	9,8990	1,03093	2,9868	3047	738981
971	942841	915498611	31,1609	9,9024	1,02987	2,9872	3050	740506
972	944784	918330048	31,1769	9,9058	1,02881	2,9877	3054	742032
973	946729	921167317	31,1929	9,9092	1,02775	2,9881	3057	743559
974	948676	924010424	31,2090	9,9126	1,02669	2,9886	3060	745088
975	950625	926859375	31,2250	9,9160	1,02564	2,9890	3063	746619
976	952576	929714176	31,2410	9,9194	1,02459	2,9894	3066	748151
977	954529	932574833	31,2570	9,9227	1,02354	2,9899	3069	749685
978	956484	935441352	31,2730	9,9261	1,02249	2,9903	3072	751221
979	958441	938313739	31,2890	9,9295	1,02145	2,9908	3076	752758
980	960400	941192000	31,3050	9,9329	1,02041	2,9912	3079	754296
981	962361	944076141	31,3209	9,9363	1,01937	2,9917	3082	755837
982	964324	946966168	31,3369	9,9396	1,01833	2,9921	3085	757378
983	966289	949862087	31,3528	9,9430	1,01729	2,9926	3088	758922
984	968256	952763904	31,3688	9,9464	1,01626	2,9930	3091	760466
985	970225	955671625	31,3847	9 9497	1,01523	2,9934	3094	762013
986	972196	958585256	31,4006	9,9531	1,01420	2,9939	3098	763561
987	974169	961504803	31,4166	9,9565	1,01317	2,9943	3101	765111
988	976144	964430272	31,4325	9,9598	1,01215	2,9948	3104	766662
989	978121	967361669	31,4484	9,9632	1,01112	2,9952	3107	768214
990	980100	970299000	31,4643	9,9666	1,01010	2,9956	3110	769769

n	n^2	n^3	$\sqrt{n}$	$\sqrt[3]{n}$	$1000.\frac{1}{n}$	log n	πn	$\frac{1}{4}\pi n^2$
991	982081	973242271	31,4802	9,9699	1,00908	2,9961	3113	771325
992	984064	976191488	31,4960	9,9733	1,00806	2,9965	3116	772882
993	986049	979146657	31,5119	9,9766	1,00705	2,9969	3120	774441
994	988036	982107784	31,5278	9,9800	1,00604	2,9974	3123	776002
995	990025	985074875	31,5436	9 9833	1,00503	2,9978	3126	777564
996	992016	988047936	31,5595	9,9866	1,00402	2,9983	3129	779128
997	994009	991026973	31,5753	9,9900	1,00301	2,9987	3132	780693
998	996004	994011992	31,5911	9,9933	1,00200	2,9991	3135	782260
999	998001	997002999	31,6070	9,9967	1,00100	2,9996	3138	783828
1000	1000000	1000000000	31,6228	10,0000	1,00000	3,0000	3142	78[illegible]398

Uso de la tabla anterior — La tabla precedente es aplicable, no sólo á los números enteros inferiores a 1 000, sino a los decimales en que, al suprimir la coma, el numero expresado por las cifras significativas sea inferior á 1 000 (así 502, 31, 403, son las cifras significativas de 5,02, 0,0031, 0,403). Se considera entonces el completo de las cifras significativas como un numero entero, se busca en la tabla el valor que se desea y se corre la coma

para πn	un lugar a la izquierda		por cada decimal del número dado
n^2 ó $\frac{\pi n^2}{4}$	dos lugares	—	
n^3	tres —	—	

El valor de $\frac{1}{n}$ se obtiene corriendo la coma tres lugares a la izquierda, en el número hallado en la tabla Si n no es entero, se corre la coma un lugar á la derecha por cada decimal de n

Para la raiz cuadrada es necesario que el numero de cifras decimales sea par, y en caso contrario, se añade un cero a la derecha. Se busca en la tabla la raíz del numero expresado por las cifras significativas del dado (comprendiendo el cero, si se ha añadido), y se corre la coma á la izquierda tantos lugares como cifras decimales haya, dividido por 2 Así, para hallar $\sqrt{5,82}$, se busca $\sqrt{582}$ y se corre la coma un lugar á la izquierda; para $\sqrt{0,21}$ se busca $\sqrt{21}$ y se corre la coma un lugar a la izquierda, para $\sqrt{0,021}$ es necesario buscar $\sqrt{210}$ y correr la coma dos lugares. Las raíces buscadas serán, respectivamente, 2,41247, 0,45826, 0,144914.

Para la raiz cubica, el número de cifras decimales debe ser divisible por 3, ó hacerlo tal, añadiendo uno ó dos ceros. Después de haber hallado la raíz del número como si fuese entero, se corre la coma á la izquierda tantos lugares como cifras decimales tuviera el número dividido por 3 Así, para hallar $\sqrt[3]{0,00021}$ se busca $\sqrt[3]{210}$; para $\sqrt[3]{0,000021}$ se busca $\sqrt[3]{21}$, y en ambos casos se corre la coma á la izquierda dos lugares. Las raíces buscadas serán, pues, 0,059439, 0,027589. La $\sqrt[3]{0,0021}$ no se encuentra en las tablas; habría que buscar $\sqrt[3]{2100}$.

Cuando la tabla no da la raíz cuadrada ó cúbica exacta, se encuentra la raíz aproximada aplicando (según los casos) el método de interpolación, ó en los cuadrados ó cubos, el del número más próximo al formado con las cifras significativas del dado, suprimiendo la coma y teniendo en cuenta el número de ceros añadido. Así, por ejemplo, para $\sqrt{2,143}$, conviene proceder como sigue

$$\sqrt{2,143} = 0,1\sqrt{214,3} = 0,1 \left\{ \sqrt{214} + 0,3\left(\sqrt{215} - \sqrt{214}\right) \right\} = \\ = 1,463896$$

Para $\sqrt[3]{0,0021}$ (no conviene interpolar) se buscará en los cubos el número más próximo á 2100, ó mejor á 2,100000: se encuentra 2097152, que es el cubo de 128. Se obtendrá entonces con gran aproximación,

$$\sqrt[3]{0,0021} = 0,001\sqrt[3]{2100000} = 0,001 \times 128 = 0,128$$

Potencias y raíces superiores á la cúbica —Para la potencia ó raíz cuarta, se hace dos veces la operación de hallar el cuadrado ó raíz cuadrada —Por ejemplo. $\sqrt[4]{26}$ se busca $\sqrt{26} = 5,0990$ ó sea con gran aproximación 5 10; después se halla $\sqrt{5.10} = 2\ 2583$ y, por tanto, $\sqrt[4]{26} = 2,2583$

Para potencias ó raíces de un orden superior, se recurre á los logaritmos Pero para las potencias y raíz quinta se puede emplear la tabla XXVI, que da la quinta potencia de los números desde 0,1 a 1, y suprimiendo la coma, desde 1 á 100.

Números recíprocos.—Se emplean especialmente para la reducción de fracciones ordinarias ó decimales, y también, eventualmente, para simplificar las operaciones, substituyendo una división por una multiplicación:

Así se tiene, por ejemplo,

$$\frac{1}{5,19} = 100\frac{1}{519} = 100\frac{1,92678}{1000} = 0,192678$$

Logaritmos.

Logaritmos de los numeros mayores que la unidad. —La tabla I da los logaritmos de los numeros enteros, desde 1 a 1000, y la mantisa de los log. de los numeros decimales, cuyas cifras significativas forman un numero inferior a 1000. Para los numeros mayores, se procede por interpolación. La característica es siempre igual al número de cifras de la parte entera del numero dado, menos uno. Así:

$$\log 365 = 2{,}5623,\quad \log 36{,}5 = 1{,}5623,\quad \log 3{,}65 = 0{,}5623,$$
$$\log 36{,}54 = \log 36{,}5 + 0{,}4\,(\log 36{,}6 - \log 36{,}5) = 1{,}56278$$

Logaritmos de los numeros decimales.

$$\log 0{,}0365 = \log \frac{3{,}65}{100} = \log 3{,}65 - \log 100 = 0{,}5623 - 2 = -1{,}4377$$

La mantisa del logaritmo de 365 (número formado por las cifras significativas del dado), puede escribirse tambien indicando la característica negativa (igual al lugar que ocupa la primera cifra significativa), del modo siguiente:

$$\log 0{,}0365 = 0{,}5623 - 2 = \bar{2}{,}5623$$

Numero correspondiente á un logaritmo dado. —Si el logaritmo es positivo, se busca la mantisa mas próxima y se procede por interpolación así, dado el logaritmo 1,7855 se encuentran en la tabla las mantisas 7853 y 7860, correspondientes a los numeros 610 y 611, por consiguiente la mantisa dada corresponde al número

$$610 + \frac{7855 - 7853}{7860 - 7853} = 610 + \frac{2}{7} = 610{,}286,$$

y como el numero buscado debe tener dos cifras enteras, será 61,0286.

Caso de logaritmo negativo. —Sea ahora, hallar el numero cuyo logaritmo es $\bar{2}{,}5623$. A la mantisa 5623 corresponde el numero 365, y como en virtud del signo de la característica, el numero buscado debe tener un cero antes de la primera cifra significativa, sera 0,0365.

Operaciones con los logaritmos.

$$\log a \times b = \log a + \log b,\quad \log \frac{a}{b} = \log a - \log b$$

$$\log a^m = m \log a \qquad \log \sqrt[m]{a} = \frac{\log a}{m}$$

EJEMPLOS:

$$\log(0{,}365 + 98{,}7) = \bar{2},5623 + 1{,}9943 = -2 + 1 + 0{,}5623 + 0{,}9943 =$$
$$= 0{,}5566, \text{ que corresponde} \sim \text{al núm. } 3{,}60$$

$$\log \frac{0{,}285}{0{,}00342} = \bar{1},4548 - \bar{3},5340 = -1 + 3 + 0{,}4548 - 0{,}5340 =$$
$$= 1{,}9208, \text{ que corresponde} \sim \text{al núm. } 83{,}3$$

$$\log \sqrt[5]{0{,}0045} = {}^{1}/_{5}\, \bar{3},6532 = -0{,}6 + 0{,}13064 = -1 + 0{,}53064 =$$
$$= \bar{1},53064 \text{ que corresponde} \sim \text{al núm. } 0{,}3395$$

$$\log 0{,}45^5 = 5 \times \bar{1},6532 = -5 + 3{,}2660 = \bar{2},2660, \text{ que corresponde} \sim$$
$$\text{al núm. } 0{,}01845.$$

Logaritmos hiperbólicos. (Véase la tabla III)— Para los logaritmos de los números no comprendidos en la tabla, se recurre a los logaritmos ordinarios. Así, por ejemplo,

$$\log \text{hip } 28{,}6 = 2{,}302585 \log 28{,}6 = 2{,}302585 \times 1{,}4564 = 3{,}3535$$

Progresiones.

Progresiones aritméticas.— Dada la progresión

$$a,\ a+d,\ a+2d,\ a+3d,\ \ldots\ a+(n-1)d$$

se tiene el n^{mo} término $n = a + (n-1)\,d$; la suma de los n primeros términos es

$$s = \frac{a+n}{2}\,n = \left(a + \frac{(n-1)\,d}{2}\right) n.$$

Suma de los n primeros números naturales. $= \dfrac{n(n+1)}{2}$.

— n — — pares..... $= n(n+1)$.

— n — — impares.. $= n^2$.

— cuadrados de los n primeros números naturales $= \dfrac{n(n+1)(2n+1)}{6}$.

Suma de los cubos de los n primeros números naturales

$$= \left(\frac{n(n+1)}{2}\right)^2.$$

Progresiones geométricas.— Dada la progresión

$$a,\ ar,\ ar^2,\ ar^3 \ldots\ ar^{n-1}$$

se tiene para el último término $n = a r^{n-1}$, y para la suma de los n primeros términos

$$s = \frac{nr - a}{r - 1} = \frac{a (r^{n} - 1)}{r - 1} .$$

Permutaciones y combinaciones.

Número de permutaciones de m objetos entre sí $= 1 . 2 . 3 ..... m$.

Número de coordinaciones de m objetos n á n.....

$$= m (m - 1)(m - 2) ..... (m - n + 1).$$

Número de combinaciones de m objetos tomados n á n

$$\frac{m (m - 1)(m - 2) ..... (m - n + 1)}{1 . 2 . 3 ..... n.}$$

Ecuaciones de segundo grado.— Dada la ecuación

$$x^2 + a x + b = 0 ,$$

se tiene:

$$x = - \frac{a}{2} \pm \sqrt{\frac{a^2}{4} - b} .$$

Tabla II.—Raíz cuadrada y cúbica de algunas fracciones.

n	$\sqrt{n}$	$\sqrt[3]{n}$	n	$\sqrt{n}$	$\sqrt[3]{n}$	n	$\sqrt{n}$	$\sqrt[3]{n}$	n	$\sqrt{n}$	$\sqrt[3]{n}$
1/2	0,707	0,794	**1/7**	0,378	0,523	**3/8**	0,612	0,721	**7/9**	0,882	0,920
1/3	0,577	0,693	**2/7**	0,535	0,659	**5/8**	0,791	0,855	**8/9**	0,943	0,961
2/3	0,816	0,874	**3/7**	0,655	0,754	**7/8**	0,935	0,956	**1/12**	0,289	0,437
1/4	0,500	0,630	**4/7**	0,756	0,830	**1/9**	0,333	0,481	**5/12**	0,645	0,747
3/4	0,866	0,909	**5/7**	0,845	0,894	**2/9**	0,471	0,606	**7/12**	0,764	0,836
1/6	0,408	0,550	**6/7**	0,926	0,950	**4/9**	0,667	0,763	**11/12**	0,957	0,971
5/6	0,913	0,941	**1/8**	0,354	0,500	**5/9**	0 745	0,822	**1/15**	0,258	0,405

TABLA III.—Logaritmos hiperbólicos.

Núm.	Log. hip.	Núm.	Log. hip.	Núm.	Log. hip.	Núm.	Log. hip.
1,1	0,0953	**4,1**	1,4110	**7,1**	1,9600	**11**	2,3979
1,2	0,1823	**4,2**	1,4351	**7,2**	1,9741	**12**	2,4849
1,3	0,2624	**4,3**	1,4586	**7,3**	1,9879	**13**	2,5649
1,4	0,3365	**4,4**	1,4816	**7,4**	2,0015	**14**	2,6391
1,5	0,4055	**4,5**	1,5041	**7,5**	2,0149	**15**	2,7081
1,6	0,4700	**4,6**	1,5261	**7,6**	2,0281	**16**	2,7726
1,7	0,5306	**4,7**	1,5476	**7,7**	2,0412	**17**	2,8332
1,8	0,5878	**4,8**	1,5686	**7,8**	2,0541	**18**	2,8904
1,9	0,6419	**4,9**	1,5892	**7,9**	2,0669	**19**	2,9444
2,0	0,6931	**5,0**	1,6094	**8,0**	2,0794	**20**	2,9957
2,1	0,7419	**5,1**	1,6292	**8,1**	2,0919	**21**	3,0445
2,2	0,7885	**5,2**	1,6487	**8,2**	2,1041	**22**	3,0910
2,3	0,8329	**5,3**	1,6677	**8,3**	2,1163	**23**	3,1355
2,4	0,8755	**5,4**	1,6864	**8,4**	2,1282	**24**	3,1781
2,5	0,9163	**5,5**	1,7047	**8,5**	2,1401	**25**	3,2189
2,6	0,9555	**5,6**	1,7228	**8,6**	2,1518	**26**	3,2581
2,7	0,9933	**5,7**	1,7405	**8,7**	2,1633	**27**	3,2958
2,8	1,0296	**5,8**	1,7579	**8,8**	2,1748	**28**	3,3322
2,9	1,0647	**5,9**	1,7750	**8,9**	2,1861	**29**	3,3673
3,0	1,0986	**6,0**	1,7918	**9,0**	2,1972	**30**	3,4012
3,1	1,1314	**6,1**	1,8083	**9,1**	2,2083	**31**	3,4340
3,2	1,1632	**6,2**	1,8245	**9,2**	2,2192	**32**	3,4657
3,3	1,1939	**6,3**	1,8405	**9,3**	2,2300	**33**	3,4965
3,4	1,2238	**6,4**	1,8563	**9,4**	2,2407	**34**	3,5264
3,5	1,2528	**6,5**	1,8718	**9,5**	2,2513	**35**	3,5553
3,6	1,2809	**6,6**	1,8871	**9,6**	2,2618	**36**	3,5835
3,7	1,3083	**6,7**	1,9021	**9,7**	2,2721	**37**	3,6109
3,8	1,3350	**6,8**	1,9169	**9,8**	2,2824	**38**	3,6376
3,9	1,3610	**6,9**	1,9315	**9,9**	2,2925	**39**	3,6636
4,0	1,3863	**7,0**	1,9459	**10**	2,3026	**40**	3,6889

e = base de los logaritmos hiperbólicos = 2,71828; log e = 0,4343
log. hip. de un número cualquiera n = 2,302585 log n.

TRIGONOMETRÍA.

Principales relaciones entre las líneas trigonométricas.

$$\operatorname{sen} \alpha = \sqrt{1 - \cos^2 \alpha} = \frac{\operatorname{tang} \alpha}{\sqrt{1 + \operatorname{tang}^2 \alpha}} = \frac{1}{\sqrt{1 + \operatorname{cotg}^2 \alpha}}$$

$$\cos \alpha = \sqrt{1 - \operatorname{sen}^2 \alpha} = \frac{1}{\sqrt{1 + \operatorname{tang}^2 \alpha}} = \frac{\operatorname{cotg} \alpha}{\sqrt{1 + \operatorname{cotg}^2 \alpha}}$$

$$\operatorname{tang} \alpha = \frac{\operatorname{sen} \alpha}{\cos \alpha} = \frac{1}{\operatorname{cotg} \alpha}; \quad \operatorname{cotg} \alpha = \frac{\cos \alpha}{\operatorname{sen} \alpha} = \frac{1}{\operatorname{tang} \alpha}$$

$$\sec \alpha = \frac{1}{\cos \alpha}; \quad \operatorname{cosec} \alpha = \frac{1}{\operatorname{sen} \alpha}$$

$$\operatorname{sen}(90 \pm \alpha) = \cos \alpha; \quad \cos(90 \pm \alpha) = \mp \operatorname{sen} \alpha$$

$$\operatorname{tang}(90 \pm \alpha) = \mp \operatorname{cotg} \alpha; \quad \operatorname{cotg}(90 \pm \alpha) = \mp \operatorname{tang} \alpha$$

$$\operatorname{sen}(180 \pm \alpha) = \mp \operatorname{sen} \alpha; \quad \cos(180 \pm \alpha) = -\cos \alpha;$$

$$\operatorname{tang}(180 \pm \alpha) = \pm \operatorname{tang} \alpha; \quad \operatorname{cotg}(180 \pm \alpha) = \pm \operatorname{cotg} \alpha;$$

$$\operatorname{sen}(\alpha \pm \beta) = \operatorname{sen} \alpha \cos \beta \pm \cos \alpha \operatorname{sen} \beta$$

$$\cos(\alpha \pm \beta) = \cos \alpha \cos \beta \mp \operatorname{sen} \alpha \operatorname{sen} \beta$$

$$\operatorname{tang}(\alpha \pm \beta) = \frac{\operatorname{tang} \alpha \pm \operatorname{tang} \beta}{1 \mp \operatorname{tang} \alpha \operatorname{tang} \beta}$$

$$\operatorname{cotg}(\alpha \pm \beta) = \frac{\operatorname{cotg} \alpha \operatorname{cotg} \beta \mp 1}{\operatorname{cotg} \beta \pm \operatorname{cotg} \alpha}$$

$$\operatorname{sen} 2\alpha = 2 \operatorname{sen} \alpha \cos \alpha; \quad \cos 2\alpha = \cos^2 \alpha - \operatorname{sen}^2 \alpha;$$

$$\operatorname{tang} 2\alpha = \frac{2 \operatorname{tang} \alpha}{1 - \operatorname{tang}^2 \alpha}; \quad \operatorname{cotg} 2\alpha = \frac{\operatorname{cotg}^2 \alpha - 1}{2 \operatorname{cotg} \alpha}$$

$$\operatorname{sen} \frac{\alpha}{2} = \sqrt{\frac{1 - \cos \alpha}{2}}; \quad \cos \frac{\alpha}{2} = \sqrt{\frac{1 + \cos \alpha}{2}}$$

$$\operatorname{tang} \frac{\alpha}{2} = \frac{\operatorname{sen} \alpha}{1 + \cos \alpha}; \quad \operatorname{cotg} \frac{\alpha}{2} = \frac{\operatorname{sen} \alpha}{1 - \cos \alpha}.$$

Resolución de triángulos.

Triángulos rectángulos (a hipotenusa; b, c catetos; β, γ ángulos opuestos):

$$a = \sqrt{b^2 + c^2}; \quad b = c \operatorname{tang} \beta = c \operatorname{cotg} \gamma; \quad b = a \operatorname{sen} \beta = a \cos \gamma.$$

Triángulos oblicuángulos (a, b, c, lados; α, β, γ, ángulos opuestos):

Dados un lado (a) y dos ángulos (α, β):

$$\gamma = 180 - (\alpha + \beta); \quad b = a \frac{\operatorname{sen} \beta}{\operatorname{sen} \alpha}; \quad c = a \frac{\operatorname{sen} \gamma}{\operatorname{sen} \alpha}; \quad \text{área } A = \frac{1}{2} b c \operatorname{sen} \alpha.$$

Dados dos lados (a, b, y sea $b > a$) y el ángulo comprendido (γ):

$$c = \sqrt{a^2 + b^2 - 2ab \cos \gamma}; \quad \operatorname{tang} \alpha = \frac{a \operatorname{sen} \gamma}{b - a \cos \gamma}; \quad \beta = 180 - (\alpha + \gamma)$$

Dados dos lados (a b) y un angulo adyacente (γ)

$$\operatorname{sen}\beta = \frac{b}{a}\operatorname{sen}\alpha,\quad \gamma = 180 - (\alpha+\beta),\quad c = a\frac{\operatorname{sen}\gamma}{\operatorname{sen}\alpha}$$

Dados los tres lados suponiendo $a+b+c=2s$, se tiene

$$\cos\frac{\alpha}{2} = \sqrt{\frac{s(s-a)}{bc}},\quad \operatorname{sen}\beta = \frac{b}{a}\operatorname{sen}\alpha,\quad \gamma = 180-(\alpha+\beta),$$

$$\text{area} = \sqrt{s(s-a)(s-b)(s-c)}$$

Valores relativos á π

$$\pi = 3{,}141593\quad \frac{\pi}{4} = 0{,}7854,\quad \sqrt{\pi} = 1{,}772454,$$

$$\frac{1}{\pi} = 0{,}31831,\quad \pi^2 = 9{,}8696,\quad \log\pi = 0{,}49715$$

Tabla de las líneas trigonométricas.

La tabla que sigue da inmediatamente el seno, coseno, tangente y cotangente de los angulos agudos, de 10′ en 10′ En las dos primeras páginas se halla directamente el seno y coseno de 0° á 45°, descendiendo, y de 45° a 90°, subiendo, analogamente las demás lineas en las otras dos paginas

Si el angulo es obtuso, se tiene

$$\operatorname{sen}\alpha = \cos(\alpha-90),\quad \cos\alpha = \operatorname{sen}(\alpha-90),$$

$$\operatorname{tang}\alpha = -\cot(\alpha-90),\quad \operatorname{cotg}\alpha = -\operatorname{tang}(\alpha-90)$$

Para los angulos cuyos valores no estan comprendidos en la tabla, se procede por interpolación teniendo presente que, cuando el ángulo crece el sen y la tang *crecen también*, mientras que el cos y la cotang disminuyen

Ejemplo —Hallar el seno de 54° 13′ —La tabla da

sen 54° 10′ = 0,81072, sen 54° 20′ = 0,81242, diferencia 0,00170

Se tendra

$$\operatorname{sen} 54^\circ 13' = 0{,}81072 + \frac{3'}{10'}\,0{,}00170 = 0{,}81123$$

Hallar cos 10° 28′ —La tabla da

cos 10° 20′ = 0 98378, cos 10° 30′ = 0,98325, diferencia 0 00053,

luego $$\cos 10^\circ 28' = 0{,}98378 - \frac{8'}{10'}\,0{,}00053 = 0{,}983356$$

Dada tang α = 0,37853, hallar α La tabla da

0,37720 = tang 20° 40′, 0,38053 = tang 20° 50′, diferencia 0,00333, se tendrá

$$\alpha = 20^\circ 40' + 10'\,\frac{0{,}37853 - 0{,}37720}{0{,}00333} = 20^\circ 44'$$

Dado cos α = 0,51279, hallar α La tabla da

0,51254 = cos 59° 10′, 0,51504 = cos 58° 60′ = cos 59°, diferencia 0,00250,

de donde $$\alpha = 59^\circ 10' - 10'\,\frac{0{,}51279 - 0{,}51254}{0{,}00250} = 59^\circ 9'$$

TABLA IV.—Líneas trigonométricas.

Grados.	Seno. 0′	10′	20′	30′	40′	50′	
0	0,00000	0,00291	0,00582	0,00873	0,01164	0,01454	89
1	0,01745	0,02036	0,02327	0,02618	0,02908	0,03199	88
2	0,03490	0,03781	0,04071	0,04362	0,04653	0,04943	87
3	0,05234	0,05524	0,05814	0,06105	0,06395	0,06685	86
4	0,06976	0,07266	0,07556	0,07846	0,08136	0,08426	85
5	0,08716	0,09005	0,09295	0,09585	0,09874	0,10164	84
6	0,10453	0,10742	0,11031	0,11320	0,11609	0,11898	83
7	0,12187	0,12476	0,12764	0,13053	0,13341	0,13629	82
8	0,13917	0,14205	0,14493	0,14781	0,15069	0,15356	81
9	0,15643	0,15931	0,16218	0,16505	0,16792	0,17078	80
10	0,17365	0,17651	0,17937	0,18224	0,18509	0,18795	79
11	0,19081	0,19366	0,19652	0,19937	0,20222	0,20507	78
12	0,20791	0,21076	0,21360	0,21644	0,21928	0,22212	77
13	0,22495	0,22778	0,23062	0,23345	0,23627	0,23910	76
14	0,24192	0,24474	0,24756	0,25038	0,25320	0,25601	75
15	0,25882	0,26163	0,26443	0,26724	0,27004	0,27284	74
16	0,27564	0,27843	0,28123	0,28402	0,28680	0,28959	73
17	0,29237	0,29515	0,29793	0,30071	0,30348	0,30625	72
18	0,30902	0,31178	0,31454	0,31730	0,32006	0,32282	71
19	0,32557	0,32832	0,33106	0,33381	0,33655	0,33929	70
20	0,34202	0,34475	0,34748	0,35021	0,35293	0,35565	69
21	0,35837	0,36108	0,36379	0,36650	0,36921	0,37191	68
22	0,37461	0,37730	0,37999	0,38268	0,38537	0,38805	67
23	0,39073	0,39341	0,39608	0,39875	0,40141	0,40408	66
24	0,40674	0,40939	0,41204	0,41469	0,41734	0,41998	65
25	0,42262	0,42525	0,42788	0,43051	0,43313	0,43575	64
26	0,43837	0,44098	0,44359	0,44620	0,44880	0,45140	63
27	0,45399	0,45658	0,45917	0,46175	0,46433	0,46690	62
28	0,46947	0,47204	0,47460	0,47716	0,47971	0,48226	61
29	0,48481	0,48735	0,48989	0,49242	0,49495	0,49748	60
30	0.50000	0,50252	0,50503	0,50754	0,51004	0,51254	59
31	0,51504	0,51753	0,52002	0,52250	0,52498	0,52745	58
32	0,52992	0,53238	0.53484	0,53730	0,53975	0,54220	57
33	0,54464	0,54708	0,54951	0,55194	0,55436	0,55678	56
34	0,55919	0,56160	0,56401	0,56641	0,56880	0,57119	55
35	0,57358	0,57596	0,57833	0,58070	0,58307	0,58543	54
36	0,58779	0,59014	0,59248	0,59482	0,59716	0,59949	53
37	0,60182	0,60414	0,60645	0,60876	0,61107	0,61337	52
38	0,61566	0,61795	.0,62024	0,62251	0,62479	0.62706	51
39	0,62932	0,63158	0,63383	0,63608	0,63832	0,64056	50
40	0,64279	0,64501	0,64723	0,64945	0,65166	0,65386	49
41	0,65606	0,65825	0,66044	0,66262	0,66480	0,66697	48
42	0,66913	0,67129	0,67344	0,67559	0,67773	0,67987	47
43	0,68200	0,68412	0,68624	0,68835	0,69046	0,69256	46
44	0,69466	0,69675	0,69883	0,70091	0,70298	0,70505	45
45	0,70711						44
	60′	50′	40′	30′	20′	10′	Grados.
	Coseno.						

Sigue la TABLA IV.—**Líneas trigonométricas.**

Grados.	Coseno. 0′	10′	20′	30′	40′	50′	
0	1,00000	1,00000	0,99998	0,99996	0,99993	0,99989	**89**
1	0,99985	0,99979	0,99973	0,99966	0,99958	0,99949	**88**
2	0,99939	0,99929	0,99917	0,99905	0,99892	0,99878	**87**
3	0,99863	0,99847	0,99831	0,99813	0,99795	0,99776	**86**
4	0,99756	0,99736	0,99714	0,99692	0,99668	0,99644	**85**
5	0,99619	0,99594	0,99567	0,99540	0,99511	0,99482	**84**
6	0,99452	0,99421	0,99390	0,99357	0,99324	0,99290	**83**
7	0,99252	0,99219	0,99182	0,99144	0,99106	0,99067	**82**
8	0,99027	0,98986	0,98944	0,98902	0,98858	0,98814	**81**
9	0,98769	0,98723	0,98676	0,98629	0,98580	0,98531	**80**
10	0,98481	0,98430	0,98378	0,98325	0,98272	0,98218	**79**
11	0,98163	0,98107	0,98050	0,97992	0,97934	0,97875	**78**
12	0,97815	0,97754	0,97692	0,97630	0,97566	0,97502	**77**
13	0,97437	0,97371	0,97304	0,97237	0,97169	0,97100	**76**
14	0,97030	0,96959	0,96887	0,96815	0,96742	0,96667	**75**
15	0,96593	0,96517	0,96440	0,96363	0,96285	0,96206	**74**
16	0,96126	0,96046	0,95964	0,95882	0,95799	0,95715	**73**
17	0,95630	0,95545	0,95459	0,95372	0,95284	0,95195	**72**
18	0,95106	0,95015	0,94924	0,94832	0,94740	0,94646	**71**
19	0,94552	0,94457	0,94361	0,94264	0,94167	0,94068	**70**
20	0,93969	0,93869	0,93769	0,93667	0,93565	0,93462	**69**
21	0,93358	0,93253	0,93148	0,93042	0,92935	0,92827	**68**
22	0,92718	0,92609	0,92499	0,92388	0,92276	0,92164	**67**
23	0,92050	0,91936	0,91822	0,91706	0,91590	0,91472	**66**
24	0,91355	0,91236	0,91116	0,90996	0,90875	0,90753	**65**
25	0,90631	0,90507	0,90383	0,90259	0,90133	0,90007	**64**
26	0,89879	0,89752	0,89623	0,89493	0,89363	0,89232	**63**
27	0,89101	0,88968	0,88835	0,88701	0,88566	0,88431	**62**
28	0,88295	0,88158	0,88020	0,87882	0,87743	0,87603	**61**
29	0,87462	0,87321	0,87178	0,87036	0,86892	0,86748	**60**
30	0,86603	0,86457	0,86310	0,86163	0,86015	0,85866	**59**
31	0,85717	0,85567	0,85416	0,85264	0,85112	0,84959	**58**
32	0,84805	0,84650	0,84495	0,84339	0,84182	0,84025	**57**
33	0,83867	0,83708	0,83549	0,83389	0,83228	0,83066	**56**
34	0,82904	0,82741	0,82577	0,82413	0,82248	0,82082	**55**
35	0,81915	0,81748	0,81580	0,81412	0,81242	0,81072	**54**
36	0,80902	0,80730	0,80558	0,80386	0,80212	0,80038	**53**
37	0,79864	0,79688	0,79512	0,79335	0,79158	0,78980	**52**
38	0,78801	0,78622	0,78442	0,78261	0,78079	0,77897	**51**
39	0,77715	0,77531	0,77347	0,77162	0,76977	0,76791	**50**
40	0,76604	0,76417	0,76229	0,76041	0,75851	0,75661	**49**
41	0,75471	0,75280	0,75088	0,74896	0,74703	0,74509	**48**
42	0,74314	0,74120	0,73924	0,73728	0,73531	0,73333	**47**
43	0,73135	0,72937	0,72737	0,72537	0,72337	0,72136	**46**
44	0,71934	0,71732	0,71529	0,71325	0,71121	0,70916	**45**
45	0,70711						**44**
	60′	50′	40′	30′	20′	10′	Gardos.
	Seno.						

Sigue la TABLA IV.—Líneas trigonométricas.

Grados.	Tangente.						
	0′	10′	20′	30′	40′	50′	
0	0,00000	0,00291	0,00582	0,00873	0,01164	0,01455	89
1	0,01746	0,02036	0,02328	0,02619	0,02910	0,03201	88
2	0,03492	0,03783	0,04075	0,04366	0,04658	0,04949	87
3	0,05241	0,05533	0,05824	0,06116	0,06408	0,06700	86
4	0,06993	0,07285	0,07578	0,07870	0,08163	0,08456	85
5	0,08749	0,09042	0,09335	0,09629	0,09923	0,10216	84
6	0,10510	0,10805	0,11099	0,11394	0,11688	0,11983	83
7	0,12278	0,12574	0,12869	0,13165	0,13461	0,13758	82
8	0,14054	0,14351	0,14648	0,14945	0,15243	0,15540	81
9	0,15838	0,16137	0,16435	0,16734	0,17033	0,17333	80
10	0,17633	0,17933	0,18233	0,18534	0,18835	0,19136	79
11	0,19438	0,19740	0,20042	0,20345	0,20648	0,20952	78
12	0,21256	0,21560	0,21864	0,22169	0,22475	0,22781	77
13	0,23087	0,23393	0,23700	0,24008	0,24316	0,24624	76
14	0,24933	0,25242	0,25552	0,25862	0,26172	0,26483	75
15	0,26795	0,27107	0,27419	0,27732	0,28046	0,28360	74
16	0,28675	0,28990	0,29305	0,29621	0,29938	0,30255	73
17	0,30573	0,30891	0,31210	0,31530	0,31850	0,32171	72
18	0,32492	0,32814	0,33136	0,33460	0,33783	0,34108	71
19	0,34433	0,34758	0,35085	0,35412	0,35740	0,36068	70
20	0,36397	0,36727	0,37057	0,37388	0,37720	0,38053	69
21	0,38386	0,38721	0,39055	0,39391	0,39727	0,40065	68
22	0,40403	0,40741	0,41081	0,41421	0,41763	0,42105	67
23	0,42447	0,42791	0,43136	0,43481	0,43828	0,44175	66
24	0,44523	0,44872	0,45222	0,45573	0,45924	0,46277	65
25	0,46631	0,46985	0,47341	0,47698	0,48055	0,48414	64
26	0,48773	0,49134	0,49495	0,49858	0,50222	0,50587	63
27	0,50953	0,51319	0,51688	0,52057	0,52427	0,52798	62
28	0,53171	0,53545	0,53920	0,54296	0,54673	0,55051	61
29	0,55431	0,55812	0,56194	0,56577	0,56962	0,57348	60
30	0,57735	0,58124	0,58513	0,58905	0,59297	0,59691	59
31	0,60086	0,60483	0,60881	0,61280	0,61681	0,62083	58
32	0,62487	0,62892	0,63299	0,63707	0,64117	0,64528	57
33	0,64941	0,65355	0,65771	0,66189	0,66608	0,67028	56
34	0,67451	0,67875	0,68301	0,68728	0,69157	0,69588	55
35	0,70021	0,70455	0,70891	0,71329	0,71769	0,72211	54
36	0,72654	0,73100	0,73547	0,73996	0,74447	0,74900	53
37	0,75355	0,75812	0,76272	0,76733	0,77196	0,77661	52
38	0,78129	0,78598	0,79070	0,79544	0,80020	0,80498	51
39	0,80978	0,81461	0,81946	0,82434	0,82923	0,83415	50
40	0,83910	0,84407	0,84906	0,85408	0,85912	0,86419	49
41	0,86929	0,87441	0,87955	0,88473	0,88992	0,89515	48
42	0,90040	0,90569	0,91099	0,91633	0,92170	0,92709	47
43	0,93252	0,93797	0,94345	0,94896	0,95451	0,96008	46
44	0,96569	0,97133	0,97000	0,98270	0,98843	0,99420	45
45	1,00000						44
	60′	50′	40′	30′	20′	10′	Grados
	Cotangente.						

Sigue la TABLA IV.—**Líneas trigonométricas.**

Grados.	Cotangente.						
	0′	10′	20′	30′	40′	50′	
0	∞	343,77371	171,88540	114,58865	85,93979	68,75009	**89**
1	57,28996	49,10388	42,96408	38,18846	34,36777	31,24158	**88**
2	28,63625	26,43160	24,54176	22,90377	21,47040	20,20555	**87**
3	19,08114	18,07498	17,16934	16,34986	15,60478	14,92442	**86**
4	14,30067	13,72674	13,19688	12,70621	12,25051	11,82617	**85**
5	11,43005	11,05943	10,71191	10,38540	10,07803	9,78817	**84**
6	9,51436	9,25530	9,00983	8,77689	8,55555	8,34496	**83**
7	8,14435	7,95302	7,77035	7,59575	7,42871	7,26873	**82**
8	7,11537	6,96823	6,82694	6,69116	6,56055	6,43484	**81**
9	6,31375	6,19703	6,08444	5,97576	5,87080	5,76937	**80**
10	5,67128	5,57638	5,48451	5,39552	5,30928	5,22566	**79**
11	5,14455	5,06584	4,98940	4,91516	4,84300	4,77286	**78**
12	4,70463	4,63825	4,57363	4.51071	4,44942	4,38969	**77**
13	4,33148	4,27471	4,21933	4,16530	4,11256	4,06107	**76**
14	4,01078	3,96165	3,91364	3,86671	3,82083	3,77595	**75**
15	3,73205	3,68909	3,64705	3,60588	3,56557	3,52609	**74**
16	3,48741	3,44951	3,41236	3,37594	3,34023	3,30521	**73**
17	3,27085	3,23714	3,20406	3,17159	3,13972	3,10842	**72**
18	3,07768	3,04749	3,01783	2,98868	2,96004	2,93189	**71**
19	2,90421	2,87700	2,85023	2,82391	2,79802	2,77254	**70**
20	2,74748	2,72281	2,69853	2,67462	2,65109	2,62791	**69**
21	2,60509	2,58261	2,56046	2,53865	2,51715	2,49597	**68**
22	2,47509	2,45451	2,43422	2,41421	2,39449	2,37504	**67**
23	2,35585	2,33693	2,31826	2,29984	2,28167	2,26374	**66**
24	2,24604	2,22857	2,21132	2,19430	2,17749	2,16090	**65**
25	2,14451	2,12832	2,11233	2,09654	2,08094	2,06553	**64**
26	2,05030	2,03526	2,02039	2,00569	1,99116	1,97680	**63**
27	1,96261	1,94858	1,93470	1,92098	1,90741	1.89400	**62**
28	1,88073	1,86760	1,85462	1,84177	1,82906	1,81649	**61**
29	1,80405	1,79174	1,77955	1,76749	1,75556	1,74375	**60**
30	1,73205	1,72047	1,70901	1,69766	1,68643	1,67530	**59**
31	1,66428	1,65337	1,64256	1,63185	1,62125	1,61074	**58**
32	1,60033	1,59002	1,57981	1,56969	1,55966	1,54972	**57**
33	1,53987	1,53010	1,52043	1,51084	1,50133	1,49190	**56**
34	1,48256	1,47330	1,46411	1,45501	1,44598	1,43703	**55**
35	1,42815	1,41934	1,41061	1,40195	1,39336	1,38484	**54**
36	1,37638	1,36800	1,35968	1,35142	1,34323	1,33511	**53**
37	1,32704	1,31904	1,31110	1,30323	1,29541	1,28764	**52**
38	1,27994	1,27230	1,26471	1,25717	1.24969	1,24227	**51**
39	1,23490	1,22758	1,22031	1,21310	1,20593	1,19882	**50**
40	1,19175	1,18474	1,17777	1,17085	1,16398	1,15715	**49**
41	1,15037	1,14363	1,13694	1,13029	1,12369	1,11713	**48**
42	1,11061	1,10414	1,09770	1,09131	1,08496	1,07864	**47**
43	1,07237	1,06613	1,05994	1,05378	1,04766	1,04158	**46**
44	1,03553	1,02952	1,02355	1,01761	1,01170	1,00583	**45**
45	1,00000						**44**
	60′	50′	40′	30′	20′	10′	Grado .
	Tangente.						

Tabla V.

Para la reducción de ángulos sexagesimales á centesimales y viceversa.

(1" sexagesimal = 0,000308642 grados centesimales; 0,01 grado centesimal = 0° 00′ 32" 24‴)

Segundos...	Grados centesimales.	Segundos...	Grados centesimales.	Minutos...	Grados centesimales.	Minutos...	Grados centesimales.	Grados...	Grados centesimales.	Grados...	Grados centesimales.
1	0,00031	**31**	0,00957	**1**	0,01852	**31**	0,57407	**1**	1,11111	**31**	34,44445
2	0,00062	**32**	0,00988	**2**	0,03704	**32**	0,59259	**2**	2,22222	**32**	35,55556
3	0,00093	**33**	0,01018	**3**	0,05555	**33**	0,61111	**3**	3,33333	**33**	36,66667
4	0,00123	**34**	0,01049	**4**	0,07407	**34**	0,62963	**4**	4,44445	**34**	37,77778
5	0,00154	**35**	0,01080	**5**	0,09259	**35**	0,64815	**5**	5,55556	**35**	38,88889
6	0,00185	**36**	0,01111	**6**	0,11111	**36**	0,66667	**6**	6,66667	**36**	40,00000
7	0,00216	**37**	0,01142	**7**	0,12963	**37**	0,68518	**7**	7,77778	**37**	41,11111
8	0,00247	**38**	0,01173	**8**	0,14815	**38**	0,70370	**8**	8,88889	**38**	42,22222
9	0,00278	**39**	0,01204	**9**	0,16667	**39**	0,72222	**9**	10,00000	**39**	43,33334
10	0,00309	**40**	0,01234	**10**	0,18518	**40**	0,74074	**10**	11,11111	**40**	44,44445
11	0,00339	**41**	0,01265	**11**	0,20370	**41**	0,75926	**11**	12,22222	**41**	45,55556
12	0,00370	**42**	0,01296	**12**	0,22222	**42**	0,77778	**12**	13,33333	**42**	46,66667
13	0,00401	**43**	0,01327	**13**	0,24074	**43**	0,79630	**13**	14,44444	**43**	47,77778
14	0,00432	**44**	0,01358	**14**	0,25926	**44**	0,81481	**14**	15,55556	**44**	48,88889
15	0,00463	**45**	0,01389	**15**	0,27778	**45**	0,83333	**15**	16,66667	**45**	50,00000
16	0,00494	**46**	0,01420	**16**	0,29630	**46**	0,85185	**16**	17,77778	**50**	55,55556
17	0,00525	**47**	0,01451	**17**	0,31481	**47**	0,87037	**17**	18,88889	**60**	66,66667
18	0,00555	**48**	0,01481	**18**	0,33333	**48**	0,88889	**18**	20,00000	**70**	77,77778
19	0,00586	**49**	0,01512	**19**	0,35185	**49**	0,90741	**19**	21,11111	**80**	88,88889
20	0,00617	**50**	0,01543	**20**	0,37037	**50**	0,92593	**20**	22,22222	**90**	100,0000
21	0,00648	**51**	0,01574	**21**	0,38889	**51**	0,94444	**21**	23,33333	**100**	111,1111
22	0,00679	**52**	0,01605	**22**	0,40741	**52**	0,96296	**22**	24,44444	**120**	133,3333
23	0,00710	**53**	0,01636	**23**	0,42592	**53**	0,98148	**23**	25,55555	**135**	150,0000
24	0,00741	**54**	0,01667	**24**	0,44444	**54**	1,00000	**24**	26,66667	**180**	200,0000
25	0,00772	**55**	0,01697	**25**	0,46296	**55**	1,01852	**25**	27,77778	**200**	222,2222
26	0,00802	**56**	0,01728	**26**	0,48148	**56**	1,03704	**26**	28,88889	**225**	250,0000
27	0,00833	**57**	0,01759	**27**	0,50000	**57**	1,05555	**27**	30,00000	**230**	300,0000
28	0,00864	**58**	0,01790	**28**	0,51852	**58**	1,07407	**28**	31,11111	**300**	333,3333
29	0,00895	**59**	0,01821	**29**	0,53704	**59**	1,09259	**29**	32,22222	**315**	350,0000
30	0,00026	**60**	0,01852	**30**	0,55555	**60**	1,11111	**30**	34,33333	**360**	400,0000

Ejemplos:

Se quiere reducir á grados centesimales el ángulo de 117° 48′ 17" 35‴. Para ello se descompone así: 90° + 27° + 48′ + 17" + 35‴, valor que en la tabla tiene el siguiente equivalente

$$100 + 30 + 0{,}88889 + 0{,}00525 + \frac{35}{60}\,0{,}00031 =$$

$$= 130{,}89432 \text{ grados centesimales}$$

Para convertir en grados sexagesimales un ángulo de 387,78690 grados centesimales, se empieza por separar $350 = 315^\circ$, queda 37,78690 *La tabla da 34° como equivalente de 37 77778, restan* 0,00912 La tabla da 29", como equivalente de 0,00895, quedan 0,00017 Pero como $0{,}00031 = 1''$, resulta que 0,00017 equivale a $\frac{17}{31}\,1'' = 0''\,561 = 33$ próximamente, por consiguiente, el ángulo dado sera

$$349^\circ\ 00'\ 29\ \ 33$$

Curvas, superficies y volumenes.

Círculo (d diámetro, r radio)

Circunferencia $= \pi d = 2\pi r$, area $= \frac{\pi d^2}{4} = 0\ 7854\, d^2 = \pi r^2$ (Véase la tabla I)

Longitud del arco de $1^\circ = 0{,}017453293\, r$,

$$\text{de } 1' = 0{,}000290888\, r, \qquad \text{de } 1'' = 0{,}00000484\, r$$

Longitud del arco correspondiente a un ángulo α, en el centro $a = \frac{\pi}{180}\,\alpha^\circ\, r = \frac{\alpha''}{206265''}\, r$ (Véase la tabla VI)

Longitud de un arco de cuerda c y flecha s (véase tabla VII), aproximadamente, se tiene $a = \sqrt{\left\{ \frac{c^2}{4} + \frac{8}{3} s^2 \right\}}$.

Relaciones entre a, s, c, α, r

$$r = \frac{c}{2 \operatorname{sen} \frac{\alpha}{2}},\ \operatorname{tang} \frac{\alpha}{4} = \frac{2 \cdot s}{c},\ \alpha^\circ = 57{,}326\, \frac{a}{r},\ c = 2\sqrt{s\,(2r - s)}$$

$$s = r - \sqrt{r^2 - \frac{c^2}{4}},\ \text{para } \frac{s}{c} \text{ pequeño} \sim s = \frac{c^2}{8r}$$

Área del sector (α = angulo en el centro) $A = \frac{\pi}{180^\circ}\,\alpha^\circ\,\frac{r^2}{2}$

Area del segmento $A = \frac{r^2}{2}\left(\frac{\pi}{180^\circ}\,\alpha^\circ - \operatorname{sen}\alpha\right)$ (Véase tabla VII)

Arco de tres centros (c cuerda, s flecha).

Para trazar la curva, se toma el radio menor $r = 1{,}366\,s - 0{,}183\,c$; el radio mayor $R = c - r$. Para estos valores se tiene

$$\text{longitud del arco} = 0{,}856\,c + 1{,}480\,s$$
$$\text{área del segmento } A = 1{,}017\,cs - 0{,}04\,c^2 - 0{,}3\,s^2$$

Elipse (a eje mayor, b eje menor).

Desarrollo $= a\,k$, en la que k se obtiene en la tabla siguiente, en función de la relación $\frac{b}{a}$:

$\frac{b}{a}$	k	$\frac{b}{a}$	k	$\frac{b}{a}$	k	$\frac{b}{a}$	k	$\frac{b}{a}$	k	$\frac{b}{a}$	k
0,20	2,102	**0,34**	2,236	**0,46**	2,373	**0,60**	2,553	**0,74**	2,748	**0,86**	2,925
22	2,120	**35**	2,247	**48**	2,398	**62**	2,580	**75**	2,763	**88**	2,956
24	2,138	**36**	2,258	**50**	2,423	**64**	2,607	**76**	2,778	**90**	2,986
25	2,147	**38**	2,280	**52**	2,448	**65**	2,621	**78**	2,807	**92**	3,017
26	2,156	**40**	2,302	**54**	2,474	**66**	2,635	**80**	2,836	**94**	3,048
28	2,175	**42**	2,325	**55**	2,487	**68**	2,663	**82**	2,865	**95**	3,063
30	2,195	**44**	2,349	**56**	2,500	**70**	2,691	**84**	2,895	**96**	3,079
32	2,215	**45**	2,361	**58**	2,527	**72**	2,719	**85**	2,910	**98**	3,110

$$\text{Área de la elipse} = \frac{\pi}{4}\,ab = 0{,}7854\,ab.$$

Parábola y catenaria (catenaria de los puentes colgantes, cables telodinámicos, etc.); c, cuerda; s, flecha; A, área del segmento; l, longitud aproximada del arco. Cuando la flecha es pequeña, con respecto á la cuerda se tiene, aproximadamente,

$$A = \frac{2}{3}\,cs; \quad l = c\left\{1 + \frac{8}{3}\left(\frac{s}{c}\right)^2 - \frac{32}{5}\left(\frac{s}{c}\right)^4\right\}.$$

Hélice (r, radio; p, paso; n, número de vueltas).

$$\text{Desarrollo} = n\sqrt{39{,}4786\,r^2 + p^2}.$$

Triángulo (B, base; H, altura; a, b, c, lados; s, semisuma de los lados).

$$\text{Área } A = \frac{BH}{2} = \sqrt{s(s-a)(s-b)(s-c)}.$$

Trapecio: A = semisuma de los lados paralelos $\times$ su distancia.

Polígonos regulares (a lado R radio de la circunferencia circunscripta)

Triangulo	$A = 0,433\ a^2 =$	$1,299\ R^2$	$a = 1,732\ R$	$R = 0,577\ a$
Cuadrado	$1,000\ a^2$	$2,000\ R^2$	$1,414\ R$	$0,707\ a$
Pentagono	$1,721\ a^2$	$2,378\ R^2$	$1,172\ R$	$0,851\ a$
Exagono	$2,598\ a^2$	$2,598\ R^2$	$1,000\ R$	$1,000\ a$
Eptagono	$3,634\ a^2$	$2,736\ R^2$	$0,868\ R$	$1,152\ a$
Octógono	$4,828\ a^2$	$2,828\ R^2$	$0,765\ R$	$1,307\ a$
Eneágono	$6,182\ a^2$	$2,892\ R^2$	$0,684\ R$	$1,462\ a$
Decagono	$7,694\ a^2$	$2,939\ R^2$	$0,618\ R$	$1,618\ a$
Dodecágono	$11,196\ a^2$	$3,000\ R^2$	$0,518\ R$	$1,932\ a$

Area de una figura plana cualquiera.

Formula de Cotti. — Para hallar el área de una figura cualquiera se traza una base MN, se la divide en n partes iguales de longitud a y por los puntos de división se levantan las ordenadas $y_0\ y_1\ y_2 \ldots y_n$, normales á la base. El área de la superficie representada en la figura 1 a se deduce calculando primero la suma de las áreas de los trapecios (suponiéndolos rectilíneos) y restando de ella la cantidad

Fig. 1 a

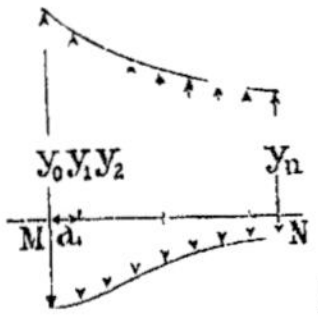

Fig. 1 b

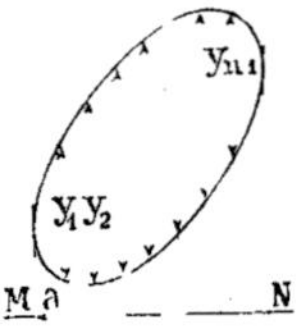

$$\frac{a}{12}(y_0 - y_1 + y_n - y_{n-1})$$

ó si se quiere mayor aproximación la cantidad

$$\frac{a}{24}(3\,y_0 - 4\,y_1 + y_2 + 3\,y_n - 4\,y_{n-1} + y_{n-2})$$

En el caso de la figura 1 b se calcula como si el área estuviera limitada por las ordenadas y_1 é y_{n-1} (es decir suponiendo $y_0 = y_n = 0$) y se añade para valor de las lunulas extremas

$$\frac{2}{3}\,a\,(y_1 + y_{n-1})$$

Fórmula de Simpson. — Cuando n es par y en el caso de la figura 1 a se tiene

$$A = \frac{a}{3}\Big\{ y_0 + y \quad + 4(y_1 + y_3 + y_5 + \quad + y_{n-1})$$
$$+ 2(y_2 + y_4 + \quad + y_{n-2}) \Big\}$$

Integración de las áreas —Dada el area *MNPQR (fig 2)* se divide en un numero conveniente de trapecios mediante las verticales que pasan por los puntos a_1 a_2 elegidos oportunamente Se trazan las medianas de estos trapecios y se proyectan en *M* 1 *M* 2 sobre la vertical que pasa por *M* Se toma arbitrariamente un polo *O* sobre la fundamental ó base *MR* y se tiran los C_1 a los radios *O*1 *O*2 Por *M* se traza una || á la *O*1, hasta encontrar en vertical a_1 por C_1 la || a *O*2 hasta encontrar en C_2 la vertical a_2 y así sucesivamente Entonces una cualquiera de las ordenadas a_1 C_1 a_2 C_2 multiplicada por *OM* es = al area de la figura que se halla a la izquierda de dicha ordenada así $RC_4 \times OM$ = area de *MNPQR*

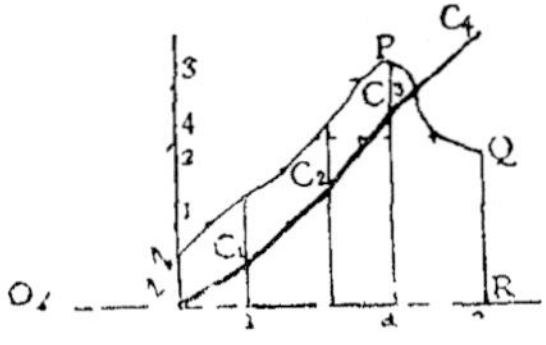

Fig 2

Superficies curvas (r = radio h = altura)

Cilindro recto Superficie $S = 2\pi r h$

Tronco de cilindro $S = 2\pi r$ por la distancia entre los centros de las bases

Cono recto $S = \pi r \sqrt{r^2 + h^2} = \pi r s$ (s = longitud de la generatriz)

Tronco de cono $S = \pi s (R + r)$ (s generatriz R r radios de las bases)

Esfera $S = 4\pi r^2$

Casquete y zona esférica $S = 2\pi r h$ (r = radio de la esfera)

Toro $S = 4\pi^2 R r = 39\,48 R r$ R = radio medio del Toro r = radio de la sección del anillo)

Superficie cualquiera de revolución S = longitud de la generatriz por la curva ó arco descripto por su centro de gravedad

Volúmenes.

Cilindro y prisma (A = area de la base h = altura) volumen $V = Ah$

Pirámide y cono $V = \frac{1}{3} Ah$

Tronco de cilindro y de prisma $V =$ área de la sección recta $\times$ la distancia entre los centros de gravedad de las bases —Si la base del tronco de prisma es triangular, se tiene $V =$ sección recta por la media aritmética de las tres aristas

Tronco de cono y de pirámide De bases paralelas (A A_1, áreas de las bases)

$$V = \frac{h}{3}(A + A_1 + \sqrt{A A_1})$$

Prismoide Bases paralelas, caras laterales, superficies regladas ó de segundo orden, A, A_1, areas de las bases, $h =$ altura ó distancia entre las mismas, $A_2 =$ sección media

$$V = \frac{h}{6}(A + A_1 + 4 A_2)$$

Esfera ($R =$ radio) $V = \frac{4}{3} \pi r^3 = 4{,}1888\, r^3$

Segmento esférico ($a =$ radio de la base, $r =$ radio de la esfera $h =$ altura)

$$V = \pi \frac{h}{6}(3 a^2 + h^2) = \pi h^2 \left(r - \frac{h}{3}\right), \text{ si } \frac{h}{a} \text{ es muy pequeño}$$

$$V = \frac{\pi a^2 h}{2}$$

Sector esférico ($r =$ radio de la esfera, $h =$ altura del casquete) $V = \frac{2}{3} \pi r^2 h$

Zona esférica (r_1 r_2 radios de las bases)

$$V = \frac{\pi}{6} h (3 r_1^2 + 3 r_2^2 + h^2)$$

Elipsoide (a, b c, ejes) $V = \frac{\pi}{6} a b c = 0\,5236\, a b c$

Paraboloide y sólidos analogos $V =$ area de la base $\times$ la mitad de la altura

Tronco de paraboloide de bases paralelas $V =$ semisuma de las áreas de las bases $\times$ la altura

Toro ($R r$ como anteriormente) $V = 2 \pi^2 R r^2$

Sólido cualquiera de revolución $V =$ area de la superficie generatriz $\times$ la curva descripta por su centro de gravedad

Sólidos cualesquiera —Se deduce V de la fórmula dada para el área de una figura plana cualquiera, suponiendo que y_0 y_1 y_2

etcétera, representan las areas de las secciones hechas por n planos paralelos y perpendiculares á otro que sirve de base

Volumen de las bóvedas (S = superficie, V = volumen)

Bóveda en cañón (para el desarrollo de los arcos, véase tablas VI y VII)

S = desarrollo del arco de intradós × la longitud del cañón

V = desarrollo del arco medio × la longitud del cañón × el espesor medio

Bóveda esférica de medio punto (R r, radios del trasdós é intradós)

$$S = 2\pi r^2 = 6{,}283\, r^2,\ V = 2\,094\,(R^3 - r^3)$$

Bóveda esférica rebajada (R, r, radios como en la anterior s flecha)

$$S = 2\pi r s = 6\,283\, r s,\ V = 2\,094\,\frac{s}{r}\,(R^3 - r^3)$$

Bóveda esférica truncada se deduce de la bóveda (supuesta entera) la parte truncada, considerandola como una bóveda esférica rebajada

Bóveda vaida (R = radio, a = lado del polígono de la base) base cuadrada $S = 1{,}30\ a^2$, exagonal $S = 3{,}76\ a^2$, octogonal $S = 7{,}46\ a^2$, decagonal $S = 12{,}42\ a^2$, rectangular de lados $a\,b$, $S = 3\,14\ R\,(a + b - 2R)$, en todo caso (aproximadamente) $V = S$ × el espesor de la bóveda

Bóveda vaida rebajada (R = radio, s = flecha), A = area de la base

Base cuadrada ó rectangular

$$S = A\left(1 + 0\ 301\ \frac{s}{R}\right)$$

V como la anterior aproximadamente.

Bóveda en rincón de claustro (de medio punto) $S = 2$ × el área de la base Si la bóveda es truncada $S = n\,a\,h$ (a lado, n número de lados del polígono de la base, h altura) V como en el anterior

Bóveda en rincón de claustro rebajada (s flecha)

Si la planta es un cuadrado de lado a $S = a^2 + 4\,s^2$, si rectangular de lados a, b $S = a\,b + 2\,s^2\,\frac{a^2 + b^2}{a\,b}$ V como en el anterior

Bóveda por arista (de medio punto) sobre planta cuadrada de lado a: $S = 1{,}14\ a^2$, si está peraltada una altura h sobre las claves de los arcos de la base

$S = 1,14\, a \sqrt{\{a^2 + 4\, h^2\}}$, V como anteriormente.

Luneto de medio punto (r radio, l longitud) $S = 1,14\, r\, l$.
Luneto rebajado (c cuerda, s flecha); $S = 0,52\, c\, l \div 0,56\, c\, l$

$$\text{para } s = \frac{1}{5}\, c \div \frac{2}{5}\, c.$$

Volumen de las pilas (cereales, etc.); pila prismatica, véase *prisma triangular truncada;* pila piramidal; véase *pirámide truncada ó prismoide.*

Cabida de toneles.

Sección circular ($D\, d$, diametros maximo y minimo, l longitud)

$$V = 0,087\, l\, (d + 2\, D)^2.$$

Sección elíptica ($A\, B$, ejes de la sección media, $a\, b$, ejes de la base).

$$V = 0,087\, l \left(A + B + \frac{a + b}{2}\right)^2.$$

Centros de gravedad.

Arco de círculo (r radio, c cuerda, a longitud del arco): distancia z del centro de gravedad al centro del arco; $z = \frac{r\, c}{a}$; semicircunferencia, $z = \frac{2\, r}{\pi}$

Sector de circulo. $z = \frac{2\, r\, c}{3\, a}$

Semicirculo: $z = 0,424\, r$

Segmento de circulo (S superficie): $z = \frac{c^3}{12\, S}$.

Arco de corona circular (R, r radios; α, semiángulo en el centro)·

$$z = 38,2\, \frac{\operatorname{sen} \alpha}{\alpha}\, \frac{R^3 - r^3}{R^2 - r^2};\ \text{semicorona } z = \frac{4}{3\, \pi}\, \frac{R^3 - r^3}{R^2 - r^2}.$$

Segmento de parábola (s flecha): distancia del centro de gravedad al vértice $= \frac{3}{5}\, s$ Esta expresión es aplicable al segmento interceptado por una curva cualquiera, siendo s la flecha sobre el diámetro conjugado de la cuerda.

Triangulo el centro de gravedad se halla en el punto de encuentro de las *medianas*, ó sobre una de éstas, á los $^2/_3$ del vértice

Trapecio ($a > b$ lados paralelos, h altura) el centro de gravedad se encuentra en la recta que une los puntos medios de a y b, a una distancia del lado mayor, dada por la fórmula

$$z = \frac{a + 2b}{a + b} \cdot \frac{h}{3}.$$

Figura plana cualquiera —Método aproximado se divide la figura en fajas, por medio de un sistema de ordenadas paralelas como en las figuras 1 a y 1 b se suman los productos del area de cada faja por la distancia de su mediana a la primera ordenada (fig 1 a) ó a la tangente (fig 1 b), y se divide esta suma por el area total de la figura, el cociente es la distancia del centro de gravedad a la primera ordenada ó a la tangente Repitiendo la operación por otro sistema de ordenadas, se determina, por intersección, el centro de gravedad

Superficie de la zona ó del segmento esférico centro de gravedad a $^1/_2$ de la altura

Superficie de la pirámide ó cono centro de gravedad en el eje a $^2/_3$ del vértice

Superficie del tronco de cono (R r, radios de la base, h, altura) centro de gravedad en el eje, a una distancia de la base mayor, $z = \frac{h}{3} \frac{R + 2r}{R + r}$.

Segmento de esfera (r radio h flecha) distancia del centro de gravedad al centro de la esfera, $z = \frac{3}{4} \frac{(2r - h)^2}{3r - h}$ Para el hemisferio $z = \frac{3}{8} r$.

Sector esférico (r radio de la esfera, h altura) $z = \frac{3}{4}\left(r - \frac{h}{2}\right)$

Hemisferio hueco (R r, radios) $z = \frac{3}{8} \frac{R^4 - r^4}{R^3 - r^3}$.

Pirámide ó cono centro de gravedad, en el eje a $^1/_4$ de la base

Pirámide o cono truncado (A, A_1 bases, h altura) distancia del centro de gravedad á la base mayor A

$$z = \frac{h}{4} \frac{A + 2\sqrt{A A_1} + 3 A_1}{A + \sqrt{A A_1} + A_1}$$

Prismoide (A, A_1 bases h altura A_2 sección media) distancia del centro de gravedad á la base A

$$a = h \frac{A_1 + 2 A_2}{A + A_1 + 4 A_2}$$

Centro de gravedad de un sistema de puntos, en los que hay aplicadas cantidades iguales ó diferentes referidas á una unidad cualquiera (unidad de peso volumen población consumo de agua, gas etc etc)

Sean (fig 3) los puntos I II III, IV en que se hallan aplicadas las cantidades m_1, m_2 m_3 Según una dirección arbitraria ax, se llevan las longitudes ab bc, cd de que representan las cantidades m_1, m_2, m_3 desde un punto cualquiera O (polo), se trazan los radios oa ob oc od

Por los puntos I II, III (fig 3) rectas ‖ á la ax, y por el punto I la IB ‖ ob hasta encontrar á la ‖ á ax tirado por II desde B la BC ‖ Oc de C la cD ‖ od Por el punto de encuentro de AI y DE se traza $Fy = ax$

Fig 3

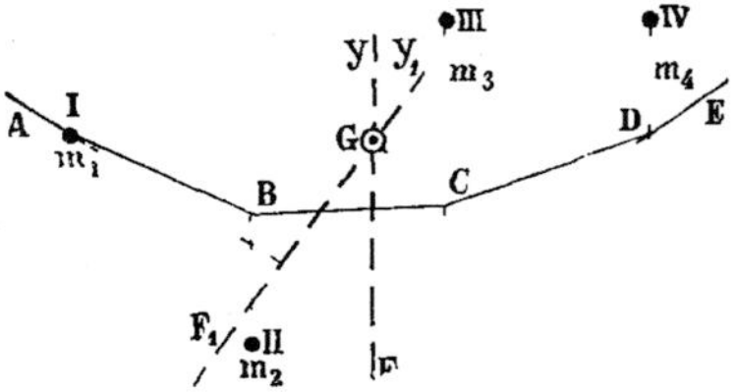

Fig 4

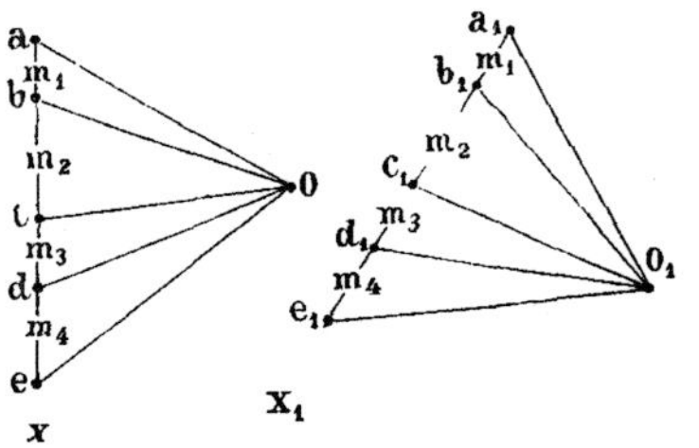

Se repite la operación tomando como base una nueva dirección $a_1 x_1$ (fig 4) y se obtiene una resultante $F_1 y_1$ cuya intersección con la Fy da la posición del centro de gravedad G

Tabla VI.

Longitud *a* del arco, cuerda *c* y flecha *s*, correspondientes á un ángulo α de 0° á 180° en una circunferencia de radio 1

α°	*a*	*c*	*s*	α°	*a*	*c*	*s*	α°	*a*	*c*	*s*
1	0,0175	0,0175	0,0000	**46**	0,8029	0,7815	0,0795	**91**	1,5882	1,4266	0,2991
2	0,0349	0,0349	0,0002	**47**	0,8203	0,7975	0,0829	**92**	1,6057	1,4385	0,3053
3	0,0524	0,0524	0,0003	**48**	0,8378	0,8135	0,0865	**93**	1,6232	1,4507	0,3116
4	0,0698	0,0698	0,0006	**49**	0,8552	0,8294	0,0900	**94**	1,6406	1,4627	0,3180
5	0,0873	0,0872	0,0010	**50**	0,8727	0,8452	0,0937	**95**	1,6581	1,4747	0,3244
6	0,1047	0,1047	0,0014	**51**	0,8901	0,8610	0,0974	**96**	1,6755	1,4863	0,3309
7	0,1222	0,1221	0,0019	**52**	0,9076	0,8767	0,1012	**97**	1,6930	1,4979	0,3374
8	0,1396	0,1395	0,0024	**53**	0,9250	0,8924	0,1051	**98**	1,7104	1,5094	0,3439
9	0,1571	0,1569	0,0031	**54**	0,9425	0,9080	0,1090	**99**	1,7279	1,5208	0,3506
10	0,1745	0,1743	0,0038	**55**	0,9599	0,9235	0,1130	**100**	1,7453	1,5321	0,3572
11	0,1920	0,1917	0,0046	**56**	0,9774	0,9389	0,1171	**101**	1,7628	1,5432	0,3639
12	0,2094	0,2091	0,0055	**57**	0,9948	0,9543	0,1212	**102**	1,7802	1,5543	0,3707
13	0,2269	0,2264	0,0064	**58**	1,0123	0,9696	0,1254	**103**	1,7977	1,5652	0,3775
14	0,2443	0,2437	0,0075	**59**	1,0297	0,9848	0,1296	**104**	1,8151	1,5760	0,3843
15	0,2618	0,2611	0,0086	**60**	1 0472	1,0000	0,1340	**105**	1,8326	1,5867	0,3912
16	0,2793	0,2783	0,0097	**61**	1,0647	1,0151	0,1384	**106**	1,8500	1,5973	0,3982
17	0,2967	0,2956	0,0110	**62**	1,0821	1,0301	0,1428	**107**	1,8675	1,6077	0,4052
18	0,3142	0,3129	0,0123	**63**	1,0996	1,0450	0,1474	**108**	1,8850	1,6180	0,4122
19	0,3316	0,3301	0,0137	**64**	1,1170	1,0598	0,1520	**109**	1,9024	1,6282	0,4193
20	0,3491	0,3473	0,0152	**65**	1,1345	1,0746	0,1566	**110**	1,9199	1,6383	0,4264
21	0,3665	0,3645	0,0167	**66**	1,1519	1,0893	0,1613	**111**	1,9373	1,6483	0,4336
22	0,3840	0,3816	0,0184	**67**	1,1694	1,1039	0,1661	**112**	1,9548	1,6581	0,4408
23	0,4014	0,3987	0,0201	**68**	1,1868	1,1184	0,1710	**113**	1,9722	1,6678	0,4481
24	0,4189	0,4158	0,0219	**69**	1,2043	1,1328	0,1759	**114**	1,9897	1,6773	0,4554
25	0,4363	0,4329	0,0237	**70**	1,2217	1,1472	0,1808	**215**	2,0071	1,6868	0,4627
26	0,4538	0,4499	0,0256	**71**	1,2392	1,1614	0,1859	**116**	2,0246	1,6961	0,4701
27	0,4712	0,4669	0,0276	**72**	1,2566	1,1756	0,1910	**117**	2,0420	1,7053	0,4775
28	0,4887	0,4838	0,0297	**73**	1,2741	1,1896	0,1961	**118**	2,0595	1,7143	0,4850
29	0,5061	0,5008	0,0319	**74**	1,2915	1,2036	0,2014	**119**	2,0769	1,7233	0,4925
30	0,5236	0,5176	0,0341	**75**	1,3090	1,2175	0,2066	**120**	2,0944	1,7321	0,5000
31	0,5411	0,5345	0,0364	**76**	1,3265	1,2312	0,2120	**121**	2,1118	1,7407	0,5076
32	0,5585	0,5513	0,0387	**77**	1,3439	1,2450	0,2174	**122**	2,1293	1,7492	0,5152
33	0,5760	0,5680	0,0412	**78**	1,3614	1,2586	0,2229	**123**	2,1468	1,7576	0,5228
34	0,5934	0,5847	0,0437	**79**	1,3788	1,2722	0,2284	**124**	2,1642	1,7659	0,5305
35	0,6109	0,6014	0,0463	**80**	1,3963	1,2856	0,2340	**125**	2,1817	1,7740	0,5383
36	0,6283	0,6180	0,0489	**81**	1,4137	1,2989	0,2396	**126**	2,1991	1,7820	0,5460
37	0,6458	0,6346	0,0517	**82**	1,4312	1,3121	0,2453	**127**	2,2166	1,7899	0,5538
38	0,6632	0,6511	0,0545	**83**	1,4486	1,3252	0,2510	**128**	2,2340	1,7976	0,5616
39	0,6807	0,6676	0,0574	**84**	1 4661	1,3383	0,2569	**129**	2,2515	1,8052	0,5695
40	0,6981	0,6840	0,0603	**85**	1,4835	1,3512	0,2627	**130**	2,2689	1,8126	0,5774
41	0,7156	0,7004	0,0633	**86**	1,5010	1,3640	0,2686	**131**	2,2864	1,8199	0,5853
42	0,7330	0,7167	0,0664	**87**	1,5184	1,3767	0,2746	**132**	2,3038	1,8271	0,5933
43	0,7505	0,7330	0,0696	**88**	1,5359	1,3893	0,2807	**133**	2,3213	1,8341	0,6013
44	0,7679	0,7492	0,0728	**89**	1,5533	1,4018	0,2867	**134**	2,3387	1,8410	0,6093
45	0,7854	0,7654	0,0761	**90**	1,5708	1,4142	0,2929	**135**	2,3562	1,8478	0,6173

α°	a	c	s	α°	a	c	s	α°	a	c	s
136	2,3736	1,8544	0,6254	**151**	2,6354	1,9363	0,7496	**166**	2,8972	1,9851	0,8781
137	2,3911	1,8608	0,6335	**152**	2,6529	1,9406	0,7581	**167**	2,9147	1,9871	0,8868
138	2,4086	1,8672	0,6416	**153**	2,6704	1,9447	0,7666	**168**	2,9322	1,9890	0,8955
139	2,4260	1,8733	0,6498	**154**	2,6878	1,9487	0,7750	**169**	2,9496	1,9908	0,9042
140	2,4435	1,8794	0,6580	**155**	2,7053	1,9526	0,7836	**170**	2,9671	1,9924	0,9128
141	2,4609	1,8853	0,6662	**156**	2,7227	1,9563	0,7921	**171**	2,9845	1,9938	0,9215
142	2,4784	1,8910	0,6744	**157**	2,7402	1,9598	0,8006	**172**	3,0020	1,9951	0,9302
143	2,4958	1,8966	0,6827	**158**	2,7576	1,9632	0,8092	**173**	3,0194	1,9963	0,9390
144	2,5133	1,9021	0,6910	**159**	2,7751	1,9665	0,8178	**174**	3,0369	1,9973	0,9477
145	2,5307	1,9074	0,6993	**160**	2 7925	1,9696	0,8264	**175**	3,0543	1,9981	0,9564
146	2,5482	1,9126	0,7076	**161**	2,8100	1 9726	0,8350	**176**	3,0718	1,9988	0,9651
147	2,5656	1,9176	0,7160	**162**	2,8274	1,9754	0,8436	**177**	3,0892	1,9993	0,9738
148	2,5831	1,9225	0,7244	**163**	2,8449	1,9780	0,8522	**178**	3,1067	1,9997	0,9825
149	2,6005	1,9273	0,7328	**164**	2,8623	1,9805	0,8608	**179**	3,1241	1,9999	0,9913
150	2,6180	1,9319	0,7412	**165**	2,8798	1,9829	0,8695	**180**	3,1416	2,0000	1,0000

Tabla VII.—Longitud *a* del arco y área *A* del segmento de cuerda *c* y flecha *s*

s/c	a/c	A/c^2	s/c	a/c	A/c^2	s/c	a/c	A/c^2
0,010	1,0003	0,0067	**0,112**	1,0331	0,0755	**0,172**	1,0771	0,1173
015	0006	0100	**114**	0343	0768	**174**	0789	1188
020	0011	0133	**116**	0355	0782	**176**	0807	1202
025	0017	0167	**118**	0367	0796	**178**	0825	1216
030	0024	0200	**120**	0380	0810	**180**	0843	1231
0,035	1,0033	0,0234	**0,122**	1,0392	0,0823	**0,182**	1,0861	0,1245
040	0043	0267	**124**	0405	0837	**184**	0880	1259
045	0054	0300	**126**	0418	0851	**186**	0898	1274
050	0067	0334	**128**	0431	0865	**188**	0917	1288
055	0080	0368	**130**	0445	0879	**190**	0936	1302
0,060	1,0096	0,0401	**0,132**	1,0458	0,0892	**0,192**	1,0956	0,1317
065	0112	0435	**134**	0472	0906	**194**	0975	1332
070	0130	0468	**136**	0486	0920	**196**	0995	1346
075	0149	0502	**138**	0500	0934	**198**	1015	1361
080	0170	0536	**140**	0515	0948	**200**	1035	1375
0,082	1,0179	0,0550	**0,142**	1,0530	0,0962	**0,202**	1,1055	0,1390
084	0188	0563	**144**	0544	0976	**204**	1075	1404
086	0197	0577	**146**	0559	0990	**206**	1096	1419
088	0203	0591	**148**	0574	1004	**208**	1116	1434
090	0216	0604	**150**	0590	1018	**210**	1137	1448
0,092	1,0226	0,0618	**0,152**	1,0605	0,1032	**0,212**	1,1158	0,1463
094	0235	0632	**154**	0621	1046	**214**	1180	1478
096	0246	0645	**156**	0637	1060	**216**	1201	1492
098	0256	0659	**158**	0653	1074	**218**	1222	1507
100	0265	0672	**160**	0669	1088	**220**	1244	1522
0,102	1,0275	0,0686	**0,162**	1,0686	0,1102	**0,222**	1,1266	0,1537
104	0286	0700	**164**	0702	1117	**224**	1288	1552
106	0297	0714	**166**	0719	1131	**226**	1311	1567
108	0308	0727	**168**	0733	1145	**228**	1333	1582
110	0320	0741	**170**	0754	1159	**230**	1356	1596

s/c	a/c	A/c^2	s/c	a/c	A/c^2	s/c	a/c	A/c^2
0,232	1,1379	0,1611	**0,322**	1,2569	0,2315	**0,412**	1,4043	0,3090
234	1402	1626	**324**	2599	2332	**414**	4079	3108
236	1425	1641	**326**	2629	2348	**416**	4114	3126
238	1448	1656	**328**	2659	2365	**418**	4150	3144
240	1471	1671	**330**	2689	2381	**420**	4186	3162
0,242	1,1495	0,1687	**0 332**	1,2720	0,2398	**0,422**	1,4222	0,3181
244	1519	1702	**334**	2750	2414	**424**	4258	3199
246	1543	1717	**336**	2781	2431	**426**	4294	3218
248	1567	1732	**338**	2812	2448	**428**	4331	3236
250	1591	1747	**340**	2843	2464	**430**	4367	3254
0,252	1,1616	0,1763	**0,342**	1,2874	0,2481	**0,432**	1,4404	0,3273
254	1640	1778	**344**	2905	2498	**434**	4440	3291
256	1665	1793	**346**	2937	2515	**436**	4477	3310
258	1690	1809	**348**	2968	2531	**438**	4514	3329
260	1715	1824	**350**	3000	2548	**440**	4551	3347
0,262	1,1740	0,1839	**0,352**	1,3031	0,2565	**0,442**	1,4588	0,3366
264	1765	1855	**354**	3063	2582	**444**	4625	3385
266	1791	1870	**356**	3095	2599	**446**	4663	3403
268	1816	1886	**358**	3128	2616	**448**	4700	3422
270	1843	1901	**360**	3160	2633	**450**	4738	3441
0,272	1,1869	0,1917	**0,362**	1,3192	0,2650	**0,452**	1,4775	0,3460
274	1895	1933	**364**	3225	2667	**454**	4813	3479
276	1921	1948	**366**	3258	2684	**456**	4851	3498
278	1948	1964	**368**	3290	2702	**458**	4889	3517
280	1974	1980	**370**	3323	2719	**460**	4927	3536
0,282	1,2001	0,1996	**0,372**	1,3356	0,2736	**0,462**	1,4965	0,3555
284	2028	2011	**374**	3390	2754	**464**	5003	3574
286	2056	2027	**376**	3423	2771	**466**	5042	3594
288	2083	2043	**378**	3456	2788	**468**	5080	3613
290	2111	2058	**380**	3490	2806	**470**	5118	3632
0,292	1,2138	0,2074	**0,382**	1,3524	0,2823	**0,472**	1,5157	0,3652
294	2166	2090	**384**	3557	2841	**474**	5196	3671
296	2193	2106	**386**	3591	2858	**476**	5235	3690
288	2220	2121	**388**	3625	2876	**478**	5274	3710
300	2249	2137	**390**	3660	2893	**480**	5313	3729
0,302	1,2278	0,2153	**0,392**	1,3694	0,2911	**0,482**	1,5352	0,3749
304	2306	2169	**394**	3728	2929	**484**	5391	3769
306	2335	2185	**396**	3763	2947	**486**	5430	3788
308	2364	2201	**398**	3797	2964	**488**	5470	3808
310	2392	2218	**400**	3832	2982	**490**	5509	3828
0,312	1,2422	0,2234	**0,402**	1,3867	0,3000	**0,492**	1,5548	0,3847
314	2451	2250	**404**	3902	3018	**494**	5588	3867
316	2480	2266	**406**	3937	3036	**496**	5628	3887
318	2509	2283	**408**	3972	3054	**498**	5668	3907
320	2539	2299	**410**	4008	3072	**500**	5708	3927

Ejemplo: Sea un arco de $c = 4$ m y $s = 0{,}72$ m — Dividiendo la flecha por la cuerda, se tiene $s/c = 0{,}180$, al que corresponde en la tabla $a/c = 1{,}0843$; $A/c^2 = 0{,}1231$.

De donde

Longitud del arco ..... $a = 1{,}0843 \times 4 = 4{,}3372$ m
Area del segmento .... $A = 0{,}1231 \times 4^2 = 1{,}9696$ m ^{2}

Intereses, anualidades y amortizaciones.

(r renta anual para un capital de una peseta)

1.er **caso.**—Aumento de un capital c a interés r, compuesto, en n años.......... $S = c(1+r)^n$

Valor actual de una cantidad S pagadera al cabo de n años...................... $c = S \dfrac{1}{(1+r)^n}$.

2.° **caso.**—Aumento al cabo de n años, de una anualidad a, colocado a interés al fin de cada año .... $S = a \dfrac{(1+r)^n - 1}{r}$.

Si la anualidad se emplea al principio de cada año, es preciso multiplicar S por $(1+r)$

Cantidad que hay que emplear al fin de cada año para obtener S al cabo de n años........... .... $a = S \dfrac{r}{(1+r)^n - 1}$.

Si el empleo se verifica al principio de cada año, a se divide por $(1+r)$

3.er **caso.**—Valor actual de la anualidad a pagadera a fin de cada año durante n años........ .. .. $C = a \dfrac{(1+r)^n - 1}{r(1+r)^n}$.

Si el pago se hace al comenzar el año, hay que multiplicar por $(1+r)$

Anualidad que hay que pagar á fin de cada año, durante n de éstos, correspondiente al capital actual C .... $a = C \dfrac{r(1+r)^n}{(1+r)^n - 1}$.

Si la anualidad se entrega al principio de cada año, hay que dividir por $(1+r)$.

La tabla VIII da inmediatamente los valores de S, C y a en todos los casos Cuando se quiere determinar n, se procede como sigue se halla la relación $\frac{S}{c}$ para el primer caso; $\frac{S}{a}$ para el segundo, y $\frac{C}{a}$ para el tercero, y se ve si el valor de este cociente esta en la columna correspondiente al caso de que se trata, si así sucede, en la primera columna se encuentra el valor buscado. En caso contrario se procede por interpolación, como sigue:

Sea averiguar en cuántos años puede amortizarse un capital de 10.000 pesetas, con sus intereses compuestos al 6 %, mediante una anualidad de 1.000 pesetas:

$\frac{10.000}{1.000} = 10$ se halla en la 16.ª columna entre 9,712 y 10,106 a los que corresponden en la primera columna 15 y 16 respectivamente. Se tiene, por consiguiente,

$$n = 15 + \frac{10 - 9,712}{10,106 - 9,712}(16 - 15) = 15,731 = 15 \text{ años y } 267 \text{ días.}$$

Cuando la tabla no llegue á las cifras necesarias, se acude a logaritmos. Así en el ejemplo anterior, y para el tercer caso, la fórmula daría para $C = 10.000$, $a = 1.000$, $r = 0,06$:

$$(1 + r)^n = \frac{a}{a - Cr} = 2,5; \text{ de donde } n = \frac{\log 2,5}{\log 1,06} = 15,73 \text{ años.}$$

TABLA VIII.—Intereses compuestos, anualidades y amortizaciones.

Número de años.	$(1+r)^n$			$\frac{1}{(1+r)^n}$			$\frac{(1+r)^n-1}{r}$			$\frac{r}{(1+r)^n-1}$			$\frac{(1+r)^n-1}{r(1+r)^n}$			$\frac{r(1+r)^n}{(1+r)^n-1}$		
n	3 %	3½ %	4 %	3 %	3½ %	4 %	3 %	3½ %	4 %	3 %	3½ %	4 %	3 %	3½ %	4 %	3 %	3½ %	4 %
2	1,061	1,071	1,082	0,9426	0,9335	0,9246	2,030	2,035	2,040	0,4926	0,4914	0,4902	1,913	1,897	1,886	0,5226	0,5264	0,5302
3	1,093	1,109	1,125	9151	9019	8890	3,091	3,106	3,122	3235	3219	3203	2,829	2,802	2,775	3535	3569	3603
4	1,125	1,147	1,170	8885	8714	8548	4,184	4,215	4,246	2990	2372	2355	3,717	3,673	3,630	2690	2722	2755
5	1,159	1,188	1,217	8626	8420	8219	5,309	5,362	5,416	1836	1865	1846	4,580	4,515	4,452	2183	2215	2246
6	1,194	1,229	1,265	8374	8135	7903	6,468	6,550	6,633	1546	1527	1508	5,417	5,328	5,242	1845	1877	1908
7	1,230	1,272	1,316	8131	7860	7599	7,662	7,779	7,898	1305	1285	1266	6,230	6,114	6,002	1605	1635	1666
8	1,267	1,317	1,369	7894	7594	7307	8,892	9,052	9,214	1125	1105	1085	7,020	6,874	6,733	1424	1454	1485
9	1,305	1,363	1,423	7664	7337	7026	10,159	10,368	10,583	0984	0964	0945	7,786	7,608	7,435	1284	1314	1345
10	1,344	1,411	1,480	7441	7089	6756	11,464	11,731	12,006	0872	0852	0833	8,530	8,317	8,111	1172	1202	1233
11	1,384	1,460	1,539	7224	6849	6496	12,808	13,142	13,486	0781	0761	0741	9,252	9,002	8,760	1080	1111	1141
12	1,426	1,511	1,601	7014	6618	6246	14,192	14,602	15,026	0705	0685	0666	9,954	9,663	9,385	1004	1035	1066
13	1,469	1,566	1,665	6809	6364	6006	15,618	16,113	16,627	0640	0621	0601	10,635	10,303	9,986	0940	0970	1001
14	1,513	1,619	1,732	6611	7178	5775	17,086	17,677	18,292	0585	0566	0547	11,296	10,920	10,563	0885	0916	0947
15	1,558	1,675	1,801	6419	5969	5553	18,599	19,296	20,024	0538	0518	0499	11,938	11,517	11,118	0837	0868	0899
16	1,605	1,734	1,873	6231	5767	5339	20,157	20,971	21,825	0496	0477	0458	12,561	12,094	11,652	0796	0827	0858
17	1,653	1,795	1,948	6050	5572	5134	21,761	22,705	23,698	0459	0440	0422	13,166	12,651	12,166	0759	0790	0822
18	1,702	1,857	2,026	5874	5384	4939	23,414	24,499	25,645	0427	0408	0390	13,753	13,190	12,659	0727	0758	0790
19	1,753	1,922	2,107	5703	5202	4746	25,117	26,357	27,671	0398	0379	0361	14,324	13,710	13,134	0698	0729	0761
20	1,806	1,990	2,191	5537	5026	4564	26,870	28,280	29,778	0372	0354	0336	14,877	14,212	13,590	0672	0704	0736
21	1,860	2,059	2,279	5375	4856	4388	28,676	30,264	31,969	0349	0330	0313	15,415	14,698	14,029	0649	0680	0713
22	1,916	2,131	2,370	5219	4691	4220	30,537	32,329	34,248	0327	0309	0292	15,937	14,167	14,430	0627	0659	0692
23	1,974	2,206	2,465	5067	4533	4057	32,453	34,460	36,618	0308	0291	0273	16,444	15,621	14,857	0607	0640	0673
24	2,033	2,283	2,563	4919	4380	3901	34,426	36,666	39,082	0290	0273	0256	16,935	16,058	15,247	0596	0623	0656
25	2,094	2,363	2,666	4776	4231	3751	36,459	38,950	41,646	0274	0257	0240	17,413	16,481	15,622	0574	0607	0640
26	2,157	2,446	2,772	4637	4088	3607	38,553	41,313	44,312	0259	0242	0226	17,877	16,890	15,983	0559	0592	0626
27	2,221	2,532	2,883	4502	3950	3468	40,710	43,759	47,084	0246	0229	0212	18,327	17,285	16,329	0546	0578	0612
28	2,288	2,620	2,999	4371	3817	3335	42,931	46,290	49,968	0233	0216	0200	18,746	17,667	16,663	0533	0566	0600
29	2,357	2,712	3,119	4243	3687	3207	45,219	48,911	52,966	0221	0204	0189	19,188	18,036	16,984	0521	0554	0589
30	2,427	2,807	3,243	4120	3563	3083	47,575	51,623	56,085	0210	0194	0178	19,600	18,392	17,292	0510	0543	0578
35	2,814	2,334	3,946	3554	3000	2534	60,462	66,674	73,652	0165	0150	0136	21,487	20,001	18,665	0465	0499	0536
40	3,262	3,959	4,801	3066	2526	2083	75,401	84,550	95,026	0133	0118	0105	23,115	21,355	19,793	0433	0468	0505

Sigue TABLA VIII.—Intereses compuestos, anualidades y amortizaciones.

Número de años	$(1+r)^n$			$\frac{1}{(1+r)^n}$			$\frac{(1+r)^n-1}{r}$			$\frac{r}{(1+r)^n-1}$			$\frac{(1+r)^n-1}{r(1+r)^n}$			$\frac{r(1+r)^n}{(1+r)^n-1}$		
n	4½ %	5 %	6 %	4½ %	5 %	6 %	4½ %	5 %	6 %	4½ %	5 %	6 %	4½ %	5 %	6 %	4½ %	5 %	6 %
2	1,092	1,103	1,124	0,9157	0,9070	0,8900	2,045	2,050	2,060	0,4890	0,4878	0,4854	1,873	1,859	1,833	0,5339	0,5378	0,5454
3	1,141	1,158	1,191	8763	8638	8396	3,137	3,153	3,184	3188	3172	3141	2,749	2,723	2,673	3637	3672	3741
4	1,193	1,216	1,262	8386	8227	7921	4,278	4,310	4,375	2337	2320	2286	3,587	3,546	3,465	2787	2821	2886
5	1,246	1,276	1,338	8024	7835	7473	5,471	5,526	5,637	1828	1810	1774	4,390	4,329	4,212	2277	2310	2374
6	1,302	1,340	1,419	7679	7462	7050	6,717	6,802	6,975	1489	1470	1434	5,158	5,076	4,917	1939	1970	2034
7	1,361	1,407	1,504	7348	7107	6651	8,019	8,142	8,394	1247	1228	1191	5,892	5,786	5,582	1697	1728	1791
8	1,422	1,477	1,594	7032	6768	6274	9,380	9,549	9,897	1066	1047	1010	6,596	6,463	6,210	1516	1547	1610
9	1,486	1,551	1,689	6729	6446	5919	10,802	11,027	11,491	0926	0907	0870	7,269	7,108	6,802	1376	1407	1470
10	1,553	1,629	1,791	6439	6139	5584	12,288	12,578	13,181	0814	0795	0759	7,913	7,722	7,360	1264	1295	1359
11	1,623	1,710	1,898	6162	5847	5268	13,841	14,207	14,972	0722	0704	0668	8,529	8,306	7,887	1172	1204	1268
12	1,696	1,796	2,012	5897	5568	4970	15,464	15,917	16,870	0647	0628	0593	9,118	8,863	8,384	1096	1128	1193
13	1,772	1,886	2 133	5643	5303	4688	17,160	17,713	18,882	0583	0565	0530	9,683	9,394	8,853	1033	1065	1130
14	1 852	1,980	2,261	5400	5051	4423	18,932	19,599	21,015	0528	0510	0476	10,223	9 899	9,295	0978	1010	1076
15	1,935	2,079	2,397	5167	4810	4173	20,784	21,579	23,276	0481	0463	0430	10,739	10,380	9,712	0931	0963	0030
16	2,022	2,183	2,540	4945	4581	3936	22,719	23,657	25,673	0440	0423	0390	11,234	10,838	10,106	0890	0923	0990
17	2,113	2,292	2,693	4732	4363	3714	24,741	25,840	28,213	0404	0387	0354	11,707	11,274	10,477	0854	0887	0954
18	2,208	2,407	2,854	4528	4155	3503	26,855	28,132	30,906	0372	0355	0324	12,160	11,690	10,828	0822	0855	0924
19	2,308	2,527	3,026	4333	3957	3305	29,063	30,539	33,760	0344	0327	0296	12,593	12,085	11,158	0794	0827	0896
20	2,412	2,653	3,207	4146	3769	3118	31,371	33,066	36,786	0319	0302	0272	13,008	12,462	11,470	0768	0802	0872
21	2,520	2,786	3,400	3968	3589	2942	33,783	35,719	39,993	0296	0280	0250	13,405	12,821	11,764	0746	0780	0850
22	2,634	2 925	3,604	3797	3418	2775	36,303	38,505	43,392	0275	0260	0230	13,784	13,163	12,004	0725	0760	0830
23	2,752	3,072	3,820	3633	3256	2618	38,937	41,430	46,996	0257	0241	0213	14,148	13,488	12,305	0707	0741	0813
24	2,876	3,225	4,049	3477	3101	2470	41,689	44,502	50,816	0240	0225	0197	14,495	13,798	12,558	0689	0725	0797
25	3,005	3,386	4,292	3327	2953	2330	44,565	47,727	54,865	0224	0210	0182	14,828	14,094	12,783	0674	0710	0782
26	3,141	3,556	4,549	3184	2812	2198	47,571	51,113	59,156	0210	0196	0169	15,147	14,375	13,003	0660	0696	0769
27	3,282	3,733	4,822	3047	2678	2074	50,711	54,669	63,706	0197	0183	0157	15,451	14,643	13,211	0647	0683	0757
28	3,430	3,920	5,112	2916	2551	1956	53,993	58,403	68,528	0185	0171	0146	15,743	14,898	13,406	0635	0671	0746
29	3,584	4,116	5,418	2790	2429	1846	57,423	62,323	73,656	0174	0160	0136	16,022	15,141	13,590	0624	0660	0736
30	3,745	4,322	5,743	2670	2314	1741	61,007	66,439	79,058	0164	0151	0126	16,289	15,372	13,765	0614	0651	0726
35	4,667	5,516	7,686	2143	1813	1301	81,497	90,320	111,435	0123	0111	0090	17,461	16 374	14,498	0572	0611	0690
40	5,816	7,040	10,286	1719	1420	0972	107,030	120,800	154,762	0093	0083	0065	18,402	17,159	15,046	0543	0583	0665

Anualidad vitalicia. (Datos del ingeniero Perozzo)

Anualidad inmediata — C_e representa el valor capital actual al interés r de una peseta de anualidad vitalicia, pagadera á fin de cada año, a un individuo, ó por un individuo, de edad e. Si s_e, s_{e+1} expresan (en virtud de las tablas de mortalidad) el número de supervivientes a la edad e, $e+1$, y s_m el de los mismos á la edad m (suponiendo que a la edad $m+1$ han fallecido todos), se tiene

$$C_e = \frac{s_{e+1}}{s_e}(1+r)^{-1} + \frac{s_{e+2}}{s_e}(1+r)^{-2} + \ldots \frac{s_m}{s_e}(1+r)^{-m+e}$$

ó también

$$C_e = (1 + C_{e+1})\frac{s_{e+1}}{s_e}(1+r)^{-1}$$

Anualidad diferida — $n|^C e$ valor capital actual de una anualidad vitalicia, de una peseta, pagadera por, ó á un individuo de edad e al terminar el año $(n+1)$

$$n|^C e = \frac{s_{e+n}}{s_e} C_{e+n}(1+r)^{-n}$$

Anualidad temporal — $n|^C e$ valor capital actual de la anualidad de una peseta, pagadera por, ó á un individuo de edad e, durante n años, al fin de cada uno

$$|n^C e = C_e - n|^C e$$

Si la anualidad *temporal* es anticipada, es decir, si ha de pagarse al principio de cada año, se tiene

$$|n^C e = 1 + |n-1\ ^C e$$

Pensión vitalicia — Si se entrega a fin de cada año, y durante un numero n de éstos, una peseta por cada superviviente (ó á favor de los mismos) de un grupo s_e de coetaneos de edad e, para disfrutar una pensión vitalicia, cuando cumplan $e+n$ años, corresponderá a cada uno la cantidad.

$$P_{e,n} = \frac{C_e}{n|^C e} - 1$$

Reserva matemática para una Casa-pensión.—Para los pensionados de edad e, la reserva R_e, esta dada por el valor de la pensión anual P_e multiplicado la de la renta vitalicia inmediata correspondiente á la edad del pensionado,

$$R_e = P_e C_e$$

Para los inscritos que ponen la tasa fija de una peseta, teniendo $e + n$ años de edad, inscritos desde n años, la reserva esta expresada por el valor capital de la pensión teórica a que tendría derecho, si hubiese entrado en la pensión en la fecha del calculo de la reserva

$$R_{e+n} = P_{e,n} C_{e+n}.$$

De las fórmulas precedentes se deduce también

$$R_{e+n} = C_e \frac{S_e}{S_{e+n}} (1+r)^n - C_{e+n}.$$

Seguros en casos de muerte.—Sea A_e el valor a la edad e y al interés r del contrato para pagar una peseta en caso de muerte, al final del año en que ocurre el fallecimiento

$$A = \frac{s_e - s_{e+1}}{s_e}(1+r)^{-1} + \frac{s_{e+1} - s_{e+2}}{s_e}(1+r)^{-2} +$$

$$+ \dots + \frac{s_m}{s_e}(1+r)^{-m+e} = (1+r)^{-1}(1 - r C_e)$$

Si el seguro es diferido á n años se tiene:

$$_{n/}A_e = \frac{s_{e+n} - s_{e+n+1}}{s_e}(1+r)^{-n-1} + \dots +$$

$$+ \frac{s_m}{s_e}(1+r)^{-m+e} = {}_{n-1/}C_e (1+r)^{-1} - {}_{n/}C_e.$$

Si el seguro es temporal por n años se tiene

$$_{/n}A_e = \frac{s_e - s_{e+1}}{s_e}(1+r)^{-1} + \dots +$$

$$+ \frac{s_{e+n-1} - s_{e+n}}{s_e}(1+r)^{-n} = (1+r)^{-1}\left(1 + {}_{/n-1}C_e\right) - {}_{/n}C_e$$

Primas únicas y anuales.—El valor capital de la anualidad vitalicia inmediata ó diferida, y el del seguro en caso de muerte inmediato ó diferido, dan la prima única *neta* para el pago de una peseta en las formas preestablecidas. El beneficio corresponde al neto con un aumento del 5 al 15 por 100 por los gastos de administración.

Las primas *anuales*, se deducen de las únicas, dividiendo éstas por el valor de la anualidad anticipada, por los n años que dura la prima.

Mensualidad.—Valor C á fin de año de una mensualidad S, al interés r:

Mensualidad entregada a primero de mes .	$C = S(12 + 6{,}5\,r)$.
» » á fin de mes.	$C = S(12 + 5{,}5\,r)$.

Para tener el valor a principio de año, se divide por $(1 + r)$.

Cuentas corrientes.—Suponiendo el año de 360 días, los intereses a fin de año de una cantidad puesta en cuenta corriente se calculan como sigue. se multiplica la cantidad por el número de días desde la fecha del registro hasta el final del año y se la divide por 100 (con lo cual se deduce dicho *número*); después se divide por 360, 240; 180; 144; 120, 102; 86; 90, 80; 72; 60, según que el interés es de 1, $1^1/_2$, 2, $2^1/_2$, 3, $3^1/_2$, 4, $4^1/_2$, 5 ó 6 por 100. Para calcular los intereses de una cuenta corriente activa y pasiva, se hace el balance, ó sea la diferencia entre los *números* de las sumas del debe y haber, y se la divide como antes

TABLA IX.

Reducción de pulgadas inglesas á milímetros.

Pulg	0	1	2	3	4	5	6	7	8	9	10	11
0	0,00	25,40	50,80	76,20	101,6	127,0	152,4	177,8	203,2	228,6	254,0	279,4
1/16	1,59	26,99	52,39	77,79	103,1	128,6	154,0	179,4	204,8	230,2	255,6	281,0
1/8	3,18	28,57	53,97	79,37	104,8	130,2	155,6	181,0	206,4	231,8	257,2	282,6
3/16	4,76	30,16	55,56	80,96	106,4	131,8	157,2	182,6	208,0	233,4	258,8	284,2
1/4	6,35	31,75	57,15	82,55	108,0	133,4	158,8	184,2	209,6	235,0	260,4	285,7
5/16	7,94	33,34	58,74	84,14	109,5	134,9	160,3	185,7	211,1	236,5	261,9	287,3
3/8	9,53	34,92	60,32	85,72	111,1	136,3	161,9	187,3	212,7	238,1	263,5	288,9
7/16	11,11	36,51	60,91	87,31	112,7	138,1	163,5	188,9	214,3	239,7	265,1	290,5
1/2	12,70	38,10	63,50	88,90	114,3	139,7	165,1	190,5	215,9	241,3	266,7	292,1
9/16	14,29	39,69	65,09	90,49	115,9	141,3	166,7	192,1	217,5	242,9	268,3	293,7
5/8	15,88	41,27	66,67	92,07	117,5	142,9	168,3	193,7	219,1	244,5	269,9	295,3
11/16	17,46	42,86	68,26	93,66	119,1	144,5	169,9	195,3	220,7	246,1	271,5	296,9
3/4	19,05	44,45	69,85	95,25	120,7	146,1	171,5	196,9	222,3	247,7	273,1	298,6
13/16	20,64	46,04	71,44	96,84	122,2	147,6	173,0	198,0	223,8	249,2	274,6	300,0
7/8	22,23	47,62	73,02	98,42	123,8	149,2	174,6	200,1	225,4	250,8	276,2	301,6
15/16	23,81	49,21	74,61	100,0	125,4	150,8	176,2	201,6	227,0	252,4	277,8	303,1

Pies ingleses á metros.

Pies	0	1	2	3	4	5	6	7	8	9
0	0,0000	0,3049	0,6096	0,9144	1,2192	1,5240	1,8288	2,1336	2,4384	2,7432
10	3,0480	3,3528	3,6575	3,9624	4,2671	4,7719	4,8767	5,1815	5,4863	5,7911
20	6,0959	6,4007	6,7054	7,0103	7,3151	7,6199	7,9247	8,2295	8,5534	8,8391
30	9,1439	9,4487	9.7534	10,048	10,363	10,679	10,973	11,277	11,582	11,887
40	12,192	12,496	12,801	13,106	13,411	13,716	14,021	14,325	14,630	14,935
50	15,240	15,544	15,849	16,154	16,459	16,764	17,068	17,373	17,678	17,983
60	18,288	18,593	18,897	19,202	19,507	19,812	20,116	20,421	20,726	21,031
70	21,336	21,640	21,945	22,250	22,555	22,860	23,164	23,469	23,774	24,079
80	24,384	24,688	24,993	25,298	25,603	25,908	26,212	26,517	26,822	27,127
90	27,432	27,736	28,041	28,346	28,651	28,955	29,260	29,565	29,870	30,175
100	30,480	30,784	31,089	31,394	31,699	32,003	32,308	32,613	32,918	33,223
110	33,528	33,832	34,137	34,442	34,747	35,041	35,356	35,661	35,966	36,271
120	36,576	36,880	37,185	37,490	37,795	38,099	38,404	38,709	39,014	39,318

Libras inglesas á kilogramos.

Lib.	0	1	2	3	4	5	6	7	8	9
0	0,0000	0,4536	0,9072	1,3608	1,8144	2,2680	2,7216	3,1751	3,6287	4,0823
10	4,5359	4,9895	5,4431	5,8967	6,3503	6,8039	7,2575	7,7111	8,1647	8,6183
20	9,0719	9,5254	9,9790	10,433	10,886	11,340	11,793	12,247	12,701	13,154
30	13,608	14,061	14,515	14,969	15,422	15,876	16,329	16,783	17,237	17,690
40	18,144	18 597	19,051	19,504	19,958	20,412	20,865	21,319	21,772	22,226
50	22,680	23,133	23,587	24,040	24,494	24,948	25,401	25,855	26,308	26,761
60	27,216	27,669	28,123	28,576	29,030	29,484	29 937	30,391	30,844	31,257
70	31,751	32,205	32,659	33,112	33,566	34,019	34,473	34,927	35,380	35,833
80	36,287	36,741	37,195	37,648	38,102	38,555	39,009	39,463	39,916	40,369
90	40,823	41,277	41,731	42,184	42,630	43,091	43,545	43,998	44,452	44,905

Correspondencia entre las pesas y medidas métricas, y las usadas antiguamente en cada una de las provincias de España.

		Álava.	Albacete.	Alicante.	Almería.	Ávila.	Barcelona.
Lineales	Vara	0,836 *m.*	0,837 *m.*	0,912 *m.*	0,833 *m.*	0,836 *m.*	»
	Cana	»	»	»	»	»	1,555 *m.*
Ponderales	Libra	0,460 *kg.*	0,458 *kg.*	0,533 *kg.*	0,460 *kg.*	0,460 *kg.*	0,400 *kg.*
	Idem medicinal	»	»	»	»	»	0,300 *kg.*
Líquidos	Cántara	16,365 *l.*	»	»	»	»	»
	Media cántara	»	»	»	»	7,960 *l.*	»
	Media arroba para aceite	»	6,365 *l.*	»	8,180 *l.*	»	»
	Cuartán de aceite	»	»	»	»	»	4,150 *l.*
	Libra para ídem	»	»	2,600 *l.*	»	»	»
	Cantaro	»	»	11,550 *l.*	»	»	»
	Barchilla	»	»	20,775 *l.*	»	»	»
	Barrilón	»	»	»	»	»	30,350 *l.*
Áridos	Media fanega	27,810 *l.*	28,320 *l.*	»	27,531 *l.*	28,200 *l.*	»
	Media cuartera	»	»	»	»	»	34,759 *l.*
Superficiales	Areas	149,080 *v.*²	142,700 *v.*²	120,291 *v.*²	143,115 *v.*²	»	143,113 *v.*²
	Fanega	25,144 *á.*	70.570 *á.*	»	64,396 *á.*	»	»
	Jornal de tierra	»	»	48,413 *á.*	»	»	»
	Tahulla	»	»	»	11,182 *á.*	»	»
	Mojada	»	»	»	»	»	48,965 *á.*
Itinerarias	Legua	5.573 *m.*	»	5.555 *m.*	5.573 *m.*	»	»

		Badajoz.	Baleares.	Burgos.	Cáceres.	Cádiz.	Canarias.
Lineales	Vara	0,836 *m.*	»	0,836 *m.*	0,836 *m.*	0,836 *m.*	0,842 *m.*
	Media cana	»	0,782 *m.*	»	»	»	»
	Destre	»	4,214 *m.*	»	»	»	»
Ponderales	Libra	0,460 *kg.*	0,407 *kg.*	0,460 *kg.*	0,456 *kg.*	0,460 *kg.*	0,460 *kg.*

Líquidos	**Cántara**	»	**11,270** *l.*	»	»	»	»
	Media cántara	»	»	7,050 *l.*	»	»	»
	Arroba	»	12,140 *l.*	»	»	»	»
	Idem de Tenerife	»	»	»	»	»	5,050 *l.*
	Idem de Las Palmas	»	»	»	»	»	5,340 *l.*
	Media arroba para aceite	6,210 *l.*	»	»	»	6,260 *l.*	»
	Mesura de ídem	»	16,580 *l.*	»	»	»	»
	Medio cuarto de ídem	»	»	»	1,600 *l.*	»	»
	Barchilla	»	1,660 *l.*	»	»	»	»
	Cuartillo de Guía	»	»	»	»	»	0,995 *l.*
	Idem de Arrecife	»	»	»	»	»	2,460 *l.*
	Cuarta para vino	»	0,780 *l.*	»	»	»	»
	Medio cuarto para ídem	»	»	»	1,730 *l.*	»	»
	Libra para aguardiente	»	0,410 *l.*	»	»	»	»
	Media arroba para otros líquidos	8,210 *l.*	»	»	»	7,922 *l.*	»
Áridos	Media fanega	21,920 *l.*	»	27,170 *l.*	2,688 *l*	27,272 *l.*	»
	Idem íd. de Tenerife	»	»	»	»	»	31,330 *l.*
	Medio almud de las Palmas	»	»	»	»	»	2,750 *l.*
	Idem íd. de Guía	»	»	»	»	»	2,840 *l.*
	Media cuartera	»	35,170 *l.*	»	»	»	»
Superficiales	Areas	143,113 *v.*²	24,064 *b. r.* *	143,113 *v*²	143,396 *v.*²	143,396 *v.*²	30,479 *b. r.*
	Fanega	64,396 *á.*	»	64,400 *a.*	64,410 *á.*	64,410 *a.*	52,495 *á.*
	Fanegada	»	8,319 *á.*	»	»	»	»
	Cuarterada	»	71,031 *a.*	»	»	»	»
Itinerarias	Legua	5 573 *m*	5.573 *m.*	5.573 *m.*	»	5.573 *m.*	»

		Castellón.	Cuenca.	Coruña.	Córdoba.	Gerona.	Granada.
Lineales	Vara	0,906 *m.*	0,836 *m.*	0,843 *m.*	0,836 *m.*	»	0,836 *m.*
	Cana	»	»	»	»	1,559 *m.*	»
Ponderales	Libra	0,858 *kg.*	0,460 *kg.*	0,575 *kg.*	0,460 *kg.*	0,400 *kg.*	0,460 *kg.*

* *Brazas reales.*

		Castellón.	Cuenca.	Coruña.	Córdoda.	Gerona.	Granada.
Líquidos	Cántara	»	»	15,580 *l.*	»	»	»
	Arroba	»	»	12,430 *l.*	»	»	»
	Mallal para vino	»	»	»	»	15,480 *l.*	»
	Media arroba para otros líquidos	»	7,880 *l.*	»	16,510 *l.*	»	8,210 *l.*
Aridos	Media fanega	»	27,100 *l.*	»	27,600 *l.*	»	27,350 *l.*
	Ferrado de trigo	»	»	16,150 *l*	»	»	»
	Idem íd. de maiz	»	»	20,870 *l.*	»	»	»
	Cuarterón	»	»	»	»	18,800 *l.*	»
Superficiales	Areas	143,113 *v.*^{2}	143,113 *v.*^{2}	140,670 *v.*^{2}	143,396 *v.*^{2}	41 *bra as*^{2} 9,223 *l.*^{2}	143,113 *v.*^{2}
	Fanega	39,313 *á.*	64,396 *á.*	»	61,212 *á.*	»	64,396 *á.*
	Idem de puño	41,934 *á.*	»	»	»	»	»
	Ferrado	»	»	6,397 *á.*	»	»	»
	Aranzada de viva	44,728 *a.*	»	»	36,720 *á.*	»	»
	Huebra	22,365 *á.*	»	»	»	»	»
	Vesana	»	»	»	»	21,874 *á.*	»
	Peonada de prado	39,138 *á.*	»	»	»	»	»
Itinerarias	Legua	»	»	5.573 *m.*	5.573 *m.*	»	5 573 *m.*
	Hora de camino	»	»	»	»	3.762 *m.*	»

		Guadalaj.ª	Guipúzcoa	Huelva.	Huesca.	Jaen.	León
Lineales	Vara	0,836 *m.*	0,837 *m.*	0,836 *m.*	0,772 *m.*	0,839 *m.*	0,836 *m.*
Ponderales	Libra	0,460 *kg.*	0,492 *kg.*	0,460 *kg.*	0,851 *kg.*	0,460 *kg.*	0,460 *kg.*
Líquidos	Cántara	»	»	»	9,980 *l.*	»	»
	Media cántara	»	»	»	»	»	7,920 *l.*
	Media arroba para aceite	6,350 *l*	»	»	»	7,120 *l.*	»
	Media libra para ídem	»	»	»	0,370 *l.*	»	»
	Media azumbre	»	1.260 *l.*	»	»	»	»

Líquidos	Media libra para aguardiente	»	»	»	0,360 *l.*	»	»
	Media arroba para otros líquidos	8,210 *l.*	»	7,890 *l.*	»	8,020 *l.*	»
Aridos	Fanega	»	»	»	22,460 *l.*	»	»
	Media fanega	27,400 *l.*	27,650 *l.*	27,531 *l.*	»	27,370 *l.*	»
	Emina	»	»	»	»	»	18,110 *l.*
Superficiales	Areas	143,396 $v.^2$	142,700 $v.^2$	143,396 $v.^2$	»	143,396 $v.^2$	143,396 $v.^2$
	Fanega	31,620 *á.*	34,428 *á.*	52,902 *á.*	7,152 *á.*	62,642 *á.*	»
	Emina de secano	»	»	»	»	»	9,396 *á.*
	Idem de regadío	»	»	»	»	»	6,264 *á.*
Itinerarias	Legua	»	»	»	6,176 *m.*	»	»
	Hora de camino	»	»	»	4,117 *m.*	»	»

		Lérida.	Logroño.	Lugo.	Madrid.	Málaga.	Murcia.
Lineales	Vara	»	0,837 *m.*	0,855 *m.*	0,843 *m.*	0,836 *m.*	0,836 *m.*
	Media cana	0,778 *m.*	»	»	»	»	»
Ponderales	Libra	0,401 *kg.*	0,460 *kg.*	0,573 *kg.*	0,460 *kg.*	0,460 *kg.*	0,460 *kg.*
Líquidos	Cántara	»	16,040 *l.*	»	»	»	»
	Cántaro	11,380 *l*	»	»	»	»	»
	Cuartillo	»	»	0,470 *l.*	»	»	»
	Media arroba para otros líquidos	»	»	»	8,150 *l.*	8,370 *l.*	7,800 *l.*
Áridos	Media fanega	»	27,470 *l.*	»	27,670 *l.*	27,970 *l.*	27,640 *l.*
	Ferrado de trigo	»	»	13,130 *l*	»	»	»
	Idem de maíz	»	»	13,130 *l.*	»	»	»
	Tres cuartanes	18,340 *l.*	»	»	»	»	»
Superficiales	Áreas	142,700 $v.^2$	142,700 $v.^2$	»	143,396 $v.^2$	143,396 $v.^2$	143,396 $v.^2$
	Fanega	»	19,024 *a.*	»	34,246 *a.*	63,084 *a.*	67,094 *a.*
	Ferrado	»	»	4,368 *á.*	»	»	»
	Jornal de tierra	43,580 *a.*	»	»	»	»	»
Itinerarias	Legua	»	5.572 *m.*	»	5.573 *m*	5 573 *m.*	5.573 *m.*

		Navarra.	Orense.	Oviedo.	Palencia.	Pontevedra	Salamanca.
Lineales	Vara	0,785 *m.*	0,836 *m.*	0,836 *m.*	0,836 *m.*	0,836 *m.*	0,836 *m.*
Ponderales	Libra	0,372 *kg.*	0,574 *kg*	0,460 *kg.*	0,460 *kg.*	0,579 *kg.*	0,460 *kg.*
Líquidos	Cántara	11,770 *l.*	15,960 *l*	18,410 *l.*	»	»	»
	Media cántara	»	»	»	7,880 *l.*	»	»
	Media arroba para aceite	»	»	»	6,120 *l.*	»	»
	Libra para ídem	0,410 *l.*	»	»	»	»	»
	Medio cañado	»	»	»	»	16,350 *l.*	»
Áridos	Media fanega	»	»	37,070 *l.*	26,750 *l.*	»	27,290 *l.*
	Ferrado de trigo	»	13,830 *l.*	»	»	15,580 *l.*	»
	Idem de maíz	»	18,730 *l.*	»	»	20,860 *l.*	»
	Robo	28,130 *l.*	»	»	»	»	»
Superficiales	Áreas	162 *v.*² 2.505 *p.*²	143,396 *v* ²	143,396 *v.*²	143,396 *v.*²	143,396 *v.*²	»
	Fanega	»	»	»	»	»	64,410 *a.*
	Ferrado	»	6,280 *á.*	»	»	»	»
	Idem de sembradura	»	»	»	»	6,290 *á.*	»
	Robada	8,984 *á.*	»	»	»	»	»
	Día de bueyes	»	»	12,580 *á.*	»	»	»
	Cavadora	»	4,260 *a.*	»	»	»	»
	Obrada	»	»	»	53,844 *á.*	»	»
Itinerarias	Legua	5.495 *m.*	»	5.573 *m.*	»	»	5.573 *m.*

		Santander.	Segovia.	Sevilla.	Soria.	Tarragona.	Teruel.
Lineales	Vara	0,836 *m.*	0,837 *m.*	0,836 *m.*	0,836 *m.*	»	0,768 *m.*
	Media cana	»	»	»	»	0,780 *m.*	»
Ponderales	Libra	0,460 *kg.*	0,460 *kg.*	0,460 *kg.*	0,460 *kg.*	»	0,367 *kg.*
Líquidos	Media cántara	7,900 *l.*	»	»	7,900 *l.*	»	10,960 l.
	Arroba	»	»	15,660 *l.*	»	»	»
	Sisquena para aceite	»	»	»	»	20,650	»

Líquidos	Arminas	»	»	»	»	34,660 l.	
	Media arroba para otros líquidos	»	8,000 l.	»	»	»	»
Áridos	Fanega	»	»	»	»	»	24,400 l.
	Media fanega	27,420 l.	27,300 l.	27,350 l.	27,570 l.	»	»
	Media cuartera	»	»	»	»	35,400 l.	»
Superficiales	Áreas	143,113 v.²	143,396 v.²	144,396 v.²	143,396 v.²	41 c.² 5.848 p²	»
	Fanega	64,396 á.	»	59,407 a.	22,364 á.	»	11,118 á.
	Aranzada de viva	»	»	57,560 a.	»	»	»
	Obrada	»	30,300 a.	»	»	60,840 á.	»
Itinerarias	Legua	»	»	5.573 m.	»	»	5.573 m.
	Hora de camino	»	»	»	»	4.458 m.	»

		Toledo	Valencia.	Valladolid.	Vizcaya.	Zamora.	Zaragoza.
Lineales	Vara	0,837 m.	0,906 m.	0,836 m.	0,836 m.	0,836 m.	0,772 m.
Ponderales	Libra	0,460 kg.	0,355 kg.	0,460 kg.	0,488 kg.	0,460 kg.	0,350 kg.
Líquidos	Media cantara	8,120 l.	»	7,820 l.	»	7,980 l	»
	Arroba	»	11,930 l.	»	»	»	13,930 l.
	Media arroba para aceite	5,250 l.	»	»	6,740 l.	»	»
	Cantaro	»	10,773 l.	»	»	»	9,930 l.
	Barchilla	»	16,750 l.	»	»	»	»
	Media azumbre	»	»	»	1,110 l.	»	»
	Media arroba para otros liquidos	»	»	»	»	»	13,330 l.
Áridos	Fanega	»	»	»	»	»	22,420 l.
	Media fanega	26,250 l.	»	27,390 l.	28,460 l.	27,640 l.	»
Superficiales	Áreas	143,396 v.²	24,064 b r.	143,396 v.²	143,396 v.²	143,396 v.²	»
	Fanega	37,585 a.	8,319 a	»	»	33,547 a.	»
	Cana del Rey	»	»	46,593 a	»	»	»
	Peonada	»	»	»	3,805 á.	»	»
	Cuartal	»	»	»	»	»	2,384 á.
Itinerarias	Legua	5 673 m.	6 039 m	5.573 m.	5.573 m.	»	5 573 m.

MONEDAS, PESAS Y MEDIDAS DE LOS PRINCIPALES PAÍSES

PAÍSES	MONEDAS	PESAS	MEDIDAS
Abisinia	1 Dollar Menelik = 1 Thaler María Teresa = 50 ÷ 80 kg. de sal	1 Trottel = 0,3 kg.	1 Ana = 0,460 m. 1 Medan = 8 lit.
Afghanistan	Las de la India y Persia	1 Mahn = 4,18 kg.	1 Arschim = 1,12 m.
Alemania	1 Marco = 100 pfenings = 1,2345 ptas. 1 Thaler = 3 marcos	Sistema métrico decimal.	
Andorra	Francesas y españolas	Idem íd. íd.	
Arabia (v Turquía)	—	—	
Argentina (República)	1 Colón = 10 pesos fuertes = 51,67 ptas. 1 Peso = 100 centavos = 5,42	Idem íd. id	
Austria-Hungría	1 Corona = 100 heller = 1,05 ptas. 1 (Golden) Florín = 100 kreutzer = 2,47 ptas	Idem íd. íd.	
Bélgica	1 Franco = 100 céntimos = 1 pta.	Idem íd. íd.	
Bolivia	1 Boliviano (Peso) = 100 centavos = 5 ptas.	Idem íd. íd.	
Brasil (E. U. del)	1 Milreis = 1000 reis = 1,15 ptas.	Idem íd. íd	
Bulgaria y Rumelia	1 Lev = 100 stotinki = 1 pta.	Idem íd. íd.	
Chile	1 Peso = 100 centavos = 5 ptas.	Idem íd. íd.	
China	1 Haikouan tael = 3,65 ptas.	1 Yina-Tschin = 3,58 m.	1 Sching = 10,31 li. 1 Tchong = 2 pou = 10 thé. 1 Thé (pie) = 0,32 m.
Colombia	1 Peso = 100 centavos = 5 ptas.	Sistema métrico decimal.	
Congo (Estado libre del)	Monedas, pesas y medidas alemanas, francesas, inglesas é indígenas.		
Corea	1 Yang = 10 mm.	Como en China.	
Costa-Rica	1 Peso = 100 centavos = 5 ptas.	Sistema métrico decimal.	
Dinamarca	1 Corona = 100 öre = 1,39 ptas.	1 Quintal = 100 libras = 50 kg. 1 Pund (libra) = 0,5 kg.	1 Aune = 0,627 m. 2 Fod (pie) = 0,3138 m.
Ecuador	1 Peso = 100 centavos = 5 ptas.	Sistema mét ico decimal	

País	Monedas	Reales	Ptas.	Pesas y medidas
Egipto	1 Lira = 100 piastras = 4000 para = 25,61 ptas			**Sistema métrico decimal.** 1 Kantar = 100 rotoli = 44,493 kg; 1 Oka = 400 dracma = 1,236 kg; 1 Pik = 0,75 m.; kanob ó kassaba² = 12 m.²; 1 Feddan = 4200,84 m.²; 1 Ardeb = 197,75 l.
España	ANTIGUAS — ORO			En pesas y medidas rige el sistema métrico decimal. Para las equivalencias con los antiguos sistemas usados en las diversas provincias, véase el cuadro anterior.
	Onza	320,00	80,00	
	Media onza	160,00	40,00	
	Soberano de 1848	100,00	25,00	
	Doblón de á 4	80,00	20,00	
	Escudo	40,00	10,00	
	Escudo sencillo	20,00	5,00	
	Escudo columnario	21,25	5,31	
	PLATA			
	Duro	20,00	5,00	
	Medio duro ó escudo	10,00	2,50	
	Peseta columnaria	5,00	1,25	
	Peseta (unidad actual)	4,00	1,00	
	Media peseta columnaria	2,50	0,62	
	Media peseta	2,00	0,50	
	Real columnario	1,25	0,31	
	Real de vellón	1,00	0,25	
	COBRE			
	Pieza de 1/2 real	0,50	0,125	
	Pieza de 1/4 de real	0,25	0,06	
	Pieza de 2 cuartos = 8 maravedís	0,24	0,06	
	Pieza de 1 cuarto = 4 maravedís	0,12	0,03	
	Ochavo = 2 maravedís	0,06	0,015	
	Maravedí	0,03	0,017	
	MODERNAS — ORO			
	Pieza de 100 pesetas	400,00	100,00	
	Pieza de 25 pesetas	100,00	25,00	
	Pieza de 20 pesetas	80,00	20,00	
	Pieza de 10 pesetas	40,00	10,00	

PAÍSES	MONEDAS	Reales	Ptas.	PESAS	MEDIDAS
	MODERNAS				
	PLATA				
España	Pieza de 5 pesetas	20,00	5,00	En pesas y medidas rige el sistema métrico decimal. Para las equivalencias con los antiguos sistemas usados en las diversas provincias, véase el cuadro anterior.	
	Pieza de 2 pesetas	8,00	2,00		
	Pieza de 1 peseta	4,00	1,00		
	Pieza de ½ peseta	2,00	0,50		
	COBRE				
	Pieza de 10 céntimos de peseta	»	0,10		
	Pieza de 5 céntimos de peseta	»	0,05		
	Pieza de 2 céntimos de peseta	»	0,02		
	Pieza de 1 céntimo de peseta	»	0,01		
Estados Unidos de Amér.ª del N.	1 Dollar oro = 100 centavos = 5,18 pesetas			Sistema métrico y las pesas y medidas inglesas.	
Francia	1 Franco = 100 céntimos = 1 pta			Sistema métrico decimal.	
Grecia	1 Drachma = 100 lepta = 1 pta			Idem íd. íd.	
Guatemala	1 Piastra ó peso = 100 cent.ˢ = 5 ptas.			Idem íd. íd.	
Haiti	1 Gourde = 100 centavos			Idem íd. íd.	
Holanda	1 Florín = 2,10 ptas			Idem íd. íd.	
Honduras	1 Dollar = 100 centavos			Idem íd. íd.	
India	1 Rupia = 1,05 ptas			—	
	1 Molnar = 12 rupias			—	
Inglaterra	1 Libra esterlina = 20 chelines = 25,22 pesetas			1 Tonelada = 20 centweight = 1.016 kg.	1 Yarda = 3 pies (feet) = 0,9144 m.
	1 Chelín = 12 peniques = 1,24 ptas.			1 Libra = 0,4536 kg	1 Fathom = 2 yardas.
	1 Guinea = 21 chelines			1 Hundredweight (cwt) = 112 lib. = 50,8 kg.	1 Rod = 5,5 yardas.
					1 Milla = 1.760 yardas = 1.609,315 m.
					1 Knot (nudo marino ó geo.ᶜᵒ) = 1.851,85 m.

			1 Gallón = 8 pints = 4,543 l. 1 Bushel = 8 gallons.
Italia	1 Lira = 100 centesimi = 1 pta.	Sistema métrico decimal.	
Japón	1 Yen (oro) = 100 sam = 5,39 ptas. 1 Yen (plata) = 2,60 ptas.	1 Pikul = 100 catty = 59.348 kg.	1 Glimk ó Hink = 1,90 metros. 1 Ikie = 2,12 m.
Liberia	Monedas de América del Norte	1 Unze = 20,4 kg.	1 Pik = 1 m. 1 kuba = 1,02 l.
Marruecos	½ Dollar = 2,48 ptas. 1 Madridio = 52,70 ptas. 1 Butchi = 65 uckies = 10,20 ptas. 1 Mik kol = 10 uckies.	1 Libra = 0,54 kg. = 1 libra del Bazar = 0,808 kg. 1 Kintar = 50,8 kg.	1 Pik = 0,661 m. 1 Dhroa = 0,57 m. 1 Saah = 57,8 l.
México	1 Peso = 100 centavos = 5,43 ptas.	Sistema métrico decimal.	
Mónaco	Monedas francesas é italianas.	Idem íd. íd.	
Montenegro	Monedas, pesas y medidas, se usan las austriacas, rusas y turcas.		
Nepal	Monedas indias y chinas.		
Nicaragua	1 Peso = 100 centavos.	Sistema métrico decimal.	
Noruega	1 Corona = 100 öre.	Idem íd. íd.	
	(Como en Dinamarca Unión Escandinava.) 1 corona = 1,40 ptas.	1 Tot (pie) = 0,297 m.	1 Skolpund (libra) = 0,425 kg.
Paraguay	1 Peso = 100 centavos	Sistema métrico decimal.	
Persia	1 Toman = 10 kran = 1000 dinar = 10 pesetas = 1 kran = 1 pta.	1 Manisch = 5,87 kg.	1 Ser = 105 m.
Perú	1 Sol (peso) = 100 centavos = 5 ptas.	Sistema métrico decimal.	
Portugal	1 Milreis = 1000 reis = 5,60 ptas 1 Corona = 10 milreis.	Idem íd. íd.	
Rumanía	1 Leu = 10 bani = 1 pta	Idem íd. íd.	
Rusia	Rublo = 100 kopek = 2,68 ptas.	1 Poud = 40 libras = 18,38 kg. 1 Berkovetz = 10 pouds 1 Bercheroot (libra) = 0.409 kg.	1 Versta = 500 saschem = 10,66,80 m. 1 Saschem = 3 arshim. 1 Arshim = 0,711 m. 1 Desiatin = 190,32 áreas. 1 Wedro = 10 kruschka = 12,290 l.
Salvador	1 Lubre (peso) = 100 centavos	Sistema métrico decimal.	
Servia	1 Dinar = 100 para = 1 pta	Idem íd. íd.	

PAÍSES	MONEDAS	PESAS	MEDIDAS
Siam	1 Bat (oro) = 31,40 ptas. 1 Tikal (plata) = 1,36 ptas.	1 Pikul = 60,5 kg.	1 Wa = 1,98 m. 1 Khanan = 0,5 l.
Suecia	1 Corona = 1,40 ptas.	(Véase Noruega).	
Suiza	1 Franco = 100 rappen = 1 pta.	1 Libra = 0,50 kg. En lo demás rige el sistema métrico decimal.	1 Pie = 0,30 m.
Turquía	1 Lira turca = 100 piastras. 1 Piastra = 40 para = 0,228. 1 Krusk = 4 divani = 2 ptas.	1 Oka = 1,283 kg. 1 Kantar = 44 kg. 1 Libra turca = 0,564 kilogramos.	1 Pik ó archim = 0,68 metros. 1 Pik pequeño = 0,648 metros. 1 Almud = 5,237 l.
Uruguay	1 Peso nac. = 100 centavos = 5 ptas.	Sistema métrico decimal.	
Venezuela	1 Venezolano = 5 bolivar = 100 centavos = 5 ptas.	Idem íd, íd.	

NOTA. Las equivalencias en las monedas se suponen con el cambio á la par.

FÍSICA INDUSTRIAL

TABLA X.

Peso en kilogramos de un metro cúbico de diversas substancias.

SUBSTANCIA	ESTADO	Peso en kilogramos de 1 m.³
Aceite	A 15°	920 ÷ 940
Acero		7500 ÷ 8100
Acido carbónico	A 0° y presión atmosf.	1,980
» clohídrico	40 % HCl; 15°	1190
» láctico		1220
» nítrico	A 50° Beaumé y 15°	1520
» oleico		890
» sulfúrico	A 66° Beaumé y 15°	1850
» sulfuroso (gas)	A 0° y presión atmosf.	2,900
» » (líquido)		1,490
Agua del mar	A 0°	1020 ÷ 1040
Aire	A 0° y presión atmosf.	1,293
Alcohol absoluto	A 15°	797
Alquitrán		1110 ÷ 1130
Almidón		1530
Alumbre		1900
Aluminio		2560 ÷ 2670
Amianto		2050 ÷ 2800
Antimonio		6650 ÷ 6860
Antracita	En masa	1300 ÷ 1810
Arcilla	Seca	2000 ÷ 2250
Arcilla	Recién removida	2600
Arena (fina)	Seca	1400 ÷ 1650
Arena	Húmeda	1900 ÷ 2000
Argentan (*packfong*)		8400 ÷ 8700
Asfalto		1100 ÷ 1330
Avena		360 ÷ 560
Azúcar		1600
Azufre		1970 ÷ 2070
Bencina		850
Bismuto		9800
Bronce		8450 ÷ 9200
Idem de aluminio		7800
Cal	En trozos	1250 ÷ 1800
Caolín		2200
Carbón de madera blanda	En trozos	135 ÷ 180
Carbón de madera dura	Idem	200 ÷ 220
Caucho		930 ÷ 1250
Cemento	En polvo	1450 ÷ 1750

SUBSTANCIA	ESTADO	Peso en kilogramos de 1 m³
Cera	....	965 — 970
Cereales en general	En la medida	620 — 750
Cerveza	....	1020 — 1030
Cloro líquido	....	1330
Cloroformo	....	1490
Cok (de gas)	En trozos	300 — 350
Cok (metalúrgico)	Idem	400 — 450
Cobre	....	8600 — 8900
Coral	....	2690
Corcho	....	240
Cristal	....	2900 — 3400
Cuarzo	....	2655
Cuero	....	1100
Diamante	....	3500
Esencias en general	....	840 — 960
Estaño	....	7300 — 7500
Eter	....	736
Fécula	....	1500
Feldespatos	....	2600
Flint glass	....	3300 — 3780
Fósforo	....	1830 — 1900
Gas del alumbrado (rico)	A 0° y presión atmosf.	0,600 — 0,700
Glicerina	....	1280
Gomas en general	....	1100 — 1300
Grafito	....	2200
Grava	En montón	1500 — 1800
Grasas	....	920 — 940
Grés	....	2600
Gutapercha	....	965
Harina de trigo	En la medida	400 — 600
Heno	En haces	100 — 120
Hidrógeno	A 0° y presión atmosf.	0,089
Hielo	....	920
Hierba fresca	En montón	425 — 500
Hierro	....	7700 — 7900
Hierro fundido	....	7000 — 7500
Hormigón	....	2100 — 2500
Huesos en general	....	1800
Hulla	En masa	1200 — 1500
Hulla	En trozos	800 — 1000
Iodo	A 17°	4950
Latón	....	8400 — 8700
Leche	....	1020 — 1040
Legumbres (en general)	Verdes ó secas	720 — 810
Leña	Conservada, en haces	250 — 350
Leña de fuego fuerte	Idem, íd	400 — 450
Leña menuda	Idem, íd	100 — 120
Lignito	....	1100 — 1400
Madera de pino, abeto, alarce	Recién cortada	800 — 900

SUBSTANCIA	ESTADO	Peso en kilogramos de 1 m^3
Madera de pino, abeto, alarce................	Conservada	500 — 700
Madera de arce, fresno, nogal.................	Recien cortada........	850 — 950
Madera de arce, fresno, nogal.................	Conservada	650 — 750
Madera de haya, encina	Recien cortada........	900 — 1100
Madera de haya, encina	Conservada	700 — 800
Magnesio	....	1780
Maíz.......	....	670 — 780
Manganeso	....	8010
Manteca..	....	940
Marfil	....	1800 — 1920
Mercurio...	A 0°................	13600
Mica..........	....	2900
Minio	....	8600
Mortero	....	1640 — 1850
Muros de ladrillos macizos	Secos	1550 — 1650
Muros de ladrillos huecos.....................	....	1050 — 1100
Muros de mampostería..	....	2250 — 2450
Nafta	....	845
Nieve..	Prensada	50
Nieve	Fundente	500
Nieve	Estado ordinario	125
Niquel......	....	8400 — 8650
Nitrógeno	A 0° y presión atmosf .	1,257
Oro	....	19,500
Oxido de carbono........	A 0° y presión atmosf.	1,250
Oxígeno	A 0° y presión atmosf.	1,430
Paja	En montón	60 — 70
Petróleo	A 15°................	750 — 840
Piedras de construcción		
Piedra arenisca	....	2000 — 2500
» caliza..........	....	2400 — 2800
» granítica, gneis.	....	2600 — 2800
» marmol.........	....	2700 — 2800
Pizarra	....	2630 — 2670
Plata.......	....	10450 — 10600
Platino	....	21,300
Plomo	....	11200 — 11450
Porcelana	....	2150 — 2490
Potasa	....	2260
Resinas en general......	....	1070
Sal......................	Seca..	2080 — 2170
Salvado	En medida...........	190 — 260
Semillas oleaginosas y otras	....	600 — 800
Tierra silícea (suelta),..	Seca	1300 — 1400
Tierra silícea (fuerte) ..	Idem	1700 — 2000

SUBSTANCIA	ESTADO	Peso en kilogramos de **1** m.³
Trigo....................	....	720 — 780
Turba seca.............	En trozos..............	200 ÷ 250
Turba prensada.........	....	450 — 550
Vidrio	....	2450 — 2650
Vinagre	A 0°	1010
Vino	A 15°	920 — 1000
Yeso	....	1400
Zinc......................	....	7200

1.—Calor y combustibles.

1. Termometría.—Escala termométrica

n grados centígrados = 0,5555 (f — 32)

n grados Réamur = 32 + $^{9}/_{4}$ *n* grados Fahrenheit = $^{5}/_{4}$ *n* grados centígrados

n grados Fahrenheit = 32 + 1,8 c (c = grados centígrados)

Tabla XI.—Escala termométrica

Fahrenheit	Centígrados	Fahrenheit	Centígrados	Fahrenheit	Centígrados	Fahrenheit	Centígrados	Fahrenheit	Centígrados	Fahrenheit	Centígrados
— 28	—33,3	9	22,8	10	12,2	29	1,7	48	8,9	67	19,4
27	32,8	8	22,2	11	11,7	30	1,1	49	9,4	68	20,0
26	32,2	7	21,7	12	11,1	31	0,6	50	10,0	69	20,6
25	31,7	6	21 1	13	—10,6	32	0,0	51	10,6	70	21,1
24	31,1	5	20 6	14	10,0	33	+ 0,6	52	11,1	71	21,7
23	30,6	4	20,0	15	9,4	34	1,1	53	11,7	72	22,2
22	30,0	3	19,4	16	8,9	35	1,7	54	12,2	73	22,8
21	29,4	2	18,9	17	8 3	36	2,2	55	12,8	74	23,3
20	28,9	1	18,3	18	7,8	37	2,8	56	13,3	75	23,9
19	28,3	0	17,8	19	7 2	38	3,3	57	13,9	76	24,4
18	27,8	+ 1	17,2	20	6,7	39	3,9	58	14,4	77	25,0
17	27,2	2	16,7	21	6,1	40	4,4	59	15,0	78	25,6
16	26,7	3	16,1	22	5,6	41	5,0	60	15,6	79	26,1
15	26,1	4	15 6	23	5,0	42	5 6	61	16,1	80	26,7
14	25,6	5	15,0	24	4 4	43	6,1	62	16,7	82	27,8
13	25,0	6	14,4	25	3,9	44	6,7	63	17,2	84	28,9
12	24,4	7	13,9	26	3,3	45	7,2	64	17,8	86	30,0
11	23,9	8	13,3	27	2 8	46	7 8	65	18,3	88	31,1
10	23,3	9	12,8	28	2,2	47	8,3	66	18,9	90	32,2

Sigue Tabla XI.

Fahrenheit.	Centigrados	Fahrenheit	Centigrados	Fahrenheit	Centigrados	Fahrenheit	Centigrados	Fahrenheit	Centigrados	Fahrenheit	Centigrados
92	33,3	**140**	60,0	**188**	86,7	**236**	113,3	**284**	140,0	**332**	166,7
94	34,4	**142**	61,1	**190**	87,8	**238**	114,4	**286**	141,1	**334**	167,8
96	35,6	**144**	62,2	**192**	88,9	**240**	115,6	**288**	142,2	**336**	168,9
98	36,7	**146**	63,3	**194**	90,0	**242**	116,7	**290**	143,3	**338**	170,0
100	37,8	**148**	64,4	**196**	91,1	**244**	117,8	**292**	144,4	**340**	171,1
102	38,9	**150**	65,6	**198**	92,2	**246**	118,9	**294**	145,6	**342**	171,2
104	40 0	**152**	66,7	**200**	93,3	**248**	120,0	**296**	146,7	**344**	173,3
106	41,1	**154**	67,8	**202**	94,4	**250**	121,1	**298**	147,8	**346**	174,4
108	42 2	**156**	68,9	**204**	95,6	**252**	122,2	**300**	148,9	**348**	175,6
110	43,3	**158**	70,0	**206**	96,7	**254**	123,3	**302**	150,0	**350**	176,7
112	44,4	**160**	71,1	**208**	97,8	**256**	124,4	**304**	151,1	**352**	177,8
114	45,6	**162**	72 2	**210**	98,9	**258**	125,6	**306**	152 2	**354**	178,9
116	46,7	**164**	73,3	**212**	100,0	**260**	126,7	**308**	153,3	**356**	180,0
118	47,8	**166**	74,4	**214**	101,1	**262**	127,8	**310**	154,4	**358**	181,1
120	48,9	**168**	75,6	**216**	102,2	**264**	128,9	**312**	155 6	**360**	182,2
122	50,0	**170**	76,7	**218**	103,3	**266**	130,0	**314**	156,7	**362**	183,3
124	51,1	**172**	77,8	**220**	104,4	**268**	131,1	**316**	157,8	**364**	184,4
126	52,2	**174**	78,9	**222**	105,6	**270**	132,2	**318**	158,9	**366**	185,6
128	53,3	**176**	80,0	**224**	106 7	**272**	133,3	**320**	160,0	**368**	186,7
130	54,4	**178**	81,1	**226**	107,8	**274**	134,4	**322**	161,1	**370**	187,8
132	55,6	**180**	82,2	**228**	108,9	**276**	135,6	**324**	162,2	**372**	188,9
134	56,7	**182**	83,3	**230**	110,0	**278**	136,7	**326**	163,3	**374**	190,0
136	57,8	**184**	84,4	**232**	111,1	**280**	137,8	**328**	164,4	**376**	191.1
138	58,9	**186**	85 6	**234**	112 2	**282**	138,9	**330**	165,6	**378**	192,2

Pirometría — Se pueden medir (de un modo aproximado) las temperaturas elevadas por los colores que toma una lamina metalica (hierro, platino).

Rojo naciente 550°, rojo obscuro 700° C, rojo cereza 800° —900° C; rojo cereza vivo 1 000°, anaranjado 1 100 — 1 200°, blanco 1.300 — 1 400°, blanco brillante 1 500°

2. Unidad de calor y su equivalente mecánico.—La unidad de calor *(caloría)* = a la cantidad de calor necesaria para elevar de 0° á 1° la temperatura de 1 kg de agua El trabajo equivalente a una caloría es 425 kg m (Rowland), 1 kg m equivale á 0,00235 calorías.

3. Calor específico.—Es el número de calorías necesario para elevar de 0° a 1° la temperatura de 1 kg de un cuerpo. El calor específico de un cuerpo es, sensiblemente, el numero de calorías necesario para elevar 1° 1 kg del cuerpo, cualquiera que sea la temperatura á que se halle

Así, para calentar de t_0 á t_1 grados P kg de un cuerpo cuyo calor específico es c, se necesitan

$$P(t_1 - t_0)\, c \text{ calorías},$$

que es el calor que cede el cuerpo cuando se enfría de t_1 á t_0 grados

Para elevar 1° la temperatura de 1 m³ de un cuerpo, se necesitan $c\gamma$ calorías (γ = peso en kg de 1 m³ del cuerpo, tabla X)

Tabla XII.

Calor específico de algunos sólidos y líquidos

Aceite	0,500	Cal viva	0,217	Madera	0,575
Acero	0,118	Carbonato de cal	0,203	Mercurio	0,033
Acido nítrico	0,661	Carbón	0,241	Oro	0,032
Acido sulfur°	0,335	Cobre	0,095	Piedra, ladrill°	0,210
Agua	1,000	Estaño	0,055	Plata	0,057
Alcohol	0,600	Hierro	0,111	Platino	0,032
Aluminio	0,202	Hierro fundido	0,130	Plomo	0,031
Bismuto	0,030			Vidrio	0,192
Bronce	0,086			Zinc	0,095

Tabla XIII.

Calor específico de los gases y vapores

CUERPO	A presion constante	A volumen constante	CUERPO	A presion constante	A volumen constante.
Ácido carbónico	0,216	0,170	Nitrógeno	0,244	0,173
Aire	0,237	0,168	Oxido de carb°	0,247	0,175
Amoniaco (gas)	0,508	0 360	Oxígeno	0,217	0,154
Bicarburo de hidrógeno	0 404	0 287	Proto-carburo de hidrógeno	0,593	0,421
Hidrógeno	3,409	2,412	Vapor de agua	0,480	0,340

4. Dilatación y contracción.— Dilatación *lineal*. la variación de la unidad de longitud para una variación de 1° en la temperatura La dilatación *superficial* es el doble, y la *cubica* el triple de la lineal

Dilatación lineal por 1° (entre 0 y 100°):

Acero......	0,000012	Hierro.....	0,000012	Mercurio..	0,000060
Bronce.....	0,000018	Id. fundido.	0,000011	Oro.......	0,000015
Carbón.....	0,000010	Ladrillo...	0,000006	Plata.....	0,000019
Cobre......	0,000017	Latón......	0,000018	Plomo.....	0,000028
Estaño.....	0,000019	Mad.ª abeto	0,000003	Vidrio....	0,000009
Granito....	0,000009	Mármol.....	0,000007	Zinc......	0,000029

Dilatación cúbica por 1°:

Aire y gases, 0,0037; alcohol, 0,0012; agua (véase tabla del número **254**).

Contracción lineal en la solidificación:

Agua (se dilata)..........	0,024	Estaño....................	0,008
Acero.....................	0,018	Hierro fundido............	0,010
Aluminio..................	0,018	Latón (65 *Cu* 35 *Zn*).....	0,015
Bronce. 100 *Cu* 12 *Sn*....	0,008	Plomo.....................	0,011
Bronce. 100 *Cu* 18 *Sn*....	0,010	Zinc......................	0,016
Bronce. 100 *Cu* 10 *Al*....	0,018		

5. Fusión y vaporización.

Calor de fusión: el absorbido por 1 kg. del cuerpo, en el acto de fundirse, y el mismo que desprende al solidificarse, permaneciendo constante la temperatura. A continuación figuran algunas substancias y las calorías correspondientes á la fusión.

Azufre............	9,4	Metal blanco......	4 ÷ 5
Estaño............	14,2	Plata.............	21,1
Hielo.............	79,4	Plomo.............	5,4
Hierro fundido.....	23 ÷ 33	Zinc..............	28,2

Calor total de vaporización.—El número de calorías necesarias para evaporar á la temperatura t un kg. de líquido tomado á 0°, el mismo que desprende el vapor al liquidarse á 0°. El calor total de vaporización del agua es

$$\lambda = 606,5 + 0,305\, t.$$

Si el líquido se encuentra á una temperatura t_0, el calor necesario para evaporarlo (ó cedido al condensarse en líquido á t_0) es

$$\lambda - c t_0 \text{ calorías } (c = \text{calor específico del líquido}).$$

Tabla XIV.

Temperaturas de fusión o de modificación de algunos cuerpos.

Aceite de colza. grados.	1	Estaño..... grados.	230
» de oliva.	3	Estearina...........	43 ÷ 50
Acero	1400 ÷ 1600	Hierro..............	1500 — 1600
Agua del mar.......	— 2,5	*Id fundido (blanco).*	*1050 ÷ 1100*
Alcohol puro	— 100	Id. 2.ª fusión.	1100 ÷ 1200
Aleaciones: 2 *bi.* 8 *pb.* 9 *sn.*...	160	Latón	1015
Aleaciones: 4 » 8 » 7 » ...	143	Mercurio.	— 39,5
Aleaciones: 1 » 1 » 1 » ...	123	Niquel..............	1500
Aleaciones: 8 » 5 » 3 » ...	100	Oro.................	1100 ÷ 1250
Aluminio	700	*Plata*	*1000*
Azufre....	107	Parafina............	46
Bencina...	7	Plomo.	330
Bronce..............	960	Platino.	2000
Cera................	62 ÷ 68	Sebo, manteca, grasas.....	32 ÷ 40
Cobre...............	*1000 ÷ 1100*	Zinc.	*360*

Tabla XV.

Temperatura de vaporización.

(A LA PRESIÓN ATMOSFÉRICA.)

Aceite ... . grados.	320	Azufre......... grados.	440
Acido clorhídrico.	110	Bencina	45 ÷ 80
» nítrico	86	Eter sulfúrico.	36
» sulfúrico...........	310	Mercurio................	350
» sulfuroso..........	— 10	Parafina................	370
Alcohol	78	Sulfuro de carbono.....	46
Amoníaco líquido.	— 38	Solución saturada de sal	108

6. Mezclas frigoríficas.

Mezclando una parte de nitrato sódico con cuatro de agua, se obtiene un descenso de temperatura hasta — 10° C, una de nitrato amónico y una de agua, a — 15°; una de sal y tres de hielo, á — 20°; una de hielo y una de ácido sulfúrico diluído, a — 40°, con ácido carbónico sólido y éter, hasta — 100°.

7. Combustibles.

Volumen de aire frío necesario para la combustión.— La tabla XVI da, teóricamente, el volumen de aire frío necesario para quemar 1 kg. de *combustible; prácticamente*, en los hogares ordinarios, con combustibles sólidos, se calcula un volumen de aire = 1,75 — 1,50 y hasta 2 veces el teórico. Para los hogares en que se inyecta el aire ó se emplean combustibles gaseosos ó líquidos, basta un volumen = 1,25 ÷ 1,50 veces el teórico.

Volumen del humo.—Si se representa por t la temperatura del humo, el volumen por cada m ^{3} de aire para la alimentación es, aproximadamente:

$$(1 + 0{,}00366\,t)\ \text{m.}^3$$

Potencia calorífica.—Es la cantidad de calor, expresada en calorías, que produce 1 kg. de combustible al quemarse por completo Como los buenos hogares ordinarios no aprovechan mas que una fracción $\eta = 0{,}65 \div 0{,}80$ de la potencia colorífica, si se quiere obtener una cantidad de calor M con un combustible cuya potencia es p, se necesitaran:

$$\frac{M}{\eta\, p}\ \text{kg. de combustible}$$

Determinacion de la potencia calorífica

a) Método de Berthier (da el equivalente en carbono). Se pone en un crisol 1 g. de combustible, en polvo, *mezclado con 30 — 40* g de litargirio, extendiendo sobre la mezcla otros $20 \div 30$ g. de litargirio. Tapado el crisol, se le somete durante un cuarto de hora á la acción del fuego intenso en un hornillo. Del fondo del crisol se extrae una masa de plomo, y si q es el peso en g. del plomo, la potencia p valdra aproximadamente:

$$p = 234\,q.$$

b) Método de Goutal para la hulla —Tomando 1 kg. de hulla se la seca en una estufa a 105°, después se la calcina en un vaso cerrado para convertirla en cok, lo que da el peso V (en kg) de las materias volátiles; luego se determina el peso C del carbón quemando el cok al aire libre y deduciendo de su peso el de las cenizas obtenidas.

Se tiene entonces

$$\text{potencia calorífica } \rho = 8200\,C + \alpha\,V;$$

en la que

para $V =$	0,05	0,1	0,2	0,3	0,4	0,5 kg
para $\alpha =$	14500	13000	11000	9600	8000	7300

Temperatura de la llama.— La temperatura maxima de la llama en un horno de gas, suponiendo que no hay pérdidas de gas ni exceso de aire, es de 2500° En hornos ordinarios, con combustible sólido y un volumen de aire doble del teórico, $800° \div 1000°$. Combustibles gaseosos ó líquidos y volumen de aire que no exceda de 1 $^1/_2$ veces el teórico, $1200 \div 1500°$

TABLA XVI.—Combustibles.

COMBUSTIBLE	Potencia calorífera en calorías	Peso en kg de 1 m³ (los combustibles sólidos se suponen en trozos)	Volumen teórico de aire (en m³) por un kg de combustible	Cenizas (por 100)
Hulla	7000 — 8000	800 — 850	8,7	4 — 8
Lignito negro	6000 — 6500	750 — 800	7,5	5 — 12
Lignito pardo	5000 — 5500	600 — 700	5,7	10 — 15
Turba ordinaria	3500 — 4000	200 — 250	4,9	10 — 20
Turba seca	4500 — 5000	180 — 200	6,1	10 — 20
Madera ordinaria	3000	340 — 450	4,6	4 — 5
Madera seca	4000	280 — 350	5,7	4 — 5
Cok metalúrgico	7100	400 — 450	8 0	4 — 9
Cok de las fábricas de gas	6900	300 — 350	7,5	10 — 15
Carbón de turba	6500	250 — 320	7 2	15 — 20
Carbón de madera	6500 — 7000	200 — 250	6,1	6 — 8
Gas del alumbrado	11000 — 12000	0,50	11 — 15	—
Petróleo, bencina, nafta	10200 — 10400	700 — 840	8 — 12	—
Briquetas	7500	900 — 1100	8 2	7 — 10
Oxido de carbono	2400	1,26	4,0	—
Gas de los Altos Hornos	1000	1,00	0,8	—
Hidrógeno	29100	0,089	28 0	—
Alcohol	6850	800	8,3	—

2 —Aplicaciones del calor

8. Calefacción y ventilación.

a) Cantidad de calor necesaria para caldear un local

1) Calor necesario para elevar a t^0 la temperatura de 1 m³ de aire $= 0{,}31\ t$ calorías

2) Cantidad de calor C (en calorías por hora) necesaria para compensar la pérdida por conductibilidad de las paredes, siendo M la superficie de éstas (en m²), F la de puertas y vidrieras (que comuniquen al exterior ó á locales no caldeados), y t la diferencia entre las temperaturas interior y exterior

$$C = \alpha\,(mM + fF)\,t$$

$\alpha = 1{,}2 - 2$, según estén mejor ó peor dispuestos los locales
$m =$ (por término medio) 0,9 (véase núm **13**), $f = 3$ para vidrios

sencillos; $f = 1,5$ para vidrios dobles y puertas y ventanas de madera.

En el valor de M se comprende la superficie de suelos, techos y paredes de separación con otros locales, cuando éstos, así como los superiores ó inferiores, no están sometidos á la calefacción.

En locales públicos é iluminados, la cantidad de calor debe disminuirse en 120 calorías por persona, 100 calorías por bujía y 800 ÷ 1400 calorías por cada mechero de gas, cuyo consumo sea de 120 ÷ 200 litros por hora.

3) Cantidad de vapor W por hora, necesario para un local en el que, ya por cualquier sistema de ventilación, por el tiro de las chimeneas ó por otros aparatos de calefacción, se introducen por hora V m.³ de aire á la temperatura exterior.

$$W = C + 0{,}31\,Vt.$$

Siendo p la potencia calorífica del combustible y η el coeficiente de efecto útil del aparato de calefacción, la expresión $\frac{W}{\eta p}$ da el consumo de combustible en kg

4) Por un cálculo aproximado pueden admitirse (como término medio durante un invierno) los siguientes valores de C para elevar á 15° la temperatura en grandes locales, suponiendo una ventilación corriente:

grandes locales (establecimientos industriales y públicos) · 3 ÷ 4 kg. de hulla al día por cada 100 m³ de volumen.

habitaciones: 3 ÷ 4 kg. de hulla al día por cada habitación de dimensiones corrientes, ó sea 4 ÷ 6 kg. por cada 100 m.³

Para el cálculo de t se tendrán presente tablas como la siguiente:

TABLA XVII.

Temperaturas medias y extremas de algunas poblaciones

POBLACIONES	TEMPERATURA MEDIA		TEMPERATURA EXTREMA	
	Invierno.	Verano.	Mínima.	Máxima.
Madrid	6	17	— 17,8	41
Florencia	6,6	23,8	— 8,3	39,5
Londres	3,22	16,75	— 11,4	35,4
Marsella	7,6	22,5	— 12	39
Moscou	— 10,22	17,55	— 38,8	32
París	3,59	18,1	— 23,1	38,4
Roma	7,8	23,7	— 5	35,5

b) Chimeneas —Chimeneas ordinarias (calefacción por radiación del calor) efecto útil, 8 — 10 %

Chimeneas de ventilación se toma el aire del exterior y se calienta en contacto del hogar y cañón efecto útil, de 20 — 30 %

Dimensiones —Segun la capacidad de la habitación varie de 30 — 200 m ^{3} se da al hogar ancho, 0,45 — 0,75 m, profundidad, 0,30 — 0 40 m, altura del frontal sobre el umbral, 0,50 — 0,60, la boca de la chimenea, de 0,75 — 1,50 de ancho por 0,70 — 1 m de altura, sección del cañón, 0,05 m ^{2} por cada 100 m ^{3} de local, sección del paso de aire en las chimeneas de ventilación, 0,1 m ^{2} por cada 100 m ^{3} de local

c) Estufas —Estufas ordinarias 100 m ^{3} de aire calentados a 15° necesitan 0,6 — 1 m ^{2} de superficie de calefacción (contacto con el fuego y los humos), sección del cañón, 0,005 — 0,01 m ^{2}, sección de paso del aire que circula por la superficie de calefacción (sera conveniente tomarlo del exterior), 0,015 — 0,02 m ^{2} Superficie de la rejilla, $^1/_{40}$ — $^1/_{60}$ de la de calefacción para hulla ó cok, y 2 — 3 veces mayor para la leña

Estufas de gas de 0,8 — 1 m ^{3} por cada 100 m ^{3} de local la mitad si se aprovechan los productos de la combustión

Efecto util, 60 — 70 %

d) Caloríferos de aire caliente — Se ponen en un local separado é inferior al de que se trata de caldear, siempre que sea posible El aire se toma del exterior, circula alrededor de la superficie caliente y sirve para la ventilación

Para 100 m ^{3} de un local caldeado a 15° y con ventilación que permita renovar el aire una vez por hora, es preciso superficie de calefacción del calorífero, 0,8 — 1,6 m ^{2}, sección del cañón de subida de humos, 0,003 — 0,004 m ^{2}, de los conductos de aire, 0,02 — 0,04 m ^{2}, superficie de la rejilla, $^1/_{70}$ — $^1/_{80}$ de la superficie calentada, consumo de hulla ó cok, 0,8 — 1 kg por hora Si la superficie de calefacción tiene salientes, se calcula la mitad

Si se quiere una ventilación mas enérgica que la indicada anteriormente, se calcula para los conductos de aire una sección adicional de 0,02 — 0,04 m ^{2} por cada 100 m ^{3} de aire aspirado por hora para el combustible véase el parrafo *h)*

Radio máximo de acción de un calorífero de aire caliente = 15 m

e) Calefacción por agua caliente á baja presión (Termosifón) —Temperatura maxima del agua, 90° — 100°, temperatura mínima al volver a la caldera, 30° — 40°, presión efectiva en atmósferas, en la caldera, = á la altura del tubo ascendente, dividido por 10

Capacidad libre en el vaso de expansión (abierto), = por lo *menos 0,05 del volumen total de agua contenido en la caldera y tubería.*

Calor transmitido por hora y m ^{2} de tubo 8 — 9 calorías por cada grado de diferencia entre las temperaturas del agua y el ambiente Resulta, pues, para locales caldeados a 15° en el piso superior calor transmitido por hora y m ^{2} de superficie, cerca de 600 calorías, piso inferior, cerca de 200, término medio, 400

Para caldear 100 m ^{3} de un local se requiere una superficie de tubos de

2,5 — 3 m ^{2} en locales bien dispuestos
3,5 — 5 m ^{2} en locales regularmente dispuestos

Superficie de calefacción de la caldera = $^1/_{15}$ — $^1/_{20}$ de la superficie total de los tubos Area de la rejilla $^1/_{20}$ — $^1/_{30}$ de la superficie de calefacción

f) Calefacción por agua caliente á alta presión (Perkins) — Temperatura máxima del agua, 150° — 200°, temperatura mínima al regreso, 60° — 70° presión efectiva en la caldera = 4 — 14 atmósferas, mas la presión debida a la altura del tubo ascendente (evaluado como en el caso anterior,

Calor transmitido por hora y m ^{2} de tubo, como en *e)* Luego el calor transmitido por hora y m ^{2} para locales caldeados á 15° es de unas 1 200 calorías en el piso superior y 400 en el inferior, ó sea por término medio 800

100 m ^{3} de local, caldeados a 15°, exigen una superficie de tubos de 1,25 — 1,50 ó 1,50 — 2,50 m ^{2}, segun esté ó no bien dispuesto

Tubos diametro exterior 25 mm , idem interior 12,5 mm , $^1/_6$ de la longitud total constituye la caldera que en el hogar se dispone en serpentín

Longitud máxima del circuito 150 — 200 m.

g) Calefacción por vapor

Presión, 1,25 — 1 5 atmósferas, superficie de calefacción en la caldera, 1 m ^{2} por cada 10 — 15 kg de vapor que ha de producirse por hora, superficie de calefacción de la caldera = $^1/_6$ — $^1/_{10}$ de la superficie total de los tubos Area de la rejilla, = $^1/_{25}$ — $^1/_{30}$ de la superficie de calefacción

Tubos de 0,05 — 0,20 m de diametro, lisos ó con nervios se les da una ligera inclinación para que el agua de condensación afluya á los tubos de 0 025 — 0,003 m de diámetro, que conducen al depósito de alimentación, también puede conducirse a la caldera por los mismos tubos de vapor, pero entonces hay que darles una inclinación fuerte, á causa de la resistencia que opone el vapor

Vapor condensado por m ² de superficie, en un local a 15°, de 1,10 — 1,80 kg por hora Calor transmitido, 800 — 1 000 calorías.
Un local de 100 m ³ a 15° requiere una superficie de tubos de 1,25 — 1,50 m ² y de 1,50 — 2 m ², segun la disposición del local

Para el vapor a alta tensión sirven los mismos datos, con bastante aproximación

La superficie de los nervios se calcula la mitad

h) Ventilación —Volumen de aire necesario por individuo y por hora

Hospitales salas generales, 60 m ³, salas de heridos, 100 m ³, de enfermedades contagiosas, 150, prisiones, 50, salas de trabajo, 60, industrias insalubres, 100, cuarteles, teatros, salas de reunión, 30 — 50, escuelas, 15 — 30, cuadras, 180, habitaciones ordinarias, 10 Por cada lámpara ó mechero de gas, 1,20 — 2 m ³, por bujía 0,20 m ³

Ventilación artificial (mediante una chimenea de tiro caldeada por el cañón de un aparato de calefaccion en invierno ó por un hogar ó mecheros de gas, encendidos en verano) Seccion de los conductos, 0 02 — 0,04 m ² por cada 100 m ³ de aire (por hora), que corresponde a una velocidad de 1,40 — 1 70 m, es preferible aumentar la sección y disminuir la velocidad Consumo de combustible sólo para la ventilación (es independiente del de calefacción), 0,15 — 0 2 kg de hulla por hora, ó 200 — 250 litros de gas por cada 100 m ³ de aire y hora

Cálculo de las chimeneas de llamada (véase num **14**)

8 *bis* Refrigeración de locales.—Con circulación de líquidos fríos (véase num **294**)

9. Higrometría.—El aire saturado de humedad a la temperatura t, contiene por m ³

$$\gamma \text{ kg de vapor de agua y } \frac{10330 - p}{29{,}3\,(273 + t)} \text{ kg de aire seco,}$$

siendo γ y p la densidad en kg por m ³ y la presión (en kg) del vapor á la temperatura t (véase tabla XVIII).

En la práctica puede admitirse que, en el límite ordinario de sequedad del aire, contiene un 20 %, y en condiciones medias de humedad, cerca del 50 % de la cantidad γ correspondiente á la saturación

10. Caldeo y vaporización de los líquidos.

a) Evaporación al aire libre —Si se trata de evaporar al aire libre en vasos abiertos el agua contenida en una disolución para concentrarla, se tiene, siendo t la temperatura del líquido, P el peso del agua evaporada por hora y m ² de superficie libre, M

calor consumido por cada kg. de agua vaporizada (contando las pérdidas), y suponiendo que el medio ambiente esta ∼ 15°

Para $t=$	**20**	**30**	**40**	**50**	**60**	**70**	**80**	**90**	gr
$P=$	0,30	0,60	1,0	1,7	2,7	4,3	6,6	10,0	kg.
$M=$	1370	1160	1070	840	760	720	690	660	cal.

b) Vaporización en calderas cerradas (véase nums. **252-261**).

c) Caldeo y vaporización por medio del vapor.—1 Con mezcla directa del líquido dado y el vapor de agua: si t es la temperatura del vapor para calentar un kg del líquido de t_0 a t_1 se requieren

$$\text{Kg de vapor } P = \frac{c\,(t_1 - t_0)}{606{,}5 + 0{,}305\,t - t_1},$$ (c = calor específico del líquido)

2. *Calefacción por vapor por medio de serpentines y dobles fondos delgados de metal* —Si el liquido se calienta sin hervir, se condensan 1,4 — 2,1 kg de vapor por hora, por m² de superficie de transmisión, y por cada grado de diferencia de temperatura entre la t del vapor y la media de las extremas t_0 y t_1 del liquido según la ≷ actividad de circulación de este ultimo, obtenida con agitadores u otro medio (corresponde á un coeficiente de transmision de 800 ∸ 1200 calorias por m² 1° hora. (Consumo vapor como en 1)

Si el líquido hierve y vaporiza, el calor transmitido es ∼ el doble. En este caso el consumo de vapor de agua a $t°$ por cada kg de líquido tomado a t_0 y vaporizado a $\theta°$ esta dado por la

$$P = \frac{\lambda - c\,t_0}{606{,}5 + 0{,}305\,t - \theta}\ \text{kg.}$$ (λ = calor de vaporización, c = calor específico del líquido)

Si en vez de tubos sutiles de cobre ó latón, se usan tubos de hierro (fundido ó forjado) el calor transmitido es de cerca de $^3/_4$ para el hierro forjado y ∼ $^1/_2$ para el fundido, de los valores precedentes.

d) Caldeo por medio de gases calientes.—Si el líquido circula en tubos colocados en una atmósfera de gases calientes, humo, etc , el color transmitido es de 6 — 8 calorias por m² h y por grado de diferencia entre las temperaturas medias del gas y del líquido, si los gases están quietos, y de 2 — 1 veces si se renuevan ∓ rapidamente

11. Enfriamiento de líquidos y condensación de vapores.

a) Enfriamiento con corriente exterior de agua fría. —Calor transmitido = 300 — 500 calorías por m ² hora y por grado de diferencia entre la media de las temperaturas extremas del líquido y del agua según la actividad de la circulación (Véase número **294**) Cantidad de agua a $\theta°$ necesaria para enfriar 1 kg de líquido de t_1 a t_0

$$P = \frac{c(t_1 - t_0)}{t_0 - \theta} \text{ kg}, \ (c = \text{calor específico})$$

Si el enfriamiento se verifica con *aspersiones* continuas exteriores de agua fría el calor absorbido por m ² h puede llegar a ser casi el doble

b) Enfriamiento por medio del aire. —Cuando se enfría un líquido haciéndole circular en tubos ó vasos delgados expuestos al aire libre puede calcularse una pérdida de 6 — 8 calorías por m ², por hora y grado de diferencia si el aire está tranquilo, y de 2 — 3 veces si se le renueva ∓ rápidamente

c) Condensación de vapores por medio del agua fría. —Si el agua ó el vapor circulan en tubos ó dobles fondos delgados, se calcula una absorción de 800 — 1 200 calorías por m ² h y grado de diferencia, entre las medias de las temperaturas extremas del vapor y del agua (corresponde si se trata de vapor de agua a 60 — 90 kg de vapor condensado por m ² h)

Cantidad de agua a $\theta°$ necesaria para condensar por *mezcla directa*, 1 kg de vapor enfriándolo hasta t_0

$$P = \frac{\lambda - c\,t_0}{t_0 - \theta} \text{ kg}$$ (λ calor de vaporización c = calor específico del líquido)

Condensando con agua que circule por el exterior se requiere casi doble cantidad de agua

d) Condensación por medio del aire. —Condensando en aparatos expuestos al aire ambiente, el calor transmitido es de 10 — 14 calorías por m ² h si el aire está tranquilo (corresponde, si se trata de vapor de agua á 1 2 — 1 8 kg de vapor condensado por m ² y h) y de 2 — 4 veces si el aire se renueva ∓ rápidamente con ventiladores u otros medios

11 *bis* Recalentado del vapor. —Véase núm **260**

12. Desecación

Humedad contenida en diversos cuerpos, en fracción % de su peso tejido de hilo, seda y algodón, después de una torsión 80 — 100 %, después de sometido a la prensa, 50 — 60 %, después del paso por el hidroextractor, 30 — 35 %. —Lana, el doble —Madera fresca 40 — 50 %, madera conservada al aire, 25 — 30 %, turba conservada al aire, 20 — 30 %, cok y carbón ordinario, después de una larga permanencia al aire libre, 8 — 10 %, cola (en gelatina), 70 — 80 %, cebada germinada (fábricas de cerveza), 35 — 40 % —Cereales, 25 — 30 % Legumbres, 40 — 80 %

Máxima temperatura admisible en los secaderos para madera y turba, 160° — 200°, materias textiles capullo de gusanos de seda, 80° — 100°, cereales, legumbres, 50° — 60°, cola, 35

Cálculo de un secadero por aire caliente —Sea t_0 la temperatura del aire exterior, t_1 la del aire caliente (maxima admisible) a la entrada en el secadero, t la temperatura á la salida, P el peso (en kg) del agua que se evapora por hora, γ_0, γ el peso de 1 m³ de vapor, á las temperaturas t_0, t p_0, p las presiones correspondientes por m² (en kg) (véase la tabla XVIII)

Se empieza por calcular el calor necesario para elevar 1° la temperatura del m³, suponiéndole saturado de vapor, á t_0

$$c = 0\ 24\ \frac{10330 - p_0}{29{,}3\,(273 + t_0)} + 0\ 48\,\gamma_0$$

Después se toma (primer tanteo) un valor de t comprendido entre t_1 y t_0 y se calcula p con la fórmula

$$p = \frac{p_0 + 0{,}08\,(273 + t_0)\,c\,(t_1 - t_0)}{1 + 0\ 000008\,(273 + t_0)\,c\,(t_1 - t)}$$

Si el valor hallado para p corresponde en la tabla XVIII al supuesto de t, no es necesario hacer mas tanteos, si no, se toma como nuevo valor de t el correspondiente al hallado de p y se vuelve a calcular p

Se puede calcular, sin necesidad de tanteos, por medio de la fórmula empírica de Grassi

$$t = 38 \log \frac{t_1}{10},$$

buscando luego en la tabla XVIII el valor correspondiente de p

Después de esto se tiene para el volumen de aire a t_0, por hora

$$V_0 = 46{,}5\,(273 + t_0)\,\frac{10330 - p}{10330\,(p - p_0)}\,P$$

y el calor consumido por hora para caldearlo de t_0 á t_1

$$C = c\,V_0\,(t_1 - t_0) \text{ calorías},$$

valor al que hay que agregar, en función de los datos del numero **13**, el calor absorbido por las paredes, suelo y techo del secadero

TABLA XVIII.

Peso específico y presión del vapor de agua entre 0° y 100°

Temp t^0 centg	PRESION p en mm mercurio	PRESION p en kg por m ³	Peso γ de 1 m ³ en kg	Temp t^0 centg	PRESION p en mm mercurio	PRESION p en kg por m ³	Peso γ de 1 m ³ en kg
0	4,60	63,0	0,0050	**50**	91,88	1250	0,0834
5	6,53	88,9	0,0070	**55**	117,48	1597	0,1046
10	9,16	124,0	0 0095	**60**	148,79	2023	0,1312
15	12,70	172,7	0,0130	**65**	186,94	2542	0,1623
20	17,39	238,0	0,0175	**70**	233,09	3169	0,1993
25	23,55	320,2	0,0231	**75**	288,50	3922	0,2440
30	31,55	429,0	0,0309	**80**	354,64	4822	0,2958
35	41,83	568,8	0,0397	**85**	433,02	5887	0,3573
40	54,91	746,6	0,0512	**90**	525,45	7144	0,4286
45	71,40	970,7	0,0657	**100**	760,00	10330	0,6061

13 Pérdidas de calor

Por radiación.—El calor que por radiación pierde por m ² un cuerpo al aire libre varía con la diferencia $t - t_0$ entre la temperatura del cuerpo y la del ambiente Llamando L_1 el calor perdido por m ², por hora y por cada grado de diferencia entre t y t_0, se tiene, cuando $t_0 = 10° - 20°$,

$t - t_0 =$ gr.	**20**	**40**	**60**	**80**	**100**	**120**	**140**	**160**	**190**	**220**	**250**
$L_1 =$ calor	1,2 k	1,3 k	1,4 k	1,55 k	1,65 k	1,8 k	2 k	2,2 k	2,5 k	2,9 k	3,4 k

siendo los valores de k los que á continuación figuran

Metales brillantes ...	$k = 0,2$	Negro de humo... . .	$k = 4,0$
Hoja de lata, palastro, estañado ó galvanizado.	0,6	Barnices, telas de lana, algodón, seda, papel, madera, arena, mortero, yeso ..	3,7
Palastro, hierro fundido, vidrio, carbón ..	3,2	Agua.	5,3

A la pérdida L_1 se suma el calor L_2 perdido por contacto con el aire, para superficies cilíndricas, planas ó esféricas, de dimensiones ordinarias, esta pérdida por m ², hora y grado de diferencia es por término medio

para $t - t_0 =$ gr...	**20**	**40**	**60**	**80**	**100**	**120**	**140**	**160**	**190**	**220**	**250**
$L_2 =$ calorías.....	3	3,4	3,6	3,9	4 1	4,2	4,4	4,5	4,7	4,9	5,1

Por transmisión á través de las paredes.—Calor transmitido por m ², hora y grado de diferencia entre las temperaturas exterior é interior

Paredes de fábrica	espesor de las paredes m	0,1	0,2	0,4	0,6	0,8	1,0
	calorías transmitidas. . .	2,3	1,7	1,2	0,9	0,7	0,6

Pavimentos sobre habitaciones subterraneas 1 — 1,5 calorías, pavimentos sobre habitaciones elevadas sobre el terreno, 0,5 — 0,8, cielos rasos, 0,8 — 2, vidrios sencillos, 3, íd dobles, 1,5, puertas y paredes de madera, 1,5 — 2 – Placas metálicas, entre dos capas de aire, de 8 a 14 calorías, para agua ó vapor, véanse numeros **8-11**

Condensación en las conducciones de vapor —En las cañerías de vapor expuestas al aire se condensa 1,60 — 1,80 kg de vapor por m ² y hora, segun sea el conducto de hierro fundido ó forjado, y la mitad próximamente si el tubo es de cobre ó latón brillante (véase num **11**, *d*)

Si el tubo esta envuelto por una substancia bien aisladora (fieltro, lana), la cantidad de vapor condensado se reduce próximamente como sigue

Vapor condensado	**0,30**	**0,20**	**0,10**	**0,07**	del valor precedente
Espesor de la envolvente.	12	25	50	100	mm

Materias diatermanas (no conductoras) fieltro, lana, mineral, aserrin, arcilla, corcho, amianto, cenizas, cok pulverizado, aire en reposo, sus valores relativos son 1, 0,8, 0,7 0,5, 0,5, 0,4, 0,35, 0,3, 0,15

14. Chimeneas.—(Para chimeneas de fabricas vease «Calderas de vapor»)

Chimeneas ordinarias —Sea H la altura en m. de la chimenea, A la sección (m ²), t la temperatura del humo Q (m ³) el volumen de aire frio por 1'' necesario para la combustión (véase num **7**) En los casos ordinarios en que $t = 150° — 300°$ y $H = 15 — 35$ m , se tiene aproximadamente

$$Q = 0{,}75\,A\,\frac{273}{273+t}\sqrt{\frac{H\,t}{273+t}}\ ,$$

en la que se deduce Q dado A, y viceversa

Chimeneas de llamada para ventilar un local mediante un hogar colocado en la base de la chimenea Sea t el exceso de temperatura que hay que producir en la chimenea para aspirar por 1'' un volumen de aire Q tomado a t grados, P (kg) el combustible consumido por 1'', siendo p su potencia calorifica, v la velocidad en m por 1'' del aire en la chimenea Se tiene

$$Q = m\,A\,\frac{273 + t_0}{273 + t}\sqrt{H\,\frac{t - t_0}{273 + t}}\,,$$

$$P = \frac{0{,}3\,Q\,(t - t_0)}{p}$$

$m = 0{,}5 - 0{,}1$ si el local es contiguo a la chimenea ó si el aire llega por conductos más ó menos largos Dados H, v ó bien H, t, se deducen A ó P Generalmente $v = 2 - 4$ m por 1", $t = 20^{\circ} - 40^{\circ}$

Construcción de chimeneas (Véase «Calderas de vapor»)

3.—Electricidad.

15. Unidades de medida.

1) *Unidades mecánicas*

Sistema C G S (Unidad de longitud, el cm , de masa, la masa de 1 g , de tiempo 1") —Unidad de fuerza, 1 *dina* = fuerza necesaria para imprimir en 1 la velocidad de 1 cm por 1" a la masa de 1 g —Unidad de trabajo, 1 *erg* = al trabajo de una dina que actua en el espacio de 1 cm , 1 *megaerg* = 1000000 *erg* —Unidad de potencia 1 *erg* por 1"

Sistema ordinario —Unidad de fuerza, 1 kg —Unidad de trabajo 1 kilogrametro (kgm) = trabajo de 1 kg recorriendo una longitud de 1 m —Unidad de potencia, 1 caballo de vapor (HP) = 75 kgm por 1 , 1 caballo hora = 270000 kgm 1 Poncelet = 100 kilogrametros por 1"

1 kgm $= 10^3$ g dinas. } g = aceleración debida á la gravedad
1 kgm $= 10^5$ g erg. . } en cm

Para g = 980 , 1 kg = 980016 ó 980014 dinas , 1 kgm = ~ 98 megaerg

2) *Unidades electromagnéticas* C G S

Unidad de intensidad = intensidad de una corriente que recorre un circuito de 1 cm de longitud, formando un arco de 1 centimetro de radio, ejerce la fuerza de 1 dina en la unidad de polo magnético colocado en el centro (polo capaz de rechazar con la fuerza de una dina a 1 cm de distancia , un polo semejante)

Unidad de cantidad = cantidad de electricidad que recorre un circuito en 1 con la intensidad 1

Unidad de fuerza electromotriz (f e m) = a la necesaria para que la cantidad 1 desarrolle 1 erg

Unidad de resistencia = a la de un conductor , en el que una fuerza electromotriz 1 hace circular una corriente de intensidad 1

3) *Unidades eléctricas legales* (Congreso de Chicago, 1893)

Unidad de resistencia, el ohmio internacional $= 10^9$ unidades de resistencia C G S = resistencia a 0° de una columna de mercurio de 1 mm² de sección y 1 063 m de altura (ó sea la masa de 14,4521) — 1 *ohmio* = 1000000 *microhmios*, 1 *megohmio* = 1000000 *ohmios*

Unidad de corriente, el amperio internacional $= 10^{-1}$ unidad de corriente C G S = corriente capaz de precipitar 0,001118 g de plata por 1 en una solución de nitrato argéntico Para las baterías de acumuladores se usa el amperio-hora = 1 amp por 1" suministrado continuamente durante 1 hora = 3600 culombios

Unidad de fuerza electromotriz, el *voltio* (internacional) = 10^8 unidad de f e m C G S = f e m , que actuando sobre un conductor de un ohmio de resistencia produce la corriente de 1 amperio (= aproximadamente á la f e m de una pila Clark a 15° = 1 434 volt)

Unidad de cantidad, el *culombio* (internacional) $= 10^{-1}$ unidad de cantidad C G S = cantidad de electricidad transmitida por 1" en un circuito recorrido por la corriente de 1 amperio Para las baterias de acumuladores se usa el amperio-hora = 1 amperio por 1" producido constantemente durante 1 hora = 3600 culombios (por ejemplo, 10 amperios producidos durante $4\,h = 40$ amperios hora)

Unidad de capacidad electrostatica, el *faradio* (internacional) = 1000000 *microfaradio* $= 10^{-9}$ unidad C G S = capacidad de un condensador cargado á 1 culombio, á la diferencia de potencial de 1 voltio.

Unidad de inducción, el *henrio* $= 10^9$ unidad C G S = inducción en un circuito, cuando la f e m inducida en él, es de 1 voltio, mientras la intensidad de la corriente inductora varia a razón de 1 amperio por 1"

Unidad de trabajo, el *julio* $= 10^7$ C G S = trabajo de 1 culombio en 1 henrio

Unidad de potencia, el *wattio* $= 10^7$ unidad C G S = trabajo efectuado a razón de 1 julio por 1

$$1 \text{ watio} = 10^7 \text{ erg por } 1'' = \frac{100}{g} \text{ kgm por } 1'' = \frac{100}{75\,g} \text{ HP}, \text{ (g en cm)}$$

para g = 980 cm. $\left\{ \begin{array}{l} 1 \text{ watio} = 0{,}102 \text{ kgm. por } 1'' = 0{,}00136 \text{ HP} \\ 1 \text{ kgm por } 1'' = 9{,}8 \text{ watios, } 1 \text{ HP} = 735 \text{ watios} \end{array} \right.$

1 watio h = 3600 julios = 1 watio suministrado continuamente durante una hora, así p e 200 wat. h equivalen a 200 wat suministrados durante una hora ó a 100 wattios durante dos horas, y en general a $\frac{200}{t}$ watios en t horas

1 watio $h = 0{,}102 \times 3600$ kgm $= 367{,}2$ kgm, 1 kgm $= 0{,}00272$ watios h

1 hectowatio (hw) = 100 wattios, 1 kilowatio (kw) = 1000 watios = $\sim$ 1,36 HP

Unidad de potencia aparente (en los circuitos de corriente alterna) el *volt-amperio* = (1 wat) = al producto de la diferencia de potencial en voltios por la corriente en amperios, 1 kilovolt-amperio = (1 kva) = 1000 wat

En los circuitos de corriente alterna, se llama *factor de potencia*, la relación entre la potencia efectiva en kilowatios y la potencia aparente en kilowattios amperio, que en el caso de corrientes y de f e m sinuosoidal es = cos φ (φ angulo de desplazamiento entre la f e m y la corriente (Véanse los numeros **19** y **20**)

Equivalencia entre el calor y el trabajo, 1 julio = 0,00024 calorías, 1 caloría = 4167 julios = 1,157 watios-hora, 1 watio-hora = 0,864 caloría

16. Ley de Ohm.—Para un conductor recorrido por una corriente de I amperios, en cuyo extremo haya una diferencia de potencial de V voltios, y en el que actue una f e m. de E voltios, se tiene, siendo r la resistencia en ohmios del conductor, $V = E - Ir$ (V y E con el mismo signo si tienen el mismo sentido)

Si en el conductor no hay f e m se tendra diferencia de potencial $V = -Ir$

En un circuito completo de resistencia r, en el que actua la f e m E, se tiene

$$E = Ir$$

17. Conductores.—1) *Resistencia* —Si ρ es la resistencia en microhm-cm (resistencia en microhm por 1 cm de longitud y 1 cm de sección, V Tabla XIX), l la longitud del conductor en m, s sección en mm², se tiene la resistencia

$$r = \frac{\rho}{100} \frac{l}{s} \text{ ohmios}$$

Si el conductor está dividido en dos ó mas ramas de resistencias r_1, r_2, r_3 , la resistencia total será

$$r = \frac{1}{\frac{1}{r_1} + \frac{1}{r_2} + \frac{1}{r_3} + \ldots\ldots}$$

2) ***Capacidad electrostática C é inducción L.*** — Sea l la longitud en cm.: ***a b c d*** como en las figuras 5.ª y 6.ª, ε constante dieléctrica del aislador (tabla XIX, 4), se tiene:

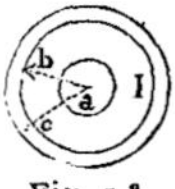

Fig. 5.ª

Cable concéntrico, fig 5.ª

$$C = \frac{1}{9.10^5} \frac{\varepsilon\, l}{2 \text{ log. hip. } \frac{b}{a}} \text{ microfaradio;}$$

$$L = 10^{-9}\, l \left(2 \text{ log. hip. } \frac{b}{a} + \frac{c^2}{c^2 - b^2} \text{ log. hip. } \frac{c}{b}\right) \text{ henrio,}$$

Dos conductores aéreos paralelos, fig. 6.ª,

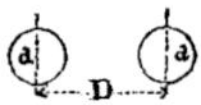

Fig. 6.ª

$$C = \frac{1}{9.10^5} \frac{l}{4 \text{ log. hip. } \frac{D}{a}} \text{ microfaradio,}$$

$$L = 10^{-9}\, l \left(4 \text{ log. hip. } \frac{D}{a} + 1\right) \text{ henrio.}$$

TABLA XIX.

Resistencia de los metales (á 0°).

NATURALEZA DEL CONDUCTOR.	Resistencia ρ microhmio-cm.	Aumento de resistencia por grado de > temperatura.
		Por ciento.
Alambre de acero	9,9 ÷ 15,8	+ 0,390
Idem de hierro	13 ÷ 14	+ 0,420
Aluminio recocido	2,9	+ 0,308
Argentan ó Packfong	30	+ 0,036
Bronce fosforoso	1,5 ÷ 5,6	+ 0,394
Idem silicioso	1,7 ÷ 5,7	+ 0,152
Cobre ordinario del comercio	1,65 ÷ 1,70	+ 0,383
Idem puro electrolítico, media	1,6	+ 0,435
Estaño	13,2	+ 0,365
Latón	8,26	+ 0,388
Mercurio	95	+ 0,091
Níquel (recocido)	12,4	+ 0,365
Oro (recocido)	2,08	+ 0,365
Plata (recocida)	1,5	+ 0,377
Platino (recocido)	9,16	+ 0,243
Plomo	19,80	+ 0,387
Reatan	52	+ 0,041
Zinc	5,6	+ 0,365

Fórmula especial para la resistencia de los alambres de cobre, según la temperatura.—La tabla XX da la resistencia de los alambres de cobre á 0°, de donde se deduce la > temperatura con el tanto por % de aumento dado por la tabla XIX; también puede obtenerse directamente como sigue: si d es el diámetro en mm. y t la temperatura en grados centígrados, la resistencia del alambre en ohmios por km. se deduce de la

$$r_{km.} = \frac{4\,\rho}{\pi}\,(1 + 0{,}00383\ t)\,\frac{10}{d^2} = \frac{m}{d^2}$$

para								
	$t = -5°$	0°	5°	10°	15°	20°	30°	40°
	mm. = 19,98	20,37	20,76	21,15	21,53	21,92	22,69	23,47

Resistencia del ácido sulfúrico diluído (á 17°).

Volumen de agua por 1 de ácido	4	5	6	7	8	9
Resistencia en ohmio-cm.......	0,825	0,882	0,940	1,010	1,072	1,125

Resistencia de los principales dieléctricos.

Mica...........	84.10^6	megohmio-cm.	á la temperatura	de	20°
Gutapercha....	450.10^6	—	—	—	24°
Vidrio (flint)...	2000.10^6	—	—	—	20°
Goma laca.....	9000.10^6	—	—	—	28°
Ebonita	28000.10^6	—	—	—	46°
Parafina	34000.10^6	—	—	—	46°

Poder inductor específico (constantes dieléctricas).

Aire seco á 0° y presión atmosférica........	1,00
Parafina.......................................	1,98
Goma elástica pura.	2,80
— — vulcanizada..................	2,5 ÷ 3,5
Gutapercha..................................	3,4 ÷ 4,2
Vidrio	4,6
Mica...	5
Cristal (flint)................................	6,6 ÷ 10

18. Trabajo y calor desarrollado por una corriente.—Si una corriente de I amperios circula en un conductor de r ohmios de resistencia se tendrá:

trabajo absorbido $W = r\,I^2$ wat.
calor producido $= 0{,}00024\ r\,I^2$ cal. p. 1".

En la práctica se desprecia el calor producido en un conductor cuando la sección del hilo por cada amperio de corriente que circula por él no sea $<$ de

para I .... =	1	20	50	100	200	400	1000 amp
sección por amp =	0,25	0,3	0,4	0 5	0,6	0,75	1 mm²

19. Corrientes alternas —Supuesta una corriente sinusoidal, su intensidad *eficaz* I se define como la raíz cuadrada de la media de los cuadrados de la intensidad durante ½ periodo Una corriente alterna que tiene una intensidad I y una corriente continua de intensidad I son iguales por sus efectos térmicos, electrodinamicos y electromagnéticos Igualmente se define la f e m *eficaz* E Se tiene además

$$I_{máx.} = I\sqrt{2} \qquad I_{med} = 0\,6366\ I_{máx} = 0{,}9\ I$$
$$E_{máx} = E\sqrt{2} \qquad E_{med} = 0{,}6366\ E_{máx} = 0\,9\ E$$

La ley de Ohm es sólo cierta en cada instante Para valores eficaces se modifica como sigue

Sean I la intensidad eficaz en amperios, r la resistencia de los conductores en ohmios, L la inductancia en henrios (véase numero **17**), n la frecuencia (numero de períodos por 1″) φ porción de fases, W la potencia en vatios, E el valor eficaz en voltios de la f e m (si se trata del circuito completo), V el valor eficaz en voltios de la diferencia de potencial (si se trata de una parte del circuito) Se tiene prácticamente

$$V\,(\text{ó bien } E) = I\sqrt{r^2 + 4\,\pi^2 n^2 L^2}\,, \qquad \tan\varphi = \frac{2\,\pi\, n L}{r}$$
$$W = V I \cos\varphi$$

Frecuencias mas usadas si la corriente se emplea sólo para motores $n = 15 - 40$ periodos por 1″, si para alumbrado con lamparas incandescentes $n = 35 - 60$, si sólo para lámparas de arco $n = 42 - 60$, para servicio mixto de motores y alumbrado n — $40 - 60$

20. Sistema trifásico — Si el sistema es simétrico y V representa la diferencia de potencial eficaz, entre dos cualesquiera de los conductores, é I la corriente eficaz en amp en cada uno de ellos, se tiene en el caso de montaje *abierto* (en estrella ó en Y), la diferencia de potencial, maxima ó eficaz $V = \sqrt{3}$, ó sea 1,732 veces la diferencia de potencial máxima ó eficaz entre los extremos de las espirales (separación respecto á la fase 30°), mientras la intensidad de la corriente permanece la misma, tanto en valor como en fase

Cuando el montaje es cerrado (ó en Δ), la intensidad máxima ó eficaz es $I = 1{,}732$ veces la intensidad máxima ó eficaz en las espirales, mientras la diferencia de potencial permanece la misma en valor y en fase.

Si W es la diferencia de potencial eficaz en voltios entre dos conductores de transmisión, I la intensidad eficaz en amperios en un conductor W la potencia total en wattios engendrada por un generador ó absorbida por un aparato, y se supone la instalación cargada simétricamente, siendo nula ó despreciable la inducción y la capacidad de los inductores, se tiene

$$W = \sqrt{3} \cos \varphi \; V I$$

21 Cálculo de los conductores

a) *Sección de los conductores*

1) *Corriente continua* —Sea s la sección en mm ² de los conductores para transmitir la potencia de W wattios, con una diferencia de potencial de V voltios, l la longitud en m del circuito entero ida y vuelta, u la pérdida por ciento de energía, ρ la resistencia del metal del conductor en microhm -cm (tabla XIX, para tener en cuenta la temperatura se calculara por término medio para el cobre electrolítico, $\rho = 1{,}7$) Se tiene

$$s = \frac{\rho l W}{u V^2}$$

Por ejemplo se deben transportar con un circuito de cobre 1 000 w a 2 km de distancia con una diferencia de potencial de 150 voltios y una perdida de 10 por 100. Se tendra

$$s = \frac{1{,}7 \cdot 4000 \cdot 1000}{10 \quad 150^2} = \sim 30 \text{ mm}^2$$

2) *Corriente alterna* —Si se designa por V la diferencia de potencial eficaz en voltios, l longitud del circuito, ida y vuelta en m , W la potencia en wattios y si la inducción y capacidad del sistema dan lugar en la linea a una diferencia de fase φ entre la corriente y diferencia de potencial, se tiene

$$s = \frac{\varphi L W}{u V^2 \cos^2 \varphi}$$

3) *Sistema trifásico* — Si se indica con V la diferencia de potencial eficaz entre dos conductores, l la longitud en m de un conductor, ó sea la distancia de transporte, y se supone simétricamente cargada la instalación, sirve para s la misma fórmula del 2) Ejemplo se trata de transportar 1800 kw á 35 km con $V = 20000$ voltios, $\cos\varphi = 0{,}7$, y $u = 12$ (12 % de pérdida), se tendra

$$s = \frac{1{,}7 \ \ 35000 \ \ 1800000}{12 \ \ 20000^2 \ \ 0{,}7^2} = \sim 45 \text{ mm}^2$$

Para emplear la tabla XX se deduciría I de la fórmula del num **20** ($I = 74{,}5$ amperios), después, debiendo ser la pérdida de energía

$$0{,}12 \ \ 1800000 \text{ w} = 216000 \text{ w},$$

se deducirá r, como en el num **18** de la $3rI^2 = 21600$, de donde $r = 13$ ohmios, ó sea 0,37 ohm por km que corresponde en la tabla **XX** (a 0°) un diámetro de 7,4 mm ó una sección de 43 mm² ($\sim 45{,}5$ mm² á 15°)

b) ***Perdida de tensión***

1) ***Corriente continua*** — I corriente r resistencia de la línea (ida y vuelta), pérdida $= Ir$

2) ***Corriente alterna*** — Sean r_1, L_1 la resistencia é inducción de la línea, ida y vuelta r_2 L_2 resistencia é inducción de los aparatos receptores y φ *la diferencia de fase*, I *la corriente eficaz*, n la frecuencia Se toman (fig 7)

$$AB = Ir_1, \quad BC = 2\pi n L_1 I, \quad CD = Ir_2$$
$$DE = 2\pi n L_2 I$$

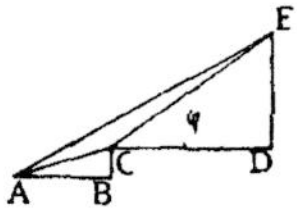

Fig 7

Se tiene entonces

$AE =$ diferencia de potencial al principio de la linea,

$CE =$ diferencia al final,

luego $AE - CE =$ pérdida de tensión

Generalmente se dan AB, BC, CE, φ y se determina AE

En general hay una aproximación suficiente si se substituye á la diferencia $AE - CE$ la proyección de AC sobre AE

3) ***Corriente trifásica*** — Sirve la misma construcción, admitiendo que I es la corriente en cada hilo y que r_1, L_2, se refieren a un hilo sólo (distancia de transporte) Entonces si r_1 r_2 repre

sentan la diferencia de potencial entre dos cualquiera de los conductores al principio y al final de la línea, se tiene

$$A E = \frac{V_1}{\sqrt{3}}, \quad C E = \frac{V_2}{\sqrt{3}}, \quad A E - C E = \frac{V_1 - V_2}{\sqrt{3}}$$

4) Determinación de la impedencia de la línea, para el cálculo de la pérdida de tensión con la construcción de la figura 7 Dado

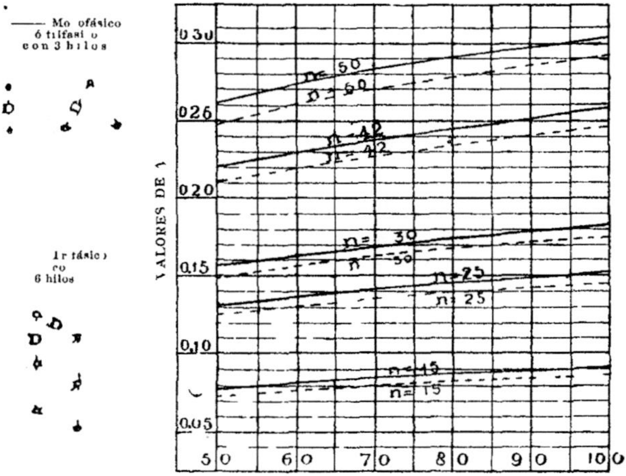

Fig 8 DISTANCIA D EN CM

el diámetro d de los hilos y su distancia D (fig 8) se puede determinar el valor de $2\pi n L_1$ sirviéndose de los diagramas de las figuras 8 y 9 (debidas al ingeniero G Semenza) Sirven para las frecuencias mas usuales (para las frecuencias intermedias se puede interpolar), para una línea compuesta de dos hilos en un sistema monofasico y de tres ó seis hilos en un sistema trifasico, dispuestos como en la fig 8 Se busca con el diagrama de la fig 8 el valor de y después el de z con el diagrama de la fig 9, y se tendra con esto el valor de $2\pi n L_1 = y + z$ por km de línea sencilla Este valor multiplicado por la intensidad de la corriente que recorre el hilo y por la longitud del hilo en kilómetros (igual á dos veces la distancia de la transmisión ó del transporte en el caso de la corriente monofasica, igual a la distancia de la transmisión en el caso de corrientes trifasicas) da el valor de BC de la fig 7

Para las lineas compuestas de cables subterraneos de dos ó tres conductores unidos (no concéntricos) se considera, para el

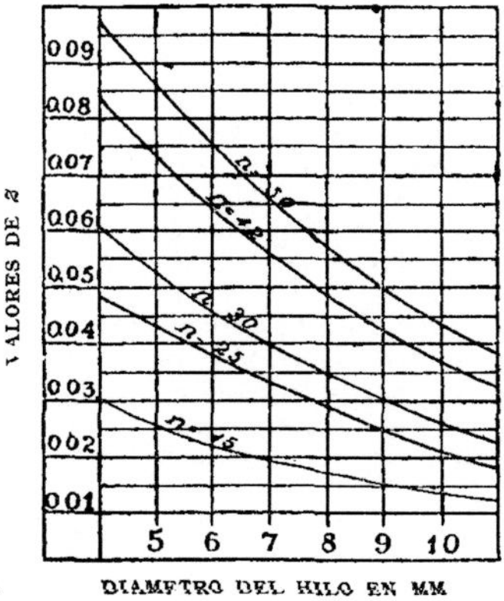

Fig 9

caso de maxima, despreciable la inducción y la capacidad es decir se supone (en la fig 7) $BC = 0$.

22. Pilas hidroeléctricas.—Fuerza electromotriz E y resistencia r de las pilas hidroeléctricas mas corrientes

Daniell amalgama de zinc en una solución al 25 % de ácido sulfurico, y cobre en una solución saturada de sulfato cuprico $E = 1{,}079$ volt en las primeras horas, 1,07 después $r = 1{,}5 - 2{,}8$ ohmios

Bunsen amalgama de zinc en solución al 8 % de acido sulfurico y carbón en acido nitrico fumante, $E = 1{,}80 - 1{,}90$ volt $r = 0{,}10 - 0{,}20$ ohmios

Leclanché amalgama de zinc en solución concentrado (densidad $= 1{,}07$) de cloruro amónico y carbón molido mezclado con bióxido de manganeso $E = 1{,}48$, $r = 0{,}9 - 1{,}8$

Pila de bicromato potasico amalgama de zinc en solución de acido sulfurico y carbón en una solución de 25 % de ácido sulfurico, 12 de bicromato potásico y 100 de agua $E = 2 - 2{,}2$, $r = 0{,}3 - 0{,}5$

23 Acumuladores.—Sistemas a base de plomo, tipos Faure y Planté, datos principales

Tensión inicial de carga, 2 1, final, 2,7, media 2,4 voltios, tension de descarga inicial 2, final 1,8 voltios

Corriente de carga por kg de acumuladores 1 3 — 1,7 amperios para acumuladores fijos, 3,5 — 4 para idem portatiles (tracción en f c ó tranvias automóviles barcos, etc)

Corriente de descarga por kg de acumuladores (sistema Tudor) 0,5 — 1,7 amperios segun la $\gtrless$ duración de la descarga, en los tipos fijos de descarga lenta (duración de la descarga de 10 — 3 horas) destinadas especialmente al alumbrado, 1,3 — 3,3 amperios en los tipos fijos de descarga rapida (2 ¾ — 1 hora), para distribuciones de fuerza y tracción, regulación de f c eléctricos 2 — 4 amperios segun dure la descarga de 10 a 3 horas en los tipos portatiles (tracción)

Capacidad normal por kg de acumuladores tipos fijos de descarga lenta 4 — 7 amp h = 7,5 — 13 w h, durando la descarga de 3 — 10 horas, tipos de repulsión, 2 5 — 4 5 amp h = 4 7 — 8,5 w h, durando la descarga 1 — 2 ¾ horas, tipos portatiles para tracción, 10 — 16 amp h = 18 — 30 w h, durando la descarga de 10 — 9 horas

El peso de las placas representa 60 — 80 % (de los pequeños a los grandes) del peso total (excluyendo el acido)

Energía disponible en la descarga, = 75 — 80 % de la empleada en la carga

Conservación anual = 5 — 10 % del coste inicial

Coste 1,10 — 1,30 ptas el kg

Generalmente los elementos se hacen de diversos pesos, empezando desde 4 kg y aun menos, según las necesidades, elevándose hasta 1 200 kg (acumuladores Tudor), sin contar el acido — La cantidad de ácido necesaria (acido sulfurico diluido á 22° Beaumé, del peso específico 1,18 respecto al agua) es de cerca de 0,4 litros por kg de acumulador — Poniendo los elementos en batería, el espacio ocupado en planta varía entre 0,1 y 2 m² para cada elemento que entra en la batería, con una altura de 2 — 2,7 m segun el peso de los mismos

Ejemplo —Para aplicar una bateria de acumuladores a la alimentación durante 6 horas de 100 lamparas de 35 wat a 110 voltios se necesitan $\frac{110}{1{,}8} = 60$ elementos en serie, y debiendo ser la bateria capaz de $3.500 \times 6 = 210000$ w. h. debe ésta tener a razón de 10 w. h. por kg. un peso de acumuladores de 2100 kg., es decir, se requieren elementos de 35 kg. cada uno:

La corriente de descarga es $\frac{3500}{110} = \sim 32$ amperios. luego la corriente de descarga por kg. sera $\frac{32}{35} = \sim 0{,}9$ amperios.

24. Electrolisis.—Cantidad de diversos cuerpos precipitada por la corriente en un baño electrolítico.

	Gramos por culombio.	Gramos por amperio-hora
Agua descompuesta....	0,0000932	0,3354
Gas....................	0,0001733	0,6240
Plata..................	0,0011180	4 0250
Hierro (férrico)........	0,0001936	0,6968
Hidrógeno..............	0,0000104	0,0374
Niquel	0,0003042	1,0953
Oro....................	0,0006779	2,4448
Oxígeno................	0,0000839	0,2984
Plomo..................	0,0010716	3,8578
Platino................	0,0010220	3,6790
Cobre (cúprico)........	0,0003271	1,1770
Estaño (estánnico).....	0,0003058	1,1009
Zinc...................	0,0003370	1,2133

TABLA XX.—Alambres de cobre (la resistencia se entiende á 0°)

ESCALA MILIMÉTRICA												Escala Standard inglesa (*SWG*)			Escala de Birmingham (*SWG*)		
Diám.° mm.	Sec. mm.²	Peso por km kg	Resist. por km Ohm.	Diám.° mm.	Sec. mm.²	Peso por km kg.	Resist. por km Ohm.	Diám.° mm.	Sec. mm.²	Peso por km. kg.	Resist. por km Ohm.	Núm.	Diá.° mm.	Sec. mm.²	Núm.	Diá.° mm.	Sec. mm.²
0,1	0,008	0,070	2034	**2,5**	4,91	43,69	3,25	**5,8**	26,42	235,14	0,60	**0000**	10,16	81,17	**0000**	11,53	104,41
0,2	0,031	0,280	508,23	**2,6**	5,31	47,25	3,01	**6,0**	28,27	251,64	0,56	**000**	9,45	70,14	**000**	10,79	91,44
0,3	0,071	0,629	226,02	**2,7**	5,73	50,96	2,79	**6,2**	30,19	268,70	0,53	**00**	8,84	61,37	**00**	9,65	73,14
0,4	0,126	1,118	127,14	**2,8**	6,16	54,80	2,59	**6,4**	32,17	286,31	0,50	**0**	8,23	53,20	**0**	8,63	58,49
0,5	0,196	1,747	81,37	**2,9**	6,61	58,79	2,42	**6,6**	34,21	304,49	0,47	**1**	7,62	45,60	**1**	7,62	45,60
0,6	0,283	2,516	56,50	**3,0**	7,07	62,91	2,25	**6,8**	36,32	323,22	0,44	**2**	7,01	38,50	**2**	7,21	40,83
0,7	0,385	3,425	31,51	**3,1**	7,55	67,17	2,12	**7,0**	38,48	342,51	0,42	**3**	6,40	32,17	**3**	6,58	34,00
0,8	0,503	4,474	41,78	**3,2**	8,04	71,58	1,99	**7,2**	40,71	362,36	0,39	**4**	5,89	27,24	**4**	6,04	28,65
0,9	0,636	5,662	25,11	**3,3**	8,55	76,12	1,87	**7,4**	43,01	382,78	0,37	**5**	5 38	22,77	**5**	5,59	24,54
1,0	0,785	6,990	20,34	**3,4**	9,08	80,80	1,76	**7,6**	45,36	403,74	0,35	**6**	4,88	18,68	**6**	5,16	20,91
1,1	0,950	8,458	16,81	**3,5**	9,62	85,63	1,66	**7,8**	47,78	425,27	0,33	**7**	4,47	15,69	**7**	4,57	16,40
1,2	1,13	10,07	14,13	**3,6**	10,18	90.59	1,57	**8,0**	50.28	447,36	0,32	**8**	4,06	12,98	**8**	4,19	13,79
1,3	1,33	11,81	12,04	**3,7**	10,75	95,69	1,49	**8,2**	52,81	470,01	0,30	**9**	3,66	10,51	**9**	3,76	11,10
1,4	1,54	13,70	10,38	**3,8**	11,34	100,94	1,41	**8,4**	55,42	493,22	0,29	**10**	3,25	8,30	**10**	3,40	9,08
1,5	1,77	15,73	9,04	**3,9**	11,95	106,32	1,34	**8,6**	58,09	516,98	0,27	**11**	2,95	6,79	**11**	3,05	7,31
1,6	2,01	17,89	7,95	**4,0**	12,57	111,84	1,27	**8,8**	60,82	541,31	0,26	**12**	2,64	5,48	**12**	2,77	6,03
1,7	2,27	20,20	7,04	**4,2**	13,85	123,30	1,15	**9,0**	63,62	566,19	0,25	**13**	2,34	4,29	**13**	2,41	4,56
1,8	2,54	22,65	6,28	**4,4**	15,21	135,33	1,05	**9,2**	66,48	591,64	0,24	**14**	2,03	3,24	**14**	2,11	3,50
1,9	2,83	25,23	5,63	**4,6**	16,62	147,91	0,96	**9,4**	69,40	617.64	0,23	**15**	1,83	2,63	**15**	1,83	2,63
2,0	3,14	27,96	5,09	**4,8**	18,10	161,05	0,88	**9,6**	72,38	644,20	0,22	**16**	1,63	2,08	**16**	1,65	2,14
2,1	3,46	30,83	4,61	**5,0**	19,63	174,75	0,81	**9,8**	75,43	671,32	0,21	**17**	1,42	1,59	**17**	1,47	1,70
2,2	3,80	33,83	4,20	**5,2**	21,21	189,01	0,75	**10,0**	78,54	699,00	0,20	**18**	1,22	1,17	**18**	1,24	1,21
2,3	4,15	36,98	3,85	**5,4**	22,90	203,83	0,70	**11,0**	95,03	845,80	0,16	**19**	1,02	0,81	**19**	1.07	0,90
2,4	4,52	40,26	3,53	**5,6**	24,63	219,21	0,65	**12,0**	113,10	1006,60	0,14	**20**	0,91	0,66	**20**	0,89	0,62

HIDRÁULICA

Tabla XXI.

Valores de $h = \frac{v^2}{2g}$ para los de v comprendidos entre 0 m. y 55 m. ($g = 9,81$).

v	h	v	h	v	h	v	h	v	h
0,05	0,0001	2,00	0,204	4,9	1,224	8,8	3,947	23,5	28,15
0,10	0,0005	2,05	0,214	5,0	1,274	8,9	4,038	24,0	29,36
0,15	0,001	2,10	0,225	5,1	1,326	9,0	4,129	24 5	30,59
0,20	0,002	2,15	0,236	5,2	1,378	9,1	4,221	25,0	31,86
0,25	0,003	2,20	0,247	5,3	1,435	9,2	4,314	25,5	33,16
0,30	0,005	2,25	0,258	5,4	1,486	9,3	4,409	26,0	34,45
0,35	0,006	2,30	0,270	5,5	1,542	9,4	4,504	26,5	35,81
0,40	0,008	2,35	0,281	5,6	1,599	9,5	4,600	27,0	37,16
0,45	0,010	2,40	0,294	5,7	1,656	9,6	4,698	27,5	38,57
0,50	0,013	2,45	0,306	5,8	1,685	9,7	4,796	28,0	39,96
0,55	0,015	2,50	0,319	5,9	1,774	9,8	4,896	28,5	41,42
0,60	0,018	2,55	0,332	6,0	1,835	9,9	4,996	29,0	42,86
0,65	0,022	2,60	0,345	6,1	1,897	10,0	5,097	29,5	44,38
0,70	0,025	2,65	0,358	6,2	1,959	10,5	6,619	30	45,87
0,75	0,029	2,70	0,372	6,3	2,023	11,0	6,167	31	48,98
0,80	0,033	2,75	0,386	6,4	2,088	11,5	6,741	32	52,19
0,85	0,037	2,80	0,400	6,5	2,154	12,0	7,339	33	55,50
0,90	0,041	2,85	0,414	6,6	2,220	12,5	7,964	34	58,92
0,95	0,046	2,90	0,429	6,7	2,288	13,0	8,614	35	62,44
1,00	0,051	2,95	0,444	6,8	2,357	13,5	9,289	36	66,06
1,05	0,056	3,0	0,459	6,9	2,427	14,0	9,990	37	69,78
1,10	0,062	3,1	0,490	7,0	2,498	14,5	10,716	38	73,60
1,15	0,067	3,2	0,522	7,1	2,570	15,0	11,468	39	77,52
1,20	0,073	3,3	0,555	7,2	2,642	15,5	12,245	40	81,55
1,25	0,080	3,4	0,589	7,3	2,716	16,0	13,048	41	85,68
1,30	0,086	3,5	0,624	7,4	2,791	16,5	13,876	42	89,91
1,35	0,093	3,6	0,661	7,5	2,867	17,0	14,730	43	92,24
1,40	0,100	3,7	0,698	7,6	2,944	17,5	15,609	44	98,67
1,45	0,107	3,8	0,736	7,7	3,022	18,0	16,514	45	103,21
1,50	0,115	3,9	0,775	7,8	3,101	18,5	17,444	46	107,85
1,55	0,122	4,0	0,815	7,9	3,181	19,0	18,400	47	112,59
1,60	0,130	4,1	0,857	8,0	3,262	19,5	19,381	48	117,43
1,65	0,139	4,2	0,899	8,1	3,344	20,0	20,39	49	122,38
1,70	0,147	4,3	0,942	8,2	3,427	20,5	21,42	50	127,42
1,75	0,156	4,4	0,987	8,3	3,512	21,0	22,48	51	132,58
1,80	0,165	4,5	1,032	8,4	3,597	21,5	23,56	52	137,84
1,85	0,174	4,6	1,078	8,5	3,683	22,0	24,67	53	143,49
1,90	0,184	4,7	1,126	8,6	3,770	22,5	25,80	54	148,64
1,95	0,194	4,8	1,174	8,7	3,858	23,0	26,96	55	154,20

Valores de g —En el Polo = 9,831; en París = 9,809; en el Ecuador = 9,781; Roma = 9,803; Milán = 9,806; Londres = 9,8110; Madrid = 9,8800156 ± 0,000016.

TABLA XXII.

Valores de $v = \sqrt{2gh}$ para los de $h = 0,1$ m ÷ 100 m. (g = 9,81).

h	*v*	*h*	*v*	*h*	*v*	*h*	*v*	*h*	*v*
0,01	0,443	**0,49**	3,100	**0,97**	4,362	**3,25**	7,985	**8,25**	12,72
02	0,626	**0,50**	3,132	**98**	4,384	**30**	8,046	**50**	12,91
03	0,767	**51**	3,163	**99**	4,407	**35**	8,107	**75**	13,10
04	0,886	**52**	3,194	**1,00**	4,429	**40**	8 167	**9,00**	13,29
05	0,990	**53**	3,224	**05**	4,539	**45**	8,227	**25**	13,47
06	1,085	**54**	3,253	**10**	4,645	**3,50**	8,286	**50**	13,65
07	1,172	**55**	3,285	**15**	4,750	**55**	8,345	**75**	13,83
08	1,253	**56**	3,314	**20**	4,852	**60**	8,404	**10,00**	14,01
09	1,329	**57**	3,344	**25**	4,953	**65**	8,462	**11**	14,69
0,10	1,401	**58**	3,373	**30**	5,050	**70**	8,520	**12**	15,34
11	1,468	**59**	3,402	**35**	5,146	**75**	8,577	**13**	15,97
12	1,534	**0,60**	3,431	**40**	5,241	**80**	8,634	**14**	16,57
13	1,597	**61**	3,459	**45**	5,333	**85**	8,691	**15**	17,15
14	1,657	**62**	3,488	**1,50**	5,425	**90**	8,747	**16**	17,72
15	1,715	**63**	3,516	**55**	5,514	**95**	8,808	**17**	18,26
16	1,772	**64**	3,543	**60**	5,603	**4,00**	8,858	**18**	18,80
17	1,826	**65**	3,571	**65**	5,690	**05**	8,914	**19**	19,31
18	1,879	**66**	3,598	**70**	5,775	**10**	8,968	**20**	19,81
19	1,931	**67**	3,625	**75**	5 859	**15**	9,023	**21**	20,30
0,20	1,981	**68**	3,652	**80**	5,942	**20**	9,077	**22**	20,77
21	2,030	**69**	3,679	**85**	6,024	**25**	9,131	**23**	21,24
22	2,078	**0,70**	3,706	**90**	6,105	**30**	9,185	**24**	21,70
23	2,124	**71**	3,732	**95**	6,186	**35**	9,238	**25**	22,15
24	2,170	**72**	3,758	**2,00**	6 264	**40**	9,291	**26**	22,58
25	2,215	**73**	3,784	**05**	6,341	**45**	9,343	**27**	23,01
26	2,259	**74**	3,810	**10**	6,418	**4,50**	9,396	**28**	23,44
27	2,301	**75**	3,836	**15**	6,494	**55**	9,448	**29**	23,85
28	2,344	**76**	3,861	**20**	6,570	**60**	9,500	**30**	24,26
29	2,385	**77**	3,886	**25**	7.644	**65**	9,551	**31**	24,66
0,30	2,426	**78**	3,911	**30**	7,717	**70**	9,602	**32**	25,05
31	2,466	**79**	3,936	**35**	7,790	**75**	9,653	**33**	25,44
32	2,506	**0,80**	3,961	**40**	7,862	**80**	9,704	**34**	25,83
33	2,544	**81**	3,986	**45**	7,933	**85**	9,754	**35**	26,20
34	2,582	**82**	4,011	**2,50**	7,003	**90**	9,804	**36**	26,58
35	2,620	**83**	4,035	**55**	7,073	**95**	9,854	**37**	26,94
36	2,658	**84**	4,059	**60**	7,142	**5,00**	9,904	**38**	27,30
37	2.694	**85**	4,083	**65**	7,210	**25**	10,15	**39**	27,66
38	2,730	**86**	4,107	**70**	7,278	**50**	10,39	**40**	28,01
39	2,766	**87**	4,131	**75**	7,345	**75**	10,62	**45**	29,71
0,40	2,801	**88**	4,155	**80**	7,411	**6,00**	10,85	**50**	31,32
41	2,836	**89**	4,178	**85**	7,477	**25**	11,07	**55**	32,85
42	2,870	**0,90**	4,202	**90**	7,543	**50**	11,29	**60**	34,31
43	2,904	**91**	4,225	**95**	7,607	**75**	11,51	**65**	35,71
44	2,938	**92**	4,248	**3,00**	7,672	**7,00**	11,72	**70**	37,06
45	2,971	**93**	4,271	**05**	7,735	**25**	11,93	**75**	38,36
46	3,005	**94**	4,294	**10**	7,798	**50**	12,13	**80**	39,61
47	3,037	**95**	4,317	**15**	7,861	**75**	12,33	**90**	42,02
48	3,069	**96**	4,340	**20**	7,923	**8,00**	12,53	**100**	44,29

1.—Hidrostática.

25. Presión hidrostática P (en kg.), ejercida por el agua normalmente á una superficie plana sumergida de A m ² y cuyo centro de gravedad se encuentra a la profundidad de h metros

$$P = \gamma\ A h$$

γ = peso específico del agua en kg por m ³ = 1000 para el agua dulce = 1020 — 1040 para el agua del mar término medio 1026, para el agua dulce turbia 1010 — 1050

Á la presión de P kg por m ² corresponde una altura de carga de $\frac{p}{1000}$ m cada mm de carga equivale a una presión de 1 kg por m ²

26. Centro de presion (punto de aplicación de la presión hidrostatica) — La distancia s del centro de presión a la intersección de la superficie sumergida con la de nivel del agua, esta dada por la expresión

$s = \frac{\text{momento de inercia}}{\text{momento estatico}}$ de la superficie, respecto a la citada intersección

Si la superficie es un rectangulo de altura a con dos lados horizontales, y c designa la distancia del lado superior a la intersección del plano del rectangulo con el del agua, se tiene

$$s = \frac{2}{3}\ \frac{a^2 + 3\,a\,c + 3\,c^2}{a + 2\,c}, \quad \text{y para } c = 0, \quad s = \frac{2}{3}\,a$$

Para un triangulo de altura a y con la base en la intersección $s = 0{,}5\ a$, vértice en la intersección y base horizontal $s = 0{,}75\ a$

27. Presión del agua en movimiento

Primer caso —Choque de una vena contra una superficie — Sean P (kg.) la presión ejercida sobre la superficie en la dirección de la vena, A la sección normal de la vena en m ², v la velocidad del agua en m por 1″ y $\pm c$ la velocidad de la superficie en la dirección del agua, el signo, segun sea en el mismo sentido ó en sentido contrario (si la superficie esta inmóvil $c = 0$), Q el volumen de agua que choca por 1″ (volumen que sera $= A\,(v \mp c)$ cuando el agua choca de un modo continuo contra la misma superficie, é $= A\,v$ cuando choca sucesivamente una serie de superficies, como en las ruedas hidraulicas) —Se tiene

Superficie plana normal a la vena $P = 102\ Q\,(v + c)$

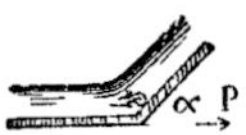

Fig 10

Superficie plana inclinada un ángulo α con la dirección de la vena

Fig 10 $\quad P = 102\,Q\,(v + c)\,(1 - \cos\alpha)$

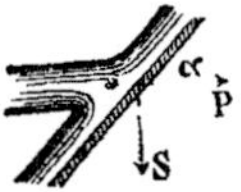

Fig 11

Fig 11 presión normal a la superficie que sufre el choque

$$N = 102\,Q\,(v \mp c)\ \text{sen}\ \alpha$$

sus componentes son

$$P = N\ \text{sen}\ \alpha \qquad S = N \cos\alpha$$

Segundo caso —Presión del agua en movimiento sobre las superficies sumergidas (Véase num **77**)

2 —Hidrometría.

A —Gasto en los orificios

28. Velocidad de salida y carga correspondiente. Velocidad de salida v debida a una carga h, $v = \sqrt{2gh}$ (Véase tabla XXII)

Carga h correspondiente a una velocidad v $h = \frac{v^2}{2g}$ (Véase tabla XXI

29. Fórmulas generales para determinar el gasto en los orificios rectangulares Datos a altura (medida siempre normalmente a la dirección de la vena) b ancho $h_1\ h\ h_2$ carga en el lado inferior en el centro y lado superior (medidos en el sitio donde no influye el tiro de salida) $k = \frac{c^2}{2g}$ carga correspondiente á la velocidad media c de la corriente aguas arriba del orificio μ coeficiente de salida Se tiene para valor del gasto (todas las dimensiones se expresan en metros

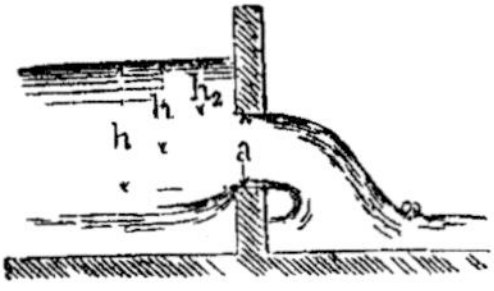

Fig 12

$$Q = \frac{2}{3}\,\mu\, b\,\sqrt{2g}\,\left\{ (h_1 + k)^{3/2} - (h_2 + k)^{3/2} \right\}$$

Si la sección aguas arriba es bastante grande respecto a ab para que se pueda despreciar k, como sucede generalmente se tiene

$$[1] \qquad Q = \frac{2}{3}\,\mu\, b\,\sqrt{2g}\,\left\{ h_1^{3/2} - h_2^{3/2} \right\}$$

30. Orificios con carga de agua.—En los casos ordinarios sin velocidad de llegada sensible ($< 0,50$ m.), se emplea, para cualquier orificio, la fórmula

$$[2] \qquad Q = \mu A \sqrt{2gh}\,.$$

A = superficie; h = carga en el centro de la figura. Los valores de μ de los estudios modernos se refieren á esta fórmula

31. Coeficiente de salida para orificios en pared delgada; contracción completa y total. Se dice que la pared es delgada cuando es tal, que la vena se separa del contorno del orificio contrayéndose libremente. *Para este caso se tiene por término medio*

$$\mu = 0,615.$$

Si se quiere mayor precisión, véase la tabla siguiente, que sirve para orificios rectangulares, circulares ó poligonales regulares; a = altura, h_2 carga (fig. 2) Para $a > 0,20$ m se toman los valores de μ, para $a = 0,20$ m.

Tabla XXIII.

Coeficientes de salida para orificios en pared delgada

Carga h_2 en metros.	Valores de μ con la formula [2] para los siguientes valores de a (en metros).						Valores de μ con la formula [1]					
	0,20	**0,10**	**0,05**	**0,03**	**0,02**	**0,01**	**0,20**	**0,10**	**0,05**	**0,03**	**0,02**	**0,01**
0,02	0,572	0,596	0,615	0,634	0,659	0,694	0,592	0,611	0,624	0,644	0,664	0,696
0,03	578	600	620	638	659	688	594	612	626	643	662	690
0,04	582	603	623	640	658	683	596	612	627	642	660	684
0,06	587	607	627	640	657	676	598	613	629	641	658	676
0,08	589	610	629	638	656	670	599	614	630	639	656	670
0,10	592	611	630	637	654	666	599	615	631	638	654	666
0,15	595	613	630	635	651	659	600	616	631	636	651	659
0,20	598	615	630	633	648	655	601	617	630	633	648	655
0,30	600	616	629	632	644	650	602	618	630	632	644	650
0,40	602	617	630	631	642	647	603	618	629	631	642	647
0,50	603	617	628	630	640	644	604	617	628	630	640	644
0,60	604	617	627	630	638	642	604	617	628	630	638	642
0,80	605	616	626	629	636	637	605	616	627	629	636	637
1,00	605	615	626	628	633	632	605	615	626	628	633	632
1,20	604	614	624	626	628	626	604	614	624	626	628	626
1,40	603	612	621	622	622	618	603	612	621	622	622	618
1,60	602	611	618	618	617	613	602	611	618	618	617	613
1,80	601	609	615	615	614	612	602	609	615	615	614	612
2,00	601	607	613	612	612	611	601	607	613	612	612	611
3,00	601	603	606	608	610	609	601	603	606	608	610	609

32. Contracción parcial.—Tiene lugar cuando una parte del perímetro del orificio se encuentra en la prolongación de las paredes del canal inmediatamente aguas arriba. Si se designa por p la relación entre esta parte y el perímetro total, μ_p el coeficiente correspondiente y μ el obtenido en la tabla anterior, se tiene aproximadamente:

$$\mu_p = \mu\,(1 + 0{,}16\,p).$$

Véanse también los coeficientes en los números **35** á **38**.

33. Contracción incompleta.—Se produce cuando todo ó parte del perímetro del orificio está á corta distancia del contorno del canal, inmediatamente aguas arriba.—Llamando n la relación entre las áreas del orificio y de la sección aguas arriba, se tiene:

$$\mu_n = \alpha\,\mu \quad (\mu \text{ coeficiente de la contracción completa})$$

en la que α se obtiene de la tabla siguiente:

n	**0,05**	**0,10**	**0,15**	**0,20**	**0,25**	**0,30**	**0,35**	**0,40**	**0,45**
α	1,009	1,019	1,030	1,042	1,056	1,071	1,088	1,107	1,128
n	**0,50**	**0,55**	**0,60**	**0,65**	**0,70**	**0,75**	**0,80**	**0,85**	**0,90**
α	1,152	1,178	1,208	1,241	1,278	1,319	1,365	1,416	1,473

34. Orificios sumergidos.—Totalmente sumergido (nivel de aguas abajo más alto que el lado superior del orificio). se puede emplear la fórmula [2], poniendo en vez de h la distancia vertical entre los niveles de aguas arriba y aguas abajo. Parcialmente sumergido (nivel de aguas abajo entre los dos lados horizontales del orificio): se considera el orificio como dividido en dos, uno libre y otro completamente sumergido. En ambos casos los coeficientes son los mismos que para los orificios libres.

35. Orificios con compuerta.—En estos orificios el umbral y correderas tienen ancho grande, el umbral se eleva poco sobre el fondo, por consiguiente, sólo el lado superior del orificio (que lo forma la compuerta) es en pared delgada. En este caso, para cargas $h_2 > 0{,}20$ m., y cualquiera que sean a, b, se puede tomar como valor medio para la fórmula [2] $\mu = 0{,}675$ (núm. **30**). El valor de μ tiende á 0,65 para $2\,a < b$, y hacia 0,70 para $2\,a > b$.

Si el umbral y las correderas tienen un espesor grande, ó están redondeados á la entrada de modo que suprimen por completo la contracción, ó si se encuentran casi en el mismo plano que el fondo y las paredes de aguas arriba, se tiene como término medio

$$\mu = 0{,}70.$$

Cuando el orificio está seguido de un canal, cuyas paredes y fondo son prolongación de los lados y umbral del orificio, el coeficiente de salida se reduce a 0,95 de los valores precedentes.

36. Orificios ordinarios con compuerta inclinada.— Si α es el ángulo que forma la compuerta, μ se multiplica por un coeficiente φ, cuyo valor aproximado es

para $\alpha =$	45°	50°	55°	60°	65°	70°	75°
$\varphi =$	1,14	1,12	1,10	1,07	1,05	1,03	1,006

37. Orificios con directrices. — Si el orificio tiene paredes que guían el agua en una dirección determinada (directrices de las turbinas, etc.) el coeficiente de salida es

0,85 — 0,90 para cargas + pequeñas hasta 1,50 — 2 m
0,90 — 0,92 para cargas mayores.

38. Tubos adicionales ú orificios en pared gruesa. — Cuando á un orificio en pared delgada sigue un tubo de sección igual ó casi igual á la de aquél en una longitud no $<$ 2 ½ veces su menor dimensión de modo que la vena lo llene por completo el coeficiente de salida se eleva á

$\mu =$ { 0,81 — 0,85 para los tubos prismáticos ó cilíndricos
0,90 — 0,95 para los tubos convergentes (ángulo de convergencia de 3 — 12° }

Estos coeficientes se aplican también en el caso de que el orificio esté hecho en una pared bastante gruesa, para que el agua lo llene completamente después de la sección contraída (el grueso de la pared no debe ser $<$ 2 ½ veces la dimensión mínima de la vena). Cuando el orificio se redondea ó abocina, de modo que se adapte á la vena contraída el coeficiente de salida se eleva á 0,96 — 0,98.

39. Orificios en una superficie que no sea plana.— El coeficiente μ desciende hasta un mínimo de 0,50 en los orificios abiertos en superficies que forman un embudo dentro del depósito, y crece, aproximándose á un máximo de 0,95 si el embudo sale del depósito.

40. Vertederos. — b ancho, h altura del vertedero medida verticalmente donde el nivel del agua es horizontal, ~ unos 5 m aguas arriba. B ancho del canal, H altura del agua, aguas arriba del vertedero, k y μ como en el núm. **29**, $\mu_0 = {}^2/_3\,\mu$. Se tiene

$$Q = \mu_0\, b \sqrt{2g} \left\{ (h+k)^{3/2} - k^{3/2} \right\}$$

y si k es despreciable (V. núm. **29**)

$$Q = \mu_0\, b\, h \sqrt{2gh}$$

Si sólo puede medirse el espesor s de la vena, en el umbral se deduce aproximadamente $h = 1{,}2\ s$.

a)* *Orificios en pared delgada y contracción completa (esto es, $b =$ lo más á $^1/_3\ B$; $h =$ lo más á $^1/_3\ H$). Se toma μ_0 como sigue:

para $h =$ m.	**0,02**	**0,04**	**0,06**	**0,08**	**0,10**	**0,12**	**0,15**	**0,20**	**0,25 ÷ 1**
$\mu_0 =$	0,421	0,416	0,412	0,409	0,406	0,403	0,400	0,395	0,390

b)* *Contracción completa en el umbral y nula en los lados ($b = B$).—Según el ingeniero Averone, μ_0 varía entre 0,41 y 0,43 para valores crecientes de h; como término medio puede adoptarse $\mu_0 = 0{,}42$.

c)* *Contracción incompleta en los lados y umbral ($b > {}^1/_3\ B$, $h > {}^1/_3\ H$):

$$\text{Si } b < B \qquad Q = m_1\,\mu_0\,b\,h\,\sqrt{2\,g\,h}$$

$$\text{Si } b = B \qquad Q = m_2\,\mu_0\,b\,h\,\sqrt{2\,g\,h}$$

μ_0 como en el caso *a)*: m_1 m_2 se deducen de la siguiente tabla.

$\frac{b\,h}{B\,H}$	**0,15**	**0,20**	**0,25**	**0,30**	**0,35**	**0,40**	**0,45**	**0,50**
m_1	1,001	1,003	1,007	1,014	1,026	1,044	1,070	1,107
$\frac{h}{H}$	**0,15**	**0,20**	**0,25**	**0,30**	**0,35**	**0,40**	**0,45**	**0,50**
m_2	1,015	1,056	1,064	1,074	1,086	1,100	1,116	1,133

d)* *Umbral muy extenso ó prolongado (caso de las presas): coeficiente de salida $= m\ \mu_0$, en el que μ_0 es el coeficiente del caso *b)* ó bien se toma el $m_2\,\mu_0$ del caso *c)* y m como sigue:

para $h =$ **0,05** m.	**0,10** m.	**0,15** m.	**0,20** m.	**1** m
$m =$ 0,70	0,75	0,80	0,85	0,90

40 bis. Fórmula de Bazin para vertederos en los canales:

1) Vertedero de ancho $b =$ al ancho B del canal, por consiguiente, sin contracción en los lados: H altura del agua, aguas arriba del dique ó diafragma por el que vierte (fig 13), pueden ocurrir los siguientes casos:

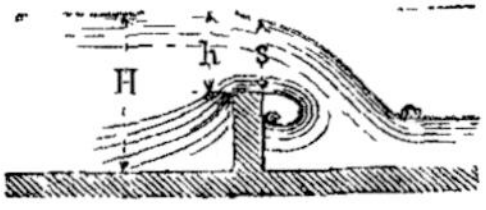

Fig. 13.

a) Vena separada, acceso libre del aire inferiormente, diafragma vertical:

$$Q = \left(0{,}405 + \frac{0{,}003}{h}\right) \left\{ 1 + 0{,}55 \left(\frac{h}{H}\right)^2 \right\} b\,h\,\sqrt{2\,g\,h}$$

b) Vena como anteriormente; diafragma inclinado: si se inclina el diafragma hacia aguas arriba, se tiene el gasto multiplicando el anterior valor de Q por un coeficiente A, y por un coeficiente B si la inclinación es en sentido contrario. Los valores de A y B se obtienen de la tabla siguiente, en función del ángulo α de inclinación con el fondo.

tang α =	**0,25**	**0,50**	**1**	**1,50**	**3**
— A =	—	—	0,93	0,94	0,96
— B =	1,09	1,12	1,10	1,07	1,04

c) Si el aire no llega libremente á la parte inferior de la vena y ésta se adhiere a la cara de aguas abajo del diafragma (de 0,15 metros de grueso ó menos), se multiplica Q por un coeficiente C dado por la tabla siguiente:

		$h \leqq$ **0,10** m.	h = **0,20** m.	h = **0,30** m.	h = **0,50** m.
$H-h$ =	**1,10** m...	1,20	1,22	1,26	1,29
	0,50 » ..	1,21	1,26	—	—
	0,25 » ..	1,19	—	—	—

d) Si no hay acceso de aire y la vena se separa del diafragma, habiendo bajo la misma aire enrarecido (véase núm. **182**), se multiplica Q por un coeficiente D, cuyos valores son:

		$h \leqq$ **0,10** m.	h = **0,15** m.	h = **0,20** m.	h = **0,25** m.
$H-h$ =	**0,75** m...	1,02	1,03	1,05	1,07
	0,50 » ..	1,03	1,07	—	—
	0,35 » ..	1,06	—	—	—

e) Si no se adhiere la vena ni hay aire enrarecido, y se impide el acceso al aire, el espacio debajo de la vena está lleno de un polvo blanquecino y de remolinos. El gasto Q se multiplica por un coeficiente E intermedio de los C y D.

El error máximo que se comete es de 1,5 % para el caso *a)* y 6 % en los demás.

2) Vertedero de ancho $b < B$; contracción en los lados verticales.—Si n es el número de lados verticales (2 en el vertedero simple: 4, 6, etc., si se divide el vertedero en 2, 3, etc., partes),

se deduce el gasto multiplicando el de los casos precedentes por el coeficiente de Francis $\left(1 - 0,1\, n\, \frac{h}{b}\right)$.

41. Vertederos oblicuos.—α ángulo del umbral con la corriente: ψ coeficiente de reducción del gasto dado por la tabla siguiente:

para $\alpha =$	**15°**	**30°**	**45°**	**60°**	**75°**	**90°**
— $\psi =$	0,90	0,92	0,94	0,96	0,98	1,00

42. Vertederos sumergidos.—Si h_1 es la altura sobre el umbral del nivel de aguas abajo del vertedero (fig. 14), se tiene (fórmula de Lesbros):

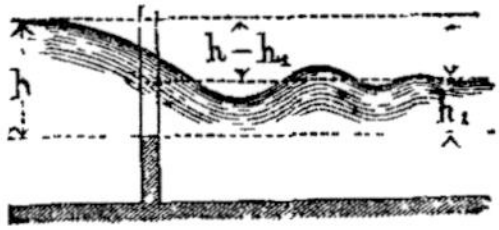

Fig. 14.

$$Q = \mu_1\, b\, h\, \sqrt{2g\,(h - h_1)}$$

μ_1 se deduce de tabla siguiente:

$\frac{h - h_1}{h}$	**0,002**	**0,004**	**0,006**	**0,008**	**0,010**	**0,015**	**0,020**	**0,025**	**0,030**	**0,040**	**0,050**
μ_1	0,295	0,430	0,556	0,605	0,596	0,580	0,570	0,557	0,546	0,531	0,522
$\frac{h - h_1}{h}$	**0,10**	**0,20**	**0,30**	**0,40**	**0,45**	**0,50**	**0,55**	**0,60**	**0,70**	**0,80**	**1,00**
μ_1	0,516	0,507	0,497	0,487	0,480	0,474	0,466	0,459	0,444	0,427	0,399

Esta fórmula sólo sirve para el caso en que el agua está en reposo (ó casi en reposo) aguas arriba del vertedero, y en movimiento aguas abajo del mismo (canales de derivación del agua de un depósito). En los demás casos se considera el vertedero descompuesto en un vertedero libre de altura $h - h_1$ y un orificio totalmente sumergido de altura h_1 ó carga $h - h_1$.

43. Tablas para hallar el gasto de orificios rectangulares.—Las tablas XXIV y XXV dan respectivamente el gasto de los orificios rectangulares con carga y de vertederos de ancho = 1 m., admitiendo para los primeros un coeficiente de salida $\mu = 0,60$, y $\mu_0 = 0,40$ para los segundos. Si el ancho del orificio es b, se multiplica el gasto deducido de la tabla por b. Cuando los coeficientes μ y μ_0 son distintos de los precedentes, se multiplican los resultados por $\frac{\mu}{0,6}$ y $\frac{\mu_0}{0,4}$ respectivamente.

Ejemplo: hallar el gasto de un orificio de compuerta (número **35**) de 0,80 m. de ancho, 0,20 de alto, siendo la carga de 1 m. sobre el centro y el coeficiente $\mu = 0{,}675$ La tabla XXIV da un gasto de 531 litros para el ancho de 1 m y $\mu = 0{,}60$, por consiguiente

$$Q = 0{,}80 \frac{0{,}675}{0{,}60} 531 = 477{,}9 \text{ litros}$$

Cuando los valores dados no estan comprendidos en la tabla, se procede por interpolación —Por ejemplo se quiere hallar el gasto de un orificio de 0,22 m de altura y una carga en el centro de 0,52 m La tabla XXIV da para 0,50 m, 414 litros para 0,55 m, 434 litros, diferencia, 20 —El gasto buscado sera

$$Q = 414 + \frac{0{,}52 - 0{,}50}{0{,}55 - 0{,}50} 20 = 414 + \frac{2}{5} 20 = 422 \text{ litros}$$

Si la altura del orificio fuese 0,28 m se hallaria el gasto de orificios de 0,22 y 0,24 m con la carga de 0,52 m y después se tomaria la media entre ambas

TABLA XXIV.—Gastos en los orificios de carga, de 1 m. de ancho ($\mu = 0,60$)

Altura del orificio en metros	GASTO EN LITROS POR 1" PARA CARGAS EN EL CENTRO DEL ORIFICIO DE metros																			
	0,20	0,25	0,30	0,35	0,40	0,45	0,50	0,55	0,60	0,65	0,70	0,75	0,80	0,85	0,90	0,95	1,00	1,10	1,20	1,30
0,06	71	79	87	95	101	107	113	118	124	129	133	138	143	147	151	155	150	167	175	182
07	83	93	102	111	118	125	132	138	144	150	155	161	167	171	176	181	185	195	204	212
08	95	106	116	121	134	143	151	158	165	172	177	184	191	196	201	207	212	223	233	242
09	107	119	131	142	151	161	170	177	185	193	199	207	215	220	226	233	239	251	262	273
10	119	132	146	157	168	178	188	197	206	214	222	230	238	245	252	259	256	279	291	303
0,11	131	146	160	173	185	196	207	217	226	235	241	253	262	269	277	285	292	307	320	333
12	143	159	175	189	202	214	226	237	247	256	266	276	286	294	302	311	318	335	349	363
13	155	172	189	204	219	232	245	256	267	278	288	299	310	318	327	337	345	363	378	394
14	166	185	204	220	236	250	264	276	288	299	310	322	334	343	352	363	372	391	407	424
15	178	198	218	235	253	267	282	296	308	320	333	345	357	367	378	388	399	418	437	454
0,16	190	212	233	251	270	285	301	315	329	342	355	368	381	392	403	414	425	446	466	485
17	202	225	247	267	286	203	320	335	349	363	377	391	405	416	428	440	451	474	495	515
18	214	238	262	282	303	321	339	355	370	385	399	414	429	441	453	466	478	502	524	545
19	226	252	277	298	320	339	358	374	391	406	422	437	452	465	478	493	505	530	553	575
20	238	265	291	314	336	356	376	394	412	428	445	460	475	490	504	518	531	557	582	606
0,22	262	292	320	346	370	392	414	434	453	471	489	506	523	539	554	570	548	613	640	666
24	285	318	349	377	404	428	451	473	494	514	534	552	570	588	605	622	637	669	698	727
26	309	345	378	409	437	464	489	513	535	557	578	598	618	637	655	673	690	725	756	787
28	333	371	407	441	471	500	526	552	576	600	623	644	666	686	706	725	743	781	814	848
30	357	399	437	472	504	535	564	591	618	642	667	690	713	735	756	777	797	836	873	909
0,32	381	425	466	503	538	571	602	631	659	685	711	736	761	784	806	829	850	892	931	969
34	404	452	495	534	572	607	639	670	700	728	756	782	808	833	857	881	903	948	989	1030
36	428	478	524	566	605	643	677	710	741	771	800	828	856	882	907	932	956	1004	1047	1090
38	452	505	553	597	639	678	714	749	782	814	845	874	903	931	957	984	1009	1060	1105	1151
40	476	532	582	628	672	712	752	788	824	857	889	920	951	980	1008	1036	1063	1115	1164	1212
0,42	—	558	612	660	706	749	790	828	865	900	933	967	999	1028	1058	1088	1116	1171	1223	1272
44	—	585	641	691	740	785	827	867	906	943	978	1013	1046	1078	1109	1144	1169	1227	1281	1333
46	—	611	670	723	773	821	865	907	947	986	1022	1059	1094	1127	1159	1191	1222	1283	1339	1393
48	—	638	699	754	807	856	902	946	988	1029	1067	1105	1141	1176	1210	1243	1275	1339	1397	1454
50	—	664	728	786	840	891	940	985	1029	1071	1112	1151	1188	1225	1261	1295	1329	1394	1456	1515

Tabla XXV.

Gasto en vertederos de 1 m. de ancho

(h = altura en metros; Q = gasto en litros por 1"; $\mu_0 = {}^2/_3\,\mu = 0{,}40$)

h	Q	h	Q	h	Q	h	Q	h	Q
metros	litros.	metros	litros.	metros	litros	metros	litros.	metros	litros
0,01	2	**0,13**	83	**0,25**	221	**0,37**	399	**0,49**	608
0 02	5	**0,14**	93	**0,26**	235	**0 38**	415	**0,50**	626
0,03	9	**0,15**	103	**0,27**	248	**0,39**	431	**0,51**	646
0,04	14	**0,16**	113	**0,28**	262	**0,40**	448	**0,52**	666
0,05	20	**0,17**	124	**0,29**	276	**0,41**	465	**0,53**	685
0,06	26	**0,18**	136	**0,30**	291	**0,42**	482	**0,54**	705
0,07	33	**0,19**	147	**0,31**	306	**0,43**	500	**0,55**	723
0,08	40	**0,20**	159	**0,32**	321	**0,44**	518	**0,56**	743
0,09	48	**0,21**	171	**0,33**	337	**0,45**	535	**0,57**	763
0,10	56	**0,22**	183	**0 34**	352	**0,46**	553	**0,58**	783
0,11	65	**0,23**	195	**0,35**	367	**0,47**	571	**0,59**	803
0,12	74	**0,24**	208	**0,36**	383	**0,48**	589	**0,60**	823

B.—Caudal de los cursos de agua.

44 Aforo. — Se establece transversalmente á la dirección del curso de agua una pared de madera, en la que se ha construído un vertedero rectangular, cuyo umbral se dispone á cierta altura sobre el nivel *mm* del agua Después de enlucidas las paredes en el contorno, se espera que el nivel de aguas arriba cese de elevarse, y se mide *h* (figura 15) en un angulo donde el agua no sufra agitación, y se determina el gasto por medio de las fórmulas Puede también servir un orificio con carga, libre ó sumergido parcialmente

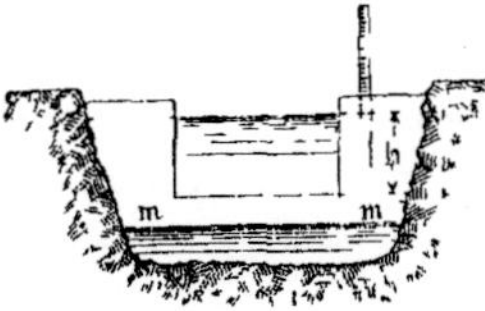

Fig. 15.

45. Flotadores. –*Flotador simple*.—Se aplica cuando el curso de agua tiene una sección constante, en un trayecto de 20 m. por lo menos. Se echa el flotador en e centro y se divide el espacio recorrido por el tiempo medido en segundos, se tiene la velocidad maxima en la superficie, y por medio de la tabla del núm **52** se deduce la velocidad media *V*. Conocida el area *A* de la sección, ó mejor la media entre dos ó mas secciones, se tiene el gasto

$$Q = A\,V$$

Flotador compuesto —Consta (fig 16) de dos cuerpos unidos por una varilla de longitud variable y lastrado, de modo que el cuerpo superior flote Por medio de la fórmula aproximada $v_t = 2\,v - v_s$, se puede hallar la velocidad v_t á una profundidad t en una vertical dada, v es la velocidad observada con el flotador compuesto, y v_s la velocidad en la superficie medida con un flotador sencillo

Fig 16

46 Varilla hidrométrica —Se compone de dos tubos que pueden deslizarse uno dentro del otro y lastrado de modo que apenas sobresalga del nivel del agua (fig 17) Como los anteriores se aplica sólo en trayectos regulares Alargandola, de modo que el extremo inferior quede a corta distancia del fondo y procediendo como para el flotador sencillo, se obtiene la velocidad media v_m en una vertical determinada —Para hallar el gasto, véase el num **49.**

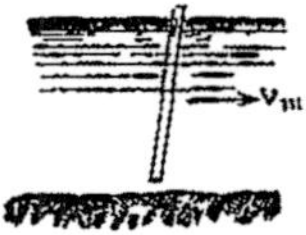

Fig 17.

47. Molinete de Woltmann —Se aplica en todos los casos Por medio de la fórmula

$$v_t = a\,n + b$$

se obtiene la velocidad de una vena a una profundidad cualquiera, n = numero de vueltas del molinete en 1″, a y b, constantes, que se determinan por medio de experiencias previas — Gasto *como en el numero* **49**

Tara del molinete —Moviendo el molinete m veces con velocidades distintas en un agua tranquila, se obtienen m pares de valores de v y n, se deducen los de las constantes a y b, de modo que la suma de los cuadrados de los errores absolutos sea mínima por medio de las fórmulas

$$a = \frac{m\Sigma n v - \Sigma v \Sigma n}{m\Sigma n^2 - (\Sigma n)^2}\,, \qquad b = \frac{\Sigma v \Sigma n^2 - \Sigma n v \Sigma n}{m\Sigma n^2 - (\Sigma n)^2}$$

en los que Σn, Σv, $\Sigma n v$, Σn^2, representan las sumas

$$n_1 + n_2 + \ \ ,\quad v_1 + v_2 + \ \ ,\quad n_1 v_1 + n_2 v_2 + \ \ ,\quad n^2_1 + n'_2 +$$

48. Tubo de Pitot —Se deduce v_t de la fórmula

$$v_t = a\sqrt{2gh}$$

h = desnivel entre los dos tubos del instrumento, a = constante que se determina por experiencias en agua tranquila = ∼ 1,00 para el tipo Pitat-Darcy, 0,87 para el tipo Baumgarten 0,84 para el tipo Salleron generalmente usado

49. Determinación del caudal por medio de los aparatos precedentes (números 46, 47 y 48).—Trazada la sección y dividida por medio de líneas verticales, se halla la velocidad media v_m en cada una de las verticales bien tomando la media de las velocidades observadas en algunos puntos de la misma, ó mejor procediendo como en el núm 51. Tomando como ordenadas perpendicularmente al nivel del agua los valores de v_m se construye la curva de las velocidades medias. Después se divide la sección en un número cualquiera de trapecios verticales y el gasto se obtiene sumando los productos del área de cada trapecio por la ordenada de la curva citada correspondiente a la media de cada trapecio

Puede evitarse el trazado de la curva y multiplicar el área de cada trapecio comprendido entre dos verticales consecutivas por la media de los valores de v correspondientes á las mismas La precisión es menor

Para un cálculo aproximado se puede tomar como velocidad media en una vertical la velocidad correspondiente a una profundidad de cerca de 0,575 de la misma vertical

3.—Movimiento del agua en los ríos y canales.

50. Fórmulas.—Sea V la velocidad media (en m por 1") de una sección dada, A el área de la sección en m², C el perímetro mojado en m, $R = \frac{A}{C}$ el radio medio de la sección, i la pendiente (en m) por metro, $Q = AV$ el gasto en m³ por 1" del curso de agua que se considera

Las tres fórmulas que siguen se emplean según los casos y también sirven para deducir los valores medios más probables de V

Primera fórmula de Bazin

$$V = \frac{\sqrt{Ri}}{\sqrt{\alpha + \beta/R}} \quad \text{(fórmula [1])}$$

Valores de α y β para la fórmula de Bazin

1.° Canales de paredes muy lisas (tablas cepilladas, cemento etc) $\alpha = 0,00015$ $\beta = 0,0000045$

2.º	Canales con paredes lisas (tablas ordinarias, fabricas regulares).	$\alpha = 0{,}00019$, $\beta = 0{,}0000133$
3.º	Canales de paredes poco lisas (mamposterías ordinarias).....	$\alpha = 0{,}00024$; $\beta = 0{,}00006$
4.º	Canales de tierra..............	$\alpha = 0{,}00028$; $\beta = 0{,}00035$
5.º	Canales y ríos sobre terreno de guijo ó grava..................	$\alpha = 0{,}0004$; $\beta = 0{,}0007$
5.º *bis*	Idem de desagüe en tierra con hierbas.........................	$\alpha = 0{,}00046$; $\beta = 0{,}0007$

Nueva fórmula de Bazin:

$$V = \frac{87}{1+\gamma/\sqrt{R}} \sqrt{Ri} = \chi \sqrt{Ri} \qquad \text{(fórmula [2])}$$

Valores de γ (para los de χ véase la tabla que se inserta después).

1.º	Paredes muy lisas (cemento, madera cepillada)....	$\gamma = 0{,}06$
2.º	Idem lisas (madera, ladrillo, sillería)..	$\gamma = 0{,}16$
3.º	Idem de mampostería...	$\gamma = 0{,}46$
4.º	Secciones, en tierra, muy regulares ó revestidas de piedra..	$\gamma = 0{,}85$
5.º	Canales ordinarios de tierra..........................	$\gamma = 1{,}30$
6.º	Idem de tierra, con resistencias excepcionales (hierba, cantos, fondo pedregoso)......................	$\gamma = 1{,}73$

Fórmula de Kutter (para $i > 0{,}0005$ m)

$$V = \frac{100\sqrt{R}}{m+\sqrt{R}} \sqrt{Ri} = k\sqrt{Ri} \qquad \text{(fórmula [3])}$$

Valores de m (coeficientes de aspereza):

I.—Cemento liso, sección semicircular	0,12
II.—Idem íd., íd. rectangular......................	0,15
III.—Tablas acepilladas, sección rectangular......	0,20
IV.—Idem ordinarias................................	0,25
V.—Fabricas ordinarias............................	0,35
VI.—Paredes de cantería, regulares	0,45
VII.—Idem íd., poco regulares	0,55
VIII.—Idem irregulares, fondo fangoso.............	0,75
IX.—Idem antiguas, íd. íd..........................	1,00
X.—Canales pequeños en roca; canales regulares en tierra, sin plantas acuáticas; sección trapecial	1,25 — 1,50

XI.—Canales de tierra, con grava y plantas acuáticas en el fondo, arroyos y ríos con lecho de tierra.................................. 1,75 ÷ 2,00

XII.—Canales de tierra mal conservados; ríos de lecho de grava.......................... 2,50

XII *bis*.—Canales de desagüe en tierra con hierbas (ingeniero Villaresi)........................ 3,00

Las dos tablas que siguen dan los coeficientes χ, k de la nueva fórmula de Bazin y de la de Kutter, según los diversos tipos de canales.

Tabla para la fórmula 2 (Bazin).

R en metros.	Valores de χ para $\gamma =$ 0,06	0,16	0,46	0,85	1,30	1,73
0,10	73,1	57,8	35,5	23,6	17,0	13,5
0,15	75,3	61,6	39,9	27,2	19,7	15,9
0,20	76,7	64,0	43,1	30,0	22,3	17,9
0,25	77,7	65,9	45,3	32,2	24,2	19,5
0,30	78,4	67,3	47,3	34,1	25.8	20,9
0,35	79,1	68,5	48,9	35,7	27,2	22,2
0,40	79,4	69,4	50,4	37,1	28,5	23,3
0,45	79,8	70,2	51,6	38,4	29,6	24,3
0,50	80,2	71,0	52,7	39,5	30,6	25,2
0,60	80,7	72,1	54,6	41,5	32,5	26,9
0,70	81,2	73,0	56,1	43,2	34,0	28,4
0,80	81,5	73,8	57,5	44,6	35,3	29,6
0.90	82,0	74,4	58,6	45,9	37,7	30,8
1,00	82,1	75,0	59,6	47,0	37,8	31,9
1,10	82,3	75,5	60,5	48,1	38,8	32,8
1,20	82,5	75,9	61,3	49,0	39,8	33,7
1,30	82,7	76,3	62,0	49,8	40,6	34,6
1,40	82,9	76,7	62,6	50,6	41,5	35,5
1,60	83,1	77,2	63,8	52,0	42,9	36,7
1,80	83,3	77,7	64,8	53,3	44,2	38,0
2,00	83,5	78,2	65,7	54,3	45,3	39,1
2,50	83,8	79,0	67,4	56,6	47,7	41,5
3,00	84,1	79,6	68,7	58,4	49,7	43,5
4,00	84,5	80,6	70,7	61,1	52,7	46 6
5,00	84,7	81,2	72,2	63,0	55,0	49,0
6,00	84,9	81,7	73,2	64,6	56,9	51,0

Tabla para la fórmula de Kutter.

R en metros.	VALORES DE k											
	I	II	III	IV	V	VI	VII	VIII	IX	X	XI	HX
0,01	45,5	40,0	33,3	27,0	23,2	18,2	15,2	12,2	9,7	7,6	5,6	3,9
0,03	59,0	53,6	46,4	39,0	33,1	27,8	23,6	19,4	15,7	12,4	9,4	6,6
0,05	65,1	59,9	52,9	45,3	39,0	33,2	28,6	23,7	19,4	15,5	11,8	8,4
0,07	68,8	63,9	57,0	49,5	43,1	37,1	32,1	26,9	22,2	17,8	13,7	9,8
0,10	72,5	67,8	61,2	53,9	47,5	41,3	36,1	30,5	25,4	20,6	15,9	11,5
0,11	73,2	68,6	62,1	54,9	48,5	42,3	37,1	31,4	26,2	21,3	16,5	11,9
0,12	74,0	69,5	63,1	55,9	49,5	43,3	38,0	32,3	27,0	22,0	17,1	12,3
0,13	74,7	70,3	64,0	56,9	50,5	44,3	39,0	33,2	27,8	22,7	17,7	12,8
0,14	75,5	71,2	65,0	57,9	51,5	45,2	39,9	34,1	28,6	23,4	18,3	13,3
0,15	76 3	72,0	65,9	58,9	52,5	46,2	40,9	35,0	29,4	24,1	18,9	13,7
0,16	76,8	72,5	66,5	59,6	53,2	46,9	41,6	35,6	30,0	24,6	19,3	14,0
0,17	77,3	73,2	67,1	60,3	53,9	47,6	42,3	36,3	30,6	25,2	19,8	14,4
0,18	77,8	73,7	67,8	60,9	54,7	48,3	43,0	36,9	31,2	25,7	20,2	14,7
0,19	78,3	74,3	68,4	61,6	55,3	49,1	43,7	37,6	31,8	26,3	20,7	15,1
0,20	78,8	74,9	69,0	62,3	56,1	49,8	44,4	38,3	32,4	26,8	21,1	15,5
0,25	80,4	76,7	71,1	64,7	58,6	52,3	47,0	40,8	34,8	28,9	22,9	17,0
0,30	82,0	78,5	73,2	67,0	61,0	54,9	49,5	43,2	37,1	31,0	24,7	18,4
0,35	83,0	79,7	74,6	68,6	62,7	56,7	51,3	45,0	38,8	32,6	26,1	19,5
0,40	84,0	80,8	76,0	70,1	64,4	58,4	53,0	46,7	40,4	34,1	27,5	20,6
0,45	84,8	81,7	77,0	71,3	65,7	59,8	54,4	48,1	41,8	35,4	28,6	21,6
0,50	85,5	82,5	77,9	72,4	66,9	61,1	55,8	49,5	43,2	36,7	29,7	22,5
0,55	86,0	83,2	78,7	73,3	67,9	62,2	57,0	50,7	44,4	37,8	30,7	23,3
0,60	86,6	83,8	79,5	74,2	68,9	63,3	58,1	51,8	45,5	38,9	31,7	24,1
0,65	87,0	84,3	80,1	74,9	69,7	64,2	59,0	52,8	46,4	39,8	32,5	24,8
0,70	87,5	84,8	80,7	75,6	70,5	65,1	59,9	53,8	47,4	40,7	33,4	25,5
0,75	87,9	85,2	81,2	76,2	71,2	65,8	60,7	54,6	48,2	41,5	34,2	26,2
0,80	88,2	85,6	81,7	76,8	71,9	66,5	61,5	55,4	49,0	42,3	34,9	26,8
0,85	88,5	86,0	82,2	77,4	72,5	67,2	62,2	56,2	49,8	43,1	35,6	27,4
0,90	88,8	86,4	82,6	77,9	73,0	67,8	62,9	56,9	50,5	43,8	36,2	28,0
0,95	89,0	86,7	83,0	78,3	73,5	68,4	63,5	57,6	51,2	44,4	36,9	28,6
1,00	89,3	87,0	83,3	78,7	74,0	69,0	64,1	58,2	51,8	45,0	37,5	29,1
1,50	—	—	—	—	—	—	—	—	56,1	49,4	41,7	32,9
2,00	—	—	—	—	—	—	—	—	60 3	53,7	45,9	36,7
2,50	—	—	—	—	—	—	—	—	62,7	56,2	48,4	39,1
3,00	—	—	—	—	—	—	—	—	65,0	58,7	50,9	41,5
3,50	—	—	—	—	—	—	—	—	66,7	60 4	52,7	43,3
4,00	—	—	—	—	—	—	—	—	68,3	62,1	54,5	45,0
4,50	—	—	—	—	—	—	—	—	69,5	63,4	55,9	46,4
5,00	—	—	—	—	—	—	—	—	70,6	64,8	57,3	47,8
5,50	—	—	—	—	—	—	—	—	71,6	65,8	58,4	49,0
6,00	—	—	—		—	—	—	—	72,5	66,8	59,5	50,1

31. Velocidad media v_m en una vertical.—Trazada la vertical, cuya longitud total es T, se toman perpendicularmente a ella, como ordenadas, las velocidades v_t observadas a lo largo de los puntos de la misma, uniendo los puntos así determinados, se obtiene una curva (de forma parabólica) que se prolonga hasta el nivel del agua y el fondo. La velocidad máxima v_s generalmente existe á pocos centímetros de profundidad del nivel de agua. Dividiendo el área de la figura así obtenida por la profundidad de T, se tiene la velocidad media v_m.

Para los cálculos aproximados se admite:

1.° *Que la velocidad máxima v_s se encuentra en la superficie;*

2.° Que v_m corresponde á una profundidad $= 0{,}575\ T$ de la superficie;

3.° Que entre v_m, v_s y la velocidad v próxima al fondo, existe la relación

$$v_m = \frac{1}{3}(2\,v_s + v_f).$$

52. Relación entre la velocidad media V de una sección y la velocidad V_s del filete líquido.—Se deduce de la fórmula de Bazin:

$$\frac{v}{v_s} = \frac{1}{1 + 14\sqrt{\alpha + \beta/R}}$$

(α y β como en el núm. **50**).

Valores de esta relación para los cinco tipos de Bazin.

R en m.	TIPO 1	2	3	4	5	*R* en m.	TIPO 1	2	3	4	5
0,05	0,82	0,76	0,65	—	—	**0,25**	0,85	0,82	0,77	0,64	0,56
0,10	0,83	0,79	0,70	0,54	—	**0,50**	0,85	0,83	0,80	0,70	0,62
0,15	0,84	0,81	0,74	0,58	0,50	**1,00**	—	—	0,80	0,75	0,68
0,20	0,84	0,82	0,76	0,62	0,53	**2 ÷ 5**	—	-	0,81	0,78	0,74

4.—Construcción de canales.

53. Pendiente y velocidad.—Las pendientes ordinarias son:

Canales para fábricas..............	0,0004 m.	÷ 0,0005	m. por m.
Canales de descarga, de fábricas....	0,001	÷ 0,002	—
Alcantarillas.......................	0,002	÷ 0,005	—
Grandes canales de riego...........	0,0002	÷ 0,0005	—
Canales pequeños de riego..........	0,0006	÷ 0,0008	—
Canales de navegación..............	0 (con esclusas)	÷ 0,00025	—

Velocidad media.—Para que el agua no socave el fondo del canal, la velocidad media no debe exceder de:

En terrenos sueltos (arena y tierras flojas)...... 0,20 m. ÷ 0,30 m.
Idem íd. compactos (arcillas y tierras compactas) 0,45 m. ÷ 0,60 m.
Idem íd. pedregosos.............................. 0,80 m. ÷ 0,90 m.

Para impedir se depositen acarreos en caso de aguas turbias, es necesario por lo menos una velocidad de 0,25 m. para las aguas fangosas y de 0,50 m. para las arenosas.

En los canales para aguas potables la velocidad media debe ser $> 0{,}40$ m.

Velocidad media en los canales de fábricas = 0,40 m. ÷ 0,80 m.— Canales de navegación, de 0 (con esclusas) á 0,50 m.— Canales de riego, 0,40 m. ÷ 1 metro.

54. Proporciones de la sección.—Generalmente un trapecio: taludes de 2 de base por 1 de altura para tierras flojas: 1 por 1 en tierras compactas, y $^1/_2 \div {}^1/_5$ por 1 en cajas de fábrica.

Relación entre la media b de los anchos en el fondo y la superficie y la altura a del agua. Para valores de $A < 0{,}5$ m.² se hace $b = 2\,a \div 3\,a$. Para valores superiores conviene tomar

$$b = (4 + 0{,}075\,A)\,a \sim .$$

55. Pérdidas de agua.

a) Por evaporación: en los depósitos pequeños y en los canales se pierde diariamente una capa de agua de

0,003 ÷ 0,007 m. como media anual.
0,008 ÷ 0,02 m. como máximo en el verano.

según la latitud, el clima y la exposición. En los grandes depósitos, lagos, pantanos, etc.; la pérdida se reduce cerca de la mitad.

b) Por filtración: pérdida mínima 0,001 m. de altura de agua al día para canales extensos, con lecho de arcilla compacta ó fábrica ordinaria: 0,008 m. para canales en tierras poco permeables, hasta 0,02 m. para canales en terrenos arenosos y más en canales nuevos. Se disminuyen las pérdidas restañando convenientemente, con depósitos de agua en que se empape la arcilla y con lechadas de cal.

56. Cálculo de los canales.—Dado Q, se fija V y se deduce $A = \frac{Q}{V}$; se establece como anteriormente la relación $\frac{b}{a}$ (sea m su valor); de $A = m\,a^2$ se deduce a, y b, de la $b = m\,a$; se calcula entonces C, después $R = \frac{A}{C}$, y finalmente i por medio de las fórmulas de Bazin ó Kutter (núm. **50**).

Nota.—Para los canales de salida, véase además el núm. **74**.

5.—Tubos y conductos forzados.

57. Pérdida de carga en un conducto de sección constante.—Sea Y, expresada en metros de agua, la carga perdida por rozamiento en un conducto de longitud L, sección A, perímetro mojado C, velocidad V y gasto Q por 1" (todas las dimensiones en metros). Se tiene para una cañería de sección cualquiera (Darcy):

$$Y = \frac{b}{2}\,\frac{C\,L}{A}\,V^2 = \frac{b}{2}\,\frac{C}{A^3}\,L\,Q^2$$

y para una cañería circular de diámetro D:

$$Y = 2\,b\,\frac{L}{D}\,V^2 = \beta\,L\,\frac{Q^2}{D^5}\,; \quad Q = \sqrt{\frac{Y\,D^5}{\beta\,L}}\,; \quad D = \sqrt[5]{\frac{\beta\,L\,Q^2}{Y}}$$

al cual hay que aumentar la pérdida $\frac{V^2}{2\,g}$ debida á la velocidad V.

Cañerías circulares.—Según Darcy se tomará, para paredes *lisas* (tubos metálicos nuevos, alquitranado, juntas exactas, instalación esmerada):

$$b = 0{,}000507 + \frac{0{,}00001294}{D}\,; \quad \beta = 0{,}00164 + \frac{0{,}000042}{D}$$

En paredes ásperas, por el material ó por incrustaciones, etcétera, se toman para b y β valores dobles de los precedentes.

Se toman valores $=$ 1,25 de las precedentes para cañerías de fundición, ordinarias, con aguas claras (de menos de 20° hidrotimétricos): 1,50 para aguas turbias (30° hidrotimétricos) con salida intermitente, para una duración $>$ de 6 años; dos veces los valores precedentes en circunstancias desfavorables y en previsión de un uso mayor de 20 años.

Los valores de b y β determinados así, resultan excesivos: cuando $D < 0{,}03$ m.; ó cuando $D > 0{,}05$ m. y $< 0{,}40$ m. con $V > 2$ m.; $D > 0{,}40$ m. con $V > 1{,}20$ m.—Para $D > 0{,}70$ m. pueden admitirse los valores de b y β, en tubos nuevos como correspondientes á las condiciones de servicio ordinario.

Para diámetros medios se admite aproximadamente:

$b = 0{,}0006$;	$\beta = 0{,}002$	para cañerías lisas.
$b = 0{,}0012$;	$\beta = 0{,}004$	» » ásperas.
$b = 0{,}00075$;	$\beta = 0{,}0025$	» » ordinarias.

En Francia se prefiere, para tubos metálicos en condiciones ordinarias, á la fórmula de Darcy la de Prony:

$$Y = \frac{4}{D} (0{,}000017\ V + 0{,}000348\ V^2).$$

Se emplean, sobre todo en Inglaterra y América, fórmulas del tipo siguiente:

$$Y = \gamma \frac{V^{7/4}}{D^{5/4}} \text{ (fórmula de Flamant)}$$

en la que $\gamma = 0{,}00074$ para tubos lisos, 0,00092 para los ordinarios. Da valores algo más pequeños para $D > 0{,}70$ m. Generalmente conviene aplicar las tres fórmulas y tomar como valor la media entre dos de los tres resultados obtenidos que se aproximen más entre sí. (Véase la tabla XXVII *bis*.)

Con aguas calizas de mas de 35°, ó con sales silíceas que originen incrustaciones y $D < 0{,}20$ m., no es aceptable ninguna fórmula

Cañerías de sección cualquiera. — Si se trata de cañerías no circulares, de sección A y perímetro C, se substituye en las fórmulas anteriores, D por $4 \frac{A}{C}$

Para facilitar el cálculo de D se inserta á continuación la tabla de las 5.as potencias de los números de 0,01 ÷ 1,00, que puede servir para hallar la 5.ª potencia de los números de 1 ÷ 100, suprimiendo la coma. Para hallar D se calcula la expresión $\beta L \frac{Q^2}{Y} = D^5$ y se busca en la tabla el valor de D en números redondos. Ejemplo: hallar el diámetro de un tubo para conducir un volumen $Q = 0{,}100$ m.^{3} por 1'', á la distancia $L = 8000$ m., con una pérdida de carga $Y = 10$ m. para $\beta = 0{,}0025$; se tendrá:

$$D^5 = 0{,}0025 \cdot 8000 \frac{0{,}100^2}{10} = 0{,}02.$$

Se busca en la columna de las 5.as potencias de la tabla el valor más próximo, y se halla 0,0205962976, que corresponde al número 0,46. El diámetro buscado será, casi exactamente, $D = 0^m{,}46$.

TABLA XXVI.

5.ᵃˢ Potencias de los números desde 0,01 á 1,00.

(Suprimiendo la coma, sirve para hallar las de los números 1 á 100, y corriéndola cinco lugares á la derecha para los números 0,1 ÷ 10).

N.º	5.ª potencia.	N.º	5.ª potencia.	N.º	5.ª potencia.	N.º	5.ª potencia.
0,01	0,0000000001	**0,26**	0,0011881376	**0,51**	0,0345025251	**0,76**	0,2535525376
02	0000000032	**27**	0014348907	**52**	0380204032	**77**	2706784157
03	0000000243	**28**	0017210368	**53**	0418195493	**78**	2887174368
04	0000001024	**29**	0020511149	**54**	0459165024	**79**	3077056399
05	0000003125	**30**	0024300000	**55**	0503284375	**80**	3276800000
0,06	0,0000007776	**0,31**	0,0028629151	**0,56**	0,0550731776	**0,81**	0,3486784401
07	0000016807	**32**	0033554432	**57**	0601692057	**82**	3707398432
08	0000032768	**33**	0039135393	**58**	0656356768	**83**	3939040643
09	0000059049	**34**	0045435424	**59**	0714924299	**84**	4182119424
10	0000100000	**35**	0052521875	**60**	0777600000	**85**	4437053125
0,11	0,0000161051	**0,36**	0,0060466176	**0,61**	0,0844596301	**0,86**	0,4704270176
12	0000248832	**37**	0069343957	**62**	0916132832	**87**	4984209207
13	0000371293	**38**	0079235168	**63**	0992436543	**88**	5277319168
14	0000537824	**39**	0090224199	**64**	1073741824	**89**	5584059449
15	0000759375	**40**	0102400000	**65**	1160290625	**90**	5904900000
0,16	0,0001048576	**0,41**	0,0115856201	**0,66**	0,1252332576	**0,91**	0,6240321451
17	0001419857	**42**	0130691232	**67**	1350125107	**92**	6590815232
18	0001889568	**43**	0147008443	**68**	1453933568	**93**	6956883693
19	0002476099	**44**	0164916224	**69**	1564031349	**94**	7339040224
20	0003200000	**45**	0184528125	**70**	1680700000	**95**	7737809375
0,21	0,0004084101	**0,46**	0,0205962976	**0,71**	0,1804229351	**0,96**	0,8153726976
22	0005153632	**47**	0229345007	**72**	1934917632	**97**	8587340257
23	0006436343	**48**	0254803968	**73**	2073071593	**98**	9039207968
24	0007962624	**49**	0282475249	**74**	2219006624	**99**	9509900499
25	0009765625	**50**	0312500000	**75**	2373046875	**1,00**	1,0000000000

58. Pérdida de carga por estrechamientos, codos y curvas.

a) Cambio de sección. — Si una cañería pasa bruscamente de una sección A, donde el agua tiene una velocidad V (m. por 1″), a una sección $A_1 > A$, que llena completamente el agua, se tiene una pérdida de carga

$$y_1 = \frac{V^2}{2g}\left(1 - \frac{A}{A_1}\right)^2 \text{ m. de agua.}$$

Esta pérdida puede reducirse con las uniones oportunas.

Si la cañería pasa de la sección normal a un tramo de sección $A_1 < A$, se consume una parte de la carga disponible dada por

$$y_2 = \frac{V^2}{2g}\left(\frac{A}{\alpha A_1} - 1\right)^2 \text{ metros de agua}$$

(V = velocidad en la sección A),

en la que α es el coeficiente de contracción en la sección reducida A_1 ($\sim 0,60$)

Esta fórmula se aplica también al caso de un estrechamiento de sección producido por un diafragma ó por un obturador (válvulas, llaves, etc.)

En este caso, la carga necesaria para superar el obstaculo puede ser mayor, hasta el doble, dependiendo de la forma de la sección y de las desviaciones sufridas por el agua, atravesandola

b) Cambios de dirección — Si la cañería se desvía bruscamente formando un ángulo ζ la pérdida de carga es $y_1 = \zeta_1 \frac{V^2}{2g}$ metros de agua, ζ_1 se deduce de la tabla siguiente

$\delta =$	20°	40°	60°	80°	90°	100°	120°	140°
$\zeta_2 =$	0,046	0,139	0,364	0,740	0,984	1,260	1,861	2,431

Por el contrario, si se trata de un enlace de radio r con un angulo en el centro, ó de desviación de $\delta°$, la pérdida de carga se reduce a

$$y_2 = \zeta_2 \frac{V^2}{2g} \frac{\delta°}{90} \text{ metros de agua}$$

ξ_2 varía con r y con el diametro D como sigue

$\frac{r}{D} =$	5	4	3	2,5	2	1,5	1,25	1	0,75
$\xi_2 =$	0,130	0,133	0,136	0,138	0,150	0,170	0,205	0,280	0,600

Para valores de $\frac{r}{D} \gtreqless 5$ (como sucede en la práctica) la pérdida de carga y_3 es despreciable

59. Cálculo de una cañería sencilla.—De dos modos se puede proceder para calcular una cañería de sección constante, que en su extremo dé paso a un volumen Q bajo una carga H (diferencia de nivel entre el depósito y la boca de salida)

1.º Se fija la carga h de que se quiere disponer en la salida y después la pérdida de carga admisible $Y = H - h$ y seguidamente se hallan ω ó D por medio de las fórmulas del num **57**

2.º Se fija V, de donde $\omega = \frac{Q}{V}$ y, por consiguiente, D, se halla Y por medio de las fórmulas y se deduce la carga $h = H - Y$ de que puede disponerse en el extremo de salida Si la pérdida de carga Y resultase muy pequeña, se limita V Generalmente V se elige entre 0,80 y 1,50 m rara vez > 2 m, y esto solamente para cañerias grandes, cortas y con grandes cargas

En las cañerías cortas hay que tener presente la pérdida de carga $\frac{V^2}{2g}$ a la entrada, debida a la velocidad que el agua toma en la cañería (pérdida despreciable respecto a Y cuando la cañería es larga)

Tablas — La tabla XXVII da el gasto y la pérdida de carga en tubos ordinarios, segun la fórmula de Darcy, con el coeficiente medio $\beta = 0,0025$ La tabla XXVII bis sirve para demostrar la relación entre las diversas fórmulas segun el estado de las paredes de los tubos

Tabla XXVII

(Cañerías ordinarias.)

Gasto q en litros por 1″ y pérdida de carga y por metro lineal, en cañerías de 0,02 ÷ 1 m de diámetro y velocidad V de 0,50 ÷ 2,50.

V m.		DIÁMETRO DEL TUBO EN METROS							
		0,02	**0,03**	**0,04**	**0,05**	**0,06**	**00,8**	**0,100**	**0,125**
0,50	q	0,16	0,35	0,63	0,98	1,41	2,51	3,93	6,14
	y	0,020	0,013	0,010	0,008	0,007	0,005	0,004	0,003
0,80	q	0,25	0,56	1,00	1,57	2,26	4,02	6,28	9,81
	y	0,049	0,033	0,024	0,020	0,016	0,012	0,009	0,008
1,00	q	0,31	0,71	1,26	1,96	2,83	5,03	7,85	12,27
	y	0,076	0,051	0,038	0,031	0,025	0,019	0,015	0,012
1,25	q	0,39	0,88	1,57	2,45	3,53	6,30	9,82	15,34
	y	0,118	0,079	0,059	0,047	0,039	0,030	0,024	0,019
1,50	q	0,47	0,06	1,88	2,94	4,24	7,54	11.78	18,41
	y	0,177	0,118	0,089	0,071	0,059	0,044	0,036	0,028
1,75	q	0,55	1,24	2,20	3,44	4,95	8,80	13,74	21,47
	y	0,235	0,157	0,118	0,094	0,078	0,059	0,047	0,038
2,00	q	0,63	1,41	2,51	3,93	5,65	10,05	15,71	24,54
	y	0,322	0,214	0,161	0,129	0,107	0,080	0,064	0,052

V m		DIAMETRO DEL TUBO EN METROS							
		0,150	**0,200**	**0,250**	**0,300**	**0,350**	**0,400**	**0,450**	**0,500**
0,80	q	14,14	25,13	39,27	56,55	76,97	100,5	127,2	157.1
	y	0,007	0,005	0,004	0,003	0,003	0,003	0,002	0,002
1,00	q	17,67	31,42	49,09	70,69	96,21	125,7	159,0	196 3
	y	0,010	0,008	0,006	0,005	0,004	0,004	0,003	0,003
1,25	q	22,09	39,27	61,36	88,36	120,2	157,1	198,8	245.4
	y	0,016	0,012	0,010	0,008	0,007	0,006	0,005	0,005
1,50	q	26,51	47,12	73,63	106,0	144,3	188,5	238,6	294,5
	y	0,0-4	0,018	0,014	0,012	0,010	0,009	0,008	0,007
1,75	q	30,92	54,92	85,90	123.7	168,4	219,9	278,3	343 6
	y	0,031	0,024	0,019	0,016	0,014	0,012	0,011	0,010
2,00	q	35,34	62,83	98,17	141,4	192,4	251,3	318,1	392,7
	y	0,043	0,032	0,026	0,021	0,018	0,016	0,014	0,013
2,50	q	44,48	78,54	122,7	176,7	240,5	314,2	364,3	490,9
	y	0,065	0,049	0,039	0,033	0,028	0,024	0,022	0,019

Sigue TABLA XXVII.

V m.		DIAMETRO DEL TUBO EN METROS							
		0,550	0,600	0,650	0,700	0,750	0,800	0,900	1,000
0,80	q	190,1	226,2	265,5	307 9	353,4	402,1	508,9	628,3
	y	0,002	0,002	0,002	0,002	0,001	0,001	0,001	0,001
1,00	q	237,6	282,7	331,8	384,8	441,8	502,6	636,1	785,4
	y	0 003	0,003	0,002	0,002	0,002	0,002	0,002	0,002
1,25	q	296,9	353,4	414,8	481,1	552,2	628,3	795,2	981,7
	y	0,004	0,004	0,004	0,004	0,003	0,003	0,003	0,003
1,50	q	356,4	424,1	497,7	577,2	662,7	754,0	954,2	1178,1
	y	0,007	0,006	0,006	0,005	0,005	0,005	0,004	0,004
1,75	q	415,7	494,8	580,7	673,5	773,1	879,6	1113	1374,4
	y	0,010	0,009	0,008	0,007	0,007	0,006	0,006	0,005
2,00	q	475,2	565,4	663,7	769,7	883,5	1005	1272	1570,8
	y	0,011	0,011	0,010	0,009	0,009	0,008	0,007	0,006
2,50	q	593,9	706,8	829,6	962,1	1104	1256	1590	1963
	y	0,018	0,016	0,015	0 014	0,013	0,012	0,011	0,010

TABLA XXVII *bis.* — **Pérdida de carga para varios grados de aspereza y según varias formulas**

(Extracto de una tabla calculada por los alumnos del *Politécnico* de Milan.)

D metros	Q m³ por 1″	V m. por 1″	Perdida de carga en metros por kilometro					
			Tubos *nuevos lisos*		Tubos *en servicio ordinario.*			Paredes *rugosas*
			Darcy	Flamant.	Prony	Darcy $B=$ 0,0025	Flamant	Darcy
0,02	0,0001	0,318	11,69	13,27	8,12	7 81	16,46	23,38
»	0,0002	0,636	46,77	44,56	30,23	31,24	55,43	93 54
»	0,0005	3,180	292 34	220,86	181,72	195,25	274,71	584,68
0,05	0,0005	0,254	1,98	2,91	2,15	2,00	3,50	3,96
»	0,001	0,508	7,92	9,48	7,81	8,00	11,80	15,84
»	0,002	1,017	31,78	31,90	30,26	32,00	39,69	63 56
»	0,005	2,544	198,65	159,20	183,96	200,00	198,03	396,50
0,10	0,002	0,254	0,82	1,20	1,07	1,00	1,49	1,64
»	0,005	0,636	5,16	5,94	6,07	6,25	7,39	10,30
»	0,010	1,272	20,63	20,00	23,43	25,00	24,86	41,26
»	0,015	1,909	46,42	40,62	52,07	56,25	50,53	92,84
»	0,020	2,544	82,53	66,73	92,00	100,00	83,00	165,05
0,20	0,015	0,318	0,58	0,75	0 81	0,78	0,93	1,15
»	0,020	0,636	2,35	2,52	3,03	3,12	3,13	4,70
»	0,040	1,272	9,43	8,42	11,72	12,50	10,48	18,86
»	0,060	1 909	21,21	17,12	26,04	28,12	21,30	42,40
»	0,080	2,544	37,71	28,22	45,92	49,92	35,10	75,40

Sigue TABLA XXVII *bis.*

D metros	Q m.³ por 1''	V m. por 1''	Pérdida de carga en metros por kilometro. Tubos nuevos lisos. Darcy.	Tubos nuevos lisos. Flamant.	Tubos en servicio ordinario. Prony.	Tubos en servicio ordinario. Darcy B = 0,0025	Tubos en servicio ordinario. Flamant.	Paredes rugosas. Darcy.
0,30	0,020	0,283	0,29	0,37	0,44	0,41	0,46	0,58
»	0,040	0,566	1,17	1,23	1,62	1,64	1,53	2,34
»	0,080	1,132	4,69	4,10	6,19	6,58	5,10	9,38
»	0,140	1,980	14,39	10,93	18,64	20,16	13,60	28,78
»	0,160	2,264	18,79	13,90	24,28	26,33	17,30	37,58
0,40	0,040	0,318	0,27	0,31	0,40	0,39	0,38	0,54
»	0,080	0,636	1,09	1,03	1,52	1,56	1,28	2,18
»	0,160	1,272	4,36	3 46	5,86	6,25	4,30	8,72
»	0,240	1,909	9,83	7,07	13,02	14,06	8,80	19,66
»	0,280	2,228	13,37	9,24	17,70	19,14	11,50	26,74
0,50	0,060	0,306	0,20	0,22	0,29	0,29	0,27	0,40
»	0,120	0,611	0,79	0,74	1,12	1,15	0,92	1,58
»	0,240	1,222	3,18	2,48	4,32	4,60	3,09	6,35
»	0,340	1,732	6,40	4,60	8,71	9,24	5,72	12,80
»	0,400	2 037	8,84	6,11	11,86	12,80	7,60	17,68
0,60	0,090	0,318	0,18	0,18	0,27	0,26	0,23	0,36
»	0,180	0,636	0,71	0,64	1,01	1,04	0,79	1,42
»	0,360	1,272	2,85	2,12	3,90	4,17	2,64	5,70
»	0,540	1,909	6,42	4,36	8,68	9,37	5,42	12,83
0,70	0,100	0,260	0,10	0,11	0,16	0,15	0,14	0,20
»	0,200	0,520	0,40	0,37	0,59	0.59	0,46	0,80
»	0,400	1,010	1,62	1,24	2,45	2,38	1,53	3,24
»	0,600	1,559	3,65	2 51	4,98	5,35	3,12	7,30
»	0,700	1,819	4,97	3,29	6,76	7,29	4,09	9,94
0,80	0,130	0,258	0,09	0,09	0,14	0,13	0,11	0,18
»	0,260	0,517	0,35	0,31	0,51	0,52	0,38	0,70
»	0,520	1,034	1,40	1,04	1,95	2,06	1,29	2,80
»	0,780	1,552	3,15	2,11	4,36	4,64	2,62	6,30
»	0,910	1,810	4,29	2,75	5,85	6,32	3,42	8,58
1,00	0,160	0,203	0,04	0,05	0,07	0,06	0,06	0,08
»	0,320	0,407	0,17	0,15	0,26	0,26	0,19	0,34
»	0,640	0,815	0,69	0,52	0,98	1,02	0,65	1,38
»	1,120	1,425	2,11	1,37	2,93	3,14	1,71	4,22
»	1,440	1,832	3,49	2,13	4,80	5,18	2,65	6,98
1,50	0,350	0,198	0,03	0,03	0,05	0,04	0,04	0,06
»	0,700	0,396	0,11	0,09	0,16	0,16	0,11	0,22
»	1,400	0,794	0,43	0,30	0,62	0,64	0,37	0,86
»	2,100	1,188	0,97	0,61	1,36	1,45	0,75	1,94
»	3,150	1,782	2,18	1,23	3,03	3,26	1.53	4,36

60. Cálculo de una cañería compuesta.

1) *Caso general* —Supongamos una cañería compuesta de varios trozos, en el extremo de cada uno de los cuales se establece una derivación ó una confluencia

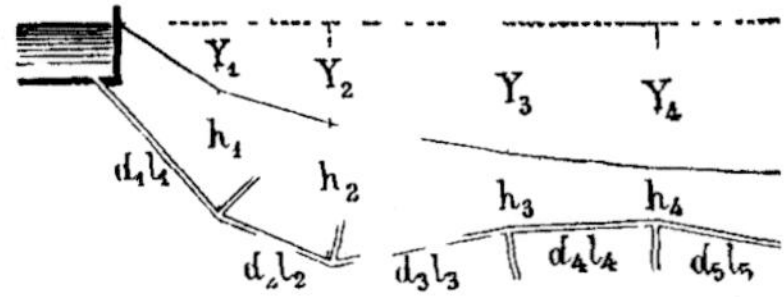

Fig 18

La figura 18 representa el perfil longitudinal de la cañería, h_1, h_2 las cargas en el extremo de cada trozo de la cañería principal é Y_1, Y_2 las pérdidas de carga correspondientes

Sean d_1 l_1 d_2, l_2 el diametro y longitud de cada trozo, Q el gasto de la cañería en el origen q_1, q_2 el gasto por 1'' en el extremo de cada trozo Las pérdidas de carga sucesivas al final de cada trozo seran

$$Y_1 = \beta l \frac{Q^2}{d^5_1} \qquad Y_2 = Y_1 + \beta l_2 \frac{(Q - q_1)^2}{d^5_2}$$

$$Y_3 = Y_2 + \beta l_3 \frac{(Q - q_1 - q_2)^2}{d^5_3}, \text{ etc.}$$

Con los valores de Y_1, Y_2 se construye una linea (de carga), cuyas ordenadas con relación á la cañería, representan en cada punto de la misma, la carga correspondiente expresada en metros de agua

Las cargas h_1, h_2 son también las cargas iniciales en dos derivaciones y a su vez se calculan como otras tantas cañerias, sencillas ó compuestas segun los casos, aplicando las reglas de los numeros **59** y **60**

También puede fijarse *á priori* la línea de carga y por consiguiente los valores de Y_1, Y_2 deduciendo en seguida los diametros de los trozos necesarios en función de las mismas fórmulas precedentes

2) *Cañería de servicio uniforme en el recorrido.*— Sea q_1 el agua derivada por m 1 de tubo, en todo el trayecto sera $q_1 L = Q_1$ Q_2 la derivación en el extremo de la cañería La pérdida de carga en el extremo de un tubo de un diámetro constante D y longitud L, es

$$Y = \beta \frac{L}{D^5}\left(\frac{1}{3} Q^2_1 + Q_1 Q + Q^2_2\right), \quad \text{si } Q_2 = 0 \quad Y = \frac{1}{3} \beta L \frac{Q^2_1}{D^5}$$

Si el tubo se compone de trozos cortos, de diametros decrecientes, de modo que puede considerarsele como un tubo cónico de diámetros decrecientes de D_1 á D_2, se tiene para $Q_2 = 0$,

$$Y = \beta\, L\, Q^2{}_1\, \frac{D_1 + 3\, D_2}{12\, D^4{}_1\, D^2{}_2}$$

En este caso, para un valor determinado de Y sera mínimo el coste cuando

$$D_1 = 1{,}02 \sqrt[5]{\frac{\beta\, L\, Q^2{}_1}{Y}} \qquad D_2 = 0{,}42 \sqrt[5]{\frac{\beta\, L\, Q^2{}_1}{Y}}$$

60 *bis* **Conducciones industriales.**—(Fórmulas del Ingeniero R Catani)

Anillos de palastro de acero con juntas roblonadas, superpuestas ó bridas

Sean Q = gasto en m³ por 1″ L = longitud H = caída total Y = pérdida de carga en m, generalmente se dan Q, L y H, y se fija Y segun el valor del caballo (1—3 % de H) Para palastro de acero dulce de 42 kg de carga de rotura el espesor s en mm y el peso p en kg de 1 m de tubo de diametro D (m) sometido á la carga de h m se tiene (Véase núm **226**) de la

$$s = 0{,}0714\, h\, D \qquad p = 2\, h\, D^2$$

(comprendiendo juntas y roblones)

En los primeros trozos se determina el espesor en función de la naturaleza y disposición de los apoyos, para evitar deformaciones en la sección

Determinación del diámetro

a) Cañería de diametro constante Se tiene

$$D = \sqrt[5]{\frac{\beta\, L\, Q^2}{Y}}$$

(β como en el num **57**)

El peso total en kg de la cañeria es ~

$H^2\, D^2$ para cañerias verticales,

$\frac{H^2\, D^2}{\text{sen}\ \alpha}$ para cañerias inclinadas α sobre la horizontal,

$2\, H\, L\, D^2$ para cañerias horizontales de longitud L

Estos pesos son tanto mas aproximados cuanto > es H

b) Cañerias de diametro variable —Haciendo variar el diámetro inversamente á la presión, se tiene la ventaja de un peso <, de > volumen de agua en el tubo y de < espesores máximos comparado con una cañería de diametro constante

Dividiendo L en n trozos y admitiendo que la perdida de carga en cada trozo aumenta en progresión aritmética, teniendo siempre por suma Y, los diámetros sucesivos d_r (d_r = diametro para el r^{mo} trazo) se deducen del diametro D de la cañería de diámetro constante con la

$$d_{r_n} = 0{,}87\, D \frac{1}{\sqrt[5]{r}} \sqrt[3]{n+1} \quad \text{(Véase tabla XXVI)}$$

para r =	1	2	3	4	5	6	8	10
$\frac{1}{\sqrt[5]{r}}$ =	1	0,87	0 80	0,76	0,725	0,70	0 66	0,63

r =	12	14	16	18	20
$\frac{1}{\sqrt{r}}$ =	0,61	0,59	0 575	0 56	0,55

La disminución del diámetro se obtiene colocando anillos especiales de enchufe (telescópicos) hasta llegar al diametro querido

60 *ter* Golpe de ariete — (Fórmulas del Ingeniero L. Allievi)

Sean L la longitud del tubo en m, V h la velocidad (m p 1'') y la carga efectiva (m de agua) en el tubo, en estado de régimen a el valor numérico (velocidad de propagación) dado por la

$$a = \frac{9900}{\sqrt{48 + k\,\frac{D}{s}}}$$

siendo D el diametro, s = el espesor del tubo, $k = 0{,}5$ para el hierro y acero, 1 para el hierro fundido, 5 para el plomo

Si se cierra, aunque sea parcialmente, el tubo con un obturador, y la maniobra de cierre, aunque no completa, se hace con movimiento uniforme en un tiempo $\gtreqless (2\, L/a)''$ y si T es el tiempo en segundos necesarios para el cierre completo, la carga maxima H (en m de agua) que se verifica en el tubo para el golpe de ariete a causa del cierre, ya sea este parcial ó completo, esta dado por la > de las raíces de la ecuación

$$H^2 - 2\,Hh \left\{ 100{,}0052 \left(\frac{L\,V}{T\,h}\right)^2 \right\} + h^2 = 0$$

Ejemplo — Se trata de una tubería de acero con los datos siguientes

$L = 400$ m. $\quad h = 90$ m $\quad v = 2{,}50$ m

relación $D/s = 100$, se deduce:

$$a = \frac{9900}{\sqrt{98}} = \sim 1000 \quad y \quad 2\,L/a = 0{,}8''$$

Si la maniobra dura un tiempo $\overline{\gtrless} 0{,}8''$ y se hace con una velocidad tal que el cierre completo se efectuaría en un tiempo $T = 3''$ el golpe de ariete produciría una carga máxima $H = 131$ m. que sería también la carga para el cierre completo, si éste se efectuase en $3''$.

La raíz $<$ daría la carga mínima en una maniobra de apertura.

Para que la carga máxima no supere un límite H, debe hacerse:

$$T = 0{,}102\,\frac{Lv}{h}\,\frac{\sqrt{Hh}}{H-h}.$$

Para que en la fase oscilatoria que sigue al cierre, no sea negativa la carga mínima ($= 2\,h - H$) debe ser

$$T > 0{,}144\;L\,v/h.$$

6.—Abastecimiento de aguas potables.

61. Cantidad y calidad de las aguas.—*Calidad de las aguas potables:* Á ser posible, la temperatura no debe exceder de 15°, proporción de sales cálcicas $< 0{,}0003$: ídem de materias orgánicas $< 0{,}000035$.

Volumen total. - Se calcula como *base* 70 ÷ 200 litros por día y habitante entre el servicio público y privado. De estos se requieren 25 ÷ 50 litros para el consumo personal.

En el cálculo se tendrá en cuenta los perdidos por fugas, etc. = 25 ÷ 50 % del agua distribuída (mínimo 15, máximo 75 y aun más).

Volumen necesario para los servicios públicos: 1 m.² de calle consume en cada riego 1 litro de agua (en el estío 2 ÷ 3 riegos diarios); 1 m.² de parques ó jardines, en el estío 1,5 ÷ 2,5 litros diarios. Gasto de las fuentes públicas, 0,2 ÷ 2 litros por 1″; bocas de riego, 3 á 4 litros como mínimum; bocas de incendio, 10 ÷ 30. El volumen de agua necesario por día para una escuela es de 2 ÷ 5 litros por alumno; para un cuartel, 20 litros por cabeza y 40 por caballo; en un hospital, 100 ÷ 150 por enfermo; en un matadero, 300 ÷ 400 por res sacrificada; en un mercado, 5 litros por m.²

Volumen necesario para el servivio privado: Consumo mínimo por individuo al día 25 — 30 litros para el uso personal, 50 — 75 por caballo, 50 por carruaje El servicio de un gran hotel exige 100 litros diarios por persona Una maquina de vapor puede consumir 400 — 600 litros por caballo y hora si es de condensación, y de 15 — 25 en caso contrario, segun la mayor ó menor fuerza de la máquina Los motores por agua á presión, 3 4, 5, 6 litros por caballo y hora segun sea la presión de 50 40, 30 ó 25 m

Consumo máximo y mínimo — El maximo consumo de agua por hora se verifica generalmente entre las 6 y las 10 y de las 16 a las 19, en general es prudente calcularlo como equivalente a $\frac{1}{10}$ del consumo total en las 24 horas En el periodo de mínimo consumo (durante la noche) la derivación por hora es de 0 02 — 0,01 del consumo diario

El consumo mensual en el rigor del invierno es < del 7 — 8 % y en el rigor del verano > hasta del 25 % del consumo medio mensual del año

Velocidad normal = ~ 2/3 de la maxima para aumentos eventuales

62. Canalizaciones.—*Canalización en las vias publicas* Se hacen con tubos de hierro fundido el diametro generalmente no baja de 75 mm Se los coloca enterrados a una profundidad de 1,40 — 1 60 m Conviene estén alquitranados en caliente por dentro y por fuera (véase la tabla LXVIII)

Derivaciones en las casas Los tubos son de hierro fundido ó plomo Diametros proporcionales al consumo presión inicial 4 — 5 m mayor que la altura del piso mas alto

La presión mínima en la canalización de una casa no debe ser inferior á la correspondiente a la altura del ultimo piso, más una sobrecarga de 4 — 54 m

Altura del surtidor de una fuente —Para una carga de h metros siendo $h < 50$ m es (segun la media de las experiencias del profesor Cappa)

$$h_1 = 0\,93\,h - 0{,}007\,h^2$$

Espesor de los tubos Para los tubos de hierro fundido, forjado, cobre y plomo, véase num **266** y siguientes Se calculan y se prueban a una presión de 10 atm para todos los casos de presiones inferiores a 5 atm Para presiones ó cargas de 5 — 10 atm conviene probarlas a una presión doble de la efectiva Para presiones > 10 atm la presión de prueba sera < del doble y hasta 6/5 de la presión normal, cuando ésta exceda de 20 atm

Variaciones de temperatura del agua en las cañerías. (Fórmulas del ingeniero Alibrandi.)—Sean:

t la temperatura exterior en grados centígrados;

t_0 la temperatura en la superficie del suelo;

T_0 la temperatura inicial del agua en el trozo de tubo que se considera;

T_1 la temperatura del agua al final del mismo trozo;

L longitud del trozo en m.;

r radio del tubo en m.;

q gasto en litros por 1″;

h profundidad en m. del eje del tubo bajo el suelo;

c coeficiente de conductibilidad del terreno;

α una función de h, r.

Para los tubos enterrados se tiene:

$$\log \text{hip}\,(t_0 - T_1) = \log \text{hip}\,(t_0 - T_0) - 6{,}28\,\frac{c\,L}{\alpha\,q}$$

y para los tubos al aire libre:

$$\log \text{hip}\,(t - T_1) = \log \text{hip}\,(t - T_0) - 0{,}01922\,\frac{r\,L}{q}.$$

La primera fórmula se funda en la hipótesis de que el estado térmico del terreno sea el de equilibrio: la T_1 máxima representa un límite superior y por esto es generalmente $>$ que la efectiva. El exceso es despreciable si el tubo está á poca profundidad; pero si ésta es $>$ 1 m., conviene tomar para T_0 la *media diurna* de la temperatura superficial.

c se puede suponer por término medio $= 0{,}0003$ en los terrenos órdinarios; α se deduce de la tabla siguiente:

$\frac{h}{r}$	α	$\frac{h}{r}$	α	$\frac{h}{r}$	α	$\frac{h}{r}$	α	$\frac{h}{r}$	α
1,0	0,00	**2,3**	1,49	**6,0**	2,49	**15**	3,40	**28**	4,03
1,1	0,44	**2,4**	1,53	**6,5**	2,57	**16**	3,47	**29**	4,06
1,2	0,62	**2,5**	1,57	**7,0**	2,64	**17**	3,53	**30**	4,09
1,3	0,76	**2,6**	1,62	**7,5**	2,72	**18**	3,59	**31**	4,12
1,4	0,87	**2,7**	1,66	**8,0**	2,79	**19**	3,64	**32**	4,15
1,5	0,96	**2,8**	1,70	**8,5**	2,85	**20**	3,69	**33**	4,18
1,6	1,04	**2,9**	1,73	**9,0**	2,90	**21**	3,74	**34**	4,21
1,7	1,12	**3,0**	1,76	**9,5**	2,95	**22**	3,79	**35**	4,24
1,8	1,19	**3,5**	1,92	**10**	2,99	**23**	3,83	**36**	4,27
1,9	1,26	**4,0**	2,06	**11**	3,08	**24**	3,87	**37**	4,30
2,0	1,32	**4,5**	2,19	**12**	3,16	**25**	3,91	**38**	4,33
2,1	1,38	**5,0**	2,30	**13**	3,24	**26**	3,95	**39**	4,36
2,2	1,44	**5,5**	2,40	**14**	3,32	**27**	3,99	**40**	4,38

63. Filtración del agua.—Espesor total de la capa que forma el filtro, 1,50 ÷ 2,50 m, arena en la parte superior; el resto grava y guijarros. Carga de agua sobre el filtro, 0,75 ÷ 1,50 m.

Volumen de agua filtrada por m.^{2} de superficie del filtro en veinticuatro horas: varía de 4 m.^{3} a 8 m.^{3}, según sea la carga de 0,75 ÷ 1,50 m. y el grado de pureza del agua. En general, se puede suponer un volumen de unos 50 litros por día, m.^{2} de superficie del filtro y cm. de carga, disminuyendo hasta 25 ÷ 30 litros en el caso de ser las aguas muy turbias.

7.—Evacuación de aguas sobrantes.

64. Volumen de aguas. — Se determina en función de la cantidad máxima de agua de lluvia y de una cuota determinada por habitante en el area á que da desagüe la alcantarilla

Para la máxima cantidad de lluvia, véase núm. **78.** Si el agua proviene de techos y pavimentos enlosados, se calcula que el 35 por 100 como mínimum, término medio el 75 por 100, va a la alcantarilla, si de tierras, jardines, etc., por lo menos el 35 por 100. La cuota por habitante (véase núm. **61**), varía, según el consumo de agua; puede admitirse como término medio $<$ 1 lit por 1″ y Ha. la densidad de la población, que en una ciudad es de un habitante por cada 25 ÷ 50 m.^{2} de superficie Suponiendo una altura maxima de 45 mm. de agua de lluvia en una hora, y admitiendo que ha de evacuarse el 75 por 100, se llega, comprendiendo la cuota por habitante, á un total de 95 litros por 1″ y hectarea que han de evacuarse.

Según se siga el sistema de evacuar todas las aguas por el alcantarillado *(tout á l'egout)* ó se conduzcan las aguas sucias independientemente de las de lluvia, se calculará el gasto como en el núm. **61.**

Cuando el agua de las alcantarillas se utiliza en riegos agrícolas, se calcula puede evacuarse desde 1 litro hasta un máximo (no debe llegarse á él) de 4 litros por 1″ y hectarea regada.

65. Canalización —Canalización privada: bajadas de aguas pluviales, con cámara de depósito y sifón ó válvula de cierre, antes del acceso á la alcantarilla general; conducción de las aguas sucias y de los retretes (calculados á razón de 10 litros por lo menos por persona y día), con sifón á la entrada del colector y tubos de ventilación: colector de 0,15 ÷ 0,30 m. de diámetro, dirigido á la alcantarilla pública con sifón

Pendiente: canalización interior, por lo menos 0,5 %; mejor

de $1 \div 2\,\%$. Alcantarilla general, mínima, $0{,}3 \div 0{,}5\,\%$; en las grandes alcantarillas, en que se dispone de agua abundante, $0{,}1 \div 0{,}2\,\%$

Las alcantarillas principales se hacen ordinariamente de fábrica ó cemento, de sección ovalada. Dado el radio ρ del intradós de la bóveda semicircular, se toma para los estribos un radio $= 3\,\rho$, y para el zampeado $0{,}5\,\rho$, siendo la altura total interior $3\,\rho$. Con estas dimensiones se tiene para el cálculo de las canalizaciones:

Caso en que el agua llene toda la sección:

Seccion $A = 4{,}59\,\rho^2$; perímetro mojado $C = 7{,}93\,\rho$; radio medio $R = 0{,}58\,\rho$; velocidad media $V = 0{,}76\,k\,\sqrt{\rho\,i}$; gasto $Q = 3{,}50\,\sqrt{\rho^5\,i}$ (i pendiente, k como en el núm. **50**, fórmula de Kutter)

Caso en que el agua sólo llega a la imposta:

$A = 3{,}023\,\rho^2$; $C = 4{,}79\,\rho$; $R = 0{,}63\,\rho$; $V = 0{,}795\,k\,\sqrt{\rho\,i}$; $Q = 2{,}40\,k\,\sqrt{\rho^5\,i}$.

Espesor de la bóveda, $1 \div 2$ ladrillos; del zampeado, $2 \div 3$ ladrillos; para valores de ρ, de 0,30 á 0,75 m.

66. Drenaje. — Con los drenajes puede recogerse el $30\,\%$ de la cantidad de aguas pluviales en terrenos arcillosos bastante tenaces; $40\,\%$ en los terrenos arcillosos de tenacidad media, y $45 \div 50\,\%$ en los terrenos arenosos y en que la capa de tierra vegetal es de mas ó menos espesor.

8.- Presas y esclusas.

67. Presas vertederos. — H, remanso que se produce con la presa; b, longitud del umbral; Q, gasto de la presa. La presa será de umbral libre ó sumergido, según que

$$Q \lesseqgtr \mu_0\, b\, H \sqrt{2\,g\,H}$$

Presa libre. — Sean $B\,a$, el ancho y profundidad del río; $e = \dfrac{Q}{B\,(a + H)}$, la velocidad media, después de establecida la presa (fig. 19) $k = \dfrac{c^2}{2g}$, la carga correspondiente, generalmente despreciable, respecto a la altura h del vertedero. Se tiene

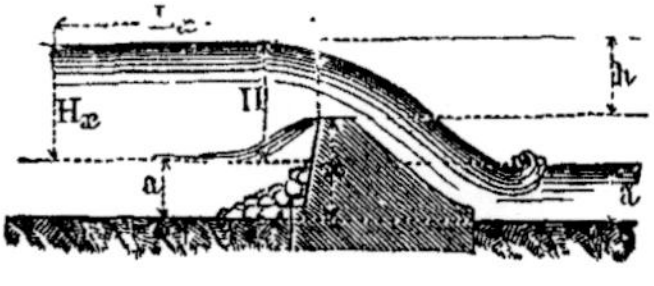

Fig. 19

$$Q = \mu_0\, b\, \sqrt{2g}\, \left\{ (h + k)^{3/2} - k^{3/2} \right\}$$

de donde se deduce h, y por consiguiente la altura x de la presa sobre el fondo

$$h = \left(\frac{Q}{\mu_0 b \sqrt{2g}} + k^{3/2}\right)^{2/3} - k \qquad x = a + H - h$$

Presa sumergida (fig 20)

$$Q = b\sqrt{2g}\left\{\mu_0\left[(H+k)^{3/2} - k^{3/2}\right] + \mu(h-H)\sqrt{H+k}\right\}$$

de esta fórmula se deducen h y x como anteriormente

Para los valores de μ_0 μ véanse los numeros **40 41** y **31-34** para ambos casos

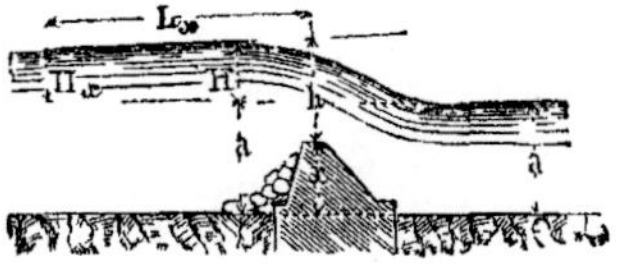

Fig 20

68. Tajamares, pilas de puentes.— Se deduce el remanso H por tanteos de la

$$Q = b\sqrt{2g}\left\{\mu_0\left[(H+k)^{3/2} - k^{3/2}\right] + \mu a\sqrt{H+k}\right\}$$

en la que b es la luz libre en la sección donde esta el obstaculo Para las pilas de puentes siendo el tajamar semicircular ó agudo, $\mu_0 = 0{,}60$, $\mu = 0\ 90$, en los demas casos en que el frente del obstáculo es plano, $\mu_0 = 0\ 57$, $\mu = 0\ 80$

69 Puertas de esclusas.– Se determina el remanso deduciendo el valor de la carga de las fórmulas de los numeros **30** á **36**

70 Amplitud del remanso producido por las presas y esclusas (*) Para alturas H del remanso muy pequeñas se puede considerar el nivel de agua remansada como horizontal, designando por H_x la altura del remanso a la distancia L_x de la presa, por i la pendiente (en m) por metro del lecho y por a la profundidad primitiva (figuras 19 y 20) se tendrá $L_x = \frac{H - H_x}{i}$

Para secciones que difieran poco de la rectangular y radio medio que varie poco de la altura, se obtiene más aproximación empleando la fórmula

$$L_x = \frac{a}{i}\left\{\frac{h}{a} - \frac{h_x}{a} - \left(1 - 0\ 1122\,\frac{i}{b}\right)\left(\varphi\left[\frac{A}{a}\right] - \varphi\left[\frac{A_x}{a}\right]\right)\right\}$$

(*) Para mas detalles y formulas véase el *Manual de Hidraulica* de Perdoni, Manuales Romo

en la que $A = a + H$, $A_x = a + H_x$, $b = \alpha + \frac{\beta}{a}$, siendo α y β los coeficientes de Bazin para ríos y canales (núm. **50**), y φ, una función de la relación entre A ó A_x y a, dada por la tabla siguiente (Bresse):

$\frac{A}{a}$	$\varphi\left[\frac{A}{a}\right]$	$\frac{A}{a}$	$\varphi\left[\frac{A}{a}\right]$	$\frac{A}{a}$	$\varphi\left[\frac{A}{a}\right]$	$\frac{A}{a}$	$\varphi\left[\frac{A}{a}\right]$
0,10	− 0,505	**0,99**	1,412	**1,10**	0,676	**1,80**	0,166
0,40	− 0,198	**0,995**	1,645	**1,20**	0,479	**1,90**	0,146
0,55	− 0,020	**0,999**	2,183	**1,30**	0,373	**2,00**	0,132
0,60	+ 0,032	**1,00**	∞	**1,40**	0,304	**2,25**	0,102
0,70	0,171	**1,001**	2,183	**1,50**	0,257	**2,50**	0,082
0,80	0,346	**1,005**	1,647	**1,60**	0,218	**3,00**	0,055
0,90	0,614	**1,01**	1,416	**1,70**	0,190	**3 50**	0 041

Ejemplo: sea $a = 1$ m, $i = 0{,}0005$ m.; $H = 2$ m Se quiere saber la distancia L_x a que el remanso H_x sera de 1,20 m. (suponiendo el caso de un canal de tierra: $\alpha = 0{,}00028$, $\beta = 0{,}00035$) Se tendrá

$$A = 3; \qquad A_x = 2{,}2, \qquad b = 0{,}00063$$

$\varphi\,[3] = 0{,}055$; $\varphi\,[2{,}2]$ se determina por interpolación, esto es:

$$\varphi\,[2{,}2] = 0{,}132 - (0{,}132 - 0{,}102)\,\frac{2{,}20 - 2{,}00}{2{,}25 - 2{,}00} = 0{,}108;$$

de donde

$$L_x = \frac{1}{0{,}0005}\left\{3 - 2{,}2 - 0{,}91\,(0{,}055 - 0{,}108)\right\} = \sim 1696 \text{ m}$$

El remanso se extiende indefinidamente; practicamente deja de ser sensible para $\frac{A_x}{a}$, muy próximo á 1. Así, para $\frac{A_x}{a} = 1{,}01$, ó sea para $H_x = 0{,}01$ m., se tendrá: $\varphi = 1{,}416$ y $L = 5576$ m.

Suponiendo el nivel horizontal $L_x = 1600$ m.; $L = 4000$ m

Los valores de $\frac{A}{a} < 1$ se refieren á remansos negativos producidos por la apertura de esclusas, maquinas elevadoras, etc.

9.—Riegos.

71. Agua necesaria para el riego.—*Cantidad:* Agua continua necesaria para el riego de cada hectarea: terrenos de cultivo mixto, 0,8 ÷ 1,6 litros, término medio 1 litro por 1″; arrozales, 1,25 ÷ 5; praderas en Lombardía (marcitas), 35 ÷ 45 litros por 1'', según la naturaleza del terreno Durante el riego una hectarea necesita prados, 10 — 15 litros por 1'' (un riego cada 10 — 14 días), huertas, 15 — 20 (6 horas cada 6 — 8 días)

Cantidad de agua no absorbida de $^1/_3$ a $^1/_8$ del agua empleada, según sea el terreno (poco permeable, arcilloso arenoso, etc)

Pendiente de los terrenos regados 0,002 m por metro en los terrenos destinados á cultivo alterno, 0,025 — 0,03 m en los prados de Lombardía, 0 01 — 0,015 m en los prados, 0,005 — 0,008 m en canales pequeños de riego

72 Turno y horario — Cada usuario de un canal de caudal Q tiene derecho al uso completo del agua durante O horas en un período de R dias Este derecho equivale al uso continuo del agua de un canal cuyo gasto q fuera

$$q = Q \frac{O}{24\,R}$$

En terrenos poco absorbentes basta un turno de 10 — 14 dias en terrenos permeables, de 7 — 10 días

73. Módulos.— Gasto en litros por 1' de los módulos principales

Módulo italiano		litros	100
» albertino (Piamonte)		»	58
Onza milanesa	Boca de 1 onza	»	35
	» de 10 onzas	»	47
» de Novara		»	36
» de Caluso		»	24
» cremonesa		»	16 — 20
Pluma de agua (Barcelona)		»	25
Real fontanero (Madrid)		»	37 50
Pulgada de Prony (París)		»	233

10.—Desecación.

74. Cálculo de los canales de desagüe:

Pendiente —Los canales principales de desagüe y los colectores se trazan siguiendo el trayecto mas corto y por los puntos más bajos, pendiente la natural del terreno (pendiente ordinaria de 0,00015 — 0,00003 m por metro, velocidad media correspondiente, de 0,50 — 0,15 m,

Altura del agua — Establecido el fondo del canal en relación con el nivel de descarga, se deja entre el nivel del agua y el terreno que se deseca un espacio libre de 0,30 m por lo menos para los prados y 0,60 m para los demás terrenos (importa tener presente en la desecación de pantanos que el terreno sufre un asiento de 0,20 — 0,30 m al principio, llegando después hasta 0,50 — 0,80 m)

Ancho — Sean Q, el gasto, i, pendiente por m, a, altura del agua, b, el ancho medio entre la superficie y el fondo Para taludes de 1,5 de base por 1 de altura (es el más usado) se tiene

$$\text{radio medio } R = \frac{a\,b}{b + 2{,}1\,a}, \quad \text{velocidad media } V = \frac{Q}{a\,b}$$

b se determina por tanteos, para lo cual se toman diversos valores de b, que se substituyen en los de R y V en las fórmulas de Bazin (num **50**), con los coeficientes de los tipos 4 y 5 *bis* segun los casos

75. Volumen de agua que se ha de evacuar.—Se calcula, generalmente, tomando como base la máxima altura de agua de lluvia, caida en veinticuatro horas, durante un largo período de años (véase num **78**) en el terreno que se quiere desecar, suponiendo que ese volumen, deducidos el absorbido y evaporado, ha de desaguarse en 24 ó á lo más en 36 horas La deducción debe evaluarse en 30 — 20 % del agua de lluvia, segun la $\gtrless$ extensión de la cuenca, y sobre todo segun la $\gtrless$ permeabilidad del terreno, conviene no deducir la evaporación ni absorción, y considerar el mínimo durante lluvias prolongadas, suponiendo el terreno empapado (ingeniero Cadolini)

La sección para el colector se calcula para un gasto por hectarea mayor que el indicado, segun la naturaleza del terreno, y hasta el 50 % de las maximas para las desecaciones por medio de maquinas

76 Desecación por medio de máquinas — Las maquinas deben calcularse para el volumen maximo de agua y para una diferencia de nivel = a la diferencia entre los niveles maximos que pueden alcanzar las aguas interiores y el vertedero donde se reunen

11.—Resistencia del agua á los cuerpos sumergidos.

77 Coeficiente de resistencia para los cuerpos de diversas formas —Sea A el área en m² de la proyección sobre un plano perpendicular a la dirección del movimiento del cuerpo ó de la parte sumergida, v la velocidad del cuerpo, y $\pm\, c$ la velocidad del agua m. por 1″ (+ si es en el sentido de v, — en caso contrario, 0 si el agua esta inmóvil)

La resistencia que ofrece el agua al cuerpo en movimiento, ó viceversa, la presión ejercida por el agua en movimiento sobre el cuerpo sumergido en ella (véase núm **27**) esta dada por·

$$P = m A (v \mp c)^2,$$

m varia con la forma del cuerpo Aproximadamente se puede admitir

Superficie plana normal a la dirección del movimiento......................	$m = 80 - 100$
Prisma ó cilindro, eje en la dirección del movimiento	$m = 60 - 85$
Prisma ó cilindro, extremo anterior ± agudo...	$m = 25 - 50$
Esfera.....................	$m = 25 - 30$
Barcos de forma ± ligera	$m = 15 - 25$
Barcos de vapor en ríos y canales estrechos	$m = 12 - 15$
Vapores ordinarios en lagos y mares.......... ..	$m = 7 - 10$
Vapores rapidos en el mar..	$m = 3 - 5$

Si se trata de una lamina plana, inclinada un angulo α sobre el horizonte, la resistencia (ó presión) normal a la superficie es

$$N = P / \operatorname{sen} \alpha$$

La componente normal a la dirección del movimiento

$$S = N \cos \alpha$$

En este caso el valor de m decrece al decrecer α

En este caso, el centro de presión no es el de figura, en un rectangulo dista del borde superior (aproximadamente)

$x = (0{,}2 + 0{,}3 \operatorname{sen} \alpha)\, a$ $\quad$ (a = longitud del lado inclinado)

12.—Meteorolo

TABLA XXVIII.

CAPITALES DE PROVINCIA Y ESTACIONES METEOROLÓGICAS	Altura sobre el nivel del mar.	TERMÓMETRO — TEMPERATURA — Máxima. Al sol.	Máxima. A la sombra.	Mínima. Del aire.	Mínima. Por irradiación.	Media anual	BARÓMETRO. Altura media barométrica	Oscilación
	Mtrs.	*Gdos.*	*Gdos.*	*Gdos.*	*Gdos.*	*Gdos*	*Mm.*	*Mm.*
Álava (Vitoria).	527,2	»	»	»	»	»	»	»
Albacete E. M.	685,9	45,5	36,7	— 5,00	— 7,7	13,4	704,7	1,4
Alcalá la Real (Jaén) E. M.	921,0	45,0	36,0	— 8,5	— 10,5	»	684,8	1,0
Alicante E. M. *	3,6	39,0	37,0	— 4,8	— 3,6	17,7	760,5	1,3
Almería.	8,6	»	»	»	»	»	»	»
Archidona E. M. *	660,4	»	»	»	»	»	702,4	0,9
Avila E. M. *	1126,1	41,0	34,0	— 12,0	— 16,0	»	665,4	0,7
Badajoz E. M.	183,5	53,5	43,0	— 4,2	— 6,0	16,7	745,1	1,5
Baleares (Mahón) E. M.	43,4	42,5	33,3	— 0,7	— 3,0	15,9	759,9	0,7
Barbastro E. M. *	316,0	»	36,7	— 10,7	»	»	729,1	0,4
Barcelona E. M.	4,7	43,3	33,2	— 4,0	— 7,0	14,7	759,2	0,9
Burgos E. M.	856,3	47,5	33,0	— 10,3	— 12,0	10,3	690,0	0,8
Cáceres.	353,4	»	»	»	»	»	»	»
Cádiz. *	4,7	30,0	23,9	3,1	2,3	17,7	763,9	0,6
Canarias (Las Palmas) E. M. *	9,4	»	27,4	10,8	»	»	766,0	0,4
Cartagena E. M.	5,3	40,6	33,4	2,0	0,3	16,5	762,1	1,1
Castellón.	28,2	»	»	»	»	»	»	»
Cazorla E. M. *	820,4	»	37,8	— 3,3	»	»	694,5	0,6
Ciudad-Real E. M. *	635,1	38,4	25,8	— 4,8	— 6,6	15,4	709,0	1,4
Córdoba.	121,9	»	»	»	»	»	»	»
Coruña E. M.	5,5	32,8	30,8	— 5,5	— 6,5	13,4	762,3	0,7
Cuenca.	922,6	»	»	»	»	»	»	»
Don Benito E. M. *	»	»	22,4	— 2,5	»	»	742,6	1,6
Escorial E. M.	921,6	41,2	35,4	— 7,6	— 13,8	12,5	675,0	0,9
Gerona.	70,5	»	»	»	»	»	»	»
Granada.	689,1	»	»	»	»	»	»	»
Guadalajara.	678,2	»	»	»	»	»	»	»
Guipúzcoa (San Sebastián) E. M.	5,1	38,5	33,1	— 8,2	— 9,6	14,0	762,3	0,7
Huelva.	4,8	»	»	»	»	»	»	»
Huesca E. M. *	466,0	46,6	37,5	— 13,5	— 16,0	13,5	719,5	0,8
Jaén E. M. *	578,8	»	40,4	— 1,6	»	16,5	714,5	1,4
La Guardia E. M.	8,4	40,8	33,5	— 2,5	— 3,3	13,4	763,9	0,6
Laguna (Tenerife) E. M. *	506,4	»	27,4	0,3	— 0.1	»	720,0	0,9
La Vid (Burgos) E. M. *	950,4	43,5	37,0	— 12,0	— 15,8	»	683,7	0,9
León E. M.	905,4	38,8	33,7	— 11,2	— 15,0	»	690,3	1,1
Lérida.	150,7	»	»	»	»	»	»	»
Logroño.	384,4	»	»	»	»	»	»	»

gía é Hidrología.

Datos meteorológicos.

ANEMÓMETRO	PLUVIÓMETRO. LLUVIA MEDIA ANUAL.			Evaporación media.....	PSICRÓMETRO Humedad relativa media anual.		ESTADO GENERAL DE LA ATMÓSFERA DIAS		DIAS DE				DIAS DE						
Dirección dominante del viento.	Altura de agua caída.	Días de llu.ª	L.ªm ª un día				Despejados.	Nublados..	Calma.....	Brisa......	Viento.....	Vien.º fuerte	Llovizna...	Niebla.....	Rocío......	Escarcha...	Nieve......	Granizo....	Tempestad.
	Mm.	*Num.*	*Mm.*	*Mm*	*9 M.*	*3 T.*	*Num.*	*Núm.*	*Núm.*	*Núm.*	*Num*	*Núm.*	●	≈	⌒	⊔	*	Δ	K
»	»	»	»	»	»	»	»	»	»	»	»	»	»	»	»	»	»	»	»
O.-SE.	451	57	31	5,3	71	52	142	223	38	253	56	18	43	26	29	39	6	6	28
NO	558	83	30	4,4	65	55	223	142	84	245	29	7	16	15	91	31	17	8	16
NE.	513	40	47	4,4	79	81	204	161	132	152	67	14	»	»	»	»	»	»	»
»	»	»	»	»	»	»	»	»	»	»	»	»	»	»	»	»	»	»	»
E-O. y O-NO.	»	»	»	»	»	»	49	66	14	62	87	18	»	12	»	44	1	»	»
N. NO.-S....	»	»	»	5,4	58	52	170	195	54	235	53	23	24	22	175	98	17	9	24
NE.-O.	374	55	47	5,9	70	62	178	187	291	57	15	2	»	18	»	»	»	»	5
N.-NE.	460	80	35	3 9	74	70	203	162	89	170	82	24	35	5	143	12	2	3	4
SE.-O.	437	75	32	6,4	66	53	136	229	335	18	10	2	11	31	34	56	3	3	27
SO.-E.	510	69	40	2,6	68	65	105	260	53	249	56	7	53	2	»	4	15	2	2
NE.-SO.	448	82	63	2,7	79	67	106	259	183	104	67	11	33	34	51	51	14	4	10
»	»	»	»	»	»	»	»	»	»	»	»	»	»	»	»	»	»	»	»
O.-E. SE. ...	252	38	24	6,4	71	66	91	90	7	80	94	»	4	1	»	»	»	»	3
NE.-NO.	209	55	58	4,4	76	74	60	244	»	»	»	»	23	3	»	»	»	»	»
NE. S.	575	55	64	4,6	74	68	204	161	249	94	20	2	12	1	16	»	»	»	1
»	»	»	»	»	»	»	»	»	»	»	»	»	»	»	»	»	»	»	»
SO.	651	78	42	4,9	64	52	184	181	214	129	17	5	4	22	»	5	6	2	19
NO. O.	206	58	21	2,4	80	59	54	97	52	60	13	26	»	»	»	»	»	»	»
»	»	»	»	»	»	»	»	»	»	»	»	»	»	»	»	»	»	»	»
S.-N.	555	136	21	4,3	74	73	58	307	82	168	102	13	10	118	»	»	»	»	1
»	»	»	»	»	»	»	»	»	»	»	»	»	»	»	»	»	»	»	»
E O.	218	33	16	3,2	82	63	43	77	7	29	38	15	3	1	7	8	1	3	»
NO.-SE.	749	96	56	3,6	72	64	127	238	182	138	39	6	4	17	18	41	8	3	13
»	»	»	»	»	»	»	»	»	»	»	»	»	»	»	»	»	»	»	»
»	»	»	»	»	»	»	»	»	»	»	»	»	»	»	»	»	»	»	»
»	»	»	»	»	»	»	»	»	»	»	»	»	»	»	»	»	»	»	»
NO.-SE.	1127	169	39	3,4	75	73	47	318	196	116	42	11	10	7	52	2	5	10	17
»	»	»	»	»	»	»	»	»	»	»	»	»	»	»	»	»	»	»	»
NO.-SE.	271	66	21	4,7	73	67	153	212	163	96	106	»	1	6	»	»	»	»	9
N. NO.	572	83	36	4,9	64	57	163	202	91	210	53	11	18	13	1	2	4	2	17
N. NE.-S. SO	1384	110	82	2,0	78	70	166	199	51	158	100	56	11	49	60	»	»	3	22
N.	528	97	26	3,1	75	75	82	283	50	252	57	6	2	5	29	»	»	»	»
O. SO.-SE...	301	65	21	7,8	75	50	93	272	100	124	96	45	19	39	30	55	8	13	23
NE.-S.	288	65	22	4,0	66	53	128	237	239	94	30	2	26	37	4	73	29	8	9
»	»	»	»	»	»	»	»	»	»	»	»	»	»	»	»	»	»	»	»
»	»	»	»	»	»	»	»	»	»	»	»	»	»	»	»	»	»	»	»

Sigue TABLA

CAPITALES DE PROVINCIA Y ESTACIONES METEOROLÓGICAS	Altura sobre el nivel del mar.	TERMÓMETRO — TEMPERATURA — Máxima — Al sol.	A la sombra.	Mínima. — Del aire.	Por irradiación.	Media anual	BARÓMETRO. — Altura media barométrica.......	Oscilación........
	Mtrs	*Gdos.*	*Gdos.*	*Gdos.*	*Gdos.*	*Gdos.*	*Mm.*	*Mm.*
Lugo........................	462,0	»	»	»	»	»	»	»
Llanes (Oviedo) E. M.........	27,4	40,2	29 8	— 6,6	— 7,4	12,3	762,5	0,5
Madrid E. M................	656,2	42,9	37,1	— 8,5	— 11,2	13,4	707,3	1,4
Málaga E. M...............*	9,6	40,5	27,0	3,0	0,0	18,7	761,1	1,3
Manresa E. M..............*	233,0	36,0	33,0	— 7,5	— 9,5	»	740,2	1,2
Mataró E. M...............*	22,8	»	32,1	— 2,4	— 4,1	»	760,5	0,8
Murcia E. M................	43,0	44,0	37,9	0,0	— 1,8	17,8	758,0	1,6
Navarra (Pamplona) E. M......	450,0	42,0	35,0	— 17,0	— 17,0	12 1	723,3	1,1
Orduña E. M................	303,4	43,0	37,2	— 10,3	— 11,9	12,2	736,2	0,9
Orense E. M...............*	126,0	42,0	38,8	- 6,2	— 7,4	13,4	»	»
Oviedo E. M,................	244.4	38,0	30,8	— 7,0	— 9,0	12,5	742,3	0,7
Palencia E. M................	750,4	42,8	36,1	— 13,4	— 14,6	»	695,6	1,3
Palma (Mallorca) E. M.........	20,4	39,8	35,4	1,4	— 2,0	17,8	761,4	0,8
Pontevedra..................	19,5	»	»	»	»	»	»	»
Salamanca E. M.............*	776,5	43,0	37,6	— 7,2	— 7,8	12,4	694,5	0,3
San Fernando E. M...........	29,5	»	37,1	2,8	— 2,2	17,1	761,8	0,7
Sanlúcar de Barrameda E. M...	13,0	45,5	38,5	— 4,8	— 5,8	»	761,9	1,2
Santander E. M.............*	7,2	38,3	22,6	— 1,6	— 2,1	13,6	760,5	0,3
Santiago E. M................	264,3	42,6	35,3	— 5,0	- 6,9	12,9	739,9	0,7
Segovia E. M.................	1001,6	43,4	34,6	— 12,3	- 14,0	11,3	677,9	0,9
Sevilla E. M........	11,5	58,0	45,0	— 0,6	— 2,2	19,8	762,9	1,6
Soria E. M.....	1055,3	47,2	32,0	— 20,2	— 22,2	»	672,2	0,9
Tafalla E. M................	421,7	44,7	37,2	— 10,6	— 12,0	»	725,1	1,3
Tarragona..................	68,7	»	»	»	»	»	»	»
Teruel E. M................	915,7	41,2	37,5	- 13,0	»	12,3	684,9	1,0
Toledo.....................	548,0	»	»	»	»	»	»	»
Ubeda E. M.................	757,6	31 6	26,9	— 1,3	— 4,0	»	692,9	1,3
Valencia E. M...............	13,3	42,6	35,8	— 2,1	1,8	16,9	761,9	1,2
Valladolid E. M..............	691,9	47,0	35,0	— 12,0	— 13,0	11,8	702,5	1,2
Vigo E. M..................	30,7	39,0	28,0	0,0	— 1,7	14,3	760,2	0,4
Villafranca del Panadés E. M..*	223,7	23,4	18,7	— 9,0	— 13,0	»	743,5	1,2
Villanueva y Geltrú E. M.....*	31,0	»	21,8	— 3,2	3,0	»	761,6	1,1
Vizcaya (Bilbao) E. M.........	8,8	45,2	37,4	— 7,4	— 8,4	14,7	763,5	0,8
Zamora.....................	651,0	»	»	»	»	»	»	»
Zaragoza E. M...............	199,8	44,4	36,9	— 7,0	— 8,2	»	743,5	1,7

NOTAS.— 1.ª Las iniciales E. M. significan Estación Meteorológica.
2.ª Las Estaciones que tienen asterisco significan que las observaciones son
3.ª Las poblaciones que tienen comillas carecen de Estación Meteorológica

XXVIII.

ANENÓMETRO Dirección dominante del viento.	PLUVIÓMETRO. Lluvia media anual. Altura de agua caída. Mm.	Días de llu.ª Núm.	L.ªm ª un día Mm.	Evaporación media.... Mm.	PSICRÓMETRO. Humedad relativa media anual. 9 M.	3 T.	ESTADO GENERAL DE LA ATMÓSFERA. Días Despejados. Núm.	Nublados... Núm.	Días de Calma..... Núm.	Brisa...... Núm.	Viento.... Núm.	Vien.º fuerte Núm.	Días de Llovizna... o	Niebla.....	Rocío.....	Escarcha... ⌐	Nieve..... *	Granizo... Δ	Tempestad. K
»	»	»	»	»	»	»	»	»	»	»	»	»	»	»	»	»	»	»	»
NE.-NO.....	682	145	22	1,7	78	76	18	347	222	105	26	12	»	4	49	1	2	12	10
NE.-SO.	482	105	51	4,0	69	51	124	241	68	178	81	38	21	9	86	55	3	»	7
NO.-SE.	471	33	74	4,4	66	62	120	154	64	175	32	3	4	3	»	»	»	2	6
SO-NO OSO	611	58	72	3,4	78	64	194	171	154	187	24	»	25	6	205	49	4	»	15
SE.-SO......	432	41	35	4,5	63	66	172	193	295	60	10	»	39	5	»	»	1	2	4
SO.-E	568	65	71	6,8	76	62	139	226	272	72	18	3	19	8	67	7	1	1	15
NO.........	677	122	46	4,6	75	62	70	295	142	207	12	4	20	28	33	18	10	2	8
SO.-N......	697	126	29	2,6	71	61	105	260	134	213	12	1	11	4	37	14	16	7	18
N. NO-O. SO	650	115	38	4,5	78	74	62	303	274	60	28	3	»	23	22	8	»	»	»
NE.........	702	117	28	3,3	76	70	137	228	16	308	35	6	44	34	»	9	4	1	5
O.-N	163	46	29	3,5	80	67	168	197	121	131	101	12	45	91	109	99	20	20	30
SO.-N. NE..	564	73	44	2,9	77	73	150	215	215	115	32	3	26	1	»	»	»	2	4
»	»	»	»	»	»	»	»	»	»	»	»	»	»	»	»	»	»	»	»
O.-E........	198	68	26	2,3	79	76	162	203	49	206	79	31	4	41	3	11	4	4	16
O.-E..».....	626	69	67	3,6	73	66	139	226	15	272	75	3	1	3	100	»	»	1	9
O.-E........	624	57	46	4,7	68	61	256	109	106	205	43	11	19	17	108	8	»	2	14
NE.-SO.	286	63	23	3,4	80	75	54	125	25	95	49	12	»	4	55	4	1	»	»
NE.-SO.	1265	162	60	1,9	80	69	51	314	83	112	71	99	3	32	12	5	2	8	14
NO.-SO.....	627	107	50	5,0	64	54	151	214	77	212	55	21	12	15	2	53	15	10	20
NE. SO. -...	746	64	83	3,9	70	49	151	214	240	95	29	1	41	11	86	6	»	1	4
N NE S. SO	422	69	37	1,9	70	57	112	253	228	94	36	7	42	11	45	69	8	8	20
N	390	74	32	5,2	72	68	101	264	146	97	83	39	44	14	54	40	10	2	20
»	»	»	»	»	»	»	»	»	»	»	»	»	»	»	»	»	»	»	»
N -S.	402	42	56	4,7	83	73	147	218	268	60	28	9	4	32	6	44	5	2	12
»	»	»	»	»	»	»	»	»	»	»	»	»	»	»	»	»	»	»	»
E.-O........	230	42	41	4,1	72	65	90	91	85	75	21	»	6	5	»	9	1	»	12
O. NO. E. SE	700	88	84	4,9	73	71	88	277	137	172	42	14	31	»	51	22	1	3	20
NE.-SO.....	250	53	21	5,8	88	74	65	300	60	200	68	37	41	31	»	»	6	1	10
O. SO -E. SE.	1059	116	48	3,0	74	75	61	301	101	189	71	»	»	25	51	27	1	5	2
NE -SO.	115	13	19	2,4	73	59	48	42	12	45	28	5	1	12	4	10	1	»	»
E.-O	28	11	14	3,7	71	65	61	90	109	27	15	»	10	6	18	»	»	»	5
NO.-SO.....	961	151	33	3,8	71	63	71	294	143	128	53	41	15	43	76	17	5	15	17
»	»	»	»	»	»	»	»	»	»	»	»	»	»	»	»	»	»	»	»
NO.-SE.	177	39	15	5,0	74	64	201	164	160	100	60	45	5	8	»	»	2	1	13

incompletas.
ó si la tienen no publican sus observaciones.

78. Lluvia media y máxima.

Lluvia media anual.—La tabla anterior, además de los mas importantes datos meteorológicos, expresa la lluvia media anual en varias poblaciones de España. Se puede hallar la altura pluviométrica H_a de una estación A en una región, en función de la altura pluviométrica H_s de otra estación S de la misma cuenca, empleando la fórmula de Paladini:

$$H_a = H_s - 0{,}01\,[0{,}01\,(\Delta h + \Delta l) + 0{,}85\,\Delta d]$$

en la que

Δh = diferencia de alturas entre S y A (en m. y siempre que sea < 300 m.);

Δl = diferencia entre las distancias al mar de S y A en km. (diferencia que debe siempre ser < 100 km.).

Δd = diferencia de distancias de las divisorias más altas de S y A en km (no debe ser > 100 km.).

79. Distribución del agua de lluvia.

Se admite que de la cantidad de agua que cae anualmente, $30 \div 90$ % corre por la superficie del suelo y se reune en las vaguadas: 30 % en las cuencas permeables, de lluvias escasas, 90 % en las cuencas con pocos terrenos aluviales, suelo ó subsuelo impermeable, fuertes pendientes; regiones de lluvias insistentes (Las observaciones en los ríos de Francia y Alemania dan $35 \div 50$ %). El resto se absorbe por la tierra en parte, evaporándose la demás. A falta de datos positivos conviene contar sólo con un mínimo de $30 \div 35$ % para el cálculo de pantanos, etc., y admitir un máximo de $70 - 80$ % para saneamientos, desecaciones, etc.

80. Hidrología de España

REGIONES HIDROGRÁFICAS	RÍOS PRINCIPALES	RÍOS AFLUENTES Por la margen derecha	RÍOS AFLUENTES Por la margen izquierda	Longitud de los ríos — Km.	Volumen de agua por 1'' — $M.^3$	Superficie de la cuenca — $Km.^2$
1ª *Vertiente de los Pirineos Orientales*	Fluviá	»	»	99,252	»	18 300
	Ter	»	»	207,074	»	
	Tordera	»	»	53,612	»	
	Besós	»	»	80,489	»	
	Llobregat	Cardoner	»	87,150	»	
		»	»	160,085	»	
	Francolí	»	»	54,108	»	
2ª *Cuenca del Ebro*		Rudrón	»	44,908	2,835	86 000
		Oca	»	79,798	»	
		»	Bayas	61,757	»	
		»	Zadorra	95,294	3,704	
		Tirón	»	64,954	1,216	
		Najerilla	»	99,739	6,226	
		Iregua	»	62,477	»	
		Leza	»	44,790	»	
		»	Ega	123,741	»	
	Ebro	Cidacos	»	83,898	»	
		»	Aragón	191,813	8,401	
		»	»	927,905	45,088	
		Alhama	»	84,416	0,454	
		Queiles	»	44,828	»	
		Huecha	»	45,886	»	
		»	Arba	124,517	»	
		Jalón	»	234,618	3,408	
		Huerva	»	143,398	0,056	
		»	Gallego	215,268	10,939	
		Martín	»	116,404	»	

REGIONES HIDROGRÁFICAS	RÍOS PRINCIPALES	RÍOS AFLUENTES Por la margen derecha.	Por la margen izquierda.	Longitud de los ríos. — Km.	Volumen de agua por 1''. — $M.^3$	Superficie de la cuenca. $Km.^2$
2.ª Sigue Cuenca del Ebro.....	Ebro	Guadalope......	»	194,128	1,557	86 000
		»	Segre..........	257,409	14,088	
		Matarraña	»	97,404	0,741	
		»	Clurana.	53,741	»	
3.ª Vertiente Oriental..	Mijares.	»	»	104,500	4,864	65.400
	Palancia.	»	»	90,000	1,182	
	Turia ó Guadalaviar	»	»	221,700	10,000	
	Júcar	»	Moscas	68,000	»	
		»	Cabriel.	187,100	7,680	
		»	»	385,300	45,310	
		Albaida.........	»	66,000	8,560	
	Serpis o Alcoy..	»	»	78,500	»	
	Algar......	»	»	75,000	»	
	Montnegre......	»	»	51,200	»	
	Vinalopó.	»	»	127,100	»	
	Segura.	»	Mundo..........	123,500	4,536	
		Quipar.	»	89,300	0,832	
		»	»	251,803	17,786	
	Albujón.	»	»	60,500	»	
4.ª Vertiente Meridional	Almanzora.	»	»	81,200	0,052	15.000
	Almería.	Andarax.	»	44,000	0,063	
		»	»	82,500	0,063	
	Adra.	»	»	73,150	1,563	
	Grande.........	»	»	85,200	4,094	
	Vélez.	»	»	52,300	4,294	
	Guadalhorce....	»	»	96,250	19,150	
	Guadiaro.	»	»	103,175	1,069	
	Barbate.	»	»	55,000	»	
	Guadalete.	»	»	171,450	0,780	
		Majaceste.	»	71,500	0,510	
	Odiel...........	»	»	149,850	»	

			»				
5.ª	*Cuenca del Guadalquivir*....	Guadalquivir....	»	Guadiana menor	182,475	»	64.500
			»	Jandulilla.......	61,483	»	
			Guadalimar....	»	195,020	»	
			»	Guadalbullón...	85,050	»	
			Guadiel.........	»	66,318	»	
			Rumblar........	»	96,675	»	
			Jandula.........	»	157,810	»	
			»	Salado de Arjona	72,000	»	
			Yeguas.........	»	84,968	»	
			»	Salado de Porc.ª	92,250	»	
			Arenoso..	»	44,972	»	
			Cuzna ó Guadalmellato.......	»	110,415	»	
			»	Guadajoz.......	202,960	»	
			Guadiato.......	»	145,390	»	
			»	Arroyo de la Marola..........	41,842	»	
			»	Arroyo de Guadalmazan.....	47,370	»	
			Bembézar.......	»	125,382	»	
			Retortillo......	»	63,576	»	
			»	Genil...........	358,157	»	
			»	Arr.º de la Mahilla ó Arr.º Madre de Fuentes	44,700	»	
			Guadalvacar...	»	57,167	»	
			»	Corbones.......	180,633	»	
			Riv.ª de Huezna.	»	81,852	»	
			Idem del Viar..	»	131,989	»	
			Idem de Huelva.	»	131,976	»	
			»	Guadaira.......	92,328	»	
			Guadiamar.....	»	100,328	»	
6.ª	*Cuenca del Guadiana*	Guadiana alto..	»	»	75,914	»	72.100
		Guadiana.......	»	Azuer..........	89,893	0,447	
			Záncara........	»	220,765	3,023	
			»	Jabalón........	170,556	0,015	
			Bullaque........	»	101,980	0,448	
			Estena..........	»	90,916	0,226	

REGIONES HIDROGRÁFICAS	RÍOS PRINCIPALES	RÍOS AFLUENTES Por la margen derecha.	RÍOS AFLUENTES Por la margen izquierda.	Longitud de los ríos. — *Km.*	Volumen de agua por 1''. $\overline{M.^3}$	Superficie de la cuenca. — *Km.*²
6.ª Sigue *Cuenca del Guadiana*	Guadiana.......	Guadalupejo....	»	50,218	»	72.100
		»	Zújar..........	220,618	0,553	
		»	Ruecas.........	99,461	0,449	
		Burdalo........	»	62,802	»	
		»	»	594,053	7,471	
		»	Matachel.......	126,580	0,067	
		Aljucén........	»	48,239	»	
		Lacara.........	»	51,992	»	
		»	Guadajira......	82,523	»	
		»	Antrin........	49,179	»	
		»	Albuera........	69,140	»	
		Alcazaba......	»	54,448	»	
		Gévora.........	»	51,192	»	
		»	Valverde.......	61,541	»	
		»	Taliga.........	42,835	»	
		»	Alcarrache.....	70,443	»	
		»	Ardila.........	104,420	»	
		»	Chanza.........	121,413	»	
		»	Guadiela.......	128,335	»	
7.ª *Cuenca del Tajo*....	Tajo............	Jarama.........	»	145,000	4,220	81 400
		Guadarrama...	»	120,560	»	
		»	»	862,728	25,890	
		Alberche.......	»	153,000	»	
		Tietar.........	»	173,264	»	
		»	Almonte........	119,722	»	
		Alagón.........	»	208,614	»	
		Eljas..........	»	88,856	»	
		»	Salor..........	125,727	»	
		»	Tera...........	152,534	1,236	
		»	Rituerto.......	46,841	»	
		Ucero..........	»	50,187	0,538	
		»	Pedro..........	42,134	»	

8.ª	Cuenca del Duero...	Duero	Pilde	»	53.488	»	79.000
			»	Riaza...........	113,294	2,496	
			»	Duratón.........	115,937	»	
			»	Eresma.........	166,609	2,045	
			Pisuerga	»	288,618	7,872	
			»	»	679,497	86,044	
			»	Adaja...........	190,307	2,106	
			»	Zapardiel.......	108,968	1,291	
			»	Trabancos......	93,500	1,049	
			»	Guareña........	89,848	1,249	
			Valderaduey ...	»	151,200	5,906	
			Esla............	»	285,067	5,666	
			»	Tormes.........	283,884	7,418	
			»	Yeltes..........	109,663	0,501	
			»	Agueda.........	130,805	5,879	
			»	Sil..............	176,200	18,307	
9.ª	Vertiente Occidental.	Miño............	»	»	221,700	32,264	31 300
			Tea.............	»	49,500	2,491	
		Lerez...........	»	»	49,000	2,776	
		Umia	»	»	44,200	3,270	
		Ulla	»	»	88,000	124,607	
		Tambre	»	»	89,300	»	
		Mandeo.	»	»	49,500	»	
10.	Vertiente Septentrional.	Eo...............		»	66,500	10,874	29.200
		Navia	»	»	108,200	»	
		Nalón	»	»	121,400	»	
			»	Narcea	101,200	»	
		Sella............	»	»	58,000	»	
		Deva	»	»	55,000	»	
		Besaya	»	»	60,200	»	
		Asón	»	»	42,500	»	
		Nervión	»	»	68,600	3,884	
		Orio	»	»	63,700	»	
		Bidasoa........	»	»	44,000	»	

Nota.—En este cuadro sólo se incluyen los ríos cuyo cauce tiene una longitud mayor de 40 km

Todos los datos que figuran son los que oficialmente se conocen, pues aun no se han publicado la mayor parte de los trabajos de las Divisiones hidrológicas

PNEUMATICA

1.—Fórmulas generales

81. Medida de la presión ejercida por los gases — Sea p la presión expresada en kg por m ^{2}, p_a, la presión en atmósferas, h_a, h_m, H, la misma presión en m de agua, mercurio ó del mismo gas, γ, peso específico ó densidad (peso en kg de 1 m ^{3} del gas)

Se tiene

$$p_a = \frac{p}{10330}, \quad h_a = \frac{p}{1000} \text{ (esto es 1 mm por 1 kg),}$$

$$h_m = \frac{p}{13600}, \quad H = \frac{p}{\gamma}$$

82 Presión atmosférica —Equivale á 10330 kg por m ^{2} de superficie (en que actúa), 1,033 kg ó sea ∼ de 1 kg por cm ^{2} de superficie (en que actua), 10,33 m ó sea ∼ de 10 m de columna de agua, 0,76 m de columna de mercurio, 14,7 libras inglesas (de 0,454 kg) por pulgada cuadrada (6,45 cm.^{2})

83. Medida de alturas con el barómetro —La distancia vertical entre dos estaciones se obtiene aproximadamente multiplicando la diferencia en mm entre las respectivas alturas barométricas B, b, por la altura en m a que corresponde cada milímetro de diferencia, según la tabla siguiente

Media de las temperaturas en las dos estaciones	Altura en m que corresponde a un mm. de diferencia para los siguientes valores (en mm) de la media entre las dos alturas barometricas B, b										
	760	**750**	**740**	**730**	**720**	**710**	**700**	**650**	**600**	**550**	**500**
— 5°	10,4	10,5	10,7	10,8	11,0	11,1	11,3	12,1	13,2	14,4	15,8
0°	10,6	10,7	10,9	11,0	11 2	11,3	11,5	12,4	13,4	14,6	16,1
+ 5°	10,8	11,0	11,1	11,2	11,4	11,5	11,7	12 6	13,6	14,9	16,4
+ 10°	11,0	11,1	11,3	11,4	11,6	11,7	11,9	12,8	13,9	15,2	16 7
+ 15°	11,2	11,3	11,5	11,6	11,8	11,9	12 1	13,1	14,1	15,4	17,0
+ 20°	11 4	11,5	11,7	11,8	12,0	12,2	12 3	13,3	14,4	15,7	17,3
+ 25°	11,6	11,7	11,9	12,0	12 2	12 4	12,5	13,5	14 6	16,0	17,6
+ 30°	11 7	11,9	12,1	12 2	12 4	12,6	12,8	13,7	14,9	16,2	17,9
+ 35°	11,9	12,1	12,3	12 4	12,6	12,8	13,0	14,0	15,1	16,5	18,1

84. Fórmulas aproximadas para los gases — *Ley de Mariotte* — Siendo la temperatura constante las presiones p_1 p de un mismo gas están en razón inversa de los volumenes V_1 V_2

Ley de Gay-Lussac — Siendo la presión constante la relación entre los volumenes de una misma masa de gas á distintas temperaturas t_1, t_2 es

$$\frac{V_1}{V_2} = \frac{1 + \alpha t_1}{1 + \alpha t_2} = \frac{273 + t_1}{273 + t_2}$$

$\alpha = 0\ 003665 = \frac{1}{273}$ coeficiente de dilatación, admitido aproximadamente para todos los gases

Caso general — Temperaturas y presiones variables

$$\frac{V_1}{V_2} = \frac{273 + t_1}{273 + t_2} \quad \frac{p_2}{p_1}$$

Densidad (peso en kg de 1 m ^{3} — Dada la densidad γ_0 de un gas a 0° y presión de una atmósfera (véase tabla XI), se deduce la densidad γ á la temperatura t y presión de p_a atmósferas por medio de la fórmula

$$\gamma = p_a \ \gamma_0 \frac{273}{273 + t}, \quad \left(\text{para el aire } \gamma = 353 \frac{p_a}{273 + t}\right)$$

Calor Sean c_p calor específico á presión constante c_v = calor específico a volumen constante (num **3**) Su relación es = 1 41 para todos los gases

Para el aire $c_p = 0\ 2375$ $c_v = 0\ 1684$ calorias cualquiera que sea t

Para un gas cualquiera se multiplican los numeros precedentes por la relación entre la densidad del aire y la del gas (en iguales condiciones de presión y temperatura)

Variaciones de estado Cuando un gas se dilata ó comprime desarrollando (+) ó absorbiendo (—) un trabajo de $\pm L$ kilogrametros, mientras su temperatura varía de t_1 a t_2 el calor que produce (+) ó pierde (—) esta dado en general por la

$$Q = c_v (t_2 - t_1) + \frac{1}{425} L \text{ calorias por kg de gas}$$

1) Caso en que la temperatura es constante Se tiene si p_1 p_2 V_1, V_2 indican las presiones en kg por m ^{2} y los volumenes inicia y final en m ^{3}

$$p_1 V_1 = p_2 V_2 = p V, \qquad Q = {}^1/_{425}\ L$$

Para la expansión $L = p_1 V_1 \log \text{ hip } \frac{V_2}{V_1} = p_1 V_1 \log \text{ hip } \frac{p_1}{p_2}$,

Para la compresión $L = p_1 V_1 \log \text{ hip } \frac{V_1}{V_2} = p_1 V_1 \log \text{ hig } \frac{p_2}{p_1}$.

2) Caso en que las presiones varían con los volumenes, según la ley

$$p\,V^m = \text{constante} = p_1 V_1^{\,m} = p_2 V_2^{\,m}$$

$$L = \frac{p_1 V_1}{m-1}\left\{1 - \left(\frac{V_1}{V_2}\right)^{m-1}\right\} = \frac{p_1 V_1}{m-1}\left\{1 - \left(\frac{p_2}{p_1}\right)^{\frac{m-1}{m}}\right\}$$

$$\frac{273 + t_2}{273 + t_1} = \left(\frac{V_1}{V_2}\right)^{m-1} = \left(\frac{p_2}{p_1}\right)^{\frac{m-1}{m}},\ Q \text{ como en el caso general}$$

3) Caso en que no se produce ni se pierde calor ($Q = 0$). Sirve la fórmula del caso 2), haciendo $m = \frac{c_p}{c_v} = 1{,}41$

Temperatura crítica.—Es la temperatura por encima de la cual un gas no puede liquidarse con cualquier presión.

Presión en el *punto crítico* es la presión a que el gas está para liquidarse a la temperatura crítica. Valores de la temperatura crítica y de la presión en el punto crítico para diversos gases.

Hidrógeno — 200° y 35 atm., nitrógeno — 146° y 34 atm., oxigeno — 119° y 51 atm., aire — 140° y 40 atm., ácido carbónico — 31° y 72 atm., amoniaco, 130° y 115 atm., ácido sulfuroso, 156° y 79 atmósferas.

2.—Salida y conducción de los gases.

85. Salida de gases.— Sean p_1, t_1, γ_1 la presión en kilogramos por m ^{2}, la temperatura y la densidad (peso de 1 m ^{3} en kg.) del gas en el interior del recipiente, p_2 la presión exterior.

Cuando $p_2 > 0{,}53\, p_1$, se tiene:

Velocidad de salida en m. p. 1",

$$w = 8{,}21 \sqrt{\frac{p_1}{\gamma_1}\left[1 - \left(\frac{{}_2}{p_1}\right)^{0{,}29}\right]},$$

volumen V en m ^{3} y peso G en kg. de gas salido por 1", por un orificio de A m ^{2} de superficie, con un coeficiente de salida μ, y tiempo t, en el plano del orificio.

$$V = \mu A w; \quad G = V\gamma_1 \left(\frac{p_2}{p_1}\right)^{0,71}; \quad t = (273 + t_1)\left(\frac{p_2}{1}\right)^{0,29} - 273;$$

para cuyas fórmulas sirven los siguientes valores:

$p_2/p_1 =$	**0,55**	**0,60**	**0,65**	**0,70**	**0,75**	**0,80**	**0,85**	**0,90**	**0,95**
$(p_2/p_1)^{0,29} =$	0,841	0,862	0,882	0,902	0,920	0,937	0,954	0,970	0,985
$(p_2/p_1)^{0,71} =$	0,654	0,696	0,736	0,777	0,815	0,854	0,891	0,928	0,964

Cuando $p_2 < 0,53\ p_1$ la salida se verifica como si la presión exterior fuese $p = 0,53\ p_1$, y los valores de V, G y t, se convierten en.

$$w = 3.387 \sqrt{p_1/\gamma_1}\ ; \quad V = \mu A w; \quad G = 0,637\ V\gamma_1,$$

$$t = 0,83\ (273 + t_2) - 273.$$

Si p_2 difiere poco de p_1, ó sea p_2/p_1 poco < 1 (gas del alumbrado calefacción, ventilación), puede admitirse

$$w = \sqrt{2\,g\,\frac{p_1 - p_2}{\gamma_1}}\,, \quad V = \mu A w, \quad G = V\gamma_1\,; \quad t = t_1$$

y para el caso del aire á temperatura t_1 ó de gas del alumbrado, saliendo á la atmósfera bajo la presión efectiva de h mm. de agua (ó kg p. m.²).

$$\text{aire } w = \sqrt{1,55\,g\,h\,(1 + 0,0037\,t_1)} \qquad \text{gas } w = \sqrt{2\,g\,h}$$

El coeficiente de salida μ es casi el mismo que para el agua (Números **31**, **34** y **38**)

Si p_2 difiere poco de p_1 (caso de las máquinas sopladoras, ventiladores, gas del alumbrado, calefacción y ventilación), se puede tomar:

$$w = \sqrt{\left\{ 2\ g\ \frac{p_1 - p_2}{\gamma_1} \right\}} \quad (\gamma_1 \text{ densidad del gas a la presión interior })$$

Si el gas de que se trata es el aire que sale a la temperatura t y presión *efectiva* $p_1 - p_2$, equivalente á h_a metros de agua, se tiene:

$$w = \sqrt{\left\{ 2\,g\ 800\,h_a\ (1 + 0,0037\,t_1)\right\}} = 125,22\sqrt{\left\{ h_a\ (1 + 0,0037\,t_1)\right\}}.$$

El volumen desalojado por 1" medido a la presión exterior, es $= \mu\,A\,w$, m³.

Los valores del coeficiente de salida μ son próximamente los mismos que para el agua.

86. Conducción de gases.—Fórmulas generales

Cañeria horizontal—Para un gas cualquiera se tiene

$$p_2 = p_1 \sqrt{\left\{1 - \alpha \frac{\gamma_0}{273 + t} \frac{l v^2}{d}\right\}} = p_1 \sqrt{\left\{1 - \beta \frac{\gamma_0}{273 + t} \frac{l Q^2}{d^5}\right\}}, \quad Q = \frac{\pi d^2}{4} v$$

en que p_1, p_2 son las presiones, al principio y fin de la tubería, γ_0 el peso de 1 m ^{3} del gas a 0° y a la presión atmosférica (tabla XI), t la temperatura, v la velocidad media del gas en el tubo (metros por 1″), Q (m ^{3}) el gasto correspondiente por 1″, l, d, longitud y diámetro del tubo (en metros), α un coeficiente que aproximadamente $= 0{,}000032$ (experiencias en los tubos Popp, París), y al que corresponde $\beta = 0{,}000052$

Cañerias inclinadas—Si el tubo sube ó baja, la presión final p_2, disminuye ó aumenta por m de desnivel $(\gamma - \gamma_a)$ kg por m ^{2}, siendo γ la densidad media (kg por m ^{3}) del gas en el tubo, y γ_a la del aire exterior

87. Fórmulas especiales. (Para el aire y gas del alumbrado)

Aire—La pérdida de presión del aire que se mueve en el interior de una cañería de cualquier forma para ventilar ó caldear, puede expresarse aproximadamente (segun las experiencias de la galería de Pracchia) por medio de la fórmula

$$y = 0{,}00024 \, \gamma \, c \, l \, v^2 \text{ mm de agua, ó kg por m}^2$$

en la que c es la relación entre el perímetro (m) y el área (m ^{2}), γ densidad del aire (kg por m ^{3}), los demas valores como en el numero **86** Para minas de sección pequeña el coeficiente puede llegar de 0,00035—0,0004, y hasta 0,0005 si la superficie es áspera (Ingeniero Saccardo)

Cuando el aire se comprime con fuertes presiones, se puede tomar (experiencias de Stockolpen en el Gottardo)

$$y = \left(0{,}001544 + \frac{0{,}000042}{d}\right) \gamma \frac{l Q^2}{d^5} \text{ mm de agua ó kg por m}^2$$

En el caso de cañerías inclinadas véase num **86**

Gas del alumbrado—Pérdida de presión

$$y = 0{,}001 \frac{l Q}{d^5} \text{ mm de agua}$$

La variación de presión es de cerca de $\mp$ 0 75 mm de agua por cada metro de desnivel, segun suba ó baje el conducto

88. Velocidad media en las tuberías.—Aire comprimido á fuertes presiones, nunca mas de 6—8 m por 1″, lo mejor

2 — 4 m — Sopladores para hornos metalúrgicos 20 — 25 m por 1" lo mejor 12 — 15 m — Cañerías para ventilación y calefacción, 0 75 — 2 m por 1" — Gas del alumbrado a lo sumo 3 m por 1" en las cañerías grandes, decreciendo con el diámetro hasta 0 3 metros por 1" para los tubos más pequeños

3 — Resistencia y presión del aire.

89. Coeficientes de resistencia para los cuerpos de diversas formas.— Conservando las mismas denominaciones que en el núm **77**, se tiene la fórmula

$$R = m\,A\,(v \mp c)^2$$

Valores de m

Superficies planas, normales a la dirección del movimiento	$m = 0\ 10\ - 0{,}08$
Superficies piramidales ó cónicas ± agudas	$m = 0\ 015 - 0\ 06$
Superficies cilíndricas ó esféricas convexas	$m = 0\ 05\ - 0\ 03$
Superficies cilíndricas ó esféricas cóncavas	$m = 0\ 23\ - 0\ 18$

Superficies planas inclinadas sobre la dirección del movimiento y su centro de presión como en el num **77** m disminuye decreciendo la inclinación, para $\alpha \mathrel{\overline{\overline{<}}} 7°$ puede suponerse m conste $= \sim 0\ 04$

90 Presión del viento.— Para la velocidad y presión del viento sobre una superficie plana se admiten los valores siguientes

Viento suave (brisa	veloc 1 — 2 m	p 1	pies	p m	0,12 — 0 50 kg
» fresco	» 5 — 10	»		»	3 — 12 »
» fuerte.	» 15 — 25	»		»	27 — 75 »
Huracán .	» 30 — 40	»		»	100 — 200 »

AGRONOMIA.

1.—Productos agrícolas.

(Datos medios aproximados, deducidos en gran parte del Manual Mazzochi)

91. Productos del suelo.—*Cereales*

	Cantidad en hectolitros por hectárea		Peso por hectolitro kilog	Paja por cada 100 kilog de cereales *Kg*
	Productos	Semilla		
Trigo, centeno .	15 — 23	1 8 — 2,8	72 — 82	50 — 75
Avena	35 — 40	2,2 — 2,6	43 — 54	50 — 70
Maíz	50 — 70	0,4 — 0,6	68 — 78	—
Arroz.	40 — 70	1,5 — 2,7	45 — 50	—

Prados — Producto de heno por hectárea de prado

Montañas y colinas, 25 — 40 quintales, llanos (prados de cultivo variado 3 — 4 cortes anuales), 60 — 70, praderas en Lombardía (marcitas), 120 — 180 (hasta 500 en 7 — 8 cortes, cerca de Milán), trébol, 60 — 90 quintales, alfalfa, 12 con 30 — 35 kg de semilla

1 quintal de hierba fresca equivale a unos 28 kg de heno

1 m ^{3} de hierba fresca pesa de 425 — 500 kg, 1 m ^{3} de heno pesa 100 — 120 kg, si se le ha prensado, 200 — 300 kg

Plantas oleaginosas y textiles — Lino produce por hectarea 350 — 400 kg de materia textil y 800 kg de fruto por cada 200 kg de semilla Peso de un hectólitro, 70 — 80 kg — Rendimiento en aceite, 22 — 25 % — Cáñamo 800 kg de materia textil por *Ha* y 400 kg. de grano por cada 2 hectólitros de semilla.— Colza 40 — 42 hectólitros de grano por *Ha*, aceite, 30 — 40 % Olivos 15 — 20 kg por árbol, aceite, 18 — 20 %, 1 hectólitro de aceitunas frescas pesa próximamente 42 — 44 kg

Viñedos — Por hectárea, 15 — 25 (y hasta 50) hectólitros de vino 100 kg de uva dan 50 — 70 litros de vino, 15 — 18 kg de orujo y 10 — 14 kg de heces, 100 kg de orujo ó heces dan 3 — 5 litros de alcohol absoluto puro

Montes — Producción de sotos (por *Ha*) para un monte de 10 años, según su naturaleza y densidad, 180 — 700 quintales de leña, de 15 años, 300 — 1150, de 20 años, 460 — 1800 — Peso de la leña en pilas ó haces (véase tabla XI) — Rendimiento en carbón cerca del 20 % del peso de la leña

92. Cultivo alterno (sistema lombardo) — Período de 3 años 1.°, trigo ó centeno y después maíz, en Agosto, 2.°, trigo y después colza, 3.°, maíz

Período de 4 años 1.° trigo y después trébol, 2.° prados, 3.°, lino y después mijo, 4.° maiz

Período de 5 años 1.°, trigo, 2.°, maíz, 3.°, lino y después mijo, 4.° y 5.°, prados

Período de 6 años 1.°, lino y después mijo 2.° maiz, 3.°, trigo ó centeno, 4.°, 5.° y 6.°, prados

Período de 9 años 1.° centeno, 2.°, trigo, 3.°, 4.° y 5.°, prados 6.°, maíz, 7.°, trigo, 8.° y 9.°, arroz

93. Sericultura.— Cada onza (0,0267 kg) de semilla necesita cerca de 100 kg de hojas — Una morera de 15 — 20, 20 — 25, 25 — 40, 40 — 50 cm de diámetro, produce por término medio 10, 20, 30 y 40 kg de hojas —Una onza de semilla da 30 — 60 kg de capullos, según la calidad y cuidado en el cultivo, 1 kg de capullos frescos produce 0,09 — 0,07 kg de seda, segun la calidad (Para otros detalles, véase numeros **186** y **314**)

94. Ganadería y sus productos.— Consumo de forraje buey ó caballo de labor, 15 — 17 kg de heno, caballo de lujo, 8 — 10 kg de heno, ó bien 5 — 6 kg de heno y 3 — 6 kg de avena vaca de leche, 10 — 14 kg de heno ovejas, 1,50 kg cordero, 0,70 kg , paja para un caballo 6 kg

Producto en carnes buey, pesa 400 — 600 kg , de los que 60 % son de carne, oveja 40 — 60 kg , carne 70 % cerdo, 150 — 200 kg , carne el 80 %

Producto de leche y queso vaca 9 — 12 litros diarios de leche, 100 litros de leche dan 10 — 17 kg de queso fresco ó bien 5 — 7 kilogramos de queso seco y 3 — 4 kg de manteca

Producto en lana 5 — 7 kg por oveja y esquileo

Estiércol buey ó caballo, al año 7000 — 10000 kg , oveja ó cerdo, 600 — 800 kg Una hectárea de terreno necesita al año, por término medio, 100 quintales de estiércol, que equivalen á 5 de guano ó á 10 de materias y aguas fecales

95. Tasación de granjas ó labranzas.— Se calcula el *producto bruto anual en función de los productos ó del arrendamiento* Se deduce de aquél las contribuciones é impuestos gastos de conservación de los edificios (2 — 5 ‰ del valor) seguros de incendios, cosechas (8 — 12 % del rendimiento bruto), etc , y gastos de administración (3 — 5 %) Se capitaliza la renta líquida al 4 — 5 %, segun las circunstancias Al capital obtenido así se agrega el valor de los árboles y ganados y se resta el presupuesto de reparaciones urgentes y gastos de escritura

2.—Mecánica agrícola.

96 Labores: arado ordinario y de vapor: rastrillado —Un hombre puede trabajar por día, con pala ó arado 100 m² en terrenos fuertes y 300 m² en terrenos sueltos

Un par de caballos ó bueyes, uncidos a un arado, haciendo un surco de 0,18 m de profundidad, pueden remover al día 1800—2500 m² en terrenos fuertes, 3000—4000 m² en terreno ordinario y hasta 5500 m² en terrenos muy sueltos En terrenos muy tenaces son precisos dos ó mas pares ó yuntas

El trabajo necesario para remover 1 m³ de tierra varía de 3000—10000 kgm de los terrenos arenosos y sueltos a los terrenos arcillosos y compactos

Velocidad del arado por 1" con caballos, 0,90—1,10 m, con bueyes, 0,75—0,95 m —Arado de vapor Velocidad media del arado por 1" 1,10—1,90 m, profundidad del surco, 0,18 m por término medio, máxima, 0,30 m, ancho, 0,28 m por cada reja (3—7 rejas por arado) Superficie arada por reja y día (profundidad media del surco, 0,18 m.), 1,25—2,10 hectáreas, según sea la velocidad de 1,10—1,90 m

Fuerza = 2—4 caballos nominales por cada reja, segun la naturaleza del terreno y la velocidad

Rastrillado —Con una rastra de 2 m de ancho, movida por caballos a la velocidad de 1,40 m por 1", se pueden rastrillar 8 hectareas por día si sólo se da un pase, 4 si se dan dos, etc

97 Siembra.—Un hombre puede sembrar, como maximum, en terreno llano 3—4 hectareas Una sembradora mecanica arrastrada por caballos puede sembrar al día una longitud de 25000 m, y, por consiguiente, una superficie de 25000 × ancho util de la máquina (5 hectareas para maquinas de dos metros de ancho) Un arado arrastrado por caballos remueve al día una superficie de 22000 m × el ancho util de la maquina

98 Siega.—Superficie que un hombre puede segar al día = 1400—2000 m²—Segadora mecanica ancho 1,40—1,50 m, velocidad de la maquina por 1" = 0,85—1,20 m, superficie segada al día, 5—7 hectareas

Siega y apilado del heno —Á mano se necesitan 2—3 personas (mujeres y muchachos) por cada segador Un aventador mecánico (ancho util 2,20—2,50 m, velocidad, 1—1,30 m. por 1") basta para tres hectareas por día, y suple el trabajo de 18—20 personas

99 Trilla—Trillado á mano con mayal Un hombre, de 1 a 2,5 hectólitros de trigo al día, por término medio 1,5, y el triple de esta cantidad de arroz ó avena.—Pérdida de grano, 4 ÷ 7 por 100.

Trilla con rodillos.—Jornales, 0,10 de caballo y 0,30 de hombre por hectólitro de grano: pérdida, 3 á 4 por 100.

Trilladoras mecánicas.—Sean *N* caballos nominales la fuerza de la máquina; *L* el ancho del tambor, de diámetro ∼ = 0,50 m. y *n* el número de mayales de que está provisto. Se tiene:

N cab.	**2,5**	**3**	**3,5**	**4 ÷ 5**	**5 ÷ 6**	**6 ÷ 7**	**8**	**10 ÷ 12**
L m.	0,60	0,75	0,91	1,06	1,22	1,37	1,37	1,51
n	6	6	6	6	6	6	8	8

Rendimiento diario = 25 ÷ 30 hectólitros de trigo con paja corta por caballo nominal; 16 ÷ 20 con paja larga. Para el arroz el rendimiento es doble por lo menos, generalmente 2,5 veces y hasta 3.

Desgranado del maíz.—A mano 3 ÷ 4 hectólitros por hora desgranadora mecánica, 8 ÷ 10 hectólitros por hora y caballo nominal.

RESISTENCIA DE LOS MATERIALES

TABLA XXIX.—Coeficientes de resistencia
(Kg por mm ² de sección)

MATERIAL	Módulo medio de elasticidad E	CARGA DE ROTURA R — Tracción	CARGA DE ROTURA R — Compresión	Carga en el límite de elasticidad Γ	CARGA DE SEGURIDAD K (V núm 100) — Máquinas	CARGA DE SEGURIDAD K (V núm 100) — Construcciones
Hierro forjado.	20000	30 36	28-30	16 20	4-6	8 10
Acero forjado	22000	60 75	> 70	30-40	8-12	18 24
Idem fundido dulce	»	40 60	< 80	25-35	7 11	13 20
Idem fundido duro.	»	60 75	»	30 40	8 12	18 24
Alambre de hierro..	20000	45 60		24 30	10 15	15-20
Idem de acero.	24000	75 120	—	40-50	12-20	24 30
Fundición.........	10000	10 15	60 100	trac 6 comp 15	trac 1,5 comp 5	trac 2 comp 5
Cobre laminado. ...	11000	23 25	40-50	trac 10	3,5	—
Alambre de cobre..	»	40	—	» 13	4,6	—
Aluminio en lingote	—	10 12	—	—	—	—
Idem laminado	—	22 25	—		—	—
Laton (lingote) ...	6500	12	50	5	1,5	—
Idem laminado	10000	20-25	70-9	10	3 5	—
Idem alambre... ..	»	35 80	—	12	4,6	—
Bronce	7000	20 25	50	5,9	2,3	—
Plomo laminado ...	2000	3,5	5	1	—	comp 1
Zinc laminado. . .	9500	16	—	2 5	—	—
Cuero	20	3 5	—	1,5	0,25	—
Maderas duras (encina, haya, etc), en sentido de las fibras	1200	8 9	6 7	trac 2 5 comp 2,2	0,6	trac 1 comp 0,6
Idem blandas, en sentido de las fibras	1000	7-8	4 5	trac 2,2 comp 1,6	0,4	trac 0,6 comp 0,4
Idem, transversalmente a las fibras.	150	1 2	2-7	–	—	—
Cuerda de cáñamo..	250	8-10	—	trac 1	1	1,2
Granito.	2-5	0,4	6-15	—	—	0,5
Gneis.	»	—	8 6	—	—	0,3
Piedras calizas.....	»	0,3	2-6	—	—	0,25
Marmoles.	»	»	4 8	—	—	0 25
Areniscas.	1-4	0,2	2 4	—	—	0,
Pudinga.	—	0,1	2,2 3,5	—	—	0,15
Ladrillos moldeados á mano	—	0,1	2-7	—	—	0,06
Idem moldeados á maquina.	—	—	3 3	—	—	0 07
Cemento.	—	0 1	1,3	—	—	0,2
Hormigon.........	—	0,05	0 6	—	—	0,1
Vidrio.	8000	3	15	—		2
Muros (num. 33 bis).	—	—	—	—	—	0,04 —0,03
Terreno (num 135)	—	—	—	—	—	0,025—0,05

100. Módulo de elasticidad: carga de seguridad.

Módulos de elasticidad y deformaciones longitudinal y transversal.—Sea λ (en el límite de elasticidad) el alargamiento ó acortamiento de la unidad de longitud, producido por una fuerza P (por unidad de sección) que actúa por tracción ó compresión; σ la correspondiente contracción ó dilatación transversal Se tiene:

$$\text{mód. de elast. } E = \frac{p}{\lambda} \quad \sigma = \frac{\lambda}{m} \text{ (} m = 3 \div 4 \text{ para los metales}$$

y cuerpos homogéneos

Carga de seguridad.—Para las máquinas se toma la carga de seguridad $K = {}^1/_4 \div {}^1/_3$ de la carga T en el límite de elasticidad, según estén las piezas ± sometidas á choques. En las construcciones, los valores de K insertos en la tabla XXIX, para los hierros y aceros, corresponden proximamente a $^1/_3$ de la carga de rotura R, refiriéndose solamente al caso de cargas permanentes ó constantes. En el caso de esfuerzos variables, se multiplica K por un coeficiente α dado por la siguiente tabla:

$P_1 / P_2 =$	+1	+0,75	+0,50	+0,25	0	−0,25	−0,50	−0,75	−1
α =	1	0,80	0,67	0,57	0,50	0,42	0,37	0,32	0,25

en la que P_1 y P_2 representan respectivamente el mínimo y máximo esfuerzo a que está sujeto alternativamente el material, y su relación se toma positiva ó negativamente, según actúe en el mismo sentido ó en sentido contrario

101. Resistencia al esfuerzo cortante (fuerza en el plano de la sección)

Metales —Carga de rotura (R_r) ó de seguridad (K_r) para el esfuerzo cortante $= {}^4/_5$ de la menor de las cargas correspondientes á la tracción y compresión Módulo de elasticidad para el esfuerzo cortante: $E_r = {}^2/_5\, E$.

Maderas.—R_r y $R_k = {}^1/_6$ ó $^1/_{10}$ de las cargas correspondientes á la compresión, según actúen las fuerzas paralela ó normalmente á las fibras.

1.—Resistencia á la tracción y á la compresión.

102. Fórmulas generales —Sea A (mm.²) el area de la sección de un sólido sometido a una tracción ó compresión, P (kg.) la carga de seguridad á que puede someterse el sólido, s, el esfuerzo en kg por mm² de sección, E, módulo de elasticidad por mm² (tabla XXIX), δ, alargamiento ó acortamiento en la longitud l (mm) Se tiene

$$P = A s, \qquad \delta = \frac{Pl}{AE} \text{ (en el lím de elast)}$$

Para la seguridad debe tenerse $s \overline{\overline{<}} K$ (carga de seguridad (tabla XXIX))

Si el alargamiento ó acortamiento δ, producido por una fuerza P_1 se compone de una parte δ_1 que desaparece suprimiendo la fuerza, y otra δ_2 permanente, el trabajo que produce la deformación, es

$$L = P_1\left(\frac{\delta_1}{2} + \alpha\delta_2\right) \text{ en la que } \alpha = 0{,}75 - 1$$

que á su vez representa el trabajo de rotura, si P_1 es la fuerza capaz de producirla dentro de los límites de elasticidad $\delta_2 = 0$ $L = {}^1/_2\, P\delta_1$ kg mm

103. Sólidos dispuestos verticalmente. — Cuando la relación entre la longitud y la mínima dimensión transversal de un sólido comprimido excede de un cierto límite, puede aquél sufrir una flexión En este caso, se empieza por calcular la carga admisible P (ó la sección necesaria A) por medio de la primera de las fórmulas precedentes, y luego con la segunda tomando como definitiva la menor de las cargas halladas ó la mayor de las secciones

Primer caso — (Sólido empotrado por el pie, el extremo superior libre sección peligrosa al pie) Se tiene (dimensiones en mm)

$$P = 2{,}5\, \frac{K}{R}\, \frac{EJ}{l^2}$$

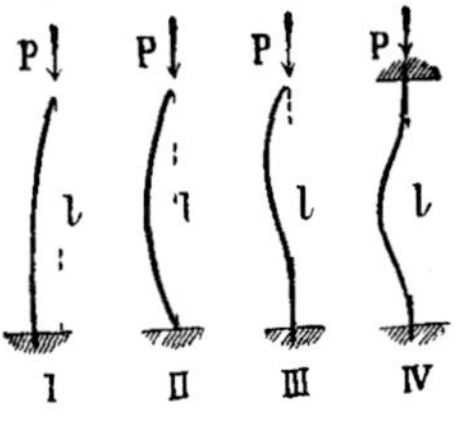

Fig 21

J mínimo momento de inercia de la sección en mm. kg (véase número **111**), K carga de seguridad, R carga de rotura (tabla XXIX En estos casos se toma generalmente $K = {}^1/_{10}\, R$ a lo mas para las maderas, ${}^1/_6 - {}^1/_8\, R$ para los metales empleados en las construcciones y ${}^1/_{20} - {}^1/_{30}\, R$ para las máquinas

Se deduce

Para una sección circular de diámetro d	$P = 0{,}125 \frac{K}{R} E \frac{d^4}{l^2}$
Para una sección circular hueca de diametros D, d	$P = 0{,}125 \frac{K}{R} E \frac{D^4 - d^4}{l^2}$
Para una sección rectangular de lados b h, $(b < h)$	$P = 0{,}21 \frac{K}{R} E \frac{h b^3}{l^2}$

Segundo caso — $P = 4$ veces el valor del primer caso

También puede hallarse para este segundo caso la sección del sólido, calculando la sección A por compresión con un coeficiente de seguridad

$$K_1 = \frac{K}{n}$$

siendo

$$n = 1 + \alpha \frac{l^2\, 4}{f} \quad \text{(Rankine)}$$

$\alpha = 0{,}0001$ para el hierro, $0{,}0008$ para el hierro fundido y la madera. Con estos valores se deducen los de n de la siguiente tabla

Forma de la seccion	Materiales	Valores de n para $l/a =$ 10	20	30	40	50	60	80
Rectangular $a =$ lado menor..	Hierro . ..	1 12	1 48	2 1	2 9	4,0	5,6	8,7
	Hierro fundido madera .	1,96	4,84	9,7	15,4	25,0	35,6	62,4
Circular, $a =$ diametro . .	Hierro . .	1 16	1 64	2,5	3,6	5 0	6,8	11,2
	Fundición madera	2,28	6,12	12,5	21 0	33,0	47,0	83 0
Circular hueca $a =$ diámetro espesor $= 1/10\ a - 1/25\ a$	Hierro ..	1,09	1 34	1,8	2,4	3 0	4 0	6,5
	Hierro fundido . .	1,78	4,12	8 0	13,5	20 0	29 0	85 0
Secciones en T y I, $a =$ lado, espesor $1/5\ a - 1/10\ a$	Hierro	1,20	1,85	3 0	4,5	6 5	9 0	15 0
	Hierro fundido . ..	2 00	4,80	9,5	16,0	25,0	35 0	62,0

En el segundo los extremos pueden estar apoyados ó articulados, pero obligados a moverse en la dirección primitiva del eje del sólido

Tercer caso (Un extremo empotrado ó fijo de otro modo, y el otro guiado como en el caso anterior) P ó $k/n = 2$ veces el valor del caso segundo

Cuarto caso —(Ambos extremos empotrados ó fijos como anteriormente) P ó $k/n = 4$ veces el valor del caso segundo

TABLA XXX.

Columnas huecas (de Scharowsky).

Material	Diámetro exterior en mm	Espesor en mm	Peso al m kg	Carga q para una altura de metros						
				2	**2,50**	**3**	**3,50**	**4**	**5**	**6**
Hierro	**60**	**3**	**4 2**	27	21	17	13	11	75	—
»	»	**5**	**6 7**	42	33	26	20	17	11	—
»	**80**	**4**	**7 5**	62	51	43	36	30	21	16
»	»	**6**	**10,8**	88	73	60	50	42	30	22
»	**100**	**5**	**11,0**	110	96	83	72	62	47	36
»	»	**7**	**16,0**	150	130	112	96	83	62	48
»	**120**	**6**	**16 8**	173	156	139	123	109	85	67
»	»	**8**	**21 9**	225	201	179	158	140	109	86
Fundicion	**100**	**10**	**20,5**	79	64	51	42	33	18	12
»	»	**12**	**24 1**	92	73	59	48	37	21	13
»	»	**16**	**30,6**	113	89	71	57	42	24	16
»	**120**	**12**	**29 5**	132	110	92	77	64	42	26
»	»	**16**	**37,9**	166	138	114	95	79	50	31
»	»	**20**	**45 5**	194	160	132	109	90	55	35
»	**140**	**12**	**35 0**	174	151	129	111	95	71	49
»	»	**16**	**45 2**	221	190	163	138	118	88	59
»	»	**20**	**54 7**	263	225	192	162	138	102	66
»	**160**	**14**	**46 5**	248	220	193	168	147	112	87
»	»	**18**	**58 2**	306	270	236	206	178	136	105
»	»	**22**	**69 2**	360	315	275	238	206	156	121
»	**180**	**14**	**52 9**	296	268	240	213	189	149	118
»	»	**18**	**66,4**	369	333	298	264	234	183	145
»	»	**22**	**79 2**	438	393	351	310	274	214	169
»	**200**	**16**	**67,1**	390	359	327	296	266	216	174
»	»	**20**	**82 0**	474	435	395	356	320	257	207
»	»	**24**	**96 2**	553	506	458	411	369	295	238
»	»	**28**	**109 7**	626	570	516	461	413	328	263
»	**220**	**18**	**82 8**	496	461	426	389	355	292	241
»	»	**22**	**99,2**	590	547	503	460	417	342	280
»	»	**26**	**114,9**	678	628	575	523	474	387	315
»	»	**30**	**129 8**	761	702	641	589	525	426	346
»	**250**	**18**	**95 1**	585	552	517	479	443	375	315
»	»	**22**	**114 3**	703	663	621	575	533	451	378
»	»	**26**	**132,7**	811	763	710	657	606	509	425
»	»	**30**	**150 3**	918	864	804	744	686	570	481

Tabla XXX *bis*.

Pies derechos ó columnas de hierro en I (de Scharowsky)

(Los hierros en I indicados corresponden á los de la tabla XXXIV).

Número del tipo.	Altura en mm.	Ancho de alas en mm.	Peso al m. kg	Carga en q para una altura de m.						
				2	2,5	3	3,5	4	5	6
10	**100**	**50**	**8,3**	27	19	14	10	8	5	4
11	**110**	**54**	**9,6**	34	24	18	14	11	7	5
12	**120**	**58**	**11,1**	44	31	23	18	14	9	7
13	**130**	**62**	**12,6**	54	39	29	23	18	12	8
14	**140**	**66**	**14,3**	66	49	37	28	22	15	11
15	**150**	**70**	**16,0**	79	59	45	35	28	19	13
16	**160**	**74**	**17,9**	94	71	54	43	34	23	17
17	**170**	**78**	**19,8**	111	84	65	51	41	28	20
18	**180**	**82**	**21,9**	129	99	77	61	49	33	24
19	**190**	**86**	**24,0**	148	115	90	72	58	40	29
20	**200**	**90**	**26,2**	170	133	105	84	69	47	34
21	**210**	**94**	**28,5**	193	152	121	97	79	55	40
22	**220**	**98**	**31,0**	218	174	139	113	92	64	47
23	**230**	**102**	**33,5**	243	195	157	128	106	74	54
24	**240**	**106**	**36,2**	271	219	178	146	121	85	63
26	**260**	**113**	**41,9**	329	270	222	183	152	108	81
28	**280**	**117**	**47 9**	391	324	268	223	187	134	100
30	**300**	**125**	**54,1**	455	382	310	266	224	162	121
32	**320**	**131**	**61,0**	528	446	376	316	267	195	147
34	**340**	**137**	**68,0**	605	516	439	371	316	233	176
36	**360**	**143**	**76,1**	692	596	508	433	371	275	209
38	**380**	**149**	**88,9**	770	674	570	497	427	318	242
40	**400**	**155**	**92,3**	875	763	660	569	491	370	284

104. Resistencia de recipientes (véanse números **226** y **254**).

1) *Presión interior*.—Sean p kg. por mm.^{2} la presión *efectiva* nterior; s, el espesor; d, el diámetro en mm. del depósito; c, una constante = ~ 3 mm para el hierro, cobre y acero ~ 10 mm. para el hierro fundido y bronce.

Para presiones ordinarias y depósitos cilíndricos y esféricos, se tiene:

$$\text{cilíndrico } s = \frac{d}{2}\,\frac{p}{K} + c\,; \qquad \text{esférico } s = \frac{d}{4}\,\frac{p}{K} + c$$

Y para el caso de presiones muy elevadas (prensas hidráulicas y sus analogas)

$$\text{cilindro } s = \frac{d}{2}\left(\sqrt{\frac{mK + (m-1)p}{mK - (m+1)p}} - 1\right),$$

$$\text{esfera } s = \frac{d}{2}\left(\sqrt[3]{\frac{mK - (m-2)p}{mK - (m+1)p}} - 1\right),$$

en las que $m = \sim 4$ para los metales (Véase num **100**.)

Usando las ultimas fórmulas, se puede dar á K un valor poco diferente del correspondiente a T para la tracción (tabla XXIX). La presión máxima posible, cualquiera que sea d, corresponde, para ambos casos, a $p = \frac{m}{m+1} T = \sim \frac{4}{5} T$

Si el fondo del recipiente cilíndrico no está bien unido con las paredes, la resistencia de éstas disminuye en cerca del 12 %

2) *Presión exterior* — Si la presión se ejerce del exterior al interior, y se trata de un recipiente cilíndrico ó de un tubo de espesor s constante (siendo s muy pequeño respecto al diametro d) habría aplastamiento (fórmulas del ingeniero Allievi) cuando la presión efectiva ó sobrepresión exterior p, alcance el valor

$$p > 2E\,(s/d)^3$$

en la que E es el módulo de elasticidad del material (tabla XXIX)

Para un tubo ondulado ó provisto de anillos de refuerzo de cualquier forma, siendo J el momento de inercia por unidad de longitud de la sección longitudinal de las paredes, el aplastamienta se verificaría para

$$p > 24 \frac{J\,E}{d^3}$$

En esta fórmula conviene referir p E J d al metro como unidad

2 - Resistencia á la flexión.

105. Fórmulas generales. — Sean (dimensiones en mm)

M el momento de flexión, ó momento de las fuerzas exteriores (mm kg) respecto a una sección cualquiera del sólido sometido á flexión

J el momento de inercia de esta sección, respecto al eje neutro
z la distancia del eje neutro á la fibra mas lejana (mm.)
S kg el maximo esfuerzo por mm.² de sección. Se tiene

$$M = S\frac{J}{z}, \quad \left(\frac{J}{z} = \text{momento resistente de la sección}\right)$$

Para la seguridad debe ser $S \overline{\overline{<}} K$ (carga de seguridad, tabla XXIX.)

Si la sección del sólido es constante, se toma para M el valor maximo M_m.

106. Momentos flectores de una viga prismática, cargada de las maneras corrientes.

En las figuras, la parte rayada representa los momentos en los puntos correspondientes de la viga. l es siempre la longitud libre (en mm.)

1.° Viga empotrada por un extremo y cargada con un peso P en el otro. — $M_m = Pl$ en la sección A, el momento en un punto cualquiera está representado por la ordenada de una línea recta. Flecha de la elastica $\delta = \frac{1}{3}\frac{Pl^3}{JE}$ (E = módulo de elasticidad (tabla XXIX)).

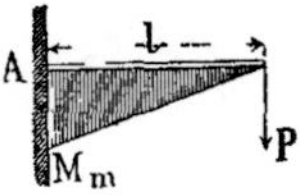

Fig. 22

2.° Viga empotrada por un extremo, carga Q uniformemente repartida, $q = \frac{Q}{l}$ carga por unidad de longitud.

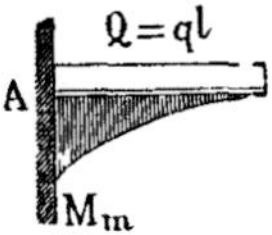

Fig. 24

$M_m = Q\frac{l}{2}$ en la sección A. Momento en un punto cualquiera, las ordenadas de una parábola cuyo vértice es el extremo libre de la viga. Flecha de la elastica $\delta = \frac{1}{8}\frac{Ql^3}{JE}$

3.° Viga apoyada en los extremos, carga P en un punto cualquiera $M_m = P\frac{ab}{l}$ en la sección C.

Reacción (ó presión) en los apoyos

$$R = \frac{Pb}{l} \qquad S = \frac{Pa}{l}$$

Flecha C

$$\delta = \frac{1}{3}\frac{Pa^2b^2}{JEl}$$

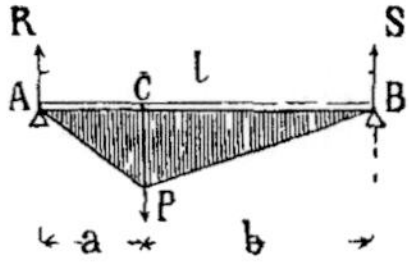

Fig. 24

4.° Viga apoyada en los extremos, carga Q uniformemente repartida

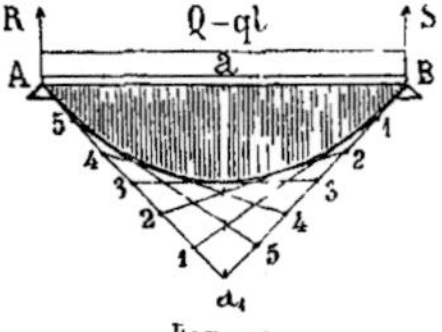

Fig. 25

$M_m = \frac{Ql}{8}$ en el centro de la viga

Línea de momentos, una parábola cuyo eje es la vertical del centro de la viga $R = S = \frac{Q}{2}$. Trazado de la parábola (fig. 25) se toma $a\,a_1 = 2\,M$, ó también como en la fig. 35

$$\text{Flecha} \quad \delta = 0,013\, \frac{Q\,l^3}{E\,I}$$

5.° Viga apoyada en los extremos, carga P en un punto cualquiera y carga Q uniformemente repartida. — Sea A el apoyo mas próximo á P, y x la abscisa respecto a B del punto en que se verifica el momento máximo M_m

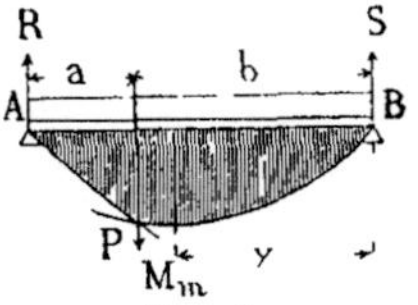

Fig. 26

$$R = P\,\frac{b}{l} + \frac{Q}{2}, \qquad S = P\,\frac{a}{l} + \frac{Q}{2}$$

$$\text{Si } \frac{P}{Q} < \frac{b-a}{2a} \qquad M_m = \frac{S^2\,l}{2Q}, \quad x = \frac{S\,l}{Q}$$

$$\text{Si } \frac{P}{Q} > \frac{b-a}{2a}, \quad M_m = b\left(S - \frac{Q\,b}{2\,l}\right) \quad x = b$$

$$\text{Flecha en } P \quad \delta = \left(P + \frac{l^2 + a\,b}{8\,a\,b}\,Q\right)\frac{a^2\,b^2}{3\,E\,I\,l}$$

6.° Viga empotrada en los extremos, carga P en un punto cualquiera

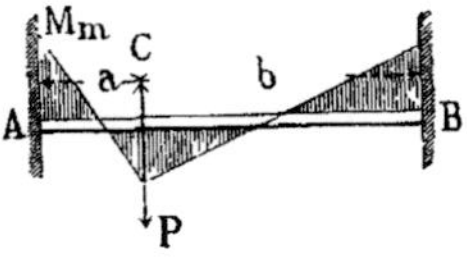

Fig. 27

$M_m = P\,\frac{a\,b^2}{l^2}$ en A (mas próximo á P)

$$\text{Flecha en } C \quad \delta = \frac{1}{3}\,\frac{P\,a^3\,b^3}{E\,I\,l^3}$$

$$\text{Si } a = b \quad M_m = \frac{P\,l}{8} \text{ en A, } B \text{ y } C$$

$$\delta = 0,0052\,\frac{P\,l^3}{E\,I}$$

7.° Viga empotrada en los extremos; carga Q uniformemente repartida

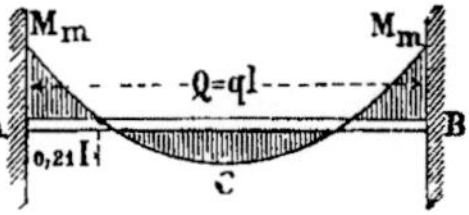

$M_m = \frac{Q\,l}{12}$ en las secciones A, B

Momento en $C = \frac{M_m}{2}$, $\delta = 0{,}0026 \frac{Q\,l^3}{J\,I}$

Fig 28

8.° Viga empotrada en A y apoyada en B, carga P en el centro

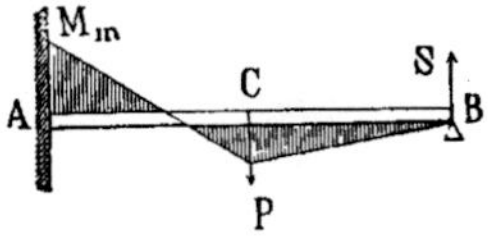

Fig. 29

$M_m = {}^3/_{16}\,P\,l$ en la sección A

Momento en $C = {}^5/_{32}\,P\,l$, $S = {}^5/_{16}\,P$

Flecha maxima

$$\delta = 0{,}0093 \frac{P\,l^3}{J\,I}$$

9.° Viga empotrada en A y apoyada en B, carga Q uniformemente distribuída

$$M_m = \frac{Q\,l}{8} \text{ en la seccion } A.$$

Momento en $C = \frac{9}{128}\,Q\,l$, $S = \frac{3}{8}\,Q$

Flecha maxima·

$$\delta = 0{,}0054 \frac{Q\,l^3}{J\,I}$$

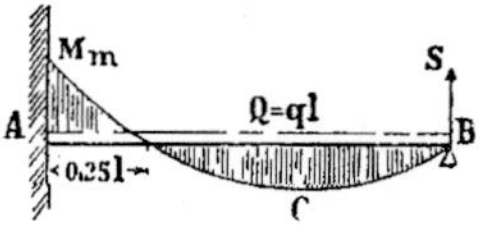

Fig 30

107. Viga apoyada en dos puntos y cargada en varios.—Aunque teóricamente se consideran las vigas empotradas, en la práctica se admite con preferencia que descansan sobre dos apoyos para mayor garantía, y por la incertidumbre de que el empotramiento sea eficaz.

1.° Viga apoyada en sus extremos y cargada en varios puntos

Polígono de las fuerzas.—Sobre una vertical TU, a partir del punto T, se llevan en la escala de fuerzas las P_1, P_2 .... (Fig. 31). A una distancia cualquiera H (escala de longitudes) de TU, se elige un polo O y se trazan los radios TO, P_1O, P_2O...

Polígono de los momentos.—Por A (fig 32), se traza $Ac \parallel OT$, por c, la $cd \parallel OP_1$; por d, la $de \parallel OP_2$, etc , y por último Ab.—Los productos de las ordenadas de este polígono (escala de fuerzas) por H (escala de longitudes) representan los momentos de flexión en los puntos correspondientes de la viga.—Si se toma $H=1$, las ordenadas representan directamente los momentos.—La resultante de las fuerzas $P_1 P_2 P_3 P_4$, pasa por la intersección de las Ac y bf prolongadas.

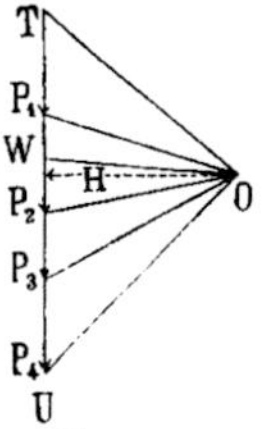

Fig. 31.

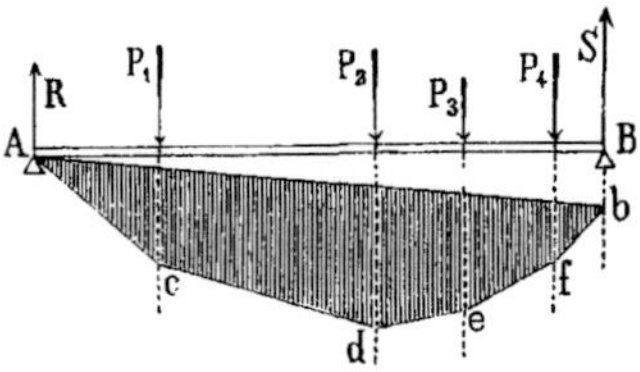

Fig. 32.

Presiones (y reacciones) en los apoyos.—Si se traza $OW \parallel Ab$, se tiene $R = TW$, $S = WP_4$.

2.° El mismo caso con la adición de una carga Q, uniformemente repartida. Se construye, como anteriormente, el polígono de los momentos, y con la misma escala la parábola de los momentos debidos á la carga Q (V. núm. **106**, 4.° caso).—El momento en un punto está dado por la suma de las ordenadas correspondientes á las dos figuras.—Las presiones (y reacciones) en los apoyos se obtienen sumando los valores correspondientes á los dos casos.

108. Esfuerzos cortantes en las vigas apoyadas en dos puntos. —1.er caso. Carga en varios puntos.—El esfuerzo cortante en el primer trozo y los sucesivos (compárese con la fig. 32) están dados por $V_1 = R$; $V_2 = R - P_1$; $V_3 = R - P_1 - P_2$, etc., y se representan por las ordenadas de los rectángulos (rayados) de la fig. 33.

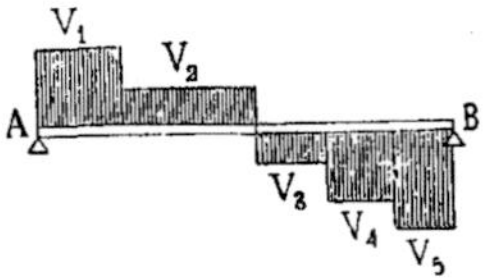

Fig. 33.

2.° Carga uniformemente repartida $Q = ql$. El esfuerzo cortante crece del centro de la viga á los extremos, según las ordenadas de una línea recta. $V_{máx.}$ (en los apoyos) $= \frac{Q}{2} =$ reacción en los apoyos.

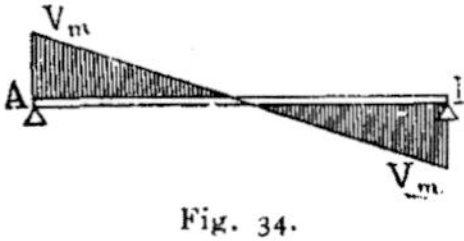

Fig. 34.

3.° Carga en varios puntos y carga $Q = ql$ uniformemente repartida.—El esfuerzo cortante á una distancia x del apoyo A será $V = R - P_1 - P_2 \quad - qx$

109. Viga apoyada en dos puntos y sometida á la acción de una carga móvil.—La carga móvil de p unidades de peso por unidad de longitud recorre la viga á partir de un extremo hasta ocuparla totalmente (tren sobre un puente), además una carga q por unidad longitud.—El momento máximo (carga móvil en toda la longitud de la viga) será

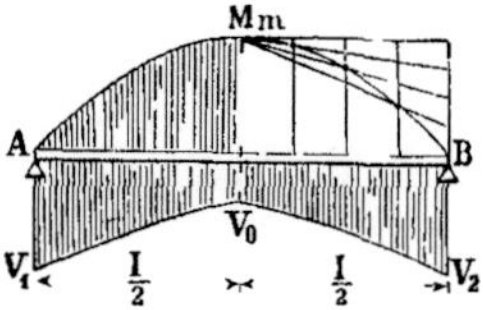

Fig 35

$$M = (p + q)\frac{l^2}{8}$$

en el centro de la viga, y la curva de los momentos una parábola de eje M (núm **106**, 4.º caso).—El esfuerzo cortante máximo se representa por las ordenadas de una curva que se determina desde el centro hasta los extremos, con la fórmula

$$V_{x_{max}} = p\frac{x^2}{2l} + qx - q\frac{l}{2}$$

poniendo en vez de x valores crecientes de $\frac{l}{2}$ —1— $V_{x\,max}$ corresponde al caso en que la carga móvil ocupe la longitud $\frac{l}{2} + x$.—Se deduce $V_1 = (p + q)\frac{l}{2}$ (en los apoyos) correspondiente al instante en que la carga móvil ocupa toda la longitud $V_0 = \frac{pl}{8}$ (en el centro), corresponde al instante en que ocupa la mitad.

Cuando las cargas actúan en puntos determinados de la viga en vez de las curvas se tienen dos polígonos como en los números **107-108** (Véase núm. **141**.)

110. Viga apoyada en varios puntos. Carga uniformemente repartida.—Sea L la distancia constante entre dos apoyos, q la carga uniformemente repartida por unidad de longitud.

Sean

$A_0 \; A_1 \; A_2$ las presiones (ó reacciones) en los apoyos, N_1 N_2 los momentos en los puntos de apoyo, $M_0 \; M_1$ los momen tos máximos en los tramos: d_0, d_1 d_2..... las distancias de estos últimos al apoyo más próximo á la izquierda. Se tiene:

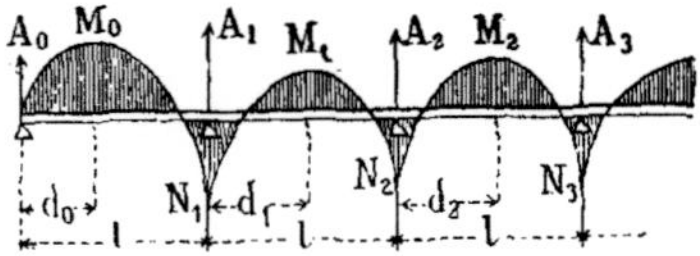

Fig. 36.

Para viga apoyada en 3 puntos:

$A_0 = A_2 = 0{,}375\ q\,l.$ $A_1 = 1{,}25\ q\,l.$

$N_1 = 0{,}125\ q\,l^2.$

$M_0 = M_1 = 0{,}07\ q\,l^2.$

$d_0 = l - d_1 = 0{,}375\ l.$

Viga apoyada en 4 puntos:

$A_0 = A_3 = 0{,}4\ q\,l.$ $A_1 = A_2 = 1{,}1\ q\,l.$

$N_1 = N_2 = 0{,}1\ q\,l^2.$

$M_0 = M_2 = 0{,}08\ q\,l^2.$ $M_1 = 0{,}025\ q\,l^2.$

$d_0 = l - d_2 = 0{,}4\ l.$ $d_1 = 0{,}5\ l.$

Viga apoyada en 5 puntos:

$A_0 = A_4 = 0{,}393\ q\,l.$ $A_1 = A_3 = 1{,}143\ q\,l.$ $A_2 = 0{,}929\ q\,l.$

$N_1 = N_3 = 0{,}107\ q\,l^2.$ $N_2 = 0{,}071\ q\,l^2.$

$M_0 = M_3 = 0{,}077\ q\,l^2.$ $M_1 = M_2\ 0{,}036\ q\,l^2.$

$d_0 = l - d_3 = 0{,}393\ l.$ $d_1 = l - d_2 = 0{,}536\ l.$

Viga apoyada en 6 puntos:

$A_0 = A_5 = 0{,}395\ q\,l.$ $A_1 = A_4 = 1{,}13\ q\,l.$ $A_2 = A_3 = 0{,}974\ q\,l.$

$N_1 = N_4 = 0{,}105\ q\,l^2.$ $N_2 = N_3 = 0{,}079\ q\,l^2.$

$M_0 = M_4 = 0{,}078\ q\,l^2.$ $M_1 = M_3 = 0{,}033\ q\,l^2.$ $M_2 = 0{,}046\ q\,l^2.$

$d_0 = l - d_4 = 0{,}395\ l.$ $d_1 = l - d_3 = 0{,}526\ l.$ $d_2 = 0{,}5\ l.$

Esfuerzo cortante en cada tramo como en el caso 2.°, núm. **108**, según los valores A_0, A_1, etc.

111. Momento de inercia (J) **y momento resistente** $\left(\frac{J}{z}\right)$ **de varias secciones.**—Los momentos que siguen se refieren todos al eje neutro de la sección (horizontal que pasa por el *centro de gravedad*); si se quisiere el momento de inercia J_1 respecto á un eje paralelo, situado á la distancia d del eje neutro, se tendría:

$$J_1 = J + x^2 \times \text{área de la sección.}$$

Sección circular maciza

I 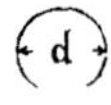 $J = 0{,}049\ d^4$ $\frac{J}{z} = 0{,}098\ d^3$

Fig 37

Sección elíptica maciza

II 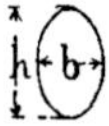 $J = 0{,}049\ b h^3$ $\frac{J}{z} = 0{,}098\ b h^2$

Fig 38

Sección circular hueca

III 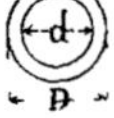 $\frac{J}{z} = 0{,}098 \frac{D^4 - d^4}{D}$, $J = 0\ 049\ (D^4 - d^4)$,

Fig 39

IV **Cuadrado de lado** a $J = 0{,}0833\ a^4$, $\frac{J}{z}$ $0\ 167\ a^3$ ($= 0\ 118\ a^3$ si la diagonal es vertical)

V 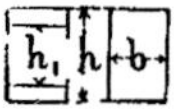

Rectangulo macizo $J = 0\ 0833\ b h^3$ $\frac{J}{z} = 0\ 167\ b\ h^2$

Rectangulo hueco $J = 0\ 0833\ b\ (h^3 - h_1^3)$

$\frac{J}{z} = 0{,}167\ b \frac{h^3 - h_1^3}{h}$

Fig 40

VI 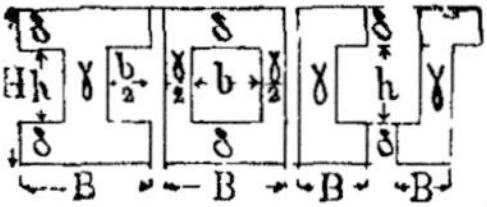

Vigas en I en ☐, en ⊏ en Z

$J = 0\ 0833\ (B H^3 - l\ h^3)$

$\frac{J}{z} = 0{,}167 \frac{B H^3 - l\ h^3}{h}$

Aproximadamente

$\frac{J}{z} = B \delta (h + \delta) + 0{,}167\ \gamma\ h^2$

Fig 41

VI 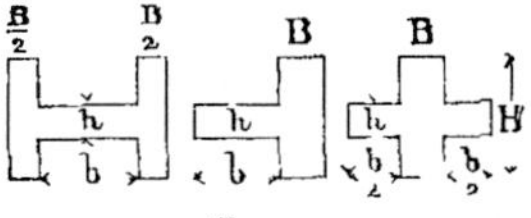

Vigas en H en ⊣ y en +

$J = 0{,}0833\ (B H^3 - l\ h^3)$

$\frac{J}{z} = 0\ 167 \frac{B H^3 + l\ h^3}{H}$

Fig 42

VIII 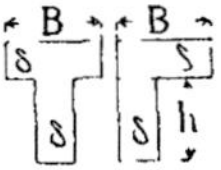 Hierros de angulo (escuadras) y vigas en L y T Aproximadamente

Fig 43

Si $B = h + \delta$, $\frac{J}{z}$ { alma vertical $0{,}25\ B h \delta$; » horizontal. $0\ 185\ B h \delta$

Si $B = 2\ (h + \delta)$ $\frac{J}{z}$ { alma vertical. $0{,}15\ B h \delta$; » horizontal $0\ 35\ B h \delta$

IX 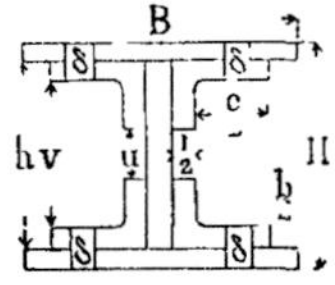

Fig 44

Vigas en I compuestas,

$$J = 0{,}833\,[B H^3 - b h^3 - c v^3 - r u^3 - 2\delta\,(H^3 - v^3)],$$

$$\frac{J}{z} = 2\,\frac{J}{H}$$

La misma viga, sin cabezas

$$\frac{J}{z} = \frac{2}{h}\,0{,}0833\,[(B-b)\,h^3 \quad c v^3 - r u^3]$$

X 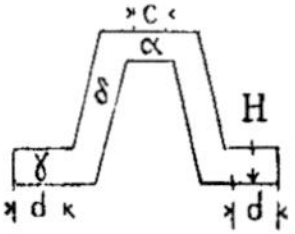

Fig 45

Hierros zorés y hierros en Λ
Se pueden calcular ~ para todos los perfiles comunmente usados, con la

$$\frac{J}{z} = 0{,}33\,\delta H^2 + 0{,}5\,c\alpha H + d\gamma\ r.$$

XI Polígonos regulares F sección r radio del círculo circunscrito

$$\sim J = \frac{1}{4}\,r^2 F \qquad \frac{J}{z} = \frac{1}{4}\,r F$$

XI*bis* Carril Vignole ordinario, ancho de la base 95 mm, ídem de la cabeza, 55 mm, altura, h

Aproximadamente $J = 0{,}0370\,h^4$, $\frac{J}{z} = 0{,}075\,h^3$

XII Palastro ondulado Se tiene para cada ondulación completa ondulaciones estrechas ($b = h - 2h$) aproximadamente

$$J = (0{,}10\,b + 0{,}19\,h)\,h^2\delta, \quad \frac{J}{z} = (0{,}20\,b + 0{,}38\,h)\,h\,\delta,$$

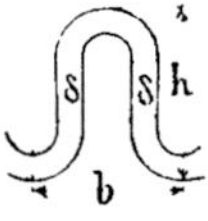

Fig 46

ondulaciones anchas ($b = 3h - 5h$) aproximadamente

$$J = (0{,}11\,b + 0{,}16\,h)\,h^2\delta \quad \frac{J}{z} = (0{,}22\,b + 0{,}32\,h)\,h\,\delta$$

Los valores de J y $\frac{J}{z}$ por m de ancho se deducen dividiendo los valores precedentes por b

XIII Sección de perfil cualquiera dividida la sección en zonas mediante rectas paralelas al eje neutro $m\,m$, se tendrá (aproximadamente) el momento de inercia, sumando los productos del área de cada zona por el cuadrado de su distancia media al eje neutro La posición del eje neutro puede determinarse utilizando las mismas zonas y aplicando el método explicado para hallar el centro de gravedad de una figura cualquiera (véase pag 42)

El mismo procedimiento puede aplicarse para determinar el momento de inercia respecto á un eje cualquiera, dentro ó fuera de la figura

3.—Resistencia á la torsión.

112. Sean M_t momento (kg y mm) de torsión = fuerza $\times$ el brazo de palanca, K_r E_r como en el num **101** Se tiene

para una sección circular de diam d $\quad M_t = 0{,}1963\, d^3 K_r$

para una sección cuadrada de lado h $\quad M_t = 0{,}2360\, h^3 K_r$

para una sección anular de diám D, d $\quad M_t = 0{,}1963 \frac{D^4 - d^4}{D} K_r$

El ángulo de torsión (en grados) para una longitud L esta dado por la expresión

Sec circular $\omega = \frac{360}{\pi} \frac{K_r}{E_r} \frac{l}{d}$, sec. cuad $\omega = \frac{288}{\pi} \frac{K_r}{E_r} \frac{l}{h}$

4.—Resistencia compuesta.

113. Tracción ó compresión y flexión simultáneas. Sea A el área de la sección sometida á esta doble acción, P la fuerza de tracción ó compresión, M_f el momento de flexión para la sección que se considera, y $\frac{J}{a}$ el momento resistente —Se debe tener:

$$\frac{P}{A} + \frac{M_f}{r} \leqq K \text{ (V para el caso de la compresión el num } \mathbf{103}\text{)}$$

Si el sólido tiene una sección constante (pares de armadura etcétera), se calcula solamente la sección para la que M_f es maximo

114. Flexión y torsión simultáneas.—Sean M_f el momento de flexión y M_t el momento de torsión (fuerza $\times$ brazo de palanca) para la sección sometida á esta doble acción para las secciones simétricas respecto a dos ejes ortogonales, se tendrá

$$K\frac{J}{v} \geqq \frac{3}{8} M_f + \frac{5}{8}\sqrt{M_f^2 + M_t^2}$$

Si la sección es constante (ejes de máquinas, etc.) se calcula para aquélla en que M_f es máximo.

5.—Resistencia al choque.

114 *bis*. Caso general.—Supóngase un sólido resistente al choque de un peso G (kg.) que caiga desde la altura de H mm. ó de otro modo, que golpea al sólido con una velocidad de V m. por 1''.—Si por efecto del choque el sólido sufre una deformación de δ mm. (alargamiento, acortamiento ó flecha de curvatura, según como se actúe sobre el sólido) la fuerza P que a consecuencia del choque solicitara al sólido, será, en el límite de elasticidad,

$$P = 2G\left(\frac{H}{\delta} + 1\right) = \frac{GV^2}{g\delta} \text{ kg } \quad (g = 9800 \text{ mm.}),$$

generalmente $\frac{H}{\delta}$ es muy grande respecto a 1 y entonces

$$P = \frac{2GH}{\delta}$$

Poniendo para δ los valores dados para cada caso en los números **102, 106, 115** y **116**, se deduce de la fórmula el valor de P, en función del cual se calcula la resistencia como en los casos ordinarios.

Ejemplo.—La viga del caso tercero del núm. **106** sufre el golpe en C (fig. 24) de un peso G que cae desde la altura H. Se encuentra, pues, el valor de δ, que puesto en la fórmula precedente simplificada, dará

$$P = \frac{1}{\alpha\beta}\sqrt{6GEHJl}, \quad \text{momento en } C \quad M_m = P\frac{\alpha\beta}{l}$$

El máximo esfuerzo S por mm.² producido por el choque en la sección C de la viga puede calcularse como en el núm. **105**.

Si S_1 es el máximo esfuerzo por mm.² y δ_1 la deformación que produciría el peso G donde actuase sin choque se tiene (en el límite de elasticidad)

$$\frac{S}{S_1} = 1 + \sqrt{1 + 2\frac{H}{\delta_1}}$$

6.—Resistencia y flexión de los resortes.

115 Resortes ordinarios —Sea P la carga (en kg) a que se somete un resorte S ($< T$, tabla XXIX), el esfuerzo por mm² del resorte, δ, la sección en mm en el sentido de la carga P. E módulo de elasticidad.

Trabajo mecanico almacenado en el resorte (mm y kg) $= \frac{P\,\delta}{2}$

a) Resorte prismatico, empotrado por un extremo y cargado en el otro, $h =$ espesor, $b =$ ancho de la sección, $l =$ longitud del resorte. Se tiene

$$P = \frac{1}{6}\,\frac{b\,h^2}{l}\,S \qquad \text{flexión en el extremo } \delta = 4\,\frac{P\,l^3}{E\,b\,h^3}$$

Si el resorte tiene perfil parabólico δ aumenta en un medio.

b) Resortes de ballesta compuestos de n placas de longitud creciente empotradas en el centro (resortes de carruajes), $b =$ ancho, $h =$ espesor de cada lamina ó placa, $l =$ longitud de cada mitad del resorte.

En cada extremo se tiene

$$P = \frac{1}{6}\,\frac{b\,h^2}{l}\,S \qquad \delta = 6\,\frac{P\,l^3}{E\,n\,b\,h^3}$$

c) Resorte en espiral plana, sujeto a un momento $M = PR$ que tiende á arrollarlo ó desarrollarlo. $b =$ altura, $h =$ espesor de la sección, $l =$ longitud del resorte desarrollado. Se tiene

$$M = \frac{1}{6}\,b\,h^2\,S \qquad \text{angulo de arrollamiento (arco de radio 1)}$$

$$\omega = 12\,\frac{M\,l}{E\,b\,h^3}$$

d) Resorte en hélice cilindrica (fuerzas como anteriormente).—Si la sección es rectangular de dimensiones b y h, los valores de M y ω se deducen como para el caso *c)*.—Si la sección es circular de diametro d,

$$M = \frac{\pi}{32}\,d^3\,S \qquad \omega = \frac{64}{\pi}\,\frac{M\,l}{E\,d^4}$$

e) Resorte en helice cilindrica, formado por un alambre de diametro d, longitud l, arrollado en espiral de radio r comprimido ó estirado en el sentido del eje por la fuerza P, δ flexión en el sen tido del eje Se tiene

$$P = \frac{\pi}{16}\,\frac{d^3}{r}\,S \qquad \delta = \frac{32}{\pi}\,\frac{P\,r^2 l}{E\,d^4}$$ (E_r como en el num **101**)

f) El mismo resorte con sección rectangular de dimensiones *b* *h*

$$= \frac{[illegible]}{3}\,\frac{b^2 h^2}{\sqrt{b^2 + h^2}} \qquad \delta = 3\,\frac{P\,r^2 l}{E_r}\,\frac{b^2 + h^2}{b^3 h^3}$$

g) Resorte en hélice cónica *r*, radio de la espiral de la base *P*, como en *e*) y *f*) δ = la mitad del valor en *e*) y *f*)

h) Resorte de caucho formado por un disco ó anillo de *h* mm de grueso y *A* mm² de sección normal al eje sometido a una fuerza de compresión ó de extensión *P* Aproximadamente resulta para $P < A\,T$ (siendo $T = 0{,}5$ kg por mm² la carga en el límite de elasticidad)

alargamiento ó aplastamiento $\delta = 0{,}85\,h\,\sqrt{\frac{P}{A}}$

7.—Resistencia y flexion de las placas

116 Casos más frecuentes — Sea *s* el espesor, δ, la flecha en la flexión (en mm) *S*, el esfuerzo máximo en kg que no debe exceder de la carga de seguridad *K* *E* módulo de elasticidad en kg por mm²

a) Placa circular, sometida a una carga uniformemente repartida de *p* kg por mm²

Si la placa esta apoyada en el borde de *r* mm de radio, se tiene

$$p = \frac{6}{5}\,\frac{s^2}{r^2}\,S \qquad \delta = \frac{2}{3}\,\frac{p\,r^4}{E\,s^3}$$

Si esta empotrado por el borde

$$p = \frac{3}{2}\,\frac{s^2}{r^2}\,S \qquad \delta\,max = \frac{1}{6}\,\frac{p\,r^4}{E\,s^3}$$

b) Placa circular de radio *r* sometida a una carga *P* que actua en el centro sobre un círculo de radio r_1

Placa apoyada $P = m_1 \pi s^2 S \qquad \delta = \frac{5}{3\pi}\,\frac{P\,r^2}{E\,s^3}$

en la que para	$\frac{r}{r_1} =$	**10**	**20**	**30**	**40**	**50**
se tiene	$m_1 =$	0 [illegible]46	0,200	0,181	0,169	0,161

Placa empotrada $P = m_2 \pi s^2 S$, $\delta = \frac{3}{2\pi}\frac{l\, r^2}{I\, s^3}$

en la que para .. .. $\frac{r}{r_1} =$	10	20	30	40	50
se tiene ... . $m_2 =$	0,326	0,251	0,221	0,203	0,192

c) Placa anular de radios, exterior r interior r_1, empotrada la circunferencia exterior, carga p kg por mm ²

$$p = m \frac{s^2}{r^2} S,$$

$\frac{r}{r_1} =$	0,1	0,2	0,3	0,4	0,5
$m =$	1,55	1,68	1,95	2,37	3,20

d) Placa anular como la anterior, empotrada por ambos bordes, carga p kg por mm ²

$$p = m \frac{s^2}{r^2} S,$$

$\frac{r_1}{r} =$	0,1	0,2	0,3	0,4	0,5
$m =$	2,4	2,75	3,3	4,9	7,6

e) Placa rectangular, lados a, b ($a > b$) empotrados los bordes, carga p kg por mm ²

$$p = 2\frac{a^4 + b^4}{a^4}\frac{s^2}{b^2} S, \quad \delta = \frac{1}{32}\frac{p}{I\, s^3}\frac{a^4 b^4}{a^4 + b^4}.$$

f) Placa sometida a una carga de p kg por mm ² fija en varios puntos equidistantes d mm (caso de las cajas de fuego en las locomotoras), d = intervalo en mm entre los puntos fijos (roblones, etc.)

$$p = 4{,}5\frac{s^2}{d^2} S \quad \delta = \frac{1}{36}\frac{p\, d^4}{I\, s}.$$

CONSTRUCCIÓN.

1.—Vigas.

117. Vigas de madera.—Dimensiones: las vigas escuadradas del comercio tienen generalmente las dimensiones siguientes:

Listones: escuadría, 0,04 × 0,02 m — 0,09 × 0,04 m, longitud, hasta 3,50 m.

Viguetas: escuadría de 0,10 × 0,075 m — 0,17 × 0,15 m, longitud, hasta 5,25 m.

Viguetas	*tabla*	*0,20 × 0,15 m*	*largo hasta*	*7—8 m*
Tercia	»	0,30 × 0,20 m	»	8,30 m
Pie y cuarto	»	0,35 × 0,25 m	»	9,50 m
Media vara	»	0,40 × 0,30 m	»	10,50 m
»	»	0,45 × 0,35 m	»	12,00 m

Tablas: canto 0,012 × 0,10 m; tabla, 0,30 — 0,75 m, longitud < 3,60 m.

La relación más conveniente entre la tabla y el canto es de 7 : 5.

Para el cálculo de las vigas de madera véase la tabla XXXI.

118. Vigas de hierro.

Vigas sencillas en I, en ⊏ y en ∧. Véanse la tabla XXXII y siguientes.

Vigas de I *compuestas de sección constante*.—Véase número **111**, caso VIII, y la tabla XXXV (para secciones variables véase el núm. **119**).—El cálculo aproximado puede hacerse por el método siguiente. Sean:

f_1 = la sección de una cabeza (de la I), incluyendo los lados horizontales de los dos hierros en ángulo.

s = espesor del alma.

h = distancia entre los centros de las dos cabezas.

f_2 = ($\sim$ de $0,9\,sh$) la sección del alma.

l = longitud de la viga entre los apoyos.

M_m y V_m = los valores máximos del momento flector y del esfuerzo cortante (Números **106-109**).

K la carga de seguridad.

Se toma $h = \frac{1}{8}\,l - \frac{1}{12}\,l$,

s, se calcula tomando el mayor de los valores dados por las

$$s = \frac{4}{3}\,\frac{V_m}{hK}, \quad s = (8 + 0,13\,l)\text{ mm} \quad (l \text{ expresado en } m)$$

Se halla f_1 con la

$$M_{11} = K \frac{J}{e} = \sim K h \left(f_1 + \frac{1}{6} f_2 \right)$$

De f_1 se deduce la sección f de la cabeza, aumentándola en la sección de los huecos para los roblones. Aproximadamente $f = 1{,}25 f_1$.

Una vez fijado el ancho b se compone la sección f con los lados horizontales de los hierros en ángulo, y una ó más tablas, según el espesor resultante.

Para fijar el ancho b se puede emplear la fórmula empírica

$$b = (150 + 5\,l)\ \text{mm} \quad (l \text{ expresado en m.})$$

El diámetro d de los roblones con la

$$d = (20 + 0{,}5\,l)\ \text{mm} \quad (l \text{ en m.})$$

colocándolos a una distancia $a =$ al menor de los valores dados por las dos fórmulas siguientes

$$a = \frac{3}{8}\, K \frac{h}{V_m}\, \pi d^2, \qquad a = 6d$$

119. Vigas compuestas, en I, de igual resistencia.

1.° *Vigas de cabezas paralelas.* — Para que la resistencia a la flexión de las cabezas bajo una carga uniformemente repartida, corresponda en cada punto al momento flector, que varía según las ordenadas de una parábola (núm. **108**, 4.° caso), se debe dar a la cabeza una sección proporcional a este momento. La sección de la cabeza en el centro de la viga se calcula con la

$$f_1\, h\, K = M_m,$$

se eleva (fig. 47) en el punto medio de l una ordenada de valor f_1, y se la divide en partes proporcionales a las secciones de las tablas y de los hierros en ángulo que la componen. Se dibuja después la parábola de cuerda l y flecha f_1 (véase figura 25), por los puntos de división de f_1 se trazan horizontales, y sus intersecciones con la parábola dan las longitudes de cada tabla.

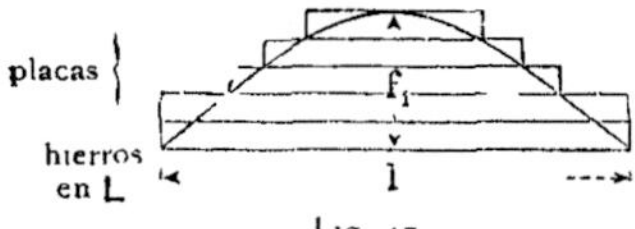

Fig. 47

2.° *Vigas parabólicas.* — En vez de variar la sección de la cabezas se puede variar la altura de la viga, según las ordenadas de una parabola.

Sea h la altura en la sección del medio, calculada como anteriormente, y h_x la altura a una distancia x de cada extremo. Se tiene:

$$h_x = 4h \frac{x(l-x)}{l^2}.$$

La altura se mide entre los centros de las cabezas En general, $h = \frac{1}{8} l$.

120. Vigas de celosía.—Las cabezas se calculan como en los números **118** y **119**. En cuanto á la celosía (fig 48), las diagonales y sus uniones, se calculan como sigue, según los valores de las fuerzas verticales (números **108-109**). Si V es la fuerza vertical que actúa en un punto de la viga, α la inclinación, D la seccion de la barra correspondiente y φ la sección de los roblones de unión, se tomará·

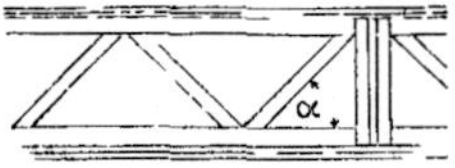

Fig. 48.

$$D = \frac{1}{K} \frac{V}{\operatorname{sen} \alpha}; \qquad \varphi = \frac{4}{3} D.$$

Los valores de D y φ decrecen de los extremos al centro de la viga, siguiendo la ley de decrecimiento de los valores de V. Para vigas de puentes véase núm. **141.**

121. Vigas de hierro fundido.— Generalmente se les da sección de I asimétrica (á causa de la desigual resistencia del hierro fundido a la tracción y á la compresión), calculándolas con el coeficiente de seguridad K, correspondiente a la compresión. La relación entre las secciones de las cabezas se fija de $\frac{1}{4} - \frac{1}{5}$. También se usan las secciones en T y U.

122. Vigas armadas.—Sea Q la carga uniformemente repartida sobre la viga. Las letras mayúsculas indican las tensiones ó compresiones de las piezas, cuyas longitudes se representan con las mismas letras minusculas. Las lineas gruesas expresan piezas comprimidas, las finas, las sometidas a flexión

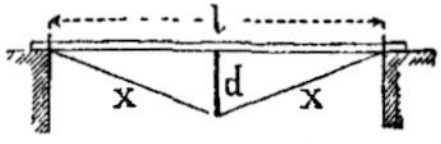

Fig 49.

Fig. 49. $X = 0{,}3125\, Q \frac{x}{d}$;

$$D = 0{,}625\, Q, \qquad L = 0{,}156\, Q \frac{l}{d}.$$

Cada trozo de viga está sometido á flexión, con un momento máximo $M_m = 0,03125\ Q\, l$, y á compresión por la fuerza L (resistencia compuesta, núm. **113**); por consiguiente, su sección se calcula con la

$$\frac{L}{A} + \frac{M_m}{\frac{J}{z}} \leqq K.$$

Fig. 50. $Y = 0,367\ Q\, \frac{x}{d}$; $D = 0,367\ Q$;

$Y = L = 0,122\ Q\, \frac{l}{d}$; $M_m = 0,0111\ Q\, l$.

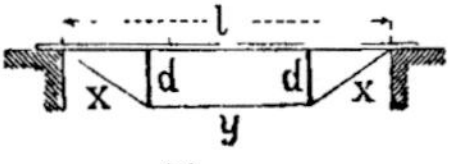

Fig. 50.

La viga se calcula como anteriormente:

Fig. 51. $X = Q\, \frac{a+b}{2\, l}\, \frac{x}{h}$;

$B = Q\, \frac{a+b}{2\, l}\, \frac{a}{h}$; $M_m = Q\, \frac{b^2}{8\, l}$.

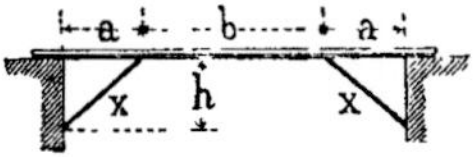

Fig. 51.

123. Tablas para el cálculo de las vigas.—Las tablas siguientes dan los elementos necesarios para calcular las principales vigas, esto es, momento de inercia ó momento resistente, que sirven para hallar las cargas admisibles, según las reglas del número **105** y siguientes.

TABLA XXXI.—Vigas de madera.

b, h, A, tabla, canto y área de la sección; *q*, carga repartida, admisible, para la luz de 1 m. y para una carga de seguridad $K = 0{,}6$ kg. por mm.² (la carga repartida para una longitud de *l* » metros será: $Q = \frac{q}{l}$).

b	h	A	q	b	h	A	q	b	h	A	q
cm.	cm.	m.²	kg.	cm.	cm.	m.²	kg.	cm.	cm.	m.²	kg.
8	**8**	0,0064	410	**16**	**28**	0,0448	10125	**32**	**32**	0,1024	26200
»	**12**	0,0096	920	**20**	**20**	0,04	6400	»	**36**	0,1152	33180
»	**16**	0,0013	1640	»	**24**	0,048	9220	»	**40**	0,1280	40960
10	**10**	0,01	800	»	**28**	0,056	12540	»	**45**	0,1440	51840
»	**12**	0,012	1150	»	**32**	0,064	16380	**36**	**36**	0,1296	37325
»	**16**	0,016	2050	**24**	**24**	0,0576	11060	»	**40**	0,1440	46080
»	**20**	0,02	3200	»	**28**	0,0672	15030	»	**45**	0,1620	58320
12	**12**	0,0144	1380	»	**32**	0,0768	19660	»	**50**	0,18	72000
»	**16**	0,0192	2450	»	**36**	0,0864	24880	**40**	**40**	0,16	51200
»	**20**	0,024	3840	**28**	**28**	0,0784	17600	»	**45**	0,18	64800
16	**16**	0,0256	3270	»	**32**	0,0896	22900	»	**50**	0,20	80900
»	**20**	0,032	5120	»	**36**	0,1008	29030	»	**55**	0,22	96800
»	**24**	0,0384	7380	»	**40**	0,1120	35840	»	**60**	0,24	115200

TABLA XXXII.—Vigas de hierro en I para suelos.

(Fábricas de Vobarno.)

H, altura; *B*, ancho; γ, espesor del alma; δ, espesor de las cabezas; *P*, peso por metro lineal.

H	B	γ	P	Carga total ($K =$ 10 kg. por mm.² hasta 6 m de luz; 8 para 7 y 8 m.; 6 para 9 y 10 m.)								
				2	**3**	**4**	**5**	**6**	**7**	**8**	**9**	**10**
mm.	mm.	mm.	kg.	kg.	kg.	kg.	kg.	kg.	kg.	kg.	kg.	kg.
80	40	4	6,5	800	540	390	310	260	—	—	—	—
100	42	4,25	8	1200	785	575	455	375	325	280	—	—
120	44	5	10	1800	1210	917	720	595	400	350	—	—
140	47	6	12	2620	1565	1310	1080	905	624	545	—	—
160	50	6	14	3500	2300	1720	1370	1150	780	685	—	—
180	55	7	17	4590	3065	2295	1835	1530	1050	915	—	—
200	60	7,5	20	5900	3900	3000	2500	2100	1450	1270	1850	760
220	65	7,5	23	7700	5130	3850	3085	2570	1760	1540	1025	920
140	70	6	15,5	4000	2660	2000	1680	1420	980	850	—	—
160	74	6,5	18	4750	3145	2375	1885	1570	1075	940	620	560
180	82	6,5	22	6310	4210	3155	2525	2105	1440	1260	849	750
200	100	9	30	9960	6540	4900	3915	3260	2200	1960	1300	1170
235	90	9	31	10930	7280	5465	4370	3640	2495	2185	1450	1310

Tabla XXXIII.—Vigas de I.

(Sociedad de Altos Hornos y fundiciones de Terni.)

H, altura; B, ancho; γ, espesor del alma; δ, espesor medio de las cabezas en mm. (V. fig. 41, núm. **III**) P, peso de la viga por metro lineal; F, sección en mm.², $\frac{J}{z}$, momento resistente referido al mm.; f, flecha en mm. de un metro de viga para la carga máxima (la flecha en l metros de luz será $= fl^2$).

H	B	γ	δ	P	F	$\frac{J}{z}$	f	Carga total ($K = 8$ kg. por mm.²) en una longitud de metros									
								3	4	5	6	7	8	9	10	11	12
mm.	mm.	mm.	mm.	kg.	mm.²	mm³	mm.	kg.	kg.	kg.	kg.	kg.	kg.	kg.	kg	kg.	kg.
80	38,5	4	7,5	6,40	821	20710	0,832	441	332	—	—	—	—	—	—	—	—
80	40,5	6	»	7,65	981	22842		487	366	292	—	—	—	—	—	—	—
80	42,5	8	»	8,90	1141	24974		533	400	320	—	—	—	—	—	—	—
80	44	9,5	»	9,85	1261	16574		568	425	340	—	—	—	—	—	—	—
100	41,5	4,5	8,25	8,15	1042	32422	0,665	692	519	415	346	—	—	—	—	—	—
100	43	6	»	9,32	1192	34901		744	558	447	372	—	—	—	—	—	—
100	45	8	»	10,88	1392	28233		816	612	489	408	—	—	—	—	—	—
100	47	10	»	12,45	1592	41566		888	665	532	444	—	—	—	—	—	—
120	43,5	5	9,25	9,95	1274	46543	0,553	993	745	596	497	427	—	—	—	—	—
120	45,5	7	»	11,82	1514	51346		1095	822	657	549	467	—	—	—	—	—
120	47,5	9	»	13,70	1754	56148		1198	898	719	601	511	—	—	—	—	—
120	49	10,5	»	15,10	1934	59750		1275	956	765	637	547	478	—	—	—	—
140	47,25	5,5	10,25	12,55	1605	68090	0,473	1453	1089	872	727	624	545	—	—	—	—
140	49,75	8	»	15,28	1955	76253		1626	1220	976	816	694	610	541	—	—	—
140	51,75	10	»	17,46	2235	82784		1766	1325	1060	886	753	662	588	—	—	—
140	53,25	11,5	»	19,10	2445	87682		1872	1404	1123	936	803	703	623	561	—	—
160	52	6	11	15,38	1972	95701	0,416	2043	1532	1225	1021	876	767	680	613	—	—
160	54	8	»	17,88	2292	104231		2223	1668	1334	1115	949	834	740	667	—	—
160	56	10	»	20,38	2612	112761		2405	1804	1443	1207	1026	902	801	722	654	—

Continuación de la TABLA XXXIII.—**Vigas de I.**

(Sociedad de Altos Hornos y fundiciones de Terni.)

H, altura; B, ancho; γ, espesor del alma; δ, espesor medio de las cabezas en mm. (V. fig. 41, núm. **III**), P, peso de la viga por metro lineal; F, sección en mm.²; $\frac{J}{z}$, momento resistente referido al mm.; f, flecha en mm. de un metro de viga para la carga máxima (la flecha en l metros de luz será $= fl^2$).

H	B	γ	δ	P	F	$\frac{J}{z}$	f	Carga total ($K = 8$ kg. por mm.²) en una longitud de metros									
								3	**4**	**5**	**6**	**7**	**8**	**9**	**10**	**11**	**12**
mm.	mm.	mm.	mm.	kg.	mm.²	mm.³	mm.	kg.	kg.	kg.	kg.	kg.	kg.	kg.	kg.	kg.	kg.
160	57,5	11,5	11	22,24	2852	119158		2544	1907	1525	1272	1091	953	847	763	695	—
180	55,5	6	11,75	16,92	2169	118444	0,369	2528	1896	1516	1264	1084	948	841	759	691	632
180	57,5	8	»	19,73	2529	129240		2757	2068	1654	1383	1176	1034	918	827	750	689
180	59,5	10	»	22,54	2889	140036		2987	2241	1792	1498	1274	1120	994	896	812	746
180	61,5	12	»	25,34	3249	150831		3217	2413	1931	1614	1373	1207	1071	965	875	804
180	63,5	14	»	28,15	3609	161627		3451	2587	2069	1725	1480	1293	1148	1035	941	863
200	57,5	6,5	12,5	19,69	2524	151274	0,333	3229	2421	1936	1615	1385	1211	1075	968	881	808
200	59	8	»	22,03	2824	161270		3440	2580	2064	1726	1468	1290	1145	1032	935	860
200	61	10	»	25,15	3224	174598		3724	2794	2235	1868	1589	1397	1240	1117	1013	931
200	63	12	»	28,27	3624	187926		4008	3007	2405	2011	1710	1503	1334	1203	1090	1002
200	65	14	»	31,39	4024	201254		4296	3220	2576	2148	1813	1611	1431	1288	1172	1075
220	61,5	7	13,25	22,64	2903	189017	0,303	4035	3025	2420	2017	1731	1513	1343	1211	1101	1009
220	63,5	9	»	26,07	3343	205144		4376	3282	2626	2195	1867	1641	1457	1313	1190	1093
220	65,5	11	»	29,50	3783	221270		4720	3540	2832	2368	2014	1770	1571	1416	1283	1179
220	67,5	13	»	32,94	4223	237397		5064	3798	3039	2540	2160	1899	1686	1519	1377	1265
220	69	14,5	»	35,51	4553	249192		5325	3992	3193	2663	2284	1996	1773	1597	1453	1332
250	125	10	14,75	45,52	5835	472949	0,267	10095	7568	6055	5048	4329	3784	3360	3028	2755	2524
250	115	12	19	53,15	6811	533762		11393	8541	6832	5697	4885	4271	3792	3416	3109	2849
250	127	13	19	68,50	8770	926067	0,191	19767	14817	11853	9884	8476	7409	6579	5927	5393	4943

TABLA XXXIV.—Hierros en I.

(Según los tipos normales propuestos por las fábricas alemanas.)

Dimensiones.—(Letras como en la fig. 41, núm. **III**, y en la tabla XXXIII.)

Para $H \leqq 250$ mm. se hace $B = (0,4\,H + 10)$ mm.;
$\gamma = (0,03\,H + 1,5)$ mm.

Para $H > 250$ mm. se hace $B = (0,3\,H + 35)$ mm.; $\gamma = 0,036\,H$ mm.

En todo caso: $\delta = 1,5\,\gamma$; radio de los enlaces interiores $= \gamma$, radio de los enlaces exteriores $= 0,6\,\gamma$

La inclinación de la línea interior del perfil de las dos cabezas, respecto á la línea exterior, es de 14 %.

Sea P el peso por m. l.; F la sección en mm.²; $\frac{J}{z}$ el momento resistente referido al mm.

Núm. del tipo.	H	B	γ	δ	P	F	$\frac{J}{z}$
	mm.	mm.	mm	mm.	kg.	mm.²	mm.³
			Tipos del comercio.				
8	**80**	42	3,9	5,9	6,0	761	19600
9	**90**	46	4,2	6,3	7,1	905	26200
10	**100**	50	4,5	6,8	8,3	1069	34400
11	**110**	54	4,8	7,2	9,6	1236	43800
12	**120**	58	5,1	7,7	11,1	1427	55100
13	**130**	62	5,4	8,1	12,6	1619	67800
14	**140**	66	5,7	8,6	14,3	1835	82700
15	**150**	70	6,0	9,0	16,0	2052	99000
16	**160**	74	6,3	9,5	17,9	2294	118100
17	**170**	78	6,6	9,9	19,8	2536	138500
18	**180**	82	6,9	10,4	21,9	2804	162200
19	**190**	86	7,2	10,8	24,0	3070	187300
20	**200**	90	7,5	11,3	26,2	3365	216200
21	**210**	94	7,8	11,7	28,5	3655	246400
22	**220**	98	8,1	12,2	31,0	3976	280900
23	**230**	102	8,4	12,6	33,5	4291	316700
24	**240**	106	8,7	13,1	36,2	4637	357300
26	**260**	113	9,4	14,1	41,9	5366	446000
28	**280**	117	10,1	15,2	47,9	6139	547000
30	**300**	125	10,8	16,2	54,1	6940	659200
			Tipos excepcionales.				
32	**320**	131	11,5	17,3	61,0	7815	788900
34	**340**	137	12,2	18,3	68,0	8716	931000
36	**360**	143	13,0	19,5	76,1	9750	1098100
38	**380**	149	13,7	20,5	88,9	10753	1274100
40	**400**	155	14,4	21,6	92,3	11834	1472300
42 ½	**425**	163	15,3	23,0	103,7	13297	1753701
45	**450**	170	16,2	24,3	115,2	14765	2053500
47 ½	**475**	178	17,1	24,6	127,6	16361	2396300
50	**500**	185	18,0	27,0	140,5	18018	2769800

TABLA XXXV.—Vigas en I compuestas.

(Figura 44, Núm. **III.**)

Elementos de la viga compuesta.		Valores de $\frac{J}{z}$ para alturas de alma h de mm.						
		300	350	400	450	500	550	600
Para 4 hierros en L que tienen en milímetros las dimensiones de	$\frac{40 \cdot 40}{5}$	192300	229300	256500	303800	—	—	—
	$\frac{50 \cdot 50}{6}$	278666	334200	399800	445500	—	—	—
	$\frac{60\ 60}{8}$	424700	512000	590800	688200	776800	865500	954300
	$\frac{70 \cdot 70}{9}$	539800	652800	767700	883300	999500	1115800	1232500
	$\frac{80 \cdot 80}{9}$	603300	733300	864800	997200	1130300	1264000	1398000
	$\frac{90\ 90}{10}$	729500	890000	1053000	1217700	1383200	1549700	1716700
	$\frac{100 \cdot 100}{13}$	997000	1223300	1453800	1687200	1922500	2159200	2397000
	$\frac{120 \cdot 90}{15}$	1274800	1553000	1834700	2118800	2404700	2691666	2979700
	$\frac{125 \cdot 125}{19}$	—	—	—	—	3250000	3670700	4094300
Para el alma de espesor de mm.	5	75000	102000	133300	168700	208300	252000	300000
	6	90000	122500	160000	202500	250000	302500	360000
	8	120000	163300	213300	270000	333300	403300	480000
	10	150000	204200	266700	337500	416700	504166	600000
	12	180000	245000	320000	405000	500000	605000	720000
	15	225000	306166	400000	506200	625000	756200	900000
Para cada 100 milímetros de ancho de las dos cabezas cada una de un espesor de mm.	5	150000	175000	200000	225000	250000	275000	300000
	6	180000	210000	240000	270000	—	—	—
	8	240200	280200	320000	360000	400000	440000	480000
	10	300300	349800	400200	450200	—	—	—
	12	360700	420500	480500	540300	600300	660300	720000
	15	451300	526200	601000	675800	750800	826200	900000
	20	603000	702700	802300	902200	1001800	1101666	1201700
	25	755800	880200	1004500	1129200	1253700	1378300	1503200
	30	—	—	—	—	1506300	1655800	1808700

Ejemplo — Sea una viga con un alma de 500 mm de altura, 12 mm de grueso, hierros en angulo de 100 mm de lado y 13 milímetros de espesor, y tablas de 300 mm de ancho, compuestos de dos palastros de 15 mm cada uno La altura total de la viga será

$$500 + 2 \cdot 2 \cdot 15 = 560 \text{ mm}$$

Se tendría

$$\frac{\mathcal{J}}{z} = 1922500 + 500000 + 3 \cdot 1506300 = 6941400$$

Para $K = 8$ esta viga puede resistir un momento flector
$M = 6941400 \times 8 = 55531200$ (mm kg) $= 55531{,}2$ (m kg)

Tabla XXXVI. — Hierros zorés en /\

H, altura, *b*, ancho exterior en la base, b_1, ancho interior en la base, δ, espesor de los lados γ, espesor del pie y de la cabeza superior, *F* sección en mm², *P* peso por m l, $\frac{\mathcal{J}}{z}$ momento resistente referido al mm

H	b	b_1	δ	γ	F	P	$\frac{\mathcal{J}}{z}$
mm	mm	mm	mm	mm	mm²	kg	mm³
90	200	134	4,5	8	1769	13,80	45800
86	210	118	8	10	2606	20,35	51760
90,3	225	161	5,2	9,3	2232	17,40	51600

Tabla XXXVII. — Hierros en [

H, altura, *B*, ancho, γ espesor del alma δ espesor medio de las alas, *P* peso por m l *F* area de la sección en mm², $\frac{\mathcal{J}}{z}$ momento resistente referido al mm

H	B	γ	δ	P	F	$\frac{\mathcal{J}}{z}$
mm	mm	mm	mm	kg	mm²	mm³
100	50	6	8,5	10,60	1350	41400
140	50	7	7,5	12,70	1625	63350
140	60	7	10	15,90	2040	87000
175	60	8	10	19,10	2440	121830
250	80	10	11,5	32,10	4110	287470
250	80	8	10,5	27,40	3512	256900

TABLA XXXVII *bis*.—Hierros en ⅂.

H, altura; B_1 B_2, ancho de las alas; γ, espesor del alma y de las alas; *P*, peso por m. l.; *F*, área de la sección en mm.²; $\frac{J}{z}$, momento resistente referido al mm.

H	B_1	B_2	γ	*P*	*F*	$\frac{J}{z}$
mm.	mm.	mm.	mm.	kg.	mm.²	mm.³
24	12	12	4	1,25	160	925
32	15	18	5,5	2,32	297	2167
36	17	22	6	2,95	378	3111
40	17	22	6	3,15	402	3710
45	20	24	6	3,60	462	5050
150	75	90	10	23,00	2950	125860
150	75	90	12	27,30	3500	145130

TABLA XXXVIII.—Hierros en [.

(Según el tipo normal propuesto por las fábricas alemanas.)

H, altura; $B = (0{,}25\ H + 25)$ mm., el ancho; γ, espesor del alma, δ, espesor de las alas, *P*, peso por m. l.; *F*, area de la sección en mm.²; $\frac{J}{z}$, *momento resistente referido al mm.*

Número del tipo.	*H*	*B*	γ	δ	*P*	*F*	$\frac{J}{z}$
	mm.	mm.	mm.	mm.	kg.	mm.²	mm.³
3	30	33	5	7	4,2	542	4300
4	40	35	5	7	4,8	620	7100
5	50	38	5	7	5,6	712	10700
6 1/2	65	42	5,5	7,5	7,1	905	17900
8	80	45	6	8	8,6	1104	26700
10	100	50	6	8,5	10,5	1348	41400
12	120	55	7	9	13,3	1704	61300
14	140	60	7	10	15,9	2040	87000
16	160	65	7,5	10,5	18,8	2408	116500
18	180	70	8	11	21,9	2804	151600
20	200	75	8,5	11,5	25,2	3230	192700
22	220	80	9	12,5	29,3	3755	246500
26	260	90	10	14	37,8	4840	373600
30	300	100	10	16	45,9	5880	537600

TABLA XXXVIII *bis*.—Hierros en ⅂.

(Según los tipos normales propuestos por las fábricas alemanas)

H, B, γ, δ, P, F, $\frac{J}{z}$ como anteriormente.

Las proporciones de la sección se deducen de las siguientes fórmulas:

$B = (0{,}25\,H + 30)$ mm.; $\gamma = (0{,}035\,H + 3)$ mm.; $\delta = (0{,}05\,H + 3)$ mm.

Número del tipo.	H	B	γ	δ	P	F	$\frac{J}{z}$
	mm.	mm.	mm.	mm.	kg.	mm.	mm.³
3	30	38	4	4,5	3,3	421	4000
4	40	40	4,5	5	4,2	535	6700
5	50	43	5	5,5	5,2	668	10400
6	60	45	5	6	6,1	780	14700
8	80	50	6	7	8,6	1096	27000
10	100	55	6,5	8	11,1	1426	43800
12	120	60	7	9	14,0	1794	65900
14	140	65	8	10	17,6	2260	95100
16	160	70	8,5	11	21,2	2713	130300

2.—Planchas y otros hierros laminados.

TABLA XXXIX.—Planchas y hierros planos.

a) Peso en kg. del m.² de plancha, de diversos metales.

Espes. mm.	Hierro	Cobre.	Latón.	Zinc.	Plomo	Espes. mm.	Hierro	Hierro fund.°	Cobre.
0,1	0,78	0,89	0,86	0,72	1,14	**4**	31,12	29,00	35,60
0,2	1,56	1,78	1,71	1,44	2'28	**4,5**	35,01	32,62	40,05
0,3	2,33	2,67	2,56	2,16	3,42	**5**	38,90	36,25	44,50
0,4	3,11	3,56	3,42	2,88	4,56	**5,5**	42,74	39,87	48,95
0,5	3,89	4,45	4,27	3,60	5,70	**6**	46,68	43,50	53,50
0,6	4,67	5,34	5,13	4,32	6,84	**6,5**	50,57	47,12	57,85
0,7	5,45	6,23	5,98	5,04	7,98	**7**	54,46	50,75	62,30
0,8	6,22	7,12	6,84	5,76	9,12	**7,5**	58,35	54,37	66,75
0,9	7,00	8,01	7,69	6,48	10,26	**8**	62,24	58,00	71,20
1	7,78	8,90	8,55	7,20	11,40	**9**	70,02	65,25	80,10
1,1	8,56	9,79	9,40	7,92	12,54	**10**	77,80	72,50	89,00
1,2	9,34	10,68	10,26	8,64	13,68	**11**	85,58	79,75	97,90
1,3	10,11	11,57	11,11	9,36	14,82	**12**	93,36	87,00	106,80
1,4	10,89	12,46	11,97	10,08	15,96	**13**	101,14	84,25	115,70
1,5	11,67	12,35	12,82	10,80	17,10	**14**	108,92	101,50	124,60
1,6	12,45	14,24	13,68	11,52	18,24	**15**	116,70	108,75	133,50
1,7	13,23	15,13	14,53	12,24	19,38	**16**	124,48	116,00	142,40
1,8	14,00	16,02	15,39	12,96	20,52	**17**	132,26	123,35	151,30
1,9	14,78	16,91	16,24	13,68	21,66	**18**	140,04	130,50	160,20
2	15 56	17,80	17,10	14,40	22,80	**19**	147,82	137,75	169,10
2,25	17,50	20,02	19,23	16,20	25,65	**20**	155,60	145,00	178,00
2,50	19,45	22,25	21,37	18,00	28,50	**21**	163,38	152,25	186,90
2,75	21,39	24,47	23,51	19,80	31,35	**22**	171,16	159,50	195,80
3	23,44	26,70	25,65	21,60	34,20	**23**	178,94	166,75	204,70
3,25	25,33	28,92	27,79	23,40	37,05	**24**	186,72	174,00	213,60
3,50	27,23	31,15	29,92	25,20	39,90	**25**	194,54	181,25	222,50

b) Hierros planos: peso del m. l. por cada mm. de espesor.

Ancho.	Peso.	Ancho.	Peso	Ancho.	Peso	Ancho.	Peso.	Ancho.	Peso	Ancho.	Peso.
mm.	kg.	mm.	kg.	mm.	kg.	mm.	kg.	mm.	kg	mm.	kg.
20	0,156	**42**	0,328	**64**	0,499	**86**	0,671	**120**	0,936	**175**	1,365
22	0,172	**44**	0,343	**66**	0,515	**88**	0,686	**125**	0,975	**180**	1,404
24	0,187	**46**	0,359	**68**	0,530	**90**	0,702	**130**	1,014	**185**	1,443
26	0,203	**48**	0,374	**70**	0,546	**92**	0,718	**135**	1,053	**190**	1,482
28	0,218	**50**	0,390	**72**	0,562	**94**	0,733	**140**	1,092	**195**	1,521
30	0,234	**52**	0 406	**74**	0,577	**96**	0,749	**145**	1,131	**200**	1,560
32	0,250	**54**	0,421	**76**	0,593	**98**	0,764	**150**	1,170	**205**	1,599
34	0,265	**56**	0,437	**78**	0,608	**100**	0,780	**155**	1,209	**210**	1,638
36	0,281	**58**	0,452	**80**	0,624	**105**	0,819	**160**	1,248	**215**	1,677
38	0,296	**60**	0,468	**82**	0,640	**110**	0,858	**165**	1,287	**220**	1,716
40	0,312	**62**	0,484	**84**	0,655	**115**	0,897	**170**	1,326	**225**	1,755

c) Palastro ondulado *(Hein, Lehmann y C.ª, Berlín).*

h, altura; *b*, ancho de una ondulación completa (fig. 46, número **III**); δ, espesor del palastro; *P*, peso por m.²; *Q*, carga de seguridad en kg. por m.²

h	*b*	δ	*P*	$\frac{J}{s}$ para una ondulación	Valor de *Q* (para $K = 9$ kg por mm.²) para una distancia entre los apoyos de				
mm.	mm.	mm.	kg.	mm.³	**1,50** m	**2,0** m.	**2,5** m	**3,0** m.	**4,0** m.
50	90	1	13	1835	650	370	230	160	130
60	90	1	15	2445	870	490	310	220	170
70	90	1	16	3130	1110	630	400	280	220
80	100	1	17	4050	1300	730	470	320	250
80	100	1,5	25,5	6040	1930	1090	700	480	380
80	100	2	34	8000	2560	1440	900	640	500
80	100	3	51	11860	3800	2140	1370	950	740
100	100	3	61	17100	5470	3078	1970	1370	1070

TABLA XL.—Hierros cuadrados y redondos.

Lado ó diámetro.	Peso por metro.		Lado ó diametro.	Peso por metro.		Lado o diametro.	Peso por metro.	
	Cuadrado.	Redondo		Cuadrado.	Redondo.		Cuadrado.	Redondo.
mm.	kg.	kg	mm.	kg.	kg.	mm.	kg.	kg.
5	0,195	0,153	**11**	0,931	0,739	**17**	2,248	1,766
6	0,280	0,220	**12**	1,120	0,880	**18**	2,521	1,980
7	0,381	0,299	**13**	1,315	1,033	**19**	2,809	2,206
8	0,498	0,391	**14**	1,525	1,198	**20**	3,112	2,444
9	0,630	0,495	**15**	1,751	1,375	**21**	3,422	2,695
10	0,778	0,611	**16**	1,992	1,564	**22**	3,726	2,957

NOTA. Para el acero se aumentan estos pesos en ~ 0,25 %.

Sigue TABLA XL.

Lado ó diámetro.	Peso por metro.		Lado ó diámetro.	Peso por metro		Lado ó diámetro.	Peso por metro.	
	Cuadrado.	Redondo.		Cuadrado.	Redondo.		Cuadrado.	Redondo.
mm.	kg.	kg.	mm.	kg.	kg.	mm.	kg.	kg.
23	4,116	3,232	**43**	14,39	11,30	**115**	102,9	80,81
24	4,481	3,520	**44**	14,90	11,83	**120**	112,0	88,00
25	4,863	3,819	**45**	15,75	12,37	**125**	121,6	95,48
26	5,259	4,131	**46**	16,46	12,93	**130**	131,5	103,3
27	5,672	4,455	**47**	17,19	13,50	**135**	141,8	111,4
28	6,100	4,791	**48**	17,93	14,08	**140**	152,5	119,8
29	6,543	5,139	**49**	18,68	14,67	**145**	163,6	128,5
30	7,002	5,499	**50**	19,45	15,28	**150**	175,1	137,5
31	7,477	5,872	**55**	23,28	18,48	**155**	186,9	146,8
32	7,967	6,257	**60**	28,01	22,00	**160**	199,2	156,4
33	8,382	6,652	**65**	32,87	25,82	**165**	209,6	166,4
34	8,994	7,064	**70**	38,12	29,94	**170**	224,8	177,6
35	9,531	7,485	**75**	43,76	35,37	**175**	238,3	187,1
36	10,08	7,919	**80**	49,79	39,11	**180**	252,1	198,0
37	10,65	8,365	**85**	56,21	44,15	**185**	266,3	209,1
38	11,23	8,823	**90**	63,02	49,49	**190**	280,9	220,6
39	11,83	9,294	**95**	70,21	55,15	**195**	295,9	232,3
40	12,45	9,776	**100**	77,80	61,10	**200**	311,2	244,4
41	13,08	10,27	**105**	85,55	67,37	**220**	376,5	296,0
42	13,69	10,78	**110**	93,14	73,94	**240**	448,5	352,4

TABLA XLI.—Hierros en T (*Terni*).

H, altura; *B*, ancho; δ_1, espesor medio de la cabeza; δ_2, espesor medio del alma; *P*, peso por m. l.

H	*B*	δ_1	δ_2	*P*	*H*	*B*	δ_1	δ_2	*P*
mm.	mm.	mm.	mm.	kg.	mm.	mm.	mm.	mm.	kg.
30	30	5	5	2,15	**61**	80	7	8	7,74
35	30	5	6	2,58	**60**	80	8	9	8,64
35	35	6	6	3,00	**61**	80	9	9	9,27
40	35	5	6,5	3,14	**60**	100	8	9	9,89
40	40	5,5	6	3,35	**61**	100	9	9	10,67
45	40	6	6	3,70	**70**	115	8	9	11,53
45	45	7	7	4,56	**71**	115	9	9	12,43
36	50	7	6	4,10	**70**	130	8	9,5	12,71
50	50	6	6,5	4,57	**72**	130	10	9,5	14,73
45	60	6,5	8	5,44	**80**	150	9	11	17,00
50	70	8	8	7,00	**90**	150	10	11,5	18,88
50	80	6	8	6,48	**90**	170	10	13	21,37
51	80	7	8	7,12	**100**	165	13,3	12,5	26,10
52	80	7	9	7,53	**101**	200	15	16,5	34,50
53	80	8	9	8,15	**110**	180	15	20	36,45
60	80	6	8	7,12	**180**	250	21	22	68,25

TABLA XLII.—Hierros en T.

(Tipo normal de las fábricas alemanas.)

H, altura; B, ancho; $\delta_1 = \delta_2 = \delta = (0{,}15\,H + 1)$ mm. para los hierros de cabeza ancha ($B = 2\,H$); $\delta_1 = \delta_2 = \delta = (0{,}1\,H + 1)$ mm. para los hierros de cabeza estrecha ($B = H$); radio interior 0,5 δ; ídem exterior 0,25 δ; P, peso por m. 1; F, área de la seción; x, distancia del centro de gravedad de la sección al lado superior; $\frac{J}{z}$, $\frac{J_1}{z_1}$ momento de resistencia, según esté vertical ú horizontal el alma.

H	B	δ	P	F	x	$\frac{J}{z}$	$\frac{J_1}{z_1}$
mm.	mm.	mm	kg	mm ^{2}	mm	mm.^{3}	mm ^{3}
40	80	7	6.2	792	8,9	2570	7250
50	100	8,5	9,5	1210	11,0	4795	13800
60	120	10	13,3	1700	13,2	8226	23330
70	140	11,5	17,9	2290	15 3	12870	36510
80	160	13	23,1	2960	17,3	19090	53910
90	180	14,5	28,9	3710	19,3	26590	76000
100	200	16	35,5	4550	21,4	36514	103700
60	60	7	6,4	819	16,9	7726	4167
70	7C	8	8,5	1090	19,6	8869	6457
80	80	9	10,9	1400	22,2	12993	9500
90	90	10	13,9	1780	24,9	18370	13355
100	100	11	16,8	2150	27,6	24930	18120
120	120	13	23,8	3050	32,9	42400	30830
140	140	15	32,0	4100	37,9	66500	48430

TABLA XLIII.—Hierros en ángulo *(Term.)*

Lado. — mm.		Peso en kilogramos del metro lineal para un espesor de mm.												
		4	**5**	**6**	**7**	**8**	**9**	**10**	**11**	**12**	**13**	**14**	**15**	**16**
						1.—De lados iguales.								
20	**20**	1,13	..	..	..	..	..	..	..	..	..	..	..	..
22,5	**22.5**	1,28	1,56	1,90	..	..	..	..	..	..	..	..	..	..
25	**25**	1,53	1,80	..	..	..	..	..	..	..	..	..	..	..
27,5	**27,5**	1,59	1,95	2,30	..	..	..	..	..	..	..	..	..	..
30	**30**	1,75	2,15	2,55	..	..	..	..	..	..	..	..	..	..
35	**35**	..	2,53	3,00	..	..	..	..	..	..	..	..	..	..
40	**40**	2,37	2,93	3,46	4,00	..	..	..	..	..	..	..	..	..
45	**45**	..	3,35	3,93	4,54	5,12	..	..	..	..	..	..	..	..

Sigue Tabla XLIII.

Lado.		Peso en kilogramos del metro lineal para un espesor de mm.												
mm.		4	5	6	7	8	9	10	11	12	13	14	15	16
1.—De lados iguales.														
50	50	..	3,75	4,40	5,08	5,74	6,40	..	..	..	..	..	..	..
55	55	..	4,10	4,87	5,62	6,36	7,10	..	..	..	..	..	..	..
60	60	..	4,49	5,33	6,17	6,99	7,79	8,58	9,36	..	..	..	..	..
65	65	..	..	5,80	6,72	7,61	8,50	9,40	..	..	..	..	..	..
70	70	..	..	6,28	7,26	8,25	9,20	10,14	11,07	11,99	..	..	..	..
75	75	..	..	..	..	8,87	9,90	10,92	11,93	12,92	13,90	14,85	15,80	..
80	80	..	..	..	8,40	9,48	10,60	11,70	12,78	13,85	14,90	15,94	16,97	..
85	85	..	..	..	..	10,11	11,30	12,48	..	..	..	..	..	..
90	90	..	..	..	..	..	12,01	13,26	14,50	15,72	16,93	18,13	19,30	..
100	100	..	.	..	..	..	13,45	14,82	16,22	17,60	18,96	20,09	21,70	..
110	110	..	..	..	..	..	..	16,40	17,93	19,47	20,99	22,50	23,99	25,4
120	120	..	..	..	..	..	..	17,95	19,65	21,34	23,02	24,68	26,33	27,96
125	125	..	..	..	..	..	..	..	20,52	22,28	24,03	25,77	27,50	..
140	140	..	..	..	..	..	..	..	..	..	27,10	29,05	31,01	32,95
150	150	..	..	..	..	..	..	..	..	..	..	..	33,95	35,44
2.—De lados desiguales.														
25	40	..	2,35	2,76	3,20	..	..	..	..	..	..	..	..	..
30	45	..	2,73	3,23	3,71	4,18	..	..	..	..	..	..	..	..
40	60	..	3,70	4,40	5,00	..	..	..	..	..	..	..	..	..
40	70	..	..	4,90	5,62	6,36	7,10	7,80	..	..	..	..	..	..
45	65	..	4,10	4,90	5,62	6,36	7,10	..	..	..	..	..	..	..
50	70	.	4,49	5,34	6,17	7,00	7,80	..	..	..	..	..	..	..
60	70	..	..	5,85	6,72	7,61	8,50	9,40	..	..	..	..	..	..
60	75	..	..	..	7,00	7,92	8,85	..	..	..	..	..	..	..
60	80	..	..	6,30	7,26	8,25	9,20	10,14	..	..	..	..	..	..
60	85	..	..	..	7,56	8,55	9,55	10,55	..	..	..	..	..	..
60	95	..	..	..	8,10	9,17	10,25	11,31	12,35	13,40	..	..	..	..
70	90	..	..	..	8,36	9,48	10,60	11,70	12,80	..	..	..	..	..
75	90	..	..	..	..	9,80	10,95	12,10	..	..	..	..	..	..
70	100	..	..	..	..	..	11,40	12,48	13,64	14,79	15,95	..	..	..
75	100	..	..	..	..	..	11,65	12,87	14,10	..	..	..	..	..
80	100	..	..	..	..	..	12,00	13,26	14,50	..	..	..	..	..
70	110	..	..	..	..	10,80	12,00	13,26	14,50	15,80	..	..	..	..
75	110	..	..	..	..	..	12,36	13,65	14,93	..	..	..	..	..
80	110	.	..	..	..	..	..	14,04	15,36	16,66	..	..	..	..
80	120	..	..	..	..	..	13,45	14,82	16,22	17,60	18,96	..	..	..
90	130	..	..	..	..	..	..	16,38	17,93	19,47	21,00	22,54	..	..
80	150	..	..	..	..	..	..	17,20	18,79	20,40	22,00	23,60	..	..
90	140	..	..	..	..	..	..	17,20	18,79	20,40	22,00	23,60	25,16	26,70
90	150	..	..	..	..	..	..	..	19,70	21,34	23,02	24,68	26,35	..

TABLA XLIII *bis*. — Hierros en ángulo.

(Tipos normales de las fábricas alemanas.)

1.—Lados iguales.

b, lado; δ, espesor; *F*, sección; *P*, peso por m. l.; *x*, distancia del centro de gravedad de la sección al ángulo exterior; *J*, momento de inercia respecto á la paralela á uno de los lados, trazada por el centro de gravedad.

El menor valor de δ corresponde aproximadamente á $^1/_{10}$ *b*. Radio interior = δ; radio exterior = 0,5 δ.

Número del tipo.	*b*	δ	*F*	*P*	*x*	*J*
	mm.	mm.	mm.²	kg.	mm.	mm.⁴
		5	430	3,35	12,9	81500
4 1/2	45	7	586	4,57	13,6	108500
		9	734	5,73	14,4	129900
		6	691	5,39	17,2	231100
6	60	8	903	7,04	17,7	296500
		10	1107	8,63	18,6	355700
		7	870	6,79	18,7	341600
6 1/2	65	9	1098	8,56	19,4	424400
		11	1318	10,28	20,1	500700
		7	940	7,33	20,1	427600
7	70	9	1188	9,29	20,8	532600
		11	1428	11,14	21,6	624100
		8	1143	8,95	21,5	604000
7 1/2	75	10	1411	11,01	22,2	735000
		12	1667	13,00	23,0	844000
		8	1227	9,57	22,9	733000
8	80	10	1511	11,79	23,7	887000
		12	1787	13,94	24,5	1023000
		9	1550	12,10	25,7	1180000
9	90	11	1870	14,60	26,5	1397000
		13	2180	17,00	27,4	1595000
		10	1920	14,90	28,5	1890000
10	100	12	2270	17,70	29,4	2100000
		14	2620	20,40	30,1	2390000
		10	2120	16,5	31,4	2380000
11	110	12	2510	19,6	32,4	2810000
		14	2900	22,6	32,9	3180000
		11	2540	19,8	34,0	3440000
12	120	13	2970	23,2	34,7	3990000
		15	3390	26,5	35,5	4490000

Número del tipo.	*b*	δ	*F*	*P*	λ	*J*
	mm.	mm.	mm.²	kg.	mm.	mm.⁴
13	130	12	3000	23,4	36,9	4760000
		14	3470	27,0	37,6	5460000
		16	3930	30,6	38,4	6080000
14	140	13	3500	27,3	39,8	6440000
		15	4000	31,2	40,6	7270000
		17	4500	35,1	41,3	8070000
15	150	14	4030	31,4	42,6	8570000
		16	4570	35,7	43,4	9530000
		18	5100	39,8	44,1	10610000
16	160	15	4610	35,9	45,5	11100000
		17	5180	40,4	46,3	12340000
		19	5750	44,9	46,9	13610000

2.—Lados desiguales.

b, lado menor; b_1, lado mayor; δ, espesor; radio como en el caso de lados iguales; *F*, sección; *P*, peso por m. l.; $x\, x_1$, distancia de los centros de gravedad de los lados $b\, b_1$; $J J_1$, momentos de inercia respecto á un eje que pase por el centro de gravedad y sea respectivamente paralelo á los lados $b\, b_1$.

b	b_1	δ	*F*	*P*	*x*	x_1	*J*	J_1
mm.	mm.	mm.	mm.²	kg.	mm.	mm.	mm.⁴	mm.⁴
40	80	6	689	5,27	29,2	9,2	445000	78000
		8	901	7,03	29,9	9,9	573000	100000
50	75	7	883	6,34	25,1	12,6	469000	168000
		9	1051	8,20	25,8	13,3	580000	206000
50	100	8	1150	8,90	36,4	11,4	1169000	204000
		10	1410	11,00	37,2	12,2	1409000	246000
65	100	9	1420	11,00	32,5	16,2	1332000	481000
		11	1710	13,30	33,2	17,0	1571000	563000
65	130	10	1860	14,50	47,2	14,7	3218000	561000
		12	2210	17,20	48,0	15,5	3795000	653000
80	120	10	1910	14,90	39,7	19,7	2789000	1006000
		12	2270	17,70	40,5	20,5	3251000	1162000
80	160	12	2750	21,50	57,9	17,9	7250000	1260000
		14	3180	24,80	58,7	18,7	8280000	1420000
100	150	12	2870	22,40	49,2	24,2	6530000	2380000
		14	3320	25,90	50,0	24,9	7520000	2690000
100	200	14	4030	31,40	72,2	22,2	16610000	2880000
		16	4570	35,60	73,2	22,8	18720000	3200000

3 —Suelos.

124. Peso propio y sobrecarga de los suelos.

1) Peso propio (carga permanente):

a) Para el conjunto del suelo (sin las vigas maestras):

Viguetas de madera y entarimado......	35 kg.	por m.²
Idem de hierro con forjado.............	40 »	»
Idem de hierro con id. de bovedilla......	250 »	»

El peso por m.² del hierro en los suelos metálicos es de 16 ÷ 20 kilogramos para los suelos ligeros; 20 ÷ 26 para los forjados con bovedillas y 30 ÷ 50 para suelos con vigas maestras.

b) Para pavimentos y techos:

Entarimado sencillo (con su armadura)....	el m.²	kg.	20 ÷ 30
Idem de lujo *(parquet)*....................	»	»	50 ÷ 80
Embaldosado.............................	»	»	60 ÷ 90
Techo de cielo raso, guarnecido sencillo...	»	»	20 ÷ 30
Idem con estuco..........................	»	»	70 ÷ 120

2) Sobrecarga (carga accidental):

En suelos ligeros (buhardillas, mansardas, etcétera)............................	por m.²	kg.	80 ÷ 100
Suelos ordinarios (habitaciones, etc.)......	»	»	150 ÷ 180
Salas de baile y de reunión................	»	»	250 ÷ 300
Fábricas con máquinas......................	»	»	300 ÷ 500
Almacenes................................	»	»	500 ÷ 2500

125. Suelos de madera.

Sistemas de viguetas ó cabios.—Cabios distantes 0,40 ÷ 0,50 m. de eje á eje; empotrados en el muro 0,15 ÷ 0,20 m.

Sistema de tablones.—Tablones de 60 ÷ 90 mm. de canto; tabla 3 ÷ 4 veces el canto: distancia como las anteriores.

Dimensiones de la sección, como se indica á continuación:

Luz.	VIGUETAS — *Suelos ligeros, distancia.*		VIGUETAS — *Suelos pesados, distancias.*		TABLONES — *Suelos ordinarios, distancias.*	
	0,40 m.	**0,50** m.	**0,40** m.	**0,50** m.	**0,40** m.	**0,50** m.
m.	mm.	mm.	mm.	mm.	mm.	mm.
3	90.120	100.140	95.135	110.160	50.180	60.190
4	100.150	120.170	110.160	140.180	60.220	70.230
5	120.170	140.200	140.180	160.210	70.260	80.280

Entarimado —Tablas de 25 — 35 mm Las tablas 25, 50, 75 mm resisten las cargas ordinarias sobre una longitud libre de 0,60, 1,20 y 1,80 m

Vigas maestras —Se adoptan para luces > 4,50 — 5 m —Empotramiento en el muro, 0,20 — 0 30 m —Dimensiones como en la tabla siguiente (véase tambien la tabla XXXI)

Luz	Carga total por m ² 300 — 400 kg Distancia entre los ejes de las vigas			Carga total por m ² 500 — 600 kg. Distancia entre los ejes de las vigas		
	3 m	4 m	5 m	3 m	4 m	5 m
m	cm	cm	cm	cm	cm	cm
3	26 × 18	28 × 20	30 × 20	30 × 21	32 × 23	35 × 25
4	31 × 22	33 × 24	36 × 25	35 × 25	38 × 27	42 × 30
5	35 × 25	38 × 27	42 × 30	42 × 30	45 × 32	47 × 33
6	39 × 28	43 × 31	47 × 33	47 × 33	52 × 37	56 × 40
7	43 × 31	47 × 33	52 × 37	52 × 37	58 × 41	62 × 44
8	47 × 33	52 × 37	58 × 41	56 × 40	62 × 44	67 × 48

Coste —Coste del material (Véase «Serie de precios»)—Mano de obra para la construcción de 1 m ² de suelo, jornales de carpintero y peón, 0,08 — 0,1, suelos ordinarios con rastreles 0 11 — 0,14 Gastos generales, 35 — 40 % de la mano de obra.—Clavazón 0,3 — 0,5 kg por m ²—Jornada de diez horas —En los gastos generales se incluyen los medios auxiliares y la dirección

Mano de obra para la preparación, elevación a la altura *h*, y asiento de las vigas maestras, por cada m ³ de madera, jornales de carpintero, 1 3 — 0,02 *h*, de ayudante, 0 55 — 0 04 *h*, de albañil, 1,1 —Gastos generales, 30 %, mas el alquiler del aparato que se emplee para elevar las vigas

127 Suelos de hierro

Viguetas —Viguetas en I a 0,70 — 1 m de distancia entre ejes —Empotramiento en el muro, 0 25 — 0,30 m —La tabla siguiente da las luces y distancias á que son aplicables las viguetas en I de 8, 10, 12, 14, 16, 18, 20 y 22 cm de altura de la tabla XXXII Coeficiente $k = 10$ kg por mm ²

Luz........	Altura y distancia entre ejes de las viguetas en I para una carga total por m² de viga							
	300		400		500		600	
	Altura.	Distancia	Altura	Distancia	Altura	Distancia	Altura	Distancia
m	m.	m	m	m	m	m	m	m
2,50	0,08	0,85	0,10	0,93	0,12	0,97	0,12	0,81
3	0,10	0,86	0,12	0,85	0,14	1,15	0,14	0,96
3,50	0,12	0,83	0,14	1,06	0,14	0,85	0,16	0,96
4	0,14	1,08	0,14	0,81	0,16	0,89	0,18	1,01
4,50	0,14	0,85	0,16	0,88	0,18	0,96	0,18	0,80
5	0,16	0,95	0,18	0,97	0,18	0,78	0,20	0,79
5,50	0,18	1,07	0,18	0,80	0,20	0 78	0,22	0,81
6	0,18	0,90	0,20	0 82	0,22	0,81	0,22	0,68
6,50	0,20	0,93	0,22	0 87	0,22	0,69	0,22	0,58
7	0,22	1,00	0,22	0,75	0 22	0,60	—	—
7,50	0,22	0,87	0,22	0,65	—	—	—	—
8	0,22	0,76	0,22	0,57	-	—	—	—

Vigas maestras.—Para luces mayores se apoyan las viguetas sobre vigas maestras, en I simple ó compuesta, para cuyo cálculo véanse las tablas XXXIII, XXXIV, XXXV y núm **118**

Coste.—Precio del material (Véase «Serie de precios»).—Mano de obra para el asiento del hierro de un suelo metálico ordinario: 0,2 jornales de albañil y peón por cada quintal de hierro en suelos sencillos, forjados de bovedilla. Suelos con vigas maestras, jornales de albañil y peón, 0,2, de herrero, 0,6, mancebo, 0,3.— Gastos generales, 30 %

126bis. Suelos y construcciones de cemento armado.—(Hormigón con hierros cuadrados y redondos)

1) *Dinteles sencillos* (convenientes para luces de 4—5 m.)

Sean: *s*, espesor del dintel en cm., *l*, luz en m., *f*, sección total del hierro en cm² (repartida en el espesor del hormigón á la profundidad de $^{24}/_{25}$ *s*) por m. de ancho del dintel, *P*, sobrecarga en kg. por m², *M*, momento flector máximo, debido al peso propio y á la sobrecarga por m. de ancho del dintel en kg. y cm., *K*, carga de seguridad del hormigón en kg. por cm² (= 15—30 kg.); *m*, relación entre las cargas de seguridad del hierro y del hormigón (varía de 10—60, para el empleo de las fórmulas debe tomarse *m* = 40). Se tiene (fórmula del Ingeniero Baroni)

$$s = 0{,}218\sqrt{\frac{M}{K}}, \qquad f = \frac{5{,}45}{m}\sqrt{\frac{M}{K}}.$$

La sección *f* del hierro se subdivide en un número de hierros tal, que sus distancias sucesivas no sean >20 ni <3 cm. — En el caso de luces >3 m. conviene añadir armaduras de hierro (celosías, tirantes, uniones verticales) para impedir el deslizamiento en los planos verticales ú horizontales; la sección se calcula como en las armaduras metálicas, admitiendo para el hormigón una carga de seguridad de $1 \div 2$ kg. por cm.² para el deslizamiento y de 4 kg. en la dirección de las tensiones: con estas fórmulas se ha calculado la tabla XLIII^{III}, teniendo en cuenta para las luces y sobrecargas mayores, armaduras resistentes al deslizamiento.

2) *Suelos formados por viguetas y forjado.* — Cuando la luz es >4 m., conviene formar el suelo con viguetas y un forjado sen-

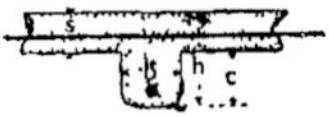

Fig. 52.

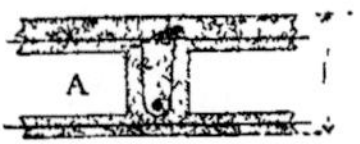

Fig 53

cillo (fig. 52) ó con un doble forjado y vigas (fig. 53).—En el primer caso, la distancia entre las vigas conviene sea de $1{,}50 \div 3$ metros, según la posición de los apoyos; en el segundo caso es de $1 \div 1{,}40$ m. —El tipo de la figura 53 conviene para las casas de habitaciones, y entonces $h = 20 \div 25$ cm. para luces de $4 \div 6$ m.; conviene también para grandes locales industriales, y h puede alcanzar hasta $50 \div 60$ cm. en naves de 10 y sobrecargas de $500 \div 1000$ kg. por m.² El forjado inferior (techo) tiene un espesor de $3 \div 4$ cm. y está armado con $4 \div 6$ hierros de 6 mm. de diámetro por cada metro de ancho del forjado. Al superior se le da un espesor mínimo de 5 cm. en las habitaciones y de 7 cm. en locales industriales: en los primeros conviene rellenar el intervalo *A* con escorias ú otro material ligero para evitar las resonancias (se pueden emplear también como canalizaciones de calefacción y ventilación).

TABLA LXIII^{III}.

l = luz; s = espesor del forjado; f = sección total del hierro p. m. de ancho del forjado $\left(\text{se supone } M = \frac{Pl^2}{8}\right)$.

Sobrecarga P kg. por m.²	l = 1 m.		l = 1,20		l = 1,50 m.		l = 2 m.	
	s cm.	f cm.²	s cm.	f cm.²	s cm.	f cm.²	s cm	f cm.²
150	4	1,04	4	1,50	4	2,34	5	3,44
200	4	1,25	4	1,81	4	2,81	6	3,50
300	4	1,66	4	2,40	5	3,00	6	4,50
400	4	2,08	4	3,00	5	3,65	7	4,80
500	4	2,50	5	2,83	6	3,65	8	5,00
750	5	2,65	6	3,06	7	4,32	9	6,10
1000	5	3,50	6	4,41	8	4,80	10	6,94
1500	6	4,15	7	5,03	9	6,45	12	8,20
2000	7	4,53	8	5,91	10	7,40	14	9,00
5000	11	6,60	13	8,00	16	10,85	21	13,80

	l = 2,50 m.		l = 3 m.		l = 4 m.		l = 5 m.	
	s cm.	f cm.²	s cm.	f cm.²	s cm.	f cm.²	s cm.	f cm.²
150	7	4,22	8	5,62	12	8,18	18	11,72
200	7	4,87	9	5,97	13	9,15	19	12,60
300	8	5,58	10	6,90	15	10,00	20	13,90
400	9	6,05	12	7,16	16	11,43	23	14,10
500	10	6,45	12	8,17	18	11,90	24	15,62
750	12	7,80	14	10,40	20	13,90	—	—
1000	13	9,40	17	10,50	22	15,75	30	19,50
1500	16	10,60	19	13,00	—	—	—	—
2000	18	12,00	22	14,20	30	19,70	—	—
4000	—	—	—	—	40	26,50	—	—
5000	27	18,50	32	22,50	—	—	—	—

La altura de las vigas para la fig. 52 se fija entre $\frac{1}{25}$ y $\frac{1}{10}$ de la luz; la de las vigas maestras es por lo menos de 5 cm. > que la de las viguetas; el ancho b no será < 12 cm. y se puede determinar con la siguiente tabla XLIII^{IV}, tanto para la fig. 52 como para la fig. 53.

TABLA XLIII^{IV}

Ancho b de las vigas en suelos como los de las figuras 52 y 53

Carga total p. m. l. de vigas — *kg*	Valores de b en cm para									
	Luz de la viga 3 m y c = cm					Luz de la viga 5 m y c = cm				
	12	**15**	**20**	**25**	**30**	**20**	**30**	**40**	**50**	**60**
500	12	12	12	—		12	12	—	—	—
1000	17	15	15	14	14	21	16	16	—	—
2500	25	24	22	22	21	34	32	27	25	—
5000	—	—	33	28	27		—	37	35	—
10000	—	—	—	45	41	—	—	—	60	50
	Luz 7 m y c = cm					Luz 10 m y c = cm				
	30	**45**	**60**	**70**	**90**	**40**	**60**	**80**	**100**	**120**
500	17	14	—		—	20	16	—	—	—
1000	25	20	18	—	—	27	24	20	—	—
2500	—	34	28	26	—	—	40	33	30	—
5000	—	—	43	40	—	—	—	50	42	—
10000	—	—	—	60	50	—	—	70	60	50

La tabla XLIII^{IV} sirve para por una primera aproximación conocer el peso propio aproximado del suelo; se establece después el ancho b definitivo de la viga en función del diámetro de los hierros de la armadura, dispuestos en uno ó varios planos, dejando entre sí una distancia de ~ 2 cm. El primer cálculo del hierro resistente al par flector puede buscarse considerando el forjado superior como resistiendo sólo a la compresión (carga de seguridad 15 — 40 kg p. cm^2) y la resultante de tensión como concentrado en un solo hierro a $\sim 3 - 10$ cm del perfil inferior de la viga (según su altura). La armadura para impedir los corrimientos se calcula como para los forjados.

3) *Coste* de los suelos de cemento armado (véase núm. **192**).

4) ***Bóvedas***. —Flecha $= \frac{1}{10}$ de la cuerda l. Se tiene para el espesor s en la clave (en m) y la sección f del hierro (en m^2) por m. de longitud de la bóveda (fórmulas de Wayss para bóvedas escarzanas)

$$s = \frac{Pl}{K}\left(0{,}617 + \sqrt{0{,}38 + \frac{K}{117\,P}}\right), \quad f = \frac{1}{4}\,\frac{K}{K_1}\,s$$

en la que $K K_1$ son las cargas de seguridad (en kg por m ²) del hormigón y el hierro y P la sobrecarga en kg por m ²

5) *Pilares* —La armadura se forma con 6, 8 ó 16 hierros redondos (de 8—50 mm de diámetro) puestos en los angulos, unidos horizontalmente con hierros planos ó alambre

Sea A la sección del pilar, f la del hierro, k la carga de seguridad del hormigón como en 1)) Si puede suponerse el pilar libre de flexiones, se calculara solo para la compresión, determinando la máxima carga admisible P, en función de la carga de seguridad k, como si la sección fuese $= A + 10f$

Si ha de considerarsele como un sólido cargado por el extremo, se procederá como en el num **103** En este caso se emplea la fórmula de Rankine, J representará el momento de inercia de la sección A, aumentado en el momento de inercia (respecto al eje del pilar) de los hierros, suponiéndolos de sección décupla de la efectiva $\alpha = 0{,}0002$

Generalmente se hace $\frac{f}{A} \gtreqless 0{,}05$ y nunca $> 0{,}15$,

Conviene que la carga total del pilar dividida por la sección total no dé una cota > 60 kg p m ²

6) *Muros* — La armadura consta de barras verticales, colocadas muy próximas á una y otra superficie y barras horizontales en el centro Espesor de los muros de cemento armado tabiques que no sufren cargas, 5—8 cm, para muros de algun espesor, se calcula en función de la carga, con un coeficiente de seguridad k, no $> 15 - 20$ kg p cm ² de la sección total del cemento y del hierro, espesor mínimo en cada una nunca < 15 cm

127. Pavimentos y techos.—Pavimentos de baldosa, baldosín, cemento, asfalto ó lava, azoteas y terrazas a la veneciana capa de grava ó cascote y cal de 35—80 mm de espesor, espesor del cemento 20—30 mm, del asfalto 10—15 mm en pavimentos ordinarios, 20—25 en ídem para carruajes, en las terrazas 25—50 mm Enlosado área de grava y mortero, ó ladrillo y mortero, de 80—100 mm de espesor, losas de 40—120 milímetros Empedrados lecho de arena de 40—60 mm, cuñas de 60—100 mm de diámetro Entarimados tablas de 25—40 mm sobre rastreles de 40 × 80 mm de escuadría á 0,50 m de distancia, ó de 80 × 100 mm a 0,60—0,70 m

Techos cielos rasos sujetos á los cabios ó á una armadura ligera, guarnecido de 20—25 mm Enlistonado listones de 25—50 milímetros de lado, clavados á los cabios á intervalos de 10 mm para el guarnecido

Mano de obra por 1 m² de embaldosado jornales de solador y peón, 0,2, en pavimento de asfalto, 0,5 — 0 7, de cemento 0 2, terrazas 0,6 — 1, enlosado 0,25, de cuñas 0,6 Entarimados jornales de carpintero y aprendiz 0 4 — 0,5 Gastos generales 30 — 35 %

Mano de obra por 1 m² de cielo raso jornales de albañil y peón 0 28, de enlistonado 0,33 Gastos generales 25 % Clavazón y alambre de hierro 0,25 — 0 35 kg

4.— Cubiertas.

128. Peso propio y sobrecarga.—El peso propio de la cubierta (sin contar las armaduras) y el material de cubierta se compone como sigue, para techos de madera ó metalicos

a) Carreras	por m² de cubierta		kg	12 — 15
b) Entramado, compuesto de carreras, latas, etc, para cubiertas ligeras (hierro, zinc vidrio, pizarra) .	»	»	»	15 — 25
Para cubiertas pesadas (tejas)	»	»	»	25 — 35

La presión vertical debida á la nieve para cubiertas de inclinación corriente, es decir, de 33 a 18°, varía desde 30 — 90 kilogramos por m², segun que el espesor de la nieve sea de 0,40 — 0,80 m La presión vertical del viento, para las mismas inclinaciones, es de 20 — 80 kg Cuando aumenta la inclinación de la cubierta, disminuye la presión de la nieve y crece la del viento En general, para nuestras latitudes se puede calcular la sobrecarga total debida a la nieve y al viento, en 60 — 80 kilogramos por m² de cubierta, segun el clima y la exposición, cualquiera que sea la inclinación

Por consiguiente, la carga total por m² de cubierta, excluyendo el material de la misma será

Cubiertas ligeras, segun el clima y la exposición	kg	90 — 120
Cubiertas pesadas	»	110 — 140

A esta carga se debe aumentar el peso del material de cubierta, segun resulta de la tabla siguiente

MATERIAL DE CUBIERTA	Número de piezas por m²	Pendiente en fracción de la luz	Peso por m² en kg
Tejas comunes, alomadas, de 0,40 × 0,13 × 0,19 m.	36 — 44	$^1/_3$ — $^1/_4$	70 — 80
Tejas comunes (con cobija).... ...	54	»	105
Tejas planas de 0,42 × 0,25 m. . ..	14	»	36,5
» » de 0,28 × 0,21 m......	21	»	33,5
» » sobre enlatado	—	»	110
Pizarra francesa, espesor 3—4 mm	46 — 60	»	30 — 35
» lombarda » 6—9 »	22 — 24	»	30 — 45
Palastro galvan.° » 0,7 —1 »	—	$^1/_5$ — $^1/_6$	6 — 8
Zinc, núms. 14-16 » 0,9—1,1 »	—	»	6 — 7,5
Plomo, espesor...... . 3—5 »	—	»	40
Vidrio, » .. .. 3—5 »	—	»	8 — 14
» » . . . 10—12 »	—	»	32

129. Composición de las cubiertas.—Distancia ordinaria entre las armaduras de madera ó hierro, 3 — 4,50 m de eje a eje (puede alcanzar hasta 7 — 8 m para armaduras de hierro de grandes luces). Distancia de las carreras, 1,25 — 2 m, de los parecillos, 0,40 — 0,50 m, de las latas (para tejas alomadas), 0,08 — 0,12 m. Para cubierta de teja común ó alomada pueden substituirse los parecillos y latas por una serie de parecillos más ligeros, separados 0,15 m. La distancia de los listones, cuando se emplean tejas planas, depende de la longitud de la teja.—Si el material de cubierta se dispone sobre un plano formado por latas ó tablas, éstas se colocan directamente sobre los parecillos.

En los techos de hierro se emplean correas en I, L ó T para luces pequeñas, I sencilla, compuesta ó de celosía para luces medias y grandes, parecillos ó cabios y listones en T, L ó Z.

Las correas se calculan para el peso uniformemente repartido de la armadura de cubierta, de la sobrecarga y del material de cubierta, con las fórmulas del núm. **106**, caso 4.°, en función de luz, que es la distancia entre dos formas, los parecillos, para el peso uniformemente repartido de la sobrecarga y del material de cubiertas, empleando las mismas fórmulas y en función de la distancia entre dos correas.

130. Armaduras.—Son de madera, hierro ó mixtas. En estas últimas los pares son de madera. En las que son completamente metálicas, los pares tienen la sección en I, sencilla ó formada por dos hierros en ⊏ unidos, compuesta, de alma llena ó de celosía. Los tirantes se constituyen por un hierro redondo ó dos hierros planos. Jabalcones: de hierro fundido ó laminado sección + en las armaduras Polonceau; de hierros en T en el sistema inglés. Arriostrado de los cuchillos ó armaduras: hierros redondos ó planos, cruzados ó longitudinalmente.

En los cálculos siguientes P representa la carga total repartida en el par de longitud l. En las fórmulas y en las figuras, las letras mayúsculas indican los esfuerzos á que están sometidas las piezas, cuyas longitudes se designan con las mismas letras minúsculas. Las líneas gruesas representan piezas sometidas á compresión; las líneas finas, piezas sometidas a tensión. Las secciones correspondientes se calculan según las reglas de los números **102-103**.

$2b$ = luz de la armadura, a altura.

1) *Armadura sencilla* (figura 54). — Conviene para luces de 6 — 8 m. — Tensiones en los tirantes y pendolón de longitudes x, h:

$$X = P\frac{x}{2h} \qquad H = P\frac{f}{h}$$

(f = flecha del tirante.)

Presión en el par l:

$$I = X\frac{l}{x}$$

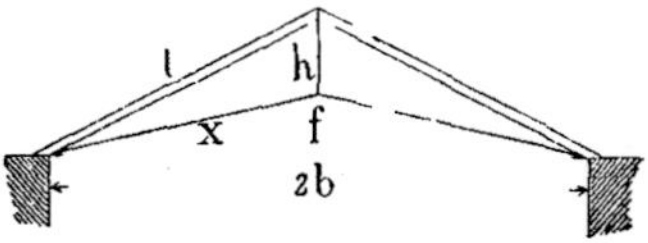

Fig. 54

Si $f = 0$, $H = 0$, es decir, que h no hace más que sostener el tirante (basta un diámetro de 15 — 18 mm) ó se suprime. El par está sometido á una flexión cuyo momento máximo es

$$M_m = 0{,}125\,P\,l$$

por consiguiente, la sección se calculará (núm. **113**) por la fórmula

$$\frac{A}{I} + \frac{M_m}{J} < K$$

tomando el coeficiente K para compresión, según el núm. **103**.

2) *Armadura con jabalcones* (fig. 55). — Conviene para luces de 10 — 12 m. — Véase tabla XLVII (sistema inglés, de un jabalcón). — Tensión en x, h:

$$X = 0{,}81\,P\frac{x}{h} \qquad H = \left(0{,}625 + \frac{f}{l}\right)P$$

Presión en el jabalcón d

$$D = 0,625\, P \frac{d}{h}$$

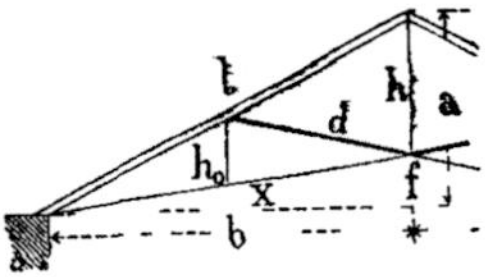

Fig 55

Presión máxima en el par l

$$L_{max} = X \frac{l}{x}.$$

Momento flector máximo del par (b = semiluz)

$$M_m = 0,03125\, Pb$$

Cálculo del par como anteriormente Si $H_0 = 0$, h sólo sostiene el tirante y puede suprimirse

Como caso particular $f = 0$, $h = a$ El tirante x es horizontal y si $f = h = \frac{a}{2}$ el jabalcón d es horizontal y forma puente

3) *Armadura sistema Polonceau*

a) *De una biela* (fig 56) Conviene para luces de 12 — 16 m, pero puede aplicarse a luces mayores (véase la tabla XLIV)

w, x, y tirantes ($x = y$), d, biela l, longitud del par

Se prolonga w hasta encontrar a los pares, se eleva la vertical t hasta su intersección con el par, desde el punto de encuentro se traza la perpendicular s a la prolongación del tirante y

$$X = 0\,81\, P \frac{\lambda}{t}, \quad Y = 0,0625\, P \frac{13\, m + 10\, n}{s}, \quad W = 0,5\, P \frac{b}{h},$$

$$D = 0,625\, P \frac{b}{t}, \quad H = 0, \quad L_{máx} = X \frac{l_1}{x}, \quad M_m = 0,03125\, Pb.$$

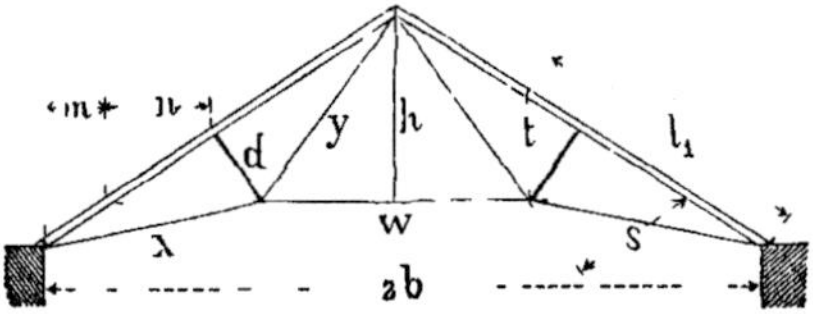

Fig 56

El par se calcula como en el primer caso

b) *De tres bielas* (fig 57) Conviene para luces de 20 — 25 m.; pero se aplica á las de 40 m y mayores (Véase tabla XLV.)

$x_1 = x_2 = y_1 = y_2 = s$, w, tirantes, $d_1\ d_2\ d_1$ bielas ó manguetas, t vertical trazada como anteriormente

$$\left.\begin{array}{l} X_1 = 1{,}8 \\ X_2 = 1{,}514 \end{array}\right\} P\,\frac{x_1}{t},$$

$$W = 0{,}5\,t\,\frac{b}{h},$$

$$Z = 0{,}286\,P\,\frac{x_1}{t},$$

$$Y_1 = 4\,P\,\frac{x_1}{t}\,\frac{0{,}2\,b + 0{,}05\,m}{b - m},$$

$$Y_2 = Y_1 - Z$$

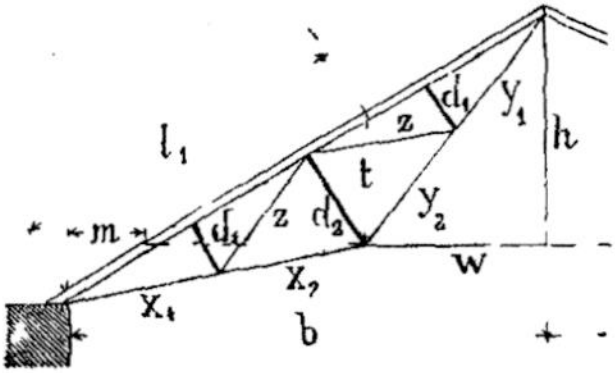

Fig 57

$$\left.\begin{array}{l} D_1 = 0{,}286 \\ D_2 = 0{,}514 \end{array}\right\} P\,\frac{b}{l}, \quad L_{max} = X_1\,\frac{l_1}{2\,x_1}$$

$$H = 0, \quad M_m = 0{,}0067\,l\,b$$

El par se calcula como antes

5) *Armadura inglesa* (tirantes verticales) —V tabla XLVII

Construcción general para un numero cualquiera de jabalcones (fig 58)

AG vertical $= \frac{P}{2}$ $GE \parallel AC$, $GF \parallel d_4$ hasta encontrar en F al par, $FG_3 \parallel d_3$, $FG_2 \parallel d_2$, $FG_1 \parallel d_1$, FF_4 vertical, $G_3\,F_3$, $G_2\,F_2$ $G_1\,F_1$, paralelas AC Los esfuerzos a que están sometidas las diversas piezas del sistema se deducen, segun la escala adoptada para AG, de las fórmulas

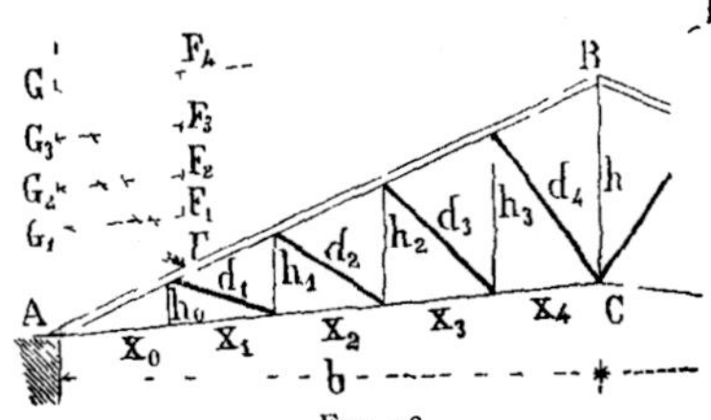

Fig 58

$$X_4 = EG + GF_4, \quad X_3 = X_4 + GF_4, \quad X_2 = X_3 + GF_4,$$
$$X_1 = X_0 = X_2 + GF_4$$
$$D_4 = FG, \quad D_3 = FG_3, \quad D_2 = FG_2, \quad D_1 = FG_1,$$
$$H = 2\,FF_4, \quad H_3 = FF_3, \quad H_2 = FF_2 \quad H_1 = FF_1,$$
$$H_0 = 0$$

$$L_{max} = X_1\,\frac{AB}{AC}.$$

La tabla siguiente da los momentos máximos de flexión del par y las luces á que se puede aplicar en cada caso:

Número de jabalcones en media forma.	Valores de M_m	Convenientes para luces de
2	0,0111 Pb	15 ÷ 18 metros.
3	0,0067 Pb	26 ÷ 28 »
4	0,0042 Pb	34 ÷ 36 »
5	0,0030 Pb	40 ÷ 45 »

El par se calcula como en el primer caso.

131. Cubiertas de madera.—*a) Armaduras.*

1) Para luces hasta de 7 m. se emplean armaduras sencillas de tirantes y pendolón de madera ó de hierro (fig. 54, para $f = 0$).

Dimensiones aproximadas para una carga de 720 kg. por m. l. de par:

Luz............................	m.	**5**	**6**	**7**
Escuadría del par y tirante.......	cm.	22.18	25.20	28.22
Diámetro del tirante (de hierro)..	cm.	2,4	2,8	3,2

2) Para luces de 12 ÷ 15 m., se pueden emplear armaduras con jabalcón *d* (fig. 59) tirante *b* y pendolón *h* (también de hierro), ó bien con puente de madera y tirante oblícuo de hierro (fig. 60). Dimensiones aproximadas para cargas de 720 kg. p. m. l. de par.

Fig. 59.

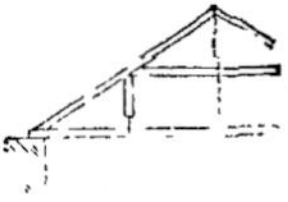

Fig. 60.

Luz......................	m.	**7 ÷ 8**	**9 ÷ 10**	**11 ÷ 12**	**13 ÷ 15**
Pares (escuadría).........	cm.	20.16	22.18	25.20	28.22
Tirante »	»	22.18	25.20	27.22	30.25
Puente »	»	18.15	20.16	23.18	26.20
Pendolón »	»	15.12	16.13	17.14	20.16
Diám. del tirante de hierro.	»	3,4	3,6	4	4,5
Idem del pendolón de íd. ..	»	1,5	1,8	2	2

3) Para luces mayores, hasta 25 m. y más, sirven los tipos de la figura 61 (puente y jabalcones) y figura 62 (puente de madera) tirante de hierro ó madera.

Fig. 61. — Dimensiones de los (pares para la misma carga que anteriormente), como los pares de madera de la tabla LXV. Tirante: cm. 30.25; 35.30; 40.35, para luces de 15, 20, 25 m. Puente y jabalcones proporcionados.

Fig. 62. — Pares para la misma carga que anteriormente: 28.20; 34.24; 40.28 cm.; tirante de hierro de 5, 6, 7 cm. para luces de 15, 20, 25 m. Puente y jabalcones proporcionales.

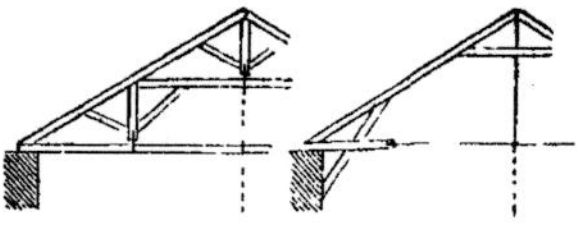

Fig. 61 Fig. 62.

b) Entramados de cubierta.

Distancia entre la carreras.	Escuadría para una carga por m.² de techo de					
	140 ÷ 150 kg. Luz de la armadura.			**180 ÷ 200** kg. Luz de la armadura.		
	3 m	**3,75** m.	**4,50** m	**3** m.	**3,75** m.	**4,50** m.
m	cm.	cm.	cm.	cm.	cm.	cm.
1,25	15 × 12	18 × 12	18 × 15	17 × 14	19 × 15	20 × 16
2	17 × 14	20 × 14	22 × 15	20 × 16	22 × 18	24 × 20

Parecillos. Para una carga de 140 ÷ 150 kg. por m.² de cubierta y una distancia entre ejes de 0,45 ÷ 0,50 m., varía la sección de 8.6 cm. á 10.8 cm., según estén las carreras de 1,25 ÷ 2 m. Para una carga de 180 ÷ 200 kg. y la misma distancia la sección varía de 10.6 cm. á 12 10 cm. para carreras espaciadas de 1,25 á 2 m.

Listones. Secciones de 4.2 á 5.3 cm., según varía la distancia de 0,10 m. (tejas comunes) á 0,35 m. (tejas planas grandes).

Enlatado. Espesor de las latas ó tablas para cubiertas de metal, pizarra y á veces tejas: 0,02 ÷ 0,025 m.

c) Precio.—Materiales y cubiertas. (Véase «Serie de precios»)

Mano de obra para 1 m.² de entramado de cubierta de parecillos y listones, jornal de operario y muchacho 0,1; con parecillos y enlatado, 0,075; parecillos solamente, 0,05. Clavazón 0,15 ÷ 0,25 kg Por m.² de cubierta de teja común, jornales de oficial y peón: 0,15; de teja plana, 0,06; tejas planas con entramado, 0,22; pizarra, 0,15 ÷ 0,20; palastro 0,3 ÷ 0,4. Gastos generales, 25 ÷ 30 %.

Mano de obra para preparar, elevar y colocar las armaduras: jornales del carpintero, 5 ÷ 6; peón, 1 por cada m.³ de armadura, incluyendo el trabajo en el taller. — Gastos generales 30 %, más el alquiler de los aparatos elevadores auxiliares — Clavazón, herrajes, etc , 10 — 20 kg por m ^{3} de armadura

132 Cubiertas de hierro.

1) *Cubiertas ordinarias* — Tipos de armaduras véanse figuras 54 a 57 — Dimensiones de las armaduras y carreras, véanse tablas XLIV á XLVII — Peso de las armaduras metálicas, de 12 á 24 kg de cubierta según varíe la distancia de las formas de 3 á 4 m , la luz de 8 á 20 m y la carga de 100 á 200 kilogramos por m ^{2}—Coste de armaduras y cubiertas terminadas, véase «Serie de precios»

2) *Cubiertas de palastro ondulado* — Se emplea el palastro ondulado como material de cubierta, sin armaduras — El perfil es un arco de círculo ó de parabola, flecha= $^1/_4$ — $^1/_5$ de la cuerda — Hierros de angulo en cada línea de arranques, para apoyar la cubierta sobre el muro — Tirantes (horizontales) cada 4 m , á lo mas 5 m , fijos a los hierros en angulo de los arranques y sostenidos por varillas verticales, distantes 4 — 5 m Para las dimensiones véase la tabla XLVIII — Peso del m ^{2} de cubierta (comprendiendo todo), de 15 a 20 kg para luces de 8 a 25 m

Tablas referentes a las armaduras.

Las tablas siguientes se refieren a una carga de 720 y 480 kilogramos por m 1 de par La carga de 720 kg corresponde a los casos siguientes

Carga total por m ^{2} de cubierta .	kg	240	180	144	120
Distancia entre armaduras.. ..	m	3	4	5	6

y en general a todos aquellos en que el producto de la carga total por m ^{2} de cubierta, por la distancia entre las armaduras, es = 720

La carga de 480 kg corresponde á los casos siguientes

Carga total por m ^{2} de cubierta...	kg	160	137	120	107
Distancia entre las armaduras ..	m	3	3 50	4	4,50

y en general en todos aquellos en que el producto citado antes es = 480

Los hierros en I indicados se deducen de la tabla XXXIII.

TABLA XLIV.—Armadura Polonceau de un jabalcón

Flecha de la cubierta = $^1/_4$; ídem del tirante = $^1/_{20}$ de la luz.

Carga de 720 kg. por m. l. de par.

Luz.	PARES DE						Jabalcón de hierro fundido: área de la sección.	Diámetro de los tirantes (designación de los tirantes como en la figura 56).		
	Hierros en I (letras como en la fig. 41, num. III y en la tabla XXXIII).				Madera *h* canto *b* tabla.					
	H	*B*	γ	δ	*h*	*b*		*x*	*y*	*w*
m.	mm.	mm.	mm.	mm.	mm.	mm.	mm.^{2}	mm.	mm.	mm.
8	140	47,2	5,5	10,2	200	140	430	33	24	24
9	140	53,2	11,5	10,2	200	140	490	35	25	25
10	160	54	8	11	200	160	525	36	26	26
11	180	57,5	8	11,7	240	160	584	38	27	28
12	180	61,5	12	11,7	240	160	650	40	29	29
13	200	61	10	12,5	280	160	820	42	30	31
14	220	65,5	11	13,2	280	160	900	44	31	32
15	220	67,5	13	13,2	280	200	960	45	32	33
16	220	69	14,5	13,2	280	200	1020	46	33	34

Carga de 480 kg. por m. l. de par.

Luz.	PARES DE						Jabalcón de hierro fundido: área de la sección.	Diámetro de los tirantes (designación de los tirantes como en la figura 56).		
	Hierros en I (letras como en la fig. 41, núm. III y en la tabla XXXIII).				Madera *h* canto *b* tabla.					
	H	*B*	γ	δ	*h*	*b*		*x*	*y*	*w*
m.	mm.	mm.	mm.	mm.	mm.	mm.	mm.^{2}	mm.	mm.	mm.
8	120	43,5	5	9,2	200	100	290	27	20	20
9	120	49	10,5	9,2	200	120	330	29	21	21
10	140	49,2	8	10,2	200	120	350	30	22	22
11	160	52	6	11	200	160	390	32	23	23
12	160	54	8	11	200	160	433	33	24	24
13	160	56	10	11	240	160	550	34	25	25
14	180	59,5	10	11,7	240	160	600	36	26	26
15	200	61	10	12,5	240	200	640	37	26	27
16	200	63	12	12,5	240	200	680	38	27	28

Tabla XLV.— Armaduras Polonceau con tres jabalcones ó bielas.

Flecha de la cubierta = $^1/_5$; ídem de los tirantes = $^1/_{25}$ de la luz.

Carga de 720 kg. por m. l. de par.

Luz........	PARES DE						Bielas de hierro fun.º (designación como en la fig. 57) Area de la seccion		Diámetro de los tirantes (designación como en la fig. 57).					
	Hierros de I (letras como en la fig 41 y tabla XXXIII).				Madera *h* canto *b* tabla									
	H	*B*	γ	δ	*h*	*b*	d_1	d_2	λ_1	λ_2	*w*	y_1	y_2	*z*
m	mm	mm.	mm	mm.	mm.	mm	mm.²	mm²	mm	mm	mm	mm	mm.	mm.
15	180	59	10	12	240	160	400	1000	53	49	35	41	35	21
16	180	63	14	12	240	160	430	1020	55	51	37	42	37	21
17	200	61	10	12	280	160	450	1080	57	53	39	43	38	22
18	220	63	9	13	280	160	480	1160	59	55	40	44	39	22
19	220	65	11	13	280	160	500	1200	60	56	41	45	40	23
20	220	67	13	13	280	200	530	1260	62	57	42	47	41	24
22	220	69	14	13	280	200	580	1400	65	60	43	49	42	25
24	220	69	14	13	320	200	630	1540	68	63	45	51	44	26
	Carga de 480 kg. por m. l. de par.													
15	140	53	11	10	200	160	270	670	44	41	30	34	30	18
16	160	54	8	11	200	160	290	690	45	42	31	34	31	18
17	160	56	10	11	240	160	300	720	46	44	32	35	31	18
18	180	59	10	12	240	160	320	775	48	45	34	36	32	19
19	180	59	10	12	240	160	340	800	49	45	34	37	33	19
20	180	61	12	12	240	200	360	840	51	46	35	39	34	20
22	200	61	10	12	240	200	390	930	53	49	36	41	35	21
24	200	63	12	12	280	200	430	1030	56	52	37	42	36	22

Tabla XLVI.—Carreras de hierro en I.

Tipos de dos hierros como en la tabla XXXII. La tabla siguiente da sólo la altura de la viga; las demas dimensiones se deducen de la tabla XXXII.

Distancia entre las carreras..	Carga por m.² de cubierta.											
	120 kg. Distancia entre las armaduras.				140 kg. Distancia entre las armaduras			160 kg. Distancia entre las armaduras.			180 kg. Distancia entre las armaduras.	
	3 m	4 m	5 m.	6 m.	3 m	4 m	5 m	3 m.	4 m.	5 m	3 m.	4 m.
m	mm.	mm.	mm	mm	mm.	mm	mm	mm.	mm	mm	mm.	mm.
1,50	100	120	140	160	100	140	140	100	140	160	120	140
2	100	140	160	180	120	140	180	120	140	180	120	160

TABLA XLVII.—Armadura de sistema inglés.

Flecha = $^1/_5$; ídem del tirante = $^1/_{40}$ de la luz.

Luz.	Núm. de bielas.	Pares de hierro en I (letras como en la fig. 41 y tabla XXXIII).				Bielas de hierro en T (letras como en la fig 43 y tabla XLII).			Tirantes. (Designación según la fig. 58). Tirantes verticales (area de la sección).			Tirantes oblicuos (área de la sección.)		
		H	B	γ	δ	H	B	δ	h	h_1	h_2	x_0 x_1	x_2	x_3
Carga de 720 kg. por m. l. de par.														
m		mm.	mm	mm	mm	mm	mm.	mm.	mm.^{2}	mm.^{2}	mm.^{2}	mm.	mm.	mm.
8	1	140	47	5	10	60	60	7	219	—	—	32	—	—
9	»	140	53	11	10	60	60	7	238	—	—	34	—	—
10	2	140	47	5	10	60	60	7	363	75	—	37	33	—
11	»	140	50	8	10	60	60	7	400	82	—	39	35	—
12	»	160	54	8	11	60	60	7	425	88	—	40	36	—
13	»	160	56	10	11	70	70	8	450	94	—	41	37	—
14	»	180	57	8	12	70	70	8	480	100	—	43	38	—
15	»	180	59	10	12	70	70	8	510	110	—	44	39	—
16	3	160	54	8	11	70	70	8	625	85	165	49	44	40
18	»	180	57	8	12	80	80	9	700	95	195	50	46	43
20	»	180	59	10	12	80	80	9	790	105	215	53	49	45
Carga de 480 kg. por m. l. de par.														
8	1	120	43	5	9	50	50	6	150	—		26	—	—
9	»	120	49	10	9	60	60	7	160	—	—	27	—	—
10	2	120	43	5	9	50	50	6	240	50	—	31	27	—
11	»	120	49	10	9	50	50	6	270	53	—	32	29	—
12	»	140	47	5	10	60	60	7	290	60	—	33	30	—
13	»	140	49	10	9	60	60	7	300	63	—	34	31	—
14	»	140	52	10	10	70	70	8	320	67	—	35	32	—
15	»	160	52	6	11	70	70	8	340	73	—	36	33	—
16	3	140	49	8	10	70	70	8	420	57	110	41	36	33
18	»	160	52	6	11	70	70	8	470	63	130	42	38	35
20	»	160	54	8	11	80	80	9	530	70	145	44	41	37

TABLA XLVIII.—Cubiertas de palastro ondulado.

Luz.	Palastro ondulado (tabla XXXIX c) Ancho de la ondulación	Alto de la ondulación	Espesor.	Diámetro del tirante.	Tirantes verticales. Numero.	Diámetro.
m.	mm.	mm.	mm.	mm.		mm.
8 ÷ 12	90	50	1	35	1 ÷ 2	16
12 ÷ 15	90	60	1	40	2 ÷ 3	»
15 ÷ 20	100	80	1	45	3 ÷ 4	»
20 ÷ 25	100	80	1,5	50	4 ÷ 5	»

5.—Muros y bóvedas.

133. Composición de los muros.

1) Dimensiones de los ladrillos mas usuales (Madrid) 0,28 × 0,14 × 0,045 Ladrillos y mortero para formar 1 m ³ de fabrica — Sean $a\,b\,c$ las tres dimensiones del ladrillo, $a_1 b_1 c_1$ las mismas, aumentadas en el espesor del mortero (0,01 m) El numero de ladrillos que entran en 1 m ³ de muro es de

$$\frac{1}{a_1 b_1 c_1} + 10\,\%,\quad \text{el volumen del mortero } 1 - \frac{a\,b\,c}{a_1 b_1 c_1}$$

Con ladrillos de las dimensiones usuales, 1 m ³ de muro exige unos 470 ladrillos, mortero, 0,24 m ³

Piedra y mortero para 1 m ³ de muro de mampostería —Piedra, 1,25 m ³ — 1,10 m ³ (comprendiendo las perdidas), mortero, 0,25 — 0,32 m ³, segun la precisión del trabajo

Espesor de un muro de n ladrillos (de ancho b) sin guarnecido, próximamente $= n b + 0{,}01\,(n - 2)$ m —Espesor del guarnecido, unos 0,02 m

2) Composición de morteros

Para 1 m ³ de cal apagada se necesitan 450 — 550 kg de cal viva grasa y 1,70 — 1 60 m ³ de agua, 550 — 675 kg de cal viva y 1,30 m ³ de agua, 850—1100 kg de cal hidraulica, con 1,20—1 m ³ de agua

En 1 m ³ de mortero para cimientos entran 0,30 — 0,32 m ³ de cal ordinaria y 1 — 0,95 m ³ de arena

En 1 m ³ de mortero para muros entran cal grasa, 0,35 — 0,40 m ³ y 0,95 — 0,90 m ³ de arena

En 1 m ³ de mortero para enlucidos cal grasa, 0,50 m ³, arena, 0,80 m ³

En 1 m ³ de mortero hidraulico cal hidraulica, 0,35 — 0,45 m ³, arena, 1 — 0,90 m ³

En 1 m ³ de mortero de cemento para muros cemento 400 — 500 kilogramos, arena, 0,85 m ³

En 1 m ³ de mortero de cemento para enlucidos cemento, 600 kg , arena, 0,65 m ³

En 1 m ³ de hormigón ordinario piedra machacada, 1 m ³, cal hidraulica, 150 kg , arena, 0,50 m ³

En 1 m ³ de hormigón de cemento piedra machacada, 0,75 m ³, cemento, 250 kg , arena, 0 50 m ³

3) Mano de obra para 1 m ³ de muro de ladrillo 0,5 — 0,6, jornales de albañil y peón, muro de mampostería con verduga-

das, 0,7; mampostería, 0,3; jornal de albañil por presentar el material y 0,6 ÷ 0,7 de albañil y peón para construir el muro.— Traviesas y tabiques: 0,1 ÷ 0,11 albañil y peón el m.² de enlucido ordinario, comprendiendo el enjalbegado, 0,16 — Gastos generales, 25 %.—Materiales y muros terminados. (Véase «Serie de precios».)

Mano de obra para la manipulación de 1 m.³ de mortero: jornales de peón, 0,5 ÷ 0,7; de hormigón, 0,75; de cal apagada, 0,4 ÷ 0,5.—Cribado de 1 m³ de mortero, 0,24.—Gastos generales, 20 %.

133 *bis*. Resistencia de los muros.—Para muros de espesor $\gtrless$ 0,45 m. se admiten las siguientes cargas de seguridad, por cm.²: muros de ladrillo con mortero ordinario 5 kg; con mortero de cemento 7,5; muros de mampostería con mortero ordinario 4; con mortero de cemento 5 kg; hormigón ordinario 5 ÷ 6, hormigón hidraulico 8 ÷ 15 según la riqueza del cemento. En muros de espesor < 0,45 m. se reduce la carga á $\frac{1}{2} \div \frac{2}{3}$ de los valores precedentes; para pilares á $\frac{1}{2}$.

134. Espesores de muros.

1) Muros y pilares aislados de altura h; espesor, $s = \frac{h}{8} \div \frac{h}{10}$.

Para muros y pilares de cemento armado véase núm. **126** *bis*.

2) Habitaciones.

a) Edificios de varios pisos — Espesor mínimo de las paredes maestras en el último piso = 3 anchos de ladrillos (0,35 m por lo menos); en los pisos inferiores aumenta un ancho de ladrillo por piso en los muros de fachada; un ancho por cada dos pisos en los muros interiores.—Traviesas que sostienen suelos y muros de caja de escalera, 3 anchos por lo menos en toda su altura.— Paredes secundarias, tabiques, espesor constante de 2, 1 ó ½ ancho, según los casos.

b) Edificios con bóvedas.—Paredes maestras, un ancho de ladrillo mas que en *a)*.

c) Edificios con muros de sillería.—Edificios de varios pisos: espesor mínimo en el último piso, 0,25 m. por lo menos: retallando en cada piso 0,10 ÷ 0,12 m. en los muros de fachada, y 0,05 m. en los interiores.-- Edificios con bóvedas: espesor, 0,10 m. mayor que los anteriores

3) Edificios industriales. (V. números **188-190.**)

a) Edificios de varios pisos.—Para luces que no excedan de 12 á 15 *m., con una ó dos filas de columnas*, espesor en el último piso, 3 anchos como mínimo, retallo de 1 ancho por piso Para luces mayores, un ancho de ladrillo más Si los pisos son muy elevados, se hacen los retallos cada 6 ó 7 m

b) Pisos bajos —Espesor de los muros exteriores, 3 — 4 anchos, según la altura

c) Muros sosteniendo transmisiones —Transmisiones ligeras, mínimum 3 — 4 anchos, id pesadas, 4 — 6, muy pesadas, 8 por lo menos En estas últimas es preciso reforzar el muro con pilastras y contrafuertes, sobre todo si la altura del muro sobre la transmisión es pequeña en todo caso el espesor del muro es constante hasta la cubierta

4) Relación entre los espesores de muros de diversos materiales —A igualdad de carga, si se designa por 1 el espesor de un muro de ladrillo, el equivalente en muros de sillería es 0,75, mampostería concertada, 1,25, mampostería ordinaria 1 85

135 Cimientos —Un buen terreno para construir puede cargarse de 25 000 á 30 000 kg. por m ² La superficie del cimiento se calcula en función de estos datos

Muros de cimientos —Espesor al nivel del suelo, por lo menos un ancho de ladrillo más que el muro del piso bajo Para profundidades > 1,5 m se hace un retallo de 1 ancho por cada 1 5 m, en muros de mampostería el retallo es de 0,15 m

Pilotajes en terrenos poco resistentes —Pilotes sobre los que insisten directamente las construcciones longitud del pilote, $l = 2 - 8$ m, diámetro $= 0,24 + 0,015$ $(l - 4)$ m Un pilote cada 0,8 — 1 20 m ² de superficie del terreno, según la carga. Pilotaje para afirmar el terreno longitud $l = 2 - 3$ m, diámetro $= 0,15 - 0,18$ m, distancia entre pilotes 0 75 — 1,50 m

Emparrillado escuadría de largueros y traveseros, 0,15 × 0,20 — 0,24 × 0,30 m, espesor del entablonado 0,08 — 0 10 m

Peso del mazo $Q = 1\ 1 - 1,7$ veces el del pilote para martinetes ordinarios, según la consistencia del terreno

Carga P que puede sostener un pilote hincado siendo s (en m) la penetración del pilote al último golpe de mazo de peso Q, y cayendo de una altura H ($H = 1 - 1\ 40$ m para martinetes ordinarios),

$$P = \frac{QH}{3s} \text{ kg}$$

Prácticamente, se somete el pilote a una carga máxima de $\frac{1}{10} P$ Ordinariamente la carga de seguridad de un pilote hincado á golpe de mazo puede elevarse de 40 — 50 kg por cm ² de sección

Ataguías para contener aguas, desecaciones, etc —Pilotes de 0,12 — 0,20 m de diámetro, separados 3 m, dispuestos en dos filas y unidos por cepos de madera de 0 15 × 0 20 m grueso de las tablas 0,08 — 0,10 m El espacio entre ambas filas se llena de arcilla batida

Mano de obra para excavar 1 m³ de tierra para cimientos, incluyendo el transporte hasta 60 m, 0,5 — 0 8 jornales segun la naturaleza del terreno, construcción de 1 m³ de muro ó de plataforma de hormigón, 0 65 Gastos generales, 15 — 20 %

Mano de obra para la hinca de un pilote de longitud l y diámetro d (en m), jornales, $\alpha\beta\gamma d\,[(1,7)^{l} - 1]$, en la que $\alpha = 4 - 5$ en terrenos arcillosos humedos (con pisón), $\alpha = 7 - 9$ en terrenos arcilloso silíceos ó arcilloso-calizos (maza sencilla), $\alpha = 10,2 - 11,7$ en grava (martinete), $\beta = 0,1$ para hinca en seco, $\beta = 0\ 15$ hinca bajo el agua, $\gamma = 1$ para pisón y maza $\gamma = 0\ 5 - 0,7$ para martinete Ademas, por el aserrado del pilote, jornal de carpintero 0,1 $(2\,d^2 + 0,1)$, jornal del ayudante, $0\ 1\,(2\,d^2 + 0\ 1)$, si el aserrado se hace en seco, y $0\ 6\,(2\,d^2 + 0,1)$ si se hace bajo el agua Mano de obra para la construcción del emparrillado, 0 12 jornal por m² de emparrillado además 0,8 jornal de carpintero y p ón por cada m³ de madera empleada y 0,15 por cada ensamblaje Gastos generales 40 — 50 % más el alquiler del martinete

136. Muros de sostenimiento de terraplenes (fig 63)

1) *Muros con mortero*

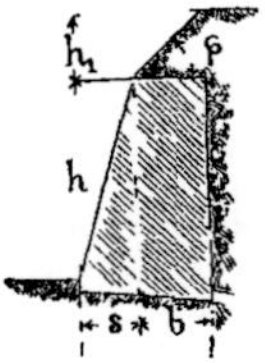

Fig 63

El espesor b en la coronación depende de que el paramento exterior sea vertical ó con talud de $\frac{1}{10}$ $(s = 0\ 1\ h)$ ó $\frac{1}{5}$ $(s = 0,2\,h)$ y de la altura h_1 del terraplen La tabla siguiente comprende tres casos y da los espesores correspondientes

1.er caso —Terreno de grava, angulo de rozamiento del terreno $\varphi = 45°$

2.º caso — Terreno de consistencia ordinaria $\varphi = 33°$ (caso medio)

3.er caso Terrenos arenosos, sueltos ó arcillas humedas, $\varphi = 27°$

La tabla siguiente se ha calculado en la hipótesis de un coeficiente de seguridad $= 2$, y admitiendo 1 600 y 2 400 kg para peso del m³ del terreno y del muro

$\frac{h_1}{h}$	Valores de $\frac{b}{h}$								
	1.er Caso $\varphi = 45^\circ$			2.° Caso $\varphi = 33^\circ$			3.er Caso $\varphi = 27^\circ$		
	$s=0$	$s=0,1\,h$	$s=0,2\,h$	$s=0$	$s=0,1\,h$	$s=0,2\,h$	$s=0$	$s=0,1\,h$	$s=0,2\,h$
0	0,273	0,179	0,096	0,361	0,265	0,179	0,408	0,312	0,224
0,1	0,299	0,204	0,120	0,393	0,297	0,209	0,443	0,342	0,257
0,2	0,319	0,224	0,139	0,417	0,321	0,232	0,468	0,371	0,282
0,3	0,335	0,240	0,154	0,436	0,339	0,250	0,487	0,390	0,300
0,4	0,348	0,252	0,166	0,450	0,353	0,264	0,502	0,405	0,315
0,5	0,359	0,263	0,177	0,462	0,365	0,276	0,513	0,416	0,325
0,6	0,367	0,271	0,184	0,472	0,375	0,286	0,522	0,425	0,334
0,7	0,375	0,279	0,192	0,480	0,383	0,293	0,529	0,432	0,341
0,8	0,382	0,[illegible]86	0,199	0,486	0,389	0,299	0,535	0,438	0,347
0,9	0,388	0,[illegible]92	0,204	0,492	0,395	0,305	0,5[illegible]1	0,443	0,352
1	0,393	0,297	0,209	0,497	0,400	0,310	0,544	0,447	0,356
1,5	0,411	0,315	0,227	0,513	0,416	0,325	0,558	0,461	0,369
2	0,423	0,326	0,238	0,523	0,426	0,335	0,566	0,569	0,377
2,5	0,430	0,333	0,245	0,529	0,432	0,341	0,571	0,574	0,382
3	0,4[illegible]6	0,339	0,251	0,534	0,437	0,346	0,574	0,477	0,385
4	0,443	0,346	0,257	0,539	0,442	0,351	0,579	0,482	0,39[illegible]
6	0,451	0,353	0,265	0,545	0,448	0,357	0,583	0,486	0,394
10	0,458	0,361	0,272	0,550	0,453	0,362	0,587	0,490	0,398
∞	0,469	0,372	0,283	0,559	0,462	0,370	0,594	0,497	0,405

Cuando b resulte $< 0,60$ m se toma siempre $b = 0,60$ m.

2) *Muros en seco.* — Espesor 50 % mayor que el obtenido por la tabla precedente para taludes de $\frac{1}{5}$ ($s = 0,2\,h$); 25 % mayor si el talud es de $\frac{1}{4}$. Espesor mínimo en la coronación $= 0,60$. Para $h > 9$ m, conviene reforzarlo de trecho en trecho con fábrica de mortero, ó revestirlo al exterior con muros de 0,25—0,30 m de espesor.

3) *Muros de sostenimiento con contrafuertes.* — Contrafuertes exteriores: ancho, 1 m; distancia entre ejes, 4 m; espesor del muro constante $e = 0,5$ del valor deducido de la tabla precedente para $s = 0$; saliente del contrafuerte $=$ espesor del muro. Contrafuertes interiores: ancho 1,50 m; distancia, 5,50 m; con arcos de descarga de 0,60 m de espesor, separados verticalmente 2,20 m; muro en talud exterior de $\frac{1}{10}$, espesor a la mitad de la altura $= 0,4$ de los valores de la tabla para $s = 0,1\,h$; saliente del contrafuerte $= 1,5$ del espesor medio del muro.

4) *Muros de revestimiento* para galerías: rocas flojas que se

descompongan y despiendan Espesor constante para $h < 2$ metros $= 0{,}40$ m, para $h = 2 - 6$ m, 0,60 m, para $h > 6$ m, espesor en la coronación 0,70 m en la base $(0{,}70 + 0{,}1\,h)$ m

137. Bovedas ordinarias

1) Arcos y bóvedas en paredes maestras é intermedias

Luz		hasta **2** m	**2 — 3** m.	**3 — 6** m	**6 — 8** m.
Núm de ladrillos en la clave	arco rebajado	» 2	3	4	5
	medio punto.	» 2	3 — 4	4 — 5	5 — 6

Espesor de los estribos — Cuando la altura del estribo es < 3 m, el espesor varía de $^1/_4 - ^2/_9$ de la luz en arcos de medio punto, y de $^1/_3 - ^1/_4$ para arcos más ó menos rebajados (flecha $= ^1/_8 - ^1/_3$ de la luz) Si la altura es > 3 m., se aumentan los espesores indicados en $^1/_6 - ^1/_8$ de la altura

2) Bóvedas en cañón sosteniendo pavimentos con sobrecargas ordinarias

Luz	hasta **4 — 5** m	**5 — 8** m.
Anchos de ladrillo en la clave.	» 1	2
» » en los arranques....	» 2 — 3	3 — 4

Si el pavimento sostenido por la bóveda es el de un paso para vehículos, se aumentan los espesores anteriores en un ancho de ladrillo

Espesor de los estribos hasta 3 m de altura $^1/_6 - ^2/_{11}$ de la luz para arcos de medio punto, $^2/_7 - ^2/_9$ para arcos rebajados, de $^1/_8 - ^1/_3$ de la luz Si la altura > 3 m, se aumenta el espesor en $^1/_6 - ^1/_8$ de la altura

3) Bóvedas por arista, en rincón de claustro y cupulas, con sobrecargas ordinarias

Luz	**3,5 — 4** m	**4 — 6** m	**6 — 8** m
Anchos de ladrillos en la clave	1	2	2
» en los arranques....	1 — 2	2 — 3	3 — 4

En el caso de sobrecargas mayores, se aumenta el espesor como anteriormente.

Espesor de los pilares ó estribos — Altura < 3 m, espesor $= ^1/_4 - ^1/_6$ de la diagonal en las bóvedas por arista, $^1/_4 - ^1/_5$ de la luz en las de rincón de claustro, $^1/_7 - ^1/_8$ del diametro en las cupulas. Para alturas > 3 m se aumentan los espesores en $^1/_8 - ^1/_{10}$ de la altura

4) Las bóvedas de cubierta, sin sobrecarga, pueden hacerse tabicadas, con ladrillos macizos ó huecos para luces pequeñas, en luces mayores (bóvedas de iglesias, etc), el espesor en la clave $= ^1/_{40} - ^1/_{60}$, y el de los estribos $= ^1/_7 - ^1/_9$ de la luz

5) Dinteles — Se consideran como bóvedas rebajadas, de angulo de 60° en el centro (ángulo de las juntas de arranque), ó sea una flecha $= {}^{2}/_{15}$ de la luz Si hay sobrecarga se aligera con arcos de descarga

6) Bóvedas sometidas a grandes sobrecargas (V num **143**)

7) Bóvedas de cemento armado (V num **126** *bis* 4)

8) Mano de obra de 1 m² de bóveda de ladrillo de s m de espesor, bóvedas en cañón y en rincón de claustro, jornales de albañil y peón, $s+0{,}1$, bóvedas por arista y cupulas, $1{,}2\,s+0{,}1$ Gastos generales, 25 % mas el coste ó alquiler de las cimbras Bóvedas completamente terminadas (V «Serie de precios»)

Volumen de madera para cimbras por m² de bóveda, cimbras ligeras de tablas (galapagos, etc) $v = 0{,}07$ m³, bóvedas en cañón $v = 0{,}10$ m.³, en rincón de claustro 0,12 m³, por arista 0,20 m³, mano de obra para el armado y colocación de 1 m² de cimbra, jornales de oficial y peón, $0{,}15+v$ gastos generales, 25 % clavazón, 0,08 kg Cimbras compuestas de cerchas, riostras, tablazón, etc, para grandes bóvedas en cañón $v = 0{,}5$ m³, mano de obra jornales de carpintero y peón, 2 herrajes por m² de bóveda, 5,5 kg, gastos generales, 30 %

138. Andamios.—Almas de 0,12 — 0,16 m de diametro y hasta 10 m de longitud, hincados a 1,50 del muro y a intervalos de 2,50 — 3 m, cepos longitudinales separados de 1,50 — 1 80, puentes de unos 2 m de longitud, a la distancia de 1 — 2 m, tablas de 25 — 40 mm de espesor, 2 40 de largo, recubriendose en 0,40

6.—Puentes

(Notas del profesor Jorini)

139. Puentes para ferrocarriles.—Ancho libre en los puentes para caminos de hierro 4 50 — 5 m en via sencilla, 8 — 8,50 doble via

1) *Carga accidental* por metro lineal y vía — Varía con el peso de la locomotora y de los vehiculos que componen el tren de prueba y la distribución de los ejes En la carga accidental por m l y via deben considerarse dos valores uno (p) para el calculo de los momentos, otro (p_1) para el calculo de los esfuerzos cortantes

En general, para calcular p para un tren de prueba cualquiera, se halla el momento máximo M_m correspondiente a las cargas de todos los ejes del tren que ocupe el tramo completo en la hipótesis mas desfavorable (carga mayor en el centro del tramo é igualmente repartida a un lado y otro del centro) —La carga uniformemente repartida equivalente á la total efectiva es:

$$p = \frac{8\, M_m}{l^2} \quad (l = \text{luz de la viga})$$

El momento máximo para una sección á la distancia L_1 de un apoyo resulta de la

$$M_1 = \frac{1}{2}\, p\, l_1 (l - l_1)$$

El valor de p_1 se halla calculando (para cada sección de la viga) el esfuerzo cortante maximo F, producido por un tren (tren de prueba formado por 3 locomotoras con sus tenders, puestas en el mismo sentido, seguidas de un numero ilimitado de vagones) Si L_1 representa la distancia de la sección al apoyo mas lejano, se tiene

$$p_1 = \frac{2\, F\, l}{l^2_1}$$

El esfuerzo cortante maximo en una sección dada se produce cargando solo el trozo L_1 á razón de p_1 kg p m l y resulta de

$$l_1 = \frac{F_1\, l^2_1}{2\, l}.$$

La tabla siguiente da las sobrecargas usadas con más frecuencia en Italia (Grismayer, 1896)

Luz L (o L_1)	Valores de p	Valores de p_1	Luz L (o L_1)	Valores de p	Valores de p_1	Luz L (o L_1)	Valores de p	Valores de p_1	Luz L (o L_1)	Valores de p	Valores de p_1
m	ton	ton	m	ton	ton	m	ton	ton	m	ton	ton
1	40	10	**7**	10,4	11,5	**40**	5,7	6,4	**90**	4,9	5,3
2	20	20	**10**	8,5	9,1	**50**	5,5	6,1	**100**	4,7	5,2
3	14	16,3	**15**	6,8	8,2	**60**	5,4	5,8	**120**	4,5	5,0
4	12,4	11,6	**20**	6,4	7,5	**70**	5,2	5,6	**140**	4,3	4,8
5	11,6	13,5	**30**	5,7	6,9	**80**	5,1	5,4	**160**	4,1	4,6

2) *Peso propio — a)* Peso del tablero ó piso (viguetas, largueros, barandillas) sin contar los cuchillos en los puentes metalicos y los arcos en los de fábrica

Puentes de hierro ligeros 350 — 600 kg por m l y via
Puentes de hierro pesados 700 — 800 kg por m. l y via
Puentes de madera 500 — 700 kg por m l y vía

Puentes de fábrica 5000 — 5500 kg por m l y via

b) Peso aproximado *P* de los cuchillos por m l y via

$$P = a\,l$$

En los puentes de hierro, segun la construcción.	$a = 25 — 35$
En los puentes de madera provisionales..	$a = 50 — 60$
En los puentes de madera definitivos	$a = 70 — 80$

c) Peso total ó carga permanente g por m l y via = á la suma de *a)* y *b)*

En los puentes metalicos bien calculados el valor de g está comprendido entre los siguientes límites

Luz $L = 1$	10	50	100	200	300	400	500
Mínimo g = 0,2	0,6	1 7	3,0	5 6	8,2	10 8	13 5
Máximo g = 0 5	1,4	3,5	5,6	9,0	12,0	14,8	17 5

140 Puentes para caminos ordinarios Ancho libre, 2,50 — 3 m en los puentes para peatones, 4 — 6 m para carretera sin paseos, 7 — 8 m para carretera con paseos

1) *Carga accidental máxima*

Para una muchedumbre compacta se supone 350 — 400 kilogramos por m ² en el campo y 450 kg en las poblaciones En el caso más desfavorable puede adoptarse el siguiente valor de *p* (carga accidental maxima por m cor) para un puente de 5 m de ancho el afirmado y dos paseos de 1 m cada uno

Luz del tramo *L* .	m	**5**	**10**	**15**	**20**	en adelante.
Valores de *p*	kg	3900	3600	3200	2800	»

Para los esfuerzos cortantes se toma

$$p_1 = 1500 + \frac{13000}{L}$$

en tanto que p_1 no sea < 2800 kg , valor que se considera como un mínimo

2) *Peso propio*

a) Tablero para puentes de carretera de 5 m de ancho de afirmado y dos paseos de 1 m

Puentes de fabrica aproximadamente 7000 kg por m l
» hierro ó madera con afirmado 3500 kg por m l
» » pavimento de madera 1600 kilogramos por m l

La capa de firme de 0,20 m de espesor pesa, por término medio, 2200 kg por m l El piso de madera 250 — 350 kg

b) Peso aproximado P de los cuchillos por m. l. $P = a\,L$

Puentes de hierro con afirmado..................	$a = 35 \div 40$
» » con pavimento de madera....	$a = 24 \div 30$
» de madera............................	$a = 60 \div 80$

c) El peso total q por m. l. = á la suma de las *a)* y *b)*.

El peso del hierro en los puentes metálicos se obtiene restando el peso del afirmado.

141. Puentes de hierro.—Puentes de vigas de alma llena. (V. números **118** y **119**.)

1) *Puentes de vigas de celosía sencilla,* con la cabeza superior poligonal (vigas holandesas, parabólicas, etc.), figuras 64 y 65. Sean:

g y p las cargas permanente y accidental por m. de viga para un recuadro λ; $G = \lambda g$; $P = \lambda p$, las cargas permanente y accidental para cada nudo de la cabeza inferior.

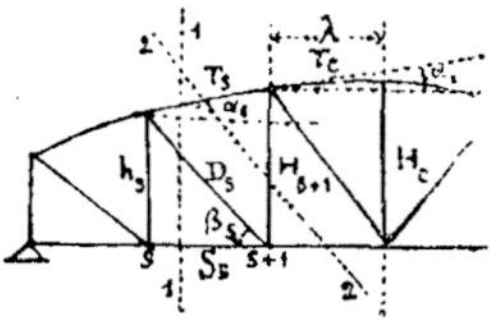

Fig. 64.

T, S, D, H los esfuerzos máximos (+ para las tensiones, — para las compresiones) en las piezas cuyas longitudes están representadas por las mismas letras minúsculas.

Los esfuerzos máximos absolutos T (—) y S (+) se producen cuando todos los nudos sufren la misma carga $P + G$.

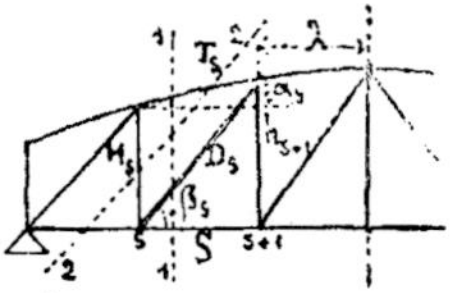

Fig. 65.

El esfuerzo máximo de tensión en la diagonal D se produce, en el caso de la figura 64, cargando con $P + G$ los nudos á la derecha de la sección 1 — 1, y con G los de la izquierda.

La compresión máxima en D se obtiene cargando con G los nudos á la derecha y con $P + G$ los de la izquierda de 1 — 1. Estas mismas distribuciones de carga, en el caso de la figura 65, producen los esfuerzos contrarios á los precedentes.

La tensión máxima H, en el montante de la figura 64, se tiene cuando los nudos á la derecha de la sección 2 — 2 están cargados con G y los de la izquierda con $P + G$; la compresión máxima, cuando los nudos de la derecha están cargados con $P + G$ y con G

los de la izquierda. La misma distribución de cargas, dan en H, en el caso de la figura 65, respectivamente, la máxima compresión y la tensión maxima

Después de asignar á cada nudo el esfuerzo maximo interno que se quiere calcular, se determina éste generalmente por métodos gráficos ó por el sistema de las figuras recíprocas, ó por el método Culmann Para proceder analiticamente hay que calcular primero, como para una viga apoyada, los momentos de flexión M_s correspondientes al s^{imo} nudo y los esfuerzos cortantes F_s en los intervalos entre los nudos consecutivos s, $s+1$ Después se determinan los esfuerzos interiores, en el caso de la figura 64, con las

$$T_s = \frac{M_{s+1}}{h_{s+1}\cos\alpha_s}, \quad S_s = -\frac{M_s}{h_s}, \quad D_s = \frac{1}{\cos\beta}\left(\frac{M_{s+1}}{h_{s+1}} - \frac{M_s}{h_s}\right),$$

$$H_{s+1} = \frac{M_{s+1}}{h_{s+1}} \operatorname{tang} \alpha_s - T_{s+1}$$

El montante central está solicitado por un esfuerzo dado por

$$H_c = -2T \operatorname{sen} \alpha_c$$

En el caso de la figura 65 se tendra

$$T_s = -\frac{M_s}{h_s \cos\alpha_s}, \quad S_s = \frac{M_{s+1}}{h_{s+1}}$$

$$D_s = -\frac{1}{\cos\beta_s}\left(\frac{M_{s+1}}{h_{s+1}} - \frac{M_s}{h_s}\right), \quad H_s = T_{s-1} - \frac{M_s}{h_s} \operatorname{tang} \alpha_s$$

El montante central esta solicitado por una fuerza $= G + P$

Si la viga se compone de montantes rígidos y diagonales planas (por consiguiente incapaces de resistir compresiones), se adopta en los recuadros el solo sistema de diagonales D de la figura 64 cuando los esfuerzos resultan siempre positivos para cualquier distribución de las sobrecargas, en los demás casos se emplean los dos sistemas de diagonales, cada uno de los cuales debe calcularse para la tensión máxima en la hipótesis de que no haya otra diagonal

Si la cabeza superior sigue el trazado de un polígono funicular de carga $\left(\frac{M_s}{h_s} = \frac{M_{s+1}}{h_{s+1}}\right)$, no hay ningun esfuerzo en las diagonales ($D_s = 0$) Esto se verifica en las vigas parabólicas para las cargas iguales en todos los nudos

Las diagonales de las vigas parabólicas trabajan por efecto de las cargas desigualmente distribuídas, si son sencillas y rígidas pasan de un esfuerzo $+D$ a otro $-D$; si son dobles y planas, de 0 á $+D$

Cuando la viga es recta las fórmulas precedentes se convierten en·

(para el caso de la figura 64)

$$I_s = -\frac{M_{s+1}}{h}, \quad S_s = \frac{M_s}{h}; \quad D_s = \frac{F_s}{\cos\beta} \cdot \quad H_s = -F_s$$

(para el caso de la figura 65)

$$I_s = -\frac{M_s}{h}, \quad S_s = \frac{M_s+1}{h}, \quad D_s = \frac{I_s}{\cos\beta}, \quad H_s = I_{s+1}$$

2) *Vigas de celosías multiples* (fig 66), se consideran como resultantes de la superposición de las vigas de celosía sencilla en las que pueden resolverse cada una de éstas suponiéndola sometida sólo á los pesos que efectivamente pueden aplicarse en los nudos

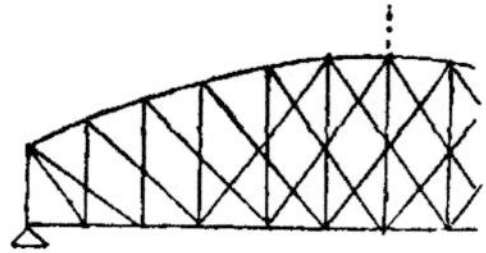

Fig 66

Determinados los esfuerzos máximos posibles, en la armadura de estas vigas elementales se deducen los de la viga compuesta, sumando algébricamente los esfuerzos de aquellas barras que, superponiendose, forman el único entramado de la viga compuesta

141 *bis* Cargas, trenes-tipos y coeficientes de trabajo para los puentes metálicos, según la instrucción vigente (25 de Mayo de 1902)

a) Puentes para ferrocarriles ferrocarriles de via ancha — Locomotoras de 4 ejes, ténder de 3 y vagones de 2; carga en cada eje = 13 — 10,5 y 10,5 toneladas respectivamente Peso total 52 — 31,5 y 21 toneladas

Longitud total· 9. — 6,50 y 7 m

Para el cálculo de los *momentos flectores*, el tren se compondrá de dos locomotoras, de 4 ejes, orientadas en sentido contrario, seguidas de los ténders y el numero de vagones necesarios

Para el calculo de los *esfuerzos cortantes*, un tren con dos locomotoras y sus ténders y los vagones necesarios.

Ferrocarriles de via estrecha. — Locomotoras-ténders de 4

ejes, vagones de 2, cargas respectivas en cada eje, 9 y 8 toneladas, peso total, 36 y 16 toneladas, longitud total, 7,50 y 6 m.

Momentos flectores, tren tipo Dos locomotoras-ténders orientadas en sentido contrario, y los vagones necesarios.

Esfuerzos cortantes — Tren con dos locomotoras á la cabeza y los vagones necesarios.

b) Puentes para carreteras —Carga estatica de 400 kg por m² como mínimum, y en casos excepcionales 300 kg por m.²

Carga dinámica. — Una fila no interrumpida de carros de dos ruedas de 3 m. de longitud y arrastrados en reata

Los de 6 000 kg	por 3 caballerias		A cada caballeria se le supone un peso de 500 kg distancia entre los centros de gravedad de las caballerias = 2,50 m
» 7 000	» 4	»	
» 8 000	» 5	»	

En la instrucción citada se detallan las cargas estaticas equivalentes a los trenes tipos para puentes de ferrocarriles y carreteras (V también Sandrinelli *Resistencia de materiales).*

Coeficientes de trabajo para los aceros dulces

a) Cuchillos principales (*)

Para luces	$\leqq$ 20 m de	8,50 — 9 kg p mm²
»	20 — 50 » »	9,00 — 10 » »
»	50 — 100 » ó mas	10 — 11 » »

b) Viguetas, largueros y demas piezas del piso, 7,5 kg p mm.² en todos los casos

c) Piezas sometidas alternativamente a esfuerzos de tracción y compresión, se rebajan los coeficientes anteriores en $^1/_3$

d) Roblones y piezas sometidas á esfuerzos cortantes.

7 kg por mm² si la dirección del esfuerzo es constante.
5,5 » » » es variable

Espesor mínimo de las chapas que entran en las vigas, viguetas y demas elementos esenciales de resistencia, nunca menor de 7 mm.

142. Pilas.— *Pilas de fabrica* para puentes y viaductos metálicos; el ancho mínimo en la coronación debe calcularse con la fórmula:

$$S = 1{,}25 + 0{,}025\ L + 0{,}001\ v\ h\ L \text{ metros},$$

(*) Si se suponen acumuladas la accion del viento y de las sobrecargas, se aumentan los coeficientes para los cuchillos en $^1/_8$

L, longitud del tramo, *v* y *h*, velocidad y altura del agua (en los viaductos el tercer término es nulo).

Pilas de puentes y viaductos de fábrica (V núm **143**).

Pilas metálicas (fig 67). — O son planas (palizadas sencillas) ó están compuestas por varias palizadas. — Para cada una de ellas se determinan 1) Los esfuerzos máximos interiores debidos a los pesos, 2) Los debidos al viento, 3) Los esfuerzos máximos, resultantes de estas dos causas.

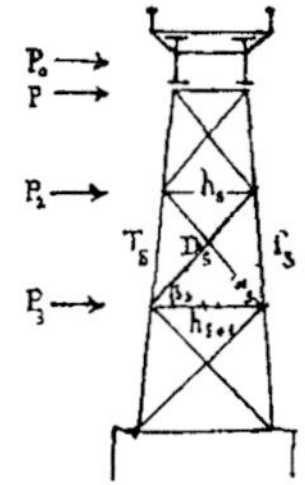

(Fig 67)

1) Efectos de los pesos: se calculan las presiones máximas trasmitidas en la coronación de la pila y su peso propio.

Para pilas metálicas de *h* metros de altura, con vigas para una vía, de luz = I m, puede tomarse como peso medio por metro de altura de la pila

$$g = 17\,h + 50\,L \text{ metros}$$

El esfuerzo T_s en las columnas se calcula para cada sección horizontal, en función de todas las cargas repartidas entre las columnas despreciando la inclinación y la resistencia ofrecida por la celosía.

Si $\omega_1\ \omega_2\ \omega_3$ son las secciones de las columnas de las diagonales y los tirantes el s^{mo} nudo y $K_1\ K_2\ K_3$ los esfuerzos unitarios respectivos y *G* la carga máxima de una columna se tiene para

$$\beta_s = 45^\circ \text{ y } \omega_2 = \omega_3 = \frac{1}{8}\,\omega_1 \sim$$

$$K_1 = \frac{G}{\omega_1}, \qquad K_2 = 0{,}41\,K_1, \qquad K_3 = 0{,}30\,K_1$$

2) Efecto del viento: se determina la presión horizontal P_0 trasmitida á la pila (por causa del viento) de las vigas adyacentes, y las presiones P_1, P_2 trasmitidas á los nudos de la misma por la acción del viento sobre la pila. Se calculan analítica ó gráficamente los momentos *M* de estas fuerzas respecto a los diversos nudos, después, suponiendo que las diagonales sean rígidas, es decir, capaces de resistir a las compresiones, se calculan los esfuerzos interiores en las columnas y en las diagonales para el s^{mo} internodo con las

$$T_s = \frac{1}{2\,\mathrm{sen}\,\alpha_s}\left(\frac{M_s}{h_s} - \frac{M_{s+1}}{h_{s+1}}\right), \quad D_s = \frac{2}{2\,\mathrm{sen}\,\beta_s}\left(\frac{M_{s+1}}{h_{s+1}} - \frac{M_s}{h_s}\right)$$

En la misma armadura pueden estos esfuerzos ser tensiones ó compresiones, según la dirección del viento.

Si en la base de la pila sufre la columna, por la acción del viento, una tensión $T_v > G$, hay que reforzar la pila con un sistema de amarres capaces de resistir al esfuerzo $T_s - G$.

143. Puentes y pasos inferiores de fábrica.

1) *Espesores de la bóveda* — Fórmulas empíricas para puentes, viaductos, etc, hasta de 12 m. de luz (aplicables también á bóvedas con sobrecarga, núm. **137**). Sean l la luz, f la flecha, s espesor en la clave en m. Para una altura de terraplén sobre la clave $< 1{,}50$ m. (ó una sobrecarga ≤ 2200 kg. por m.² de proyección horizontal de la bóveda), se tiene para bóvedas de fabrica de resistencia media (resistencia á la rotura de 3 kg por mm.² al menos).

$$s = 0{,}25 + l\left(0{,}025 + 0{,}00333\,\frac{l}{f}\right)\ \text{metros.}$$

Si la altura h del terraplén sobre la clave es $> 1{,}50$ m. (ó para sobrecarga > 2200 kg por m.², á razón de 1 m. de altura por cada 1500 kg. de sobrecarga por m.²), el espesor obtenido por la fórmula precedente se multiplica por $\sqrt{1 + 0{,}20\,h}$.

A las bóvedas de ladrillo ó piedra poco resistente (resistencia á la rotura 1 kg. al menos por mm.²) se les da un espesor $= 1{,}5\,s$.

Estas fórmulas, en la hipótesis de espesor constante; conviene aumentar el espesor en los arranques hasta $1{,}2\,s \div 1{,}3\,s$.

Fórmulas para luces > 12 m Se calcula el espesor en la clave con la

$$s = a + b\sqrt{2R}\,; \quad a = \begin{cases} 0{,}15 \text{ m. para caminos ordinarios} \\ 0{,}20 \text{ m. para ferrocarriles} \end{cases}$$

en la que R es el radio del intradós (para arcos no circulares se evalúa R con la relación $2R = f + \dfrac{l^2}{4f}$).

El espesor s á 60° de la clave (ó bien en la imposta (arranques) para arcos de ángulo $< 120°$), se tomará $= \alpha s$.

Valores de b, α:

Flecha	$= \frac{1}{2}$	$\frac{1}{4}$	$\frac{1}{6}$	$\frac{1}{8}$	$\frac{1}{10}$	$\frac{1}{12}$
Caminos ordinarios..	$b = 0{,}15$	0,15	0,14	0,13	0,12	0,11
Ferrocarriles.	$b = 0{,}17$	0,17	0,16	0,15	0,14	0,13
Para ambos casos ...	$\alpha = 2$	1,8	1,4	1,25	1,15	1,10

2) *Espesor de los estribos.* — Sean S el espesor y H la altura

del estribo (desde el plano de enrase de cimientos al arranque del arco).

Para $h < 1{,}50$ m. se tiene:

$$S = \left(0{,}55 + 0{,}20\,\frac{l}{2f + s} + 0{,}04\,H\right)\sqrt{l} \text{ metros.}$$

Si $h > 1{,}50$ m. se aumenta S en: $0{,}0185\,(H + f + s)\sqrt{h}$.

Para las pilas se toma el mayor de los valores siguientes

$$S_1 = 0{,}2\,H + 0{,}6 \text{ metros}; \quad S_1 = \frac{1}{6} \div \frac{1}{10} \text{ de } l.$$

Fórmulas empiricas.

(A continuacion se insertan las mas importantes y usuales.)

Bóvedas de puentes y túneles; bóvedas con grandes sobrecargas de tierra. Sean:

$L = 2l$ = luz de la bóveda.
r = radio de curvatura.
f = flecha.
e = espesor en la clave.
e' = espesor en la junta de fractura.
e'' = espesor en los arranques.
c = espesor del estribo en los arranques de la bóveda
c' = espesor del estribo en la base.
h = altura de la sobrecarga.
h' = altura del estribo desde la base al arranque de la bóveda.
H = altura total de la obra.

Bóvedas de medio punto $r = l = \frac{L}{2}$:

Espesores en la clave.

Autores.		FÓRMULAS: Cuando no hay sobrecarga de tierra.	FÓRMULAS: Cuando hay sobrecarga.
Perronet		$e = 0{,}325 + 0{,}035\,L$	Si hay sobrecarga de tierra, se aumentan estos espesores en $0{,}02\,h$.
Gauthey.	$L < 16$	$e = 0{,}33 + 0{,}021\,L$	
	$L > 16$ y < 32	$e = 0{,}042\,L$	
	$L > 32$	$e = 0{,}67 + 0{,}021\,L$	
Dejardin		$e = 0{,}30 + 0{,}05\,L$	
Dupuit		$e = 0{,}20\sqrt{L}$	

Autores.	FÓRMULAS Cuando no hay sobrecarga de tierra.	Cuando hay sobrecarga.
Bóvedas escarzanas:		
Léveillé	$e = 0{,}33 + 0{,}33\,L$	Cuando hay sobrecarga, se aumentan los espesores en $0{,}02\,h$.
Lesguillier	$e = 0{,}10 + 0{,}20\sqrt{L}$	
Dejardin. Rebajada al $^1/_3$	$e = 0{,}30 + 0{,}07\,r$	
Dejardin. » $^1/_6$	$e = 0{,}30 + 0{,}05\,r$	
Dejardin. » $^1/_8$	$e = 0{,}30 + 0{,}035\,r$	
Dejardin. » $^1/_{10}$	$e = 0{,}30 + 0{,}02\,r$	
Dupuit	$e = 0{,}15\sqrt{L}$	
Bóvedas elípticas:		
Dupuit	$e = 0{,}20\sqrt{L}$	Si hay sobrecarga, se aumentan los espesores en $0{,}02\,h$.
Dejardin	$e = 0{,}30 + 0{,}07\,r$	
Bóvedas carpaneles:		
Saint-Guilhem	$e = 0{,}30 + 0{,}07\,r$;	$e = 0{,}30 + 0{,}07 + 0{,}02\,h$
Bóvedas ojivales (ojiva equilátera):		
E. Roy	$e = 0{,}30 + 0{,}04\,r$	$+ 0{,}02\,h$ si hay sobrecarga.
Dejardin	$e = 0{,}30 + 0{,}05\,r$	
Bóvedas oblicuas:		
Resal	$e_1 = \dfrac{e}{\sqrt{\operatorname{sen} \alpha}}$	

e_1 = espesor en la clave.

e = espesor en la clave de la bóveda recta, cuyo perfil de intradós es igual al del plano oblícuo de cabeza de la bóveda oblícua.

α = ángulo agudo del plano de cabeza y el eje de la bóveda.

Fórmula para toda clase de bóvedas:

Planat.................... $e = 0{,}333 + \left(0{,}023 + 0{,}10\,\dfrac{f}{L}\right) r$

r = radio de curvatura del intradós de la bóveda.

En caso de haber sobrecarga, se aumenta el espesor en $0{,}02\,h$.

Fórmulas de los ingenieros rusos y alemanes:

Bóvedas de medio punto	$e = 0{,}43 + 0{,}05\,L$
» escarzanas	$e = 0{,}43 + 0{,}10\,r$
» elípticas	$e = 0{,}43 + 0{,}10\,r$

Obras de fortificación.—Bóvedas á prueba de bomba.

Michon...............	$e = 0{,}50\,L + 0{,}06\,L$.
Valdés...............	$e = 0{,}66 + (0{,}15 + 0{,}015\,h)\,\frac{L}{2}$.
Idem..................	$e = 0{,}342\sqrt{L}$.
Figari (bóvedas de medio punto, de hormigón)...............	$e = 1{,}50 + 0{,}5$ m r (r = radio del intradós)
Luna.................	$e = 1{,}60 + 0{,}4$ m $\sqrt{r}$

Bóvedas de edificios:

		Bovedas de sotanos, almacenes y grandes edificios. e	Bóvedas ligeras en iglesias y demás edificios (sometidas a su propio peso). e'
MICHON	Medio punto, carpaneles ó escarzanas, de angulo en el centro $> 120°$.........	$e = 0{,}20 + 0{,}02\,L$	$e' = 0{,}10 + 0{,}01\,L$
MICHON	Escarzanas de ángulo en el centro $< 120°$............	$e = 0{,}20 + 0{,}01\,L$	$e' = 0{,}10 + 0{,}05\,L$
WANDERLEY	$L = 2{,}50$ rebajadas $1/8 \div 1/10$	$e = 1/2$ ladrillo.	
WANDERLEY	$L = 3$ » $1/6 - 1/8$.	$e = 1/2$ ladrillo (se emplean arcos torales).	
WANDERLEY	$L = 4$ » $1/6$......	$e' = 1/2$ ladrillo	$e' = 1$ ladrillo
WANDERLEY	$L > 4$................. ...	$e = 1$ ladrilo	e' 1 1/2 ladrillos.

Fórmulas del ingeniero Croizette Desnoyers.

	Puentes para carretera.	Puentes para ferrocarril
Bóvedas de medio punto	$e = 0{,}15 + 0{,}15\sqrt{L}$	$e = 0{,}20 + 0{,}17\sqrt{L}$
Idem rebajadas al 1/4...	$e = 0{,}15 + 0{,}15\sqrt{2r}$	$e = 0{,}20 + 0{,}17\sqrt{2r}$
» » 1/6...	$e = 0{,}15 + 0{,}14\sqrt{2r}$	$e = 0{,}20 + 0{,}16\sqrt{2r}$
» » 1/8...	$e = 0{,}15 + 0{,}13\sqrt{2r}$	$e = 0{,}20 + 0{,}15\sqrt{2r}$
» » 1/10..	$e = 0{,}15 + 0{,}12\sqrt{2r}$	$e = 0{,}20 + 0{,}14\sqrt{2r}$
» » 1/12..	$e = 0{,}15 + 0{,}11\sqrt{2r}$	$e = 0{,}20 + 0{,}13\sqrt{2r}$
» elípticas....	$e = 0{,}15 + 0{,}15\sqrt{2r}$	$e = 0{,}20 + 0{,}17\sqrt{2r}$
» peraltadas, ojivales ó elípticas ..	$e = 0{,}15 + 0{,}20\,\frac{L}{2\sqrt{f}}$	

Cuando hay sobrecarga de tierra, se aumenta el espesor e en 0,02 h, y si la sobrecarga es de otra materia se calcula su equivalente en tierra y se determina h lo mismo que para todas las fórmulas anteriores.

Espesor en los arranques y en las juntas de fractura.

CLASE DE BÓVEDAS		ESPESOR EN la junta de fractura. e'	ESPESOR EN los arranques. e''
Medio punto		$e' = 2\,e$	»
Carpaneles y elípticas	Rebajadas al $1/3$	$e' = 1{,}80\,e$	»
	» $1/4$	$e' = 1{,}60\,e$	»
	» $1/5$	$e' = 1{,}40\,e$	»
Carpaneles (según Croizette-Desnoyers)	» $1/4$	»	$e'' = 1{,}80\,e$
	» $1/6$	»	$e'' = 1{,}40\,e$
	» $1/8$	»	$e'' = 1{,}25\,e$
	» $1/10$	»	$e'' = 1{,}15\,e$
	» $1/12$	»	$e'' = 1{,}10\,e$

Espesor en los estribos.

Bóvedas de medio punto:

espesor c — espesor c'

Lesguillier..... $c = \sqrt{L}\,(0{,}60 + 0{,}04\,h')$ — $c' = c$

Ingenieros rusos y alemanes... $c = 0{,}305 + 0{,}209\,L + 0{,}166\,h' + 0{,}083\,h$ — $c' = c$

E. Roy......... $c = 0{,}20 + 0{,}30\,(r + 2\,e)$ — $c' = c + 0{,}2\,h'$

Bóvedas escarzanas:

Lesguillier..... $c = \sqrt{L}\left[0{,}60 + 0{,}10\left(\frac{L}{f} - 2\right) + 0{,}04\,h'\right]$; $c' = c$

Ingenieros rusos y alemanes... $c = 0{,}305 + \left(\frac{3\,L - f}{L + f}\right) + 0{,}166\,h' + 0{,}083\,h$; $c' = c$

Bóvedas elípticas ó carpaneles:

Lesguillier... . $c = \sqrt{L}\left[0{,}60 + 0{,}10\left(\frac{L}{f} - 2\right) + 0{,}04\,h'\right]$; $c' = c$

Ingenieros rusos y alemanes.... $c = 0{,}305 + \left(\frac{3\,L - f}{L + f}\right) + 0{,}166\,h' + 0{,}083\,h$; $c' = c$

E. Roiy......... $c = 0{,}20 + 0{,}30\,(r + 2\,e)$ — $c' = c + 0{,}2\,h'$

Bóvedas ojivales equiláteras:

E. Roy......... $c = 0{,}20 + 0{,}30\,(0{,}5\,r + 2\,e)$ — $c' = c + 0{,}2\,h'$

7.—Construccion de caminos.

A —Obras de tierra.

144. Cubicación de desmontes y terraplenes

Primer caso —Los dos perfiles en desmonte ó en terraplén (fig 68)

Sean a, c las areas de los perfiles y d la distancia horizontal (desarrollada, si es curva)

$$\text{Volumen del sólido comprendido} = \frac{a+c}{2} d$$

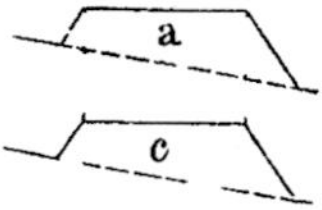

Fig 68

Segundo caso —Un perfil (a) en desmonte, y otro (c) en terraplén Se tiene

$$\text{desmonte} = \frac{a^2}{a+c}\,\frac{d}{2} \quad \text{terraplén} = \frac{c^2}{a+c}\,\frac{d}{2}$$

Tercer caso —Un perfil en desmonte ó terraplén y el otro a media ladera (fig 69)

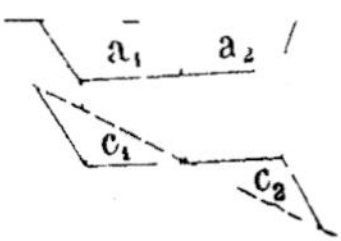

Fig 69

Por medio de un plano vertical paralelo al eje, trazado por el punto de paso se dividen los perfiles en secciones $a_1\, a_2$ $c_1\, c_2$, los volumenes comprendidos entre $a_1\, c_1$ y $a_2\, c_2$ se calculan con las fórmulas de los dos primeros casos dos de las secciones estarán en desmonte ó terraplén (en la figura $a_1\, c_1$ en desmonte las otras dos, una en desmonte y otra en terraplén ($a_2\, c_2$)

Cuarto caso —Los dos perfiles á media ladera y de tal modo que la línea que une los puntos de paso es paralela al eje del camino (fig 70)

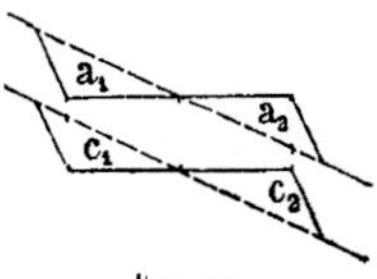

Fig 70

El volumen comprendido entre las áreas $a_1\, c_1$ (ambas en desmonte) y del comprendido entre las $a_2\, c_2$ (en terraplén) se calcula como en el *primer caso*

Quinto caso —Los dos perfiles á media ladera sin corresponderse los puntos de paso (fig 71) Se dividen los perfiles por dos planos verticales paralelos al eje del camino y trazados por los puntos de paso

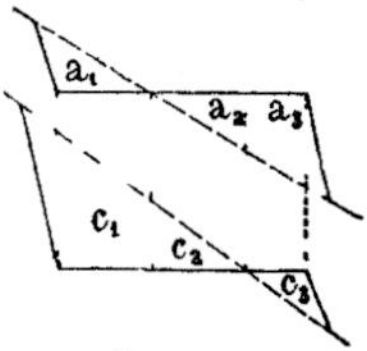

Fig 71

Se tienen las areas

$a_1\, c_1$ = en desmonte *(primer caso)*

$a_2\, c_2$ = una en desmonte y otra en terraplén *(segundo caso)*

$a_3\, c_3$ = en terraplén *(primer caso)*

Nota —Véase en el núm **146** el cálculo grafico de los volúmenes en desmonte y terraplén

145 Excavación.

1) Precio de la excavación de 1 m³, expresado en función del jornal *k* de un obrero (jornada de 10 horas).

a) Arena y tierras flojas, excavadas con pala, incluyendo el transporte ó carga en volquete...	0,8 — 0,10 *k*
b) Tierras fuertes (con arado), remoción solamente	0,15 — 0,20
c) Tierras compactas (a pico)	0,24 — 0,30
d) Roca floja.......	0,4 — 0,6
e) Rocas de dureza media (barrenos).	0 8 — 1,2
f) Rocas muy duras (barrenos)	1,3 — 1,6

Si la excavación se hace en galerías, se multiplican los números precedentes por 1,50 en los casos *a*, *b*, *c*, por 1,7 — 2 en el caso *d*, por 2 — 2,5 en el caso *e*, y por 2,5 — 3 en el caso *f*. Si en pozos, se duplican estos coeficientes

Si la tierra esta humeda en los casos *a*, *b*, *c*, el coste de excavación aumenta en 15 %

Para gastos generales se debe aumentar 3 — 4 % en los casos *a*, *b*, *c*, y 8 — 12 % en los *d*, *e*, *f*

En los barrenos se consume de 0 3 — 0,8 kg de pólvora, ó 0,13 — 0,35 kg de dinamita por m³

2) Carga de los productos excavados en carros ó volquetes

Tierras, cada m³ (medido antes de la extracción)..	0,06 — 0,07 *k*
Piedra, ídem íd íd	0,07 — 0,09 *k*

3) El aumento de volumen por la remoción es de 20 — 25 % para las tierras y 30 — 40 % en las rocas El calculo de la extracción y transporte se refiere siempre al m³ del material en su estado natural En los terraplenes después de consolidados, el aumento de volumen por la remoción se reduce de 3 — 8 % para las tierras, y 12 — 25 % para las rocas más ó menos duras La altura de un terraplén disminuye por término medio $^1/_8$ por el asiento.

146 Distancia media y cálculo gráfico de transporte.

Distancia media de transporte —Se calcula como sigue

1) Si el transporte se hace en un plano horizontal ó en pendiente, la distancia media es en todos los casos el desarrollo de la proyección horizontal *L*, de la línea que une los centros de gravedad, de las masas en desmonte y terraplén

2) Si el transporte se hace por un plano en rampa, se aumenta

á la proyección L del camino, una cantidad $= 6\ h$ (h diferencia de nivel) para el transporte en carretillas; $4\ h$ en carros ó volquetes por caminos pedregosos; $8 \div 10\ h$ en caminos de tierra más ó menos dura y $80\ h$ sobre vías. Para tracción por locomotoras, véase núm. **171**.

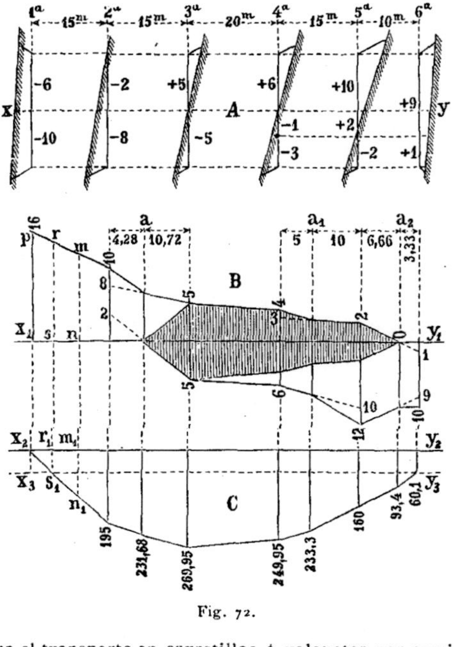

Fig. 72.

Para el transporte en carretillas ó volquetes por caminos en rampa, puede admitirse que 1 m. de altura equivale á 18 m. de distancia horizontal para carretillas en rampas de $^1/_{12}$; para volquetes, 16 m., en buenos caminos de $^1/_{12}$ de pendiente, y $24 \div 30$ m. en terreno duro ó blando, en rampas de $^1/_{16} \div {}^1/_{20}$.

Así, por ejemplo, si se trata de transportar las tierras en carretillas por una rampa de $^1/_{12}$ en 120 m. de distancia horizontal, esto es, elevarlas a $^1/_{12}$ de 120 m ó sea a 10 m la distancia reducida será $= 18 \times 10 = 180$ m

Gráfico del movimiento de tierra. — Se dibujan los perfiles transversales, como en la figura 72 *A* (en la que los números con el signo — representan en m² las áreas de la parte en desmonte, y los del + la en terraplén de cada perfil), y el perfil gráfico del movimiento de tierras como sigue (fig. 72 *B*): sobre un eje $x_1 y_1$ y á igual distancia que los perfiles transversales, se trazan ordenadas, en las que se toman superior é inferiormente magnitudes equivalentes á las áreas de desmonte y terraplén de cada perfil. Los puntos de paso *a*, a_1, a_2, entre desmonte y terraplén, como sucede entre los perfiles 2.º 3.º, 4.º 5.º, 5.º-6.º, se determinan del modo siguiente: entre los perfiles 2.º y 3.º se pasa de un desmonte de 2 m² a un terraplén de 5 m², se divide la distancia de 15 m en dos partes que estén en la relación 2 : 5, esto es 4,28 y 10,72 m, después se lleva sobre la 2.ª vertical una longitud 8, que representa el área en desmonte del 2.º perfil que se corresponde con el área 5 de desmonte del 3.er perfil, se une 8 con 5 y se obtiene la ordenada intermedia representativa del desmonte en el perfil *a*. Análogamente, la distancia entre los perfiles 4.º y 5.º se divide en dos partes de 5 y 10 m, que están en la relación de $^1/_2$, y se unen los puntos 3 y 2, 6 y 10, continuando del mismo modo en todos los casos semejantes.

Los volúmenes en desmonte y terraplén quedan representados por las áreas superiores é inferiores á $x_1 y_1$. Rebatiendo la ordenada menor sobre la mayor (como en la parte rayada de la figura), se tienen los volúmenes iguales de desmonte y terraplén, entre los que hay compensación por un sencillo transporte transversal (no se ha tenido en cuenta el aumento de volumen por la remoción, ni la merma por asiento).

La tabla siguiente contiene un estado del movimiento de tierras y las ordenadas del perfil de momentos (fig. 72 *C*). Tomando como ordenadas en la $x_2 y_2$ los volúmenes en desmonte (por ejemplo, la ordenada $m_1 n_1 =$ área $m n x_1 p$), y refiriéndose después á la base $x_3 y_3$ que pasa por el extremo de la línea quebrada obtenida (cuya ordenada $= 60,1$, representa la diferencia entre los volúmenes de desmonte y terraplén), el *momento de transporte* del desmonte, ó sea el producto del volumen de desmonte por la distancia á que debe transportarse, se representa por el área comprendida entre $x_3 y_3$ y la línea quebrada, por tanto, dividiendo este área por el volumen, se tiene la distancia media (en el caso de la figura el área es 10534,11, que, dividida por 209,85 m³, que es el volumen en desmonte entre los perfiles

1.° y 3.° que ha de transportarse á los 3.° al 6.°, da 50,19 *m.*, distancia entre los centros de gravedad del desmonte y terraplén que se compensan en sentido longitudinal). La ordenada $r_1\,s_1$ (= 60,1 = área $\lambda_1\,p\,r\,s$) demuestra que el exceso en desmonte que no se emplea en terraplén es el comprendido entre los perfiles 1.° y $r\,s$

Núm. del perfil...	Área de cada perfil		Área media entre dos perfiles.		Distancia entre dos perfiles....	VOLUMEN		Diferencia.	Ordenadas (suma algebrica de las diferencias).
	Desmonte.....	Terraplen...	Desmonte.....	Terraplen. .		Desmonte.	Terraplen.		
	m.²	m.²	m.²	m.²	m	m.³	m.³	m.³	m.³
1	16,00	0,00	13,00	0,00	15,00	— 195,00	0,00	— 195,00	— 195,00
2	10,00	0,00	8,57	0,00	4,28	— 36,68	0,00	— 36,68	— 231,68
a	7,14	0,00	6,07	2,50	10,72	— 65,07	+ 26,80	— 38,27	— 269,95
3	5,00	5,00	4,50	5,50	20,00	— 90,00	+ 110,00	+ 20,00	— 249,95
4	4,00	6,00	3,33	6,66	5,00	— 16,65	+ 33,30	+ 16,65	— 233,30
a_1	2,66	7,33	2,33	9,66	10,00	— 23,30	+ 96,60	+ 73,30	— 160,00
5	2,00	12,00	1,00	11,00	6,66	— 6,66	+ 73,26	+ 66,60	— 93,40
a_2	0,00	10,00	0,00	10,00	3,33	— 0,00	+ 33,30	+ 33,30	— 60,10
6	0,00	10,00							
						433,36	373,26		
						60,10			

147. Precios de transporte (datos del profesor G. Martelli)

Nota. — Los volúmenes de tierra ó roca se consideran siempre en estado natural antes de la remoción.

1) Transporte a pala. Se emplea para distancias horizontales < 15 m. ó en excavaciones verticales que no permitan otro medio. Un bracero puede lanzar la tierra con pala á una distancia horizontal de 3 — 4 m. ó á una altura vertical de 1,60 ÷ 2 m. El precio de transporte de 1 m.³ en cada caso es de 0,06 k para tierras ligeras, y 0,07 k para tierras fuertes (k = jornal).

2) Transporte con vehículos por caminos ordinarios. El precio de transporte C de 1 m.³ (al estado natural) a una distancia D (horizontal ó reducida, según las reglas del número anterior) se obtiene con la fórmula siguiente:

$$C = \frac{K}{t\,V}\left\{\frac{t\,V}{m\,\mu} + \left(\frac{2\,D}{u} + \theta\right) n\right\}$$

A este precio hay que aumentar los gastos generales de dirección y de adquisición y conservación de los medios de transporte. En la citada fórmula:

K = equivalente diario de la mano de obra (V *a) b) c)*),
t = duración en horas del trabajo diario (por término medio = 10)
V = volumen en m ^{3} (antes de la remoción) que puede contener el vehículo, teniendo presente que en el caso de rocas se toman para V valores $^1/_5 - ^1/_6$ menores que los referentes a las tierras,
u = velocidad media del transporte en m por hora,
m = número de m ^{3} de tierra que un obrero puede cargar en t horas,
μ = numero de obreros empleados en la carga,
n = numero de obreros empleados en conducir los vehículos,
θ = tiempo perdido en horas en la carga y descarga de los vehículos

Valores particulares

a) Transporte con carretillas, conveniente para distancias < 150 m,
K = jornal del operario,
$V = 0{,}03$ m ^{3}, $u = 2700 - 3000$ m, $n = 1$, $t = 10$ horas, $\mu = 1$,

$$m = \begin{cases} 20 \text{ m}^3 \text{ para tierras sueltas, ligeras, secas,} \\ 15 \text{ m}^3 \text{ para tierras humedas, pesadas,} \\ 10 \text{ m}^3 \text{ para rocas groseramente fracturadas,} \end{cases}$$

θ = despreciable Gastos accesorios y generales, cerca del 5 %

Rampas admitidas para el transporte = 8 — 10 %.

Cuando el ancho del camino es tal que no permite el cruce de dos carretillas ó no se puede establecer un camino de ida y otro de vuelta, se acostumbra a establecer relevos, dividiendo la distancia en trozos de $\frac{Vtu}{2m}$ de longitud en este caso, cada conductor hace el camino de ida y vuelta del trozo en el tiempo que otro operario emplea en cargar la carretilla (la longitud del trozo = ~ 20 30, 40 m, segun se trate de tierras sueltas, compactas ó rocas) En los transportes, en rampa de $^1/_{10}$, la longitud del trozo es los $^2/_3$ de los valores precedentes.

Precio del transporte de 1 m ^{3} de tierra, comprendiendo los gastos generales

m =	u = **3000** m	u = **2700** m
20 m ^{3}	$(0{,}052 + 0{,}00233\, D)\, K$	$(0{,}052 + 0{,}00269\, D)\, K$
15 m ^{3}	$(0{,}069 + 0{,}00233\, D)\, K$	$(0{,}069 + 0{,}00269\, D)\, K$
10 m ^{3}	$(0{,}105 + 0{,}00233\, D)\, K$	$(0{,}105 + 0{,}00269\, D)\, K$

b) Transportes con carros á mano (conviene hasta 400 m.):

K = jornal del operario; $V = 0{,}20 \div 0{,}25$ m.³; $u = 3000$ m.; $n = 2 \div 3$; $t = 10$ horas; $m = 20$; 15; 10 m.³, según la calidad del terreno, como en *a*); $\mu = 2$; $\theta = 0{,}066$ horas; gastos accesorios y generales 10 %. Pendientes como en *a*).

Relevos de longitud $\frac{Vtu}{4m}$ en horizontal y $\frac{Vtu}{6m}$ en rampas de $^1/_{12}$, habiendo en general dos operarios ocupados en la carga.

Precio del transporte de 1 m.³ de tierra comprendiendo los gastos generales:

$m =$	$V = 0{,}20$ m.³; $n = 2$	$V = 0{,}20$ m.³; $n = 3$
20 m.³	$(0{,}127 + 0{,}00072\,D)\,K$	$(0{,}163 + 0{,}0011\,D)\,K$
15 m.³	$(0{,}145 + 0{,}00072\,D)\,K$	$(0{,}181 + 0{,}0011\,D)\,K$
10 m.³	$(0{,}186 + 0{,}00072\,D)\,K$	$(0{,}218 + 0{,}0011\,D)\,K$
$m =$	$V = 0{,}25$ m.³; $n = 2$	$V = 0{,}25$ m.³; $n = 3$
20 m.³	$(0{,}112 + 0{,}00058\,D)\,K$	$(0{,}141 + 0.00088\,D)\,K$
15 m.³	$(0{,}130 + 0{,}00058\,D)\,K$	$(0{,}159 + 0{,}00088\,D)\,K$
10 m.³	$(0{,}167 + 0{,}00058\,D)\,K$	$(0{,}196 + 0{,}00088\,D)\,K$

c) Transportes en volquetes de una caballería (conviene hasta 1400 m.)

K = coste diario de la caballería más el jornal del conductor; $V = 0{,}45 \div 0{,}55$ m.³; $u = 4100 \div 3600$ m., $m = 20$; 15; 10 m.³ como en *a*); $\mu = 1$ (el mismo conductor); $\theta = 0{,}10$ horas; $n = 1$; $t = 10$ horas. Gastos generales, 15 %. Pendiente máxima $= 5 \div 8$ % según la naturaleza del camino.

El conductor del volquete verifica la carga y descarga.

Se tiene para coste del transporte de 1 m.³

$m =$	$V = 0{,}55$ m.³; $u = 3600$ m.	$V = 0{,}45$ m.³; $u = 4100$ m.
20 m.³	$(0{,}077 + 0{,}000116\,D)\,K$	$(0{,}082 + 0{,}000123\,D)\,K$
15 m.³	$(0{,}096 + 0{,}000116\,D)\,K$	$(0{,}100 + 0{,}000123\,D)\,K$
10 m.³	$(0{,}135 + 0{,}000116\,D)\,K$	$(0{,}140 + 0{,}000123\,D)\,K$

3) Transporte con vagonetas arrastradas por caballerías sobre vías provisionales (conviene para distancias < 3000 m. y volúmenes máximos de 25000 m.³ de desmonte).

K = jornal del operario, K_1 = jornal de la caballería y el conductor; $V = 2 \div 2{,}5$ m.³, $u = 4100$ m. al paso y con dos vagonetas en horizontal; gastos generales, 10 % Pendientes hasta $2 \div 3$ %

El precio de transporte á la distancia media D se compone de las siguientes partes:

α) Carga:

0,075 K para tierras sueltas secas...	Pérdida en maniobras, próximamente un tercio del jornal.
0,10 K para tierras húmedas......	
0,15 K para rocas..................	

β) Gasto por la fuerza motriz 0,0000231 $D\,K_1$.

γ) Descarga. Si se efectúa en puentes de descarga fijos, el importe de la mano de obra necesaria es de $1 \div 2$ jornales por cada 100 m³ descargados diariamente, según la clase del terreno y la capacidad de las vagonetas, el coste de la descarga será:

$$\text{por m.}^3 = 0{,}01\,K \div 0{,}02\,K.$$

δ) Gasto de adquisición, conservación y engrase de las vagonetas. Designando por N el número de vagonetas, el gasto de adquisición y conservación de las mismas es $0{,}625\,\frac{VNG}{W}$, teniendo en cuenta las vagonetas de repuesto.

$$\text{Número de vagonetas.}\ N = \frac{1{,}1\,W}{G\,V\,t}\left\{\frac{Vt}{2\,m} + \frac{D + 340}{2050}\right\}$$

El gasto por engrase es de 0,004 pesetas para vagonetas nuevas, y de 0,008 pesetas para vagonetas viejas por cada m.³ y 1000 m. de distancia de transporte, ó sea por término medio, y por m.³, pesetas 0,000006 D.

λ) Gasto de asiento, conservación y levantamiento de la vía.

El coste aproximado del metro lineal de vía es de:

Pesetas 6,56 para carriles nuevos de 6 kg. de peso por m. l.
» 8 25 para carriles nuevos de 12,5 kg. de peso por m. l.
» 11,80 para carriles viejos procedentes de caminos de hierro.

Llamado B este coste y L la longitud total de vía que ha de establecerse, se tiene para coste por m.³ de desmonte: $\frac{B\,L}{W}$; ($L = 2{,}5\,D \sim$). La conservación importa diariamente (coste medio) 0,01 pesetas por m. l.; si L_1 = longitud media de la vía establecida, el coste por m.³ será: $0{,}01\,\frac{L_1\,G}{W}$.

El asiento, transporte y levantamiento importan unas 0,75 pesetas por m. l. Designando por L_2 ($= 5\,D \div 6\,D$) la longitud total de vía establecida durante el trabajo, el coste correspondiente al m.³ será, $0{,}75\,\frac{L_2}{W}$.

4) Transporte en vagones, arrastrados por locomotoras, sobre vías provisionales (conviene para desmontes de más de 50000 m.³ y distancias > 3000 m.)

K = jornal de los operarios encargados del tren; $V = 2{,}5$ m.³ por vagón; $u = 12000 \div 15000$ m.: $\theta = 0{,}25$ horas; gastos generales 10 %. Pendientes como en 3).

El precio de transporte de 1 m.³ á la distancia D, horizontal ó reducida, resulta de la suma de los términos siguientes:

α) Carga: como en 3).

β) Coste de la fuerza motriz:

$$\text{de } 0{,}0625 + 0{,}00002\,D \quad \text{á} \quad 0{,}0625 + 0{,}000025\,D,$$

según el estado de la locomotora y vía y el precio del carbón.

γ) descarga: como en 3).

δ) Adquisición, conservación y engrase de los vagones: como en 3), pero

$$N = \frac{W}{G\,Vt}\left\{\frac{Vt}{2\,m} + \frac{2\,D}{u} + \theta\right\} \text{ ó bien } = \frac{W}{G\,Vt}\left\{\frac{Vt}{3\,m} + \frac{2\,D}{u} + \theta\right\}$$

según se empleen dos ó tres operarios en la carga de un vagón.

λ) Asiento, conservación y levantamiento de la vía; como en 3).

5) Transporte con material Decauville (conviene para desmontes > 10000 m.³),

K = jornal de un operario cargador y conductor; K_1 = coste diario de una caballería y su conductor: $m = 20$; 15; 10 m.³, según la naturaleza del terreno. El precio C de transporte de 1 m.³ á la distancia D es:

a) Para tracción á brazo con vagonetas de 0,30 m.³ de capacidad, vía de 0,40 m. de ancho y distancias hasta 350 m.:

$$C = \frac{K}{m} + (K + 0{,}0007\,D + 0{,}174)\,(0{,}000185\,D + 0{,}0111).$$

b) Tracción con caballerías, vagonetas de 0,50 m.³, vía de 0,60 metros y distancias > 350 m.:

$$C = \frac{K}{m} + (K_1 + 0{,}00272\,D + 1{,}147)\,(0{,}00002\,D + 0{,}0133).$$

148. Transporte vertical.—Coste de elevación ó extracción, á una altura h, de una tonelada de material, comprendiendo la carga y descarga:

Con torno......................	$0{,}0146\ (h + 30)\ K.$
Con malacate..................	$0{,}00156\ (h + 33{,}5)\ K_1.$

K = jornal de un operario; K_1 jornal de un operario y una caballería.

149. Coste de los trabajos accesorios.

Limpieza del terreno, dejando aparte los terrones (K jornal de un operario).......	el m.²	$0{,}017\ K$
Repicado de los terrones..................	»	$0{,}018\ K$
Refino del terreno..........................	»	$0{,}02\ K \div 0{,}04\ K$
Refino en rocas, llenando los huecos con piedra en seco..........................	»	$0{,}07\ K \div 0{,}12\ K$
(En túneles ó galerías, este coste es $2{,}5 \div 3$ veces mayor.)		
Apisonado..................................	m.³	$0{,}02\ K \div 0{,}025\ K$

B.—Trazado de curvas.

150. Curvas circulares.—(Dado el radio R y el ángulo de desviación α°.)

Puntos principales.

a) Si A es accesible, se determinan los puntos de tangencia B, B_1 (fig. 73) por medio de la fórmula

$$AB = AB_1 = R \operatorname{tang} \frac{\alpha}{2}.$$

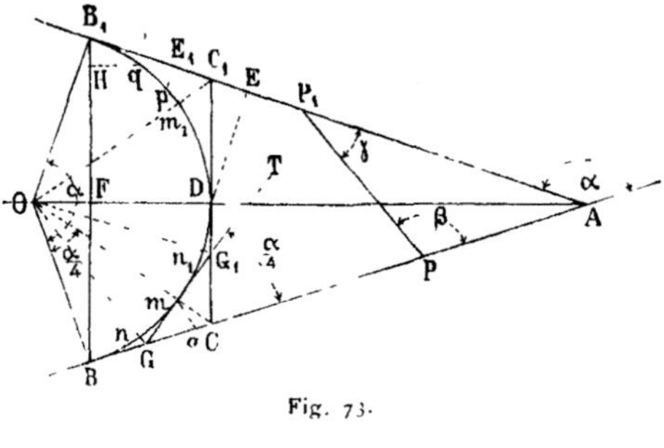

Fig. 73.

El punto D sobre la bisectriz se determina con la

$$AD = R\left(\frac{1}{\cos\frac{\alpha}{2}} - 1\right)$$

ó bien por las coordenadas

$$B_1 E = R \operatorname{sen}\frac{\alpha}{2} = \text{semicuerda } B_1 I$$

$$I\,D = R\left(1 - \cos\frac{\alpha}{2}\right) = \text{flecha } FD$$

(V las tablas IV y VI para los senos, cosenos, tangentes cuerdas y flechas)

b) Si A es inaccesible, se traza una recta auxiliar cualquiera PP_1, se miden los ángulos β y γ y se calcula

$$AP = PP_1 \frac{\operatorname{sen}\gamma}{\operatorname{sen}\alpha}, \quad AP_1 = PP_1 \frac{\operatorname{sen}\beta}{\operatorname{sen}\alpha}$$

después los puntos BB_1, con las

$$BP = R \operatorname{tang}\frac{\alpha}{2} - AP \quad B_1 P_1 = R \operatorname{tang}\frac{\alpha}{2} - AP_1.$$

Si BP ó $B_1 P_1$, ó ambos resultasen negativos se llevan de P, P_1 hacia A en vez de hacia O

D se determina por la fórmula para la flecha FD

1er trazado por puntos (se sigue en los casos en que el terreno exterior á la curva es accesible).

Por medio de la fórmula

$$y = R - \sqrt{R^2 - x^2}$$

se determina para un punto cualquiera p de la curva (fig 73), la ordenada $y = E_1 p$ correspondiente a una abscisa $x = B_1 E_1$ tomada sobre la tangente

La tabla XLIX da los valores de y correspondientes á una serie de valores de x (en metros) para $R = 100$ m Si el radio es distinto, se multiplican los valores de x é y dados por la tabla por $\frac{R}{100}$

Tabla XLIX.

Abscisas sobre la tangente correspondientes á las respectivas ordenadas ortogonales, para $R = 100$.

x	*y*	*x*	*y*	*x*	*y*	*x*	*y*	*x*	*y*
m.	m.	m	m.	m.	m.	m.	m.	m.	m.
0,5	0,0012	**17**	1,4556	**38**	7,5013	**59**	19,2597	**80**	40,0000
0,6	0,0018	**18**	1,6334	**39**	7,9185	**60**	20,0000	**81**	41,3570
0,7	0,0024	**19**	1,8216	**40**	8,3485	**61**	20,7599	**82**	42,7637
0,8	0,0032	**20**	2,0204	**41**	8,7915	**62**	21,5398	**83**	44,2237
0,9	0,0041	**21**	2,2299	**42**	9,2476	**63**	22,3405	**84**	45,7414
1	0,0050	**22**	2,4500	**43**	9,7171	**64**	23,1625	**85**	47,3217
2	0,0200	**23**	2,6809	**44**	10,2002	**65**	24,0066	**86**	48,9706
3	0,0451	**24**	2,9227	**45**	10,6972	**66**	24,8734	**87**	50,6948
4	0,0801	**25**	3,1754	**46**	11,2081	**67**	25,7639	**88**	52,5026
5	0,1251	**26**	3,4392	**47**	11,7334	**68**	26,6788	**89**	54,4040
6	0,1802	**27**	3,7140	**48**	12,2731	**69**	27,6191	**90**	56,4110
7	0,2453	**28**	4,0000	**49**	12,8277	**70**	28,5867	**91**	58,5392
8	0,3205	**29**	4,2973	**50**	13,3975	**71**	29,5798	**92**	60,8081
9	0,4058	**30**	4,6061	**51**	13,9826	**72**	30,6026	**93**	63,2441
10	0,5013	**31**	4,9264	**52**	14.5834	**73**	31,6553	**94**	65,8826
11	0,6068	**32**	5,2583	**53**	15,2002	**74**	32,7393	**95**	68,7755
12	0,7226	**33**	5,6019	**54**	15,8335	**75**	33,8526	**96**	72,0000
13	0,8486	**34**	5,9575	**55**	16,4835	**76**	35,0077	**97**	75,6895
14	0,9849	**35**	6,3250	**56**	17,1507	**77**	36,1956	**98**	80,1003
15	1,1314	**36**	6,7048	**57**	17,8355	**78**	37,4221	**99**	86 8933
16	1,2883	**37**	7,0968	**58**	18,5383	**79**	38,6893	**100**	100,0000

Para evitar los errores que pueden provenir por valores muy grandes de y, se emplean, además de las dos tangentes principales, otras tangentes auxiliares. Así se traza por el punto D la tangente CC_1 por medio de la

$$B = B_1 C_1 = R \operatorname{tang} \frac{\alpha}{4}$$

con lo cual se pueden determinar directamente los puntos m, m_1 sobre las bisectrices CO, $C_1 O$ mediante la

$$Cm = C_1 m_1 = R\left(\frac{1}{\cos\frac{\alpha}{4}} - 1\right).$$

Del mismo modo se podría trazar la tangente en m, m_1:

$$BG = DG_1 = R \operatorname{tang} \frac{\alpha}{8}$$

después los puntos $n\,n_1$; y así sucesivamente. (V. *3.er trazado.* 2.° *trazado* (el terreno exterior á la curva es inaccesible).

Tomando por eje de abscisas la cuerda (fig. 73), se determina ante todo la flecha correspondiente

$$s = F\,D = R\left(1 - \cos\frac{\alpha}{2}\right)$$

después se halla la ordenada $y = H\,q$ de un punto cualquiera q, correspondiente á una abscisa $x = F\,H$ tomada sobre la cuerda, á partir del punto medio, con la

$$y = s - \left[R - \sqrt{R^2 - x^2}\,\right]$$

que equivale á restar de s el valor de y dado por la tabla XLIX.

Cuando los valores de y son muy grandes (por ejemplo $>$ 20 m.), conviene valerse de otras cuerdas sucesivas, poniendo en el valor de s en vez de α el ángulo en el centro correspondiente.

3.er trazado (cuando es inaccesible la curva interior y exteriormente: es el caso de túneles, diques, etc.).

El ángulo α (fig. 73) se divide en un cierto número de partes iguales z ($z = 4$ en la figura), se tiene:

$$B\,G = R \operatorname{tang}\frac{\alpha}{2z}$$

se traza el ángulo $C\,G\,G_1 = \frac{\alpha}{z}$ y se toma $G\,m = B\,G$, con lo que se tiene el punto m. Sobre la bisectriz se determina n por medio de la

$$G\,n = R\left(\frac{1}{\cos\frac{\alpha}{2z}} - 1\right).$$

Se toma $m\,G_1 = B\,G$ en la prolongación de $G\,m$; se traza en seguida el ángulo $T\,G_1\,D = \frac{\alpha}{z}$ y así sucesivamente.

En el caso de no disponer de aparatos topográficos ó geodésicos, se puede hacer el trazado de un modo análogo. Determinado el número z de partes iguales en que se ha de dividir el arco $B\,B_1$ ($z = 4$ en la fig. 73), se calcula $B\,G$ como anteriormente; se toma $G\,g = B\,G$; se marca esta magnitud en una regla, uno de cuyos extremos se fija en G, y se separa el otro de g hasta llegar á una posición m, tal, que resulte $g\,m = B\,G \operatorname{sen}\frac{\alpha}{2z}$. Obtenido el punto m, se toma $m\,G_1 = G\,m$ y se continúa del mismo modo.

Para las curvas en túnel, terraplenes y grandes trincheras, es mejor el método siguiente de las poligonales secantes debido al ingeniero V. Soldati.

a) Curvas al descubierto (fig. 74); BC alineación tangente en T á la curva de radio R; s equidistancia de los puntos de la curva; ω ángulo del primer lado TM de la poligonal con la alineación

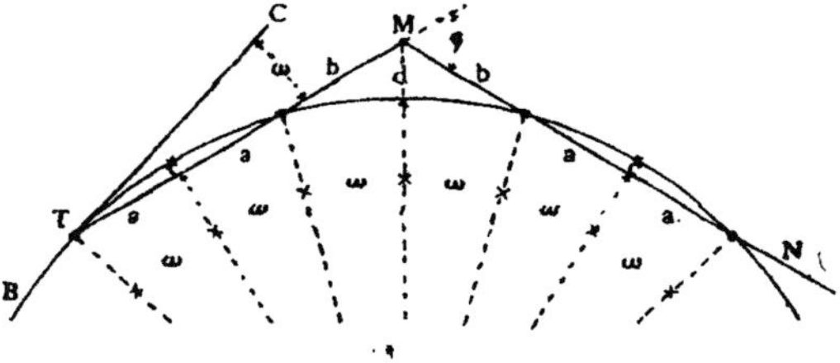

Fig. 74.

BC; φ ángulo de desviación de los lados sucesivos (se trazan éstos en número necesario para llegar cerca del punto medio D (fig. 73); la otra mitad de la curva se traza desde el otro punto de tangencia). Los valores de a, b, c y d se deducen de las:

$$\omega = 180^{\circ} \frac{s}{\pi R}\ ; \quad \varphi = 4\,\omega\ ; \quad a = R \operatorname{sen} \omega.$$

$$b = R \cos \omega . \operatorname{tang} 2\,\omega - a\ ; \quad c = R\,(1 - \cos \omega)\ ; \quad d = R\left(\frac{\cos \omega}{\cos 2\,\omega} - 1\right)$$

si se toma $s = 20$ m. puede utilizarse la tabla siguiente:

R	s	ω	φ	a	b	c	d
m.	m.			m.	m.	m.	m.
100	20	11° 27′ 33″	45° 50′ 12″	19,87	21,57	1,99	6,41
150	20	7° 38′ 22″	30° 33′ 28″	19,94	20,67	1,33	4,11
200	20	5° 43′ 46″	22° 55′ 06″	19,97	20,37	0,99	3,05
250	20	4° 35′ 01″	18° 20′ 05″	19,98	20,23	0,80	2,42
300	20	3° 49′ 11″	15° 16′ 44″	19,99	20,16	0,67	2,01
350	20	3° 16′ 27″	13° 05′ 46″	19,99	20,12	0,57	1,73
400	20	2° 51′ 53″	11° 27′ 33″	19,99	20,09	0,50	1,51
450	20	2° 32′ 47″	10° 11′ 09″	19,99	20,07	0,44	1,33
500	20	2° 17′ 31″	9° 10′ 02″	20,00	20,05	0,40	1,20
550	20	2° 05′ 00″	8° 20′ 02″	20,00	20,04	0,36	1,09
600	20	1° 54′ 35″	7° 38′ 22″	20,00	20,03	0,33	1,00
700	20	1° 38′ 13″	6° 32′ 53″	20,00	20,02	0,29	0,87
800	20	1° 25′ 57″	5° 43′ 46″	20,00	20,02	0,25	0,75
900	20	1° 16′ 24″	5° 05′ 35″	20,00	20,02	0,22	0,66
1000	20	1° 08′ 45″	4° 35′ 01″	20,00	20,01	0,20	0,60

Para trazados rápidos, si se toma $s < \frac{R}{25}$, pueden substituirse las fórmulas anteriores por las siguientes, que dan bastante aproximación:

$$a = s, \qquad b = s, \qquad c = \frac{s^2}{2R}, \qquad d = 3c$$

Los ángulos ω y φ se trazan en este caso con la cuerda, admitiendo que en el radio R el ángulo ω esté subtendiendo una cuerda de longitud $= s$ y el angulo φ una cuerda de largo $= 4s$

b) Curvas en túnel (fig. 75), BC como antes α angulo del primer lado de la poligonal con la alineación, sobre ésta se colocan

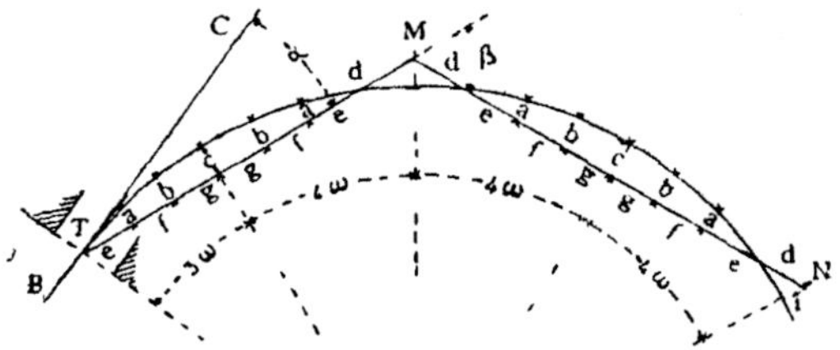

Fig. 75

los puntos de la curva (á medida que avanza la excavación), mediante las abscisas e, f, g, d y las respectivas ordenadas a b, c, i, β ángulo de desviación de los lados sucesivos Se tiene

$$e = R(\text{sen}\, 3\omega - \text{sen}\, 2\omega), \quad f = R(\text{sen}\, 2\omega - \text{sen}\, \omega), \quad g = R\, \text{sen}\, \omega,$$
$$d = R(\cos 3\omega \,\text{tang}\, 4\omega - \text{sen}\, 3\omega, \quad a = R(\cos 2\omega - \cos 3\omega),$$
$$b = R(\cos \omega - \cos 3\omega), \quad c = R(1 - \cos 3\omega), \quad i = R\left(\frac{\cos 3\omega}{\cos 4\omega} - 1\right)$$

$$\omega = 180^\circ \frac{s}{\pi R}, \quad \alpha = 3\omega, \quad \beta = 8\omega$$

Se elige s de modo que la ordenada c sea poco más pequeña que el semiancho del túnel Con las fórmulas citadas se ha calculado la siguiente tabla

R	400	500	600	700	800	900	1000
s	8	9	10	11	12	13	14
ω	1° 8′45″	1° 1′53″	0°57′18″	0°54′ 1″	0°51′34″	0°49′40″	0°48′ 8″
λ	3°26′16″	3° 5′38″	2°51′53″	2°42′ 4″	2°34′42″	2°28′59″	2°24′23″
β	9°10′ 2″	8°15′ 2″	7°38′22″	7°12′10″	6°52′31″	6°37′18″	6°25′ 2″
e	7,99	8,99	9,99	10,99	11,99	12,99	13,99
f	8,00	9,00	10,00	11,00	12,00	13,00	13,99
g	8,00	9,00	10,00	11,00	12,00	13,00	14,00
d	8,02	9,02	10,02	11,02	12,02	13,02	14,02
a	0,40	0,41	0,42	0,44	0,45	0,47	0,49
b	0,64	0,65	0,67	0,69	0,72	0,75	0,78
c	0,72	0,73	0,75	0,78	0,81	0,85	0,88
i	0,56	0,57	0,58	0,60	0,63	0,66	0,69

151. Curvas de enlace (entre la recta y el arco de circunferencia en los ferrocarriles) (fig. 76).

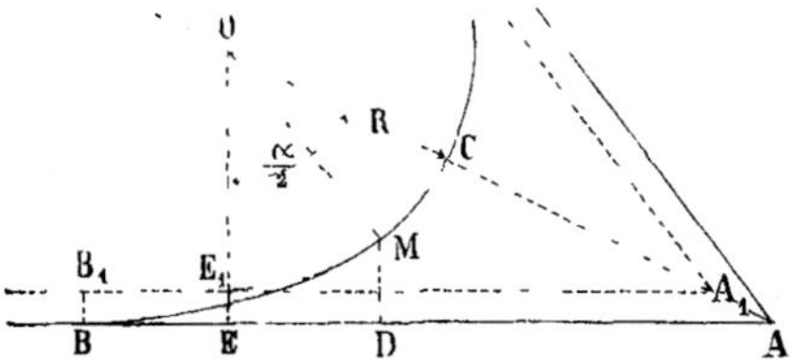

Fig. 76.

BM, curva de enlace; *MC*....., arco de circunferencia de radio *R*. Ecuación de la curva *BM* (origen *B*, abscisas según *BA*),

$$y = \frac{x^3}{6\,m} .$$

$m = 12000$ para $R =$ hasta 600 m.; $m = 20\,R$ para valores superiores.

Se calculan primero las coordenadas del punto de enlace *M*.

$$a = BD = \frac{m}{R}; \qquad b = DM = \frac{a^2}{6\,R},$$

y después los E, B, D, E_1, M, con las

$$AE = \left(R + \frac{b}{4}\right) \operatorname{tang} \frac{\alpha}{2}; \quad EB = ED = \frac{a}{2}, \quad EE_1 = \frac{b}{4}, \quad DM = b.$$

El arco *MC* se traza aplicando la construcción del núm. **150** (se supone prolongado el arco hasta E_1) como si el eje del camino se hubiera trasladado de BEA a $B_1 E_1 A_1$, siendo entonces las tangentes al arco la $A_1 B_1$ y su simétrica respecto a la bisectriz $A_1 O$.

El desarrollo del arco y su curva de enlace es $= \frac{\pi}{180} \alpha R + a$, el valor de a (abscisa del punto de enlace), se deduce de la tabla siguiente:

Para $R =$ m.	300	350	400	450	500	550	600 en adelante
» $a =$ m.	40,00	34,29	30,00	26,67	24,00	21,82	20,00

El peralte del carril exterior empieza en B, y crece uniformemente hasta M, en que alcanza su valor normal (núm. **158**).

El sobreancho de la vía en curva (núm. **158**) empieza para la curva de enlace en el punto en que el radio de curvatura de ésta (á partir de la recta) llega al límite bajo el cual conviene dar el sobreancho.

La curva de enlace BM se construye por medio de su ecuación. Para $R <$ de 600 m. se tienen en la tabla siguiente los valores de x é y en metros.

x	y	x	y	x	y	x	y	x	y
2	0,000	**14**	0,038	**26**	0,244	**38**	0,762	**50**	1,736
4	0,001	**16**	0,057	**28**	0,305	**40**	0,889	**52**	1,953
6	0,003	**18**	0,081	**30**	0,375	**42**	1,029	**54**	2,187
8	0,007	**20**	0,111	**32**	0,455	**44**	1,183	**56**	2,439
10	0,014	**22**	0,148	**34**	0,546	**46**	1,352	**58**	2,710
12	0,024	**24**	0,192	**36**	0,648	**48**	1,536	**60**	3,000

C.— Caminos ordinarios.

152. Establecimiento del camino.

a) Perfil.—Ancho: carreteras generales y provinciales, 6 ÷ 8 metros; caminos vecinales, 5,50 m. en terreno llano; 5 m. en terreno montañoso; ancho mínimo del afirmado, 4,50. Firme; espesor, 0,20 ÷ 0,30 m.; perfil, arco de círculo; flecha = $^1/_{24}$ ÷ $^1/_{10}$ de la cuerda.

En España, 6, 7 y 8 m. para las de 1.°, 2.° y 3.er orden: ancho del afirmado, 4,50 m. en las de 3.°; espesor del firme, 0,20 m. en el centro, y en los mordientes, el que resulte para un bombeo de $\frac{1}{40} = (\sim 0,08)$

b) Curvas y pendientes — Carreteras principales, radio mínimo, 40 m en terreno llano, 20 m en terreno montañoso, pendiente máxima, 2,5 % en terreno llano, 6 % en terreno montañoso Caminos secundarios radio mínimo, 30 m en terreno llano, 15 m en terreno quebrado, pendiente máxima, 4 % y 7 % respectivamente

En España se recomiendan ahora las pendientes del 7 % y aun del 8 y 9 % en tramos cortos

153. Gastos de establecimiento y conservación.— Véase en la «Serie de precios» el cuadro de los correspondientes a las unidades de obra en carreteras

a) Gastos de 1.er establecimiento - Segun el ancho 4 — 8 mil pesetas en terreno llano; 8 — 16 mil pesetas en terreno montañoso

b) Conservación — Volumen de piedra machacada necesario por año y km.. caminos principales, 80 — 400 m³, caminos secundarios, 40 — 80 m³, según la actividad de la circulación y la calidad del firme

Gasto anual de conservación por km carreteras generales y provinciales, 400 — 900 pesetas, caminos vecinales, 150 — 400 segun la circulación

Precio de 1 m³ de piedra, 0,15 k, machaqueo y empleo del mismo, 0,5 k + 1,75 k según la dureza, desenlodado de 1 m², 0,025 k (k = jornal del operario)

154. Calles en las poblaciones. (Datos de Londres, París y Viena)

Clase del piso	Granito	Asfalto	Madera	Macadam
Coste del establecimiento, el m² pesetas	16 — 18	15 — 17	18 — 20	4 — 5
Conservación anual, el m² pesetas	0,5 — 1,5	1 — 1,2	2,5 — 3,2	0,1 — 1,5

155. Resistencia á la tracción.—Relación entre el esfuerzo de tracción y la carga en un camino horizontal

Terreno natural, duro y llano	0,04 — 0,10
» » blando ó pedregoso	0,15 — 0,20
Carreteras en muy buen estado	0,02 — 0,03
» en estado ordinario	0,04 — 0,06
» poco afirmadas	0,12 — 0,15
Empedrado ordinario	0,015 — 0,02
Asfalto ó madera	0,008 — 0,01

D.— FERROCARRILES

I —Construcción (Datos del profesor Loria)

(Los numeros encerrados entre paréntesis [ ] expresan las dimensiones oficiales en España)

156. Sección del camino.—Ancho interior de la vía, 1,445 metros [1,67 m] Distancia entre los ejes de dos vías 3,57 m., en las estaciones, 4—5 m [entre vía 1,80 m] Distancia entre el eje de la vía y la arista del terraplén ó de la cuneta en desmonte, 2,70—2,90 m [3 y 2,575 m], ancho de la capa de balasto á la altura de los carriles, 3,50 m para la via sencilla, 7 m en vía doble, espesor, 0,50 m [3,30 m para vía sencilla, espesor, 0,42 m] —En ferrocarriles secundarios de via normal puede reducirse el ancho de la explanación á 5—4 m , el del balasto á 3,20—2,60 m y el espesor a 0,40 m

En las lineas económicas el ancho de vía se puede reducir á 0,90—0,70 m , el de la explanación a 3,05—3,20 m , y el del balasto de 2,10—1,85 m

157. Perfil normal del material móvil.—La figura 77 representa el perfil normal adoptado en Italia Debe exceder por lo menos 0,15 m de las dimensiones de los vehículos —En los túneles la altura sobre el eje de la via debe ser 5,50 m [5,50 m], el ancho á la altura del plano de los carriles 4,50 m , y á la de la imposta, 5 m [7,80 m para doble vía] Se reduce á 4,20 m para los ferrocarriles eco nómicos de ancho normal, y 3,20—3 m en los de vía estrecha

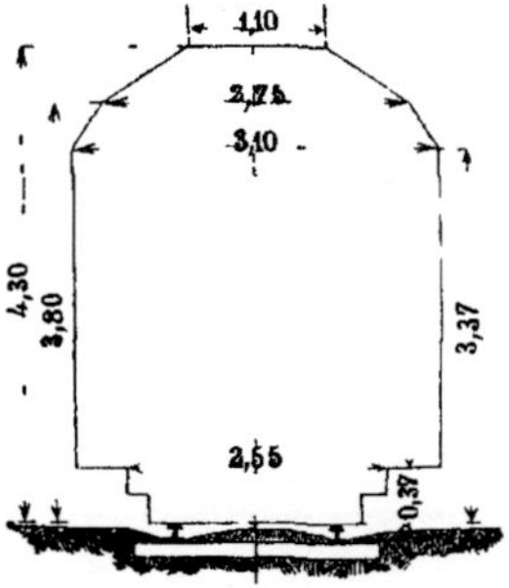

Fig 77

En los puentes y obras de fabrica el ancho entre los paramentos interiores de los pretiles, 4,50 m para los ferrocarriles ordinarios [7,80 m en doble vía], 4 20 m para los económicos de ancho normal, y 1 m mas que el ancho de los vehículos en los de vía estrecha

El gálibo adoptado para los ferrocarriles de los Estados representados en las Conferencias de Berna de 1882 y 1885 es altura, 4,15 m sobre los carriles, ancho, 3 m a partir de la altura de 1,30 m y terminado por un semicírculo

158 Curvas y pendientes.

Líneas principales —Radio mínimo de las curvas, 1000 m en terreno llano, 300 m en terreno montañoso, pendiente máxima, 5 — 10 ‰ y 15 — 25 ‰, segun lo accidentado del terreno

Líneas secundarias —Radio mínimo de las curvas, 200 m en terreno llano, 100 m en terreno montañoso ferrocarriles de vía estrecha, 70 — 40 m., pendiente maxima, 10 — 15 ‰ terreno llano, 30 — 50 ‰ terreno montañoso

Horizontales de longitud suficiente para contener un tren en los puntos de paso de pendiente a rampa, si la inclinación es >5 ‰, pendientes próximas a las estaciones y apeaderos <5 ‰ en una longitud minima de 80 m, pendiente maxima en las estaciones, 3 ‰

En las curvas de radio inferior a 1000 m en unos países, y a 500 m. en otros, se suele dar el sobreancho hacia el interior

También en las curvas se da al carril exterior un peralte determinado por medio de la fórmula $s = 7{,}9 \frac{V^2}{R} l$, u otras ($s$ = peralte en mm, l = ancho de la vía entre los ejes de los carriles en m, V = velocidad del tren en km por hora).—Aplicando la fórmula anterior para el ancho normal en España, se ha calculado la tabla siguiente en la que también se consigna el sobreancho

Radios de las curvas	Peralte del carril exterior	Sobreancho de vía	Radios de las curvas	Peralte del carril exterior	Sobreancho de vía
m	m	m	m	m	m
150	0,230	0,034	**500**	0,069	0,004
200	0,173	0,028	**600**	0,057	0,003
250	0,138	0,023	**700**	0,049	0 003
300	0 115	0 018	**800**	0,043	0,002
350	0,098	0,014	**900**	0,038	0,002
400	0 086	0,011	**1000**	0,034	0,001
450	0,076	0,007	**2000**	0,017	0 001

El carril exterior permanece peraltado en toda la longitud de la curva y toma el nivel normal desde cada extremo con un trozo recto de 0,30 — 0 50 m por cada mm de peralte Es más conveniente establecer una curva de enlace, trazada como se explica en el num **151**.

Actualmente se tiende á disminuir el peralte y hasta suprimirlo cuando V es muy pequeña

159. Vía.

Carriles — De base plana (Vignole) ó de doble cabeza asimétrica: ancho de la cabeza, 55 ÷ 72 mm; ancho de la base (en los de base plana), 95 ÷ 135 mm; ídem en la cabeza inferior en los de doble cabeza, 50 ÷ 65 mm.; altura, 115 ÷ 150 mm.; espesor del alma, 14 ÷ 16 mm.; longitud de las barras, 6 ÷ 7 m., actualmente 9 ÷ 12 m.; peso por m 1, 33 — 45 kg Inclinación $< \frac{1}{20}$ de la altura

En las líneas económicas de ancho normal, carriles de 18 — 30 kg., alto, 90 ÷ 116 mm; líneas de vía estrecha, carriles de 12 ÷ 20 kg, altura, 70 ÷ 90 mm.

Para carriles de F mm.² de sección y H mm de altura, se tiene ~;

momento de inercia	$J = 0{,}125\, F H^2 \div 0{,}135\, F H^2$
» resistente.......	$J/_r = 0{,}25\, FH \div 0{,}27\, FH$
peso por m. l	$= 0{,}00786\, F.$

Juego en las juntas para la dilatación de los carriles: varía con la longitud y la temperatura en el momento del asiento, se hace $\sim = 0{,}012\,(t_2 - t_1)\,l + 1$ a 2 mm, siendo t_2 y t_1 las temperaturas máx. *y la que hay en el momento del asiento y l la longitud* de la barra en metros.

Las curvas se construyen con carriles normales y carriles cortos, calculandose éstos en función del radio interior R de la curva, del semiancho de la vía y de la longitud del carril normal; la *fórmula que se emplea es*

$$\text{Longitud del carril corto } l_1 = l\,\frac{R-a}{R+a}$$

Longitud de los carriles cortos en líneas ordinarias, 5,96 y 8,945 m. para las longitudes normales de 6 y 9 m

Duración de los carriles: se necesita renovarlos después del paso de 60 ÷ 100 mil trenes para carriles de hierro, y 200 ÷ 250 mil para los de acero. El desgaste de 1 mm. de espesor en la cabeza de un carril de acero tiene lugar después del paso de 20 ÷ 10 millones de toneladas en pendientes de 0 ÷ 5 por 1000 y grandes curvas, y de 8 ÷ 2 millones en pendientes de 6 ÷ 25 por 1000 y curvas mas ó menos anchas.

Traviesas. — Longitud, 2,30 ÷ 2,75 m.; tabla, 0,25 ÷ 0,30 m, canto, 0,125 ÷ 0,15 m; distancia, 0,80 ÷ 1,10 m. las intermedias, 0,70 ÷ 0,90 m. las de juntas En líneas económicas de ancho normal, 2,30 × 0,20 × 0,12 m. distancia como las anteriores. Líneas de vía estrecha. longitud 1,50 ÷ 1,70 m., escuadría, 0,20 × 0,12 m

Duración de las traviesas. de haya y maderas resinosas, inyectadas, 10 — 12 años, sin inyectar, encina 10 — 12 años, maderas resinosas, 5 — 7, haya, 2 1/2 — 3

Unión con las traviesas carriles de base plana, placas de apoyo en todas las traviesas en las líneas principales, y sobre algunas principalmente en las curvas, en las secundarias, espesor en el centro, 9 — 11 mm, en los bordes, 15 — 18 mm, ancho, 160 — 190 mm, longitud, 100 — 160 mm. Escarpias ó tornillos, uno a cada lado ó dos al interior de la vía: y uno al exterior longitud 150 mm, diámetro, 18 — 22 mm Carriles de doble cabeza cojinetes ancho, 100 — 190 mm, longitud, 300 — 400 mm, espesor en la base 41 — 52 mm, peso, 8 — 23 kg, cuñas, longitud 250 mm espesor, 65 — 70 mm, inclinación 1/25 — 1/50 Cabillas ó tornillos longitud, 150 mm diámetro, 18 — 22 mm

Bridas —Planas (se usan poco), de escuadra, de doble vuelta longitud, 400 — 750 mm, espesor 20 — 25 mm cuatro agujeros de 19 — 26 mm de diámetro pasadores ó pernos de cabeza esférica de 18 — 25 mm de diámetro tuerca cuadrada exagonal u octogonal

160. Pasos á nivel, cambios, cruzamientos.

Pasos á nivel —Las carreteras y caminos deben cruzar el ferrocarril con un angulo > 45° y en horizontal en el trozo comun con la vía, y 15 m a un lado y a otro

Cambios de vía —Tipo general de agujas afiladas Se puede admitir en las líneas ordinarias radios de 100 m en cambios para vehículos 150 — 180 m en cambios para trenes en las estaciones 300 m para cambios recorridos por trenes en marcha normal Agujas de 5 ó 5 50 m, en los cambios triples, dos agujas cortas de 3 60 m Cruzamientos correspondiendo a angulos que tengan por tangente 1/8, 1/9, 1/10 1/12

161. Estaciones.

Longitud necesaria para las vías de servicio estaciones ordinarias de 1.ª clase, 600 — 800 m, de 2.ª clase 400 — 600 m, de 3.ª clase, 300 — 500 m (en las líneas principales no debe bajar de 450 m)

Andenes Altura 0 21 — 0 38 m, muelles de mercancías, 1 — 1 10 m de altura sobre el plano de los carriles, distancia del pavimento al borde exterior de los carriles, 0 80 — 0 90

Edificios para viajeros —Líneas principales superficie de la planta, 1400 — 200 m², segun la clase Líneas secundarias 200 — 100 m² En una estación de mediana importancia la superficie puede subdividirse como sigue vestíbulo 40 — 50 m², despacho de billetes 30 — 35 m² correo 20 — 30 m², Factor 15 — 20 m² Jefe de estación 10 — 12 m² sala de espera de 1.ª y 2.ª clase 90 —

30 m², ídem de 3ª clase, 30 — 40 m², café y servicios anejos, 30 — 50 m²

Muelles cubiertos para mercancías —Superficie, 800 — 450 m², según la clase, para líneas principales, 150 — 50 m² en líneas secundarias altura del suelo sobre el plano de los carriles, 1 — 1,10 metros, ancho útil para depósito de mercancías, 10 — 15 m, longitud, según las necesidades Puertas de corredera ancho, 2 m

Cocheras —Depósitos para locomotoras distancia entre los ejes de los fosos de picar fuegos, 5 m, longitud de los fosos, 14 m, longitud libre para cada locomotora, 14 m Puertas altura, 4,80 m, ancho mínimo, 3,35 m

Para carruajes distancia entre los ejes de las vías, 5 m, longitud libre para cada vehículo 10 m, puertas como en las anteriores

Depósitos de agua volumen, 20 — 60 m³, altura sobre los carriles, 5 — 7 m

162 Casas de guarda.—Casillas superficie, 6 — 9 m² con una sola habitación, casas para un guarda 20 m², para dos 40 m² con 2 — 4 habitaciones

II — Material móvil explotación

163 Material de transporte.—Longitud, 6,40 — 7 m, ancho de la caja, 2 50 — 2,70 m, altura de los resortes sobre el plano de carriles, 0,95 — 1,05 m Peso de los coches, 6 — 9 toneladas, furgones, 6 — 7 íd, vagones, 4,5 — 6,5 íd. Numero de asientos, 24 — 48 ó 50 viajeros, segun la clase, carga de los vagones, 8 — 12 toneladas Distancia entre ejes, 3 — 5 m, diámetro de las ruedas, 0,90 — 1,05 m, ancho de las mismas, 0,125 — 0,15 m, distancia libre interior, 1,36 m

Gastos de conservación, reparación, renovación y limpieza de los coches grandes líneas, 500 — 800 pesetas por coche, líneas secundarias, 150 — 200 pesetas

Duración 25 — 35 años para un recorrido medio anual de 35000 kilómetros los coches, 35 — 50 años y 16000 km recorrido año los vagones

164. Frenos.— Relación φ entre el numero de vehículos con freno y el de unidades que componen el tren, i = pendiente del camino (por 1000)

Generalmente se da a φ los valores siguientes para trenes de viajeros y un poco menores para los de mercancías

hasta $i = 3\ ‰$	$\varphi = 1/6$		para $i = 10 - 16\ ‰$	$\varphi = 1/3$
para $i = 3 - 5$	$\varphi = 1/$		para $i = 16 - 40$ »	$\varphi = 1/2$
para $i = 5 - 10$	$\varphi = 1/4$		para $i > 40$ »	$\varphi = 1$

Un tren en marcha á V km. p. h. en una pendiente de i milésimas y en el que α representa el tanto % de peso en que actúan los frenos, se detiene cuando se echen los frenos, á una distancia S dada en m. por

$$S = \frac{V^2}{254} \cdot \frac{1}{f\frac{\alpha}{100} + \frac{r \pm i}{1000}} + g\frac{v}{3 \times 6}; \quad \begin{pmatrix} + \text{ en rampa} \\ - \text{ en pendiente} \end{pmatrix}$$

siendo:

f = coeficiente de rozamiento entre las zapatas y las llantas = ∼ 0,15;

r = coeficiente de resistencia por ton. del tren en horizontal = ∼ 6,5 kg.;

g = tiempo en segundos transcurrido desde que se empiezan á apretar los frenos hasta que el enfrenado es completo (= ∼ 3" para el freno Westinghouse y ∼ 5" para los frenos de mano).

Generalmente para las líneas en horizontal con frenos continuos, se calcula $S = \frac{V^2}{30}$.

165. Locomotoras.

Datos principales sobre las locomotoras de servicio ordinario.—Ancho máximo 3,05 m.; longitud, 7 ÷ 16 m.; altura de la chimenea sobre el plano de los carriles, generalmente, 4,20 m. Diámetro de las ruedas motrices y acopladas = 0,9 + 0,06 v (v = velocidad del tren en m. por 1"); las demás, 1 ÷ 1,20 m.: ancho y distancia interior de las ruedas, como en el núm. **163.**

Cilindros.—Velocidad del émbolo u = 3 ÷ 4,5 hasta 7,5 m. por 1". Diámetro = 0,40 ÷ 0,60 m. determinado tomando el mayor de los valores que se obtengan, calculando primero la máquina para la resistencia del tren en horizontal, con una admisión $^1/_3$ y después para la resistencia en la pendiente máxima de la línea con una admisión de $^2/_3$. Carrera = 0,55 ÷ 0,65 m. Sistema *compound:* de 2 cilindros, diámetro del cilindro de alta presión, 0,30 ÷ 0,60 m.; de baja, 0,50 ÷ 0,90 m.; de 4 cilindros, 0,30 ÷ 0,40 y 0,50 ÷ 0,70 m.

Relación entre ⊢P efectivos é indicados 0,85 ÷ 0,92; entre ⊢P en el enganche del ténder y ⊢P indicados 0,50 ÷ 0,60.

Relación entre las áreas del émbolo y la lumbrera de admisión = 12 ÷ 15; entre el área del émbolo y el escape = 10 ÷ 12. Sección del soplador = próximamente á 1 cm.² por cada m.² de superficie de caldeo en la caldera.

Caldera.— Presión efectiva 10 ÷ 16 kg. Tubos de 3,20 ÷ 5,20 m.

de longitud, 45 — 54 mm de diámetro exterior y 2,5 mm de espesor, dispuestos á tresbolillo é intervalos de 14 ÷ 17 mm, numero 150 — 220 Diámetro de la caldera 1,15 — 1 50 m, altura del centro sobre los carriles, 1,80 — 2 m. Superficie total de calefacción = 700 — 750 veces la sección de un cilindro = 80 — 300 m² Superficie del hogar $= \frac{1}{10} - \frac{1}{13}$ de la de los tubos Rejilla $= \frac{1}{50} - \frac{1}{95}$ de la superficie total de caldeo Peso del carbón por m² de parrilla = 300 — 500 kg Relación entre los ⊢P indicados y la superficie de caldeo, 8 — 11. Producción de vapor por m² de superficie de caldeo y hora = 30 — 70 kg por kg de hulla = 6 — 8 km de peso

Peso en servicio (comprendiendo el agua) locomotoras ordinarias, 30 — 60 ton y hasta 80 Peso adherente por eje 12 — 20 ton

Ténder — Capacidad de las cajas de agua 6 — 20 m³, carbón, 2 — 12 m³ Numero de ejes, 2 — 3, longitud, 5,50 — 7 m, peso en carga, 16 — 50 ton

Consumo de carbón y de aceite — Carbón por locomotora y kilómetro (media en los trenes de viajeros), lineas principales, 8 — 15 kg, secundarias, 3 — 8 kg

Por ton remolcada y km trenes de mercancías, 0,12 — 0 15 de viajeros, 0,03 — 0,05 kg

Por ⊢P hora, en el enganche del ténder 2 — 3 kg, por ⊢P h en las ruedas motrices, 1,2 — 2 kg, por ⊢P indicado hora 1 — 1 7 kilogramos

Aceite por locomotora y km lineas principales, 0,28 — 0 35 kilogramos, secundarias, 0,20 — 0,25 kg

Conservación — Gasto anual para conservación, reparación renovación y limpieza en las lineas principales, 5000 — 6500 pesetas por locomotora, lineas económicas, 2500 — 4000 pesetas

Duración — Una locomotora puede recorrer 150 — 250000 km sin necesitar reparaciones radicales Duración probable 30 20 años, haciendo un recorrido anual de 20 - 40000 km

166. Fuerza de tracción. — Se calcula con las fórmulas

$$F = \frac{(0,5 - 0,6)\, p\, d^2 s}{D}$$ kg para maquinas de cilindros gemelos,

$$F_1 = \frac{(0\,4 - 0,5)\, p\, d_1^2 s}{2\, D}$$ kg para maquinas *compound* de 2 cilindros el doble si la maquina es de 4 cilindros,

p = presión efectiva en la caldera en kg por cm²,

d = diametro de los cilindros gemelos,

d_1 = idem de los id *compound* de baja presión,

s = carrera del embolo,

D = diametro de la rueda motriz, todo ello en cm,

Cuando se aplica la doble tracción, se reduce en $\frac{1}{10}$ la fuerza de tracción de ambas máquinas.

167. Adherencia.—Varía entre $^1/_5$ y $^1/_{10}$ de la carga sobre las ruedas motrices y acopladas, según el estado de la atmósfera y de la vía. La adherencia (de ordinario calculada á $^1/_7 \div {}^1/_8$) debe ser $\geqq$ que la fuerza de tracción F.

168. Velocidad de los trenes.—Velocidad V en km. por hora: expresos, $60 \div 100$ (ó sea por 1″ $v = 16{,}7 \div 27{,}8$ m.); correos, $40 \div 50$ ($v = 11 \div 14$ m.); mixtos, $30 \div 40$ ($v = 8{,}3 \div 11$ m.); mercancías, $20 \div 30$ ($v = 5{,}5 \div 8{,}30$ m.) En líneas secundarias y *económicas*, etc., $15 \div 25$ ($v = 4{,}20 \div 7$ m.).

La velocidad media varía entre $0{,}75 \div 0{,}85$ de la máxima.

169. Resistencia de los trenes.

1) Resistencia en kg. por ton. de tren y ténder (sin contar la maquina) en horizontal y recta:

$$W_e = 1{,}5 + 0{,}001\,V^2 \text{ kg. } (V = \text{velocidad en km. por h.})$$

2) Resistencia en km. por ton. de la locomotora sin el ténder:

$$W_l = 4\sqrt{a} + 0{,}002\,V^2\ (a = \text{número de ejes acoplados}).$$

3) Resistencia en las pendientes

1 kg. por ton. y por cada 1 por 1000 de pendiente

4) Resistencia en las curvas de radio R (en m.).

$$W_r = \frac{650}{R - 55} \text{ kg por ton}$$

5) Resistencia al arranque $= 9 \div 10$ kg. por ton. de tren y ténder, y $15 \div 30$ kg. por ton de máquina según el número de los ejes acoplados

Peso que puede arrastrar una máquina de L ton de peso, con su ténder de T ton, en pendiente de i mm. por m. y curva de R m. de radio, siendo F su fuerza de tracción en kg

$$Q = \frac{F - W_l\,L}{W_e + W_r + i} - T \text{ toneladas.}$$

Con esta fórmula se calculan para cada tipo de máquinas, y según el trazado de las líneas, las *tablas de carga* que dan el peso del convoy remolcable (teniendo en cuenta la adherencia según el lugar y la estación), ó sea el rendimiento ó *prestacion* de la maquina.

6) Un cálculo aproximado permite admitir para resistencia de un tren en horizontal (incluyendo la locomotora) 5 kg por tonelada para velocidades ~ 40 kg por hora, aumentando en 0,10 kilogramos por cada km de velocidad mas de los 40

Resistencia al arranque (incluso la locomotora) = 12 — 18 kg por ton

170. Material móvil por kilómetro.

Locomotoras —Numero de locomotoras por km. de red maximo 0,33, mínimo 0,07, medio en los ferrocarriles italianos 0,21 ingleses, 0,40, alemanes, 0,27, franceses, 0 25

Coches —Mediterráneo (1895), 0,74 coches por km Máximo, 2 83 (Turín Rívoli), mínimo, 0 27 (ferrocarriles sardos), media, 0 60, ferrocarriles ingleses, 0,90, alemanes, 0,45, franceses, 0,52

Vagones —Mediterraneo (1895), 3 91 vagones por km (maximo) mínimo, 0,09, media, 3,65, ferrocarriles ingleses, 12, alemanes, 4,20 franceses, 8

Composición de trenes — En España trenes de viajeros maximo, 24 coches (en trayectos especiales hasta 30), ídem de mercancias, 40 vagones

171. Longitud virtual.—Es la longitud de una línea en terreno llano, equivalente (en cuanto al gasto de conservación) a la de que se trate

Fórmula francesa Segun Amiot, la longitud virtual en horizontal equivalente a la l de pendiente i por 1000 es

$$l_0 = l + \alpha l = (1 + \alpha) l = \beta l \text{ } (\alpha = \text{coeficiente de } \textit{mejora})$$

$i =$	6	8	10	12	14	16	18	20	22	24	26	28	30
β Amiot .	1 14	1 22	1 30	1,38	1,46	1,54	1 62	1,70	1 78	1,86	1,94	2,02	2 10
β Jacquier	1 13	1 21	1,30	1,41	1 55	1 71	1 90	2,11	2 36	2 62	2,93	—	—

Quitando una unidad la tabla da el coeficiente α de mejora

Método italiano — Sea P el peso del tren, por unidad de peso de tren util, en rampas de i por 1000 Se admite que

$$P = \frac{120}{1\,0 - 1\,5\,(i + 6)}$$

Fijando en 10 por 1000 el límite de la pendiente para la linea en terreno llano se tiene para este valor que el maximo de $P = 1,25$

Para tener la longitud virtual de una línea cuyas rampas sean >10 por 1000, se consideran separadamente los trozos en que es constante la composición del tren. En cada trozo se separan las diversas rasantes (rampas y pendientes) que lo constituyen, y se considera el valor de P para la de máxima inclinación del trozo. Después se calcula, para cada rasante, la longitud virtual l_0, equivalente á la efectiva l, con la

$$l_0 = \frac{i+6}{20} P l = \beta P l.$$

La tabla siguiente sirve para este cálculo:

VALORES DE P						VALORES DE β					
i	P	i	P	i	P	i	β	i	β	i	β
10	1,25	**19**	1,45	**28**	1,74	**10**	0,80	**19**	1,25	**28**	1,70
11	1,27	**20**	1,48	**28**	1,78	**11**	0,85	**20**	1,30	**29**	1,75
12	1,29	**21**	1,51	**30**	1,82	**12**	0,90	**21**	1,35	**30**	1,80
13	1,31	**22**	1,54	**31**	1,86	**13**	0,95	**22**	1,40	**31**	1,85
14	1,33	**23**	1,57	**32**	1,90	**14**	1,00	**23**	1,45	**32**	1,90
15	1,35	**24**	1,60	**33**	1,95	**15**	1,05	**24**	1,50	**33**	1,95
16	1,38	**25**	1,63	**34**	2,00	**16**	1,19	**25**	1,55	**34**	2,00
17	1,40	**26**	1.67	**35**	2,05	**17**	1,15	**26**	1,60	**35**	2,05
18	1,43	**27**	1,70	—	—	**18**	1,20	**27**	1,65	—	—

Ejemplo: Hallar la longitud virtual de un trozo compuesto de cuatro rasantes de 1000, 2500, 1500, 2000 m., é inclinaciones de 8, 15, 20 y 25 por 1000. Para la pendiente máxima de 25 por 1000 se tiene $P = 1{,}63$ (es decir, 1 de tren útil y 0,63 de locomotora y ténder), con lo que se determina la composión del tren que ha de recorrer el trozo. La longitud virtual será:

$$l_0 = 1{,}63\,(0{,}80 \cdot 1000 + 1{,}05 \cdot 2500 + 1{,}30 \cdot 1500 + 1{,}55 \cdot 1200) =$$
$$= 11793 \text{ m.}$$

Con los coeficientes de Amiot se tendría (aproximadamente):

$$l_0 = 1{,}21 \cdot 1000 + 1{,}63 \cdot 2500 + 2{,}11 \cdot 1500 + 2{,}775 \cdot 2000 =$$
$$= 11780 \text{ m.}$$

172. Gastos de establecimiento y conservación.

1) *Establecimiento.*—Ferrocarriles italianos: líneas principales 276000 liras por km., de las que 34000 corresponden al material móvil. Líneas económicas 100 ÷ 150000 liras (15 ÷ 18000 el material móvil). En España 125 ÷ 250 y 300000 pesetas km.

2) *Explotación*. — Relación entre el producto y los gastos de explotación — 0,55 — 0,70 según las líneas; líneas secundarias 0,60 ~

El gasto de explotación para una línea de L km., producto bruto p y pendientes no > 10 por 1000 recorrida por trenes de composición normal se deduce de

$$s = 3000\ L + 0{,}50\ p \text{ en líneas de pendiente} < 10\ ^0/_{00}$$

Si la línea tiene rasantes > 10 por 1000 y la composición de trenes depende de la máxima rampa de cada trozo, se aplica la misma fórmula substituyendo la longitud efectiva por la virtual.

Fórmula del ingeniero Rossi (1898) gasto de explotación medio de 8 grandes líneas de Europa

$$s = 3051 + 0{,}466\ p$$

Ídem de las íd. y las italianas

$$s = 4118\ L + 0{,}45\ p$$

fórmula de Noblemaire (P. Lyon M.)

$$s = 6000 + 0{,}40\ p$$

3) *Personal*. — Número de empleados por km. 7 — 8 (en Italia) 7 — 13 en el extranjero. Gastos en relación al total de la explotación 0,58 Italia, demás países 0,45 — 0,70. Gastos por tren y km. 1 ÷ 2,20 pesetas.

4) *Combustible*. — Gasto con relación al total de explotación 0,08 — 0,16; por tren y km. 0,20 — 0,64.

5) *Recorrido medio*. — Por viajero 20 — 64 km.; por tonelada de mercancías, 70 — 200.

6) *Peso muerto remolcado*. — Por viajero 0,9 — 2; relación entre los asientos ocupados y los disponibles 0,16 — 0,32. Por tonelada de mercancías 1,2 — 2,1; relación entre el peso transportado y el conducido por los vagones 0,35 — 0,45.

7) *Relación* entre el movimiento de las masas de mayor tráfico y el movimiento medio anual 1,20 — 1,65.

8) *Distribución de los gastos de explotación* (medio de las líneas italianas).

Dirección y gastos generales	0,094	Por cada peseta de gasto total de explotación
Conservación y vigilancia de la línea	0,211	
Material y tracción	0,395	
Servicio de tráfico	0,298	
Servicios diversos	0,002	

173. Tarifas.

Viajeros.—En Italia 0,10 — 0,12, 0,07 — 0,077 y 0,045 — 0,05 liras por km en 1.ª, 2.ª ó 3.ª clase. En España generalmente 0,12, 0,08 y 0,06 pesetas respectivamente.

Mercancías.—Varían las tarifas según la clase de mercancías y la velocidad a que se transporten.

E.—Tranvias.

(Tranvías eléctricos, véase núm. **366**.)

174. Vía.

En el interior de las poblaciones.—Los carriles mas usados actualmente son del tipo Phoenix, de base plana y cabeza con ranura. Longitud de las barras 9, 10 ó 12 m. Se ponen sobre traviesas de madera ó metálicas y también directamente sobre el terreno, enlazadas con riostras. Uno de los tipos más ligeros tiene la base de 110 mm., cabeza de 79 mm. y una altura de 100 mm., peso por m. l., 24 kg., peso de la vía completa con riostras y sin traviesas, 51,89 kg. por m. l. Los tipos mas pesados tienen un ancho en la base de 120 mm., 115 mm. en la cabeza y 160 mm. de altura, peso del carril, 42,50 kg. por m. l.; ídem de vía completa 122,20 kg. por m. l.

Líneas fuera de poblaciones.—Carriles de 15 — 25 kg., longitud, 6 — 9 m., traviesas de 10 × 15 — 12 × 18 cm. y 2,10 — 2,25 m. de longitud, distancia 0,70 — 0,85 m. Se suprime el balasto ó se reduce á 0,10 m. si la vía se asienta sobre carretera construída, 0,30 m. por lo menos si se hace explanación propia. Peso total de la parte metálica, para carriles de 15 — 25 kg., 32 — 51 kg. el m. l. de vía. Ancho de la vía 1,445 m. entre carriles. Distancia a la arista de la explanación, 3 m. (de los que 0,90 del carril exterior a la arista, 0,45 m. al interior), ancho de la explanación, 3,50 — 4,50 m.

175. Curvas y pendientes.—Radio mínimo de las curvas 50 m., excepcionalmente 40 m. y hasta 25 m. en el interior de las poblaciones. Pendiente máxima 35 ‰; en casos excepcionales y trayectos cortos hasta 50 ‰.

No obstante, se conceden líneas en las poblaciones cuyas calles ofrecen rasantes de mayor inclinación que la indicada en las cifras anteriores.

176. Material móvil.—Ancho 2,10 — 2,20 m.

Coches para líneas urbanas.—Peso 2400 kg., capacidad para 44 viajeros, con imperial, 1800 — 2000 kg. para 32 viajeros, sin im perial, coches abiertos (jardineras) para verano 1500 — 1600 kg 40 — 48 viajeros

Líneas exteriores —Peso 5000 — 6000 kg 36 — 52 viajeros, vagones 2000 — 3000 kg., carga 4000 — 5000 kg

Máquinas —Máquinas de dos ejes acoplados, distantes 1,40 — 1,50 m, longitud total, 3,90 — 4,20 m, ancho maximo 2,10 —2,20 m, altura, 3,20 m, presión normal, 10 — 12, maxima, 15 atm, diametro de la caldera, 0,70 — 0,85 m, longitud, 2 — 2,250 m Sin condensación condensación parcial con agua (250 — 500 litros de agua condensada por hora), ó condensación mixta de agua y aire (10 — 30 m² de superficie condensadora expuesta al aire), 1 m² de condensador de aire condensa 2,5 — 3,5 kg de vapor por hora

Fuerza de tracción y adherencia como en los nums **166** y **167**

Composición de trenes máquina y 3 — 5 vehículos remolcados en terreno llano, 2 — 3 en rampas de 25 — 30 por 1000

Consumo de combustible por maquina y km 2,5 — 4 kg, por eje y km, 0,30 — 0,40 kg término medio

177. Velocidad y resistencia de los trenes.

Velocidad —En el interior de las poblaciones 9 — 12 km por hora, líneas en el exterior, tracción animal 12 — 15 km, tracción por vapor ó eléctrica 15 — 18 km y aun 20

Resistencia á la tracción —Líneas en las poblaciones 9 — 12 kg por tonelada en rectas horizontales, 13 — 15 kg teniendo en cuenta las curvas Al arranque la resistencia puede elevarse hasta 100 kg y más Un caballo arrastra al trote una carga de 2800 — 3500 kg (incluyendo el vehiculo) con un recorrido de 25 — 30 km al dia

Líneas con tracción por vapor, resistencia 7,5 — 8 kg (comprendiendo la maquina) por tonelada, en horizontales y rectas, a la velocidad de 15 — 18 km por hora La máquina sola ofrece una resistencia de 12 — 15 kg por tonelada

Resistencia en las rampas 1 kg por tonelada y 1 por 1000 de inclinación

178. Gasto de establecimiento y conservación

Gastos de establecimiento —a) Lineas interiores tracción animal 20 — 25000 pesetas km para el material fijo y 8 — 20000 el móvil

b) Líneas exteriores tracción por vapor Como límite pueden admitirse las cifras siguientes

Tranvías establecidos sobre vías públicas carriles, de 15 kg 20000 pesetas km por construcción y material fijo 7000 pesetas por material móvil

Tranvías ó ferrocarriles económicos ocupando vías publicas en parte y con explanación propia en el resto carriles de 20 kg

40000 — 60000 pesetas por km por construcción y material fijo
10000 — 15000 pesetas por material móvil

Gastos de explotación — 65 — 80 % del producto bruto, término medio 70 %

Material móvil por km de línea — *a)* Líneas urbanas 2 — 5 coches por km

b) Líneas exteriores, tracción por vapor máquinas 0,14 — 0,3 por km., coches 0,5 — 1,2, vagones para mercancías 0 4 — 0,1.

Duración de las máquinas 12 — 15 años, de los coches 18 — 20, de los vagones 22 — 24

F. — Ferrocarriles aéreos.

178 *bis*. Transporte continuo por tres cables — Dos cables de acero, uno para la ida y otra para la vuelta, tensos a una distancia *a* no > 2000 m con contrapesos, para una tensión $T = \frac{1}{10} - \frac{1}{15}$ de la carga de rotura, se calculan con la 1.ª ó la 2.ª de las fórmulas siguientes, segun que se pueda admitir en trabajo una sola vagoneta de peso Q (comprendiendo el trozo de cable de tracción) ó varias vagonetas representando un peso q por metro de cable motor

$$T = \frac{a}{4f}\left(p\,\frac{a}{2} + Q\right)\text{kg}, \qquad T = (p + q)\,\frac{a^2}{8f}\ \text{kg},$$

f = flecha de la catenaria $= \frac{1}{20} - \frac{1}{25}$ de a, p peso del cable p m l

Cable de tracción de acero se calcula á $\frac{1}{10}$ de la carga de rotura para la fuerza de tracción dado por la

$$t = \delta\left(2\,p_1 l + n Q_1 + n\,\frac{Q_2}{2}\right) \pm \frac{n}{2}\,Q_2\,\frac{h}{l}\ \text{kg},$$

δ = coeficiente de rozamiento = 0,02 — 0 015, p_1 peso p m del cable de tracción, l = longitud de la linea, Q_1 Q_2 peso de la vagoneta (ó cubo) vacío y con carga, n = numero de vagonetas en toda la línea; h = desnivel en subida ó bajada (±)

Generalmente $Q_1 = 100 - 200$ kg, $Q_2 = 200 - 800$ kg Velocidad del transporte = 1,50 — 2,50 m p 1"

Coste de instalación = 15 — 45, mil pesetas km, coste del transporte, comprendido todo = 0,10 — 0,07 pesetas por ton y km

8.—Construcciones hidráulicas

179. Sifones

1) *Sifones de tubos*.—Convienen para sifones largos, para grandes profundidades H bajo el nivel de llegada, para aguas limpias y volumenes no muy grandes. Tubos de hierro fundido ó forjado y también de cemento para díametros $< 0,50$ m y cargas $H < 10$ m. El diámetro de los tubos se calcula para una velocidad $V > 1$ y $< 2,50$ m. Espesor, como en los nums. **62** y **226**.

2) *Sifones de fábrica*.—Convienen para sifones cortos, profundidades $H < 9$ m., bajo el nivel del agua, a la entrada, para aguas turbias y grandes volúmenes. Pueden hacerse con una ó mas bocas, y el brazo descendente vertical ó inclinado. La fig. 78 representa dos casos: a la derecha para alturas H pequeñas, a la izquierda para grandes, el trozo horizontal abovedado ó cubierto de losas, si $H < 2$ m (fig. 79). Se calcula la sección para un valor de $V < 2$ m., pero de modo que aquélla no resulte nunca $< 0,70 > 0,50$ m para que sea posible la limpieza.

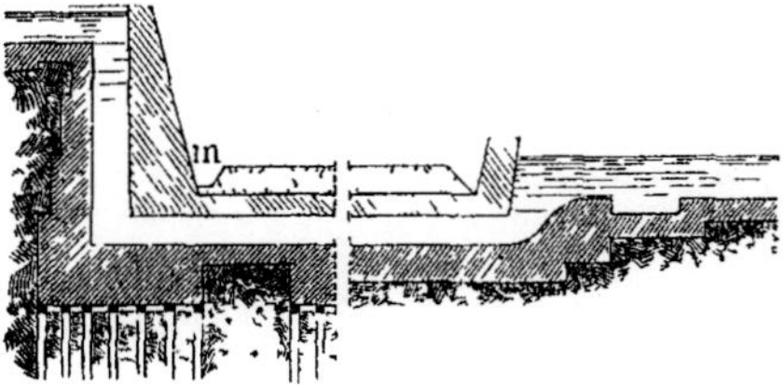

Fig. 78

La presión de abajo arriba que el agua ejerce en la bóveda ó cubierta del sifón es $= 1000$ H kg por m², mientras que la presión de arriba a abajo es $= 2000\,s + 1500\,a$ kg por m².

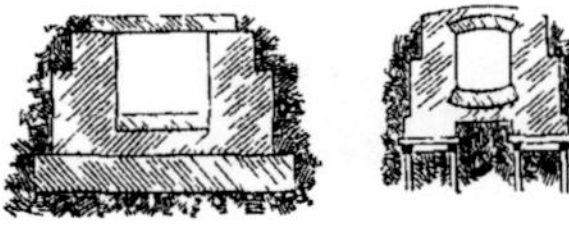

Fig. 79

$s =$ espesor de la bóveda en la clave $= 0,35 - 0,75$ m $=$ en general $^1/_4$ de la luz l.

$a =$ altura del terraplén m sobre la bóveda, 0,40 m como mínimo si el sifón pasa por debajo de un camino ordinario, y 0,75 m en los ferrocarriles; en el caso de pasar bajo un canal a puede ser $=0$.

Para la estabilidad se debe tener:

$$2000\,s + 1500\,a \geqq 1333\,H,$$

ó sea próximamente

$$a \geqq 8\,h - 4\,s,$$

siendo h la altura del nivel del agua (á la llegada) sobre el plano m del terraplén.

Si el valor obtenido para a en la fórmula anterior resulta muy grande, se toma uno nuevo $a_1 < a$; pero entonces hay que prevenir el levantamiento de la bóveda con bridas colocadas sobre el trasdós y enlazadas á los estribos ó al fondo, dispuestas á una distancia de $1 \div 2{,}50$ m. y calculadas para resistir un esfuerzo de tracción de

$$[1333\,H - (2000\,s + 1500\,a_1)]\,l \text{ kg. por m. l. de sifón}$$

Espesor de los estribos (V núm. **143**); muros de sostenimiento m (fig. 78); espesor en la base $= 0{,}4\,H$ próximamente, si el ancho del canal de entrada es < 3 m.; para anchos mayores, véase núm. **180**.

3) *Pérdida de carga* producida por un sifón. Se calcula como en los tubos y conductos forzados (números **57-59**), teniendo en cuenta la pérdida a la entrada $\left(\frac{V^2}{2g}\right)$ debida a la velocidad V.

180. Muros de contenimiento. — Sea

$H =$ altura del agua sobre el fondo

$a =$ altura maxima del muro sobre el nivel de agua; en ningún caso debe ser $< 0{,}40$ m. ni $> 0{,}1\,H$.

$H_1 = H + a$, altura del muro sobre el fondo.

$s =$ espesor del muro en la coronación.

1) *Muros de altura* $\leqq 7$ m. (fórmulas del profesor Paladini)

Se distinguen dos clases de muros:

A.—Muros que sufren constantemente la presión del agua (muros en las orillas del mar, canales, lagos, camaras de turbinas, etc.)

B.—Muros que sufren la presión del agua de un modo intermitente (depósitos, defensas en los ríos, etc.)

a) Muros de espesor constante (caso de un muro entre dos depósitos alternativamente llenos), espesor:

Clase A: $s = 0{,}44\,H_1$; Clase B: $s = 0{,}70\,H_1$.

b) **Muros de pared interior vertical y talud exterior:**

$$s \text{ no} > \frac{H_1}{3} \text{ y nunca} < 0{,}45 \text{ m} \quad \text{en ambas clases}$$

Base ó proyección s_1 del talud (perfil rectilíneo):

$$\text{Clase } A: s_1 = 0{,}04\, H_1 - 1{,}5\, s + \sqrt{\left\{ 0{,}75\, s^2 + 0{,}25\, H^2_1 \right\}};$$

$$\text{aproximadamente } s_1 = 0{,}74\, H_1 - 2\, s$$

$$\text{Clase } B: s_1 = -0{,}75\, s + \sqrt{\left\{ 0{,}43\, s^2 + 0{,}50\, H^2_1 \right\}};$$

$$\text{aproximadamente } s_1 = H_1 - 2\, s$$

c) **Muros con ambos paramentos en talud (perfil rectilíneo)**
s como antes (caso *b*) para ambas clases
Base s_2 del talud interior: $s_2 = 0{,}1\, H_1 \div 0{,}2\, H_1$; media $0{,}15\, H_1$
Base s_1 del talud exterior:
Clase *A*:

$$s_1 = {}^1/_2 \left[0{,}07\, H_1 - 2{,}25\, s_2 - 3s + \sqrt{\left\{ s^2_2 + s^2_1 + 4{,}5\, s\, s_2 + 3\, s^2 \right\}} \right]$$

$$\text{y aproximadamente: } s_1 = 0{,}66\, H_1 - 2\, s - s_2.$$

Clase *B*:

$$s_1 = {}^1/_2 \left[-3\, s - 2 s_2 + \sqrt{\left\{ 2\, s^2_2 + 2\, H^2_1 + 8\, s\, s_2 - 7\, s^2 \right\}} \right]$$

$$\text{y aproximadamente. } s_1 = 0{,}84\, H_1 - 2 s - s_2$$

Si al lado opuesto al agua existe un terraplén, no se tiene en cuenta el empuje de éste, a no ser tan considerable que exigiera para espesor del muro mayor valor que el calculado para el caso del agua. (V. núm. 136.)

2) *Muros de altura > 7 m.* –Se adoptan las mismas proporciones que para las presas de embalse (párrafo siguiente)

3) *Presas de embalse.*— Sirven generalmente para formar un depósito de agua (si se trata de aguas potables la profundidad debe ser > 6 m.) Toma de agua á diversas profundidades, mediante un pozo, cuyo fondo se halla en una galería que atraviesa el dique y mejor las laderas. Los aliviaderos de fondo deben abrirse á través del terreno; igualmente los de superficie.

Para las grandes presas se adopta el tipo de la figura 80 (tipo del Ingeniero Crugnola): paramento interior recto hasta una profundidad p_1 bajo el nivel del agua, y tang. á un arco de círculo (de radio R), cuya proyección sobre la base del muro es s. Paramento exterior: vertical en $a + p$ (a = altura de la coronación

sobre el nivel del agua) después un arco de círculo de radio R hasta una profundidad t bajo el nivel del agua y finalmente talud rectilíneo con una banqueta intermedia b de 1 m a la profundidad de 35 m si $H > 35$ m, dos banquetas de 1 m á 35 y 50 m si $H > 60$ m y dos banquetas a 35 y 62 50 m si $H \gtreqless 70$ m

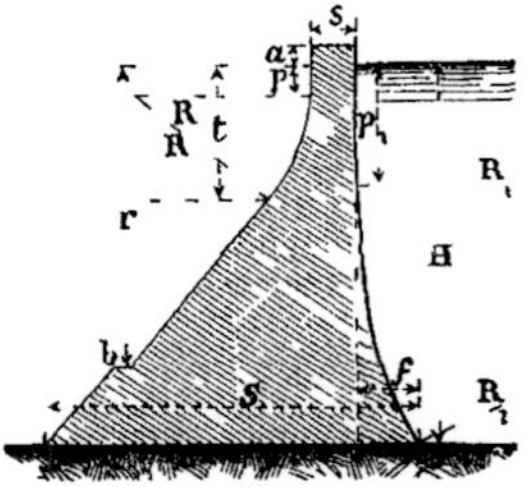

Fig. 80

El talud del *paramento exterior* es tangente al arco de círculo cuando H no excede de 45 m, se adopta el de 45° cuando $H > 45$ metros

La tabla siguiente contiene todos los elementos necesarios para determinar el perfil de una presa, suponiendo que el m³ de fabrica pesa 2300 kg y que la presión en el interior del muro es siempre < 8 **kg** por cm ²

H	a	s	Aguas arriba			Aguas abajo				S	b	V
			p_1	R_1	f	p	R	t	r			
m	m	m	m	m	m	m	m	m	m	m	m	m³
5	0,50	1,70	3,50	16	0,07	1,70	4	2,75	5	2,52	—	10,50
10	0,90	2,00	6,00	24	0,34	1,80	6	4,75	10	6,08	—	35,05
15	1,30	2,30	7,00	32	1,02	1,90	8	6,00	15	9,82	—	76,64
20	1,50	2,50	8,00	40	1,84	2,00	10	7,25	20	13,70	—	133,01
25	2,00	3,00	9,00	48	2,75	2,10	12	8,50	25	17,99	—	217,70
30	2,40	3,50	10,00	56	3,69	2,20	14	9,50	30	21,75	—	314,56
35	2,80	4,00	11,50	64	4,47	2,30	16	11,50	35	27,90	—	455,80
40	3,00	4,25	12,00	72	5,67	2,40	18	13,00	35	34,04	1	610,44
45	3,25	4,50	13,50	80	6,46	2,50	20	14,50	35	38,88	1	781,42
50	3,50	4,75	15,00	88	7,26	2,60	22	16,00	35	46,92	1	996,11
55	3,55	5,00	15,00	88	9,68	2,70	24	17,50	35	50,08	1	1202,50
60	3,60	5,10	15,00	88	12,41	2,80	26	19,00	35	56,82	1	1462,25
65	3,60	5,20	15,00	88	15,66	2,90	28	20,50	35	64,95	1	1768,90
70	3,60	5,30	15,00	88	19,36	3,00	30	22,00	35	72,66	1	2122,52

Para alturas comprendidas entre los límites de las de la tabla pero que no figuran en ella, se interpola por medio de la fórmula

$$y_x = y_n + \frac{y_{n+1} - y_n}{H_{n+1} - H_n} (H_x - H_n)$$

en la que y_x es la dimensión que se busca, y_n é y_{n+1} las dimen siones análogas correspondientes á las alturas H_n H_{n+1}, entre las que está comprendida la altura dada H_x.

Coste del agua almacenada — Embalses franceses de 0,2144 — 0,9937 pesetas; media, 0,4521 pesetas por m³ de agua; Argel, 0,0724 ÷ 0,40 pesetas; media, 0,2254 pesetas, España, 0,07 ÷ 0,4112 pesetas; media, 0,1645 pesetas.

181. Presas y diques de tierra. — Se emplean para alturas < 20 m. y cuando el terreno no es de roca. — El ancho s de la coronación en depósitos pequeños de 3 ÷ 4 m. de profundidad se hace = á la altura, pero nunca $< 2{,}50$ m Para profundidades mayores se toma

$$s = 3 + \frac{5}{17}(H - 3) \text{ metros}$$

La altura de la coronación sobre el nivel más alto del agua, sin contar el pretil (caso de que éste sea necesario), no será $< 0{,}90$ m. en los depósitos pequeños, ni $< 1{,}90$ m en los grandes. En los diques de tierra la altura de la coronación sobre el nivel del agua nunca será $< 0{,}60$ m Talud interior, 2 m. de base por 1 metro de altura en tierras arcillosas y 3 por 1 en las arenosas; talud exterior, el natural de las tierras (generalmente 3 por 2) Cuando la altura es considerable, se interrumpe el talud interior por banquetas de 1,50 ÷ 2 m. de ancho y altas

Al determinar la altura se tendrá presente que, después del asiento de las tierras, aquélla se reduce á los $^7/_8$ de la que se fija en el momento de construirla.

182. Presas ordinarias.

Presas de fábrica. — Ancho del umbral = 0,75 ÷ 0,80 de la altura de la presa; talud del paramento de aguas arriba, 0,5 — 1 de base por 1 de altura; ídem íd. de aguas abajo, 2 ÷ 5 de base por 1 de altura, con perfil rectilíneo, curvilíneo ó escalonado; umbral ligeramente inclinado hacia la boca del canal de toma de agua Disposición en planta: una recta formando ángulo agudo, con la en que se encuentra la boca de toma de agua, ó un arco con la convexidad aguas arriba. En el caso de vertederos, como los *d)* del núm. **40**^{bis}, es necesario (Paladini) considerar la presión bajo la vena, que puede ser menor que la atmosférica, en una cantidad representada por una columna de agua = 2,2 h (h altura del vertedero). Cimentación sólida, encajonada en la roca ó con pilotaje Escollera en ambos paramentos.

Presas de madera. — Proporciones como la anterior; umbral y talud sostenidos por palizadas formadas de pilotes de 0,20 ÷ 0,35 metros de escuadria, distando 0,50 ÷ 1 m. y dispuestos en filas de

1 ÷ 1,50 m. unas de otras; relleno de faginas, cestos ó piedras. Profundidad á que deben quedar los pilotes igual á lo menos á la altura libre. Cepos enlazando los pilotes de cada fila: escuadría 0,20 ÷ 0,30 m.; revestimiento de las tablas, de 80 ÷ 100 mm. de espesor. Escollera aguas arriba y aguas abajo. Cimentación: palizadas y escollera; más profunda y extensa aguas abajo que aguas arriba.

Regularización de torrentes.

1) Presas de fábrica: rara vez de altura > 12 m.; fábrica en seco, con mortero ó mixta (macizo en seco, revestimiento con mortero; mechinales de desagüe); disposición en planta: rectilínea en terrenos sueltos, curvilínea en formaciones de roca; coronación en forma de cuneta trapezoidal. Sean s, espesor en la base; s_1, espesor en la coronación; h, altura; h_1, altura del vertedero en caso de lleno completo; d, distancia entre dos presas consecutivas; H, desnivel entre el fondo de las mismas; l, ancho del torrente. Todas las dimensiones en metros.

Se tomará (según el ingeniero Valentini): presas con mortero, $s = 0{,}67\,h$ si es rectilínea; $s = 0{,}33\,h$ si curvilínea para $l < 30$ m.; $s = 0{,}33\,h \div 0{,}67\,h$ si $l = 30 \div 60$ m. ó más; presas de fábrica en seco ó mixtas, $s = 0{,}80\,h$. Espesor en la coronación $s_1 = s - 0{,}53\sqrt{h}$, pero nunca $< 0{,}44\,h_1$ para presas con mortero, ni $< 0{,}6\,h_1$ para presas en seco y mixtas; $1{,}4\,h_1$ ó $1{,}9\,h_1$ respectivamente, si la coronación es recta y horizontal en vez de en cuneta, limitadas verticalmente á causa de la disminución de presión indicada en *d)* (núm. **40** *bis*).

El paramento de aguas abajo se dispone vertical en una altura $h\,\frac{s_1}{s}$ y después escalonada. Distancia $= \frac{H - h}{i}$, siendo i la pendiente natural en que cesan los arrastres ($i =$ próximamente 0,24 de la dimensión media en m., de la materia arrastrada).

2) Presas de madera para alturas < 10 m.; $s = h$ (próximamente) $s_1 = s - 0{,}53\sqrt{h}$, pero no $< 0{,}6\,h_1$.

183. Módulo milanés.—Toma de agua; por orificio con compuerta, ancho $= 0{,}149\,n$ (n gasto del orificio en onzas milanesas). Cámara abovedada de $0{,}149\,n + 0{,}40$ m. ancho y 5,95 m. de longitud máxima; fondo horizontal á la altura del umbral de la boca ó en rampa de 0,397; orificio de entrada limitado superiormente por un lado horizontal á 0,595 m. de altura sobre el umbral. Cubierta de la cámara á 0,694 m. de altura sobre el umbral. Al extremo de la cámara cubierta, el módulo de 0,198 m. de altura y $0{,}149\,n$ m. de ancho; el lado inferior á 0,397 m. de altura sobre el umbral de la boca, y formado por una losa de 0,149 de espesor Sigue á éste la cámara descubierta, cuyo fondo se dispone 0,05 m mas bajo que el lado inferior del módulo, y en pendiente de 0,05 de su longitud, que es de 5,35 m, los muros laterales, a 0,10 m de los lados del módulo, divergen en igual proporción de su longitud

Gasto en litros por 1 por cada onza orificio (de *n* onzas) aproximadamente = 36,67 + 1,33 *n* (V num **73**)

9.—Edificios urbanos y rurales.

184 Casas de habitación

Altura de pisos (de suelo a suelo), 4,30 — 7 m en el piso bajo, decreciendo hasta 3,60 — 4,70 m en el ultimo piso Entresuelos, 2,80 — 3,50 m Espesor total de suelo (entramado pavimento, cielo raso, etc), 0,40 — 0,50 m

Puertas —Puertas cocheras ancho, 2,70 — 3,20 m altura, 3 50 — 4,50 m, puertas ordinarias ancho, 1,3 — 1,80 m, altura, 2,50 — 3,50 m, puertas de almacenes 1 80 — 3,0 × 2 70 — 4 50 m Puertas interiores, 0,75 — 1,50 × 1,90 — 2,50 m

Ventanas —Ancho, 0 70 — 1,50 m, altura, generalmente = 1 — 2 veces el ancho, en los entresuelos, $^2/_3$ — 1, antepecho, 0 80 — 1,10 m, en las ventanas de piso bajo, con persianas que han de abrirse al exterior estara por lo menos, a 1,95 m

Balcones —Ménsulas con un empotramiento minimo de 0,40 m distancia maxima, 3 m barandilla de 0,90 — 1 m de altura, altura mínima del balcón sobre la calle 4,20 m

Escaleras —Ancho escaleras de servicio, 0,65 — 0,90 m, ordinarias 0,90 — 1,20 m, escaleras principales, 1,50 — 2 m, escaleras de caracol 1,20 — 1,60 m de diametro Contrahuella, 0,14 — 0,20 m generalmente 0,15 — 0,17 m Huella = 0,46 menos la contrahuella Empotramiento en el muro para peldaños empotrados, $^1/_5$ de longitud Mesillas y descansillos ménsulas y barandillas como en los balcones

Habitaciones —Comedores ancho minimo, 4 m, espacio ocupado por una mesa y los convidados, ancho, por lo menos 2 20 m longitud 0,60 — 0 75 m por cada dos invitados Dormitorios y alcobas para una cama por lo menos 3 × 4 m, para dos camas 4 × 5 m dimensiones de una cama, 0,90 — 1,15 × 1 95 — 2 10 m Sala de billar 5 × 6,50 m como minimum, dimensiones maximas de una mesa de billar 1 80 × 3 20 Salas la mejor proporcion en alto ancho y largo es = 2 3 4 Cuarto de baño 1,60 × 3 20 m pila 1 60 × 1 10 — 0 65 m profundidad 0,50 — 0,60 m agua para un baño 250 — 300 litros

Patios — Para que un carruaje pueda dar la vuelta 8 m de lado por lo menos

Cuadras — Plaza para un caballo 1,40 — 2 × 1 75 — 3 m , cajas 3 — 5 × 3 — 5 m Ancho de la cuadra cuadra sencilla, por lo menos 5 m , doble, con dos filas de caballos cabeza a cabeza 10 m doble, con paso central, caballos grupa a grupa 8,50 m Altura mínima, 3,50 — 4 m Capacidad de una cuadra 35 — 55 m ³ por plaza Puertas, por lo menos 1,50 × 2,40 Ventanas 1,20 × 1 50 con antepecho a una altura mínima de 1,60 m Pesebre á 1 10 — 1,20 del suelo, rastrel 0 50 — 0,60 m de altura, dispuesto de modo que el borde superior se halle a 1,10 m del pesebre Estercolero capacidad 3 — 4 m ³ por caballo Pajar (Vease num **186**)

Cocheras — Dimensiones de un carruaje longitud sin lanza, 3 — 4 m , con lanza, 6 m , batalla, 1,80 — 2 m , altura, 2,50 — 2 70 m Puertas cocheras 2,20 — 2 75 × 2,75 — 3 m

Bajadas de aguas — Aguas pluviales tubos de 0,10 — 0 16 m de diametro, un tubo por cada 50 — 70 m ² de superficie de cubierta Tubos de evacuación de retretes 0 15 — 0,25 de diámetro, pendiente > 45° de fregaderos, etc , 0 10 — 0,15 m de diametro Alcantarillado subterraneo, pendiente como en el núm **65**

Pozos — Pozos ordinarios diámetro interior 0,90 m espesor del muro, 0,30 m , profundidad 2 m bajo el nivel del agua Cuando el nivel del agua se halla a más de 9 m bajo el suelo el diámetro de los pozos es de 0 40 — 0,50 m

Bombas — Diametro del cilindro, 0,07 — 0,12 m carrera, 0,30 — 0,40, diametro de los tubos, 0 03 — 0,05 m gasto, 1,6 — 3,6 m ³ por hora

Pozos negros — Dimensión mínima en todos sentidos 2 m , muros de 0,45 — 0,60 m , bóvedas de 0 30 — 0,45 m de espesor en la clave Capacidad vaciándolos dos veces al año, 0 50 m ³ por individuo Distancia mínima de los pozos 4 m a los muros divisorios 2 m

Pararrayos — Radio de acción igual al doble de la altura de la varilla

185 Edificios públicos

Escuelas — Superficie mínima por alumno escuelas de instrucción primaria 0,75 m ² por lo menos y mejor de 0,80 — 0,90 m ² escuelas industriales, 0,90 — 1,20 m ², escuelas de adultos, 1 20 — 1,50 m ², escuelas de dibujo, 1,50 — 1,80 m ², salas de estudio y examen 0,60 m ², salas de gimnasia, 2,50 — 3,50 m ² Longitud de banco para cada alumno, 0,60 — 0,65 m

Salas de reunión — Salones para conciertos conferencias etcétera, superficie por individuo si todos han de hallarse senta dos, 0,50, ó mejor 0,60 m², si parte de ellos permanecen de pie 0,40 m.² Grandes comedores, 0,90, y mejor, 1 ÷ 1,50 m.² Teatros superficie de la sala, deducidos los pasillos, 0,50 m² por individuo: ancho mínimo de los asientos, 0,50 — 0,60; distancia mínima, 0,7 ÷ 0,8 m

Hospitales.—Superficie total del edificio por cada lecho hospitales pequeños 200 m.²; grandes, 150 ÷ 160 m. Volumen por cada lecho, 40 ÷ 50 m.³, en las salas de enfermedades contagiosas, de cirugía, etc., 50 ÷ 60 m³ Ancho de las salas para dos filas de camas 7,50 ÷ 8 m.; distancia entre los lechos, por lo menos 1 m Superficie de cada sala, comprendiendo los pasos, 7 — 10 m² por lecho lo menos, altura 4 ÷ 5 m

186. Casas de labor.

Eras—Superficie de las eras, 8,50 m.² por hectólitro de grano Superficie para el trillado á maquina, 30 — 40 m²

Graneros—Altura 2 — 2 50 m ; espesor de la capa de grano 0,50 ÷ 0,60 m.; de arroz, 1 m., sobrecarga del suelo y de la cubierta, 500 kg por m.²

Obradores.— Dimensiones de las andanas 0,80 ÷ 0,90 × 2,40 — 3,60 m Para una onza de semilla (0,0267 kg.) se necesitan 50 m² de andanas. La andana inferior debe hallarse de 0,70 ÷ 1 m de altura sobre el pavimento, distancia entre las andanas superpuestas 0,40 ÷ 0,50; paso entre las series de andanas 1 ÷ 1,50 m.

Bodegas, lagares—100 kg. de uva producen 0,50 ÷ 0 70 hectólitros de vino. Espacio para la prensa, 3 × 3 m.; capacidad de las tinajas. por cada hectólitro de vino, 0,15 m³; altura 2 ÷ 2,50 m.

Cuadras—Véase num. **184.**

Establos.— Cada plaza 1,25 ÷ 1,50 × 2,80 — 3,50 m Establo sencillo: ancho 4 ÷ 4,50 m ; dobles. grupa á grupa con pasillos laterales de 1 m., ó cabeza con cabeza y pasillo central de 2 m. Altura 3 ÷ 4 m.; capacidad por cabeza no < 20 — 24 m.³ Puertas 1,20 m. de ancho mínimo.

Apriscos — Cada cabeza 0,50 × 2 m , ancho, por lo menos 2 m. por fila.

Pajares.—Altura de la paja ó heno 2,50 — 3 m., sobrecarga del suelo ó bóveda, 300 ÷ 400 kg. por m.²

Estercoleros.—Superficie, 6 — 10 m.² por cabeza de ganado mayor y 1,50 ÷ 2,50 m.² de menor

187. Proporciones arquitectónicas.

a) Proporciones de los principales órdenes de arquitectura.—(Todas las dimensiones se expresan en múltiplos del diámetro de la base de la columna, los salientes se cuentan desde el eje de la columna)

ELEMENTOS		Dórico griego	Dórico romano	Jónico	Corintio.
Cornisamento	Altura de la cornisa	0,45 0,50	0,60 0,75	0,63 0,90	0,80 1 00
	Saliente de la cornisa	0,85-1,00	1,20 1,40	1,20 1,40	1,30 1,50
	Altura del friso	0 60 0,80	0 75	0,63-0,75	0 70 0,75
	Idem del arquitrave	0,70 0,80	0,50	0,63 0,75	0,70 0 75
Columnas	Altura del fuste	4 00 5,10	6 90 7,20	8,00 8,20	8,00 8,50
	Diametro superior	0,70 0,80	0,80 0,83	0,83	0,83 0 85
	Altura del capitel	0,40 0,50	0 50	0,35 0 50	1,00 1,15
	Saliente del ídem	0,55 0,60	0,60-0,65	0,70 0,75	0,70 0,75
	Altura de la base	—	0 50	0,45 0,54	0,50 0 60
	Saliente de ídem	—	0,70	0,70	0,70
Altura del pedestal	Cornisa	—	0,25	0,28	0,39
	Dado		2 00	2 45	2,60
	Base	—	0,42	0,28	0,84
Altura total del orden		—	12 45 13 20	13,70 14,65	15,00-16 05
Idem sin pedestal		6,15 7,70	9,80 10,50	10,70-11,65	11,70-12 70

b) Arcadas —Arcadas sobre columnas relación entre la altura y la luz = 1,8 — 2,1, ancho de la archivolta = 1/2 diámetro de la columna, la distancia entre la archivolta y el arquitrave no debe ser > 1/2 diametro de la columna Arcadas sobre columnas gemelas distancia entre los ejes de éstas = 1/2 — 1/3 de la distancia entre los ejes de las columnas laterales Arcadas sobre pilastras altura = 1,5 — 2 veces el ancho de las pilastras = 0,5 — 0,3 de la luz Ancho del pórtico = la luz de la arcada por lo menos

c) Cornisas de los edificios —Cornisa sencilla altura = $^1/_{17}$ — $^1/_{20}$ de la altura total del edificio (comprendiendo la cornisa), saliente sobre el paramento = por término medio, a la altura Cornisamento completo arquitrave, friso y cornisa altura = $^1/_{10}$ — $^1/_{14}$ de la altura total del edificio. Coronación con huecos en el friso altura = $^2/_{13}$ — $^1/_8$ de la altura del edificio.

d) Relación entre las alturas de pisos —Tomando como unidad la altura del piso bajo (comprendiendo el entresuelo, si lo hay), la de los demás, á partir del primero, conviene guarden la siguiente relación

0,7 — 0,8, 0,6 — 0,7, 0,55 — 0,65, 0,5 — 0,6

10.—Edificios para industrias.

188. Talleres de varios pisos.—La disposición en varios pisos se prefiere en todos aquellos casos en que no se empleen máquinas muy pesadas ó que produzcan trepidaciones, ó bien cuando tales máquinas puedan instalarse en el piso bajo (telares, molinos, etc.)

a) Edificios con muros ordinarios y columnas de hierro.—La construcción consta de cuatro muros de contorno (para el espesor véase núm. **134**), é intermedias filas de columnas de hierro fundido. La cubierta puede ser a dos aguas, con una luz igual al ancho del edificio si no es muy grande; en caso contrario, se divide en tantas cubiertas como intercolumnios longitudinales ó transversales existen. Bajada de aguas pluviales como en el número **184**.—Si hay varias cubiertas, y la longitud no es > 50 m., se da salida a las aguas por los extremos de la lima olla que presenta un punto alto a la mitad de la longitud; en caso contrario se ponen tubos de bajada intermedios.

Ancho máximo de la construcción para estar bien iluminada, 34 — 35 m.; es preferible no pasar de 30 — 32 m.

Luz de las cubiertas, 4,50 — 6,50 m.; intercolumnios (en las filas longitudinales), 3 — 4 m.

Altura de los pisos (de suelo a suelo) debe ser tanto mayor cuanto más ancho es el local, a fin de que esté bien iluminado. Generalmente se da al piso bajo 4,5 — 5 m., y al primero y siguientes, 4,5 — 3,5 m. Para los telares de 30 m. ó más de ancho, la altura de todos los pisos no debe ser menor de 4,80 — 5 m.

Ventanas: ancho mínimo 1,20 — 1,50 m.; altura, la máxima disponible según la altura del local.

Columnas.—Deben estar empotradas una en otra formando una sola columna hasta el techo; las vigas maestras se apoyan sobre ménsulas que forman parte del capitel.

El diámetro de una columna es igual al de la base de la inmediata superior.

Las dimensiones siguientes son las que se dan en la base á las columnas sometidas á las cargas de que después se tratará.

Piso	Diámetro exterior	Espesor
Bajo	180 — 200 mm	20 — 24 mm
1.°	160 — 180 »	18 — 20 »
2.°	140 — 160 »	16 — 18
3.°	120 — 140 »	14 — 16
4.°	100 — 120 »	12 — 14

Escaleras y locales accesorios se disponen en uno ó en los dos extremos del edificio principal Retretes al exterior, comunicando con la sala por puentecillos ó pasos

Trasmisiones á lo largo de los muros y de las filas de columnas deben reforzarse unos u otras si se trata de trasmisiones principales ó muy pesadas (V num **134**)

Suelos —(Los datos siguientes se refieren á una fabrica de hilados de algodón pero pueden aplicarse a todas las análogas en que la carga por m ² no exceda de 270 — 300 kg)

Suelos de madera Vigas maestras (sobre las filas transversales de las columnas) escuadria 0 35 × 0 175 — 0 42 × 0 21 m segun la luz Viguetas de 0 17 × 0 065 — 0 20 × 0 075 puestas á 0 40 de eje á eje) segun los intercolumnios Pavimento entarimado sencillo ó doble (cruzado) espesor total 40 — 50 mm Las vigas que sostienen trasmisiones reciben el correspondiente aumento de escuadria Peso propio de estos suelos 150 — 200 kg por m ²

Suelos metálicos Vigas maestras en I de hierro apoyadas en las filas transversales de columnas Forjado de bovedillas de 0 25 de espesor en los arranques y 0 125 en la clave, flecha > 1/12 de la cuerda Tirantes de hierro para las bovedillas separados 1 — 1 50 m Peso propio del suelo 250 — 300 kg por m ² (V numero **126**)

b) Edificios de cemento armado — Muros de recinto de 0 25 m de espesor con pilastras de 0 30 m ² de sección en cada tramo y pilares de 0 05 — 0 06 m ² — Pilares interiores en vez de columnas su sección en la base, maxima 0 16 m ² para cargas hasta 120000 kilogramos, mínimo 0 0625 m ² para cargas de 30000 kg — Sección decreciente de un piso á otro hasta 0 06 m ² en el ultimo piso — Crujías longitudinales y transversales hasta de 7 — 8 m ² de luz — Ancho maximo del edificio para que tenga buena luz 42 — 44 m poniendo ventanas en casi toda la superficie disponible en los muros de recinto — Altura de pisos como en *a)* — Suelos de cemento armado — Cubierta ordinaria ó cubierta impermeable de *Holzcement* — Cálculo de pilares y suelos (V num **126** *bis*)

189. Cobertizos.—Preferibles cuando hay máquinas pesadas, ó que producen trepidaciones; por lo tanto, especialmente en las fábricas de tejidos é hilados, en que hay máquinas muy pesadas.

Disposición: en planta como para el núm. **188** *a)*. Altura: hasta el arranque del techo, 3,50 ÷ 4,50 m.; muros de asta y media y de dos astas.

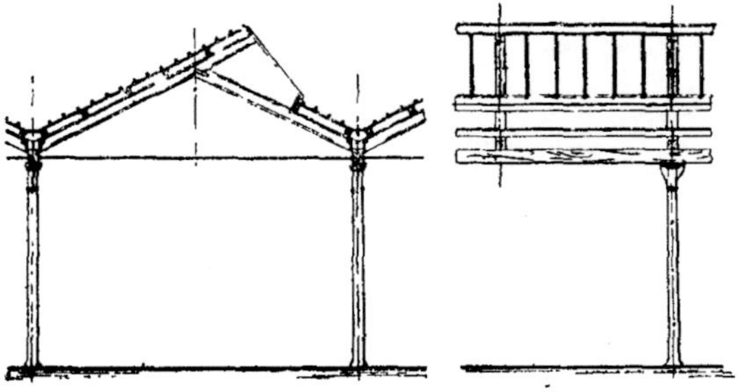

Fig. 81.

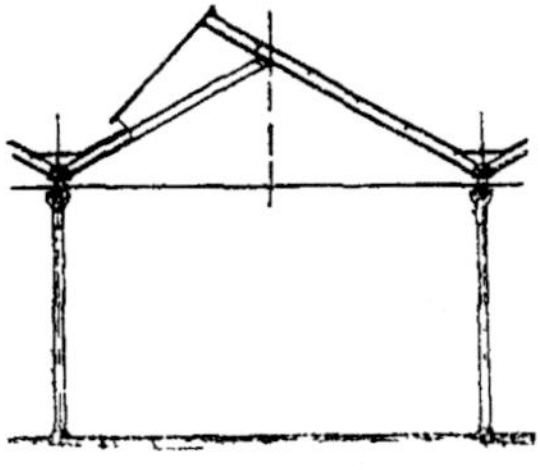

Fig. 82.

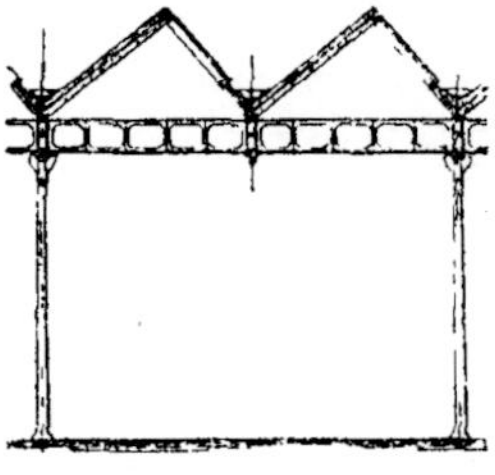

Fig. 83.

Columnas de 0,13 ÷ 0,20 m. de diámetro exterior en la base, 0,11 ÷ 0,14 m. en la cabeza; espesor, 14 ÷ 24 mm., según la altura

Armaduras de 4,50 ÷ 10 m. como máximo; intercolumnios de 3 ÷ 4 m., y hasta 7,50 ÷ 8, en casos excepcionales.

Cubiertas, tantas como naves Tipos, los de las figuras 81 de madera y 82, 83 y 84 para cubiertas metalicas en ambos casos, *a* representa la claraboya, sencilla ó doble, pero siempre en toda la longitud de la cubierta y orientada al Norte.

Las vigas maestras pueden disponerse longitudinalmente: escuadría de 0,35 × 0,25 ÷ 0,40 × 0,30 m, según el intercolumnio: frecuentemente se forman con dos vigas acopladas de 0,30 × 0,15 ÷ 0,35 × 0,18 metros cada una, obteniendo el ancho suficiente para la lima-olla superior (fig. 81). En el tipo de la fig. 82, las vigas maestras se disponen generalmente transversales, y su escuadria es de 0,30 × 0,15 m.; en este caso la canal ó lima descansa sobre viguetas, y también se hace de fundición, insistiendo sobre las columnas.

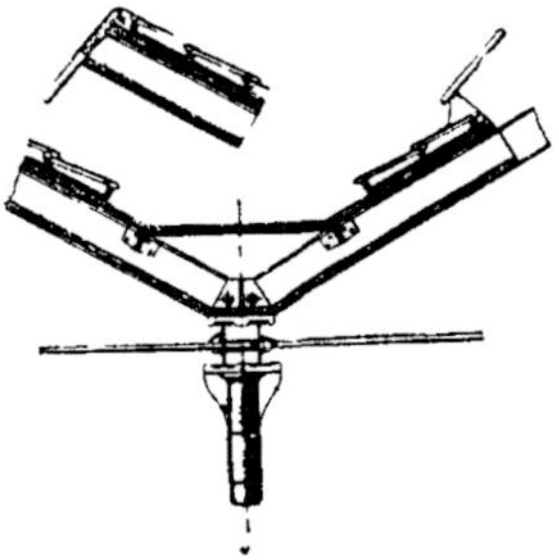

Fig 84.

Las formas de cubierta pueden hacerse con piezas escuadradas del modo corriente, apoyadas en las columnas ó con tablones. En este último caso, se emplean tablones de 40 ÷ 60 mm. de canto y 0,25 ÷ 0,30 m. de tabla, adosados y clavados; la distancia a que se colocan estas formas es de 0,60 m., apoyándose en las vigas maestras longitudinales; tirantes de hierro asegurados a las vigas.

En las armaduras para cubiertas metálicas, todos los elementos son de hierro. Las vigas maestras pueden substituirse por una de hierro fundido que forme la canal ó lima, y cuya sección sea en U.

Conviene que la cubierta sea de teja plana, y mejor, disponer un doble entablonado de 20 ÷ 30 mm., ó un cielo raso y un entablonado bajo las tejas para evitar los grandes cambios de temperatura.

Las aguas pluviales se recogen como en el núm **188**. Las columnas intermedias pueden servir para disponer en ellas los tubos intermedios de bajada Pavimento contínuo de cemento: losetas de cemento, asfalto, entarimado, etc.

Trasmisión principal (si no es subterránea) á lo largo y sobre uno de los muros principales, que se refuerza aumentándole de espesor (V. núm. **134**), ó disponiendo contrafuertes ó pilastras cada 2,50 ÷ 3,50 m.

Trasmisiones secundarias á lo largo de las columnas, de modo que las fuerzas que actúan sobre ellas estén dirigidas hacia abajo.

Cobertizos de cemento armado: pilares, vigas y cubiertas de cemento armado; proporciones como antes.

190. Cobertizo ó *tinglado* libre ó cerrado, de una ó varias armaduras, es el tipo adoptado para fraguas, fundiciones, talleres de construcción de máquinas, sierras, etc. En los talleres de construcción conviene disponer pisos sostenidos por ménsulas ó columnas (figuras 85 y 86) para instalar en ellos máquinas y bancos.

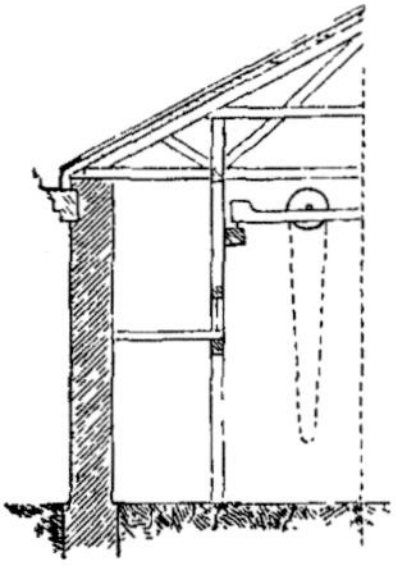

Fig. 85.

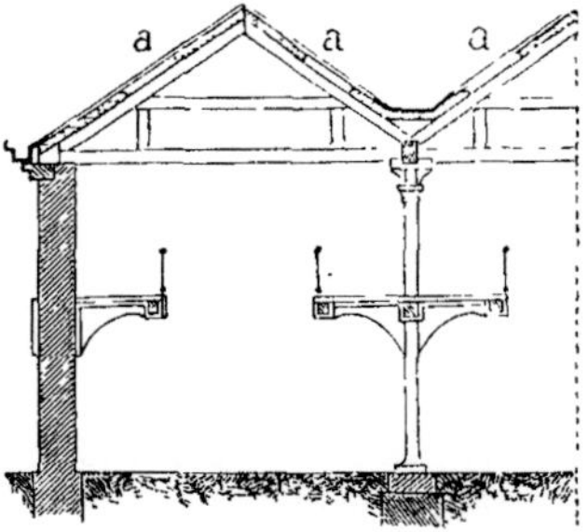

Fig. 86.

La luz y flecha de la armadura depende de condiciones especiales del establecimiento. Si la armadura es como en la fig. 84, se disponen en los faldones de la cubierta ventanas *aa*.

CUADRO DE PRECIOS

Obras urbanas de Madrid.

191. Jornales.

OPERARIOS	CLASE DE LOS OPERARIOS	*Pesetas.*
Braceros	Peón mayor	1,75
	Peón menor, ó muchacho	1,00
Albañiles	Oficial mayor	5,00
	Oficial	4,00
	Ayudante	3,00
	Peón de mano	2,25
Canteros	Oficial de asiento	5,00
	Oficial de labra	4,50
	Ayudante	3,25
Marmolistas	Oficial	5,50
	Ayudante	4,00
	Peón	2,50
Carpinteros de armar	Oficial	4,50
	Ayudante	3,50
	Peón	2,25
Carpinteros de taller	Oficial mayor	5,00
	Oficial	4,00
	Ayudante	2,50
	Aprendiz	1,00
Soladores	Oficial	4,50
	Peón	2,25
Herreros	Forjador	5,00
	Oficial de fragua	4,50
	Oficial de lima	4,00
	Ayudante	3,00
	Taladrador	2,75
	Mancebo de fragua	2,50
	Machacador	2,00
	Aprendiz sonador	1,00
Plomeros y Pizarreros	Oficial mayor	6,00
	Oficial	5,00
	Ayudante	3,00
	Peón	2,00
Vidrieros	Oficial mayor	6,00
	Oficial	5,00
	Ayudante	3,50

OPERARIOS	CLASE DE LOS OPERARIOS	*Pesetas.*
Pintores de brocha	Oficial mayor	4,50
	Oficial	4,00
	Ayudante	3,00
	Aprendiz	1,00
Pintores de adorno	Oficial	7,00
	Ayudante	3,50
Revocadores	Oficial tendedor	4,00
	Oficial fratasador	2,50
	Peón	2,00
Poceros	Oficial	4,00
	Ayudante	3,00
	Peón	2,00
Medios de transporte	Caballería mayor	1,75
	Caballería menor	1,25
	Carro con una caballería	6,00
	Carreta de bueyes	10,00
	Carro de 0,75 m.³ de cabida por cada viaje á un kilómetro de distancia	1,00
	Carro de 1 m.³ de cabida por cada viaje á los vertederos públicos	2,00

Notas.—1.ª Los oficiales de los diversos oficios, excepto los herreros, plomeros y vidrieros, estarán provistos de las herramientas más esenciales de su profesión.

2.ª En el precio de los carros se incluye el jornal del carrero.

192. Elementos principales de las construcciones.

PRECIOS DE OBRAS EJECUTADAS

CLASE DE OBRA	Precio de la unidad. — *Pesetas.*
Obras de tierra.	
m.³ de excavación en tierra floja	1,50
» de excavación en tierra dura	2,40
» de excavación de cimientos hasta 3 m. de profundidad en zanjas sin acodalar	3,00
» de excavación de cimientos hasta 3 m de profundidad en zanjas con acodalamiento	3,20

CLASE DE OBRA	Precio de la unidad. — *Pesetas*
m ^{3} de excavación de vaciado de sótanos hasta 3 m de profundidad....	2,80
» de excavación de pozos y minado de alcantarillas á la profundidad máxima de 10 m....	4,00
Obras de Albañilería.	
Mortero.	
m.^{3} de mortero ordinario con cal apagada.......	13,00
» de mortero fino con cal apagada........	14,00
Mampostería	
m ^{3} de mampostería de pedernal en cimientos	26,00
» de mampostería de pedernal en muros........	26,50
Hormigón	
m ^{3} de hormigón de almendrilla para cimientos y solado de alcantarillas.....	21,30
» de hormigón de piedra machacada	23,10
Fábrica de ladrillo.	
Muros.	
m ^{3} de ladrillo ordinario en muros de sótanos y planta baja de 0,59 m. de espesor...........	27,40
» de ladrillo ordinario en muros de sótanos y planta baja de 0 42 m de espesor...........	27,60
» de ladrillo ordinario en muros de sótanos y planta baja de 0,30 m de espesor...........	27,90
» de ladrillo ordinario en fachadas con resaltos hasta el piso principal	29,60
» de ladrillo ordinario en fachadas con resaltos hasta el piso segundo	30,10
» de ladrillo ordinario en fachadas con resaltos hasta el alero....	30,70
» de ladrillo fino embramilado en muros de fachada hasta el piso principal...............	75,50
» de ladrillo fino embramilado en muros de fachada hasta el piso segundo...............	83,00
» de ladrillo fino embramilado en muros de fachada hasta el alero	88,00
» de ladrillo fino trasdosado con ordinario en muros hasta el piso principal	47,80

CLASE DE OBRA.	Precio de la unidad. — *Pesetas.*
m.³ de ladrillo fino trasdosado con ordinario en muros hasta el piso segundo	58,20
» de ladrillo fino trasdosado con ordinario en muros hasta el alero	64,50
Pozos, tarjeas y alcantarillas.	
m. l. en *pozos de ladrillo ordinario de* 0,56 m. de luz y 0,28 m. de revestimiento hasta 10 m. de profundidad	30,70
» en pozos de ladrillo ordinario de 0,84 m. de luz y 0,28 m. de revestimiento hasta 10 m. de profundidad	33,70
» en pozos de ladrillo ordinario de 0,84 m. de luz y 0,42 m. de revestimiento hasta 10 m. de profundidad	37,40
» en tarjeas de ladrillo ordinario de 0,56 × 0,84 de luz y 0,14 m. de espesor	17,20
» en tarjeas de ladrillo ordinario de 0,56 × 0,84 de luz y 0,28 m. de espesor	29,50
» en tarjeas de ladrillo ordinario de 0,60 × 1,30 de luz y 0,28 m. de espesor	40,40
» en alcantarillas de ladrillo ordinario: luz, 0,56, muros, 0,84 y 0,48 de espesor	35,00
» en alcantarillas de ladrillo ordinario: luz, 0,60; muros, 1,30 y 0,28 de espesor	38,00
» en alcantarillas de ladrillo ordinario: luz, 0,80; muros, 1,70 y 0,28 de espesor	40,00
» en alcantarillas de ladrillo ordinario: luz, 1,00; muros, 2,00 y 0,42 de espesor	45,00
Bóvedas.	
m. l. de ladrillo ordinario en bóvedas de tabicado de 0,05 de espesor con yeso	1,50
» de ladrillo ordinario en bóveda de tabicado doble de 0,10 de espesor con yeso	3,50
» de ladrillo ordinario en bóvedas de 0,14 de espesor con yeso	5,20
m.³ de ladrillo ordinario en bóvedas de cañón seguido con *mortero*	41,60
» de ladrillo ordinario en enjutado	27,40
Cítaras y tabicados.	
m. l. de cítaras para entramados de pie y cuarto, incluso las basas	10,00
» de cítaras para entramados de tercia, incluso las basas	9,70

CLASE DE OBRA	Precio de la unidad — *Pesetas*
m 1 de citaras para entramados de sesma, incluso las basas	8,80
» de cítara de medio pie con nudillos	7,70
m ² de tabicado de entramados de pie y cuarto 0,35 de espesor hasta piso principal	7,10
» de tabicado para entramados de tercia 0,28 de espesor hasta piso principal	6,30
» de tabicado de entramados de sesma 0,28 de espesor del principal al cuarto	4,05
» de entabicado de entramados de medio pie de espesor	3,20
» de tabicado doble de 0 10 de espesor	2,30
» de tabique sencillo de 0,05 de espesor	1,20

Forjado de pisos

m ² de forjado de sesmas con botes	2,10
» de forjado de viguetas con botes	2 00
» de forjado de maderos de á 6 con botes	1,80
» de forjado de maderos de a 8 con botes	2,20
» de forjado de maderos de a 10 con botes	1,80
» de forjado de sesmas ó viguetas con ripio	1,15
» de forjado de maderas de a 6 con ripio	1,50
» de forjado de maderas de a 8 con ripio	1,05
» de forjado de maderas de a 10 con ripio	0,85
» de forjado de tablones de 0,22 espaciados a 0 23 con bovedillas	2 70
» de forjado de vigas de hierro espaciadas a 1,00 con bovedillas	4,70
» de forjado de vigas de hierro espaciadas á 0,75 con bovedillas	5,05
» de forjado de vigas de hierro espaciadas a 0 50 con bovedillas	4,30

Enfoscado, guarnecido y blanqueo

m ² de enfoscado de muros	0,50
» de guarnecidos y maestreado en muros de ladrillo	0,75
» de guarnecido y maestreado en muros de entramados	0,95
» de guarnecido y maestreado en techos formados con maderas	1,00
» de guarnecido y maestreado en techos encañados	0,75
» de guarnecido y maestreado en bóvedas	1,00
» de blanqueo de muros	0,20
» de blanqueo de techos	3,30

CLASE DE OBRA	Precio de la unidad. — *Pesetas.*
Corrido de terrajas.	
m. l. de cornisa con canecillos ó palomillas, según el tipo.......... de	8,75 á 11,90
» de imposta, según el tipo.......... de	1,90 á 5,70
» de jamba, según el tipo.......... de	1,45 á 2,00
Un guardapolvo y jambas para un hueco..........	35,80
Una repisa, según el tipo.......... de	31,10 á 44,50
m. l. de pilastra de fachada..........	2,70
» de escocia, según el tipo.......... de	4,00 a 5,70
Un revuelto, según el tipo.......... de	5,90 á 7,50
m. l. de cornisa en decorado de portal..........	7,90
m.² de almohadillado en decorado de portal..........	4,20
Varios.	
m. l. de vasares..........	0,95
» de subida de humos..........	3,10
» de línea de 0,42 m. de ancho..........	4,00
Un fogón de 2,00 × 0,95 × 0,90 m..........	66,00
Una campana de chimenea de 2,36 × 2,35 × 1,10 m.	30,70
Asiento y recibido de un balcón..........	5,70
Idem de un cerco de fachada..........	6,00
Idem de un cerco de traviesa..........	1,80
Idem de un cerco de tabique sencillo..........	1,30
Revocos.	
m.² de estuco de cal en colores lisos..........	0,65
» de estuco de cal en imitaciones de sillería, ladrillo, etc.......... de	0,90 á 1,60
» de estuco de cal con adornos..........	2,20
» de estuco de cal imitación del antiguo con dibujos en relieve..........	4,10
» de revoco al óleo en colores lisos..........	1,60
» de revoco al óleo en imitaciones de sillería y ladrillo embramilado.......... de	1,80 á 2,00
» de revoco al óleo con adornos..........	3,30
» de estucado mate en colores lisos..........	1,00
» de estucado mate en imitación de marmoles..	1,20
» de estucado mate en imitación de ladrillo embramilado..........	1,60
» de revoco de brillo en colores lisos..........	1,40
» de revoco de brillo en imitación de mármoles.	1,60
» de revoco de brillo en imitación de ladrillo embramilado..........	2,00

CLASE DE OBRA	Precio de la unidad. — *Pesetas.*
Obras de cantería.	
Granito.	
Una basa de media vara	8,90
Una basa de pie y cuarto	7,40
Una basa de tercia	5,90
Una basa de sesma ó vigueta	4,50
m.² de losas de 0,21 de grueso	22,60
m.³ de losa de erección	108,40
» de sillar liso	123,00
» de sillar de diversa forma y labra desde apilastrado al moldado ... de	145,30 á 236,00
» de tranquero á un haz liso	132,10
» de tranquero á un haz con chaflán, jamba ó moldado ... de	140,00 á 198,50
» de tranquero á dos haces liso	163,00
» de tranquero á dos haces con chaflán, almohadillado ó con collarino ... de	160,80 á 302,70
» de pilastra lisa	226,30
» de pilastra de tres paramentos, exenta ó moldada ... de	229,60 á 337,40
» de sillar de ángulo liso	195,60
» de sillar de ángulo con cubillo, moldado, con collarino ó imposta ... de	222,00 á 314,40
» de salmer liso á uno y dos haces ... de	206,20 á 241,20
» de salmer atranquerado á un haz	261,10
» de dovela y clave lisas	332,50
» de dintel liso	180,80
» de dintel sobre hueco, moldado, con chaflán, con repisa ó imposta ... de	182,00 á 322,50
» de imposta ó jamba, lisa ó moldada ... de	174,10 á 243,50
» de repisa	333,80
» de antepecho de uno y dos paramentos ... de	183,50 á 234,10
» de lumbreras vaciadas	282,50
» de albardilla con goterón	139,10
» batiente	140,30
» de peldaño moldado y con revuelto ... de	258,10 á 266,20
Una pila para fuente de 1,30 × 0,70 m. lisa ó moldada ... de	76,00 á 105,10
Obras de carpintería de armar.	
Entramados verticales.	
Con tres órdenes de puentes.	
m.² de pie y cuarto con puentes cachadas ó carreras cachadas de media vara	10,60

CLASE DE OBRA	Precio de la unidad — *Pesetas*
m ^{3} de tercia con carreras cachadas de pie y cuarto	8,20
» de sesma ó vigueta con carreras cachadas de tercia	5 10
Con dos órdenes de puentes	
m ^{2} de pie y cuarto de 3 83 $\times$ 1 39................	9,60
» de tercia de 4,30 $\times$ 1 39	7 20
» de sesma ó vigueta de 4 30 $\times$ 1,39........... ..	4,00
» de madero de a 6 de 3,35 $\times$ 1,39 ó maderos de á 8 de 3,20 $\times$ 1,39..........	2,65
» de tabiques de á medio pie colgados de 4,00 $\times$ 1,39 ó 4,40 $\times$ 1,39	1,95
» de tabique sencillo de 4,06 $\times$ 1,39	0,95
Entramados horizontales	
m ^{2} de sesmas de 7 m luz, 3 piezas por metro ó con 2 órdenes de zoquetes	9 55
» de viguetas de 5,74 m luz, 3 piezas por metro ó con 2 órdenes de zoquetes.	8,50
» de maderos de a 6 de 4,50 m luz 3 piezas por metro ó con un orden de zoquetes	4,95
» de maderos de á 8 de 4,10 m luz, 3 ½ piezas por metro ó un orden de zoquetes	4,10
» de maderos de a 10 de 3 60 m luz, 5 piezas por metro.......	5,55
» de tablones del Norte ó con dos órdenes de zoquetes......................	6,40
Entramados inclinados	
m ^{2} de sesmas de 5,80 de línea y 0,50 entre ejes....	9,00
» de viguetas de 6,12 de línea y 0 50 entre ejes ..	8,10
» de maderos de a 6 de 5,00 de línea y 0,50 entre ejes	5,50
» de maderos de a 8 de 4,46 de línea y 0,50 entre ejes	4,75
» de maderos de a 10 de 3,90 de línea y 0,50 entre ejes	4,20
» de entramado inclinado del tipo de armadura a dos aguas	11,20
Una forma de armadura a dos aguas de 7 60 de luz	116,90
Una bohardilla con sus accesorios	52,50
Aleros.	
m ^{2} de alero para fachada, en fino, formado de solerón moldado, cartelas con tocadura, tabica y corona	50,10

CLASE DE OBRA	Precio de la unidad — *Pesetas.*
m.² de alero, compuesto de soleras, canecillos, tabicas, saetines y corona..................	9,50
» de alero para interiores con solerón, canecillos y corona	7,80
» de alero para interiores, coronado con tabla de a gordo........	4,00
Escaleras y accesorios	
Un peldaño (cuatro tipos)......................	5,15 á 11,10
Una cadena de campana de chimenea............	1,20
m. l. de chaperón...............	1,45
» de chaperón de tablón del Norte......	2,10
Medios auxiliares	
Cimbras y camones	
m.² de cimbra para crujía de 4 m. de luz..........	20,90
Una cimbra para luneto de 0,80 de luz	20,50
Una cimbra para vano de fachada ó puerta de paso	7,50
Un camón de 10,04 de desarrollo	36,60
m.² de encamonado de esta clase, colocados a 0,50 de distancia	4,95
Andamiajes.	
Un arma de 14 m. de altura para fachada........	192,50
Obras de carpintería de taller.	
Puertas	
De una hoja — Grueso de terciado	
m.² de puerta moldada a uno ó dos haces, sin cruzar, dos tableros y dos fajas	10,00 a 12,00
» de puerta á un haz a la italiana, y armadura y tableros a dos haces	11,80 á 14,10
» de puerta de molduras resaltadas, dos haces, cuatro tableros y tres fajas...............	28,10
» de puerta enrasada a uno y dos haces, tablones de tableta	14,10 a 17,00
» de puerta enrasada a un haz y moldado el otro, ó enrasado zócalo y trasdós...............	14,50 á 15,10
» de puertas de tableros ordinarios............	16,00
» de puerta moldada a uno y dos haces de vuelta, desde $^1/_8$ a $^1/_4$ de círculo....	23,00 a 28,00

CLASE DE OBRA	Precio de la unidad — *Pesetas*
m ² de puerta enrasada y moldada a un haz para forrar de lienzo........	18,00 a 21,00
» de forrado de lienzo con tiras de zinc y todos los gastos	19,00
Grueso de media alfarjía	
m ² de puerta moldada a un haz sin cruceros, ó a la italiana	10,20 a 14,00
» de puerta moldada, la armadura a dos haces y tableros a uno ó a dos...	16,00 a 17,00
» de puerta de moldura resaltada a un haz, moldado al otro ó enrasado á dos haces	14,00 a 17,50
» de puerta enrasada a uno ó dos haces, tabla de pulgada.	9,50 a 15,00
» de puerta enrasada a un haz para bajadas á cuevas	15,00
» de puerta al tope con tableros chaflanados ó forrado de tabla de pulgada..	9 50 a 15,00
De dos hojas.—Grueso de terciado	
m ² de puerta, moldado a un haz ó dos tableros y dos fajas	6,40 a 9,20
» de puerta, moldada á dos haces, armadura y tableros ó zócalos enrasados..............	7,40 a 15,70
» de puerta, moldura sobrepuesta y resaltada por una cara y otra moldada..............	16,50
» de puerta, moldada a un haz, con zócalo enrasado y pilastra	20,00
» de puerta, enrasada a uno ó dos haces y tableros de á pulgada	21,00 a 23,30
Grueso de media alfarjía	
m ² de puerta, moldada a un haz, tableros de pulgada sin cruceros	8,20
» de puerta, á dos haces la armadura, tableros a uno, a dos ó zócalo enrasado	11,50 a 19,00
» de puerta, con moldura sobrepuesta por una cara ó moldado vaciado en entrecalles.....	34,30 á 35,10
» de puerta, moldado y enrasado el zócalo á un haz ó con moldura resaltada	11,30 a 11,50
» de puerta, con moldura resaltada ó moldada con doble peinacería	16,00 a 17,50
» de puerta, enrasada a uno ó dos haces, tableros de á pulgada	31,00 a 39,00
» de puerta, moldado resaltado ó almohadillado, enrasado el trasdós	17,00 a 18,20

CLASE DE OBRA.	Precio de la unidad. — *Pesetas.*
De cuatro hojas.—Grueso de alfarjia.	
m.² de puerta cochera, moldada y enrasada con montante y bastidor para cristales.........	50,00
Postigos.	
Grueso de terciado.	
m.² de postigo á uno y dos haces, dos tableros y dos fajas..................................	9,20 á 10,30
» de postigo, moldado á uno ó dos haces á la italiana......................................	10,10 á 11,40
Grueso de media alfarjia.	
m.² de postigo, moldado á un haz á la italiana....	14,50
Ventanas.	
De dos hojas.—Grueso de terciado.	
m.² de ventana, moldada á uno ó dos haces.......	12,30 á 14,50
» de ventana, moldura sobrepuesta ó moldado á la frailera con la vidriera.................	18,20 á 21,30
» de ventana, enrasado sin moldar ó moldada..	16,00 á 20,50
Grueso de media alfarjia.	
m.² de ventana, moldada á un haz, dos tableros y dos fajas..................................	12,30
» de ventana, moldado á dos haces y tableros á uno ó á dos..................................	15,00 á 15,60
De cuatro hojas.—Grueso de terciado.	
m.² de ventana, moldado á un haz, dos tableros y tres fajas..................................	14,60
» de ventana, moldado á dos haces la armadura, á uno ó dos los tableros..................	20,00 á 22,20
» de ventana antepechada, moldado á uno ó dos haces ó moldura resaltada................	21,00 á 22,40
» de ventana al tope, moldura sobrepuesta, resaltada y moldado el trasdós.............	22,50
Grueso de media alfarjia.	
m.² de ventana, moldada á uno ó dos haces la armadura, los tableros á uno.................	11,10 á 12,30
» de ventana, moldura resaltada, centros torneados y trasdós moldado.....	15,40
» de ventana, moldado á un haz en dos tableros y una faja..................................	17,00

CLASE DE OBRA.	Precio de la unidad. — *Pesetas.*
Vidrieras.	
Grueso de terciado.	
m.² de vidrieras de fachada, moldadas á uno ó dos haces con ó sin listoncillos.................	6,90 á 7,10
» de vidriera antepechada, de dos hojas moldadas á un haz con pilastra.................	7,80 á 8,20
» de vidriera de alcoba y puerta de paso, moldada á un haz..............................	6,60 á 15,20
Persianas.	
Grueso de terciado.	
m.² de persiana, moldada á dos caras de tres ó cuatro hojas ó con antepechado, menores de 2 m. de alto..............................	13,70 á 14,50
» de persiana moldada de dos hojas para toda clase de huecos............................	14,80
» de persiana de cortina......................	9,50
Cancelas.	
m.² de cancela de cristales de cuatro hojas, grueso de terciado, frisada de caoba...............	41,00
» de cancela de pino de igual construcción......	24,70
» de cancela de cristales, grueso de media alfarjía, picada de caoba por una cara, con montante de vuelta rebajada..................	55,60
Pasamanos.	
m. l. de pasamanos de escalera de pino, parte recta ó curva.........	0,70 á 1,40
» de pasamanos cajeado de caoba, parte recta.	6,70
» de pasamanos liso en parte curva, de caoba..	16,00
Rodapié.	
m. l. de rodapié de escalera en parte recta con nudillos y listón de 0,10.	2,40
» de rodapié en parte circular con nudillos y tornillos..................................	6,60
» de rodapié liso de 0,10 á 0,22 de altura........	0,60 á 1,40
Cercos.	
m. l. de cerco de alfarjía con contramarco para vidriera y persiana..........................	3,40 á 6,70
» de cerco de alfarjía con uno ó dos rebajos ó molduras..................................	1,80

CLASE DE OBRA	Precio de la unidad. — *Pesetas.*
m. l. de cercos de media alfarjía de contramarco ó para el interior	1,10 á 1,20
» de cerco moldado de montante rectangular de alfarjía, con bastidor	3,60
» de cerco moldado, montante circular de alfarjía	5,70
» de cerco moldado rectangular de media alfarjía	3,10
» de cerco moldado circular de media alfarjía..	4,50

Obras de pintura y empapelado.

Pintura.

Al barniz, óleo ó mate ordinario.

m.² en piezas de todas clases	1,40
Un hueco de balcón	14,50
» de persianas de librillo	14,30
» de ventanas antepechadas y vidrieras..	12,50
Una puerta de paso ó de dos hojas	4,40 á 7,90
Un montante de puerta de dos hojas	0,50
m. l. de jambas de puertas	0,20
» zócalo de habitación	0,40
m.² de chaperón y canalón de patios y bajada de aguas	2,80

Al mate fino.

m.² en piezas de todas clases	4,00
Un hueco de balcón, á una ó dos tintas	28,00 á 30,00
» de ventanas antepechadas, á una ó dos tintas	17,00 á 21,00
» de puertas de dos hojas, á una ó dos tintas	14,00 á 17,00
» de puertas de paso, á una ó dos tintas..	9,20 á 10,00
Un montante de puertas	0,50
m. l. de jambas de puertas	5,00

Á la cera.

m.² de muros y techos de todas clases en colores lisos	0,15

Imitación á maderas ó mármoles.

m.² de piezas de todas clases con preparación y barnizado	3,00
» de piezas de todas clases (preparación esmerada)	5,00

CLASE DE OBRA	Precio de la unidad. — *Pesetas.*
Un hueco de balcones	35,00
» de persianas de librillo	30,00
» de ventanas antepechadas	24,00
» de puertas de paso ó de dos hojas	14,00 á 19,00
m. l. de jambas de puertas	0,40
Pintura de herraje.	
m. l. de barandilla de escalera, de balaustres lisos, á dos manos, minio y verde ó blanco	3,00 á 4,00
» de barandilla de escalera, á dos manos, minio y bronce, con toques de purpurina	4,50
» de barandilla de escalera, á dos manos, minio y blanco, con toques de oro	8,50
» de antepecho de balaustres y greca, á dos manos, minio y verde ó gris	4,60
Pintura al temple.	
m.² de color liso en muros	0,60
» de color, recuadrada con filetes, frisos y tableros	1,00
» de color, imitando mármoles	1,40
Un hueco de balcón y el exterior de las vidrieras al óleo	7,40
» de ventanas antepechadas	4,50
» de puertas de paso ó de dos hojas	0,90 á 1,40
Empapelado.	
m.² de papel liso ó al ángulo	0,25 á 1,50
» de papel con escocia	0,30 á 1,60
» de papel encuadrado	0,35 á 1,70
Obras de vidriero, plomero y pizarrero.	
Zinc.	
m.² cubiertas de listones y tapajuntas solapadas; planchas del núm. 11 al 14	6,60 á 8,50
» cubiertas de listones y tapajuntas embordadas; planchas del núm. 11 al 14	5,40 á 8,10
» cubierta de chapa ondulada; plancha del número 13	8,30
» de azotea de regueras, planchas del número 13 al 16	6,00 á 8,10
» cubierta de rombos núm. 1, planchas del número 10 al 12	8,30 á 10,30
» cubierta de rombos núm. 2, planchas del número 10 al 12	8,10 á 10,10

CLASE DE OBRA	Precio de la unidad. — *Pesetas*
m ² cubierta de rombos núm 3, planchas del número 10 al 12	7,30 á 9,30
» cubierta de rombos núm. 4, planchas del número 10 al 12	8,00 á 10,00
m l. de limas y canalones, zinc del núm 10 al 14	2,00 á 3,40
» de tubos de bajada, zinc del núm. 10 al 14	2,30 á 3,30
» de molduras de 0,25 á 0,50 m de desarrollo	3,70 á 4,60
m ² de revestimiento, zinc del núm. 11 al 14	4,80 á 6,70
Plomo.	
m ² de cubiertas embordadas, planchas de 4,00 × 0,84 y espesor de 1,75 á 3,00 mm	12,40 á 14,20
» de cubiertas embordadas, planchas de 2,00 × 0,84 y espesor de 1,75 á 3,00 mm	15,60 á 20,00
» de azotea de regueras, planchas de 2,00 × 0,84 y espesor de 2,50 á 3,00 mm	14,10 á 16,30
» de revestimiento de limas, planchas de 2,00 × 0,84 y espesor de 1,75 á 2,50 mm	13,70 á 15,70
m l. de canalón de 1/2 plancha del núm 3 al 6	5,00 á 6,80
» de canalón de 1/3 plancha del núm. 3 al 6	3,00 á 6,40
» de tubería, diámetro de 0,08 á 0,30, espesor de 2,25 á 3,00 mm	9,40 á 11,60
» de tubería laminada, horizontal, luz de 0,01 á 0,11, espesor de 2 á 10 mm	12,50 á 29,00
» de tubería laminada, vertical, luz de 0,01 á 0,11, espesor de 2 á 10 mm	13,70 á 40,80
Una llave de paso, diámetro de 10 á 110 mm	15,00 á 45,00
Cristalería.	
m.² de vidrio en ventanas ó puertas verticales, medidas corrientes	2,10
» de vidrio en ventanas ó puertas	2,60
» de colocación de lunas fuera de medida	3,00
» de colocación de muselinas fuera de medida	3,60
» de colocación de cristales fuera de medida	4,00
» de colocación de baldosas de cristal de 0,015 espesor	2,80
» de colocación de baldosas de cristal de 0,020 espesor	3,50
» de colocación de baldosas de cristal de 0,025 espesor	4,20
Pizarra.	
m ² de cubierta, pizarra española de 0,65 × 0,35 á 0,25 × 0,15	8,30 á 9,80
» de cubierta, pizarra inglesa de 0,76 × 0,62 á 0,36 × 0,15	8,00 á 9,50
» de cubierta, pizarra francesa de 0,32 × 0,22 á 0,22 × 0,12	7,60 á 8,70

CLASE DE OBRA	Precio de la unidad. — *Pesetas.*
Obras varias.	
Pavimentos.	
m.² de losas de granito de 0,14 m. de grueso.......	20,50
» de losas de granito a cartabón................	29,50
» de empedrado de cuña de 1.ª, 2.ª ó 3.ª clase...	5,90 a 6,90
» de empedrado de medias cuñas de 1.ª clase....	9,50
» de empedrado de morrillo..................	2,50
» de afirmado con piedra machacada...	2,70
» de aceras...............	13,70
» encintado................................	4,50
» de adoquinado............	14,40
» de baldosas de marmol blanco y negro, 12 pulgadas de lado..............................	20,00 á 27,50
» de baldosas de mármol blanco y negro á la veneciana, variedad de dibujos...........	28,00 á 36,00
» de baldosas de pizarra y alabastro de 5 á 12 pulgadas de lado.........................	6,00 á 10,60
» de mosáico «Nolla»............	9,20 á 17,70
» de mosaico de Barcelona....................	9,20 á 10,50
» de mosáico romano..........................	15,00
» de baldosín de Ariza ó de Ocaña...	2,50 á 2,80
» de baldosa tosca de la ribera, con barro ó mortero.................................	1,90 á 2,30
» de baldosa prensada de la ribera.............	2,40
» de azulejos de 1.ª ó 2.ª.........................	5,00 á 5,50
» continuo de cemento....	20,70
» de entarugado......................	48,70
» de asfalto........................	10,00

CUADRO DE PRECIOS MÁXIMOS Y MÍNIMOS

de las principales unidades de obra en la construccion de carreteras.

PROVINCIAS	EXCAVACIONES										AFIRMADO		SILLERÍA			
	TIERRA FLOJA		TIERRA DURA		TERRENO DE TRÁNSITO		ROCA FLOJA		ROCA DURA		FIRME COMPLETAMENTE TERMINADO		SILLERÍA RECTA		SILLERÍA APLANTILLADA	
	PRECIOS		PRECIOS		PRECIOS		PRECIOS		PRECIOS		PRECIOS		PRECIOS		PRECIOS	
	Max. — Ptas.	Mín. — Ptas.	Max. — Ptas.	Min — Ptas.	Max. — Ptas.	Mín — Ptas.	Max. — Ptas.	Min. — Ptas.	Max. — Ptas	Min. — Ptas.	Máx. — Ptas.	Mín. — Ptas.	Max — Ptas.	Min. — Ptas.	Máx — Ptas.	Min. — Ptas
Alava	»	»	»	»	»	»	»	»	»	»	»	»	»	»	»	»
Albacete	0,17	0,14	0,40	0,35	0,67	0,55	1,11	0,74	1,98	1,68	6,82	2,66	48,98	33,25	58,03	41,18
Alicante	»	»	»	»	»	»	»	»	»	»	»	»	»	»	»	»
Almería	0,32	0,19	0,51	0,39	0,92	0,70	1,51	1,15	3,45	1,92	6,62	2,71	136,27	62,57	154,04	85,68
Avila	0,20	0,11	0,43	0,26	0,81	0,50	1,13	0,86	2,50	1,48	8,91	3,90	69,26	44,92	78,29	57,85
Badajoz	0,28	0,15	0,75	0,33	1,07	0,56	1,79	0,81	2,54	1,30	7,93	2,32	239,36	57,33	263,16	63,34
Baleares	0,30	0,15	0,50	0,34	0,84	0,70	1,60	1,30	3,20	1,80	4,53	3,07	31,69	23,84	40,51	30,05
Barcelona	0,28	0,16	0,46	0,32	0,77	0,47	1,13	0,79	1,60	0,99	8,11	3,67	72,80	51,23	92,55	57,84
Burgos	0,22	0,16	0,55	0,32	0,73	0,67	0,91	0,78	1,37	1,18	4,16	2,54	50,42	41,73	56,33	47,15
Cáceres	0,43	0,27	0,92	0,39	1,40	0,75	1,93	1,43	2,85	1,53	7,12	3,03	141,36	55,58	149,38	60,91
Cádiz	0,19	0,19	0,72	0,37	1,06	0,88	1,73	0,95	2,98	2,05	11,82	7,34	80,94	52,80	85,28	65,54
Canarias	0,25	0,13	0,50	0,24	0,80	0,40	1,27	1,06	3,86	1,99	5,15	3,71	89,40	48,85	109,40	61,35
Castellón	0,27	0,13	0,55	0,38	0,75	0,67	1,24	1,13	2,75	1,92	3,56	2,44	58,67	51,15	71,44	64,77
Ciudad-Real	0,38	0,26	0,88	0,60	1,13	0,77	1,38	»	2,50	1,71	9,89	5,18	74,62	47,88	93,62	60,85
Córdoba	0,31	0,18	0,48	0,34	0,82	0,52	1,56	0,87	3,16	2,27	7,38	3,00	78,41	58,74	92,00	54,42
Coruña	0,26	0,18	0,69	0,47	0,71	»	1,43	0,95	2,87	1,89	8,05	7,07	74,1[illegible]	61,14	85,67	70,62

Cuenca	**0,30**	**0,11**	**0,69**	**0,31**	**1,05**	**0,58**	**1,72**	**0,74**	**2,66**	**1,22**	**9,99**	**1,63**	**86,95**	**39,36**	**92,74**	**45,04**
Gerona	0,20	0,13	0,51	0,41	0,91	0,73	1,23	0,88	2,02	1,52	6,62	4,80	70,24	46,72	89,10	67,85
Granada	0,63	0,35	0,90	0,80	1,17	0,55	2,76	0,86	4,05	1,63	7,76	3,33	123,65	43,50	131,85	50,87
Guadalajara	0,22	0,18	0,63	0,60	1,00	0,75	1,32	1,29	2,47	2,40	4,75	2,50	65,00	47,00	80,95	60,16
Guipúzcoa	»	»	»	»	»	»	»	»	»	»	»	»	»	»	»	»
Huelva	0,30	0,25	0,75	0,56	1,10	0,75	1,50	1,25	3,00	2,00	6,93	5,11	129,00	119,00	139,79	132,85
Huesca	0,46	0,20	0,69	0,33	1,29	0,82	1,51	1,19	2,15	1,63	4,95	2,57	55,63	37,98	61,67	45,13
Jaén	0,59	0,14	0,46	0,26	0,72	0,25	1,18	0,85	3,18	1,55	8,96	2,08	82,99	44,91	96,15	55,79
León	0,23	0,14	0,47	0,30	0,70	0,52	1,61	1,13	2,88	2,12	9,12	2,75	115,45	50,86	138,54	64,33
Lérida	0,32	0,26	0,47	0,37	0,93	0,74	1,40	1,10	2,24	1,40	6,04	3,48	84,65	42,04	97,15	50,09
Logroño	0,30	0,19	0,63	0,35	1,19	0,47	1,57	1,03	2,29	1,60	9,03	3,15	65,80	43,65	90,24	46,74
Lugo	0,20	0,10	0,50	0,25	0,90	0,60	1,20	1,00	3,00	1,50	8,00	4,50	100,00	60,00	»	»
Madrid	0,24	0,16	0,55	0,36	1,10	0,69	1,80	1,13	2,70	2,01	7,30	4,27	112,00	45,52	126,00	58,41
Málaga	0,25	0,14	0,62	0,33	0,95	0,52	1,59	0,87	2,53	1,38	8,79	2,76	121,65	53,60	140,61	66,55
Murcia	0,26	0,13	0,53	0,35	0,69	0,48	1,14	0,70	2,09	1,26	6,50	2,64	75,13	29,57	96,91	45,27
Navarra	»	»	»	»	»	»	»	»	»	»	»	»	»	»	»	»
Orense	0,38	0,30	0,50	0,50	0,86	0,86	1,30	1,25	2,00	2,00	4,85	3,57	51,76	23,87	55,30	25,67
Oviedo	0,35	0,17	0,57	0,34	0,97	0,50	2,00	1,01	3,16	1,70	7,13	2,94	68,90	39,72	91,13	47,59
Palencia	0,21	0,13	0,35	0,28	0,87	0,36	1,02	0,80	3,05	2,11	7,29	2,60	74,67	37,60	80,74	43,72
Pontevedra	0,24	0,15	0,56	0,38	1,00	0,75	1,65	1,24	2,45	1,86	10,46	3,54	57,63	28,55	63,91	34,63
Salamanca	0,21	0,18	0,52	0,35	0,75	0,52	1,29	0,95	2,35	2,16	7,50	3,86	91,25	51,16	104,00	61,66
Santander	0,38	0,26	0,72	0,39	0,75	0,50	1,23	0,65	2,25	1,49	5,74	2,48	65,93	38,92	83,97	51,54
Segovia	0,17	0,16	0,76	0,73	1,17	0,95	1,36	1,17	2,73	2,26	17,71	4,13	67,41	48,81	83,69	58,14
Sevilla	0,27	0,22	0,70	0,37	1,08	0,54	1,38	1,08	2,07	1,82	12,40	5,55	94,51	73,91	124,14	88,40
Soria	0,43	0,11	0,95	0,40	0,78	0,58	1,70	1,08	2,73	2,53	8,74	8,11	72,76	45,57	85,01	50,53
Tarragona	0,20	0,19	0,67	0,66	1,06	1,06	1,46	1,45	2,43	2,40	4,17	4,16	67,29	57,00	78,84	75,00
Teruel	0,17	0,11	0,48	0,24	0,89	0,46	1,68	0,71	2,52	1,34	4,32	2,59	56,81	37,91	58,46	51,82
Toledo	0,20	0,12	0,73	0,22	0,60	0,31	1,14	0,81	2,35	1,25	4,45	3,35	57,68	43,31	73,42	50,61
Valencia	0,13	0,13	0,79	0,36	0,48	0,43	0,64	0,58	1,36	1,15	6,79	2,70	79,64	51,98	»	»
Valladolid	0,21	0,17	0,43	0,34	0,86	0,58	1,36	1,31	1,80	1,16	8,13	2,80	53,31	35,31	77,20	45,22
Vizcaya	»	»	»	»	»	»	»	»	»	»	»	»	»	»	»	»
Zamora	0,23	0,18	0,47	0,39	0,86	0,70	1,22	1,18	2,27	2,23	11,78	6,99	94,91	52,11	105,37	58,41
Zaragoza	0,34	0,21	0,65	0,48	1,29	0,74	1,79	1,09	2,47	1,45	5,49	2,82	59,28	40,56	67,49	52,01

NOTA Estos precios se refieren al metro cúbico de cada unidad.

Sigue el **CUADRO DE PRECIOS MÁXIMOS Y MÍNIMOS**

de las principales unidades de obra en la construccion de carreteras.

PROVINCIAS			MAMPOSTERÍA						HORMIGÓN, LADRILLO Y RAJUELA					
	SILLAREJO		En seco		Ordinaria con mezcla comun		Ordinaria con cemento hidraulico		Hormigón hidraulico.		Ladrillo con mezcla comun.		Rajuela con mezcla comun.	
	PRECIOS		PRECIOS		PRECIOS		PRECIOS		PRECIOS		PRECIOS		PRECIOS	
	Max — Ptas.	Min. — Ptas.	Max — Ptas	Min. — Ptas	Max. — Ptas	Min. — Ptas	Max. — Ptas.	Min — Ptas.	Max — Ptas.	Min. — Ptas.	Max — Ptas.	Min — Ptas.	Max. — Ptas.	Min — Ptas.
Álava	»	»	»	»	»	»	»	»	»	»	»	»	»	»
Albacete	38,74	25,54	8,22	3,65	11,10	5,76	15,87	9,27	27,09	14,11	38,32	25,27	25,86	12,20
Alicante	»	»	»	»	»	»	»	»	»	»	»	»	»	»
Almeria	132,09	23,84	11,24	2,24	12,29	5,72	19,42	10,13	30,54	15,74	40,62	19,65	»	»
Avila	»	»	24,33	4,76	27,83	6,86	36,39	16,81	39,54	25,87	43,18	14,06	»	»
Badajoz	39,78	39,78	10,41	3,45	14,57	6,08	43,39	12,00	55,59	11,13	38,68	18,68	16,72	10,84
Baleares	»	»	9,31	5,15	10,98	7,88	11,90	9,86	9,31	5,15	10,98	7,88	11,90	9,86
Barcelona	55,04	35,17	8,33	3,73	10,61	5,27	12,44	6,91	13,75	8,60	23 88	20,12	18,59	12,65
Burgos	41,55	34,88	5,49	5,07	9,08	8,05	13,24	11,04	20,56	16,38	24,54	24,54	»	»
Caceres	»	»	»	»	14 61	6,05	10,69	10,69	29,56	15,17	35,42	24,90	19,35	6,05
Cadiz	56 63	44,51	21,85	7,62	24,94	9,61	37,88	11,33	30,09	10,72	39,91	25,29	»	»
Canarias	16,27	14,47	7,46	4,94	13,11	9,13	33,16	27,30	43,74	22,00	»	»	43,18	32,33
Castellón	35,20	31,87	5,21	4,17	9,73	6,86	12,23	10,55	21,32	19,51	34,53	28,59	19,41	17,59
Ciudad-Real	»	»	»	»	18,14	11,15	»	»	»	»	18,14	11,15	»	»
Córdoba	»	»	7,42	2,43	14,85	6,18	34,71	12,04	39,60	12,58	42,16	24,81	»	»
Coruña	46,90	22,00	9,07	7,76	13,51	11,91	18,69	18,08	34,68	18,26	»	»	43,12	22,65

Cuenca.........	53,98	26,09	9,44	1,81	14,41	4,72	22,85	11,08	52,67	15,27	47,99	21,72	46,56	5,94
Gerona.........	»	»	»	»	9,78	5,98	17,05	6,36	23,57	7,85	45,76	24,83	»	»
Granada	»	»	6,09	2,62	11,12	4,28	»	»	»	»	57,39	15,41	»	»
Guadalajara...	42,00	35,70	8,68	5,00	14,08	6,38	18,01	11,00	24,17	15,13	27,38	18,07	28,14	15,14
Guipúzcoa	»	»	»	»	»	»	»	»	»	»	»	»	»	»
Huelva.........	»	»	7,87	5,25	17,03	9,56	56,45	21,33	70,47	55,10	49,33	24,84	18,81	10,75
Huesca.........	29,33	24,83	6,42	4,44	9,87	6,42	17,20	12,78	25,49	18,75	32,13	20,79	14,28	11,79
Jaén............	48,47	»	13,22	3,83	16,32	6,04	31,53	14,26	39,80	16,40	56,52	18,58	»	»
León............	»	»	19,94	5,53	24,90	5,71	31,71	11,96	25,75	10,86	36,66	32,36	»	»
Lérida..........	67,06	35,69	7,47	3,33	14,64	5,41	16,76	7,32	21,18	11,62	45,14	30,19	22,07	13,71
Logroño........	»	»	9,87	4,55	12,03	4,51	14,19	6,70	21,84	18,02	34,34	26,43	17,43	17,43
Lugo............	»	»	12,00	7,00	16,00	11,00	25,00	15,00	40,00	20,00	»	»	30,00	20,00
Madrid..........	89,00	»	»	»	31,15	10,61	32,12	13,04	36,00	21,74	»	»	»	»
Malaga.	»	»	11,00	3,95	18,22	8,60	26,27	13 48	25,67	14 25	39,17	29,75	»	»
Murcia..........	34,14	23,86	6 87	2,99	11 85	5,42	30,45	11,59	40,89	16,22	38,43	23,94	17,50	13,35
Navarra........	»	»	»	»	»	»	»	»	»	»	»	»	»	»
Orense..........	»	»	7,00	3,84	14,91	7,50	25,11	12,43	37,81	16,68	»	»	27,21	24,96
Oviedo..........	56,71	31,86	8,60	5,46	10,28	7,71	19,31	14,64	36,75	21,70	79,73	30,64	23,96	12,74
Palencia........	»	»	38,20	6,84	40,31	9,10	44,11	12,92	21,54	15,73	35,62	28,37	49,05	17,90
Pontevedra.....	25,86	18,01	8,45	3,55	12,68	7,59	14,78	9,64	29,16	20,60	»	»	»	»
Salamanca......	52,88	30,71	18,81	6,02	30,55	12,33	34,85	23,50	38,19	28,62	40,64	29,50	»	»
Santander.	46,72	32,17	6,74	2 89	8,08	4,69	18,34	11,25	25,82	15,93	»	»	13,64	»
Segovia.........	36,09	36,09	24,35	4,76	25,77	6,15	28,16	8,50	54,39	15,32	46,38	24,72	»	»
Sevilla..........	»	»	12,44	4,50	18 80	8,96	24,77	12,48	36,38	19,02	48,05	22,80	»	»
Soria	67,28	36,60	7,11	6,10	9,09	8,35	19,50	15,41	23,60	18,86	50,74	31,41	15,94	»
Tarragona......	38,42	37,23	8 86	6,00	12,60	10,00	15,24	12,00	23,01	20,00	37,95	37,50	29,00	29,00
Teruel...........	24,78	24,78	8,83	5,34	11,46	6,10	22,64	12,17	40 83	25,80	33,03	27,53	»	»
Toledo	31,47	18,15	6,66	2,10	10,60	6,85	14,06	8,48	28,32	11,17	28,32	18,00	»	»
Valencia........	»	»	»	»	11,63	6,40	18,20	12,61	23,89	15,86	25,19	21,06	»	»
Valladolid......	»	»	7,92	5,96	12,55	9,30	»	»	»	»	23,95	21,65	»	»
Vizcaya	»	»	»	»	»	»	»	»	»	»	»	»	»	»
Zamora..........	54,87	24,30	10,82	10,27	16,10	15,05	23 15	22,05	29,61	19 32	30,21	28,86	58,38	26,64
Zaragoza	30,70	22,11	8,16	3,66	15,16	5,79	21,65	11,52	24,41	16,75	36,21	24,85	13,24	9,28

NOTA Estos precios se refieren al metro cúbico de cada unidad

193. Construcciones terminadas.—En los datos siguientes se comprende el numero de pisos, incluyendo el entresuelo y bajo, la altura media es la media de las alturas de los diversos pisos, medidas de suelo a suelo

En el precio por m² se entiende es el m³ de superficie cubierta, sin contar los patios, el precio del m³ es el del m³ del producto que resulta de multiplicar el area cubierta por la altura de la construcción desde el piso bajo á la cubierta Para la formación de estos precios se ha prescindido del valor del terreno

	PISOS Numero.	PISOS Altura media Metros	Unidad de medida.	Precio en pesetas
Palacios particulares decoración lujosa de piedra, techos estucados, pavimentos de marmol ó marqueteria, decoración en las paredes, puertas de lujo, escaleras de marmol, distribución de aguas, baños, caloríferos etc sótanos.	3 — 4	6 — 5	m ³	25 — 30
Casas urbanas lujosas decoración más sencilla pavimentos de madera, baldosa ó mosáico, empapelado escaleras de piedra, agua, calorifero, etc , sótanos	4 — 5	4 5 — 4 25	m ³	22 — 24
Casas urbanas ordinarias decoración sencilla con piedra ó cemento, techos pintados ó estucados, embaldosado, puertas sencillas, sin agua, gas, etc , sótanos en parte de la planta.	4 — 6	4 2 — 3 8	m ³	13 — 15
Casas de obreros sin decorado techos, pavimentos y puertas ordinarias, sótanos en parte de la planta	4 — 6	3 75 — 3,50	m ³	10 — 11 50
Escuelas, oficinas públicas, etc decoración sencilla de piedra ó cemento, techos, pavimentos puertas ordinarias, caloríferos, gas, ventiladores y demas disposiciones higiénicas modernas ...	3	5 76 — 6	»	15 — 18
Hoteles modernos de lujo decoración de piedra, entramados de suelo, de madera ó hierro, pavimentos de madera, baldosin ó mosáico, techos pintados y estu				

	PISOS		Unidad de medida......	Precio en pesetas.
	Número.	Altura media — *Metros.*		
cados, escaleras de marmol, puertas de madera y de hierro, salones lujosos, distribución de agua caliente y fría, gas, timbres eléctricos, tubos acústicos, ascensores, baños, caloríferos, patios cubiertos y descubiertos, sótanos para cocinas y demas servicios...	7	3,70	m.³	27 ÷ 30
Fábricas de varios pisos (número **188** *b)*), con filas de columnas de fundición, suelos de madera ó de hierro y madera, calculados para una carga total de 500 kg. por m.², sin decorado, pavimentos de madera, cierres sencillos de madera ó hierro, construcción sólida...	3 — 6	4,20 ÷ 4,70	m.³	11 — 15
Fábricas ó almacenes de varios pisos, como las anteriores, pero con suelos calculados para una carga total de 800 ÷ 1000 kg. por m.²...	4 ÷ 6	4,20 ÷ 4,70	m.³	14 ÷ 16
Cobertizos ó Sheds (núm. **189**). altura á la imposta del techo 4 ÷ 4,25, columnas de fundición, techos de madera ó de hierro y madera, tejas planas con claraboyas dobles en toda la longitud de la nave, suelos de madera ó madera y forjado, pavimentos de madera ó asfalto, puertas sencillas de madera ó hierro, decoración sencilla...	1	4 ÷ 4,25	m.²	55 ÷ 60
Cobertizos económicos, columnas de fundición, claraboyas sencillas, techo y pavimentos de madera, sin decoración...	1	3,50 ÷ 3,75	m.²	35 ÷ 45
Talleres, fundiciones, etc: una ó más naves, separadas por muros, pilastras ó columnas de fundición, armaduras de hierro ó madera, pavimento de piedra, cemento ó madera, puertas sencillas de madera ó hierro, decoración sencilla...	1	4 — 7	m.²	40 — 45
Cobertizos abiertos ó cerrados por un lado· pilastras y muros lige				

	PISOS		Unidad de medida......	Precio en pesetas.
	Numero.	Altura media — *Metros.*		
ros en el lado cerrado, cubierta á dos aguas en cada nave, armadura de hierro ó mixtas, empedrado..........................	1	4 ÷ 7	m.²	25 ÷ 30
Cobertizos de lujo: mercados públicos, cubiertas de hierro ó de hierro y madera, columnas de fundición, decorados ó pilastras de fábrica, pavimentos de asfalto ó enlosados, cancelas, sótanos, locales para diversos servicios en dos pisos, si es preciso, decoración de piedra, ladrillo ó madera........................	1	5 ÷ 10	m.²	120 ÷ 160

194. Derribos.

Derribo de muros de mediana dureza.............	m.³	1,50 ÷ 3,00
Derribo de muros antiguos......................	m.³	3,70
Demolición ó derribo de tejados	m.²	0,30 ÷ 0,60
Demolición ó derribo de pisos de edificios.........	m.²	3,00

MECÁNICA.

1.—Datos y fórmulas generales.

195. Medida de las fuerzas y del trabajo.

Unidades absolutas C. G. S.: Véase núm. **15.**—*Unidades usuales.*—1 kg. = unidad de fuerza; unidad de trabajo = 1 kilográmetro (1 kgm.) = al trabajo necesario para elevar á la altura de 1 m. 1 kg.; 1 caballo de vapor (1 HP.) = 75 kgm. por 1" = 270000 kgm. por hora (el caballo inglés = 550 foot-pounds ó pies-libras por 1" = 76 kgm. por 1").

Trabajo.—El trabajo efectuado por una fuerza de F kg., cuyo punto de aplicación recorre, en la dirección de la misma, un espacio de s metros, es = Fs kgm.

Si v es la velocidad en m. por 1", el trabajo efectuado valdrá:

$$Fv \text{ kgm. por } 1'', \text{ ó bien } \frac{Fv}{75} \text{ caballos.}$$

En el movimiento de rotación (r = radio, n = número de vueltas por 1"): $v = \frac{2\pi r n}{60} = 0{,}105\, rn$.

Freno dinamométrico.—Aplicado y equilibrado el freno, se aprieta, impidiendo girar el eje hasta que dé el número de vueltas señalado; entonces se aplica un peso P que lo mantenga en equilibrio.—Siendo L la longitud en m. de la palanca, P el peso en kg., n el número de vueltas por 1', se tiene la fuerza N en caballos:

$$N = 0{,}0013963\, n L P.$$

196. Principales fórmulas de dinámica.

Masa y fuerza.— M, masa de un cuerpo de P kg. de peso; F, fuerza (en kg.) necesaria para imprimirla en t" la velocidad de v m. por 1". Si g representa la aceleración debida á la gravedad, se tiene:

$$M = \frac{P}{g}; \qquad F = Mj = M\,\frac{v}{t}.$$

Fuerza viva.—La fuerza viva de un cuerpo de masa M que se mueve con la velocidad v_1 es Mv^2_1.—Si la velocidad varía (en más ó en menos) de v_1 á v_2, la variación de fuerza viva será $\pm M$

($v^2_2 - v^2_1$), y su mitad será igual al trabajo de la resultante de todas las fuerzas que han actuado sobre el cuerpo para producir este aumento ó disminución

Fuerza centrífuga.—La fuerza centrífuga F, que se desarrolla en la masa M, girando a una distancia r del eje, con una velocidad angular ω (á la distancia 1 del eje) ó sea con una velocidad periférica v ($= \omega r$) es

$$F = M \omega^2 r = M \frac{v^2}{r}$$

Momento de inercia.—Es la suma de los productos de la masa de cada uno de los puntos de un cuerpo por el cuadrado de sus distancias a un eje dado. El ***radio de giración*** es la distancia del eje al punto en que debería concentrarse la masa del cuerpo para obtener el mismo momento de inercia; por consiguiente, el momento de inercia I de un cuerpo de masa M será

$$I = M \rho^2 \ (\rho = \text{radio de giración})$$

Valores particulares de ρ^2

1. Prisma rectangular, sección $a \times b$, longitud l

si el eje es longitudinal $\qquad \rho^2 = \frac{1}{12}(a^2 + b^2)$

si transversal á la mitad de la longitud y ∥ al lado a . . $\qquad \rho^2 = \frac{l^2}{2} + \frac{b^2}{12}$.

2. Cilindro de radio r y longitud l

eje longitudinal . $\qquad \rho^2 = \frac{r^2}{2}$

eje transversal y a la mitad de l . $\qquad \rho^2 = \frac{l^2}{3} + \frac{r^2}{4}$

3. Cilindro hueco r_1 r_2 radios l longitud

eje longitudinal . . . . $\qquad \rho^2 = \frac{r^2_1 + r^2_2}{2}$

eje transversal á $^1/_2$ de l . $\qquad \rho^2 = \frac{l^2}{3} + \frac{r^2_1 + r^2_2}{4}$

4. *Aro ó toro*.—R = radio medio, sección rectangular de lados a, b (b paralelo al eje de rotación)

eje de rotación. $\qquad \rho^2 = R^2 + \frac{a^2}{4}$

eje diametral $\qquad \rho^2 = \frac{R^2}{2} + \frac{a^2}{8} + \frac{b^2}{12}$

5. Igual que el anterior, sección circular de radio r:

eje de rotación...................... $\rho^2 = R^2 + \frac{3}{4} r^2.$

eje diametral...................... $\rho^2 = \frac{R^2}{2} + \frac{5}{8} r^2.$

6. Idem íd., sección elíptica de semiejes a, b (b paralelo al eje de rotación):

eje de rotación...................... $\rho^2 = R^2 + \frac{3}{4} a^2.$

eje diametral...................... $\rho^2 = \frac{R^2}{2} + \frac{5}{8} b^2.$

7. Cono, r; radio de la base h altura:

eje longitudinal..... .... $\rho^2 = \frac{3}{10} r^2.$

eje transversal pasando por el centro de gravedad.. . . .. $\rho^2 = \frac{3}{20}\left(r^2 + \frac{h^2}{4}\right).$

8. Tronco de cono, r_1, r_2 radios de las bases:

eje longitudinal.................... $\rho^2 = \frac{3}{10} \cdot \frac{r^5_1 - r^5_2}{r^3_1 - r^3_2}.$

9. Esfera de radio r: $\rho^2 = \frac{2}{5} r^2.$

Segmento de esfera (r = radio de la esfera, h = altura).

$$\rho^2 = \left(r^2 - \frac{3}{4} r h + \frac{3}{20} h^2\right) \frac{2h}{3r - h}.$$

Sector esferico (r = radio de la esfera, h = altura del casquete).

$$\rho^2 = \frac{1}{5}(3rh - h^2).$$

10. Elipsoide; a, b, c, semiejes: $\rho^2 = \frac{1}{5}(b^2 + c^2)$ si el eje coincide con a: análogamente si coincide con b ó c.

11. Paraboloide de revolución: r = radio de la base:

eje longitudinal: $\rho^2 = \frac{1}{3} r^2.$

12. Momento de inercia de las figuras planas; véase núm. **111.**

Choque de los cuerpos.— Si chocan dos cuerpos de masas m_1, m_2, se mueven con velocidades c_1 c_2 (+ ó — según el sentido del movimiento), sobre la misma línea, que pase por los centros de gravedad, las velocidades después del choque serán:

$$v_1 = c_1 - (1 + \sqrt{\mu})(c_1 - c_2)\frac{m_2}{m_1 + m_2};$$

$$v_2 = c_2 + (1 + \sqrt{\mu})(c_1 - c_2)\frac{m_1}{m_1 + m_2};$$

siendo μ un coeficiente que depende de la elasticidad de los dos cuerpos; μ sería $= 0$ para cuerpos no elásticos, $= 1$ para los cuerpos perfectamente elásticos; $= 0{,}8 \sim$ para las maderas; $\acute{e} = \sim 0{,}3$ para el hierro y acero.

En el choque se pierde un trabajo expresado por:

$$\frac{1}{2}\,\frac{m_1 + m_2}{m_1 + m_2}\,(c_1 - c_2)\,(1 - \mu).$$

que en gran parte, representa el trabajo necesario para la deformación permanente de los cuerpos después del choque.

Si uno de los cuerpos está fijo, se considera su masa como infinita.

Gravedad.— g, aceleración en m. (tabla XXI); s, espacio recorrido (en m.); v, velocidad (en m. por 1") adquirida en t'': $h =$ caída en m.

$$s = g\,\frac{t^2}{2} = \frac{v}{2}\,t; \qquad v = g\,t = \sqrt{2\,g\,h}\,.$$

Péndulo.— Péndulo simple de longitud l: duración de una oscilación doble de pequeña amplitud:

$$t = 2\pi\,\sqrt{\frac{l}{g}}\ \text{segundos.}$$

Péndulo compuesto de masa M; ($I =$ momento de inercia respecto al eje de suspensión, $l =$ distancia del mismo eje al centro de gravedad):

$$t = 2\pi\,\sqrt{\frac{I}{M\,g\,l}}\ \text{segundos.}$$

2.—Rozamiento.

197. Resistencia al rozamiento.—Sea N la presión normal entre las superficies en contacto; f el coeficiente de rozamiento (tabla L). Se tiene:

$$\text{Resistencia al rozamiento} = f\,N.$$

Se considera f independiente de la velocidad y de la presión por unidad de superficie, si bien varía con ambas, según leyes hasta ahora indeterminadas. El coeficiente de rozamiento f_0 al principio del movimiento es $> f$ durante éste; se puede estimar f_0 de $1{,}5 \div 3 f$.

TABLA L.

Coeficientes f de rozamiento por deslizamiento durante el movimiento.

Naturaleza de los cuerpos.	Estado de las superficies (supuestas lisas).	Coeficiente de rozamiento. Máximo.	Medio.	Mínimo.
Metal sobre metal	secas	0,30	0,20	0,15
	húmedas	—	0,30	—
	lubricadas	0,13	0,07	0,05
Madera sobre madera	secas	0,50	0,36	0,25
	húmedas	-	0,25	—
	engrasadas ó enjabonadas	0,16	0,11	0,06
Metal sobre madera	secas	0,60	0,40	0,20
	húmedas	—	0,24	—
	engrasadas	0,16	0,10	0,06
Cuero sobre madera ó metal	secas	0,60	0,40	0,25
	engrasadas	0,30	0,25	0,20
Cuerdas sobre madera ó metal	secas	0,50	0,40	0,30
	húmedas	0,40	0,35	0,30
Caucho sobre madera ó metal	secas	0,80	0,60	0,50
Metal sobre piedra	secas	0,50	0,45	0,30
Madera sobre piedra	secas	0,60	0,50	0,30
Materiales de fábrica entre sí ó sobre el terreno	secas	—	0,75	—

198. Rozamiento en los ejes.—N (kg.) presión resultante en el eje; r, radio en m.; n, numero de vueltas del eje por 1'; M, momento de la resistencia por rozamiento; L, trabajo absorbido por ésta en kg. por 1".

Se tiene:

Ejes horizontales. $M = f N r$; $L = f N \frac{2 \pi r n}{60} = 0{,}105 f N r n$.

» verticales... $M = \frac{2}{3} f N r$; $L = \frac{2}{3} f N \frac{2 \pi r n}{60} = 0{,}07 f N r n$.

199. Plano inclinado, cuña y tornillo.

Plano inclinado — Q peso del cuerpo colocado sobre el plano; P fuerza paralela al plano, a, b, l, α, altura, base, longitud y ángulo de inclinación del plano. Segun actue P hacia arriba ó hacia abajo se tiene

$$P = fQ\frac{b}{l} \pm Q\frac{a}{l},\ \text{para } \alpha \text{ muy pequeño } P = fQ \pm Q \operatorname{tang} \alpha.$$

Si α tiene un valor ρ tal que el cuerpo tiende á descender por sí mismo, se tiene

$$f = \operatorname{tang} \rho,\quad \rho = \text{ang tang } f = \textit{ángulo de rozamiento}$$

Cuña — P fuerza que actua en la cabeza de la cuña, Q resistencia normal en cada lado, a, b, h, cabeza, lado y altura de la cuña, segun P esté dirigido en un sentido ó en otro, se tiene.

$$P = 2fQ\frac{h}{b} \pm Q\frac{a}{b}$$

La cuña se afloja por sí misma cuando $\frac{a}{h} \gtreqqless 2f$

Tornillo rectangular — P potencia aplicada á un brazo R, Q resistencia á lo largo del eje del tornillo, r, p, α, radio medio, paso y ángulo de inclinación del tornillo, ρ = ángulo tangente f = ángulo de rozamiento

Se tiene

$$P = \frac{r}{R} Q \operatorname{tang} (\alpha + \rho)$$

Para tornillos de prensa ($\alpha = 5^\circ - 6^\circ$) se toma, incluyendo todos los rozamientos,

$$P = \eta \frac{r}{R} Q \operatorname{tang} \alpha$$

$\eta = 2{,}5 - 3$ si el tornillo tiene movimiento de rotación y traslación
$\eta = 4 - 5$ si el tornillo tiene solo movimiento de traslación

El tornillo no puede aflojarse por sí mismo sino cuando $\alpha \gtreqqless \rho$

Tornillo triangular — Segun sea ± aguda la sección del tornillo, el valor precedente de P aumenta de $8 - 16\%$, por término medio 12%, para $\alpha = 2^\circ - 3^\circ$, teniendo el filete un angulo en el vértice de $55 - 60^\circ$, que es el caso ordinario.

200 Rozamiento de las cuerdas y correas sobre un cilindro

a arco de radio 1, correspondiente al ángulo α° que subtiende la cuerda: T, t, tensiones de los extremos; f, coeficiente de rozamiento entre la cuerda y el cilindro.—El deslizamiento en el sentido T se verificará ó no, según

$$T \text{ sea} > \text{ó} < e^{fa}t$$

$a = \frac{\alpha}{180}\pi$; si la cuerda se ha arrollado dando m vueltas, $a = 2\pi m$.

Si la cuerda está en una polea cuyo semiángulo en el vértice sea β, *se tomará, en lugar de* f, $\frac{f}{\text{sen}\,\beta}$.

Valores de f	Valores de e^{fa} para los siguientes valores de $m = \frac{a}{2\pi}$:											
	0,1	**0,2**	**0,3**	**0,4**	**0,5**	**0,6**	**0,7**	**0,8**	**0,9**	**1**	**2**	**3**
0,15	1,1	1,2	1,3	1,5	1,6	1,8	1,9	2,1	2,4	2,6	8	17
0,20	1,1	1,3	1,5	1,6	1,9	2,1	2,4	2,7	3,1	3,5	12	43
0,25	1,2	1,4	1,6	1,9	2,2	2,6	2,9	3,5	4,1	4,8	23	111
0,30	1,2	1,5	1,8	2,1	2,6	3,1	3,8	4,5	5,6	6,6	41	285
0,35	1,3	1,6	2,0	2,4	3,1	3,8	4,7	6,0	7,4	9,3	87	804
0,40	1,3	1,7	2,2	2,7	3,6	4,5	5,8	7,5	9,6	12,4	152	1880

3.—Órganos de las máquinas.

(Salvo indicación en contrario, la unidad de medida es el milímetro).

A.—Uniones.

201. Roblonado.

a) Calderas de vapor y recipientes herméticamente cerrados, sometidos á presión.

Roblonado sencillo (fig. 87) (dimensiones en *milímetros).*

$$d = 6\sqrt{s}\ ; \quad b = 1{,}5\,d.$$

$$a = \begin{cases} d + 28 \text{ para palastro de hierro.} \\ d + 21 \quad » \quad » \quad \text{de acero.} \end{cases}$$

Según Lemaître, debería tomarse:

$$d = 4 + 1{,}5\,s\,; \quad b = 1{,}5\,d\,;$$
$$a = 10 + 2\,d \text{ en ambos casos.}$$

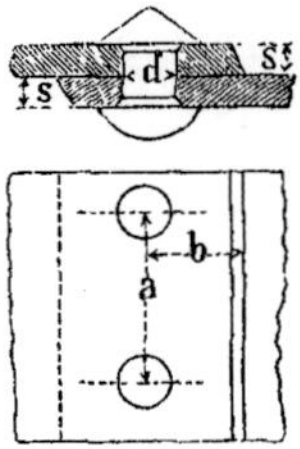

Fig. 87.

El roblonado sencillo reduce la resistencia

de la junta de 28 á 28 + d para el palastro y 21 á 21 + d para el acero.

Roblonado doble (conviene para juntas longitudinales) (fig. 88), d y b como antes:

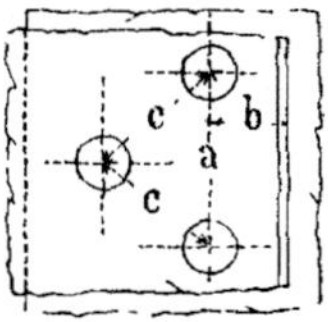

Fig. 88.

$a = d + 56$, $c = d + 28$ para palastro de hierro.
$a = d + 42$, $c = d + 21$ para palastro de acero.

Según Lemaître $a = 20 + 3\,d$; $c = 10 + 2\,d$. La resistencia se reduce á

$\frac{56}{56+d}\left(\text{ó } \frac{42}{42+d}\right)$ de la del palastro continuo.

b) Para los gasómetros y recipientes herméticamente cerrados, sometidos á pequeña presión ó nula:

$$d = 1{,}5\,s \div 2\,s; \quad a = 3{,}5\,d \div 4\,d; \quad b = 2\,d$$

c) Diámetro de las cabezas $= 1{,}8\,d \div 2\,d$; altura $= 0{,}6 \div 0{,}8\,d$.

d) Longitud necesaria del perno ó cuerpo para el roblonado; $l = 1{,}1\,s_1 + 1{,}5\,d$ (s_1 = suma de los espesores de las piezas unidas).

e) Peso de un roblón = al peso de un hierro redondo, de longitud igual al vástago del roblón aumentado en $3 \div 3{,}5$ diámetros.

202. Tornillos y pernos.—Diámetro interior de los tornillos triangulares ó cuadrados sometidos á una carga P.

$$d_1 = 0{,}67\sqrt{P} \text{ mm. (para } K = 2{,}8 \text{ kg. por mm.}^2\text{)}$$

Tornillos de filete triangular (figuras 89 y 90).—Escala de diámetros y pasos, véase tabla LI (SI) y LI *bis* (sistema Whitworth).

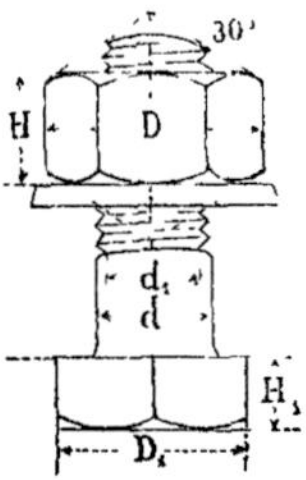

Fig 89.

Saliente del filete 0,64 p; diametro exterior $d = d_1 + 1{,}3\,p$, p paso.

Tuercas (exagonal ó cuadrada); diámetro de la circunferencia inscrita, $D_1 = (5 + 1{,}4\,d)$ milímetros; de donde $D = 1{,}15\,D_1$; altura $H = d$. Cabeza del tornillo: D_1 como antes; $H_1 = 0{,}7\,d$. Contratuerca: D_1 como antes; altura $= 0{,}7\,d$. — Ovalillo: diámetro $= 1{,}33\,D_1$.

Tornillos de filete cuadrado.—Diámetro exterior $= 1{,}25\,d_1$; paso $p = 0{,}2\,d$; D_1 como antes; $H = 1{,}5\,d$ para tornillos de sujeción; para tornillos de presión (prensas, etc.) H debe ser tal, que comprenda, por lo menos, $7 \frac{P}{d}$ espirales, nunca menos de 12.

Tornillos reforzados.—Cuando el diámetro del tornillo es mayor que el *correspondiente á la carga* (*uniones de tubos á tornillos, etc.*), se dan al filete las proporciones correspondientes á un diámetro ideal calculado en función de la carga.

Escala de Whitworth para tubos de hierro, de tornillo:

Diámetro en pulgadas inglesas......	$^1/_4$	$^3/_8$	$^1/_2$	$^3/_4$	1	1 $^1/_4$	1 $^1/_2$	1 $^3/_4$	2
Número de espirales por pulgada..	19	19	14	14	11	11	11	11	11

Pernos (fig. 89).—Generalmente se hace el filete según la escala de Whitworth (tabla *LI* ó *LIbis*).

Para evitar la rotura del filete, mientras se ejerce la presión no se da un diámetro $d < 12$ mm. á los pernos que se hayan apretado mucho (cubiertas y juntas impermeables, con guarniciones).

Peso de un perno con tuerca y cabeza = al peso de un hierro redondo, de igual longitud que el perno, aumentado en 5 $^1/_2$ diámetros.

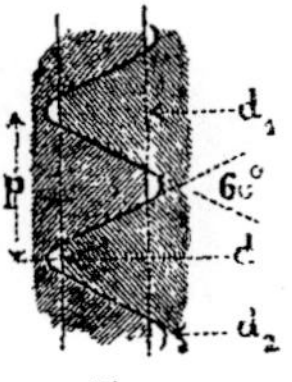

Fig. 90.

TABLA LI.—Tornillos sistema internacional (SI) (fig. 90).

(Congreso internacional de Zurich, 1898).

d	p	d_1	d_2	d	p	d_1	d_2	d	p	d_1	d_2
6	1	4,70	4,60	**20**	2,5	16,76	16,48	**48**	5	41,50	40,96
7	1	5,70	5,60	**22**	2,5	18,76	18,48	**52**	5	45,50	44,96
8	1,25	6,38	6,24	**24**	3	20,10	19,78	**56**	5,5	48,86	48,26
9	1,25	7,38	7,24	**27**	3	23,10	22,78	**60**	5,5	52,86	52,26
10	1,5	8,06	7,88	**30**	3,5	25,46	25,08	**64**	6	56,20	55,56
11	1,5	9,06	8,88	**33**	3,5	28,46	28,08	**68**	6	60,20	59,56
12	1,75	9,72	9,54	**36**	4	30,80	30,36	**72**	6,5	63,56	62,86
14	2	11,40	11,18	**39**	4	33,80	33,36	**76**	6,5	67,56	66,86
16	2	13,40	13,18	**42**	4,5	36,16	35,66	**80**	7	70,90	70,14
18	2,5	14,76	14,48	**45**	4,5	39,16	38,66	—	—	—	—

Para estos tornillos se hace $D_1 = \sim (1{,}4\, d + 4)$ mm.; H, H_1 como antes.

TABLA LIbis.—Pernos triangulares sistema Whitworth (fig. 89).

DIÁMETRO d pulgadas	DIÁMETRO d mm.	d_1 mm.	Número de espirales por pulgada. (25,4 mm.)	Carga P kg.	Tuerca y cabeza. D_1 mm.	D mm.	H mm.	H_1 mm.
$^1/_4$	6,35	4,72	20	50	15	17,5	7	5
$^3/_8$	9,52	7,36	16	120	19	22	10	7
$^1/_2$	12,70	9,91	12	215	24	28	14	10
$^5/_8$	15,87	12,92	11	370	27	31	16	12
$^3/_4$	19,05	15,74	10	540	33	38	20	14
$^7/_8$	22,22	18,54	9	750	38	44	23	16
1	25,40	21,33	8	1000	42	48,5	26	18
1 $^1/_8$	28,57	23,87	7	1250	45	52	29	20
1 $^1/_4$	31,75	26,92	7	1600	50	58	32	22
1 $^3/_8$	34,92	29,46	6	1900	54	62,5	35	24
1 $^1/_2$	38,10	32,68	6	2350	60	69,5	39	27
1 $^5/_8$	41,27	35,28	5	2750	64	74	42	29
1 $^3/_4$	44,45	37,84	5	3150	68	78,5	45	32
1 $^7/_8$	47,62	40,38	4 $^1/_2$	3600	72	83	48	34
2	50,80	43,43	4 $^1/_2$	4150	76	88	51	36
2 $^1/_4$	57,15	49,02	4	5280	84	97,5	58	40
2 $^1/_2$	63,50	55,37	4	6750	93	109	64	45
2 $^3/_4$	69,85	60,45	3 $^1/_2$	8000	103	119	70	49
3	76,20	66,80	3 $^1/_2$	9800	112	130	77	54

203. Uniones con clavija y chabeta.

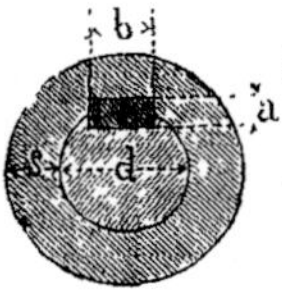

Fig. 91

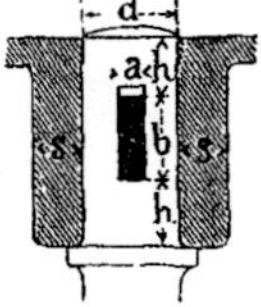

Fig. 92.

Fig. 91: $b = 5 + 0,20\,d$; $a = 0,6\,h$ (se reducen las dimensiones á $^9/_{10}$ para 2 clavijas y $^8/_{10}$ para 3):

$$s = 10 + 0,4\,d.$$

Fig. 92: $s = h = d$; $a = 0,25\,d$.

$s = 10 + 0.4\,d$ para el hier. fund.
$s = 0,25\,d$ para el forj. ó acero.

Inclinación de las clavijas: $^1/_{50} \div {}^1/_{100}$ para uniones fijas; $^1/_{12} \div {}^1/_{24}$ para las que hayan de desmontarse con frecuencia.

B.—Órganos de transmisión.

204. Gorrones (presión según el eje; ejes verticales, etc.).- La presión p por mm.² de superficie de contacto no debe exceder, para gorrones de hierro ó acero, apoyados sobre cojinetes ó tejuelos de bronce, de:

1,00 kg. para gorrones á poca velocidad (grúas, etc.).

0,50 kg. para gorrones de velocidad media, hasta $n = 150$ vueltas por 1′.

En los gorrones que giran con grandes velocidades (y también para los acanalados) se disminuye p proporcionalmente, hasta $p = 0{,}05 \div 0{,}03$ kg. (ejes de hélices).

Para cojinetes ó tejuelos de acero puede duplicarse el valor de p.

La superficie de contacto del gorrón se calcula en función del valor de p.

Longitud del gorrón $= 1{,}1 \div 1{,}5$ veces el diámetro.

205. Gorrones de apoyo (presión normal al eje; gorrones horizontales).— La presión p por mm.² de la superficie $l \times d$ para gorrones de hierro ó acero sobre cojinetes de bronce ó metal blanco (figuras 90-92) no debe exceder de:

1 kg. para velocidades muy pequeñas.

0,5 kg. para velocidades hasta $n = 150$ vueltas por 1′.

$0{,}5 \div 0{,}05$ para velocidades de $n = 150 \div 1000$ ó más vueltas por 1′.

En casos excepcionales p puede elevarse hasta $1 \div 2$ kg. (locomotoras).

En los cojinetes de hierro fundido (tipo Sellers) se hace p $2 \div 3$ veces menor.

Enlace del gorrón y el eje: $e = 3 + 0{,}07\ d$.

Gorrones frontales y extremos (fig. 93).— Si P es la carga sobre el gorrón, se tiene:

$$\text{Diámetro en mm. } d = 1{,}5 \sqrt{\frac{P}{\sqrt{K p}}} \; ; \quad \text{longitud, } l = \frac{P}{p d}.$$

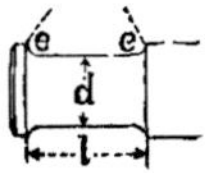

Fig. 93.

Tomando p como antes y $K = 6$ kg. para el hierro, se tienen los valores de la tabla LII. Si se toma un diámetro > que el calculado, se puede disminuir l proporcionalmente, sin exceder de la presión límite.

TABLA LII.—Gorrones finales ó de extremo.

La tabla se refiere á gorrones de hierro. Para gorrones de acero é igual carga P, se toma (para $K = 10$ kg. por mm.²):

el diámetro $d = 0,85$ } de los valores de la tabla.
la relación $l/p = 1,30$ }

d	e	VALORES DE LA CARGA P EN KG.				
		n hasta 150 $l/d = 1,5$	$n = 150 \div 350$ $l/d = 2$	$n = 350 \div 500$ $l/d = 2,5$	$n = 500 \div 800$ $l/d = 3$	$n > 800$ $l/d = 4$
mm.	mm.	kg.	kg.	kg.	kg.	kg.
30	5	720	530	420	350	250
40	6	1280	940	750	620	450
50	7	2000	1500	1150	980	730
60	8	2900	2100	1700	1400	1000
70	8	3900	2900	2300	1900	1400
80	9	5100	3800	3000	2500	1800
90	10	6500	4800	3800	3200	2400
100	10	8000	5900	4700	3900	2900
110	11	9700	7100	5700	4700	3500
120	12	11500	8500	6800	5200	4200
130	12	13500	10000	8000	5900	4900
140	13	15700	11500	9200	6800	5700
150	13	18000	13200	10500	7800	6500
160	15	20500	15000	12000	8900	7400
180	16	26000	19000	15200	12500	—
200	17	32000	23000	18800	—	—

Gorrones de horquilla (fig. 94).— Diámetro $= 0,7$ del diámetro de un gorrón extremo, para igual carga P y presión p por unidad de superficie. Longitud como anteriormente, en función del valor de p.

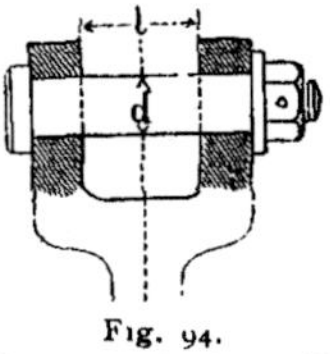

Fig. 94.

Empleando la tabla LII, se tomara $d = 0,7$ veces y $l/d = 2$ veces los valores de la tabla.

Si, debido á ser pequeño el valor absoluto de d, ó por otras razones, se toma un diámetro mayor del calculado, puede disminuirse proporcionalmente la longitud, como en los gorrones precedentes.

Gorrones intermedios (fig. 95).— Si está sometido únicamente á esfuerzos transversales, se calcula el diámetro del mismo modo que el eje de que forma parte. (Número **206**.)

Cuando sufre torsión, el diámetro resulta del cálculo del eje (numeros **207-208**) En todo caso la longitud se toma tal, que la presión por mm ² de la sección $l \times d$ no sea $> p$

206. Ejes ó árboles (que no sufren torsiones) Se calculan como los sólidos sometidos a flexión Determinado (en m y kg) el momento flector máximo M (numeros **106-107**) en los puntos principales, se deduce el diametro correspondiente a éstos por medio de la fórmula

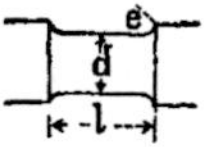

Fig 95

$$d = 21{,}7\sqrt[3]{\frac{M}{K}}\ ,\ (K = 6 \text{ kg para el hierro, } 10 \text{ kg para el acero})$$

207 Ejes sometidos á flexión y torsión (ejes de motores hidraulicos y de vapor, ejes de transmisión con ruedas pesadas, etc) Si M_f, M_t representan los momentos de flexión y de torsión (en m y kg) para una sección dada (numeros **106, 107** y **112**) se hallará el momento ideal de torsión M_{it} (en m y kg) equivalente á ambos, con la

$$M_{it} = M_f + \sqrt{\left\{ M^2_f + M^2_t \right\}}$$

y el diámetro en mm en la sección considerada

$$d = 17{,}2\sqrt[3]{\frac{M_{it}}{K_r}} \quad (\text{véase num } \mathbf{112})$$

Para el hierro ($K_r = 5$) $d = 10\sqrt[3]{M_{it}}$, para el acero ($K_r = 8$) $d = 8{,}5\sqrt[3]{M_{it}}$

Si el diámetro del eje ha de ser constante, se toma para M_f el valor maximo

208. Ejes para transmisiones ordinarias —Se pueden calcular sencillamente, tomando como base el momento de torsión ó la fuerza transmitida, con un coeficiente de corrección para tener en cuenta la flexión

Sea M_t el momento de torsión (en m y kg), N la fuerza en caballos transmitida, n el numero de vueltas por 1′ El diametro en mm , para sólo la torsión se deduce de

Para el hierro ($K_r = 5$ kg por mm ²), $d_1 = 10\sqrt[3]{M_t} = 90\sqrt[3]{\frac{N}{n}}$

Para el acero ($K_r = 8$ kg por mm ²), $d_1 = 8{,}5\sqrt[3]{M_t} = 76{,}5\sqrt[3]{\frac{N}{n}}$

Teniendo en cuenta la flexión se toma en definitiva para diámetro del eje

$$d = m\, d_1, \quad \text{en la que}$$

$m = 1{,}12$ para ejes sometidos á su propio peso,
$m = 1{,}25$ para ejes de transmisiones ligeras,
$m = 1{,}35$ para ejes de transmisiones ordinarias,
$m = 1{,}50$ para ejes de transmisiones muy pesadas

Si el diámetro en los gorrones intermedios es < que el del eje, d será el diámetro en los gorrones Es preferible dar el mismo diámetro al eje y gorrones para impedir los corrimientos longitudinales de aquél a cuyo efecto se disponen anillos sujetos con tornillos de presión (de ancho $b = 10 + 0{,}3\, d$, espesor radial $= 0{,}75\, b$, diámetro de los tornillos $= 5 + 0{,}1\, d$)

Para calcular la tabla LIII, se ha supuesto $m = 1{,}35$

TABLA LIII.—Ejes de transmisión (hierro)

d	Peso por m	M_t	$\frac{N}{n}$	d	Peso por m	M_t	$\frac{N}{n}$	d	Peso por m	M_t	$\frac{N}{n}$
mm	kg	m kg		mm	kg	m kg		mm	kg	m kg	
30	5,5	11	0,015	**80**	39,1	212	0,296	**160**	156,4	1697	2,37
35	7,5	17	0,025	**85**	44,2	254	0,355	**170**	176,6	2036	2,84
40	9,8	26	0,037	**90**	49,4	302	0,422	**180**	198,0	2417	3,37
45	12,4	37	0,053	**95**	55,2	355	0,496	**190**	220,0	2836	3,97
50	15,3	52	0,072	**100**	61,1	414	0,579	**200**	244,4	3316	4,63
55	18,5	69	0,096	**110**	74,0	551	0,770	**220**	296,0	4413	6,16
60	22,0	89	0,125	**120**	88,0	716	1,000	**240**	352,4	5729	8,00
65	25,8	114	0,159	**130**	103,3	911	1,27	**260**	414,0	7285	10,17
70	30,0	142	0,198	**140**	119,8	1137	1,59	**280**	479,2	9108	12,70
75	34,4	175	0,244	**150**	137,5	1398	1,95	**300**	550,0	11191	15,62

Ejes de acero. diámetro $= 0{,}85$ } de los valores de la
» hierro fundido diámetro $= 1{,}25$ } tabla

209 Distancia entre los apoyos—Los apoyos se disponen inmediatos a las juntas y también cuando es posible, muy próximos á las poleas ó ruedas pesadas En general la distancia de los apoyos debe ser

$$l \gtreqless \alpha \sqrt[3]{d^2}\ \text{mm}$$

$\alpha = 175 - 200$ cuando el eje no sostiene mas que su propio peso,
$\alpha = 150 - 175$ para ejes sometidos á cargas normales

En el caso más desfavorable cuando una polea ó rueda de D mm de diámetro, que transmite una fuerza de N_1 caballos, se encuentra á la mitad de la distancia entre dos apoyos de un árbol calculado para transmitir una fuerza de N caballos, se toma la distancia entre dos apoyos de modo que

$$l \text{ no sea} > \frac{N}{N_1} D \text{ mm}$$

210 Juntas.

Juntas con manguito —Manguito sencillo espes $s = 15 + 0{,}4\,d$, longitud $L = 6\,s$

Peso aproximado del manguito

$d =$	**40**	**50**	**60**	**70**	**80**	**90**	**100** mm
peso $=$	10	16	22	30	42	50	70 kg

Manguito Sellers $s = 10 + 0{,}7\,d$ $L = 4{,}5\,s$.

Juntas de reborde ó platillo (fig 96)

$s = 8 + 0{,}4\,d$ $L = 8\,s$, $L_1 = 4\,s$

$D = d + 7\,s$, $\delta = 0{,}9\,s$ $s_1 = 3 + 0{,}16\,d$

número de pernos $= 1 + 0{,}1\,s$ (tómese el número entero más próximo), diámetro $\delta_1 = 0{,}6\,s$

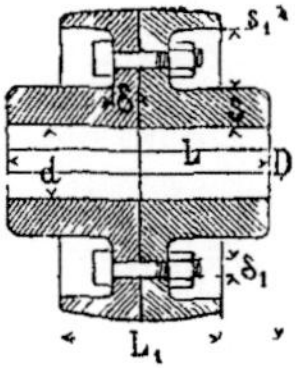

Fig 96

TABLA LIV.—Juntas de reborde ó platillo

d	s	L	L_1	D	δ	s_1	N.º de pernos	δ_1	Peso
mm	mm	mm	mm	mm	mm	mm		mm.	kg
40	24	192	96	208	21	10	4	14	18
50	27	216	108	235	24	10	4	16	26
60	31	248	124	275	28	12	4	18	40
70	35	280	140	313	32	14	4	21	59
80	40	320	160	360	36	16	5	24	89
90	44	352	176	398	40	18	5	26	119
100	48	384	192	436	43	19	6	28	156
110	52	416	208	474	47	21	6	32	200
120	56	448	224	512	50	22	6	34	257
130	60	480	240	550	54	24	7	36	309
140	62	496	248	574	56	25	7	36	350
150	64	512	256	598	58	26	7	38	394
160	66	528	264	622	60	28	8	38	458

211 Apoyos —Distancia (véase núm **209**)

a) *Apoyos*

1 Tipos de apoyos con dos cojinetes pueden tener dos ó cua

tro pernos, y se dividen en *pesados y ordinarios*.—Se consideran cómo pesados los que sostienen gorrones calculados con las fórmulas del núm. **205**; ordinarios los que sostienen ejes de transmisión en puntos intermedios (V. núm. **208**).

Cojinetes de bronce (cobre 100, estaño 11 ÷ 16, zinc 0,25); espesor = 3 + 0,07 *d* (*d* = diámetro del gorrón).—Cojinetes de metal blanco (cobre 1 ÷ 1,25, estaño 50, antimonio 4); espesor = 5 + 0,8 *d*; para apoyos importantes se usan con frecuencia cojinetes de hierro fundido, guarnecidos de metal blanco (figuras 98, 99, 101).— Cojinetes de hierro fundido; longitud 3 y mejor 4 veces *d*; para los más móviles (figuras 100, 102); espesor = 5 + 0,1 *d*.

Dimensiones de los apoyos según Reiche.

Reiche da las siguientes reglas para los apoyos:

		Apoyos ordinarios.	Apoyos pesados.
Diámetro de los pernos del sombrerete	para 2 pernos	5 + 0,2 *d*	5 + 0,33 *d*
	para 4 ídem	5 + 0,15 *d*	5 + 0,25 *d*
Diámetro de los pernos del zócalo	para 2 pernos	6 + 0,22 *d*	6 + 0,36 *d*
	para 4 ídem	6 + 0,17 *d*	6 + 0,28 *d*
Espesor mínimo bajo el cojinete		10 + 0,5 *d*	10 + 0,85 *d*
Espesor mínimo bajo los tornillos	2 pernos	10 + 0,33 *d*	10 + 0,42 *d*
	4 ídem	10 + 0,28 *d*	10 + 0,37 *d*
Espesor del sombrerete en el centro		10 + 0,4 *d*	10 + 0,6 *d*
Espesor de la placa de asiento en los lados		10 + 0,15 *d*	10 + 0,2 *d*

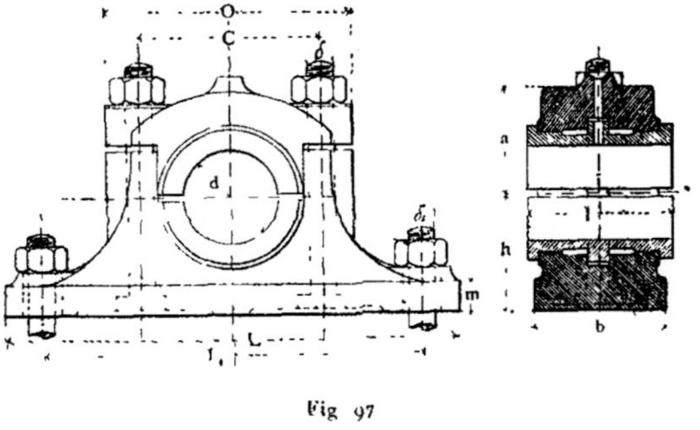

Fig 97

Tabla LV.

Apoyos de dos pernos (tipo ordinario) (fig. 97).

d mm.	*l* mm	*L* mm.	L_1 mm.	*h* mm.	*o* mm.	*c* mm.	*a* mm.	*b* mm.	*m* mm.	δ mm.	$δ_1$ mm.	Peso. kg.
30	60	190	145	45	95	70	45	45	17	10	12	2,5
40	80	230	175	52	115	80	52	55	20	12	13	3,4
50	100	280	210	63	140	100	63	65	24	14	15	5,6
60	120	330	245	75	165	115	75	80	29	16	18	9,0
70	140	375	282	85	190	130	85	95	33	18	21	13,2
80	160	420	315	95	210	145	95	110	37	20	23	17,2
90	180	460	345	105	230	160	100	125	40	23	25	23,1
100	200	520	390	115	260	180	115	140	46	26	28	31,3
120	240	560	420	130	280	200	130	170	49	28	31	51,1

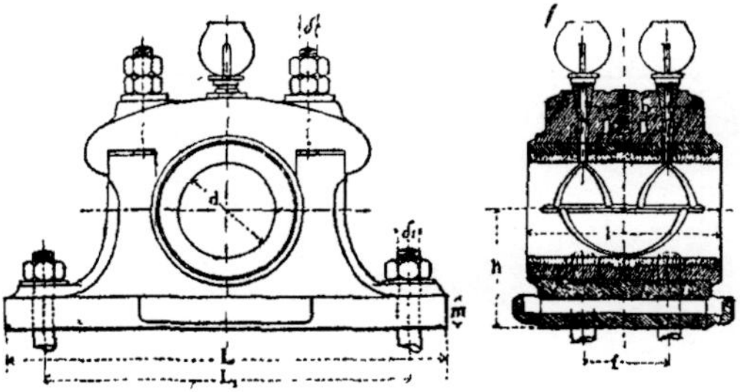

Fig. 98.

Tabla LVI.

Apoyo de cuatro pernos (tipo pesado) (fig. 98).

d mm.	*l* mm.	*L* mm.	L_1 mm.	*h* mm.	*b* mm.	*f* mm.	*m* mm.	δ mm.	$δ_1$ mm.	Peso. kg.
100	200	450	360	130	170	90	50	21	23	75
120	250	540	420	150	190	100	55	24	26	106
150	300	650	530	180	240	120	70	28	32	190
175	. 50	780	640	210	280	150	85	35	39	350
200	400	1000	810	240	360	200	110	41	45	600
225	450	1120	900	280	400	230	120	46	51	870

2. Apoyos con 3 ó 4 cojinetes (fig. 99): se emplean cuando el empuje del gorrón cambia de sentido (máquinas de vapor).

3. Apoyos Sellers, con cojinetes móviles de hierro fundido (fig. 100).

4. Apoyos con engrasadores de anillo (fig. 101).

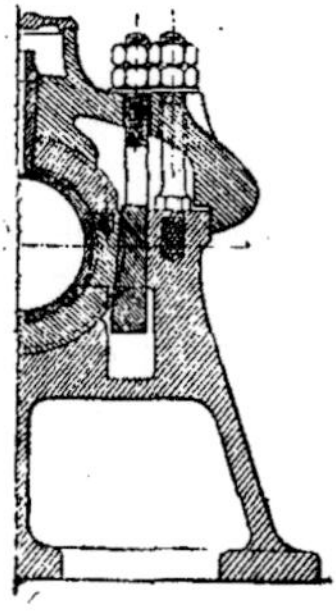

Fig. 99.

Tabla LVII.

Apoyos con cojinetes móviles (tipo Sellers de cojinetes de hierro fundido) (fig. 100).

d mm.	*l* mm.	*L* mm.	L_1 mm.	*h* mm.	*b* mm.	*m* mm.	δ mm.	$δ_1$ mm.	Peso. kg.
30	120	190	140	55	75	23	11	13	5
40	160	220	166	70	90	25	11	13	9
50	200	260	200	8[illegible]	105	30	14	16	14
60	240	310	230	95	125	35	18	20	23
70	280	350	260	110	140	40	20	23	38
80	320	350	260	110	140	40	20	23	48
90	360	400	300	125	165	50	23	26	58
100	400	450	340	140	190	50	26	29	88
120	480	516	396	160	220	62	29	32	144

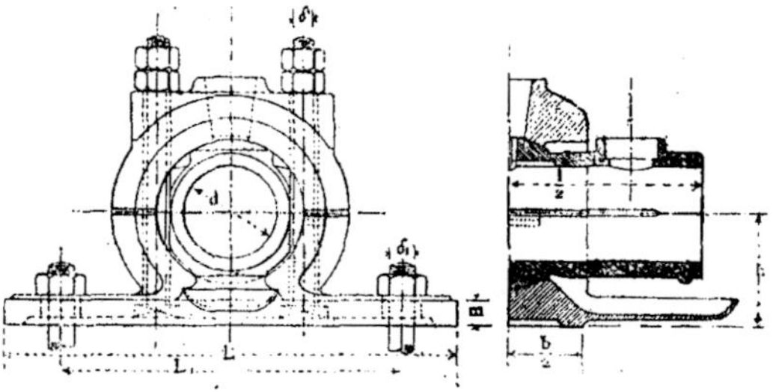

Fig. 100.

TABLA LVII bis.

Apoyos con engrasadores de anillo (tipo pesado) (fig. 101).

d mm.	l mm.	l_1 mm.	L mm.	L_1 mm.	h mm.	b mm.	m mm.	f mm.	δ mm.	δ_1 mm.	Tornillos. num.	Peso. kg.
30	90	125	190	140	65	75	23	—	12	13	2	7
40	110	150	220	166	75	90	25	—	12	13	2	11
50	130	180	260	200	82	105	30	—	14	16	2	19
60	155	205	310	230	95	125	35	—	18	20	2	27
75	175	230	350	260	110	140	40	—	21	23	2	38
90	205	265	400	300	125	165	50	—	24	26	2	65
100	240	310	450	340	140	190	50	—	26	29	2	93
120	280	360	510	400	170	220	62	110	24	26	4	145
140	330	420	580	460	200	250	72	130	29	32	4	230
170	390	490	680	550	335	280	85	150	36	39	4	365
200	450	560	790	630	270	320	93	170	39	42	4	540
240	525	650	900	720	300	380	100	210	45	51	4	800

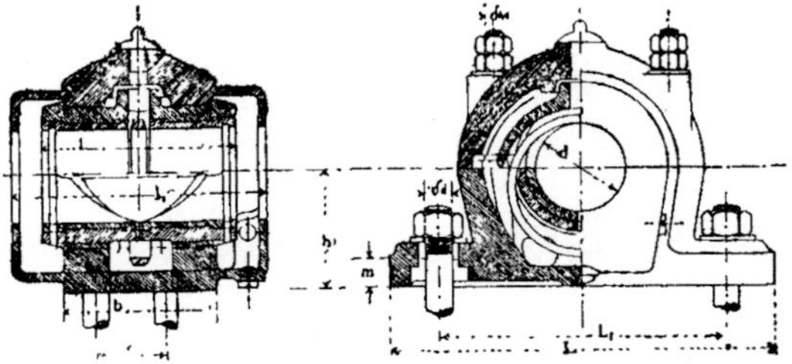

Fig. 101.

b) Sillas.—Se aplican ó sujetan en los techos, mediante pernos que los atraviesan; conviene interponer un entablonado; casi siempre tienen cojinetes de hierro fundido; son cerrados y sencillos (fig. 102) ó abiertos por un lado, con ó sin engrasador de anillos.

TABLA LVIII.

Sillas cerradas (tipo ordinario) (fig. 102).

Diámetro. mm.	l mm.	h mm.	L mm.	L_1 mm.	b mm.	m mm.	f mm.	δ mm.	Tornillos. núm.	Peso. kg.
40	160	250	380	300	115	20	—	20	2	16
		500	500	400	145	20	—	23	2	24
50	200	300	440	340	135	22	—	20	2	24
		600	600	480	170	25	—	23	2	42
60	240	300	470	370	140	23	—	23	2	30
		700	680	540	170	28	—	29	2	54
75	300	350	550	420	160	27	—	26	2	51
		800	760	620	220	30	120	26	4	87
90	360	400	570	440	220	29	120	23	4	84
		800	835	675	290	36	170	29	4	116
100	400	500	700	550	240	36	130	26	4	133
		800	825	675	300	39	175	32	4	163

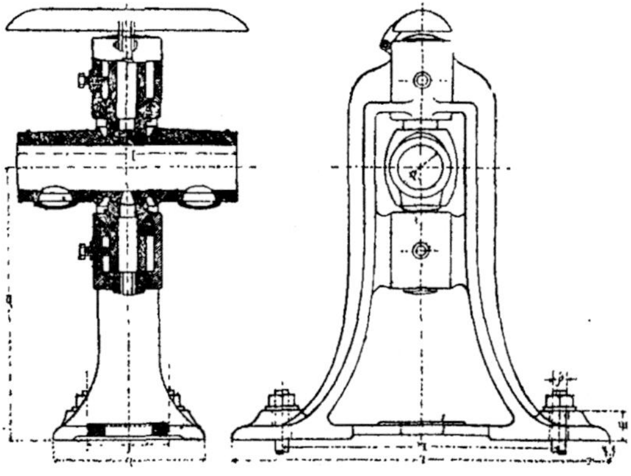

Fig 102

c) *Apoyos ó cojinetes de bolas* (fig 103), esferitas de acero templado, entre dos anillos, también de acero templado, asegurados uno al gorrón y el otro al apoyo, encerrado todo ello en una caja hermética, llena de grasa —Sean P la carga total, P_1 la de cada esfera en kg, δ el diametro de éstas, se tomará $\frac{P_1}{P} = \frac{1}{2}, \frac{1}{3}, \frac{1}{4}$ segun que haya 10 15 ó 20 esferas, de donde

$$\delta = 1{,}4\sqrt{P_1} - \sqrt{P_1} \text{ mm}$$

según que la velocidad de rotación es ± grande

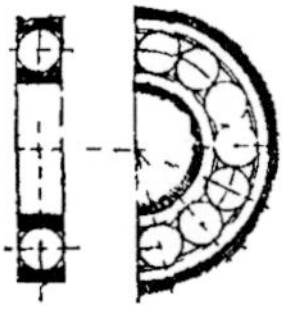

Fig 103

d) *Placas de apoyo* —1) Placas de *fundación*, se usan para apoyos colocados sobre fabrica ó piedra, sencillas (fig. 104, parte de la izquierda) para apoyos ordinarios reforzadas (fig 104, parte de la derecha) para apoyos pesados

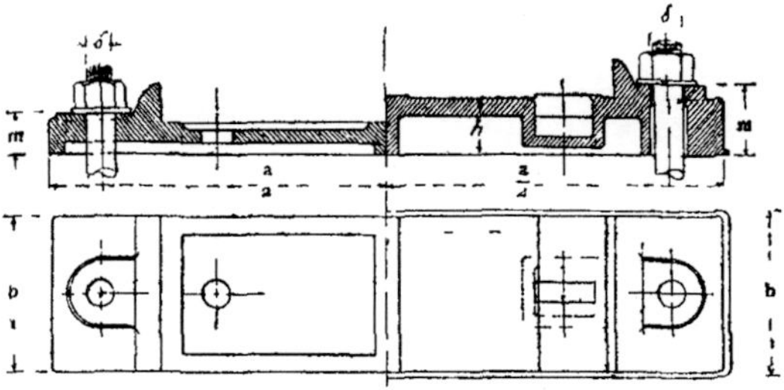

Fig 104

Tabla LIX

Placas de fundación (fig 104)

	Sencillas						Reforzadas					
mm	h mm	a mm	b mm	m mm	δ mm	Peso kg	h mm	a mm	b mm	m mm	δ mm	Peso kg
40	18	300	60	20	14	2	40	380	100	50	16	10
50	22	365	70	24	16	3 6	45	445	115	55	20	14
60	26	430	85	28	18	5 9	50	535	135	65	23	22

Sigue TABLA LIX

	Sencillas						Reforzadas					
mm	*h* mm	*a* mm	*b* mm	*m* mm	δ mm	Peso kg	*h* mm	*a* mm	*b* mm	*m* mm	δ mm	Peso kg
70	28	480	105	31	20	8,5	55	610	155	70	26	30
80	33	550	120	36	22	12,3	60	630	160	75	26	40
90	36	610	135	40	24	17,1	65	690	180	80	29	50
100	40	680	150	44	26	22,9	75	760	205	90	32	66
120	47	795	180	52	32	38,3	85	850	235	105	39	92
140	55	915	210	60	38	58,5	100	950	270	120	45	135

2) *Cartelas* —Sirven para sujetar apoyos en las paredes, con pernos que los atraviesan (fig 105 y tabla LXI) contraplacas u

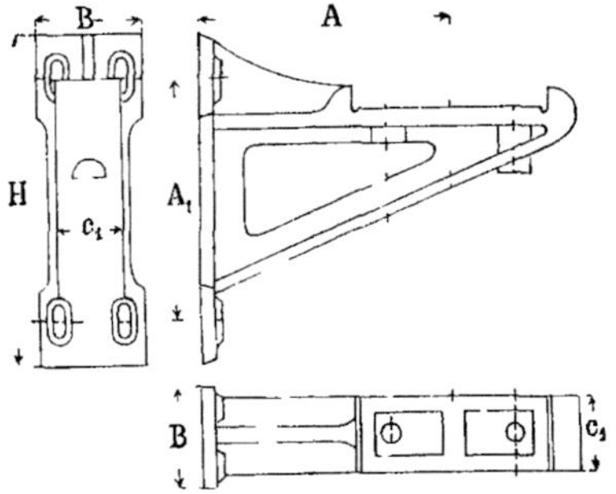

Fig 105

ovalillos, para los pernos, en el paramento opuesto del muro (fig 106) $D = \sim 7\,a$ peso $= 3 - 13$ kg para $D = 140 - 280$ mm

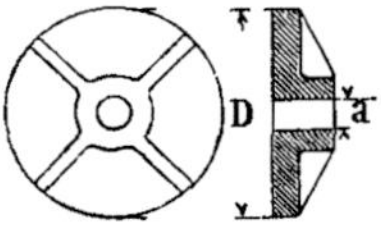

Fig 106

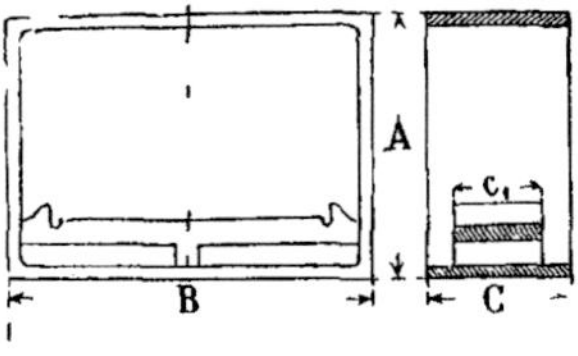

Fig 107

3) *Cajas en los muros* (fig 107 y tabla LXII) — Son huecos abovedados practicados en los muros para colocar los apoyos

Se emplean para apoyar los ejes ó árboles, aun en el caso de que éstos no atraviesen el muro.

e) Tejuelos ó ranguas (fig 108 y tabla LX) — Tipo ordinario (fig 108 y tabla LX) — En vez de esto se usa también un tipo con *n* esferas de acero templado ($n = 6 - 20$) entre dos anillos del mismo metal, fijo uno al gorrón y otro al tejuelo diametro de las esferas $= 0{,}8\sqrt{\frac{P}{n}} - 2{,}2\sqrt{\frac{P}{n}}$ mm, segun gire el perno a la velocidad de 10 — 1000 vueltas por 1 (*P* carga total sobre el perno)

Tabla LX

Tejuelos o ranguas (fig 108)

d	*a*	*h*	*L*	*b*	*l*	*k*	*δ*
mm	mm	mm	mm	mm	mm	mm	mm
40	13	85	160	120	120	65	13
50	15	95	180	130	140	70	13
60	18	105	225	145	165	75	16
70	22	120	240	160	190	80	20
80	26	140	275	180	220	90	20
90	30	160	310	200	250	100	23
100	35	185	330	220	270	110	23
110	40	210	350	240	290	120	23

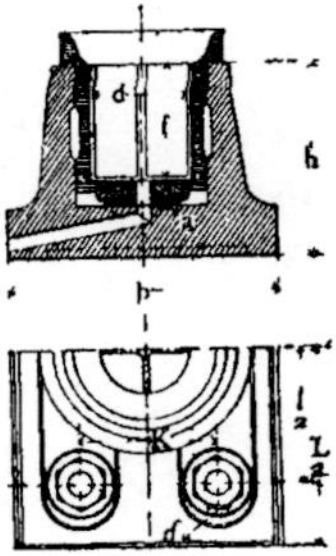

Fig 108

Tabla LXI —Cartelas (fig 105)

Diametro interior	Saliente *A*	*H*	*B*	$A_1 = A$	c_1	Pernos		Peso
						numero	diámetro	
mm	mm	mm	mm	mm	mm		mm	kg
	180	234	82	180	60	2	20	8,3
40 45	270	352	114	270	60	2	20	13,0
	360	468	144	360	60	2	20	18,0
	220	286	100	220	70	2	23	13,3
50 55	330	430	138	330	70	2	23	21,0
	440	572	174	440	70	2	23	32,0
	260	338	118	260	80	3	23	20,5
60-65	390	508	162	390	80	3	23	33,0
	520	676	208	520	80	3	23	48,0

Sigue TABLA LXI.

Diametro interior	Saliente A	H	B	$A=A_1$	c_1	Pernos numero	Pernos diametro	Peso
mm	mm	mm	mm	mm	mm		mm	kg.
70 75	300	390	136	300	90	3	26	28,4
	450	586	188	450	90	3	26	47,0
	600	780	240	600	90	3	26	70,0
80-85	340	442	154	340	102	3	26	41,0
	510	664	214	510	102	3	26	65,0
	680	884	272	680	102	3	26	98,0
90 95	380	494	172	380	110	3	29	53,0
	570	742	240	570	110	3	29	88,0
	760	988	304	760	110	3	29	130,0
100 105	420	546	190	420	124	4	29	72,5
	630	820	266	630	124	4	29	116,0
110-115	460	598	208	460	134	4	32	91,0
	690	898	292	690	134	4	32	151,0
120-125	500	650	226	500	144	4	35	118,0
130-135	540	702	244	540	154	4	35	143,0
140-145	680	754	262	580	164	4	39	187,0

TABLA LXII.

Cajas en los muros (fig 107)

d	A	B	C	c_1	Espesor	Peso	d	A	B	C	c_1	Espesor	Peso.
mm	mm	mm	mm	mm	mm	kg	mm	mm	mm	mm	mm	mm	kg
40	212	280	110	66	12	10,5	**100**	460	630	250	144	24	108,9
50	250	340	140	82	14	17,7	**110**	510	690	270	156	25	131,6
60	290	400	160	96	16	28,8	**120**	550	740	300	168	27	173,6
70	330	450	180	108	18	41,4	**130**	590	800	320	182	28	207,4
80	380	510	200	120	20	58,7	**140**	630	860	340	204	29	249,8
90	420	570	230	132	22	83,0	**150**	680	920	370	216	31	309,7

212. Transmisión por correas.

1) *Datos para la transmisión* — Correa recta ó cruzada para poleas situadas en el mismo plano, semicruzada (fig 109) ó con rodillo guía (fig 111) para poleas situadas en planos perpendiculares cuando el eje de transmisión es perpendicular a los de la maqui-

na.—La distancia entre las poleas en el caso de la correa semicruzada, debe ser > que el doble del diametro de la polea mayor y nunca $< \left(\frac{\sqrt{2bR}}{3}\right)$ m en la que R = radio en m de la polea motriz, b = ancho en mm de la correa —*En la disposición de la fig* 110 hay dos poleas guías locas, montadas sobre el mismo ó distinto eje, pero de modo que puedan fijarse en la posición oportuna

La distancia entre los ejes para poleas en el mismo plano, no debe ser < 2,5 veces *el diámetro de la polea mayor*, esta distancia se eleva al doble ó al triple, si la máquina movida presenta resistencias variables (telares, sierras, etc), si no se puede llegar á esa distancia se requiere un tensor elastico

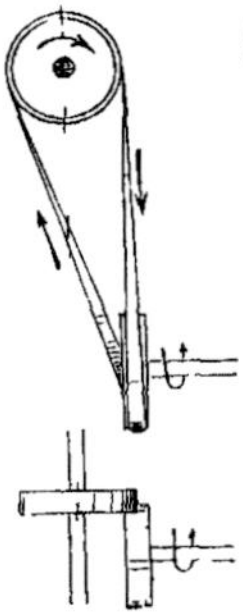

Fig 109

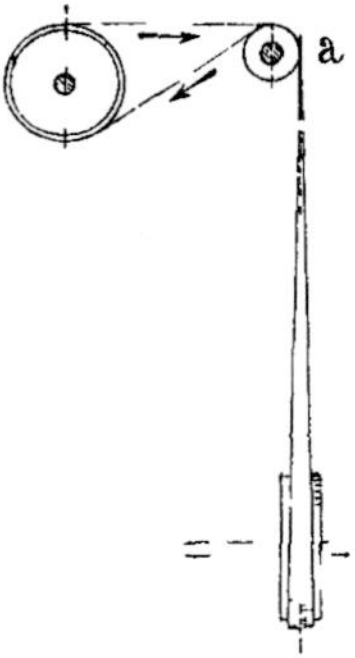

Fig 110

La relación entre los radios de las poleas debe ser < 1 — 5, mejor de 1 — 3 —En el caso de relaciones muy pequeñas el arro*llamiento sobre la polea menor debe ser de 150° lo menos* —En las correas abiertas se procura que el trozo conductor sea el inferior —Las correas cruzadas sólo se emplean cuando su ancho sea $> \frac{1}{5}$ del diámetro de la polea menor

Numero de vueltas de las poleas en razón inversa de los radios (medidos a la mitad del espesor de la correa) —Por el deslizamiento debido a lo que alarga la correa, el numero de vueltas de la polea movida disminuye de 0 35 — 0,90 % —Hay otras disminuciones que dependen de defectos de adherencia y *no deben exceder de* 4 %

Correas de cuero correas sencillas, ancho, generalmente de 40 — 350 mm , con espesores de 3,5 — 7 mm , hay anchos especiales de 600 mm con 7 mm de espesor —Correas compuestas de doble ó triple espesor, correas de ***cadena,*** anchos hasta 1000 mm y aun mas

Correas tejidas (cáñamo, crin etc), se emplean cuando hay cruces ó rozamientos, el mismo ancho que las correas sencillas de cuero, *para igual fuerza transmitida*

2) *Cálculo de las correas.*— Velocidad V en la circunferencia de las poleas, la mayor posible, pero sin exceder de 30 m. por 1".

Para transmitir una fuerza P, la tensión T del trozo conductor debe ser $= 1{,}8\,P \div 2{,}2\,P$ y la t del trozo conducido $= 0{,}8\,P \div 1{,}2\,P$, según que el arco abrazado varía entre 180° y 150°.— Como término medio puede tomarse $T = 2\,P$.

El ancho b de la correa, debe calcularse con la fórmula

$$b = \frac{t}{K s} = \frac{2P}{K s} \text{ mm.},$$

siendo K la carga de seguridad, que debe tomarse $= 0{,}1 \div 0{,}4$ kg por mm.² y s el espesor de la correa $= 3{,}5 \div 7$ mm., según que b varíe de $40 \div 360$ mm.

En los casos corrientes ($b \overline{\overline{<}}\, 360$ mm) y cuando $s \overline{\overline{<}}\, 0{,}03\, D$, puede tomarse:

$$b = 16\sqrt{P} = 138\sqrt{\frac{N}{V}} = 600\sqrt{\frac{N}{Dn}}$$

siendo N = potencia transmitida en HP, D = diámetro de la polea en m.; V = velocidad en la circunferencia de la polea en m. por 1"; n = número de vueltas por 1'.

Con estas fórmulas se ha calculado la tabla siguiente que da el ancho de las correas sencillas, para las correas dobles se busca el valor de Pb correspondiente a la mitad de los valores de P y N.

TABLA LXIII.

Correas de cuero

b	P	$\frac{N}{V}$	$\frac{N}{Dn}$	b	P	$\frac{N}{V}$	$\frac{N}{Dn}$	b	P	$\frac{N}{V}$	$\frac{N}{Dn}$
mm.	kg.			mm	kg.			mm	kg		
50	10	0,13	0,007	**150**	88	1,17	0,062	**250**	244	3,27	0,173
60	14	0,19	0,010	**160**	100	1,34	0,071	**260**	264	3,54	0,187
70	19	0,26	0,013	**170**	112	1,51	0,080	**270**	285	3,82	0,202
80	25	0,33	0,017	**180**	125	1,69	0,090	**280**	306	4,10	0,218
90	31	0,42	0,022	**190**	140	1,88	0,100	**290**	328	4,40	0,234
100	39	0,52	0,027	**200**	155	2,09	0,111	**300**	351	4,71	0,250
110	47	0,63	0,033	**210**	171	2,31	0,122	**310**	375	5,03	0,267
120	56	0,75	0,040	**220**	189	2,52	0,134	**320**	400	5,36	0,284
130	66	0,88	0,047	**230**	207	2,76	0,147	**340**	450	6,05	0,321
140	77	1,02	0,054	**240**	225	3,01	0,160	**360**	506	6,76	0,360

En los casos importantes y especialmente cuando $b > 300$, $P > 500$, $V > 15$ m. para asegurar una duración larga a la correa, conviene tener en cuenta la acción debida al arrollamiento sobre la polea y la disminución en la adherencia debida á la fuerza centrífuga.

Conviene calcular entonces la longitud b en mm. con las.

$$P = b\left(1{,}5 - \frac{0{,}2}{D} - 0{,}00035\ V^2\right) \text{ (correas sencillas)}$$

$$P = b\left(3 - \frac{0{,}85}{D} - 0{,}0007\ V^2\right) \text{ (correas dobles);}$$

en las que P (kg.), D (m.) y V (m. por 1") representan lo mismo que anteriormente.

Con estas fórmulas se ha calculado la siguiente tabla, de la que se deduce no deben emplearse correas dobles más que para poleas de gran diámetro y velocidades $> 25 \div 30$ m. por 1".

TABLA LXIIIbis.

Fuerza tangencial P y potencia N por mm. de ancho de la correa.

A.—CORREAS SENCILLAS.

D = m.	0,2		0,3		0,5		1		1,50		2	
V m. por 1"	$\frac{P}{b}$	$\frac{N}{b}$	$\frac{P}{b}$	$\frac{N}{b}$	$\frac{P}{b}$	$\frac{N}{b}$	$\frac{P}{b}$	$\frac{N}{b}$	$\frac{P}{b}$	$\frac{N}{b}$	$\frac{P}{b}$	$\frac{N}{b}$
10	0,47	0,062	0,80	0,107	1,07	0,142	1,27	0,169	1,34	0,178	1,44	0,192
15	0,42	0,084	0,75	0,156	1,02	0,204	1,22	0,244	1,29	0,258	1,39	0,278
20	0,36	0,096	0,69	0,184	0,96	0,256	1,16	0,309	1,23	0,328	1,33	0,355
25	0,28	0,093	0,61	0,233	0,88	0,293	1,08	0,360	1,15	0,383	1,25	0,417
30	0,18	0,072	0,51	0,204	0,78	0,312	0,98	0,392	1,05	0,420	1,15	0,460

B.—Correas dobles.

$D =$ m.	0,5		1		1,5		2	
V m por 1'	$\frac{P}{b}$	$\frac{N}{b}$	$\frac{P}{b}$	$\frac{N}{b}$	$\frac{P}{b}$	$\frac{N}{b}$	$\frac{P}{b}$	$\frac{N}{b}$
10	1,24	0,165	2,09	0,270	2,37	0,316	2,52	0,336
15	1,14	0,288	1,99	0,398	2,27	0,454	2,42	0,484
20	1,02	0,272	1,87	0,499	2,15	0,573	2,30	0,613
25	0,86	0,287	1,71	0,570	1,99	0,663	2,14	0,710
30	0,66	0,264	1,51	0,604	1,79	0,716	1,94	0,776

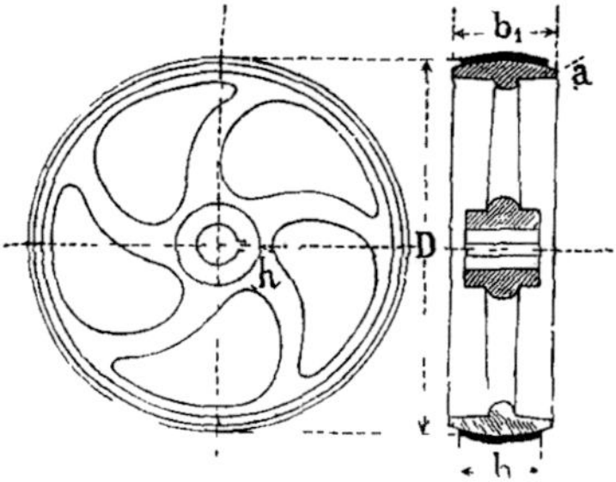

Fig. 111.

3) ***poleas de hierro fundido*** (fig. 111)

$b_1 = 20 + 1{,}1\,b$ para poleas aisladas; $= 20 + b$ para poleas acopladas (una fija y otra loca).

$a = 2 + 0{,}01\ b_1$; flecha de la llanta $= 0{,}02\ b_1 \div 0{,}04\ b_1$ en las poleas aisladas, nula en las acopladas.

Número i de radios y ancho h en el cubo; véase la tabla siguiente:

Para $R/b =$	**1 ÷ 2**	**3 ÷ 4**	**5 ÷ 6**	**7 ÷ 8**	**9 ÷ 10**	**11 ÷ 12**	**13 ÷ 14**
$i =$	3	4	5	7	7	8	9
$h/b =$	0,45	0,50	0,55	0,60	0,65	0,70	0,80.

Ancho de los radios en la circunferencia $= \frac{2}{3}\,h$; sección ovalada de espesor $= \frac{1}{2}$ del ancho; espesor del cubo $m = 10 + 0{,}4\,h$; longitud = lo menos $2{,}5\ m$ para poleas aisladas, $= b_1 + 2$ para poleas acopladas.

Las poleas ordinarias se hacen generalmente de dos trozos.

TABLA LXIV. — Peso de las poleas de hierro fundido.

(La tabla da el peso de las poleas de una pieza; para las poleas compuestas de dos trozos aumenta el peso en 11 ÷ 12 %)

Diám. en mm.	Peso en kg. para anchos de mm.										
	75	100	125	150	200	250	300	350	400	450	500
200	6	7,5	9	11	13	16	20	24	28	—	—
220	6,5	8,1	9,6	11,6	14	18	22	26	30	—	—
240	7	8,7	10,2	12,2	15	19	23	27	32	—	—
260	7,5	9,3	10,8	12,8	16	20	25	29	34	—	—
280	8	9,9	11,4	13,4	17	22	26	31	35	—	—
300	8,5	10,5	12	14	18	23	28	33	37	—	—
320	9,3	11,3	12,9	15	19	25	30	35	40	—	—
340	10,1	12,1	13,8	16	20	26	32	37	42	—	—
360	10,9	12,9	14,7	17	21	28	33	39	45	—	—
380	11,5	13,7	15,6	18	23	29	35	41	47	—	—
400	12,3	14,5	16,5	19	24	31	37	43	50	—	—
420	13	15,3	17,4	20,1	25	32	39	46	52	59	65
440	13,9	16,1	18,3	21,2	26	34	41	48	55	61	68
460	14,6	16,9	19,2	22,3	28	36	43	50	57	65	72
480	15,3	17,7	20,1	23,4	29	37	45	53	60	68	76
500	16	18,5	21	24,5	30	39	47	55	63	72	80
550	16,2	20,3	23,8	27,5	35	44	54	63	72	82	91
600	17,5	22,2	25,6	30,5	39	50	61	71	81	92	103
650	19,4	24	28,5	33,7	44	55	67	79	91	103	115
700	21	26	31,5	37	48	61	74	87	100	113	126
750	23	29,5	36	42	55	70	85	100	114	129	144
800	—	33	40	47	62	78	95	112	128	145	162
850	—	36,5	44,5	52	68	87	106	124	143	161	179
900	—	40	49	57	75	95	116	137	157	177	197
950	—	43,5	53	62	82	104	127	149	171	193	215
1000	—	47	57,5	67	89	112	137	161	185	209	233
1100	—	55,5	67	79	104	133	163	194	223	253	282
1200	—	64	77	91	119	154	190	226	261	297	331
1300	—	72	87	103	135	175	216	258	300	341	382
1400	—	—	—	115	151	197	245	292	340	387	434
1500	—	—	—	128	169	219	274	327	381	434	486
1600	—	—	—	142	186	242	303	362	421	480	541
1700	—	—	—	155	203	265	332	397	462	527	593
1800	—	—	—	167	223	292	364	434	506	577	649
1900	—	—	—	—	243	318	394	471	550	627	706
2000	—	—	—	—	263	345	428	510	593	678	764
2100	—	—	—	—	280	369	460	550	641	734	828
2200	—	—	—	—	296	393	492	590	689	791	893
2300	—	—	—	—	313	419	524	631	738	847	958
2400	—	—	—	—	330	443	556	671	785	904	1023
2500	—	—	—	—	347	467	588	711	835	961	1088
2600	—	—	—	—	371	497	624	753	882	1013	1144
2700	—	—	—	—	396	528	660	795	929	1065	1204
2800	—	—	—	—	421	559	697	837	976	1117	1261
2900	—	—	—	—	445	589	733	879	1023	1169	1317
3000	—	—	—	—	470	620	770	920	1070	1220	1374

4) *Poleas de hierro* (Split-drums) — Aro de palastro, en dos trozos, ancho como las anteriores Radios de hierro fundido en una ó dos series (segun el ancho) de 12 — 16 radios cada una Cubo de hierro fundido formado por dos trozos El peso es próximamente 0,6 — 0,7 y de 0,4 — 0,5 de los de la tabla LXIV, para poleas de hierro fundido de igual ancho y diametro, segun sean los radios

213. Transmisión por cuerdas.—Cuerdas empleadas generalmente

Diametro de la cuerda *d* ..		**20**	**25**	**30**	**35**	**40**	**45**	**50**	mm
Peso por m l..	cáñamo..	0,32	0,51	0,71	1,00	1,30	1,60	1,90	kg
	abaca . .	0,28	0,45	0,63	0,83	1 10	1,35	1,75	»
	algodón ..	0,28	0,47	0,67	0,93	1,20	1,50	1,85	»

Coeficiente de seguridad $K = 0{,}1$ kg por mm ² de la seccion de diametro *d* Valores minimos de T, t, para transmitir una fuerza P (num **212**)

$$T = 2\,P, \qquad t = P$$

Diámetro de la polea = al menos á 25 *d*, mejor 0,40 *d*, generalmente no se pasa de 80 *d* para poleas motrices, y 40 *d* para poleas movidas Canal de la polea, como en la figura 112, angulo del cuello de 35 — 50°, segun varíe *d* de 30 — 50 mm, distancia entre las canales del cuello de la polea $a = 1{,}2\,d + 5$ *milímetros*

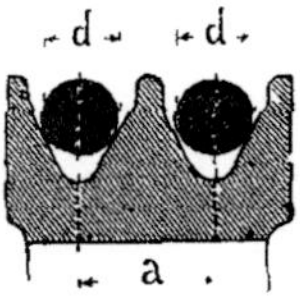

Fig 112

Radios y cubo, como para los volantes (numero **279**)

Distancia entre los centros de las poleas, ni > 25 m ni < 3 m En todo caso no < que la suma de sus diámetros Centros, a *nivel ó con el menor desnivel posible*. Trozo conductor, preferentemente el de abajo

Velocidad v conviene sea grande, pero no > 30 m por 1" Generalmente $v = 6 - 20$ m por 1"

La potencia N, en caballos, *t* transmitida por una cuerda de diametro *d* (mm), con la velocidad de V m por 1'' se calcula con la

$$N = 0{,}00114\,V d^2\,(1 - 0{,}0045\,V^2)$$

Con esta fórmula se ha calculado la tabla siguiente

d	Fuerza en caballos transmisible por cada cuerda para V = metros										
mm.	**5**	**7,50**	**10**	**12,50**	**15**	**17,50**	**20**	**22,50**	**25**	**27,50**	**30**
20	2,2	3,4	4,3	5,4	6,2	6,8	7,4	7,9	8,2	8,2	8,1
25	3,5	5,2	6,8	8,4	9,6	10,7	11,7	12,4	12,8	12,9	12,7
30	5,0	7,6	9,8	12,1	13,9	15,4	16,8	17,8	18,4	18,5	18,3
35	6,9	10,3	13,3	16,5	18,9	20,9	22,9	24,2	25,1	25,2	24,9
40	9,0	13,4	17,4	21,6	24,6	27,4	29,9	31,6	32,8	32,9	32,5
45	11,3	17,0	22,1	27,3	31,2	34,6	37,9	40,1	41,5	41,7	41,1
50	14,0	21,0	27,2	33,7	38,5	42,7	46,7	49,5	51,2	51,5	50,7

TABLA LXV.—**Peso de las poleas para cuerdas.**

(Poleas en dos trozos)

Diam. de la cuerda	Num. de canales	Peso en kg para poleas de diámetro en mm.									
		800	**1000**	**1250**	**1500**	**1750**	**2000**	**2250**	**2500**	**2750**	**3000**
mm.											
30	**1**	86	124	144	171	195	258	—	—	—	—
	2	115	153	190	230	253	332	—	—	—	—
	3	137	195	331	295	338	425	—	—	—	—
40	**1**	—	170	205	247	295	363	415	473	540	580
	2	—	237	298	358	430	506	563	650	745	800
	4	—	385	470	578	685	790	870	1010	1140	1240
	6	—	560	670	810	1010	1130	1280	1450	1680	1830
	8	—	705	860	1030	1280	1420	1580	1840	2080	2270
	10	—	845	1050	1250	1540	1720	1930	2210	2500	2710
50	**1**	—	240	305	360	435	515	605	685	770	860
	2	—	325	405	485	580	675	780	880	980	1085
	4	—	515	640	770	915	1050	1185	1335	1500	1650
	6	—	770	960	1185	1370	1600	1850	2100	9350	2600
	8	—	965	1215	1415	1730	2020	2310	2610	2900	3200
	10	—	1130	1430	1730	2160	2360	2700	3050	3420	3780

214. Transmisión telodinámica.

1) *Cálculo*.—Cables de hierro ó acero, generalmente de 24 — 72 alambres. Diametro de los alambres $\delta = 0,5 \div 2,5$ mm.

Diametro del cable...........	$d = 8\delta$	$10,25\,\delta$	$12,80\,\delta$	$14,20\,\delta$
Para un numero de alambres..	$i = 24 - 36$	48	60	72

Peso por m. l. próximamente $= 0,0075\, i\, \delta^2$ kg

Valores mínimos de T, t (núm **212**) $T = 2P$, $t = P$.

Distancia entre los centros de las poleas ni < 20 m ni > 120 m, salvo en casos excepcionales.

Velocidad v del cable $< 30 - 32$ m por 1″, generalmente 6 — 25 m, aumentando con la fuerza transmitida.

Generalmente se elige K (tensión por mm² de sección metalica en el trozo conductor) < 10 K Cuanto menor es K, resulta $<$ el diámetro de la polea y $>$ la flecha de la curva del cable. Una vez determinado K (ordinariamente entre 4 y 8 kg para distancias pequeñas, aun < 4), se deduce el valor de δ para transmitir una fuerza de N caballos con una velocidad de V metros por 1″ de la fórmula

$$\delta = 13{,}85 \sqrt{\frac{N}{i K V}}$$

que ha servido de base para calcular la tabla siguiente

Valores de δ para $i =$					$\frac{N}{KV}$	Valores de δ para $i =$					$\frac{N}{KV}$
24	**36**	**48**	**60**	**72**		**24**	**36**	**48**	**60**	**72**	
mm	mm	mm	mm	mm		mm	mm	mm	mm.	mm	
0,6	0,5	—	—	—	0,047	2,2	1,6	1,4	1,3	1,1	0,482
0,8	0,6	0,5	—	—	0,068	2,5	1,8	1,6	1,4	1,3	0,610
0,9	0,7	0,6	0,6	0,5	0,092	—	2,0	1,7	1,6	1,4	0,753
1,0	0,8	0,7	0,6	0,6	0,121	—	2,2	1,9	1 7	1,6	0,912
1,3	0,9	0 8	0,7	0,7	0,153	—	2,4	2,1	1,9	1,7	1,085
1,5	1,0	0,9	0,8	0 8	0,188	—	—	2,3	2,0	1,9	1,273
1,7	1,2	1,0	0,9	0,9	0,279	—	—	2,4	2,2	2,0	1,477
2,0	1,4	1,2	1,1	1,0	0 369	—	—	—	2,3	2,1	1,700

El radio mínimo R (en mm) se deduce de la

$$R \text{ no} < \frac{10000}{18 - K}\,\delta, \text{ y para tiempo igual no} < 75\,d$$

Tomando $R = 18$ kg por mm² como límite máximo admisible para coeficiente de seguridad Si R resultase muy grande, se toma un valor menor para K

2) *Flecha en los dos trozos del cable*

a) Para transmisiones horizontales a la distancia de L m, aproximadamente

$$\text{trozo conductor flecha } f_1 = 0{,}0012\,\frac{l^2}{K} \text{ (en metros)},$$

$$\text{trozo conducido flecha } f_2 = 2\,f_1, \text{ cable en reposo, } f_0 = 1{,}5\,f_1$$

b) Para transmisiones inclinadas á la distancia horizontal L con un desnivel de H m. entre los centros de las poleas, se tiene flecha referida á la horizontal del punto de tangencia más bajo

$$f_h = f\left(1 + \frac{1}{16}\frac{H^2}{f^2}\right) - \frac{H}{2};$$

distancia del vértice de la curva á la vertical del mismo punto,

$$a = \frac{L}{2}\left(1 - \frac{1}{4}\frac{H}{f}\right);$$

fórmulas en las que se puede substituir f por (f_1) para el trozo conductor, (f_2) para el trozo conducido ó (f_0) en reposo, que corresponden á la misma transmisión si fuese horizontal.

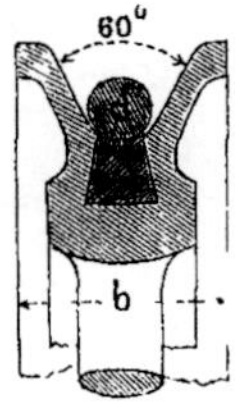

Fig. 113.

Si los valores de f en los casos *a)* y *b)* son demasiado grandes para las condiciones locales, se da un valor mayor a K.

Los datos precedentes sirven para trazar la curva (parecida a un arco de parábola) y determinar la longitud del cable.

3) *Poleas* (fig. 113).

Profundidad de la canal ó cuello $= 15 + 1{,}5\ d$; juego lateral del cable, $4 \div 5$ mm.; guarnición de caucho, madera, cuero, etc.; número de radios;

$$I = 4 + 0{,}025\ \frac{R}{d};$$

ancho en el cubo,

$$h = 4\ d + 0{,}25\ \frac{R}{I},$$

espesor $= 0{,}5\ h$ para sección ovalada; $= 0{,}2\ h$ para sección rectangular (con nervios); cubo como en el núm. **212**. El ancho b resulta del dibujo.

4) *Disposiciones para grandes distancias.*—Pueden emplearse dos sistemas: 1.°, un solo cable con poleas intermedias de apoyo (de radio = al de la polea extrema para el trozo conductor y no $< \dfrac{10000}{18 - K/2}$ ó para el conducido); 2.°, una serie de cables sucesivos, á igual distancia en lo posible, con poleas intermedias de doble cuello.

215. Pérdida de fuerza en las transmisiones por correas ó cables.—La fracción de fuerza transmitida que se pierde por rozamiento en los ejes producido por la tensión de una correa es por término medio

$$0{,}20\left(\frac{d}{D}+\frac{d_1}{D_1}\right)+0{,}0075 \text{ para el alargamiento (núm. **212**)},$$

siendo $D\,D_1$ los diámetros de las poleas, $d\,d_1$ el de los ejes. —Por ejemplo para $D=1$ m, $D_1=0{,}50$ m, $d=0{,}10$ m, $d_1=0{,}05$ m, la pérdida sería $0{,}04+0{,}0075$, ó sea 4,75 % de la transmitida.

Teniendo presente el rozamiento debido al peso de las piezas, el aumento de rozamiento producido por la correa resulta menor, reduciéndose a menos de $^1/_2 - ^1/_3$ para correas horizontales y a 0, ó casi 0 para correas verticales.

La misma fórmula es aplicable para las transmisiones por cuerdas. —En las telodinámicas la pérdida de fuerza es en total 2 — 2,5 % para transmisiones por un solo cable, y de 1,5 — 2 % para cada cable si son más de uno.

216. Engranajes.

1) *Proporciones de los dientes.*

D = diámetro de la circunferencia primitiva, Z = número de dientes, p = paso, s = espesor de los dientes en la circunferencia primitiva (todas estas dimensiones en mm.), N = fuerza en caballos, v = velocidad en m por 1" en la circunferencia primitiva, P = fuerza transmitida por los dientes $=\dfrac{75\,N}{v}$

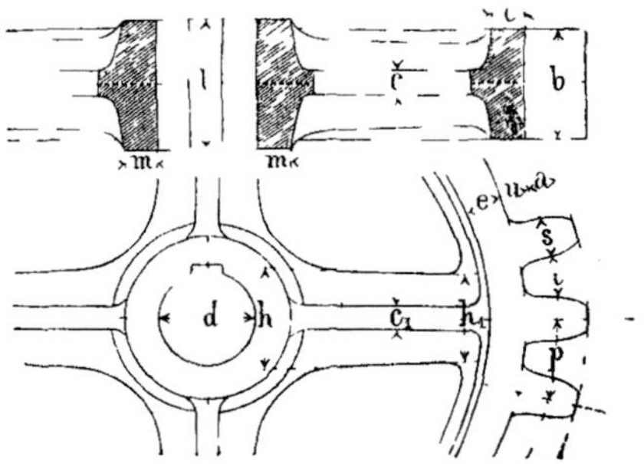

Fig. 114.

Conviene tomar para p un número múltiplo de π, esto es, $p=\alpha\,\pi$ para que D (que en tal caso $=\alpha\,Z$) resulte entero.

Se hará, pues (fig 114) para engranajes de hierro fundido $s = 0{,}48\ p$

Para engranajes de hierro fundido con madera

$s = 0{,}38\ p$ para los dientes de hierro fundido
$s = 0{,}57\ p$ para los dientes de madera
$a = 0{,}3\ p$
$u = 0{,}4\ p$ } en todos los casos,

$b = 2\ p$ para ruedas lentas (engranajes movidos a brazo)
$b = 2{,}5\ p - 4\ p$ para velocidades medias y grandes (transmisiones, motores etc.)

Para engranajes con dientes helicoidades se tomará

Ejes paralelos, inclinación de los dientes respecto al eje 15°, paso en la periferia primitiva = 1,035 del paso normal El cálculo de los dientes se hace como en 3) tomando como base el paso normal Ejes ortogonales, inclinación 45°, paso en la periferia primitiva = 1,414 del paso normal

Endentado en Λ para ruedas de precisión, abertura del Λ, 110°, paso en la periferia primitiva = 1,22 del paso normal

2) *Trazado de dientes para ruedas harmónicas* (todas las ruedas del mismo paso, susceptibles de engranar entre sí)

a) Trazado aproximado de una rueda dentada cicloidal (figura 115)

OS = radio de la circunferencia primitiva de la rueda M, M_1 circunferencias de radio = 0,875 $p = 2{,}75\ a$, AB, $A_1 B_1$ diametros inclinados

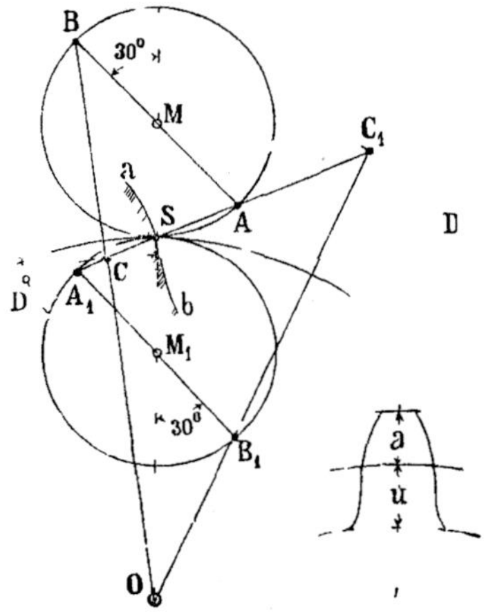

Fig 115

á 30° sobre la linea de los centros — Se trazan OB OB_1 hasta encontrar en CC_1, la ASA_1 Desde O como centro y con los radios OC OC_1, se trazan dos arcos de círculo haciendo centro en S y con los radios AC, A_1C_1 arcos que corten en DD_1 á los interiores estos puntos son los centros para trazar los arcos aS bS del perfil del diente El mismo procedimiento se sigue para trazar los dientes interiores de una rueda

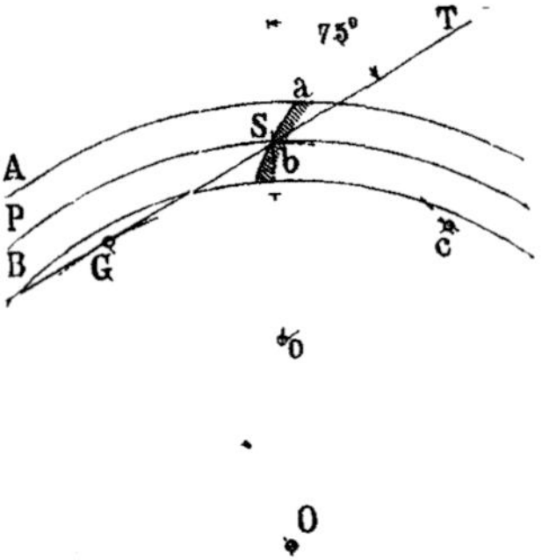

Fig 116

En el caso de una cremallera, trazados los diámetros AB, A_1B_1 como antes se tiran por A, A_1 paralelas al perfil de la cremallera (líneas de los centros) Desde S como centro con el radio AA_1 se cortan ambas paralelas y se tienen los centros para el perfil del diente

b) Trazado aproximado de la endentadura de *desarrollantes*

Primer caso $Z \overline{\overline{>}} 55$ (fig 116) — P = circunferencia primitiva A B circunferencias exterior é interior de la endentadura Se traza la recta TSG inclinada 75° sobre la línea de los centros y la circunferencia OG tangente á ella (circunferencia de los centros) — Desde o como centro (punto medio de OS) se traza un arco que corta en c a la circunferencia G y este punto es el centro del arco aSb del diente

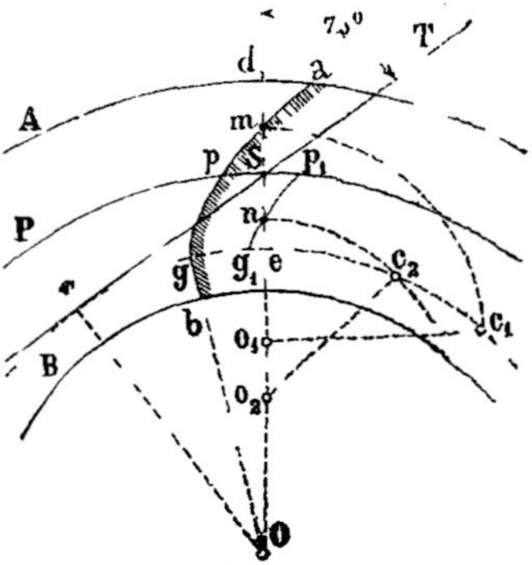

Fig 117

En el caso de una cremallera el arco aSb se convierte en una recta inclinada 15° sobre la línea de los centros

Segundo caso $Z < 55$ (figura 117) — Se trazan las rectas TSG y el círculo OG (circunferencia de los centros) como anteriormente —Se toma el punto medio m de Sd, se hace centro en o_1 á la mitad de Om y se traza un arco que corta en c_1 al círculo G. — El punto c_1 es el centro para trazar la parte exterior amp del perfil del diente Se toma $Sn = {}^2/_3\, Se$; desde o_2 (punto medio de On) se describe un arco que corta en c_2 al G; este punto es el centro para trazar la parte interior $p_1 n g_1$ del diente, que en seguida se refiere á pg. El perfil del diente se completa con la parte gb del radio Og.

El mismo trazado se emplea para una rueda de endentadura interior (el perfil de los dientes resulta cóncavo).

El perfil teórico en ambos casos es la envolvente del circulo OG prolongada interiormente al mismo con una parte del radio cuando $Z < 55$.

c) Ruedas cónicas (fig. 118).

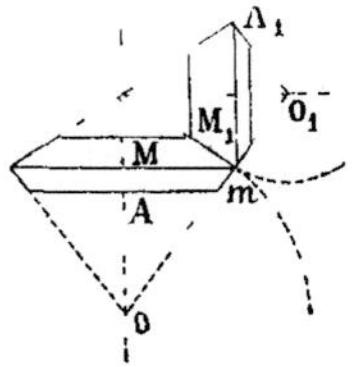

Fig. 118

Trazados los perfiles de los conos complementarios AA_1 perpendiculares a los conos primitivos MM_1, se desarrollan y sobre ellos se trazan los dientes como para un engranaje cilíndrico, considerando como circunferencias primitivas las de radios Om, $O_1 m$.

3) *Cálculo de las ruedas dentadas* — El paso p se determina con las fórmulas:

Para engranajes de fundición................ $bp = \dfrac{17\,P}{K}$;

» » de hierro fundido y madera. $bp = \dfrac{27\,P}{K}$.

(K coeficiente de seguridad en kg por mm.²).

I Caso.—Ruedas lentas movidas a brazo; máquinas para elevar pesos, etc..................... $b = 2\,p$; $K = 3$

II Caso.—Ruedas para transmisiones á poca velocidad ($v < 3$ m. por 1″)....................... $b = 2{,}5\,p \div 3\,p$; $K = 2{,}5$.

III Caso.—Ruedas para transmisiones á gran velocidad ($v =$ m. $\div$ 15 m. por 1″).............. $b = 3\;\;p \div 4\,p$, $K = 1{,}25$

IV Caso.—Ruedas para velocidades muy grandes ó expuestas a choques (molinos, laminadores, etc.), se toma $p = 1{,}5 \div 2$ veces el valor calculado para el caso III.

En los engranajes de hierro fundido y madera se ponen los dientes de madera en la rueda conductora

TABLA LXVI.—Ruedas dentadas (Z = número de dientes).

Paso $p = \alpha\pi$		Diámetro $D = \alpha Z$	Engranajes de fundición con fundición. Espesor de los dientes.	Valores de P. Caso I $b=$ 2 p	Caso II $b=$ 2,5 p	Caso II $b=$ 3 p	Caso III $b=$ 3 p	Caso III $b=$ 4 p	Engranajes de fundición con madera. Espesor de los dientes de fund.ⁿ s.	Espesor de los dientes de madera s_1	Valores de P. Caso II $b=$ 2,5 p	Caso II $b=$ 3 p	Caso III $b=$ 3 p	Caso III $b=$ 4 p	Peso aproximado para $b = 3p$. (V. núm. **216**-5). Varía de	á
mm.	mm.	mm.	mm.	kg.	kg.	kg.	kg.	kg.	mm.	mm	kg.	kg.	kg.	kg.	kg.	kg.
3π =	9,4	3 Z	4,5	32	33	39	20	25	—	—	—	—	—	—	0,06 Z	0,075 Z
4 »	12,6	4 »	6	57	60	69	35	45	—	—	—	.	—	—	0,13 »	0,2 »
5 »	15 7	5 »	7,5	89	93	108	54	70	—	—	—	—	—	—	0,2 »	0,3 »
6 »	18,8	6 »	9	127	132	155	80	105	—	—	—	—	—	—	0,3 »	0,4 »
7 »	22,0	7 »	10	174	180	210	105	140	—	—	—	—	—	—	0,5 »	0,8 »
8 »	25,1	8 »	12	225	235	275	140	180	—	—	..	—	—	-	0,7 »	1,2 »
9 »	28,3	9 »	13	288	300	350	180	240	—	—	—	—	—	—	0,9 »	1,6 »
10 »	31,4	10 »	15	355	370	435	220	290	12	18	235	275	140	180	1,5 »	2,2 »
12 »	37,7	12 »	18	500	520	625	310	410	14	21	340	390	200	265	2,5 »	3,5 »
14 »	44,0	14 »	21	700	730	850	430	560	17	25	470	560	280	370	3,5 »	4,6 »
16 »	50,3	16 »	24	900	940	1100	550	720	19	28	590	700	350	460	5 »	7 »
18 »	56,5	18 »	27	1150	1200	1400	700	920	21	32	730	850	430	560	7 »	9,5 »
20 »	62,8	20 »	30	1420	1480	1750	880	1150	24	36	940	1100	550	720	9 »	12 »
22 »	69,1	22 »	33	1720	1800	2100	1050	1400	26	39	1120	1300	650	850	12 »	16 »
24 »	75,4	24 »	36	2000	2080	2500	1250	1650	28	42	1300	1520	760	1000	16 »	21 »
26 »	81,7	26 »	39	2400	2500	2900	1450	1900	31	46	1600	1870	940	1230	20 »	26 »
28 »	88,0	28 »	42	2800	2900	3400	1700	2250	33	49	1800	2100	1050	1400	24 »	31 »
30 »	94,3	30 »	45	3200	3300	3900	1950	2600	36	54	2100	2500	1250	1650	28 »	37 »
32 »	100,5	32 »	48	3600	3750	4400	2200	2950	38	57	2350	2800	1380	1820	32 »	43 »
34 »	106,8	34 »	51	4100	4300	5000	2500	3300	41	61	2750	3200	1620	2150	37 »	50 »
36 »	113,1	36 »	54	4600	4800	5600	2800	3700	43	64	3050	3600	1800	2400	—	—
38 »	119,4	38 »	57	5100	5300	6200	3100	4100	45	67	3300	3900	1950	2600	—	—
40 »	125,7	40 »	60	5700	5900	6900	3450	4600	48	72	3750	4400	2200	2950	—	—

La tabla precedente (LXVI) da, para una serie de pasos iguales a un múltiplo de π, los valores de P, espesor de los dientes y diámetro de una rueda de Z dientes, y además los límites entre que varía el peso de la rueda para $b = 3\,p$, según que la construcción es ligera ó pesada (para otros valores de b, véase 5) — Si en vez de P se da la fuerza N en caballos, el radio R de la rueda en m y el numero de vueltas n por 1′ se calculará

$$v = 0{,}105\,R\,n = 0{,}1\,R\,n \sim$$

$$\text{de donde } P = \frac{75\,N}{v} = 715\ \frac{N}{R\,n}$$

Ejemplo calcular una rueda de 1 m de radio y 50 vueltas por 1′ para transmitir 20 caballos de fuerza (engranaje de hierro fundido con hierro fundido), se tiene

$$v = 5{,}25 \text{ m por } 1'', \quad P = 286{,}4 \text{ kg} = 300 \text{ kg} \sim$$

La tabla da (III caso, $b = 3\,p$) para

$$P = 310, \quad p = 12\,\pi = 37{,}7 \text{ mm}$$

Siendo $D = 2000$ mm el diámetro de la rueda, se tendra

$$12\,Z = 2000 \quad \text{de donde } Z = 166{,}67,$$

en vez del cual se tomara, por ejemplo,

$$Z = 160, \quad p = \frac{2000\,\pi}{160} = 39{,}27 \text{ mm}$$

Para las ruedas ordinarias de transmisión con dientes de hierro fundido, una vez hallado el producto $R\,n$ (R expresado en m), se puede aplicar la tabla LXVII que da el paso p según la fuerza en caballos para $b = 3\,p$

TABLA LXVII — Ruedas de transmision

Fuerza en caballos N	Valor de p en mm para $R \times n =$						
	5	10	15	20 — 25	30 — 50	60 — 75	80 — 100
2	26	21	18	15	15	15	15
4	38	29	24	21	18	17	16
6	46	36	29	26	21	19	17
8	52	41	33	29	24	22	19
10	58	46	38	32	27	26	21
12	64	50	41	36	29	28	23
14	69	55	45	38	31	30	25
16	74	58	48	41	33	32	26
18	78	62	50	44	36	33	28

Sigue TABLA LXVII

Fuerza en caballos N	Valor de p en mm para $R \times n =$						
	5	**10**	**15**	**20 — 25**	**30 — 50**	**60 — 75**	**80 — 100**
20	82	64	53	46	39	35	30
25	92	71	59	51	42	38	34
30	101	82	65	56	46	42	38
40	118	92	75	64	58	48	42
50	—	101	83	72	59	54	46

4) ***Relación entre la velocidad y la fuerza.*** —En un sistema de engranajes compuestos de uno ó más pares de ruedas, siendo $r_1 r_2$ los radios $z_1 z_2$ numero de dientes de las ruedas conductoras, $R_1 R_2$ $Z_1 Z_2$ los mismos elementos para las ruedas conducidas, $n_1 n_m$ numero de vueltas por 1′ del primero y ultimo eje, M_1 y M_m los momentos de potencia y de la resistencia respecto a estos ejes (sin contar los rozamientos, véase núm. **217**), se tiene

$$\frac{n_m}{n_1} = \frac{r_1 r_2}{R_1 R_2} = \frac{z_1 z_2}{Z_1 Z_2}, \quad \frac{M_1}{M_m} = \frac{n_m}{n_1}$$

Máxima relación de transmisión entre dos ruedas 3 — 4 para grandes fuerzas transmitidas á poca velocidad (pasando del lento al rápido), 5 — 8 para fuerzas pequeñas a gran velocidad (del rapido al lento), 8 — 12 para maquinas de elevar pesos y sus similares.

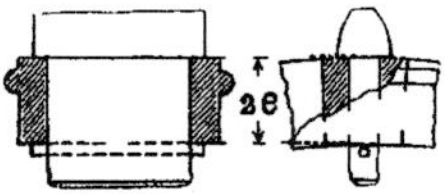

Fig. 119

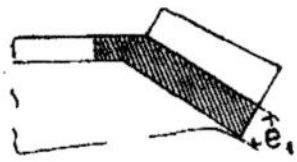

Fig. 120

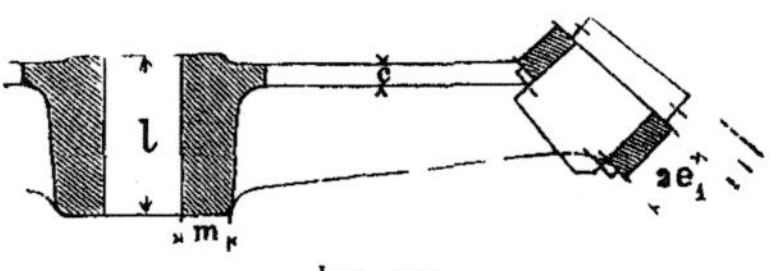

Fig. 121

Número mínimo de dientes de los piñones: ruedas lentas, no debe ser <10; ruedas rápidas nunca $<20 \div 40$, según la velocidad.

5) ***Peso de las ruedas dentadas.***—Los límites del peso de una rueda cilíndrica de Z dientes y de paso p, se consignan en la tabla LXVI para $b = 3\,p$.—Si $b = 2\,p$, $2{,}5\,p$, $4\,p$, el peso es próximamente $^2/_3$, $^5/_6$, $^4/_3$ del obtenido en la tabla.—En las ruedas cónicas el peso es próximamente 0,9 del correspondiente á una rueda cilíndrica de igual paso y número de dientes.

6) ***Construcción de las ruedas dentadas.***—Espesor de la corona; ruedas cilíndricas con dientes de hierro fundido (fig. 114) $e = 3 + 0{,}4\,p$; ruedas cónicas (fig. 120) $e_1 = 3 + 0{,}5\,p$; ruedas con dientes de madera, espesor doble (figs. 119 y 121).

Número de radios: $i = 4 \div 10$ de ruedas pequeñas á grandes.

Ancho en el cubo de los radios con nervios; se fija á ojo entre $h = 1{,}5\,p$ y $h = 3\,p$: seguidamente se determina el espesor $c = \beta b$, en que β se obtiene de la tabla siguiente:

$\frac{h}{p}$	Valores de β, para $\frac{Z}{i} =$							
	7	**9**	**12**	**16**	**20**	**25**	**30**	**40**
1,5	0,20	0,28	0,37	0,50	0,62	0,78	0,93	1,24
2	0,12	0,16	0,21	0,28	0,35	0,44	0,53	0,60
2,5	0,08	0,10	0,13	0,18	0,22	0,28	0,34	0,45
3	0,05	0,07	0,09	0,12	0,16	0,19	0,23	0,31

Nervios c_1 (fig. 114) $= 0{,}8\,e$ (para ruedas cónicas $0{,}8\,e_1$); $h_1 = {}^2/_3\,h$

Radios de sección ovalada $h = 2\,p$; espesor $= {}^1/_2\,h$; $h_1 = {}^2/_3\,h$.

Cubo: longitud no debe ser $< 1{,}2\,b$ ni $< 1{,}5\,d$; espesor $m = 10 + 0{,}4\,h$, y no $< 10 + 0{,}4\,d$ (d = diametro del eje).

Clavija como en el núm. **203.**

217. Rozamiento y relación efectiva de las fuerzas en los engranajes.—La fracción del esfuerzo ó trabajo transmitido que se pierde por el rozamiento entre los dientes de dos ruedas de Z y z dientes para un coeficiente de rozamiento = 0,16 es:

$$0{,}5 = \left(\frac{1}{Z} + \frac{1}{z}\right) \quad \text{ó bien} \quad 0{,}25\,\frac{p}{\pi}\left(\frac{1}{R} + \frac{1}{r}\right).$$

Así, por ejemplo, para $Z = 100$, $z = 25$, la pérdida es de 0,055, ó sea 5,5 %.

Si se tiene en cuenta el rozamiento en los ejes, puede calcularse la pérdida en $4 \div 6$ % por cada par de ruedas dentadas.

Si P representa la potencia aplicada a un brazo a, Q la resistencia aplicada á un brazo b, en los extremos de un sistema de ruedas compuesto de m pares, $r_1\,r_2$ $z_1\,z_2$ los radios y numero de dientes de las ruedas conductoras, $R_1\,R_2$ $Z_1\,Z_2$ los radios y numero de dientes de las ruedas conducidas, se tendrá

$$\left.\begin{array}{l} Q = \eta^m \dfrac{a}{b}\,\dfrac{R_1\,R_2}{r_1\,r_2}\,P = \eta^m \dfrac{a}{b}\,\dfrac{Z_1\,Z_2}{z_1\,z_2}\,P \\ \text{Trabajo motor} = \eta^m \times \text{trabajo resistente útil} \end{array}\right\}\ \eta = 0{,}86 - 0{,}90$$

218. Tornillo sin fin.—La endentadura del tornillo en la sección según el eje se dibuja como para una cremallera Paso del tornillo $p_1 = z\,p$ (p = paso de la rueda dentada, z = numero de filetes del tornillo) En el caso ordinario de ser el tornillo de un solo filete, $p_1 = p$

Dimensiones de los dientes como en el num **216**, caso I Radio medio del tornillo $1{,}2\,p_1 - 1{,}8\,p_1$

Relación entre el numero de vueltas $n_1\,n$ del tornillo (de z filetes) y la rueda (de Z dientes) $\dfrac{n_1}{n} = \dfrac{Z}{z}$

Relación entre la potencia P (aplicada a una manivela de radio a) y la resistencia Q (aplicada á un cilindro ó piñón de radio b) comprendiendo el rozamiento

$$\frac{P}{Q} = \eta\,\frac{z}{Z}\,\frac{b}{a}, \quad \eta = 0{,}9\,\frac{\operatorname{tang}\alpha}{\operatorname{tang}(\alpha+\rho)}.$$

219. Trinquetes. – P, presión en kg sobre los dientes, h, altura del diente en sentido del radio, s, base del diente en la circunferencia, b ancho, todas las dimensiones en mm Se tomara

$$h = 0{,}2\,\sqrt{P}, \quad s = 2\,h - 3\,h, \quad b = 2{,}5\,h - 3{,}5\,h$$

220. Freno de cinta.—Q, fuerza ó resistencia que hay que moderar, b, su brazo de palanca, R radio de la rueda del freno, T, t, tensiones de los dos trozos de la cinta, l s su ancho y espesor en mm ($s \overline{\overline{<}}\ 5$ mm) K, carga de seguridad del acero de la cinta $= 6 - 8$ kg por mm²

Se tiene

$$T = m\,Q\,\frac{b}{R}, \quad t = (m-1)\,Q\,\frac{l}{R} \quad l = \frac{T}{K\,s}$$

$m = 2{,}6,\ 2{,}2,\ 2,\ 1{,}9,\ 1{,}8$, segun abrace la cinta 5, 6, 7, 8, 9 décimas de la circunferencia de la rueda Conviene que l resulte < 80 milímetros, en caso contrario, se aumenta R convenientemente

221. Poleas y polipastos.— Q, carga; P, potencia; δ, diámetro de la cuerda; D, d, diámetros de la polea y eje.

Se hace:

$$D = 7\,\delta \text{ por lo menos}; \quad d = \delta \div 1{,}2\,\delta.$$

Con estas proporciones se tiene, comprendiendo el rozamiento y rigidez:

Polea *fija:* $Q = 0{,}9\,P$. Polea *móvil:* $Q = 1{,}8\,P$.

Polipastos.—Si m representa el número de pares de poleas (una fija y otra móvil) que componen el polipasto, se tiene para las mismas proporciones:

$Q = \eta\, 2\, m\, P$;

	1	2	3	4	5	6
para $m =$	1	2	3	4	5	6
» $\eta =$	0,84	0,80	0,75	0,69	0,64	0,60

222. Manivela y palanca.—*Manivela sencilla* (fig. 122-123). Sea P kg. la fuerza aplicada al botón; R el brazo en mm.

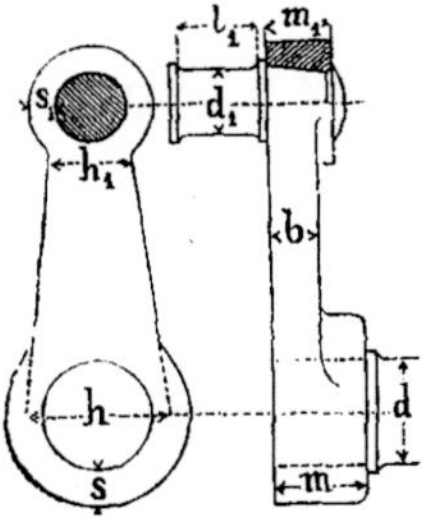

Fig. 122.

Suponiendo sea h el ancho del brazo cerca del eje, se tiene para el espesor:

$$b = \frac{6\,PR}{K\,h^2} \quad (K = 3 \div 4 \text{ kg. lo más por mm.}^2).$$

$h_1 = 0{,}5\,h \div 0{,}7\,h$. Diámetro d_1 y longitud del botón como en el núm. **205.**

Espesor del cubo:

$$s = 10 + 0{,}4\,d; \quad s_1 = 10 + 0{,}4\,d_1;$$

Longitud:

$$m = d \div 1{,}25\,d; \quad m_1 = d_1 \div 1{,}25\,d_1.$$

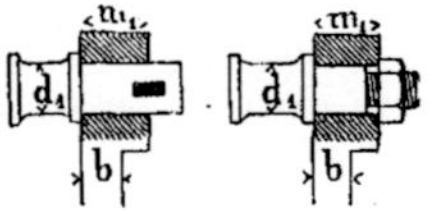

Fig. 123.

Manivela de mano.— Longitud del brazo $= 0{,}30 \div 0{,}40$ m.; altura del eje sobre el suelo $= 0{,}90 \div 1{,}10$ m. Según muevan la manivela uno ó dos hombres, se tomará además: longitud de la empuñadura $= 0{,}30 \div 0{,}45$ m.; espesor $= 25 \div 35$ mm.; diámetro del eje $= 35 \div 45$ mm.; sección del brazo en el cubo $= 20 \times 45 \div 20 \times 60$ mm.

Codos ó manivelas de codo (fig. 124).— P kg. presión en el eje: d, d_1, R, L en mm.: se hace ($K = 2 \div 3$ kg. por mm.^{2})

$$d_1 = 2{,}17 \sqrt[3]{\frac{2\,a^2 b^2 P}{K L^3}}$$

y si $a = b \gtreqless \frac{L}{2}$

$$d_1 = 1{,}08 \sqrt[3]{\frac{PL}{K}}$$

Para los muñones d y á iguales valores de K se toma el mayor de los siguientes

$$d = 1{,}71\, d_1 \sqrt[3]{\frac{R}{L}} \text{ (para la torsión)}, \quad d = d_1 \text{ (para la flexión)},$$

l l_1 se calculan en función de la presión por unidad de superficie como en el numero **205** en ningún caso se les da valores inferiores a los diámetros respectivos d, d_1

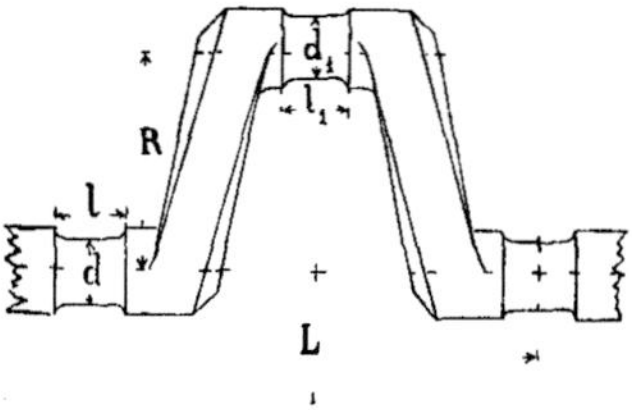

Fig 124

Palanca —Las mismas proporciones que para las manivelas simples

223. Traviesas, varillas y guías.— P fuerza en kg, que actua en la varilla, L longitud maxima libre de la varilla al final de la carrera en milímetros

Varilla (hierro ó acero) se calcula segun las reglas del numero **103**, caso IV Se deduce el diametro en mm

$$\delta = 0{,}08 \sqrt[4]{\frac{PL^2}{m}} = \mu \sqrt[4]{PL^2}$$

m = relación entre las cargas de seguridad y rotura $= {}^1/_{20} - {}^1/_{30}$, $\mu = 0{,}17 - 0{,}19$ correspondientes a los citados valores de m

Traviesa (fig 125) —La superficie F de contacto con la deslizadera, se calcula de modo que la presión p por mm² esté comprendida entre 0,02 — 0,08 kg Se tiene

$$F = \frac{P \tan \alpha}{p} \text{ mm}^2$$

(α maxima inclinación de la biela) en la que

$\tan \alpha = 0{,}30,\ 0{,}26,\ 0{,}23,\ 0{,}20,\ 0{,}17$

si la relación entre la biela y la manivela es de

3 5   4   4 5   5   6

Gorrones de la traviesa si es uno solo se calcula como los gorrones de horquilla para la presión P num **205**) y también con las fórmulas

diám $d_2 = 0{,}7\sqrt{P}$ para el hierro

$0{,}6\sqrt{P}$ para el acero

$$\frac{l_2}{d_2} = 2 - 2\ 25$$

Si hay dos gorrones (como en la figura 125) se toma

d_2 como la anterior

$$\frac{l_2}{d_2} = 1 - 1\ 15$$

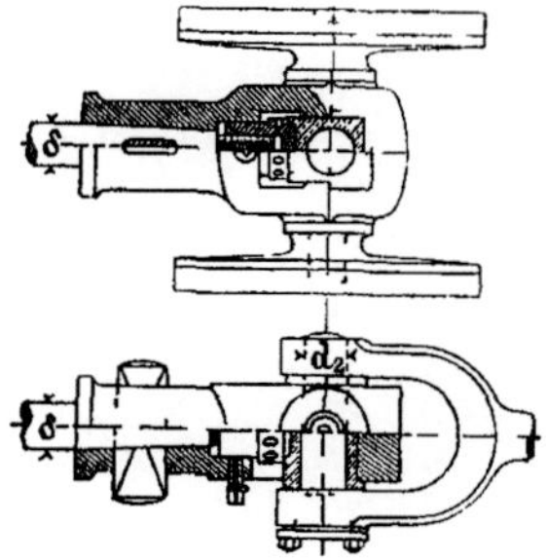

Fig 125

Guias —b ancho, h altura de la sección en mm Para guías libres entre dos apoyos que distan l mm , se tiene

$$h = \sqrt{\left\{ \frac{1{,}5\, l P \tan \alpha}{b K} \right\}} \quad (K < 5\ \text{kg por mm.}^2 \text{ para hierro ó acero})$$

224. Biela. — P kg fuerza que actua á lo largo de la biela L_1 *longitud en mm (= lo menos 3,5 generalmente 4,5 — 6 veces* la manivela)

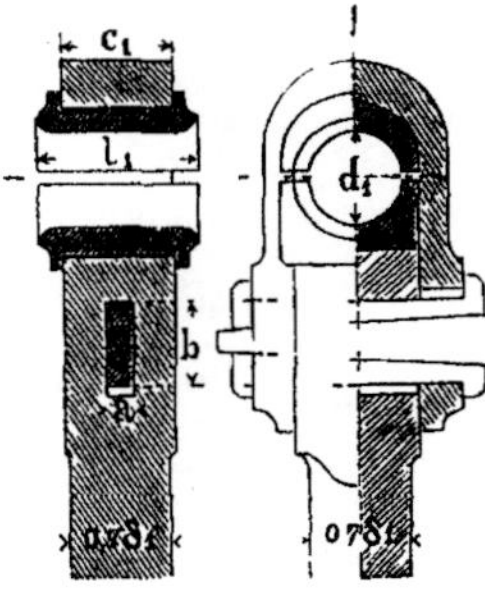

Fig 126

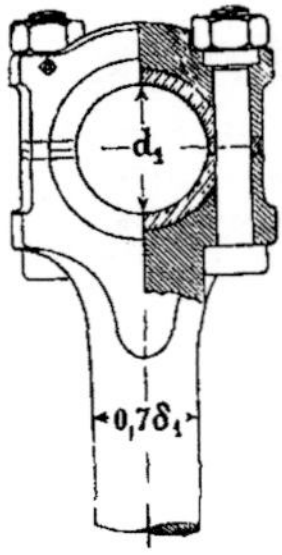

Fig 127

Biela de sección circular (hierro ó acero) — El diámetro máximo δ_1 (á la mitad de la longitud, y mejor en un punto mas próximo á la manivela) calculado como en el num **103**, caso II, se deduce en mm de la expresión

$$\text{diám max } \delta_1 = 0{,}10 \sqrt[4]{\frac{P L_1^2}{m}} = \mu_1 \sqrt[4]{P L_1^2}$$

$\mu_1 = 0{,}17 - 0{,}21$ para máquinas de pequeña y media velocidad

$$\left(m = \frac{1}{8} - \frac{1}{20}\right)$$

$\mu_1 = 0{,}21 - 0{,}27$ para maquinas pequeñas ó a gran velocidad

$$\left(m = \frac{1}{20} - \frac{1}{50}\right)$$

Diám mínimo $0{,}7\,\delta_1$ junto a la traviesa $0{,}7\,\delta_1 - 0{,}8\,\delta_1$ junto a la manivela En las bielas muy pequeñas δ_1 es constante

Biela rectangular —b, espesor h, altura de la sección en mm $b_{máx} = 0{,}74\,\mu_1 \sqrt[4]{PL_1^2}$, $h_{máx} = 2\,b_{máx}$ μ_1 como la anterior $h_{mín}$ en los extremos como la anterior $b_{mín}$ como la anterior y también $= b_{máx}$

Cabezas de biela (fig 126) —$c_1 = 0{,}7\,(10 + d_1)$ dimensiones de las clavijas $a = 0{,}18\,(10 + d_1)$ $b = 0{,}75\,(10 + d_1)$

Espesor mínimo de los cojinetes como en el num **211**

Espesor de la brida $0{,}2\,(10 + d_1)$

Fig 127 Cabeza para bielas pequeñas

225. Excéntricos (fig 128) —El vastago δ_2 se calcula como una biela (num **224**) Ancho del collar $l = 1{,}75\,\delta_2 + 15$, espesor $b = 0{,}5\,l$ Mínimo espesor radial del disco $s = 0{,}6\,\delta_2 + 15$, Diámetro del disco $D = 2\,\rho + 2\,s + d$ (ρ excentricidad) Diámetro de la varilla de unión del collar con la biela $= \delta_2$ Unión de clavija (num **203**) ó con dos pernos En los excéntricos grandes se hace el disco de dos trozos, en los pequeños de uno solo y lleno Collar de bronce hierro fundido ó hierro recubierto de metal blanco

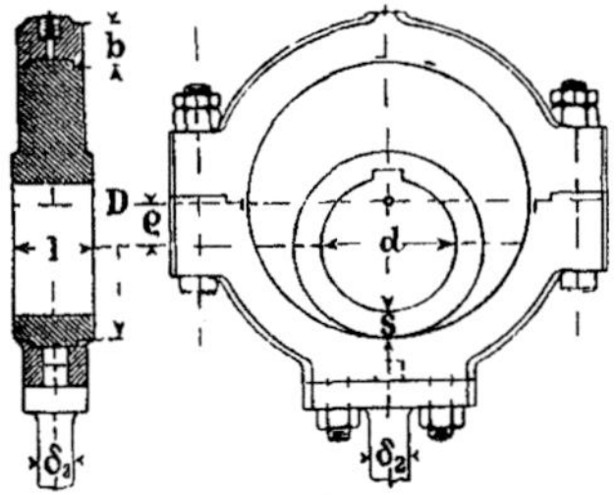

Fig 128

C. — Tubos y órganos de cierre.

226. Espesor de los tubos

1) Fórmulas ordinarias para tubos metalicos (s, espesor, D, diámetro interior en mm, n_e = presión *efectiva* en atmósferas, es decir = a la presión interior menos la exterior)

Tubos de hierro fundido para gas ó agua á baja ó media presión ($n_e \overline{\overline{<}} 7$ atmósferas)	$s = 8 + 0{,}016\, D$
Tubos de hierro fundido para vapor ó agua á alta presión ($n_e > 7$ atmósferas . ..	$s = 10 + 0{,}0012\; n_e\, D$
Tubos de hierro ó cobre para agua ó vapor	$s = 1{,}5 + 0{,}0015\, n_e\, D$
Tubos de cemento para agua a poca presión.	$s = 20 + 0{,}1\, D$

2) Fórmulas de Alibrandi para cañerias de agua, de hierro fundido ó forjado (s y D como antes, h = altura en metros de la columna de agua que mide la carga, k = coeficiente de seguridad del metal en kg por mm ²)

$$s = \frac{D\,h}{4000\,k}\left(1 + \sqrt{1 + 9\frac{k\,D}{h^2}}\right)$$

en la que se tomarán $k = 6$ para el hierro fundido, $k = 3$ para tubos pequeños, 2 para tubos medianos y grandes y 1 para tubos muy grandes, con $D > 1000$ mm

En el caso de presiones muy elevadas, pueden emplearse las fórmulas del num **104.**

Por mucha confianza que inspiren las fórmulas precedentes, conviene siempre ensayar la resistencia mediante pruebas, sometiendo los tubos á una presión = á la presión efectiva n_e mas 10 atmósferas si no hay temor á golpes de ariete (num **60** *bis*), ó á una presión = $1{,}5\, n_e$ en el caso contrario, a menos que resulte $1{,}5\, n_e < n_e + 10$

Los tubos de acero Mannesmam (aplicados con pequeños diámetros á prensas hidráulicas, acumuladores, etc), pueden resistir con toda seguridad hasta 1000 atmósferas

3) Tubos de cemento —Si se trata de cemento no armado (aplicable solo en el caso de presiones muy débiles) puede usarse la fórmula

$s = 20 + 0{,}1\, D$ (s y D en mm como antes)

Para presiones más elevadas se usan tubos de cemento armado, con alambres, hierros redondos, ó en T y +, dispuestos en dos series, una segun las generatrices y la otra siguiendo la periferia (ó segun una hélice de paso muy pequeño) calculando aproximadamente la sección f de cada uno de estos ultimos, por la presión que actua en el trazo correspondiente l de longitud de tubo, con la fórmula

$f = 0{,}001\, n_e D l$ (f en mm², D, y l en mm, n_e en atmósferas)

227 Uniones.

Uniones con bridas.—Bridas de hierro fundido, para las proporciones, (véase la tabla LXVIII *bis*) conviene reforzar con nervios especialmente para los diámetros grandes.

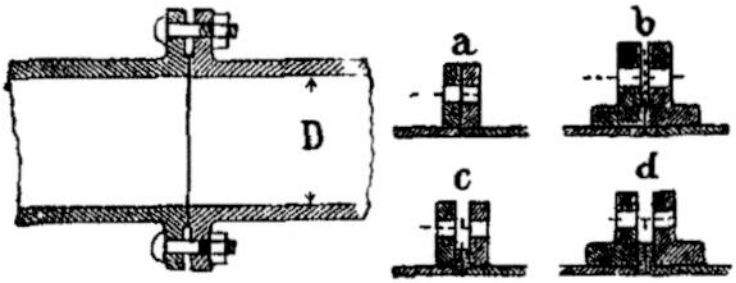

Fig. 129

Bridas de hierro dulce, diametro de la brida número y diámetro de los pernos, como en las bridas de fundición tabla LXVIII *bis*, espesor S de la brida como sigue

D = mm	**40**	**60**	**80**	**100-140**	**150-200**	**250-300**	**350**	**400**
S = mm	12	14	16	18	20	22	24	

Tipos de uniones con bridas, la fig. 129 representa el tipo corriente para tubos de hierro fundido las *a*, *b*, *c*, *d* indican bridas de hierro fundido ó forjado, independientes de los tubos de hierro ó cobre.

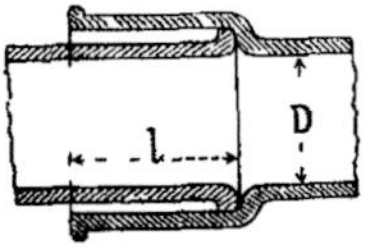

Fig. 130

Enchufe (fig. 130) proporciones para los tubos de hierro fundido, como en la tabla LXVIII *bis* espesor del enchufe = 1,50 s (s espesor del tubo).—Enchufe a rosca para tubos de hierro dulce (tabla LXXII, 1)

long = 10 + 16 D, espesor = 1,5 s

Uniones de manguito (figuras 131, 132, y 133) para tubos de cobre de diámetro pequeño, dimensiones como en la figura.

Mastics, guarniciones y soldaduras para tubos, cilindros, prensa-estopas, etc.

Mastic de fundición (para juntas no desmontables) sólo se aplica al hierro, ataca al cobre, latón y bronce, limaduras de hierro 40 partes, flor de azufre 2, sal amoniaco 1 Se hace una pasta con agua en el momento de aplicarlo, se endurece en dos días Para endurecerlo en el momento se duplica la proporción de sal amoniaco y se seca con un hierro al rojo

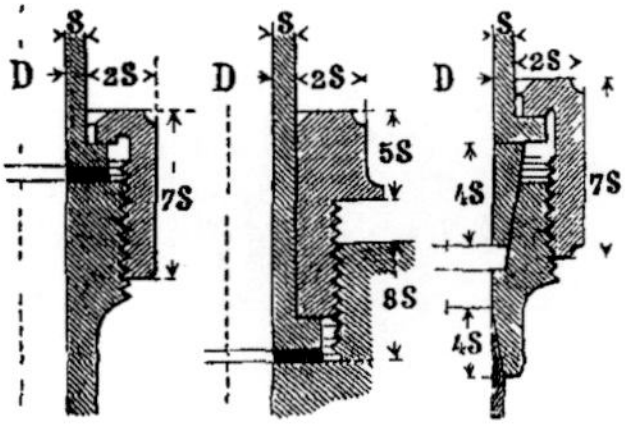

Fig 131 Fig 132 Fig 133

Mastic de minio (para juntas desmontables) minio 1, cerusa 1, con aceite de linaza cocido. Se emplea solo, ó bien como enlucido en las guarniciones siguientes cartón cocido en aceite de pescado, fieltro, lienzo, tela metalica, planchas de plomo ó cobre (para cilindros, uniones de bridas, etc), estopa (en las cajas de estopas)

Las guarniciones siguientes se emplean sin mastic anillas ó planchas de cobre, plomo (en juntas desmontables de cilindros, tubos con bridas, calderas, etc), caucho (tubos para agua), trenzas de estopa alquitranada, con plomo fundido en obra, cartón de amianto

Soldadura fuerte de cobre (para soldar las bridas de hierro a los tubos de hierro ó cobre) limaduras de cobre 87, zinc 9, estaño 4, se funde todo junto Soldadura muy fuerte cobre 3, zinc 1 Soldadura blanda latón 78, zinc 18, estaño 4 Soldadura fuerte de plomo plomo 1 ½ — 2, estaño 1 Soldadura de hojalateros plomo 7, estaño 1

TABLA LXVIII.—Tubos de hierro fundido (de enchufe).

(Sociedad de Altos Hornos de Terni.)

Longitud en obra: 1,5 m. para diámetros de 20 mm.; 1,5 ÷ 2 m. para 30 mm.; 2 ÷ 2,25 m. para 40 mm ; 2,5 m. para 50 y 60 mm.; 3 m. de 70 ÷ 225 mm.; 3 ÷ 4 m. para 250 mm.; 4 m. de 260 ÷ 1250 mm.

Diámetro interior....	PRESIÓN DE PRUEBA EN ATMÓSFERAS												Plomo	Cuerda.
	10		**15**		**20**		**25**		**30**		**40**		Por cada junta.	
	Espesor.	Peso por m. corriente	Espesor.	Peso por m. corriente	Espesor.	Peso por m. corriente	Espesor.	Peso por m. corriente	Espesor.	Peso por m. corriente	Espesor.	Peso por m. corriente		
mm.	mm.	kg.	mm.	kg.	mm.	kg.	mm.	kg.	mm.	kg.	mm.	kg.	kg.	kg.
20	7	5,0	7,5	5,3	8	5,6	8,5	6,0	9	6,5	9,5	7,0	0,25	0,02
30	7	6,5	7,5	7,0	8	7,5	8,5	8,0	9	8,5	9,5	9,0	0,37	0,03
40	7,5	8,5	8	9,0	8,5	9,5	9	10,2	9,5	10,7	10,5	12,0	0,50	0,05
50	8	11,5	8,5	12,2	9	13,0	9,5	14,0	10	15,0	11,5	16,5	0,58	0,08
60	8,5	14,5	9	15,5	9,5	16,5	10,2	17,5	10,8	18,0	12	20,5	0,70	0,09
70	9	17,5	9,5	18,5	10	19,5	11	21,0	11,5	22,0	13	25,5	0,97	0,13
75	9	19,0	9,5	20,0	10	21,0	11	23,2	11,5	24,3	13	27,4	1,04	0,14
80	9	20,5	9,5	21,6	10	22,8	11	25,0	12	27,3	13,5	31,0	1,08	0,15
85	9	22,0	9,5	23,2	10,5	25,7	11,5	28,0	12	29,3	13,5	33,0	1,15	0,15
90	9,5	23,5	10	25,0	10,5	26,0	11,5	28,5	12	29,7	14	34,5	1,25	0,16

100	10	26,0	10,5	27,3	11	28,6	12	31,2	12,5	32,5	14	36,5	1,60	0,22
110	10	29,0	10,5	30,5	11	32,0	12	35,0	12,5	36,3	14,5	42,0	1,77	0,24
120	10,5	32,0	11	33,5	11,5	35,0	12,5	38,0	13	39,5	15	46,0	1,91	0,26
125	10,5	34,5	11	36,0	11,5	38,0	12,5	41,0	13	43,0	15,5	51,0	1,98	0,27
130	10,5	36,0	11	38,0	11,5	39,5	12,5	43,0	14	48,0	15,5	53,0	2,04	0,28
135	10,5	37,0	11	39,0	11,5	40,5	13	46,0	14	49,5	16	56,5	2,10	0,29
140	10,5	38,5	11,5	42,0	12	44,0	13	48,0	14,5	53,0	16	59,0	2,25	0,30
150	10,5	40,0	11,5	44,0	12	46,0	13,5	51,5	14,5	55,0	16,5	63,0	2,30	0,31
160	11	44,0	11,5	46,0	12,5	50,0	14	56,0	15	60,0	17	68,0	2,45	0,33
170	11	47,5	11,5	50,0	12,5	54,0	14,5	62,5	15,5	67,0	17,5	75,5	2,62	0,34
175	11	49,0	11,7	52,0	13	58,0	14,5	64,5	15,5	69,0	17,5	78,0	2,65	0,34
180	11	53,0	12	58,0	13,5	65,0	15	72,5	16	77,0	18	87,0	2,70	0,35
190	11	55,5	12	60,5	13,5	68,0	15,5	78,7	16,5	83,0	18,5	93,0	3,00	0,37
200	11,25	58,0	12,5	64,5	14	72,5	15,5	80,0	17	88,0	19	98,0	3,34	0,38
220	11,5	69,0	12,5	75,0	14,5	87,0	16,5	99,0	18	108,0	20	120,0	3,65	0,41
225	11,5	71,0	12,5	77,0	14,5	89,5	16,5	102,0	18	111,0	20	124,0	3,75	0,42
250	12	79,0	13,5	89,0	15,5	102,0	17,5	115,0	19,5	128,0	22	145,0	4,08	0,43
270	12,5	86,0	14	96,5	16	110,0	18	124,0	20,5	141,0	23,5	162,0	5,21	0,45
300	13,5	101,0	14,5	109,0	16,5	124,0	18,5	149,0	21	157,0	25	187,0	6,39	0,66
350	14,5	124,0	16,5	141,0	18,5	158,0	21	180,0	24	205,0	29	248,0	8,37	0,69
400	15	147,0	17	167,0	19,5	191,0	23	225,0	26	255,0	33	323,0	9,46	0,78
450	15,5	180,0	18	209,0	21	244,0	25	290,0	29	337,0	37	429,0	10,56	0,83
500	16	200,0	19	237,0	22,5	281,0	27	338,0	31,5	394,0	41	512,0	11,63	0,85
550	17	232,0	20	273,0	23,5	321,0	29	396,0	34	464,0	45	614,0	13,00	0,90
600	18	266,0	21	310,0	25	370,0	31	458,0	37	547,0	49	724,0	15,00	0,95
650	18,5	296,0	21,5	344,0	27,5	440,0	34	544,0	40	640,0	53	847,0	16,20	1,15
700	19	330,0	22,5	390,0	29	504,0	36	624,0	43	746,0	57	990,0	17,33	1,25
800	20	410,0	25	512,0	33	676,0	41	840,0	48	984,0	65	1330,0	19,67	1,45
1000	22	536,0	31	755,0	40	975,0	50	1220,0	60	1460,0	80	1950,0	24,34	1,80
1250	26	820,0	38	1200,0	50	1580,0	63	1990,0	75	2365,0	100	3160,0	32,55	3,10

TABLA LXVIII *bis*.—Tubos de hierro fundido.

(Tipos normales adoptados por las fundiciones alemanas.)

Diámetro interior.	Espesor para 10 atmósferas......	TUBOS CON MANGUITO				TUBOS CON BRIDAS					
		Manguito.		Longitud en obra......	Peso por metro corriente ...	Brida.		Pernos.		Longitud en obra......	Peso por metro corriente ...
		Diámetro interior.	Longitud.			Diámetro	Espesor ..	Número..	Diámetro.		
mm.	mm.	mm.	mm.	m.	kg.	mm.	mm.		mm.	m.	kg.
40	8	69	74	2	10	150	18	4	15	2	10,7
50	8	81	77	2	12	160	18	4	15,5	2	12,8
60	8,5	91	80	3	15	175	19	4	15,5	3	15
70	8,5	101	82	3	17	185	19	4	15,5	3	17,1
80	9	112	84	3	20	200	20	4	15,5	3	20,6
90	9	122	86	3	22	215	20	4	15,5	3	23
100	9	133	88	3	24,5	230	20	4	19	3	25,5
125	10	158	91	3	32	260	21	4	19	8	33
150	10	185	94	3	39	290	22	6	19	3	41
175	10,5	211	97	3	48	320	22	6	19	3	50
200	11	238	99	3	57	350	23	6	19	3	60
225	11,5	264	100	3	67	370	23	6	19	3	69
250	12	291	101	3	77	400	24	8	19	3	80
275	12,5	317	102	3	89	425	25	8	19	3	91
300	13	343	104	3	100	450	25	8	19	3	102
325	13,5	368	105	3	111	490	26	10	22,5	3	114
350	14	394	106	3	122	520	26	10	22,5	3	125
375	14	421	107	3	134	550	27	10	22,5	3	138
400	14,5	448	190	3	148	575	27	10	22,5	3	152
425	14,5	473	110	3	158	600	2[illegible]	12	22,5	3	191
450	15	499	111	3	176	630	28	12	22,5	3	180
475	15,5	525	112	3	190	655	29	12	22,5	3	194
500	16	551	114	3	204	680	30	12	22,5	3	208
550	16,5	603	116	3	234	740	33	14	26	3	241
600	17	655	119	3	265	790	33	16	26	3	271
650	18	707	122	3	301	840	33	18	26	3	305
700	19	759	125	3	340	900	33	18	26	3	345
750	20	812	127	3	380	950	33	20	26	3	383
800	21	866	129	3	422	1020	36	20	29,5	3	432
900	22,5	968	134	3	518	1120	36	22	29,5	3	522
1000	24	1074	140	3	616	1220	36	24	29,5	3	624

TABLA LXIX.—Tubos de latón.

Diam. exterior mm....	8	9	10	11	12	13	14	15	16	17	18	19	20	21
Peso al metro para 1 mm. espesor kg..	0,20	0,22	0,25	0,28	0,30	0,33	0,36	0,39	0,42	0,44	0,47	0,50	0,53	0,55
Diam. exterior mm....	**22**	**23**	**24**	**25**	**27**	**30**	**35**	**40**	**45**	**50**	**55**	**60**	**65**	**70**
Peso al metro para 1 mm. espesor kg..	0,58	0,61	0,64	0,66	0,72	0,80	0,94	1,08	1,22	1,36	1,44	1,57	1,71	1,84

TABLA LXX.—Tubos de cobre.

(Peso en kg.; bridas de hierro dulce hasta 120 mm de diametro, de hierro fundido desde 130 mm en adelante).

Diámetro interior mm.	Peso por m de tubo sin bridas para un espesor de mm					Peso de dos bridas sin tornillo	Diametro interior. mm.	Peso por m. de tubo sin bridas para un espesor de mm.					Peso de dos bridas sin tornillo.
	1	1,5	2	2,5	3			1	1,5	2	2,5	3	
10	0,3	0,5	0,7	0,9	1,0	0,40	**75**	2,4	3,6	4,8	6,0	7,2	4,25
15	0,5	0,7	1,0	1,3	1,5	0,48	**80**	2,5	3,8	5,1	6,4	7,6	5,00
20	0,6	1,0	1,3	1,6	1,9	0,70	**85**	2,7	4,0	5,4	6,7	8,1	5,10
25	0,8	1,2	1,7	2,1	2,5	0,80	**90**	2,8	4,3	5,7	7,1	8,6	5,80
30	1,0	1,5	2,0	2,5	3,0	1,10	**95**	3,0	4,5	6,0	7,5	9,0	6,50
35	1,1	1,7	2,3	2,9	3,4	1,30	**100**	3,1	4,7	6,3	7,9	9,4	7,00
40	1,3	1,9	2,6	3,2	3,8	1,65	**110**	3,5	5,2	6,9	8,6	10,3	7,20
45	1,4	2,1	2,9	3,6	4,3	1,95	**120**	3,8	5,7	7,5	9,4	11,4	7,60
50	1,6	2,4	3,2	4,0	4,8	2,20	**130**	4,1	6,2	8,2	10,2	12,3	7,80
55	1,7	2,6	3,5	4,4	5,2	2,40	**140**	4,4	6,6	8,8	11,0	13,2	8,00
60	1,9	2,8	3,8	4,8	5,7	2,75	**150**	4,7	7,0	9,4	11,7	14,0	8,00
65	2,0	3,0	4,1	5,1	6,1	3,05	**160**	—	—	10,0	12,5	15,0	8,20
70	2,2	3,3	4,4	5,6	6,7	3,35	**180**	—	—	11,2	14,0	16,8	10,00

TABLA LXXI.—Tubos de plomo para agua y gas.

	Diámetro interior, mm	10	15	20	25	30	35	40	45
agua	espesor, mm	2,5	2,5	2,5	5	5	5	5	5
agua	peso por m, kg.....	1,13	1,77	2,47	4,77	5,66	7,00	7,63	8,56
gas.	espesor, mm........	1	2	2	2	2,5	2,5	3	3
gas.	peso por m; kg	0,65	1,37	1,63	2,40	3,30	3,95	4,63	5,58

Sigue Tabla LXXI.

Diametro interior; mm		50	55	60	65	70	75	80
agua	espesor mm	5	5	5	5	5	5	5
	peso por m, kg	9,50	9,88	10,3	11,4	12,5	13,8	15,0
gas	espesor mm	3	3	3	3	4	4	4
	peso por m, kg	6,53	8,02	9,50	10,3	11,2	12,9	13,2

Tabla LXXII.—Tubos de hierro.

1.—Tubos con enchufe á rosca para agua y gas

(probados a 12 atmósferas).

(d_i d_e diámetro interior y exterior; p, peso por metro corriente.)

d_i pul..	$^1/_4$	$^1/_2$	$^3/_4$	1	$1\,^1/_4$	$1\,^1/_2$	$1\,^3/_4$	2	$2\,^1/_4$	$2\,^1/_2$	$2\,^3/_4$	3	$3\,^1/_2$	4
d_i mm..	6	13	19	25	32	38	44	51	57	63	70	76	89	101
d_e .. mm	13	21	27	34	42	48	53	60	70	76	83	89	102	114
p... kg .	0,6	1,2	1,7	2,5	3,5	4,3	5,0	6,0	7,1	8,2	9,0	10,2	13,0	15,0

2.—Tubos Mannesmann sin soldadura.

(10 ÷ 12 atmósferas).

d_i pul..	2	3	4	5	6	7	8	9	10	11	12	13	14	15
d_i mm .	51	76	102	127	152	178	203	229	254	279	305	330	356	381
s. . mm..	3,5	3,5	3,5	3,5	4	4	4	4	4,5	4,5	4,5	5	5	5
p... kg..	5	7,5	9,8	12,2	16,4	19,1	22,1	24,7	30,7	33,7	37,0	41,1	44,2	47,3

Sigue TABLA LXXII.

3.—Tubos-hervideros de vapor.

(d_e diámetro exterior; s, espesor; p, peso por m. corriente).

d_e pul.	$1^1/_2$	$1^5/_8$	$1^3/_4$	$1^7/_8$	2	$2^1/_8$	$2^1/_4$	$2^3/_8$	$2^1/_2$	$2^3/_4$	3	$3^1/_4$	$3^1/_2$	$3^3/_4$
d_e mm	38	41	44	48	51	54	57	60	63	70	76	83	89	95
s. mm.	2,25	2,5	2,5	2,5	2,75	2,75	2,75	3	3	3	3	3,5	3,5	3,5
p.. kg.	1,97	2,40	2,60	2,75	3,25	3,45	3,65	4,20	4,45	4,90	5,35	6,80	7,32	7,83
d_e pul.	4	$4^1/_4$	$4^1/_2$	$4^3/_4$	5	$5^1/_4$	$5^1/_2$	$5^3/_4$	6	$6^1/_4$	$6^1/_2$	$6^3/_4$	7	$7^1/_2$
d_e mm	102	108	114	121	127	133	140	146	152	159	165	171	178	191
s. mm.	3,75	3,75	3,75	4,25	4,25	4,25	4,5	4,5	4,5	4,5	4,5	4,5	4,5	5,5
p.. kg.	9,01	9,56	10,1	12,1	12,7	13,4	14,9	15,6	16,2	17,0	17,6	18,3	19,1	24,9

4.—Tubos Perkins para calefacción por agua caliente á alta presión.

Diám. int. = 23 mm.; diám. ext. = 34 mm.; peso por m. l. = 3,8 kg.

228. Válvulas y llaves.—Diámetro D y demás dimensiones en mm.—*Válvula de volante.*—Válvula sencilla (fig. 134) no conviene para diámetros > 200 mm.; D = diámetro del tubo; juego = 0,30 D ÷ 0,35 D:

$$d = 10 + 0{,}12\,D;$$
$$s = 2 + 0{,}7\sqrt{D}$$

(lo mismo si la zona de contacto es plana):

$$s_1 = s - 3;$$

longitud de la caja (esférica) entre las bridas que la unen al tubo = 100 + 2 D.

Válvula de doble asiento (fig. 135), juego = 0,15 D ÷ 0,18 D;

$$d = 10 + 0{,}06\,D;$$
$$s = 2 + 0{,}5\sqrt{D}$$
$$s_1 = s - 3;$$

diferencia de diámetro de los dos asientos = 2 s_1.

Válvulas para bombas —Válvulas planas ó cónicas, proporciones como anteriormente; no convienen cuando $D > 200$ mm — Valvulas de charnela, ángulo de abertura, 35° — 40°, zona de con-

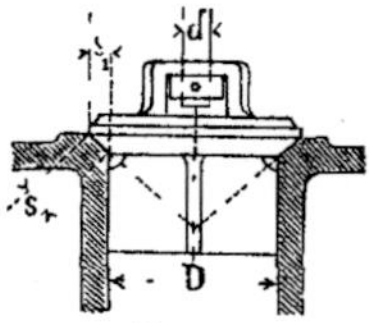

Fig. 134

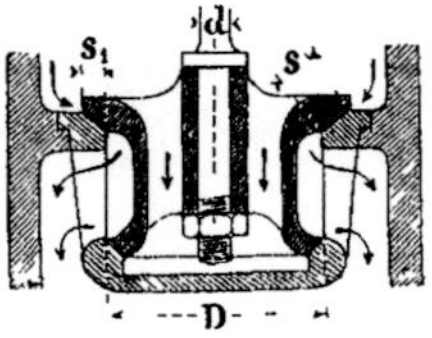

Fig 135

tacto como en las anteriores —Válvulas de caucho con asiento de rejilla (fig. 141); se emplea para superficies circulares ó rectangulares $> 250 — 300$ cm.², espesor del caucho $\sigma = 15 — 40$ mm, según el tamaño de la valvula y la presión; distancia mínima entre los nervios de la rejilla $= \sigma$ poco $> \sigma$

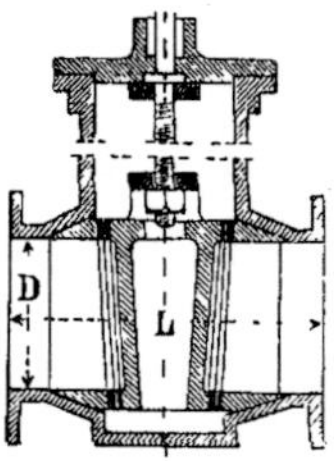

Fig. 136.

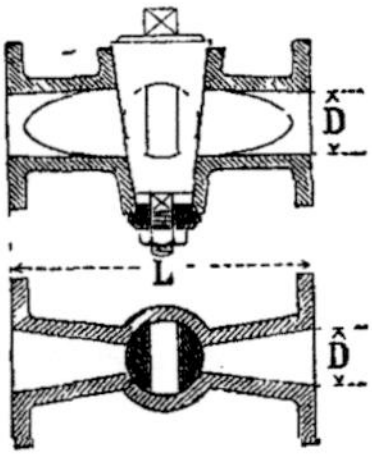

Fig 137

Válvula de compuerta (fig 136).—Se usa para diámetros > 100 mm Diámetro de la válvula = diámetro del tubo; diámetro vastago $d = 10 + 0{,}06\ D$, diametro exterior del tornillo $= 1{,}25\ d$, ancho de la zona de contacto $= 2 + 0{,}7 \sqrt{D}$; longitud entre las bridas, $L = 200 + D$

Llaves (fig. 137).— No conviene cuando $D > 100$ mm.—Luz del paso (rectángulo ó trapecio); altura $1{,}5\ D$; ancho medio $0{,}52\ D$. Longitud del macho $= 35 + 2\ D$, diametro medio $= 6 + D$, conicidad $^1/_8 \div {}^1/_{12}$ por cada lado.—Espesor del cono $= 2 + 0{,}14\ D$ —Longitud entre las bridas $L = 50 + 3\ D$.

Tabla LXXIII.

Peso aproximado de las válvulas y llaves.

Diámetro del tubo .	Llaves	Válvula de volante .	Diámetro del tubo .	Llaves	Válvula de volante ..	Válvula de compuerta	Diámetro del tubo	Válvula de volante	Válvula de compuerta	Diámetro del tubo	Válvula de compuerta
mm	kg	kg	mm	kg	kg	kg	mm	kg	kg	mm	kg
20	1,75	2 65	**70**	27,50	37	—	**150**	123	100	**300**	340
30	4,30	5,80	**80**	34	44	—	**175**	146	133	**350**	450
40	8,70	12	**90**	40	56	—	**200**	170	187	**400**	560
50	13,20	17	**100**	51	66	63	**225**	—	208	**450**	640
60	18,00	26	**125**	75	90	80	**250**	—	230	**500**	720

229. Cilindros.—Espesor de las paredes para cilindros de vapor, cuerpos de bomba, etc , de diámetro D (mm), $\sigma = 13 + 0{,}02$ D verticales, $15 + 0\ 025\ D$ si horizontales

Bridas y cubiertas $\sigma_1 = 1{,}4\ \sigma$ (con nervios en las cubiertas grandes) diametro de los pernos $d = 1{,}3\ \sigma$, su número para n atmósferas $z = \frac{n}{180}\left(\frac{D}{d}\right)^2$

Para grandes presiones (prensas hidraulicas, etc), véase numero **104.**

230. Prensaestopas (δ diametro del vastago, n y σ_1 como antes)

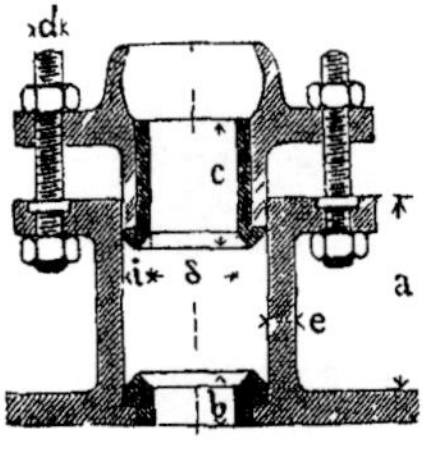

Fig 138

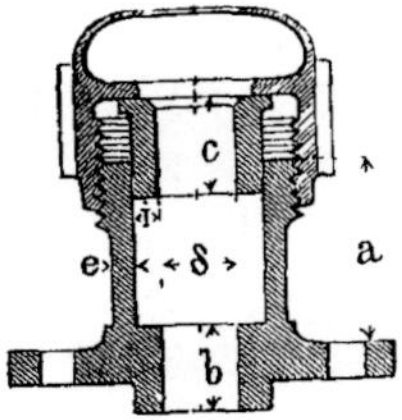

Fig 139

Figuras 138 y 139 (**los numeros más elevados son para los pren saestopas horizontales**)

$$\iota = 2\sqrt{\delta} - 2{,}5\sqrt{\delta}, \quad i = \iota,$$

altura interior de la caja

$$a_1 = 6\,i - 8\,i, \quad b = 0{,}2\,a_1 - 0{,}3\,a_1,$$
$$a = a_1 + b - \sigma_1, \quad c = 0{,}65\,a_1 - 0{,}75\,a_1,$$

numero de pernos. $z = 2$ para las cajas ordinarias, 3 — 4 para las cajas grandes,

$$\text{su diámetro } d = 1{,}3\sqrt{\frac{n\,\delta}{}} - 1{,}6\sqrt{\frac{n\,\delta}{z}}$$

231. Émbolos. — (Diámetro D y demas dimensiones en mm diametro δ del vástago como en el num **223**)

Émbolos para máquinas hidráulicas — Guarnición de cuero (para el agua á menos de 30°) (fig 140), altura $h = 10 + 4\sqrt{D}$, espesor del metal $e = 0{,}2\,h$

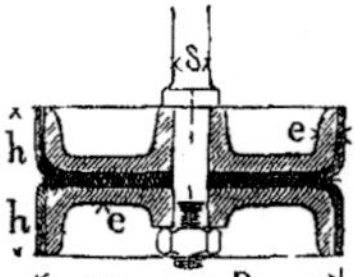

Fig 140

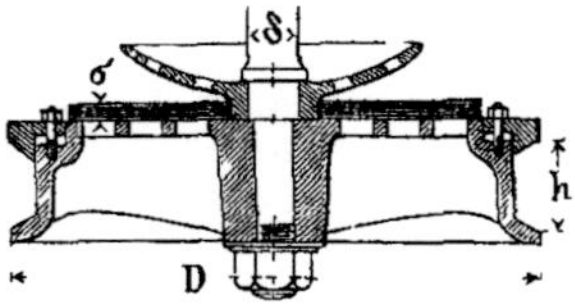

Fig 141

Guarniciones de estopa (aun para agua caliente) (fig 141), altura total de la estopa $h = 20 + 4\sqrt{D}$, espesor $= 5 + \sqrt{D}$, espesor del metal $e = 0{,}25\,h$

Embolos con valvulas proporciones de la valvula, como en el num. **228**.

Émbolos sumergibles (convienen para diametros $< 450 - 500$ milímetros) la impermeabilidad se obtiene con una caja de estopas ó con anillos de cuero de seccion en *U*, juego entre el émbolo y el cilindro no $< 5 - 10$ mm, segun el diametro Espesor mínimo del metal (émbolos huecos) como para los cilindros (num **229**) y para presiones muy elevadas como en el numero **104**

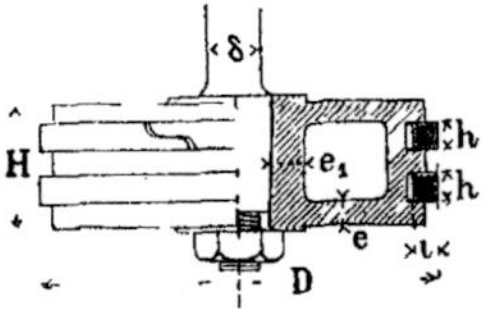

Fig 142

Embolos para máquinas de vapor (fig 142)

Numero de anillos (fundicion) de 1 — 3, espesor $i = 0{,}05\,D$ si el émbolo se compone de dos trozos, $i = 0{,}035\,D$ si es de una pieza —

La altura de cada anillo varía de $1{,}1\,i - 2\,i$, segun esté el cilindro horizontal ó vertical, y segun sea más ó menos elevada la presión

Unión con el vastago á rosca ó clavija En los cilindros largos conviene emplear, para evitar la flexión, un contravastago de diametro $= $ ó un poco $< \delta$

D.—Organos de tracción.

232. Alambres.— Para la resistencia véase la tabla XXIX En el comercio se emplean para los diametros varias escalas, las más usadas son escala de Birmingham *(B W G)*, la nueva escala del *Board of Trade (Standard Wire Gauge)* y la escala *decimal* ó de Paris La tabla LXXIV da los correspondientes diametros en mm Para la escala inglesa véase también la tabla XX (numero **17**) que contiene la escala *milimétrica*

Tabla LXXIV

Equivalencia de las escalas para alambres

Numero.	Diametro en mm			Numero	Diametro en mm			Numero.	Diametro en mm		
	Escala *B W G*	Escala *S W G*	Escala Paris		Escala *B W G*	Escala *S W G*	Escala Paris		Escala *B W G*	Escala *S W G*	Escala Paris
000	10,79	9,45	—	**11**	3,05	2,95	1,6	**24**	0,56	0,56	6,4
00	9,65	8,84	—	**12**	2,77	2,64	1,8	**25**	0,51	0,51	7,0
0	8,64	8,23	—	**13**	2,41	2,34	2,0	**26**	0,46	0,46	7,6
1	7,62	7,62	0,6	**14**	2,11	2,03	2,2	**27**	0,41	0,42	8,2
2	7,21	7,01	0,7	**15**	1,83	1,83	2,4	**28**	0,36	0,38	8,8
3	6,58	6,40	0,8	**16**	1,65	1,63	2,7	**29**	0,33	0,35	9,4
4	6,05	5,89	0,9	**17**	1,47	1,42	3,0	**30**	0,31	0,32	10,0
5	5,59	5,38	1,0	**18**	1,24	1,22	3,4	**31**	0,25	0,30	—
6	5,16	4,88	1,1	**19**	1,07	1,02	3,9	**32**	0,23	0,27	—
7	4,57	4,47	1,2	**20**	0,89	0,91	4,4	**33**	0,20	0,25	
8	4,19	4,06	1,3	**21**	0,81	0,81	4,9	**34**	0,18	0,23	—
9	3,76	3,66	1,4	**22**	0,71	0,71	5,4	**35**	0,13	0,21	—
10	3,40	3,25	1,5	**23**	0,64	0,61	5,9	**36**	0,10	0,19	—

233. Cuerdas de cáñamo.—Carga de rotura $R = 8\;10$ — kg por mm², carga de seguridad $K = \frac{1}{8} R$ para cuerdas ordinarias, $\frac{1}{6} R$ para cuerdas alquitranadas Rigidez S se suma a la carga util)

Para cuerdas nuevas $S = 26 \frac{d^2}{D} P$

» » usadas . $S = 18 \frac{d^2}{D} P$,

en las que D, d diámetros de la polea ó tambor y de la cuerda, expresados en m.; P carga útil. (Por ejemplo: para $D = 0,16$ m. $d = 0,020$ m., la rigidez en cuerdas nuevas sería igual al 6,5 por 100 de la carga útil.)

Diámetro mínimo de las poleas ó tambor $= 7\,d$; para un uso contínuo $15\,d \div 25\,d$.

Tabla LXXV.

Cuerdas de cáñamo.

(Fábrica de Felten et Guillaume en Mulheim.)

Cuerdas ordinarias.			Cuerdas alquitranadas.		
Diámetro.	Peso por metro.	P $(K = {}^1/_8\,R)$	Diámetro.	Peso por metro.	P $(K = {}^1/_6\,R)$
mm.	kg.	kg.	mm.	kg.	kg.
16	0,21	200	**46**	1,65	2250
20	0,32	300	**52**	2,13	3000
23	0,37	400	**59**	2,67	3600
26	0,53	500	**65**	3,70	4500
29	0,64	750	**72**	4,00	5000
33	0,80	900	**78**	4,80	6200
36	0,96	1000	**85**	5,60	7500
39	1,06	1250	**92**	6,40	8700
46	1,55	1500	**98**	7,46	10000
52	2,03	2000	**105**	8,53	12500

234. Cables metálicos.—Carga de rotura $= 40 \div 50$ kg. para cables de hierro; $100 \div 120$ kilogramos para los de acero fundido, por mm.^{2} de sección del cable.—Carga de seguridad $^1/_8$, y mejor $^1/_{10}$ de la carga de rotura para cables en extracciones y líneas funiculares; $^1/_5 \div {}^1/_8$ en cables para grúas.

Diámetro mínimo de las poleas y tambores: en los casos anteriores *60*, y mejor $75 \div 100$ veces el diámetro de la cuerda; para las grúas véase el núm. **2** de la tabla siguiente, y también de $25 \div 30$ veces el diámetro del cable.—En los cables planos, las mismas relaciones, refiriéndose al espesor del cable.

Rigidez S, aumentada á la carga útil P (como en el núm. **233**).

$$S = 58\,\frac{d^2}{D}\,P$$ (D, d diámetros en m. de la polea y cuerda)

TABLA LXXVI.—Cables metálicos.

(Fábrica Felten et Guillaume en Mulheim.)

1.—Cables redondos.

(de extracción) para minas, ferrocarriles funiculares, transmisiones, etc.

Diámetro.	Peso por metro.	Carga de rotura. Hierro á 40 kg. por mm.²	Carga de rotura. Hierro á 55 kg. por mm.²	Carga de rotura. Acero á 120 kg. por mm.²	Alambres. Número.	Alambres. Diámetro.
mm.	kg.	kg.	kg.	kg.		mm.
7	0,20	750	1000	2250	24	1,0
9	0,30	1125	1500	3375	36	1,0
10	0,35	1310	1750	2950	42	1,0
11	0,40	1530	3050	4600	49	1,0
12	0,45	1630	2230	4900	36	1,2
13	0,50	1900	2600	5700	42	1,2
14	0,55	2220	3050	6660	36	1,4
15	0,70	2890	4000	8670	36	1,6
16	0,85	3300	4660	10120	42	1,6
17	0,90	3700	5050	10980	36	1,8
18	1,05	4270	5900	12810	42	1,8
19	1,10	4520	6200	13570	36	2,0
21	1,30	5280	7260	15830	42	2,0
23	1,60	6370	8800	19100	42	2,2
25	1,95	7030	9700	21100	56	2,0
27	2,60	10550	14500	31660	84	2,0
30	2,85	12060	16600	36190	96	2,0
33	3,45	14590	20060	43770	96	2,2
35	4,40	17930	24620	53780	108	2,3
37	4,50	18850	25920	56540	96	2,5
41	5,55	22760	31370	68290	126	2,4
45	6,20	26110	35910	78330	133	2,5
50	7,80	32760	45090	98200	133	2,8
55	9,60	40160	55200	120500	133	3,1
60	11,50	48300	66360	145000	133	3,4

Sigue Tabla LXXVI.

2.—Cables redondos para marina, transmisiones, minas, etc.

Diámetro.	72 alambres y 7 alma. Peso medio por metro.	Carga de rotura. Hierro galvanizado 55 kg. por mm^2	Acero fundido 125 kg. por mm^2	Diametro	222 alambres y 1 alma. Peso medio por metro	Carga de rotura. Hierro galvanizado 55 kg. por mm.^{2}	Acero fundido 125 kg. por mm.^{2}
mm.	kg.	kg.	kg	mm	kg.	kg.	kg.
6	0,085	450	1000	**6**	0,140	850	1950
8	0,230	900	1950	**8**	0,250	1400	3000
10	0,320	1200	2650	**10**	0,380	2300	4900
12	0,340	1850	4000	**12**	0,550	3200	6800
14	0,490	2500	5550	**14**	0,720	4300	9200
16	0,600	3200	6900	**16**	1,000	5600	12250
18	0,770	4150	9900	**18**	1,250	7250	15700
20	0,920	4850	10500	**20**	1 530	7950	17300
22	1,200	6500	14000	**22**	1,860	10000	21500
24	1,370	7400	16000	**24**	2,260	11900	25400
26	1,550	8335	18000	**26**	2,750	13900	30100
28	1,920	10400	12550	**28**	3,200	16100	35000
30	2,130	11550	25000	**30**	3,420	17500	37600
32	2,270	12700	27500	**32**	3,930	20000	43300
34	2,880	14260	32400	**34**	4,240	22090	50200
36	3,260	16110	36610	**36**	4,790	24940	56700
38	3,540	17500	39770	**38**	5,360	27910	63440
40	*4,130*	*20420*	*46410*	**40**	*5,970*	*31100*	*70680*
45	5,090	25200	57270	**45**	7,300	38020	86420
50	6,160	30470	69250	**50**	9,540	49670	112900
55	7,740	38310	87080	**55**	11,200	58350	132620
60	9,050	44800	101810	**60**	13,500	70330	159840
65	10,460	51750	117610	**65**	15,930	82970	188560
70	12,490	61820	140500	**70**	18,030	93960	213540

3.—Cables especiales para la marina.

Diámetro.	Rígido 35 alambres y 1 alma. Peso por metro.	Carga de rotura. Hierro.	Acero	Diametro	Flexible 144 alambres y 7 alma Peso por metro.	Carga de rotura. Hierro.	Acero.
mm.	kg.	kg	kg.	mm	kg.	kg.	kg.
10	0,400	1800	3900	**10**	0,345	1750	3800
12	0,600	2700	5870	**12**	0,420	2450	5250
14	0,800	3800	8230	**14**	0,720	3700	7950

Sigue TABLA LXXVI.

Diámetro.	Rígido 35 alambres y 1 alma. Peso por metro.	Carga de rotura. Hierro.	Carga de rotura. Acero.	Diámetro.	Flexible 144 alambres y 7 alma Peso por metro.	Carga de rotura. Hierro.	Carga de rotura. Acero.
mm.	kg.	kg.	kg.	mm.	kg.	kg.	kg.
16	1,050	4810	10410	**16**	0,920	4700	10200
18	1,300	6050	13195	**18**	1,140	5800	12600
20	1,650	7100	16000	**20**	1,370	6900	15100
22	1,950	9000	19200	**22**	1,630	8300	18000
24	2,350	10820	23440	**24**	2,100	10500	22700
28	3,200	14500	31000	**28**	2,750	14000	20050
32	4,200	19000	41000	**32**	3,660	18650	40450

4.—Cables de acero para grúas de acero á 120 kg.

Diámetro........ mm.	**26**	**30**	**35**	**40**	**45**	**50**	**57**	**65**	**70**	**80**
Peso por metro... kg.	2,0	2,4	3,0	4,0	4,8	6,2	7,5	9,0	11,1	13,2
Carga de rotura.. ton.	24	30	36	45	54	68	81	95	111	130
Número del alambre...	80	90	96	120	144	180	216	252	294	343
Diámt.° alambre. mm.	1,8	2,0	2,0	2,0	2,0	2,0	2,0	2,0	2,0	2,0

5.—Cables planos.

Ancho.	Espesor.	Peso por metro.	Carga de rotura. Hierro á 55 kg. por mm.^{2}	Carga de rotura. Acero á 120 kg. por mm ^{2}	Alambres. Número.	Alambres. Diámetro.
mm.	mm.	kg.				mm.
38	**9**	1,00	5200	11300	120	1,0
44	**10**	1,15	6250	13550	144	1,0
46	**11**	1,35	7300	15800	168	1,0
46	**11**	1,35	7400	16300	120	1,2
50	**12**	1,65	8900	19600	144	1,2
55	**13**	1,90	10400	22900	168	1,2
60	**15**	2,50	13300	28900	120	1,6
65	**16**	2,90	16000	34700	144	1,6
68	**16**	3,10	17000	36600	120	1,8
75	**18**	3,80	21000	45000	120	2,0
80	**20**	4,55	25000	54000	144	2,0
90	**22**	5,30	29000	63000	168	2,0
105	**22**	6,35	34000	74000	192	2,0
120	**22**	7,10	39000	85000	224	2,0
135	**25**	8,50	44000	97000	256	2,0
150	**28**	9,50	50000	109000	288	2,0
170	**30**	10,60	55000	121000	320	2,0
190	**33**	12,50	67000	146000	320	2,2

235. Cadenas — Carga de rotura = 20 ÷ 25 kg por mm ² de sección; carga de seguridad = 5 ÷ 7 kg. Ancho interior de los eslabones 1,5 d, longitud interior = 2,5 d ÷ 3 d (d = diámetro del hierro.) Sección máxima del gancho ancho = 2 veces el diámetro del perno de sujeción (se calcula como de ordinario): espesor $^2/_3$ del ancho.

Diámetros de las poleas y tambores $D = 20\,d$ por lo menos.

$$\text{Rigidez} = 0{,}3\,\frac{d}{D}\,P.$$

TABLA LXXVII.—Cadenas

d	Carga de seguridad	Peso por m cor	d	Carga de seguridad	Peso por m cor.	d	Carga de seguridad	Peso por m. cor
mm	kg	kg	mm	kg	kg.	mm	kg	kg
6	320	0,75	**12**	1270	3,00	**20**	3500	8,30
7	430	1,00	**13**	1480	3,40	**22**	4200	10,00
8	560	1,35	**14**	1720	4,10	**24**	5000	12,00
9	700	1,70	**15**	1980	4,70	**26**	6000	14,00
10	880	2,10	**16**	2250	5,30	**28**	7000	16,00
11	1060	2,50	**18**	2850	6,70	**30**	8000	18,50

235 *bis* **Tensión debida al peso de un órgano flexible.** — Si un alambre, cable ó cadena de longitud l y de peso p kg. por m se tiende entre dos puntos, situados a la misma altura a la distancia a, siendo f la flecha de la catenaria, T_m la tensión en el punto mas bajo y T la tensión en las uniones, se tiene aproximadamente

$$l = a + \frac{8\,f^2}{3\,a}, \qquad T_m = \frac{p\,a^2}{8\,f}, \qquad T = T_m + p\,f$$

Si los puntos de unión se hallan a distinta altura con un desnivel h, y con la misma distancia horizontal a, se calculan primero f, T con las fórmulas precedentes, después llamando x la abscisa del punto mas bajo de la catenaria, y f la flecha, ambas referidas al punto de unión mas bajo, y T_1 T_2 las tensiones en los puntos más bajo y mas alto de unión, se tendra aproximadamente

$$x = \frac{a}{2}\left(1 - \frac{1}{4}\,\frac{h}{f}\right), \qquad f_1 = f\left(1 + \frac{1}{16}\,\frac{h^2}{f^2}\right) = -\,\frac{h}{2},$$

$$T_1 = T - (f - f_1)\,p; \qquad T_2 = T_1 + h\,p.$$

4.—Motores animados.

236. Fuerza del hombre y de los animales.

1) *Hombre* —Peso medio = 70 kg, trabajo medio por 1" (trabajando varias horas) = 7 — 9 kgm, trabajando a intervalos con descanso 12 — 20 kgm Esfuerzo sobre una manivela (trabajo continuo) = 8 — 10 kgm con una velocidad de 0,75 — 0 90 m en la circunferencia, trabajando durante poco tiempo con intervalos de descanso 25 ÷ 30 kg Tirando ó empujando, durante un período muy corto, un hombre puede desarrollar un esfuerzo máximo de 60 — 100 kg y levantar ó conducir un peso máximo de 120 — 150 kg

Velocidad al paso de marcha 1,25 — 1 50 m por 1", paso ligero 1,70 — 2 m, á la carrera 2,50 m (excepcionalmente) hasta 7 m Longitud media del paso = 0,67 m (2 m cada 3 pasos)

2) *Caballo* —Peso 300 — 450 kg Esfuerzo medio de tracción al paso, trabajando todo el día = 30 — 50 kg, trabajo por 1" correspondiente = 30 — 45 kgm = $^2/$ — $^3/_5$ de caballo de vapor Esfuerzo máximo de tracción durante un tiempo muy corto 250 — 400 kg

Velocidad máxima de un caballo a la carrera 14 m por 1", al galope 10 m, al trote 3,30 — 5 m paso largo 2 m, paso ordinario 0,90 — 1 m

Un caballo puede arrastrar (por término medio) en buenos caminos horizontales, ademas del vehículo, una carga de 350 — 500 kilogramos al trote y 1000 — 1600 kg al paso El peso de los carros varía de 600 — 2000 kg, un carro de 2000 kg puede llevar una carga de 6000 — 8000 kg con 4 — 6 caballos, generalmente el peso de un carro es = $^1/_3$ — $^1/_4$ de la carga En las pendientes la carga total (incluyendo el carro), se reduce á cerca de 0,70, 0,55, 0,44 0,35, 0,30, 0,25, 0 20, 0,15, de la carga en horizontal para pendientes de 1, 2, 3, 4, 5, 6, 7, 8 por 100

3) *Bueyes* —Esfuerzo medio, 65 kg, velocidad, 0,60 m

5.—Motores hidráulicos.

237. Fuerza absoluta y efectiva.—Sean Q m ^{3} el volumen de agua disponible ó necesario por 1'', H la altura de caída, medida entre los niveles de aguas arriba y aguas abajo, N_t la fuerza nominal ó teórica, N_e la fuerza efectiva en caballos de vapor, μ el coeficiente de efecto util Se tiene

$$N_t = \frac{1000\, Q\, H}{75} \qquad Q = \frac{75\, N_t}{1000\, H}, \quad N_e = \eta\, N_t, \quad \eta = 0\,85 \sim$$ en los motores mas perfectos

A. — RUEDAS HIDRÁULICAS.

238. Límites de empleo de las ruedas hidráulicas. Las ruedas hidráulicas han perdido la mayor parte de su importancia desde la invención de la turbina Girard, y su aplicación actual se limita a pequeños saltos $\overline{\overline{<}}$ 3 m. con agua abundante y variable, ó bien a saltos grandes, pero no $>$ 7 ÷ 8 m., y escaso volumen de agua. Por esta razón, sólo se tratará de la rueda de lado (de paletas) y de la rueda por arriba (de cajones).

239. Rueda de lado, de paletas (método del autor; v. la revista *Il Politecnico*, 1877). — Sea:

Q = volumen de agua disponible en m.³ por 1″;
H = altura de caída en m. (de nivel á nivel del agua);
R = radio;
b = ancho de la rueda;
a_1 = altura;
b_1 = ancho del orificio motor;
h = carga del filete medio en el punto de entrada;
V = velocidad del filete medio en este punto;
v = velocidad en m. por 1″ en la circunferencia de la rueda;
n = número de vueltas por 1′ = $\frac{60\,v}{2\,\pi\,R}$;
η = coeficiente de salida en el orificio motor (números **35** y **36**),
μ = coeficiente de efecto útil de la rueda.

1) *Ruedas rápidas con admisión bajo compuerta* (incluso el tipo Poncelet, fig. 143). — Son preferibles á las turbinas para sal-

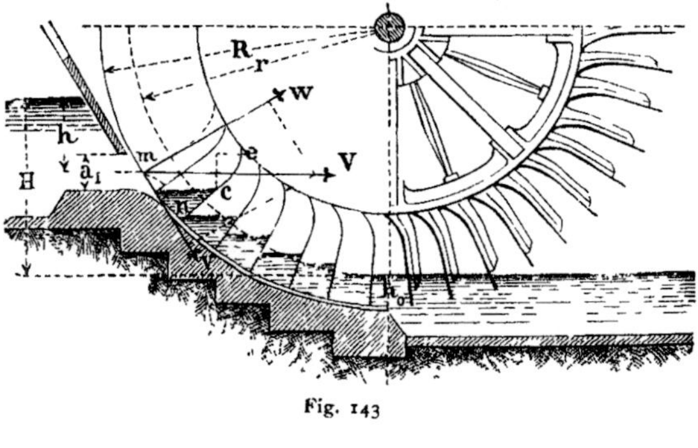

Fig. 143

tos < 3 m., con agua y salto variables, tanto más, cuanto menor sea la altura de caída

Límites de empleo H hasta 3 m, $Q = 0{,}150 - 3{,}50$ m³, agua consumida por 1" y por metro de ancho en la rueda $= \frac{Q}{b} = 0{,}300 - 0{,}900$ m³ No conviene exceda el ancho de 4 m

Se fija $a_1 = 0{,}10 - 0{,}30$ m $h = 0{,}50 - 0{,}80$ m., según que el volumen de agua por metro de ancho varíe de $0{,}300 - 0{,}900$ m³ Se deducen los anchos del bocal y la rueda con las

$$b_1 = \frac{Q}{\mu a_1 \sqrt{2gh}}, \quad V = \sqrt{2gh} \text{ (tabla XXII)}, \quad b = b_1 + 0{,}1 \text{ m.}$$

(μ = coeficiente de salida)

Se escoge R de modo que no sea $< H + 1$ m por lo menos $= 2{,}5$ m, de donde $v = \frac{1}{2} V = \frac{1}{2} \sqrt{2gh}$ La altura h_0 del agua en las paletas se calcula con la

$$h_0 = R - r = (1 - \alpha) R \left[1 - \sqrt{\left\{1 - \frac{2Q}{bvR}\right\}}\right].$$

α depende del juego entre las paletas y el saetín (generalmente 5 — 10 mm), su valor por cada mm de juego se deduce de la tabla siguiente

H	$b = 0{,}5$ m $\frac{Q}{b} =$			$b = 1$ m $\frac{Q}{b} =$			$b = 2 - 4$ m $\frac{Q}{b} =$		
m	**0,300**	**0,450**	**0,900**	**0,300**	**0,450**	**0,900**	**0,300**	**0,450**	**0,900**
1	0,019	0,015	0,013	0,014	0,010	0,008	0,012	0,008	0,005
2	0,023	0,016	0,014	0,017	0,012	0,009	0,015	0,010	0,006
3	0,026	0,017	0,015	0,020	0,013	0,010	0,017	0,011	0,007

Conocidos los niveles superior é inferior del agua, se pone el punto mas bajo de la rueda á una profundidad h_0 del nivel inferior (ó de descarga), ó sea el centro de la rueda á la altura $r = R - h_0$ sobre dicho nivel, después se traza el saetín unido al umbral de la compuerta que se dispone inclinada y muy próxima á la rueda Si el canal de descarga ha de conservar el ancho b, se dispone el fondo en h_0, inferior al punto mas bajo del saetín, con resalto, ó enlazando por un plano en caso contrario, se puede poner á menor profundidad, ensanchandolo hasta alcanzar una sección mínima $= 2\, b\, h_0$

Por el punto m de entrada del filete medio se traza $m\, V =$ $V = \sqrt{2 g h}$ en la dirección del mismo filete (segun una paralela al perfil del umbral) y $m\, v = v$, tangente a la rueda Se completa el paralelógramo y se tiene $m w = w =$ velocidad relativa —El perfil de la paleta se traza tangencialmente á w rectilíneo ó ligeramente curvo

La longitud util de las paletas se determina del modo siguiente se fija el numero de paletas de manera que su distancia á la circunferencia exterior no sea $> 0{,}45 - 0{,}50$ m —Se dibujan las paletas, empezando por la que corresponde al umbral de la compuerta Se trazan los niveles de agua entre las paletas pasando por los puntos medios de los arcos interceptados por éstas en la circunferencia de radio r Sobre la paleta n que sigue a la correspondiente al umbral, se levanta en el punto c una vertical $= \frac{w^2}{2 g}$ y por el extremo se traza una horizontal hasta encontrar la paleta en el punto e, que señala el límite de su longitud util

Construcción —Coronas de hierro fundido ó forjado con ménsulas, sobre las que se fijan las paletas de palastro de 3 — 5 mm ó de madera de 25 — 30 mm —Cubo de hierro fundido, radios de hierro ó de fundición, tirantes diagonales de hierro entre cada cubo y el aro opuesto

Coeficiente de efecto util $\eta = 0{,}60 - 0{,}70$ (crece cuando v y V disminuyen)

2) *Ruedas lentas* (fig 144) —Para el efecto util convienen cuando $H < 3$ m y $Q < 4$ m³

Límites de aplicación $H = 0\ 70 - 3$ m, $Q = 0\ 600 - 4$ m³, consumo de agua por m de ancho $\frac{Q}{b} = 0\ 600 - 1$ m³— El ancho no debe ser > 4 m

Entrada del agua por medio de vertedero, cuya sección es igual a la del canal de llegada, cuando la compuerta esta levantada del todo

Se fija $a_1 = 0{,}80 - 1{,}25$ m en función del volumen de agua asignado por cada m de ancho de la rueda $V = 0{,}70 - 0{,}80$ m (velocidad media en el canal de llegada) v algo $< V$, esto es $= 0{,}65 - 0\ 75$ m Se tiene

$$b_1 = \frac{2}{a_1 V}, \quad b = c_1 + 0\ 1 \text{ m}$$

Se elige $R > H + 2$ m y siempre > 3 m.: se deduce $h_0 = R - r$ como anteriormente: el valor α por mm. de juego se obtiene de la tabla siguiente:

H	$b = 1$ m.		$b = 2$ m.		$b = 3$ m.		$b = 4$ m.	
	$\frac{Q}{b} =$		$\frac{Q}{b} =$		$\frac{Q}{b} =$		$\frac{Q}{b} =$	
m.	**0,600**	**1,000**	**0,600**	**1,000**	**0,600**	**1,000**	**0,600**	**1,000**
1	0,010	0,008	0,006	0,005	0,005	0,004	0,005	0,003
2	0,012	0,010	0,008	0,006	0,007	0,005	0,006	0,004
3	0,015	0,012	0,010	0,007	0,008	0,006	0,007	0,005

Los valores de R, v, $\frac{Q}{b}$ se determinan de modo que nunca resulte $h_0 > 1{,}50$ m. Se traza como en el caso anterior la rueda, el

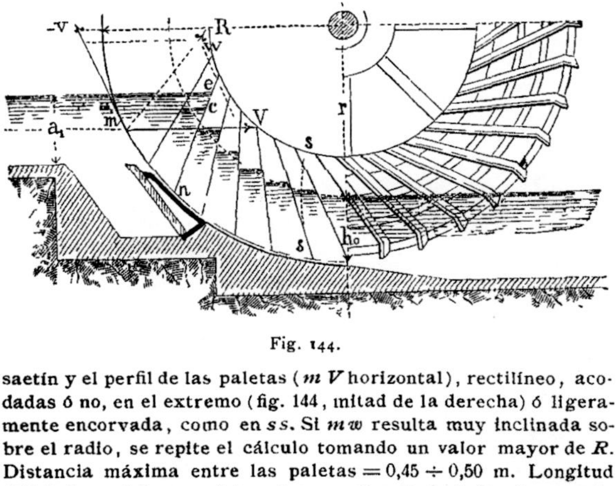

Fig. 144.

saetín y el perfil de las paletas ($m\,V$ horizontal), rectilíneo, acodadas ó no, en el extremo (fig. 144, mitad de la derecha) ó ligeramente encorvada, como en $s\,s$. Si $m\,w$ resulta muy inclinada sobre el radio, se repite el cálculo tomando un valor mayor de R. Distancia máxima entre las paletas $= 0{,}45 \div 0{,}50$ m. Longitud útil de las paletas: se determina por el método indicado para la rueda precedente, ó aproximadamente por el punto de encuentro e del nivel del agua á la llegada, con la paleta n, que sigue á la situada frente al umbral del vertedero.

Construcción — Corona exterior de hierro de 150 × 8 — 200 × 25 milímetros íd intermedias de 70 × 15 — 80 × 20 mm , enlazadas entre sí por hierros en angulo sobre los que se fijan las paletas de hierro ó palastro Cubo radios y arriostrado como en la anterior Compuerta moviéndose de arriba abajo plana ó curva y concéntrica á la rueda

Coeficiente de efecto útil $\mu = 0\ 75 - 0\ 85$ (crece cuando disminuyen v, V)

240 Ruedas de cajones. — Se aplican para alturas de caída $H = 5 - 8$ m y volumen de agua hasta 1 m³ por 1″

Se fija $v = 1\ 50 - 2$ m seguidamente la altura radial de la corona $a = 0\ 15 - 0{,}30$ m , correspondiendo desde los menores á los mayores valores de Q, grado de admisión en los cajones $E = 1/3 - 1/4$, juego entre la rueda y el nivel de descarga $h_0 = 0{,}10 - 0{,}15$ m segun varie el nivel Se deduce

$$b = \frac{Q}{E\ a\ v} \qquad h_2 = b - 0\ 10\ \text{m} \qquad V = 2v$$

$$h = \frac{V^2}{2g} \qquad R = \frac{H - k - h_0}{2}$$

Distancia entre los cajones $\leqq$ 1 5 a Perfil de los cajones arbitrario, pero tal que el borde de un cajón corresponda (fig 145), y mejor, cubra el fondo del siguiente (fig 146)

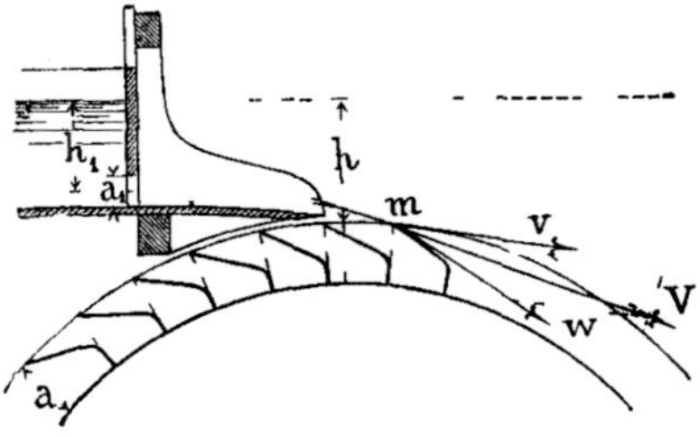

Fig 145

Dibujado el cajón en un punto m á 0 25 — 0 35 m aguas abajo del vértice de la rueda (fig 145) se traza $m\,v = v$ y tangente á la rueda $m\,w$ tangente al borde del cajón haciendo centro en m y con un radio $= V$ se corta a la paralela á $m\,w$ que pasa por v En la prolongación de Vm se traza en línea recta ó con una ligera curva de enlace y en el punto conveniente el filete medio del que se deduce el centro del orificio de admisión

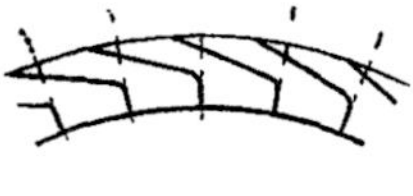

Fig 146

La carga h_1 sobre este orificio se obtiene del dibujo

altura del orificio $a_1 = \frac{Q}{\mu b_1 \sqrt{2 g h_1}}$

la mitad de la cual se lleva á un lado y á otro del filete medio trazándose después el fondo del canal de admisión a la distancia constante $\frac{a_1}{2}$, del filete medio

Construcción — Corona de hierro comprendiendo los cajones de palastro ó madera Fondo interior de la rueda, palastro ó madera Cubo, radios, etc , como en los precedentes

Peso aproximado = 500 — 600 kg por caballo de fuerza efectiva

Coeficiente de efecto util $\mu = 0\,70 - 0{,}80$ (crece con H é inversamente a v, E)

241. Detalles de construcción de las ruedas hidráulicas.—Numero de cubos radiales uno para ruedas de 0,50 m. de ancho, dos para anchos hasta 2 m , tres para las de 2,25 — 3,50 m , cuatro para las de 4 m Numero de radios en cada cubo, $i = 2\,(R + 1)$ Radios de fundición con nervios, ó de hierro forjado (de sección rectangular) Para radios de fundición se tiene

Numero de radios .. .	$i =$ **4**	**6**	**8**	**10**	**12**
Ancho del cubo	$h = 0{,}90\, d$	$0{,}80\, d$	$0{,}76\, d$	$0{,}65\, d$	$0{,}60\, d$

en que d es el diámetro del eje, calculado para la torsión Espesor de los radios $= 0{,}2\, h$, íd de los nervios $= 0\,16\, h$

Radios de hierro ancho $h_1 = 0\,75\, h$, espesor $= 0{,}25\, h$

Diámetro del eje (de hierro) —Si la corona de la rueda es dentada, el eje y los gorrones se calculan para flexión, suponiendo la carga sobre la rueda repartida entre los cubos (numeros **107** y **206**) En caso contrario se calcula para una resistencia compuesta á la torsión y flexión (num **207**), también puede emplearse la fórmula

$$d = 160 \sqrt[3]{\frac{N_e}{n}}$$

d es el eje de la transmisión, el otro extremo del eje se calcula por flexión en función de la carga correspondiente (núm. **205**)

Cubo (fig 147) —Diámetro del eje en el cubo $d_0 = 1{,}15\, d + 6$, longitud del cubo $l = 1{,}1\, d_0 - 1{,}5\, d_0$, espesor $m = 50 + 0{,}35\, d_0$, empotramiento de los radios $h = 2\, h - 2{,}5\, h$

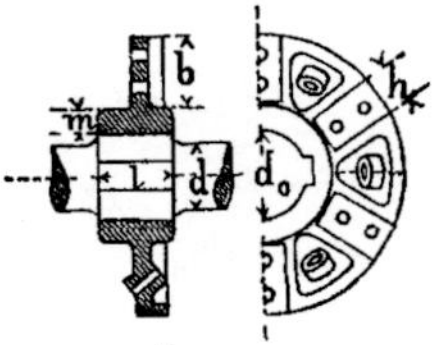

Fig 147

Riostras de hierro entre los cubos y coronas opuestas, de 25 — 50 mm de diámetro segun el ancho de la rueda.

B.—TURBINAS.

242 Turbinas completas ó parciales, sistema Girard.—Aplicables á saltos (> 2 m) y volúmenes de agua cual quiera, pero convienen especialmente en todos los casos en que el

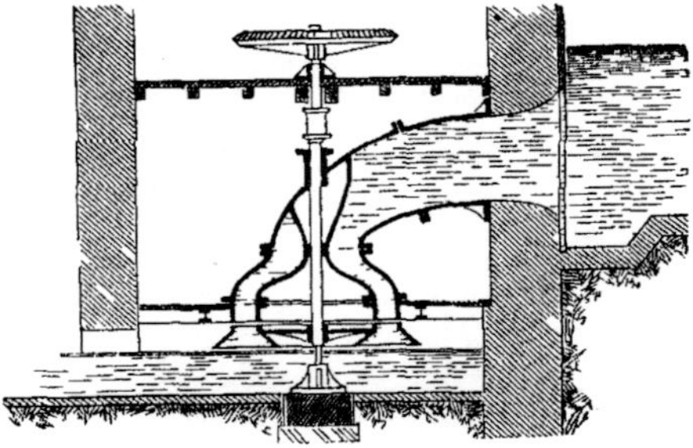

Fig 148

volumen es variable y la altura del salto constante ó poco variable Funcionan mal y pierden mucho efecto, si quedan sumergi-

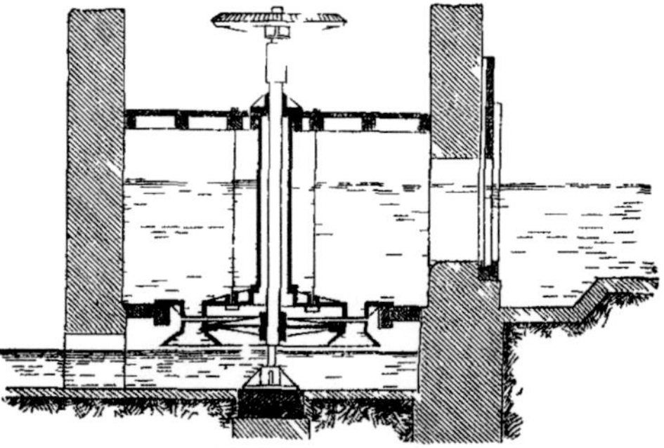

Fig 149

das, por lo que conviene colocarlas mas altas que el nivel máximo de descarga

Segun los casos, pueden ser completas ó parciales y esto como se verá resulta del cálculo mismo

Directrices y paletas helicoidales, entrada del agua por medio de un tubo (fig 148) unido al distribuidor, como se ve en la figura, ó por una caja cilíndrica superpuesta al distribuidor Para saltos $\leqq$ 3 m se puede suprimir el tubo (fig 149), introduciendo el agua en la misma cámara de la turbina

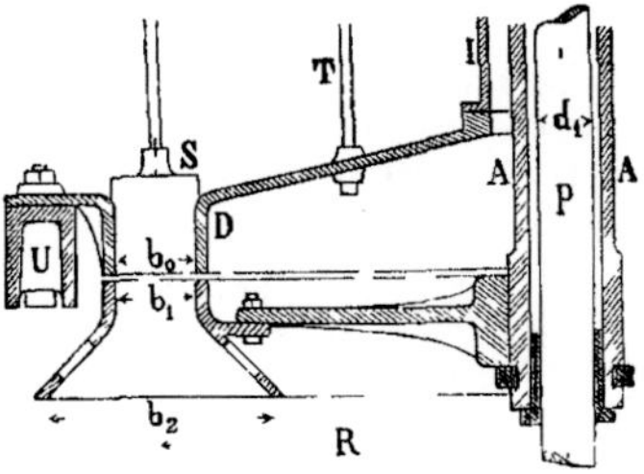

Fig 150

D, distribuidor (figura 150), sostenido por vigas *U* y tirantes *T*, ó de otro modo *S*, llave del distribuidor, *A*, eje hueco, de fundición, que gira sobre un tejuelo (figura 167) fijo al extremo de un eje *P* de hierro, empotrado al pie en una caja de fundición (la rueda se fija a la parte inferior de *A*) *I* tubo vertical para separar el agua del eje

1) *Cálculo* del distribuidor (método del autor) — Sean (figuras 150 151, 152)

V_t = velocidad teórica, V, velocidad efectiva de salida en el distribuidor,

v = velocidad para el máximo efecto en la circunferencia media de la rueda,

n = numero de vueltas por 1′ para el máximo efecto $= \dfrac{60\,v}{2\pi R}$

α_0 = ángulo de inclinación de las directrices,

a_0 = distancia mínima, neta, entre dos directrices en el desagüe de los conductos distribuidores,

b_0 = ancho radial de estos conductos,

s_0 = espesor de las directrices,

a_1, b_1, s_1, a_2, b_2 s_2 análogas dimensiones á la entrada y desagüe de los conductos de la rueda,

c_0, c_1 = alturas del distribuidor y de la rueda,

i_0, i_1 = numero de directrices y de paletas,

h = juego entre la rueda y el nivel de descarga (de 0,03 á 0,10 m para los valores menores á mayores de H),

R = radio medio de la turbina,

μ = coeficiente de salida del distribuidor = 0,85 — 0,87 para caídas pequeñas ($H < 2$ m), 0,90 m para caídas medias (3 — 8 m), y 0,92 para los mayores Según Girard se debe tomar en todos los casos $\mu = 0,85$.

Se elige α_0 tanto mayor cuanto menor es H y mayor el volumen de agua Q, fijándolo, segun los casos, entre 25° (H grande y Q pequeño) y 40° (H pequeño y Q grande) —Para los valores medios de H, Q (H de 2,5 — 8 m, Q de 0 500 — 3 m.³) se puede tomar $\alpha_0 = 30°$

Provisionalmente se da á a_0, 10 mm, ó menos, para turbinas pequeñas (H grande y Q pequeño), 80 — 90 mm para turbinas bastante grandes (H pequeño y Q grande) — Salvo en casos excepcionales y extremos se obtienen buenos resultados con la fórmula

$$a_0 = 10 + 30 \sqrt{\left\{\frac{Q}{\sqrt{H}}\right\}} \text{ mm}$$

Sean c_0 = próximamente $2\,a_0 + 20$, $c_1 = 2\,c_0$ (se aumenta hasta $2{,}1\,c_0 - 2{,}2\,c_0$ en el caso de turbinas grandes) Se fija b_0 entre $2{,}5\,a_0$ (turbinas muy pequeñas) y $4\,a_0 - 6\,a_0$ (turbinas grandes), en los casos medios, $b_0 = 3\,a_0 - 3\,5\,a_0$, $s_0 = 2$ mm para valores pequeños de b_0, 3 — 4 mm. para valores medios, 5 mm para los mayores b_0, si las directrices son de hierro ó acero El doble si de fundición Se calcula

$$V = \mu \sqrt{\left\{2g\,(H - h - c_1)\right\}}, \qquad V' = 0{,}95\,V_t$$

Se deduce $i_0 = \dfrac{Q}{a_0 b_0 \mu\, V}$, se toma para i_0 el número entero y par más próximos al hallado, se le substituye en la misma fórmula y se obtiene el valor definitivo de a_0 Para b_0, c_0, c_1, se pueden conservar los mismos valóres que antes ó se vuelven á calcular.

Entonces se halla

$$R = \frac{i_0\,(a_0 + s_0)}{2\,\pi \text{ sen } \alpha_0}$$

Si R es aceptable en absoluto y al mismo tiempo $\gtreqless 5\,b_0$ (mejor $6\,b_0 - 7\,b_0$), se puede adoptar una turbina de admisión total En caso contrario, conviene una turbina de admisión parcial, cuyo distribuidor ocupe $\dfrac{1}{m}$ de la circunferencia ($m \gtreqless 2$), de manera que $m\,R \gtreqless 5\,b_0$ (mejor $\gtreqless 6\,b_0 - 7\,b_0$), entonces el radio medio de la turbina será $= m\,R$

Cuando los valores de Q son pequeños y los de H grandes, conviene, para evitar los radios demasiado pequeños, adoptar una turbina de admisión parcial aunque R sea $\gtreqless 5\,b_0$, mientras que en el caso de ser grandes los valores de Q y pequeños los de H pudiera convenir turbina de admisión total, aunque R fuese $< 5\,b_0$, evitándose radios excesivamente grandes Además, entre ciertos límites se aumenta ó disminuye el valor de R, disminuyendo ó aumentando los de a_0 y $\frac{b_0}{a_0}$

Para trazar las directrices (fig 151) se lleva el intervalo ó paso $x\,x_1$ ($= \frac{2\pi R}{i_0}$ para turbinas de admisión total ó $= \frac{2\pi R}{m\,i_0}$ en las de admisión parcial) sobre la circunferencia media desarrollada, haciendo centro en x, y con un radio $= a_0 + s_0$ se describe un arco, al que se traza la tangente $x_1 x_2$ que formará la parte rectilínea de la directriz, el punto o en la prolongación de $x\,x_2$ es el centro de la parte curva

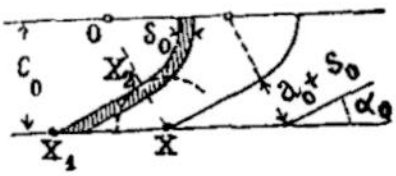

Fig 151

2) *Obturadores* en los conductos distribuidores para volumenes de agua menores que el normal —Consisten en llaves compuertas verticales (fig 150), compuertas, válvulas de charnela u otro órgano semejante que cierra uno ó varios conductos a la vez Importa tener presente el sistema de obturador antes de fijar la forma y numero de las directrices —En las turbinas de admisión parcial conviene una compuerta circular (*O* en las figuras 152 y 154) movida mediante un piñón y una rueda dentada (*C, D* en la fig 154)

3) *Entrada del agua en el distribuidor* —Si hay un tubo se calcula el diametro para que no exceda mucho de 1 m Conviene que el receptor de la turbina ofrezca al agua secciones decrecientes desde la del tubo á la del distribuidor —En las turbinas de admisión parcial el receptor sólo se extiende en el arco ocupado por el distribuidor (figuras 152-154), *T* receptor unido al tubo, *O* obturador

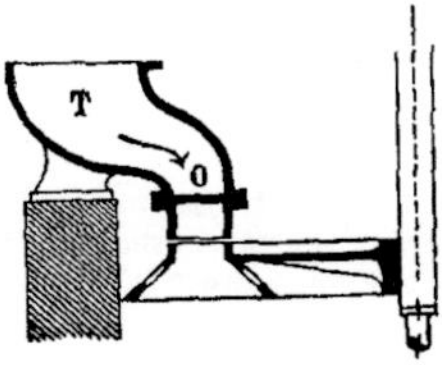

Fig 152

Carga de agua en la embocadura del tubo (fig 148) ó en el plano del distribuidor (fig 149) por lo menos = 1,20 m para evitar haya desnivel ó se forme embudo —Por eso cuando la altura de caída es muy pequeña puede convenir conducir el agua por un sifón cuyo vértice esté mas elevado que el nivel de llegada.

4) *Cálculo de la rueda* (fig. 150).—Juego entre el distribuidor y la rueda $= 3 \div 5$ mm.

$b_1 =$ de $b_0 + 4$ mm. (para b_0 pequeño) á $b_0 + 10$ mm. (para b_0 grande);
$b_2 = 3\,b_1$ en los casos ordinarios: $2{,}5\,b_1 \div 3\,b_1$ para los valores grandes de Q y pequeños de H.

Sección de la corona, dos rectas que se cortan en el punto medio del ancho b_1 ó un poco más arriba y unidas verticalmente á la boca.

Velocidad y número de vueltas para obtener el máximo efecto:

$$v = \frac{V}{2\cos\alpha_0} + \frac{g\,c_1}{V\cos\alpha_0};\quad n = \frac{60\,v}{2\pi R};\quad (g = 9{,}8);$$

$i_1 =$ ó mejor algo $> i_0$ en las turbinas de admisión total é $\gtreqless m\,i_0$ en las de admisión parcial; $a_2 = \dfrac{Q}{i_1\,b_2}$ en las primeras, é $= \dfrac{m\,Q}{i_1\,b_2\,v}$ en las segundas; $s_2 = 5 \div 10$ mm. para los valores crecientes de b_1.

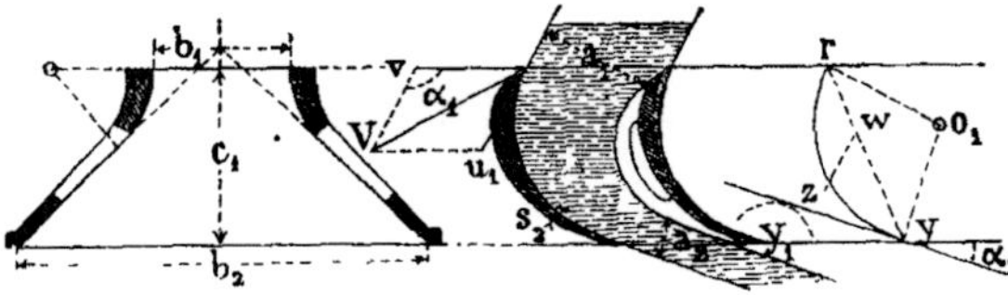

Fig. 153.

La inclinación α_1 de las paletas en la boca, se deduce al trazar el paralelógramo de lado v y diagonal V (fig. 153).—El lado u_1 representa la velocidad relativa del agua á lo largo de la paleta, de donde $a_1 = \dfrac{Q}{i_1\,b_1\,u_1}$.—Llevando sobre la circunferencia inferior el paso $y\,y_1 = \dfrac{2\pi R}{i_1}$, y haciendo centro en y_1 con un radio $= a_2 + s_2 +$ algunos mm. (para asegurar la salida libre de la vena), se traza un arco y la tangente $y\,z$, que da la inclinación α_2 de las paletas á la desembocadura.—Desde un punto cualquiera z de $y\,z$ se traza $z\,w \parallel u_1$ é $= y\,z$, después la $y\,w\,r$; por r la $\perp$ á u_1 hasta encontrar en o_1 la $\perp$ á $y\,z$ que pasa por y; desde o_1 se traza la curva interior de la paleta. Se llevan a_1 a_2 sobre las normales á las tangentes extremas de la paleta de manera que resulten divididas á la mitad por la longitud que separa dos paletas inmediatas; en seguida se dibuja el perfil de la vena con espesores decrecientes desde a_1 á a_2.— Con esto se determina el bisel en el dorso de la paleta, á la que se da un espesor creciente de abajo á arriba, desde s_2 hasta un maximo $= 1{,}5\ s_2 \div 2\ s_2$; y después la ranura para que salga el aire encerrado entre la paleta y la vena.

5) *Efecto útil.*—Turbina de admisión total; término medio $\eta =$ 0,75, maximo 0,80 (calculando Q para $\mu = 0{,}85$).

Turbina de admisión parcial, y también total cuando trabaja, cerrado parcialmente el distribuidor para volúmenes < que el normal:

Arco abierto	1/2	1/3	1/4	1/8	1/10 de la circunferencia
η	0,72 ÷ 0,75	0,69 ÷ 0,73	0,65 ÷ 0,70	0,60 ÷ 0,65	0,55 ÷ 0,60

Pérdida de efecto por la inmersión; turbina de admisión total = próximamente al 10 %; de admisión parcial ó parcialmente cerrada, la pérdida es > y aumenta cuando aumenta el grado de cierre.

Las ruedas de cucharas, empleadas antiguamente en los molinos (turbinas de admisión parcial y de un distribuidor), dan un efecto útil de 0,40 ÷ 0,55.

243. Turbinas de acción radial.—El agua se mueve en planos perpendiculares al eje: directrices y paletas cilíndricas (figuras 154 y 158).

a) Turbina de admisión total (tipo Nagel-Kämpf y análogas) El agua llega inferiormente al distribuidor por medio de un tubo; la rueda es exterior al distribuidor. Cálculo análogo al de las turbinas axiales

b) Turbina de admisión parcial, tipo Girard (fig. 154) —Aplicable especialmente a valores pequeños y medios de Q, con grandes alturas H. El distribuidor se calcula como para las turbinas axiales,

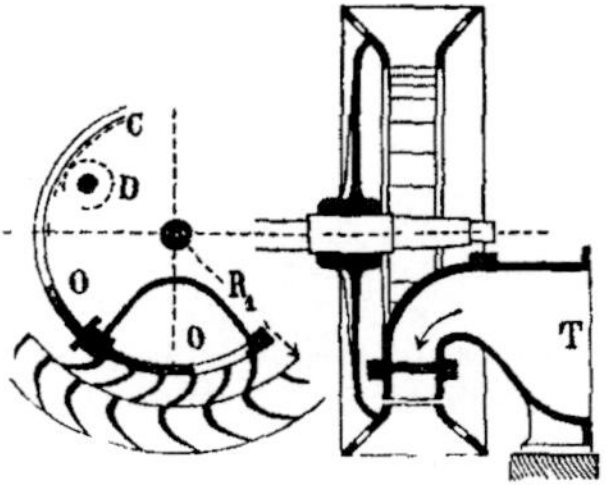

Fig. 154

tratándose siempre de turbinas de admisión parcial, una vez determinados como antes, α_0, a_0, b_0, c_0, c_1, i_0, V, se obtiene directamente el radio R_1 de la circunferencia exterior del distribuidor, ó el grado de admisión m por medio de la fórmula

$$2\pi \frac{R_1}{m} \operatorname{sen} \alpha_0 = t_0 (a_0 + s_0)$$

tomando arbitrariamente m ó R_1, segun convenga

Velocidad v en la circunferencia de radio R_1 para el efecto máximo, próximamente $= \frac{V}{2 \cos \alpha_0}$

La rueda se calcula como antes, salvo que, una vez determinados los angulos α_1, α_2, conviene hallar por tanteos el centro de la curva de la paleta, no siendo aplicable la construcción indicada en la fig 153

244 Turbinas tangenciales, rueda-Pelton —Eje horizontal ó vertical Reciben el agua por medio de uno ó varios inyectores, en dirección casi tangente a la circunferencia exterior de la rueda Se aplican para alturas H de 6 — 8 á 400 — 500 m y nunca $<$ 4 — 5 m con volumenes de agua hasta 0 400 — 0,500 m³ Se calculan como las *turbinas parciales*, núm **243** *b)*

En el tipo de la *rueda Pelton* (eje horizontal), fig 155, las paletas son de doble cuchara, como indica la sección B, dada por $m n$ A, inyector (pueden ser 2, 3, 4 ó 5, dispuestos segun un arco) Se aplican para caídas H de 20 — 250 m con volúmenes Q, de 5 — 250 litros por 1″ — Número de vueltas 150 — 3000 Efecto util $\eta = 0{,}80 - 0{,}85$ para Q normal, y 0,75 — 0,80 con una cantidad de agua $= \frac{1}{2} - \frac{1}{4}$ de la normal Velocidad del agua a la salida de los inyectores $V = 0{,}95 \sqrt{2gH}$, velocidad en la circunferencia media de las paletas para obtener el maximo efecto $v = \frac{1}{2} V$ Sección total de los inyectores (circular en el tipo Pelton, rectangular en otros derivados de él) $= \frac{Q}{V}$ El diámetro de la rueda varia con Q y H, en general no excede de 2 m Ancho de las paletas a = unas 7 veces el diametro de la vena altura y profundidad $= \sim \frac{1}{2} a$ el perfil debe trazarse de manera que, al salir el agua, se desvie ligeramente de los planos laterales de la rueda para no chocar con la paleta próxima

Fig 155

245 Turbina de reacción, radial, centrípeta, tipo francés —(Denominaciones como en el num **242**, substituyendo á v, R las velocidades v_1 v_2 y los radios r_1 r_2 en las periferias de entrada y salida de la rueda móvil (fig 158)

Entrada forzada por un tubo que penetra en un cajón que rodea al distribuidor ó libre con cámara de agua (fig. 156). — Eje vertical ú horizontal.—Tubo de aspiración F bajo la rueda móvil con el borde bajo el nivel de descarga, por lo menos 0,20 m. y distante

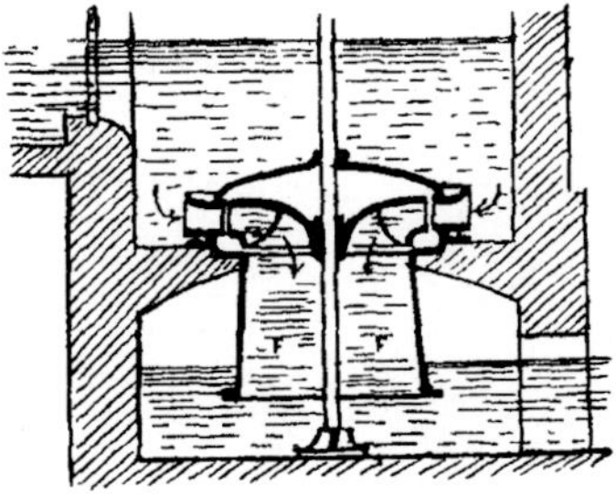

Fig. 156.

del fondo del canal de descarga á lo menos $^3/_4$ de su diámetro; altura no >7 m., lo mejor no exceder de $5 \div 6$ m. Si la turbina es de eje horizontal, el tubo de aspiración se dispone como en las figuras 161 y 162. — Regulación del agua obtenida con la obturación parcial de todos los conductos distribuidores, á la vez, á la entrada ó á la salida ó mediante un anillo M de movimiento axial ó rotatorio (fig. 160) ó usando directrices separables.

Se aplican á saltos (no muy pequeños) y volúmenes cualquiera; convienen especialmente para casos de salto variable á causa del tubo de aspiración.

1) *Tipo radial puro* (fig. 157). — Se fijan: $\alpha_0 = 15° \div 30°$ de Q pequeña con H grande á Q grande y H pequeña ($16° \div 18°$ para Q y H medios); $V = f\sqrt{2gH}$ en la que f es un coeficiente que corresponde al grado de reacción, tomándose de ordinario, y para un cálculo previo, $f = 0,67 \div 0,85$ (y también hasta 0,90) para valores grandes de H (> 20 m.); $0,67 \div 0,55$ para valores pequeños de H (< 5 m.) y $0,67 \sim$ para valores medios de H; después se calcula la velocidad del efecto máximo en la periferia exterior (fig. 158):

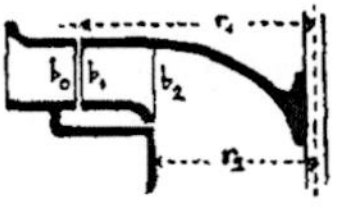

Fig. 157.

$$v_1 = \frac{0{,}85\, g\, H}{V \cos \alpha_0}$$

de ésta, y de la $60\, v_1 = 2\,\pi\, r_1\, n$, se tiene:

$$r_1 = \frac{18}{f \cos \alpha_0} \; \frac{\sqrt{H}}{n}$$

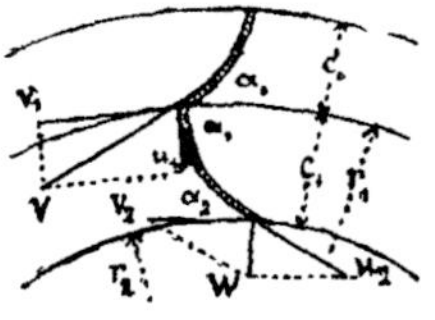

Fig. 158.

de donde se deduce r_1 dado n ó viceversa.

Si no se fija n, se obtienen buenas proporciones tomando $r_1 = 1{,}25 \div 2$ veces $\sqrt{\frac{Q}{V}}$ de los mayores valores de Q con los menores de H á los pequeños de Q y mayores de H.— Conocido r_1 puede fijarse $r_2 = 0{,}75\, r_1 \div 0{,}85\, r_1$, de donde

$$v_2 = u_1 \frac{r_2}{r_1} \; ;$$

el paralelogramo da después $\alpha_1\, u_1$.

Número de las directrices y las paletas en la relación $\sim \frac{1}{1{,}2}$ ($i_1 >$ ó $< i_0$, según el sistema de obturación), y tal que el número menor no difiera mucho de $50 \div 35$ veces r_1 (en m.) de los $<$ á los $>$ valores de r_1; fijando después s_0 se deduce b_0 de la

$$(2\,\pi\, r_1 \operatorname{sen} \alpha_0 - s_0\, i_0)\, b_0 = \frac{Q}{V} \,.$$

Se fija b_1 (entre $b_0 + 5$ mm. y $b_0 + 15$ mm. de los $<$ á los $>$ valores de b_0) y s_1 de modo que se satisfaga la relación

$$(2\,\pi\, r_1 \operatorname{sen} \alpha_1 - s_1\, i_1)\, b_1 = \frac{Q}{u_1} \,.$$

Se determina luego la velocidad relativa u_2 de salida de la rueda con la

$$1{,}125\, u^2_2 = u^2_1 + v^2_2 - v^2_1 + 2\, g\, \psi\, H - V^2$$

en la que $\psi = 0{,}90 \div 0{,}85$ de los $<$ á los $>$ valores de H; con esto se tiene la velocidad absoluta W, de salida de la rueda, y el ángulo α_2 del triángulo de hipotenusa u_2 y cateto v_2, y por consiguiente $b_2\, s_2$ de la

$$(2\pi\, r_2 \operatorname{sen} \alpha_2 - s_2\, i_1)\, b^2 = \frac{Q}{u_2} \,.$$

En general, W no debe ser $> \frac{1}{4}\sqrt{2gH}$ correspondiente a una pérdida de efecto de 6%), con cuyo valor se tendría una turbina, no de gran rendimiento, pero sí capaz de un gran consumo de agua, si se quiere un rendimiento $>$ (con $<$ consumo á igualdad de radios), conviene que W no sea $> \frac{1}{5} - \frac{1}{7}$ de $\sqrt{2gH}$ (pérdida 4 — 2%) — Si el valor hallado para W no satisface a esta condición, y en general, si cualquier valor (como el b_2), no resulta satisfactorio, se repite el cálculo cambiando los datos arbitrarios α_0, f, y por consiguiente, los valores que se deducen de ellos hasta llegar a los resultados buscados

2) *Tipo mixto* —(Se adopta en el caso de valores medios y grandes de Q, combinado con n muy grande, ó con valores pequeños y medios de H)

a) Tipo de la fig 159 (introducción radial descarga entre axial y radial) Se determinan α_0 V r_1 n v_1 u_1 α_1 z_0 z_1 b_0 b_1 como en el tipo 1) precedente (b_0 b_1 resultan tanto $>$ a igualdad de Q y H cuanto $>$ es el numero de vueltas n y por consiguiente cuanto $>$ es r_1) Trazando después á continuación la línea CD, límite de las paletas (en proyección cilíndrica) y la del filete medio probable mn, se calcula v_2 para el radio r del punto n y con el, el valor correspondiente de u_2 con la fórmula del tipo 1), de donde el angulo α_2, salvo rehacer el calculo como antes, segun el valor que resulta para W Entonces de la

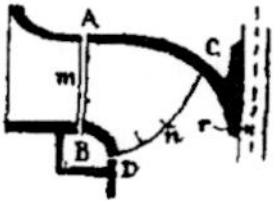

Fig 159

$$(2\pi r \,\mathrm{sen}\,\alpha_2 - s_2 z_1)\, b_2 = \frac{Q}{u_2}$$

se deduce la longitud b_2 que debe ser $\sim = CD$ y se corrige el trazado primitivo de CD

Para mas precisión, se divide el conducto móvil en x conductos parciales de gasto $\frac{Q}{x}$ (dividiendo en x partes iguales la $AB = b_1$) y se repite para el punto medio de salida de cada uno de ellos, el cálculo hecho para el punto n, admitiendo para todos estos puntos, constante el valor de W como se indicó antes De la fórmula se deducen la longitud de cada trozo de la línea CD, en función de los que es facil corregir el trazado de la misma linea

b) Tipo de la fig 160 (caso de un numero n de vueltas muy grande con valores pequeños y medios de H y grandes de Q)

introducción radial y descarga completamente axial, con altura total de paletas hasta de 1,4 ÷ 1,5 veces r_1 Calculo como para el tipo de la fig. 159

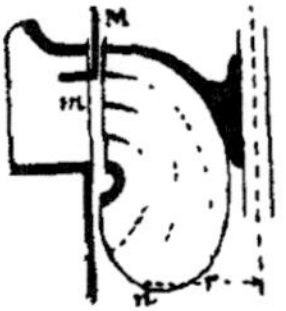

Fig. 160.

3) *Tubo de aspiración.*—De metal ó cemento, altura maxima, profundidad mínima bajo el nivel de descarga y altura mínima sobre el fondo del canal de descarga como antes. Sección F en el origen; se calcula en relación con la velocidad W; sección al pie = 1,1 ÷ 1,5 veces F, de los mayores valores de W, con alturas pequeñas de aspiración, á lo menos de W con alturas grandes.

4) *Disposiciones especiales.*— Para las turbinas de gran potencia se prefiere la disposición con eje horizontal, con turbinas sencillas ó dobles (fig. 161): A tubo de llegada, B caja de distribu-

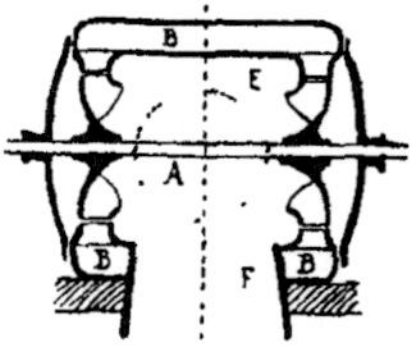

Fig 161.

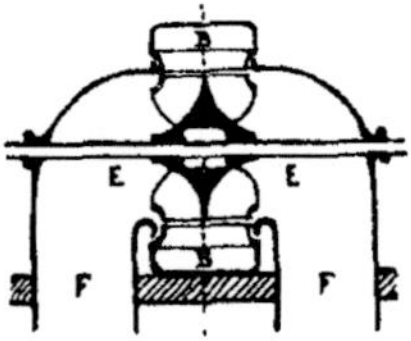

Fig 162.

ción, EF tubo de aspiración; fig. 162. B caja, FF tubos de aspiración) ó cuádruples y también turbinas con varias coronas, etc.

5) *Efecto útil.*—En los tipos más modernos y con un buen sistema de regulación, puede llegarse á $\eta = 0,80 \div 0,85$ con Q normal; 0,75 ÷ 0,80; 0,60 ÷ 0,65; 0,30 ÷ 0,40 para volúmenes de $^3/_4$; $^1/_2$; $^1/_4$ del Q normal

245 *bis* Turbina de reacción radial centrífuga, tipo Fourneyron. — El distribuidor está en el interior y la rueda al exterior; se aplican rara vez, siendo más convenientes por muchas razones las turbinas centrífugas.—Denominaciones y cálculo como para las centrípetas

246. Turbina de reacción axial, tipo Jonval (denominaciones como en el núm. **242**).

Entrada forzada con tubo y caja como en el núm **242**, ó libre con cámara de agua (fig. 163) — Eje vertical ú horizontal — Tubo de aspiración como en el núm. **245.**—Regulación con tabiques cilíndricos (ú otra disposición equivalente) al pié del tubo de aspiración (fig. 163), ó bien y mejor dividiendo el distribuidor y

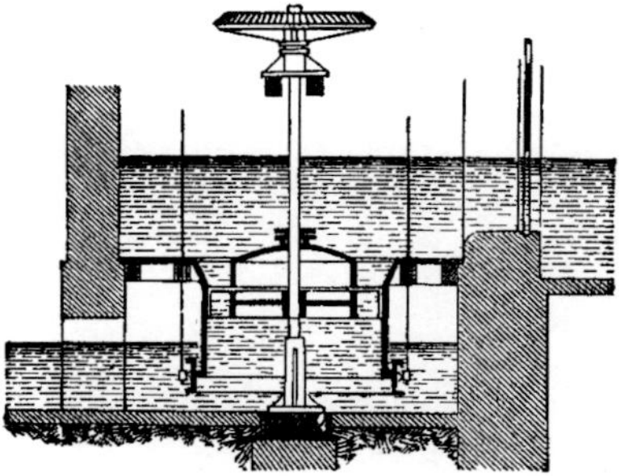

Fig. 163

rueda en dos ó más coronas concéntricas que se obturan sucesivamente, ó estrechando simultáneamente todos los conductos distribuidores.—Paletas libres en la periferia exterior (fig. 163) ó limitados entre dos coronas (fig. 164).

Aplicación y conveniencia como en el núm. **245.**

Cálculo.—Por un cálculo prévio se fijan (fig. 164), α_0 y V, con la misma norma expuesta en el núm. **245.** Después se calcula la velocidad v del maximo efecto en la periferia media.

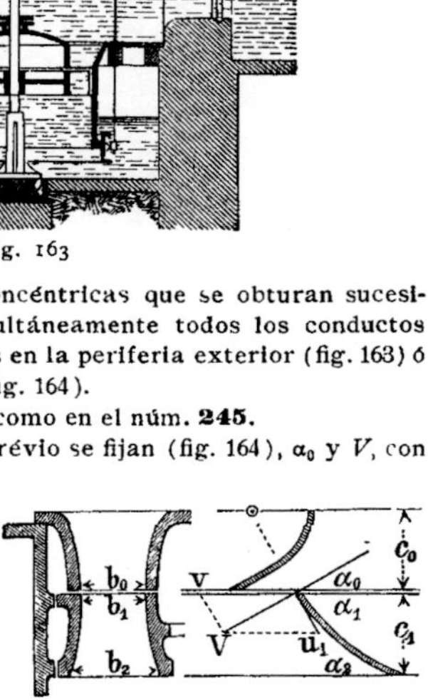

Fig. 164.

$$v = \frac{0{,}85\,g\,H}{V \cos \alpha_0}$$

(siendo $V = f\sqrt{2\,g\,H}$);

de ésta, y de la 60 $v = 2\pi R n$ se deduce:

$$R = \frac{18}{f \cos \alpha_0} \frac{\sqrt{H}}{n}$$

de la que se obtiene el radio medio R conociendo n ó viceversa.

Si se puede elegir libremente R, se obtienen buenas proporciones, tomando R entre una y dos veces $\sqrt{\frac{Q}{V}}$ de los valores grandes de Q y pequeños de H, á los pequeños de Q y grandes de H

Con V y v (fig. 164) se deducen del paralelógramo u_1 y α_1 para el filete medio (para los otros filetes, si se quiere, pueden determinarse los valores analogos, en función de los radios respectivos y por consiguiente los correspondientes valores de v) El valor de u_2 (fig 165) tanto para el filete medio como para las demás, se deduce de la

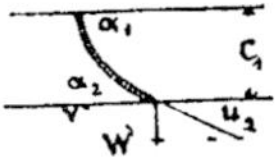

Fig 165

$$1{,}125\, u_2^2 = u_1^2 + 2 g \psi H - V^2 \quad (\psi \text{ como en el núm } \mathbf{245})$$

De la

$$(2\pi R \operatorname{sen} \alpha_0 - s_0 z_0)\, b_0 = \frac{Q}{V}$$

se deduce b_0, fijando s_0 z_0 Conviene que b_0 esté comprendido entre $^1/_2 R$ y $^1/_3 R$, z_0 entre $40\, R$ y $45\, R$ c_0 (fig 164) entre $0{,}2\, R$ y $0{,}3\, R$, de las turbinas pequeñas á las grandes

Para la rueda móvil, se fija $c_1 = 6$ poco diferente de c_0 y se toman z_1 de $45\, R - 50\, R_1$, b_1 de $b_0 + 5$ mm $- b_0 + 15$ mm (de los $>$ a los $<$ valores de b_0) y el espesor s_1, de modo que se satisfaga la relación

$$(2\pi R \operatorname{sen} \alpha_1 - s_1 z_1)\, b_1 = \frac{Q}{u_1}$$

Los valores de W y el ángulo α_2, suponiendo V constante en cada punto y perpendicular a v, se obtienen, para el filete medio, del triángulo de hipotenusa u_2 y cateto v (para los otros filetes si se quiere se deducirá el angulo α_2 tomando para v y u_2 los valores correspondientes a los radios de los puntos respectivos de salida) Después se deducirá b_2 de la

$$(2\pi R \operatorname{sen} \alpha_2 - s_2 z_1)\, b_2 = \frac{Q}{u_2}$$

Se ve entonces, si los valores de W y b_2 satisfacen, segun la norma expuesta en el num **245**, y en caso contrario se repiten los cálculos con otros valores de α_0 y f como se ha indicado

Con α_0, α y α_2, se trazan las directrices de las paletas como en el num **242**

Para trazar las paletas, puede también dividirse en m partes iguales, el angulo entre u_1 y u_2 y la altura c_1 de la rueda en $m + 1$ partes (fig. 166) trazando los trazos sucesivos de las paletas paralelamente á las direcciones sucesivas, de la velocidad relativa entre u_1 y u_2 y substituyendo después á esta línea una curva.

Tubo de aspiración, como en el número **245**.

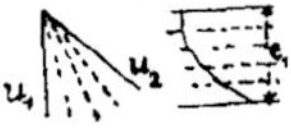

Fig. 166.

Efecto útil de una turbina: $\eta = 0{,}70 \div 0{,}75$.

Para volúmenes $<$ del Q normal y con el obturador al pie del tubo de aspiración, η decrece rapidamente hasta llegar a valer $0{,}30 \div 0{,}40$ para $^1/_2\,Q$; si la regulación se hace en el distribuidor, η decrece con más lentitud, llegando a ser $0{,}55 \div 0{,}60$ para $\frac{Q}{2}$ y $0{,}30 \div 0{,}40$ para $^1/_4\,Q$.

247. Regulación, suspensión y detalles.

Regulación de las turbinas.—Se consigue con reguladores centrífugos, que generalmente actúan sobre un servo-motor á presión de agua, un trinquete, grupo de poleas ú otro mecanismo semejante, movido por la misma turbina, el cual, a su vez, actúa sobre el obturador.

Los servo-motores mecánicos son poco seguros, sobre todo para las turbinas de gran potencia, y deben evitarse en todos los casos en que las variaciones de carga son bruscas y fuertes; siendo entonces, absolutamente preferibles, los servo-motores hidráulicos. Para éstos, se tiene directamente la presión del liquido empleando agua, cuando el salto es bastante grande: en otros casos se obtiene con bombas ó acumuladores, usando agua ó aceite.

Con estos reguladores, puede conseguirse que la velocidad no varíe mas de $3 \div 4\,\%$ para una variación de la mitad de la carga normal.

En el caso de una turbina con una conducción larga, conviene establecer antes del distribuidor una válvula de descarga, para evitar el golpe de ariete que se produce cuando se cierra ó disminuye la admisión.

Suspensión Girard.—El diámetro (mm.) del eje de hierro fijo d_1 (fig. 167) se calcula como en el núm. **103**, caso III, para el peso de la rueda, eje y órganos correspondientes, más el peso de la columna de agua que insiste sobre la corona de la rueda, tomando un valor de $K =$ por lo menos $^1/_{20}$ de la carga de rotura.

El peso de la rueda, eje y demás órganos puede suponerse $= {^1/_2} \div {^2/_3}$ del peso total de la turbina.

Para $K = {^1/_{20}}$ de la carga de rotura se tiene (P carga en kg. L longitud del eje en mm):

$$d_1 = 0{,}18 \sqrt[4]{PL^2}$$

Eje hueco de fundición: la sección anular se calcula fijando primero el diametro interior $d = d_1 + 20$ mm. próximamente; después se halla el diámetro exterior D, tomando como base el momento de torsión, según el número **112**, ó por medio de la fórmula

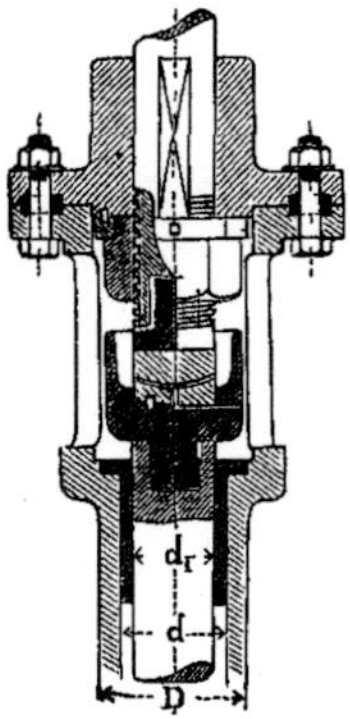

Fig. 167.

$$D^3 = d^3 + 3650000 \frac{N_e}{K n} \ (D, d \text{ en mm.}),$$

siendo N_e la fuerza efectiva en caballos. En esta fórmula se supone K (coeficiente de seguridad) $\overline{\overline{<}}$ $1 \div 1,25$ kg. por mm.²

Gorrones como en el núm. **204** de tuerca y tornillo para regularizar la posición de la rueda (fig. 157) y también para el cambio de piezas

Se usan otras suspensiones análogas para las turbinas de eje vertical, también con ejes sobre esferas (se calculan con la $P =$ carga en kg. $= K i \delta^2$, siendo i el número y δ el diámetro de las bolas ó esferas, y $K =$ 0,025 para bolas de hierro fundido, entre superficies planas de fundición, y 1,25 si es entre superficies esféricas, también de fundición; 0,06 ó bien 3 para esferas de acero, entre superficies planas ó esféricas de acero). — Véase también el núm. **211** *e)*.

En las turbinas de eje vertical, de gran potencia, puede convenir equilibrar el peso de la parte giratoria, ya con el sistema de turbinas múltiples, ya con equilibradores de émbolo, electromagnéticos, etc.

Directrices y paletas, coronas, radios.—Directrices y paletas de hierro fundido, bronce ó palastro, y su espesor, depende del tipo, tamaño y sistema de obturación de la turbina.—Espesor de la corona. distribuidor $12 \div 18$ mm., rueda $16 \div 30$ mm., de los menores a los mayores valores de b_0 y de R (ó R_1 para turbinas radiales).—Radios en número de $4 - 6$, el ancho en el cubo $= \sim D$: espesor $= 0,20 \div 0,25$ del ancho, con nervios; para turbinas pequeñas y medianas, se usa también, en vez de radios, un disco, lleno ó no, con ó sin nervios.—Espesor del cubo $= 50 + 0,35\, D$ mm.

6.—Motores de vapor.

A.—Propiedades del vapor de agua.

248. Datos relativos al vapor de agua saturado.

1) *Presión, temperatura y densidad del vapor de agua saturado seco.*

p = presión en kg. por m.²

p_a = presión en atmósferas (1 atm. = 10330 kg. por m.² = 1,033 kg. por cm.² = 14,7 libras inglesas por pulgada cuadrada).

t = temperatura en grados centígrados... } correspondientes á la presión p.

s = volumen en m.³ de 1 kg. de vapor seco.

$\gamma = \frac{1}{s}$ = peso en kg. de 1 m.³ de vapor seco.

σ = volumen en m.³ de 1 kg. de agua á la temperatura t.

Los valores de estos elementos se encuentran en las tablas LXXVIII, LXXIX y LXXX; en cuanto á σ, aproximadamente se le puede suponer = 0,001 m.³

2) *Estado del vapor.*—Si el volumen v de 1 kg. de vapor de agua á una presión dada p resultase $> s$, es señal de que dicho vapor está recalentado (véase núm. **251**); si es $< s$, está húmedo y contiene por kg. $\frac{s - v}{s - \sigma}$ kg. de agua.—La cantidad de vapor seco contenido en 1 kg. de vapor húmedo es: $x = \frac{v - \sigma}{s - \sigma}$.

Si se trata del vapor húmedo, el volumen de 1 kg. será:

$$v = x(s - \sigma) + \sigma = \sim xs.$$

3) *Calor de vaporización.*—Para calentar 1 kg. de agua de 0° á t^0, se necesitan:

$$q_t = t + 0{,}00002\, t^2 + 0{,}0000003\, t^3,$$

ó aproximadamente $q_t = t$ calorías.

Calor latente interior.. $\rho = 575{,}4 - 0{,}791\, t$ calorías.

» » total.... $r = \rho + \frac{1}{427} p (s - \sigma)$ calorías.

Calor total para vaporizar á t^0 1 kg. de agua á 0°;

$$\lambda = q_t + r = 606{,}5 + 0{,}305\, t \text{ calorías.}$$

Calor para vaporizar á t^{o} 1 kg. de agua a θ^{o};

$$\lambda - q_{\theta}\text{, ó aproximadamente } \lambda - \theta \text{ calorías.}$$

Si en vez de vapor seco se trata de vapor húmedo de título x se tendrá:

Calor total para producirlo con agua á 0°;

$$(1 - x)\, q_t + x\lambda; \quad \sim (1 - x)\, t + x\lambda,$$

y si el agua estuviese ya a θ^{o};

$$(1 - x)(q_t - q_{\theta}) + x(\lambda - q_{\theta}); \quad \sim (1 - x)(t - \theta) + x(\lambda - \theta).$$

4) *Peso y volumen específico.* — Relaciones empíricas entre $p\,\gamma\,s$:

$p\,s^{1,0646} = 1,7617$ (ecuación de la curva límite del vapor saturado)

$$\gamma = 0,5874\, p^{0,9393}$$

Tabla LXXVIII.—Vapor de agua.

(presion en atmósferas.)

p_a atm.	t centígr.	s m.³	γ kg.	p_a atm.	t centígr	s m.³	γ kg.
0,1	46,2	14,552	0,069	**2,6**	129,1	0,672	1,488
0,2	60,4	7,543	0,133	**2,7**	130,3	0,648	1,542
0,3	69,5	5,140	0,194	**2,8**	131,6	0,627	1,596
0,4	76,2	3,916	0,255	**2,9**	132,8	0,606	1,649
0,5	81,7	3,171	0,315	**3,0**	133,9	0,587	1,702
0,6	86,3	2,671	0,374	**3,1**	135,0	0,570	1,756
0,7	90,3	2,302	0,433	**3,2**	136,1	0,553	1,809
0,8	93,9	2,036	0,491	**3,3**	137,2	0,537	1,862
0,9	97,1	1,822	0,549	**3,4**	138,2	0,522	1,915
1,0	100,0	1,650	0,606	**3,5**	139,2	0,508	1,968
1,1	102,7	1,509	0,663	**3,6**	140,2	0,495	2,020
1,2	105,2	1,390	0,719	**3,7**	141,2	0,482	2,073
1,3	107,5	1,289	0,776	**3,8**	142,1	0,470	2,125
1,4	109,7	1,202	0,832	**3,9**	143,1	0,459	2,178
1,5	111,7	1,127	0,887	**4,0**	144,0	0,448	2,230
1,6	113,7	1,060	0,943	**4,1**	144,9	0,438	2,283
1,7	115,5	1,002	0,998	**4,2**	145,8	0,428	2,335
1,8	117,3	0,949	1,053	**4,3**	146,6	0,419	2,387
1,9	119,0	0,902	1,108	**4,4**	147,5	0,410	2,439
2,0	120,6	0,860	1,163	**4,5**	148,3	0,401	2,491
2,1	122,1	0,821	1,218	**4,6**	149,1	0,393	2,543
2,2	123,6	0,786	1,272	**4,7**	149,9	0,385	2,595
2,3	125,1	0,753	1,326	**4,8**	150,7	0,378	2,647
2,4	126,5	0,723	1,380	**4,9**	151,5	0,371	2,698
2,5	127,8	0,697	1,434	**5,0**	152,2	0,364	2,750

Sigue Tabla LXXVIII.

p_a atm.	t centígr.	s m ^{3}	γ kg.	p_a atm.	t centigr.	s m.^{3}	γ kg.
5,1	153,0	0,357	2,802	**9,25**	176,9	0,204	4,898
5,2	153,7	0,350	2,853	**9,5**	178,1	0,199	5,022
5,3	154,4	0,344	2,905	**9,75**	179,2	0,194	5,147
5,4	155,1	0,338	2,956	**10,0**	180,3	0,190	5,270
5,5	155,8	0,332	3,007	**10,25**	181,4	0,185	5,394
5,6	156,6	0,327	3,059	**10,5**	182,4	0,181	5,517
5,7	157,2	0,321	3,110	**10,75**	183,5	0,177	5,640
5,8	157,9	0,316	3,161	**11,0**	184,5	0,173	5,764
5,9	158,6	0,311	3,212	**11,25**	185,5	0,170	5,886
6,0	159,2	0,306	3,263	**11,5**	186,5	0,166	6,009
6,1	159,9	0,302	3,314	**11,75**	187,5	0,163	6,132
6,2	160,5	0,297	3,365	**12,0**	188,4	0,160	6,254
6,3	161,1	0,293	3,416	**12,25**	189,3	0,157	6,376
6,4	161,8	0,288	3,467	**12 5**	190,3	0,154	6,499
6,5	162,4	0,284	3,518	**12,75**	191,2	0,151	6,621
6,6	163,0	0,280	3,568	**13,0**	192,1	0,148	6,742
6,7	163,6	0,276	3,619	**13,25**	193,0	0,146	6,864
6,8	164,2	0,272	3,670	**13,5**	193,8	0,143	6,986
6,9	164,8	0,269	3,721	**13,75**	194,7	0,141	7,107
7,0	165,3	0,265	3,771	**14,0**	195,5	0,138	7,21
7,25	166,8	0,256	3,897	**14,5**	197	0,134	7,45
7,5	168,2	0,248	4,023	**15,0**	199	0,130	7,68
7,75	169,5	0,241	4,149	**15,5**	200	0,126	7,92
8,0	170,8	0,234	4,275	**16,0**	202	0,122	8,16
8,25	172,1	0,227	4,400	**17**	205	0,116	8,64
8,5	173,4	0,221	4,525	**18**	208	0,110	9,12
8,75	174,6	0,215	4,650	**19**	210	0,104	9,58
9,0	175,8	0,209	4,774	**20**	213	0,099	10,06

Tabla LXXIX.—Vapor de agua.

(presion en kg. por cm ^{2}), (para temperaturas < 100°, vease la tabla XVIII).

p kg.-cm.^{3}	t centigr.	s m.^{3}	γ kg.	p kg -cm.^{2}	t centígr.	s m.^{3}	γ kg.
0,1	45,6	15,048	0,066	**0,9**	96,2	1,884	0,531
0,2	59,7	7,800	0,128	**1,0**	99,1	1,706	0,586
0,3	68,7	5,313	0,188	**1,1**	101,8	1,560	0,641
0,4	75,5	4,049	0,247	**1,2**	104,2	1,437	0,696
0,5	80,9	3,280	0,305	**1,3**	106,5	1,333	0,750
0,6	85,5	2,762	0,362	**1,4**	108,7	1,243	0,804
0,7	89,5	2,388	0,419	**1,5**	110,8	1,165	0,858
0,8	93,0	2,106	0,475	**1,6**	112,7	1,096	0,912

Sigue Tabla LXXIX.

p kg.-cm.^{3}	t centigr.	s m.^{3}	γ kg.	p kg.-cm.^{3}	t centígr.	s m.^{3}	γ kg.
1,7	114,5	1,036	0,966	**8,2**	170,5	0,236	4,230
1,8	116,3	0,981	1,019	**8,4**	171,5	0,231	4,327
1,9	118,0	0,933	1,072	**8,6**	172,5	0,226	4,423
2,0	119,6	0,889	1,125	**8,8**	173,4	0,221	4,520
2,1	121,1	0,849	1,178	**9,0**	174,4	0,217	4,616
2,2	122,6	0,813	1,230	**9,2**	175,3	0,212	4,712
2,3	124,0	0,779	1,083	**9,4**	176,2	0,208	4,808
2,4	125,4	0,749	1,335	**9,6**	177,1	0,204	4,904
2,5	126,7	0,721	1,387	**9,8**	178,0	0,200	4,999
2,6	128,0	0,695	1,439	**10**	178,9	0,196	5,095
2,7	129,3	0,670	1,491	**10,5**	181,0	0,187	5,333
2,8	130,5	0,648	1,543	**11**	183,1	0,179	5,571
2,9	131,6	0,627	1,595	**11,5**	185,0	0,172	5,808
3,0	132,8	0,607	1,647	**12**	186,9	0,165	6,044
3,1	133,9	0,589	1,698	**12,5**	188,8	0,159	6,281
3,2	135,0	0,572	1,749	**13**	190,6	0,153	6,516
3,3	136,1	0,555	1,801	**13,5**	192,3	0,148	6,751
3,4	137,1	0,540	1,852	**14**	194,0	0,143	6,985
3,5	138,1	0,525	1,903	**14,5**	195,6	0,139	7,219
3,6	139,1	0,512	1,954	**15**	197,2	0,134	7,452
3,7	140,0	0,499	2,005	**15,5**	198,8	0,130	7,685
3,8	141,0	0,487	2,056	**16**	200,3	0,126	7,917
3,9	141,9	0,475	2,106	**16,5**	201,8	0,123	8,149
4,0	142,8	0,464	2,157	**17**	203,3	0,119	8,380
4,2	144,6	0,443	2,258	**17,5**	204,7	0,116	8,611
4,4	146,3	0,424	2,359	**18**	206,1	0,113	8,841
4,6	147,9	0,407	2,459	**18,5**	207,4	0,110	9,072
4,8	149,5	0,391	2,560	**19**	208,8	0,108	9,301
5,0	151,0	0,376	2,660	**19,5**	210,1	0,105	9,531
5,2	152,5	0,362	2,759	**20**	211,3	0,102	9,760
5,4	153,3	0,350	2,859	**20,5**	212,6	0,100	9,988
5,6	155,3	0,338	2,958	**21**	213,8	0,098	10,217
5,8	156,6	0,327	3,057	**21,5**	215,0	0,096	10,445
6,0	157,9	0,317	3,156	**22**	116,2	0,094	10,673
6,2	159,2	0,307	3,254	**22,5**	217,4	0,092	10,900
6,4	160,5	0,298	3,353	**23**	218,5	0,090	11,126
6,6	161,7	0,290	3,451	**23,5**	219,7	0,088	11,353
6,8	162,9	0,282	3,549	**24**	220,8	0,086	11,581
7,0	164,0	0,274	3,647	**25**	223,0	0,083	12,032
7,2	165,2	0,267	3,744	**26**	225,1	0,080	12,483
7,4	166,3	0,260	3,842	**27**	227,1	0,077	12,932
7,6	167,4	0,254	3,939	**28**	229,1	0,075	13,381
7,8	168,4	0,248	4,036	**29**	231,1	0,072	13,832
8,0	169,5	0,242	4,133	**30**	232,9	0,070	14,271

TABLA LXXX.

Volumen de 1 kg de agua á diversas temperaturas.

(Dwelshauvers-Dery)

Temp centígrados	Vol σ de 1 kilogr m³	Temp centí grados	Vol σ de 1 kilogr m.³	Temp centí grados	Vol σ de 1 kilogr m³	Temp centí grados	Vol. σ de 1 kilogr m³
— 10	0,00100185	**30**	0 00100424	**90**	0,00103586	**150**	0,00109030
— 5	0,00100070	**40**	0,00100767	**100**	0,00104315	**160**	0,00110179
0	0,00100012	**50**	0,00101193	**110**	0,00105119	**170**	0,00111395
4	0,00100000	**60**	0,00101698	**120**	0,00105993	**180**	0,00112678
10	0,00100026	**70**	0,00102263	**130**	0,00106937	**190**	0,00114026
20	0,00100173	**80**	0,00102902	**140**	0 00107949	**200**	0,00115438

249 Velocidad de salida del vapor —Cuando el vapor saturado y seco a la presión absoluta p_1 (kg por cm², temperatura t_1 y volumen específico v_1 ($v_1 = s_1$ para el vapor seco, véase tabla LXXIX) sale por un orificio en pared delgada, ó seguida de un conducto (distribuidor de una turbina de vapor, etc) a un ambiente en el que reina la presión p_2, la presión en el plano del orificio, ó en la sección mínima del conducto es

$$p_m = \sim 0{,}575\ p_1$$

Si $p_2 > p_m$ ó sea $> 0{,}575$ la salida se debe a la diferencia de presión $p_1 - p_2$ y la velocidad teórica de salida (es decir sin pérdidas de rozamiento en el orificio ó en el tubo) se deduce de la:

$$w = 1{,}284 \sqrt{\left\{ p_1\, s_1 \left[1 - \left(\frac{p_2}{p_1} \right)^{0{,}170} \right] \right\}} \text{ m por } 1$$

Volumen especifico del vapor salido

$$v_2 = v_1 \left(\frac{p_1}{p_2} \right)^{0{,}88} \text{ m}^3 \text{ por kg}$$

peso en kg. por 1" por m² de sección

$$G = \frac{w}{v_2}$$

título del vapor salido

$$x = \left(\frac{p_2}{p_1} \right)^{0{,}058}$$

Si $p_2 < 0{,}575\ p_1$ la salida se debe a la diferencia $p_1 - p_m$ y la velocidad de salida es

$w_m = 323 \sqrt{p_2 s_1}$, en el orificio ó en la sección mínima del conducto.

Peso salido por 1" y por m² de sección:

$$G = 199 \sqrt{\frac{s_1}{p_1}}\,; \quad \text{título} = 0{,}97.$$

El valor de G se corrige con un coeficiente de salida, cuyos valores son casi como los de salida del agua, es decir como en el núm. **31** para orificios en pared delgada y como en el núm. **38** si se trata de un conducto.

Valores de w_m, G para $p_2 < p_m$:

p_1	**1**	**2**	**3**	**4**	**5**	**6**	**7**	**8**	**9**	**10**	kg.
p_m	0,57	1,15	1,73	2,31	2,89	3,46	4,04	4,62	5,20	5,77	»
w_m	422	430	436	440	442	445	447	449	451	452	m.
G	152	301	444	586	727	867	1007	1146	1285	1423	kg.
p_1	**11**	**12**	**13**	**14**	**15**	**16**	**17**	**18**	**19**	**20**	kg.
p_m	6,35	6,93	7,51	8,08	8,62	9,19	9,76	10,34	10,91	11,49	»
w_m	453	454	455	456	457	458	459	460	461	461	m.
G	1561	1608	1834	1968	2060	2182	2365	2518	2655	2777	kg.

En uno y otro caso, dado el peso del vapor que debe salir por 1", se deduce dividiéndolo por G, el área de salida (sección mínima) en m.²

Prolongando el conducto con secciones crecientes más allá de la sección mínima, de modo que la velocidad de salida en el conducto corresponda á la presión exterior p_2, es decir, á la diferencia entera de presión $p_1 - p_2$, y por consiguiente la relación entre la sección de salida F_1 del conducto y la mínima F_m sea la máxima posible, y también la relación entre la velocidad de salida w_1 y la w_m en la sección mínima, se deducen (juntamente con el título x del vapor salido) de la tabla siguiente (el peso G salido por 1" y por m.² de sección queda invariable, y se le determina siempre con la tabla precedente, según el valor de p_1):

$\frac{p_1}{p_2}$	**2**	**4**	**5**	**6**	**8**	**10**	**15**	**20**	**25**	**30**
$\frac{w_1}{w_m}$	1,12	1,55	1,65	1,74	1,86	1,92	2,08	2,18	2,25	2,30
$\frac{F_1}{F_m}$	1,02	1,35	1,53	1,72	2,07	2,44	3,21	3,97	4,64	5,31
x	0,96	0,92	0,91	0,90	0,89	0,87	0,85	0,84	0,82	0,82

$\frac{p_1}{p_2}$	40	50	60	70	80	90	100	120	150	200
$\frac{w_1}{u_m}$	2,37	2,43	2,47	2,51	2,54	2,56	2,58	2,62	2,66	2,72
$\frac{F_1}{F_m}$	6,64	7,98	9,16	10,4	11,6	12,7	13,8	15,8	18,9	23 8
x	0,81	0,80	0,79	0,78	0,77	0,77	0,76	0,76	0,75	0,73

249 *bis*. **Expansión y compresión del vapor.**—Si $p_1 V_1$, $p_2 V_2$, $p\ V$ son la presión y el volumen al principio, al fin y en un instante cualquiera, siguiendo (como en el caso general) la ley

$$p_1 V_1^{\mu} = p_2 V_2^{\mu} = p V^{\mu} = \text{constante}$$

se tiene (μ es un exponente apropiado)

$$\text{trabajo } L = \frac{p_1 V_1}{\mu - 1}\left[1 - \left(\frac{V_1}{V_2}\right)^{\mu - 1}\right] = \frac{p_1 V_1}{\mu - 1}\left[1 - \left(\frac{p_2}{p_1}\right)^{\frac{\mu - 1}{\mu}}\right]$$

Dado después el peso G del vapor, se tienen el volumen específico final $v_2 = \frac{V_2}{G}$ y el título final a la presión p_2 $\quad x_2 = \frac{v_2 - \sigma}{s_2 - \sigma}$

Si la expansión se realiza sin aumento ni pérdida de calor (curva adiabática) y x_1 es el *título inicial* del vapor, se puede admitir con Zeuner para x_1 no $< 0{,}70$

$$\mu = 1{,}035 + 0{,}1\, x_1, \quad \text{si el mayor está seco } \mu = 1{,}135$$

250. Conductos ó tuberías de vapor.—Pérdida de presión. aproximadamente la fórmula del num **86** —Vapor condensado (Véase num. **13**)

251. Vapor recalentado.—El vapor está recalentado, cuando a igualdad de presión, tiene una temperatura $>$ ó una densidad $<$ que la del vapor saturado En ese caso, siendo p la presión en kg por cm ^{2}, t la temperatura del vapor recalentado y v el volumen específico (m ^{3} por kg.) se tiene con gran aproximación (profesor Battelli)

$$p\,(v - 0{,}0084) = 0{,}00467\,(273 + t).$$

Para un recalentamiento fuerte, puede considerarse al vapor recalentado como un gas con la

$$p v = 0{,}0047\,(273 + t)$$

Calor específico —Calor específico para elevar en 1° la temperatura de 1 kg. de vapor recalentado á presión constante: $c_p = 0{,}48 \div 0{,}60$ (para las presiones y temperaturas usadas comunmente en las máquinas de vapor, parece más prudente adoptar $c_p = \sim 0{,}60$).—Relación entre los calores específicos á presión y á volúmen constante: $\frac{c_p}{c_v} = 1{,}33 \div 1{,}25$; en lo que sigue se supone esta relación $= 1{,}33$.

Calor total, respecto al agua á 0°, contenido en 1 kg. de vapor recalentado, obtenido recalentando á presión constante hasta la temperatura t 1 kg. de vapor saturado seco á t_0:

$$\lambda = 606{,}5 + 0{,}305\, t_0 + c_p\,(t - t_0) \text{ calorías.}$$

Calor interno $= 476{,}11 + 70{,}6\, p v$ calorías.

Expansión y compresión.—Como en el núm. **249** *bis*. En el caso de la expansión adiabática, se tiene $\mu = \frac{c_p}{c_v} = \sim 1{,}33$.

El vapor recalentado, partiendo de la presión p_1 y del volumen específico v_1 y expansionándose según la ley $p v^\mu =$ constante, se satura en el momento en que los valores de p y v (coordenadas de la curva de expansión) satisfacen simultáneamente á las dos ecuaciones:

$$p v^\mu = p_1 v_1^\mu; \quad p v^{1,065} = 1{,}76 \text{ (curva límite del vapor saturado).}$$

251 *bis*. **Salida del vapor recalentado.**—Sirven las mismas presiones del núm. **249**.

La presión en el plano del orificio ó en la sección mínima del tubo adicional es:

$$p_m = 0{,}54\, p_1 \div 0{,}55\, p_1.$$

Si $p_2 > 0{,}54\, p_1$, se tiene ($p_1 v_1$ presión y volumen específico inicial):

$$\text{velocidad de salida: } w = 885 \sqrt{\left\{ p_1 v_1 \left[1 - \left(\frac{p_2}{p_1}\right)^{0,25}\right]\right\}} \text{ kg. p. 1''}$$

$$v_2 = v_1 \left(\frac{p_1}{p_2}\right)^{0,75};$$

$$G = \text{peso salido por 1'' y por m.}^2 \text{ de sección} = \frac{W}{v_2} \text{ kg.}$$

Si $p_2 < 0{,}54\, p_1$, se tiene:

$$v_m = 335 \sqrt{p_1 v_1} \text{ para la sección mínima: } G = 212 \sqrt{\frac{p_1}{v_1}}$$

En ambos casos, dado el peso del vapor que debe salir por 1" y dividiéndolo por G, se tiene el área de salida en m.²

Valores de $\frac{w_m}{\sqrt{v_1}}$

p_1	1	2	3	4	5	6	7	8	9	10
$\frac{w_m}{\sqrt{v_1}}$	335	474	580	670	749	821	886	947	1005	1059
p_1	11	12	13	14	15	16	17	18	19	20
$\frac{w_m}{\sqrt{v_1}}$	1111	1160	1208	1253	1297	1340	1381	1421	1460	1498

Prolongando y alargando el tubo adicional, la velocidad de salida aumenta hasta alcanzar el valor maximo w_1 correspondiente á la diferencia total de presión $p_1 - p_2$. Los valores de la relación w_1 y w_m se deducen de la tabla siguiente

$\frac{p_1}{p_2}$	2	3	4	5	6	7	8	9	10	15
$\frac{w_1}{w_m}$	1,13	1,27	1,42	1,50	1,56	1,62	1,67	1,71	1,73	1,85
$\frac{p_1}{p_2}$	20	25	30	40	60	80	100	120	150	200
$\frac{w_1}{w_m}$	1,91	1,96	2,00	2,04	2,10	2,14	2,16	2,18	2,21	2,25

Ejemplo.—El vapor recalentado a la presión p_1 de 10 kg y a la temperatura de 250° sale á un ambiente en el que reina una presión p_2 de 4 kg. El volumen específico de este vapor está expresado por la

$$v_1 = 0{,}00467\,(273 + 250)\,\frac{1}{10} + 0{,}0084 = 0{,}252 \text{ m}^3 \text{ por kg}$$

Primero se ve si al expansionarse el vapor de 10 á 4 kg se sotura, aplicando al método indicado, para $\mu = 1{,}33$, se tiene·

$$v^{1,88-1,066} = \frac{10}{1,76} \, 0,253^{1,88}; \quad \text{de donde } v = \sim 0,70;$$

luego, $p \cdot 0,70^{1,88} = 10 \cdot 0,253^{1,88}$; de donde $p = \sim 2,6$.

El vapor, pues, se conserva recalentado y como la presión exterior p_2 es $< 0,54\,p_1$, se tendrá:
de la 1.ª tabla para $p_1 = 10$ y $v = 0,253$:

$$w_m = 1059 \sqrt{v_1} = 532,68 \text{ m. por } 1'';$$

y de la 2.ª, interpolando para $\frac{p_1}{p_2} = 2,5$:

$$w_1 = 1,20\, w_m = 639 \text{ m. por } 1''.$$

B.—Calderas de vapor.

252. Tipos usuales de calderas fijas.

1. *Calderas de Cornouailles* (figuras 168 y 169).—El empleo de las calderas Cornouailles de un hogar se limita á superficies de calefacción de 10 á 60 m.² Las calderas de dos hogares entre 35 ÷ 90 m.²

Fig. 168.

Altura de la cámara de vapor = cerca de $^1/_3$ del diámetro de la caldera; altura mínima de agua sobre los hogares = 0,15 ÷ 0,20 m.; distancia mínima entre hogar y caldera, ó entre los hogages, 0,12 ÷ 0,15 m.

Diámetros de la caldera y del tubo interior $D\,d$. Si sólo tiene un hogar, $D = 1,25 \div 1,80$ m., al cual corresponde $d = 0,60 \div 0,90$ m.; para dos hogares se hace ordinariamente:

$$D = 1,80 \text{ m.}, \quad 1,90 \text{ m.}, \quad 2,0 \text{ m.}, \quad 2,10 \div 2,20 \text{ m.},$$

á los que corresponde:

$$d = 0,65 \text{ m.}, \quad 0,70 \text{ m.}, \quad 0,75 \text{ m.}, \quad 0,80 \text{ m.}$$

Longitud 4,50 ÷ 9 m. En general no conviene que la longitud exceda de 10 ÷ 11 m., y en este caso se emplean hogares ondulados, tubos interiores con juntas de dilatación, ó por lo menos bridas. (Núm. **253**.)

Superficie de calefacción = $^1/_2 \div {}^7/_{12}$ de la superficie cilíndrica de la caldera más toda la superficie de los tubos interiores

Conducto de humos: tres circulaciones (fig. 168) (la mitad de la izquierda es la sección al final de la caldera, y la mitad de la derecha es la sección anterior, donde se verifica el paso del humo),

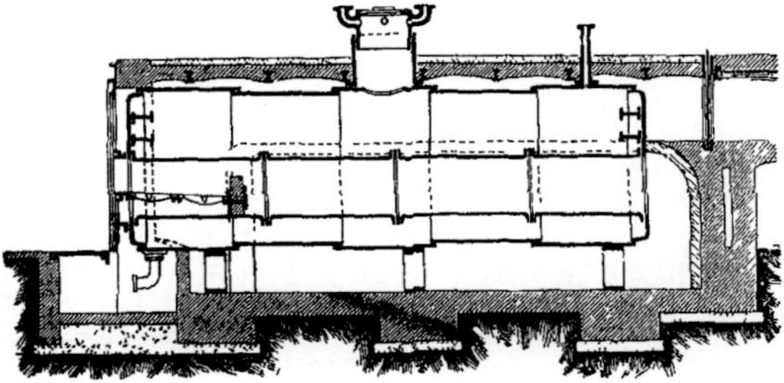

Fig. 169.

el orden en que se verifica la circulación es: primero el tubo ó tubos interiores, después el conducto inferior (que llega hasta 12 ÷ 15 cm. bajo el nivel del agua), y finalmente el superior; ó bien, el tubo ó tubos interiores, después los conductos laterales y el conducto inferior; y tambien el tubo ó tubos interiores y luego los conductos laterales La alimentación por la parte más lejana al hogar.

Se pueden aprovechar más los humos usando para los tubos interiores palastro ondulado (véanse figuras 170 y 171), ó añadiendo dos tubos de 0,50 ÷ 0,70 m. de diámetro (calculados para la

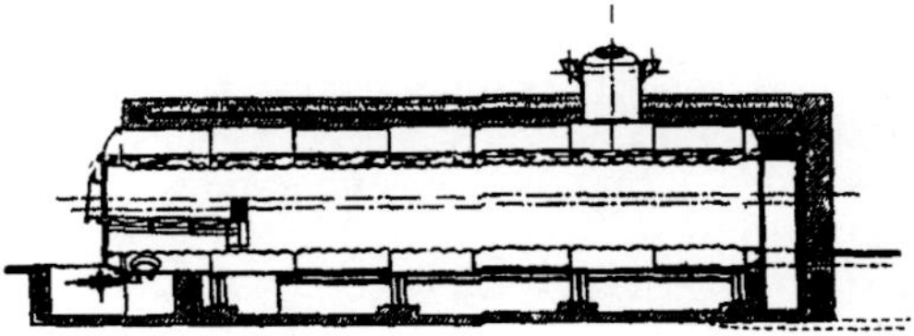

Fig. 170.

mitad de su superficie caldeada) colocados en el conducto superior, ó también (especialmente cuando los tubos calentadores sirvan para varias calderas) en conductos recorridos por los humos en su trayecto desde la caldera hasta la chimenea.

Para aumentar la vaporización, activando la circulación del agua, y también para facilitar la limpieza en las calderas de un hogar, se acostumbra á desviar lateralmente el tubo interior (fig. 171).

La caldera Cornouailles de hogar ondulado excéntrico (figuras 170 y 171) se suelen hacer de las proporciones siguientes (véase también la tabla LXXXIV): diámetro del tubo exterior, 1,60 ÷ 1,80; 2; 2,20 m. Diámetro del tubo interior respectivo, 0,80 ÷ 0,90 metros; 0,95 ÷ 1,05; 1,10 ÷ 1,20; 1,25 ÷ 1,35. Longitudes respectivas, 4 ÷ 6 m.; 4,50 ÷ 7,50; 6 ÷ 8,70; 8,75 ÷ 10,80. Distancia entre los centros de la caldera y del hogar: en sentido vertical, 0,12 ÷ 0,14 m.; en sentido horizontal, 0,12 ÷ 0,18 m. de fondo, generalmente curvo, con 0,15 ÷ 0,22 m. de flecha. Superficie de caldeo 20 ÷ 90 m.²

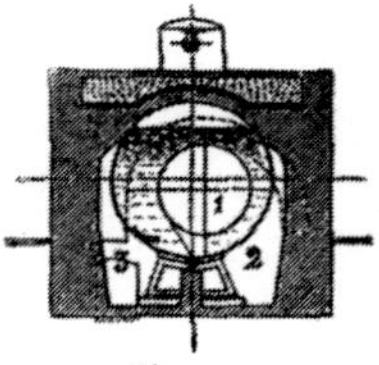

Fig. 171.

2) *Calderas con hervidores.*— Un cuerpo cilíndrico de 0,80 ÷ 1,30 m. de diámetro y dos tubos hervidores de 0,50 ÷ 0,70 con hogar exterior bajo los hervidores. Longitud hasta 9 ÷ 10 m. El

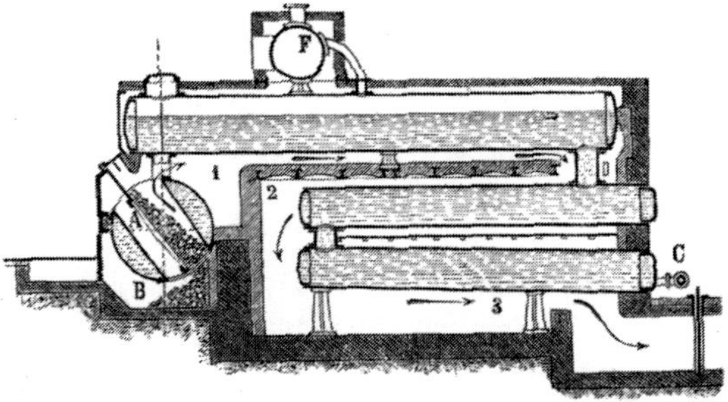

Fig. 172.

humo envuelve los hervidores en la primera circulación, después pasa primero sobre uno y luego sobre el otro lado de la caldera hasta la altura del centro á 12 ÷ 15 cm. bajo el nivel del agua.

3) *Calderas con recalentadores* (fig. 172).— Constan de dos ó

más series (como la indicada en la figura), una al lado de otra y compuesta cada una de un cuerpo principal de 0,80 ÷ 1 m. de diámetro y de dos tubos recalentadores de 0,60 ÷ 0,80 m. superpuestos.

La toma de vapor *F* es común á las dos ó más series, y se dispone como en la figura ó de otro modo conveniente.

Hogar exterior, bajo los cuerpos principales, ó bien, hogar interior, sencillo ó doble, sistema Ten-Brick, como en la figura 172 (*A* hogar, *B* cenicero); la cámara de agua comunica por la parte superior con los cuerpos mismos.

Conductos de los humos, tres circulaciones: la primera bajo el cuerpo cilíndrico; la segunda y tercera alrededor de los hervideros. Circulación del agua: inversa de la de los humos; alimentación por el extremo del último hervidero de cada serie (*C* tubo común de alimentación, fig. 172); los hervidores se disponen inclinados en el sentido del movimiento del agua.

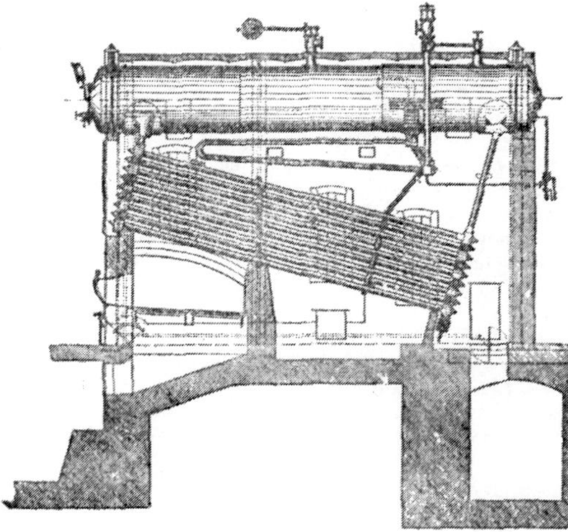

Fig. 173.

4) *Calderas tubulares* (figuras 173 y 174). — Superficie de caldeo de 10 ÷ 500 m.² y más. Tubos de 80 ÷ 125 mm. de diámetro y 4 ÷ 6 mm. de espesor.

El haz tubular se compone de varias series ó *secciones*, cada una de las cuales está constituída por un cierto número de tubos; generalmente todas las secciones desembocan en uno ó más colectores. En los tipos de las figuras 173 y 174 (tipos Babcok y Wilcox) el número de *secciones* varía de 3 ÷ 20 y cada una se compone de 3 ÷ 14 tubos de 102 mm. de diámetro y de una longitud de 1,80 ÷ 5,30 m. Los colectores son de 0,60 ÷ 1,35 m. de diámetro y 3,10 ÷ 7,20 m. de longitud y uno por cada 6 ÷ 10 secciones. La superficie caldeada se calcula tomando $^3/_8$ de la superficie de los colectores y toda la superficie tubular, comprendiendo en ella las uniones entre las secciones y los colectores. El humo atraviesa varias veces el haz tubular.

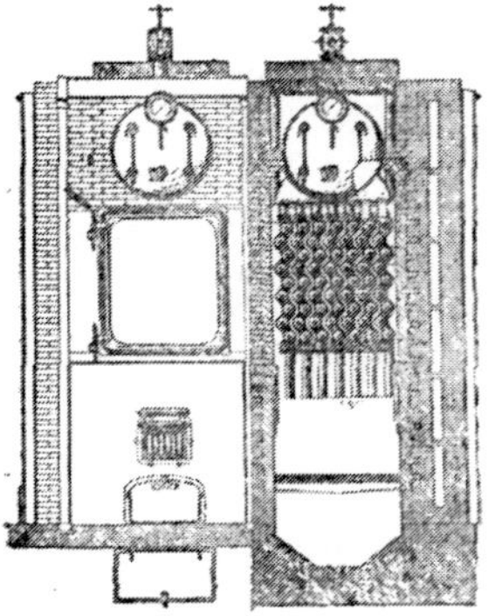

Fig. 174.

En los tipos más modernos se dispone en la cámara de humos un haz de tubos para recalentar el vapor, como se ve en la figura 173.

Se hacen también tipos más ligeros (*Exprers-boilers*, tipos Yarrow, Thornycroft, etc., véanse números **287-290**): dos colectores á derecha é izquierda del hogar, cuerpo cilíndrico superior, dos series de tubos entre el primero y segundo.

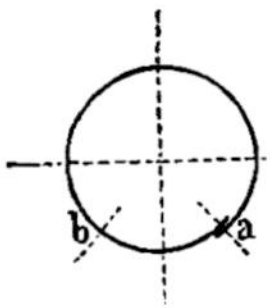

Fig. 175.

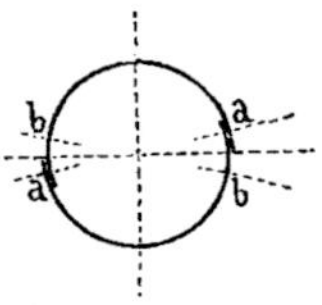

Fig. 176.

5) *Calderas de tubos de humos*.—Tipo: locomotoras locomóviles y calderas marinas; diámetro de los tubos 60 ÷ 100 mm.; espesor 3 ÷ 4 milímetros. Superficie de caldeo de los tubos: próximamente = $^3/_4$ de la superficie efectiva.

253. Detalles de construcción de las calderas.

Materiales.—Palastro de 34 ÷ 45 kg. de resistencia á la rotura, con 25 ÷ 20 % de alargamiento.

Juntas — Generalmente superpuestas ó con cubrejuntas Roblonado como en el num **201** Cuando los anillos se forman de una sola plancha (fig 175) las juntas longitudinales se alternan como en a b En los anillos de dos planchas u hojas (fig 176) las juntas *a a* se alternan con las *b b* encima y debajo del diametro horizontal Longitud de los anillos entre los ejes de las lineas de roblones 1 — 1,35 m

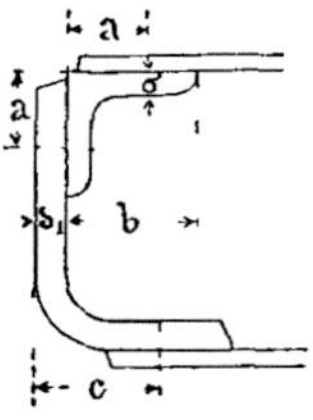

Fig 177 *a*

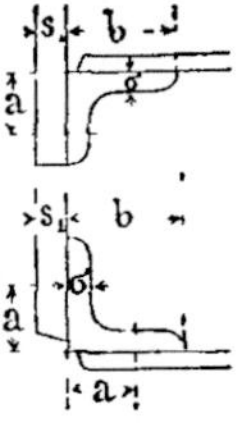

Fig 177 *b*

Juntas de angulo sean con bridas (fig 177 *a*) ó con escuadras interiores ó exteriores fig 177 *b*

Sus proporciones son las siguientes

para $s_1 = 7 - 9$ mm ,	$\sigma = 13$ mm ,	$b = 80$ mm	$a = 46$ mm ,	$c = 55 - 60$ mm
10 — 14	16	90	52	60 — 70
16 — 18	18	90	55	70 — 80
20 — 22	20	100	60	80 — 85

Las juntas que estan directamente expuestas al fuego se vuelven en sentido contrario Se evita el exponer a dicha acción las juntas longitudinales Para hogares interiores es buena la disposición de la fig 178 con todas las juntas de bridas ($e = 10 - 12$ mm)

Para fondos planos refuerzos con hierros en T (fig 169) ó en escuadra (fig 180) Tubos para calderas tubulares, se disponen como en la figura 179 sujetos con virolas ó sencillamente bien ajustados con el avellanador

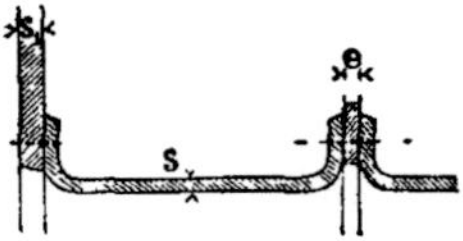

Fig 178

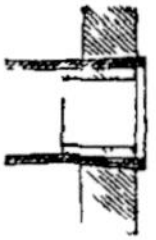
Fig 179

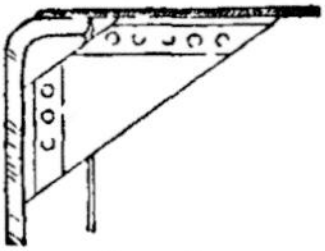
Fig 180

Cupula de toma de vapor diametro 0,60 — 0,90 m altura 0,70 — 1 m

Boca de registro por lo menos 0,30 × 0,40 m , y mejor 0 35 0 45 m

254. Espesor de las paredes (reglas de Hamburgo de 1885

1) *Paredes cilindricas con presion interior* — *D*, diametro,

s, espesor en mm ; R, carga de rotura del material (en kg. por mm [2]) (tabla XXIX); $\mathfrak{z} = 0{,}56,\ 0{,}70,\ 0{,}75$ m., según sea sencillo ó doble, el roblonado longitudinal; p_e, presión efectiva en kg. por cm.[2] Se toma

$$s = \frac{p_e D}{200\,\alpha R}.$$

$$\alpha = \begin{cases} \dfrac{1}{5} & \text{para juntas superpuestas} \\[2mm] \dfrac{1}{4{,}5} & \text{roblonado con cubrejuntas} \end{cases}$$

En 1898 se propuso tomar $\alpha = \dfrac{1}{4{,}5}$ y $\dfrac{1}{4}$.

Generalmente no se emplean espesores > 20 mm (salvo para los fondos planos) ni < 7 mm (excepto en los tubos) (véase tabla LXXXI).

2) *Paredes cilíndricas con presión exterior* (hogares interiores, tubos de humos, etc.) — D, diámetro; s, espesor en mm.; L, distancia en mm entre dos refuerzos consecutivos, p_e como anteriormente; $\sigma = 0{,}5 \div 1{,}5$ mm ;

$$s = \frac{p_e D}{2000}\left(1 + \sqrt{1 + \frac{100}{p_e}\,\frac{L}{L + D}}\right) + \sigma \qquad \text{(Tabla LXXXII.)}$$

Para los hogares ondulados sirve la misma fórmula, siendo L = distancia entre dos ondulaciones.

TABLA LXXXI

Paredes cilíndricas con presión interior.

$R = 30$ kg por mm [2], $\alpha = 1/5$, $\mathfrak{z} = 0{,}70$ (roblonado longitudinal doble).

Espesor en mm	Diámetro máximo en mm admisible para p_e (kg por cm [2]) =									
	1	**2**	**3**	**4**	**5**	**6**	**7**	**8**	**9**	**10**
7	5880	2940	1960	1470	1176	980	840	735	653	588
8	—	3360	2240	1680	1344	1120	960	840	746	672
9	—	3780	2520	1890	1512	1260	1080	945	840	756
10	—	4200	2800	2100	1680	1400	1200	1050	933	840
11	—	4620	3080	2310	1848	1540	1320	1155	1026	924
12	—	5040	3360	2520	2016	1680	1440	1260	1120	1008
13	—	—	3640	2730	2184	1820	1560	1365	1213	1092
14	—	—	3920	2940	2352	1960	1680	1470	1306	1176
15	—	—	4200	3150	2520	2100	1800	1575	1400	1260
16	—	—	4480	3360	2688	2240	1920	1680	1493	1344
17	—	—	4760	3570	2856	2380	2040	1785	1586	1428
18	—	—	5040	3780	3024	2520	2160	1890	1680	1512

Tabla LXXXII.

Paredes cilíndricas con presión exterior.

Espesor s en mm. para los siguientes valores de L, D, p_e.

L	D	Presión p_e en kg. por cm.^{2}							
mm.	mm.	3	4	5	6	7	8	9	10
500	600	7	7	7,5	8	8,5	8,5	9,5	10
	700	7	7,5	8,5	9	9,5	10	10,5	11,5
	800	7	8,5	9,5	10	10,5	11	12	13
1000	600	7	7,5	8,5	9	9	9,5	10,5	11
	700	7,5	8,5	9.5	10	10,5	11	12	13,5
	800	8	9	10,5	11	11,5	12	13	15
2500	800	7	8	9	9	9,5	10	11	11,5
	700	7,5	9	10	10,5	11	11,5	12,5	13,5
	600	8,5	10	11	11,5	12	13	14	15
2000	800	7	8	9	9,5	10	10	11	12
	700	8	9	10	11	11,5	12	12,5	13,5
	600	8,5	10	11	12	12,5	13,5	14,5	15,5
3000 ó más.	800	7	8	9	9,5	10	10,5	11,5	12
	700	8	9,5	10,5	11	11,5	12	13	14
	600	9	10,5	11,5	12,5	13	13,5	15	16

3) Las reglas generalmente aplicadas hasta ahora por los constructores europeos para determinar el espesor de las paredes cilíndricas de palastro dan, como término medio, las fórmulas siguientes (D, L, diámetro y longitud en m.; s, espesor en mm.; n_e, presión efectiva en atmósferas 1,03 p_e kg. por cm.^{2}):

$$\text{presión interior: } s = 1{,}1\, D\, n_e + 3$$
$$\text{presión exterior: } s = 1{,}4\, D\, n_e + 0{,}6\, L + 3.$$

La tabla siguiente se ha calculado con la primera de estas fórmulas:

D	Valores de s para n_e = atmósferas.						D	Valores de s para n_e = atmósferas.					
m.	3	4	5	6	7	8	m.	3	4	5	6	7	8
0,60	5,0	5,7	6,3	7,0	7,6	8,3	1,10	6,7	7,9	9,1	10,3	11,5	12,7
0,70	5,3	6.1	6,9	7,6	8,4	9,2	1,20	7,0	8 3	9,6	10,9	12,3	13,6
0,80	5.7	6,5	7,4	8,3	9,2	10,1	1,30	7,3	8,7	10,2	11,6	13,0	14,5
0,90	6,0	7,0	8,0	9,0	10,0	10,9	1,40	7,6	9,2	10,7	12,3	13 8	15,3
1,00	6.3	7,4	8,5	9,6	10,7	11,8	1,50	8,0	9,6	11,3	12,9	14,6	16,2

4) *Tubos para calderas tubulares* espesor para latón ó hierro, como en la tabla LXXII, 3, tubos-riostras, espesor doble para igual diámetro exterior

5) *Fondo y paredes planas*.—Si e representa la distancia máxima (en mm.) de los refuerzos entre sí y á las paredes, se toma

$$s = 0{,}12\,e\sqrt{\frac{p_e}{R}} + \sigma$$

$p_e R$ como en 1) y 2), $\sigma = 3$ mm para las paredes expuestas al fuego; 1,5 mm. si no lo están, 15 mm para los palastros tubulares (véase núm **116**)

6) *Fondo y casquetes esféricos*, r radio de curvatura

$$s = \frac{r\,p_e}{800}.$$

7) *Depósitos* no sometidos a presión (depósitos de agua, gasómetros, etc.) $s = 3 - 5$ mm con escuadras de 50 — 60 mm de lado y 6,5 — 10 mm de espesor

255. Válvulas de seguridad.—Ancho máximo de la zona de contacto 2 mm, diámetro mínimo en mm de cada una de las dos válvulas de una caldera de S m² de superficie de caldeo (n_e presión efectiva en atmósferas)

$$d = 26\sqrt{\frac{S}{n_e + 0{,}59}}$$

También puede servir la siguiente tabla

S	Valor de *d* en mm para una presión efectiva de kg por cm²											
m²	1	2	3	4	5	6	7	8	9	10	11	12
10	66	51	44	39	35	32	30	29	27	26	24	23
20	93	73	62	54	49	45	43	40	38	36	34	33
30	113	89	75	67	60	56	52	48	46	45	42	40
40	131	102	87	77	70	64	60	56	53	52	48	46
50	146	115	97	86	78	71	67	63	60	57	54	52
60	160	126	107	94	85	78	73	69	65	63	59	57
70	173	136	115	102	91	84	79	75	71	69	64	61
80	185	145	[illegible]	109	98	90	85	79	75	74	68	65
90	196	154	130	115	104	96	90	84	80	78	73	70
100	207	162	138	[illegible]	110	100	95	89	84	82	76	73
110	217	170	144	128	115	105	99	93	88	87	80	77
120	226	177	151	133	[illegible]	110	104	98	92	90	84	80

256. Tubería.

Espesor.—Tubos de fundición (véase núm. **226**), tubos de cobre ó hierro (véase núm. **226**) ó la tabla siguiente: (p presión en kg.-cm.^{2})

Espesor en mm.	Diámetro (en mm.) que puede darse al tubo para $p =$ kg.									
	1	**2**	**3**	**4**	**5**	**6**	**7**	**8**	**9**	**10**
2	270	140	90	70	60	50	45	40	35	30
2,5	—	330	220	167	133	110	95	83	74	67
3	—	480	320	230	190	160	140	120	100	90
4	—	—	550	400	320	270	250	200	170	160
5	—	—	—	—	460	390	350	280	250	220
6	—	—	—	—	—	—	450	360	320	290

Diámetro de los tubos de vapor.— Para los tubos de toma de la máquina de vapor (salida intermitente), véase núm. **270**. En los tubos ordinarios de distribución (y también en los tubos cortos de mucho gasto) se determina el diámetro para una velocidad media del vapor de 40 ÷ 50 m. por 1". La tabla siguiente se ha calculado suponiendo una velocidad de 25 m. Se necesitan compensadores para la dilatación.

Diámetro del tubo en mm.	Gasto del tubo en kg. de vapor por hora para $p =$ kg.							
	1	**2**	**4**	**6**	**8**	**10**	**12**	**14**
50	100	150	250	330	410	500	600	700
60	150	220	350	480	700	750	900	1100
70	200	300	500	650	800	1000	1200	1500
80	250	380	600	850	1000	1300	1500	1900
100	400	600	950	1[illegible]00	1600	2000	2400	3000
120	600	90[illegible]	1400	1900	2400	2700	3600	4300
140	800	1200	2000	2600	3200	4000	4800	5800
160	1000	1500	2400	3400	4200	5200	6200	7500
180	1350	2000	3200	4200	5400	6700	8000	9800
200	1600	2400	3800	5200	6600	8000	9800	1170
240	2400	3600	5100	7600	9600	12000	14000	17000
280	3200	4800	8000	10400	12800	15000	18700	23000
320	4000	6000	9500	13500	16700	20500	25000	30000

Tubo de alimentación: sección 0,15 ÷ 0,30 cm.^{2} por m.^{2} de superficie de caldeo; diámetro mínimo 20 mm.

257. Hogares.

Parrillas ordinarias.—La superficie de la parrilla debe asignarse como sigue: 1 m.^{2} de superficie por cada 60 ÷ 100 kg. de hulla (ó 120 — 160 kg de leña ó turba) por hora para calderas ordinarias y para 80 — 130 kg de carbón para calderas con tubos de agua, si se trata de calderas con tiro natural; si el tiro es forzado, se asigna 1 m² de parrilla para una cantidad de combustible doble ó triple de la precedente, cuando el tiro se hace con el vapor de descarga y también cuádruple cuando se hace con aire comprimido ó hasta la presión de 100 mm de agua.

Longitud máxima de la parrilla 2 m., para grandes calderas 2,40 m., ancho máximo, 1,50 m., longitud l de las barras < 900 mm. Espesor de las barras ordinarias, 8 — 15 mm., separadas 6 — 10 mm. Altura de las barras a la mitad de la longitud $= 0,1\,l + 25$ mm., en los extremos, 35 mm. Para carbón menudo se emplean barras pequeñas de 5 — 6 mm de grueso y a intervalos de 3 — 5 mm., longitud 300 — 500 mm., altura, como anteriormente. Altura del altar = 0,12 — 0,20 m.

Puerta del hogar: ancho, 0,30 — 0,50 m., altura, 0,26 — 0,37 m. — Distancia de la parrilla a la caldera, 0,40 — 0,50 m para hulla ó cok, 0,60 — 0,70 m para leña y combustibles de llama larga.

Parrillas de descarga automática. — Con ellas puede aumentarse la intensidad de la combustión hasta 160 — 180 kg de combustible por m² de parrilla y hora.

258. Chimenea y salida de humos.

Chimenea. — Si G es la superficie de la parrilla (en m²) y C el peso (kg) de carbón quemado por m² de la misma, en los casos ordinarios, pueden determinarse en m el diámetro D y la altura H de la chimenea, con la

$$D = 0,1\,(G\,C)^{0,4}, \qquad H = 0,0027\,C^2 + 6\,D$$

La fórmula para D corresponde a una sección de chimenea de 0,37 ÷ 0,30 m² por cada 100 kg de carbón-hora, según que el carbón que se quema por m² de parrilla y por hora es de 60 — 150 kg.

Para las calderas móviles con tiro forzado por la inyección de vapor (locomóviles y máquinas verticales), la altura mínima 2,5 — 4 m., sección, 0,08 — 0,10 m² por cada 100 kg de hulla quemados por hora. Depresión en la base de la chimenea para un buen tiro 12 — 20 mm de columna de agua.

Sección constante en toda la altura. Espesor en la coronación, uno ó dos anchos de ladrillo (0,15 — 0,22 m.); talud exterior, 3% de la altura en las chimeneas bajas, 2,5 — 2% en las altas y medianas. Se puede construir una chimenea por tambores ó trozos de sección constante, resaltando unos sobre otros, ó de superficie interior lisa. Las chimeneas de grandes dimensiones se hacen de paredes dobles con llaves radiales, la pared interior de espesor constante, la exterior con resaltos (fig 181) Preferible siempre la sección circular — Los ladrillos refractarios se emplean solamente cuando la temperatura del humo es superior a 500° — Escala interior ó exterior de hierro — Chimeneas de cemento armado (1 de cemento portland con 3 — 4 de arena fina) paredes dobles como antes, pared interior con espesores durmientes de 0 40 — 0,20 m, con retallos de 0 10 m (también de espesor constante de 0 15 á 0,20 m), por el exterior, espesor en la coronación 0,25 — 0,30 metros, retallos interiores de 0 10 m y talud exterior de 1,5 — 3 % como antes

Chimeneas de palastro espesor en la corona ción 2 mm, en la base 5 — 6 mm según la altura

Cimientos escalonados, con plataforma de hormigón y pilotaje si es necesario, lado de la base del cimiento $= 1/7$ por lo menos de la altura de la chimenea (es siempre preferible una base muy ancha), profundidad según el terreno por cada m² de chimenea de ladrillo se necesita, por término medio, 2 — 2 5 jornales de oficial y de ayudante — El coste de 1 m³ puede evaluarse $= 1\,1/2$ veces el de un muro ordinario (calculando el hueco como macizo, en el caso de chimenea con paredes dobles)

Tubos ó conductos de humos — El conducto de la primera circulación se hace $= 3/2 — 4/$ de la de la chimenea disminuyéndolo en los sucesivos hasta llegar a la sección de la chimenea, sección del altar = ó poco > que la de la chimenea

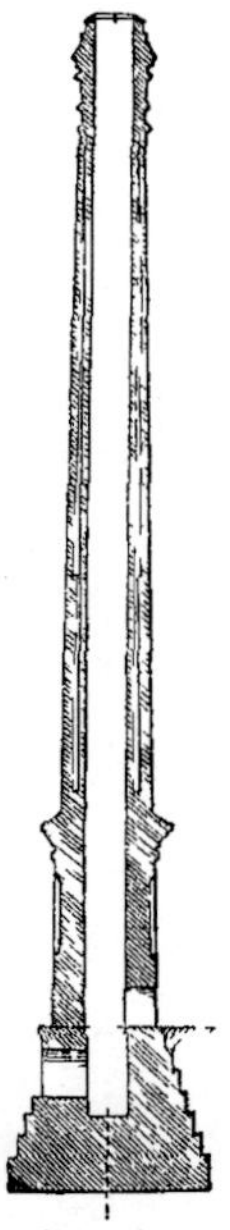

Fig 181

259. Muros para las calderas. — Espesor mínimo de las paredes 3 — 4 ladrillos

Calderas Cornouailles — Volumen de la fábrica 2,60, 3,20 3,80 m³ por metro de longitud y 4, 5,50, 7,20 m³ para ambos frentes, según sea el diámetro de la caldera de 1,50, 1,80, 2,10 m Numero de ladrillos refractarios $= 4 — 15\%$ de los empleados para todo el muro según se empleen sólo en el frente posterior ó también en los conductos laterales

Para cada m³ de fábrica se requieren, por término medio $2\,1/4 — 4$ jornales de oficial y ayudante, según la dificultad del trabajo — El coste de 1 m³ puede evaluarse $\sim = 1\,1/2 — 1\,3/4$ veces el coste de 1 m³ de fábrica ordinaria, sin incluir el coste de los ladrillos refractarios

Calderas de tubos de aguas (Babcox-Wilcox).—Volumen de fábrica ordinaria: 1, 0,5, 0,4, 0,3, 0,2, 0,15 m.³, número de ladrillos refractarios 80, 40, 25, 20, 18, 12 para cada m.² de superficie de caldeo, según que la del caldeo de la caldera sea de 10, 50, 100, 150, 200, 400 m.²

260. Producción de vapor.

Producto medio de vapor por m.² de superficie de caldeo y hora.— Calderas fijas mínimo 12 ÷ 15 kg. (calderas Cornouailles), máximo 15 ÷ 20 (calderas ordinarias con tubos de agua); calderas con tiro forzado (por escape de vapor ó aire comprimido); mínimo 25 ÷ 30, *máximo 70 ÷ 80* kg.

Producto máximo por m.² directamente expuesto al fuego: ∼ 700 kg. hora.

Producto normal de vapor por kg. de hulla buena de Cardiff.

Calderas Cornouailles ó tubulares buenas y bien conservadas	9 ÷ 10 kg.
Idem id. ordinarias, buenas	8 ÷ 9 »
Idem de tiro forzado (producción rápida)	6 ÷ 8 »

Economizadores. — Alimentando con agua, calentada por medio de un *economizador* (la fig. 182 representa la sección transversal de un economizador Green), la economía de combustible es de 10 ÷ 20 %, según que el agua (tomada ∼ á 15°) se eleve á la temperatura de 80 ÷ 150°. — Tomando el agua á la temperatura inicial de ∼ 30° (obtenido con el vapor del escape ó descarga de la bomba alimentadora ó de otro modo; es preferible siempre para la conservación del economizador) la economía es de 8 ÷ 18 %, según que la temperatura final sea de 80 ÷ 150°.— Los economizadores utilizan el calor de los humos (antes de que éstos pasen á la chimenea) para calentar el agua de alimentación dentro de tubos que tienen una superficie de caldeo = ∼ ½ de la de la caldera, y una capacidad = ∼ al volumen de agua necesario por hora.

Fig. 182.

El hollín de los tubos se quita por medio de un chorro de vapor ó un rascador movido automáticamente (fig 182).

Puede emplearse también para la alimentación el agua de condensación, pero hay que depurarla antes de las materias lubricantes que contenga La economía que se obtenga puede ser de 4 — 5 %

Rendimiento de las calderas — Limitando el aire de modo que no exceda de 1,25 — 1,50 del volumen teórico necesario (véase num 7), y regulando el fuego para obtener un tanto % elevado de ácido carbónico en el humo (12 — 15 %), puede conseguirse un rendimiento de 0,80 — 0,70, segun que la temperatura de los humos sea de 200 — 500°

Relación entre el producto en vapor, consumo de vapor y temperatura del humo en la base de la chimenea — En general, es difícil de establecer, puede servir, como base, la tabla siguiente, redactada en vista de las experiencias hechas por el autor y con datos recogidos de observaciones que merecen confianza.

Vapor por m²-hora.....	kg	12	13,5	16	18	21	25	30	35	40
Vapor por kg. de hulla..	»	9,5	9	8	7,5	7	6,5	6,1	5,8	5,5
Temperatura del humo..	gr	180	220	260	300	340	380	420	460	500

Relación entre la fuerza en caballos y la superficie de caldeo — No puede darse indicación alguna precisa, pudiendo variar de 0,8 — 7 caballos por m² de superficie de caldeo, segun se trate de calderas pequeñas con tiro natural, ó de calderas muy grandes con tiro forzado

260 *bis* Recalentamiento del vapor — Se obtiene, haciendo circular el vapor tomado de la caldera, por tubos de pequeño diametro, en un ambiente recorrido por los humos que van a la chimenea, ó en los mismos tubos de humos de la caldera (figura 174) Relación entre la superficie total de los tubos recalentadores y la superficie de caldeo de la caldera = ~ 0 15, 0,20; 0,25; 0,30 segun que el recalentado es de 60°, 100°, 130°, 160° ~, lo que corresponde a una transmisión de calor de 40 — 30 calorías por metros cuadrados hora y grado de diferencia entre las temperaturas del humo y del vapor, suponiendo el humo a 450 — 350°

En las conducciones de vapor recalentadas bien dispuestas, la pérdida de calor por radiación es de 0,5 — 0,8° por m 1

El recalentado para motores de vapor es generalmente de 60 ÷ 120° sobre la temperatura del vapor saturado.

260 *ter* Explotación. — Los gastos de conservación, reparación y limpieza, 10 por 100 al año; amortización de la instalación, 7 — 10 por 100, duración maxima, 30 — 35 años

TABLA LXXXIII.—Calderas Cornouailles.

Superficie aproximada de caldeo..	Fuerza media en caballos.	Número de hogares...	Longitud . .	Diámetro. Caldera.	Diámetro. Hogar.	Peso aproximado para n_e = atmósferas efectivas. 4	5	6	Peso de los accesorios del hogar..
m.²			m	m.	m.	kg.	kg.	kg.	kg.
10	8	1	2,9	1,25	0,60	2100	2400	2650	550
15	12	1	4,3	1,25	0,60	2600	2950	3250	800
20	16	1	4,9	1,40	0,70	3550	4050	4500	1000
25	20	1	5,3	1,50	0,75	4500	5100	5600	1100
30	24	1	6,4	1,50	0,75	5400	6050	6700	1200
35	28	1	7,5	1,55	0,80	6250	7000	7750	1300
40	32	1	8,1	1,60	0,80	7250	8100	8900	1400
45	36	1	8,7	1,70	0,85	8250	9250	10000	1500
50	40	1	9,3	1,75	0,85	9100	10250	11250	1575
55	44	1	9,9	1,80	0,90	10000	11250	12500	1650
35	28	2	5,5	1,80	0,65	7250	8250	9000	1300
40	32	2	6,3	1,80	0,65	8100	9250	10200	1400
45	36	2	7,1	1,80	0,65	9000	10250	11250	1500
50	40	2	7,3	1,90	0,70	10100	11400	12400	1575
55	44	2	7,5	2,00	0,75	11250	12500	—	1650
60	48	2	8,1	2,00	0,75	11900	13250	—	1725
65	52	2	8,7	2,00	0,75	12500	14000	—	1800
70	56	2	8,7	2,10	0,80	13500	15000	—	1900
75	60	2	9,2	2,10	0,80	14000	15750	—	2000
80	64	2	9,8	2,10	0,8	14800	17000	—	2100
90	72	2	10,5	2,20	0,80	16500	19000	—	2200

TABLA LXXXIV.—*Calderas de hogar ondulado.*

(Fig 170 y 171).—(Hogar y fondos Schultz Knaudt).

Superficie de caldeo.	Diámetro exterior.	Longitud.	Peso para n_e = atm. efec. 6	8	10	Peso de los accesorios.
m.²	m.	m.	kg.	kg.	kg.	kg.
20	1,60	4,00	3600	4000	4500	900
26	»	5,00	4300	4900	5500	1000
32	»	6,00	5200	5800	6400	1100
30	1,80	4,50	4900	5400	6100	1100
40	»	6,00	6300	7100	7[illegible]	1200
50	»	7,50	7300	8800	9800	1300
45	2,00	6,00	7900	8700	9500	1300
56	»	7,50	8600	10600	11600	1500
65	»	8,70	10600	11800	13000	1600
75	2,20	8,75	13100	16500	16500	1600
86	»	10,00	14900	18700	18700	1900
93	»	10,80	16700	19800	19800	2000

Tabla LXXXV — Calderas de tubos de agua

(Tipo Babcock y Wilcox (figuras 173 y 174) pres efec = 8—15 kg)

Superficie de caldeo	Espacio ocupado			Peso	Superficie de caldeo	Espacio ocupado			Peso
	Largo	Ancho	N.º de tubos			Largo	Ancho	N.º de tubos	
m²	m	m		kg	m²	m	m		kg
11	1 88	2 90	3 × 4	3540	**91**	2 56	6 40	6 × 8	10840
14	»	3 50	3 × 4	4010	**102**	»	»	6 × 9	11590
17	»	»	3 × 5	4650	**113**	»	7 00	6 × 9	12340
20	»	4 12	3 × 5	4900	**117**	2 74	»	7 × 8	13330
27	2 01	»	4 × 5	5540	**131**	»	»	7 × 9	14100
32	»	4 72	4 × 5	5800	**151**	2 93	»	8 × 9	14800
37	»	4 88	4 × 6	6040	**170**	3 10	»	9 × 9	17300
43	»	5 80	4 × 6	6550	**209**	3 5	»	10 × 10	21100
49	»	»	4 × 7	7150	**250**	3 63	»	12 × 10	26250
55	»	»	4 × 8	7600	**301**	4 34	»	16 × 9	27700
68	2 39	5 80	5 × 8	8650	**419**	5 05	»	20 × 10	39600
81	2 56	6 40	6 × 7	10230	**550**	»	7 16	20 × 14	47250

261. Peso de las calderas.— El peso aproximado de una caldera ordinaria, sin incluir los accesorios, se obtiene aumentando en 20 — 25 por 100 el peso del *palastro* (*por accesorios se* entiende la parrilla, puertas registro los aparatos accesorios, como válvulas indicadores de nivel manómetros etc se consideran aparte Las tablas precedentes, sirven para dar una idea

C.— Maquinas de vapor de cilindros.

262. Máquinas de vapor, de un cilindro.— Sean

O = sección recta del émbolo (sin contar el vastago) en m²,
D = diametro,
S = carrera del émbolo en m,
n = numero de vueltas de la maquina por 1′,
$V = \frac{2nS}{60}$ = velocidad media del émbolo en m por 1″,
S_1 = carrera hasta el principio de la expansión,
S_2 = carrera a la vuelta, hasta el principio de la compresión,
m = espacio perjudicial (en fracción de OS), su valor medio es = 0 05 — 0 07 para maquinas con caja de distribución de conductor largo,

0,025 — 0,05 para máquinas con caja dividida, ó bien con cuatro órganos de distribución (válvulas ó llaves),

E = grado *nominal* de admisión $\left(\text{grado } \textit{efectivo} = \frac{E+m}{1+m}\right)$;

$e = \frac{S - S_2}{S}$ = grado de compresión,

p = presión *absoluta* en la caldera en kg por cm² (= presión efectiva dada por el manómetro + 1 ~),

$p_1 = 0{,}90\,p - 0{,}97\,p$, media $0{,}93\,p$ = presión absoluta inicial en el cilindro en kg por cm² para $V \gtreqless 3$ m (disminuye al aumentar V),

$p_2 = p_1 \frac{E+m}{1+m}$ = presión absoluta final, en kg por cm²,

p_0 = contrapresión = ~ 0,1 kg por cm² en maquinas de condensación,
~ 1,1 — 1,2 kg por m² en maquinas sin condensación para $V = 1{,}5 - 3$ m (crece al aumentar V),

p_m presión *media* en el cilindro, kg por cm²,

N_i fuerza *indicada* en caballos,

$N_e = \eta\, N_i$ = fuerza *efectiva* en caballos,

1) *Cálculos para construir una máquina* —Datos N_e ó N_i

Ante todo se fija V de 1,50 m para maquinas pequeñas, ordinarias, hasta 3 m para las grandes, a lo sumo 3 — 4,50 m para maquinas muy grandes ó especiales

Se elige E, de modo que resulte en la fórmula

$$p_2 = p_1 \frac{I + m}{1+m}$$

no sea < de 1 — 0,5 kg á la contrapresión p_0, segun esté destinada la máquina á dar un trabajo ± variable

Generalmente se fija el valor de E como sigue

$n_e =$	6 atm	8 atm	10 atm
Máquinas de condensación..... $E =$	$^1/_7 - ^1/_8$	$^1/_8 - ^1/_9$	$^1/_9 - ^1/_{10}$
Idem sin id...... .... $E =$	$^1/_3 - ^1/_4$	$^1/_4 - ^1/_5$	$^1/ - ^1/_8$
Idem con caja sencilla. .... . $E =$	$^4/_5 - ^3/_4$	$^3/_4 - ^2/_3$	$^2/_3 - ^1/_2$

La compresión maxima admisible se tiene cuando:

$$e_1 = m\left(\frac{p_1}{p_0} - 1\right).$$

Generalmente se hace $e = 0{,}05 \div 0{,}25$.

Determinados así V, E, E_1, se halla p_m (ordenada media del diagrama, fig. 184), con las fórmulas siguientes:

$$e = k_1 p_1 - k_0 p_0 \left\{ \begin{array}{l} k_1 = E + (E + m) \text{ log. hip. } \dfrac{1 + m}{E + m}. \\ k_0 = 1 - e + (e + m) \text{ log. hip. } \dfrac{e + m}{m}. \end{array} \right.$$

Si α es la relación entre el diagrama real (fig. 183) y el teórico, se tiene:

$$O = \frac{1}{\alpha} \cdot \frac{75\,N_i}{10000\,p_m\,V} = \frac{1}{\eta}\,\frac{75\,N_e}{10000\,p_m\,V};$$

$$D = \sqrt{\left\{ \frac{4}{\pi}\,1{,}02\,O \right\}} = 1{,}14\sqrt{O}; \qquad \alpha = 0{,}90 \div 0{,}95;$$

η tiene los siguientes valores (aproximados) para los valores ordinarios de E:

Para N_e caballos.	10	20	30	50	80	120	160	200	250 ó más.
Máquinas de condensación	—	0,66	0,70	0,75	0,79	0,8[illegible]	0,84	0,85	0,86 ÷ 0,90
Máquinas sin condensación	0,70	0,74	0,77	0,81	0,83	0,84	0,85	0,86	—

Para calcular p_m véase la tabla de los logaritmos hiperbólicos (tabla III), ó la tabla siguiente:

E	Valores de k_1 para $m =$			E	Valores de k_1 para $m =$		
	0,05	0,025	0,01		0,05	0,025	0,01
$^1/_{10}$	0,392	0,363	0,344	$^1/_3$	0,720	0,709	0,700
$^1/_9$	0,413	0,386	0,366	$^2/_5$	0,781	0,774	0,769
$^1/_8$	0,439	0,413	0,397	$^1/_2$	0,856	0,852	0,848
$^1/_7$	0,470	0,447	0,432	$^3/_5$	0,912	0,909	0,907
$^1/_6$	0,509	0,488	0,475	$^2/_3$	0,940	0,939	0,939
$^1/_5$	0,559	0,541	0,530	$^3/_4$	0,967	0,967	0,967
$^1/_4$	0,626	0,612	0,603	$^4/_5$	0,980	0,979	0,979
$^3/_{10}$	0,684	0,673	0,667	$^9/_{10}$	0,995	0,995	0,995
E_1	Valores de k_0 para $m =$			E_1	Valores de k_0 para $m =$		
	0,05	0,025	0,01		0,05	0,025	0,01
0,70	1,38	1,53	1,76	**0,85**	1,13	1,19	1,29
0,75	1,29	1,41	1,60	**0,90**	1,06	1,10	1,16
0,80	1,20	1,30	1,44	**0,95**	1,02	1,03	1,06

Salvo los casos en que para usos especiales se empleen maquinas de gran velocidad (en las cuales n puede exceder de 300 — 400 vueltas) se fija S de modo que n resulte 80 — 150 en maquinas medias y grandes, para maquinas pequeñas n varía de 120 — 200 Generalmente $S = 1 - 2$ veces D, de todos modos, segun se fije *à priori* n ó S, se deduce S ó n con las fórmulas

$$S = 30 \frac{V}{n}, \qquad n = 30 \frac{V}{S}$$

Ejemplo —Se trata de construir una maquina de condensación, de 100 caballos efectivos con 6 kg de presión efectiva en la caldera Se tiene

$$p = 7, \quad p_1 = 0{,}93 \cdot 7 = 6{,}5, \quad \text{y se admite} \quad p_0 = 0{,}1$$

Suponiendo que no se impongan condiciones especiales, se toma

$$V = 2\ 50 \text{ m}, \quad E = \frac{1}{7} \qquad e = 0\ 10$$

Si la maquina es de espacio perjudicial pequeño, $m = 0\ 05$ se deduce

$$k_1 = 0{,}47, \qquad k_0 = 1\ 06,$$

de donde

$$p_m = 3{,}16 \qquad O = \frac{1}{0\ 80} \quad \frac{75}{31600} \quad \frac{100}{2{,}50} = 0{,}1186 \text{ m}^2,$$

$$D = 1{,}14 \sqrt{O} = \sim 0{,}40 \text{ m}$$

Si no se ha fijado n, se toma provisionalmente $S = 2\,D = 0\ 80$ metros, de donde $n = \sim 94$ en seguida se fija definitivamente $n = 100$, resultando $S = 0{,}75$ m

Si la maquina ha de desarrollar una potencia maxima de 150 HP efectivos, es necesario que se tenga

$$p_m = 1{,}5 \cdot 3{,}16 = 4{,}74 = k_1\, p_1 - 0{,}106,$$

de donde

$$k_1 = 0{,}745,$$

que corresponde a un grado de admisión $E = d \frac{1}{3} - \frac{2}{5}$

2) *Avaluo de la fuerza de una máquina* —Se tiene

$$N_i = 4{,}44\, n\, O\, S\, p_{m}\ \text{caballos}, \quad N_e = \eta\, N_i \quad (p_m\ \eta \text{ como antes})$$

263. Experiencias con el indicador. — El indicador da el diagrama de las presiones en el cilindro (fig 183) Para ello se traza el diagrama de cada extremo del cilindro, se calculan ambas y se toma la media de los dos resultados

Antes de hacer el diagrama se traza la línea de la presión atmosférica 1, 1; después con la escala del indicador, la línea *O*, *O* de la presión *cero*, se llevan al diagrama las tangentes extremas, perpendiculares a 1, 1; se divide su distancia en un número cualquiera de partes iguales (generalmente 10);

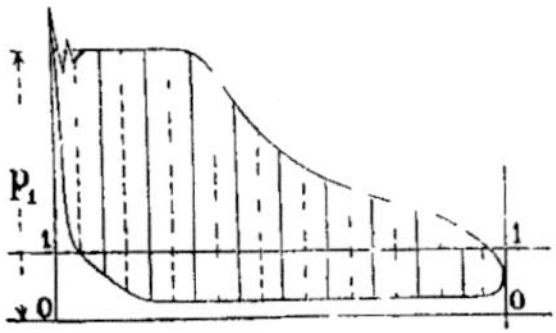

Fig. 183

se miden las alturas del diagrama (líneas de puntos en la fig 183) en cada división, y se halla la media aritmética, que, con la escala del indicador, da la presión media (en atmósfera ó en kg por cm.²), de donde se deduce la presión media p_m. Si se puede conviene usar un planímetro para su medición

Las leyes de expansión y compresión, deducidas del diagrama, se expresan aproximadamente por

$$p_x(S_x + mS)^\delta = p_1(S_1 + mS)^\delta = \text{constante};$$

siendo p_x la presión absoluta en el cilindro (medida como la p_1 a partir de la línea 0, 0) cuando el émbolo ha recorrido el espacio S_x. El exponente δ varía, según los casos, entre 0,8 y 1 para la expansión, y entre 0,9 y 1,2 para la compresión: en el num. **262** se ha supuesto $\delta = 1$.

Trazado del diagrama teórico — Para $\delta = 1$ ambas curvas son hiperbolas equilateras, que se trazan *à priori* como en la fig. 183, aumentando á la carrera S, sobre la línea del *cero*, el espacio perjudicial mS y trazando desde el punto *O* radios *O D*, *O U*, etc., con lo cual se obtienen los puntos *E*, *N*, etc., de la curva de expansión, en la intersección de las verticales *DE*, *UN*, etcétera, con las horizontales *RE*, *UN*, etc. Dado el punto *e*, en que empieza la compresión, se traza la horizontal *e r* y el radio *O r d*, con lo que se obtiene sobre la horizontal *d b* el punto *b* en que acaba; para determinar un punto intermedio cualquiera *n*, se traza el radio *o v u* en la intersección de la horizontal y vertical que pasan por *u* y *v*.

El espacio perjudicial y el grado de admisión pueden deducirse de un diagrama obtenido con el indicador, fijando dos puntos cualquiera en la curva de expansión ó de compresión y haciendo pasar por ellos un rectangulo, del que aquellos puntos sean los extremos de una diagonal (análogo al rectángulo *N U V B* ó *n u v b* de la fig 184, la otra diagonal, prolongada, encontrará en O la línea del *cero*, y Oa representa el espacio perjudicial. Fijando después un punto cualquiera N en la curva de expansión, se traza por él una vertical, hasta encontrar en U a la horizontal de la admisión completa, después OU, que encuentra en V a la horizontal que pasa por N La vertical, trazada por V determinará en B, sobre la horizontal de la admisión completa, el principio de la expansión, y por consiguiente, el grado de admisión $\frac{AB}{AD}$

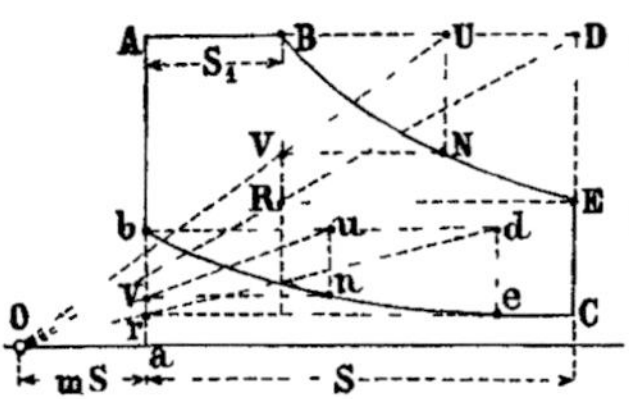

Fig 184

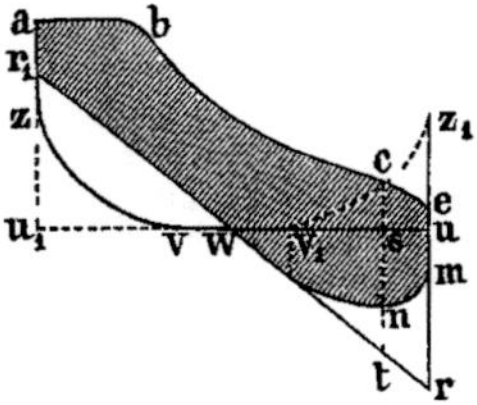

Fig 185

En el diagrama teórico no se tiene en cuenta ni el adelanto de la descarga, ni la disminución eventual de presión antes de la expansión, debida a una reducción de la lumbrera de admisión

Todo esto se ha tenido en cuenta al fijar el coeficiente α (coeficiente de utilidad ó relación entre los diagramas real y teórico) en los numeros **262, 265** y **265** bis

Diagrama de las presiones transmitidas realmente á la biela —Debido á la inercia de las piezas al movimiento alterno, las presiones son menores en la primera mitad de la carrera, y mayores en la segunda, que las del diagrama $abeuvsa$, dado por el indicador ó trazado *à priori* (fig 185) Para obtenerlo se empieza por invertir la línea uvs de la contrapresión á $u_1 v_1 s_1$ Después se toma en la misma escala adoptada para representar las presiones del diagrama en kg por cm ²

$$ur = u_1 r_1 = 0{,}000555\, Q\, S\, n^2 \text{ kg por cm}^2$$

en la que Q = peso de los elementos de movimiento alterno (embolo, cabeza de cruz y ⅔ de la biela) por cada cm ² de émbolo = (término medio) 0,20 — 0,30 kg para máquinas de condensación, 0,15 ÷ 0,25 kg. para maquinas sin condensación, S y n carrera en m y vueltas por 1′ Se traza la recta rwr_1 Se toma por debajo de la línea de contrapresión en el trozo wv_1cs_1 las ordenadas de la recta wr ($cn = st$, $s_1 m = ur$) Se obtiene así el diagrama $abemnwr_1 a$, cuyas ordenadas representan la presión real transmitida á la biela

Este diagrama se emplea para calcular el volante (num **279**)

Se puede fijar ur por tanteos, de modo que la diferencia de presiones de un extremo a otro del diagrama sea mínima, y se obtendrá el valor correspondiente de n de la misma fórmula precedente, poniendo en vez de ur el valor elegido

Examen de los diagramas —Permite descubrir los defectos de la distribución y otros de las máquinas La figura 186 presenta varios ejemplares

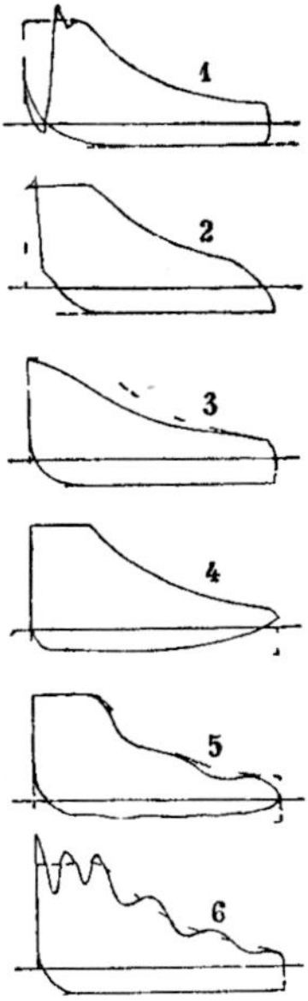

Fig 186

1 Admisión muy retardada

2 Admisión (y también escape muy anticipada

3 Contracción del vapor debido a ser pequeña la lumbrera de admisión repecto á la velocidad del émbolo

4 Escape retardado, ó bien falta de sección suficiente

5 Fugas en el émbolo Una línea de expansión excesivamente alta indica fugas en el órgano de admisión, mientras que si es muy baja, las fugas son en el émbolo ó en los órganos de descarga

6 Irregularidad en el diagrama no es debida á la maquina, sino al resorte del indicador, sobre todo con grandes velocidades

El examen de un diagrama se completa comparandolo con las indicaciones de un manómetro colocado delante de los organismos de admisión y del *vacuómetro* viéndose si la pérdida de presión en la admisión y la contrapresión no son excesivas por estrechamientos ó sección insuficiente de las lumbreras

Las faltas de simetría en las fases de la distribución se deducen obteniendo al mismo tiempo dos diagramas en los extremos del cilindro

264. Fuerza nominal —Corresponde en las máquinas inglesas semifijas y locomóviles á una superficie de émbolo de 8 — 10 pulgadas cuadradas por caballo

265. Máquinas de doble y triple expansión.

1) *Máquinas compuestas ó compound* de doble expansión (para presiones de 6—8 atm por lo menos, manivelas cualquiera, generalmente a 90° algunas veces á 0° (Tandem), el vapor que escapa del cilindro de alta presión pasa á la capacidad intermedia del receptor *(Receiver)*, de donde va al cilindro de baja presión) Sean

O_a O_b = área en m ² de los dos émbolos
S = carrera comun en m
Ee = grados totales de admisión y compresión
E_a, E_b e_a e_b = grados parciales de admisión y compresión en los dos cilindros
p = presión absoluta en la caldera
p_0 = presión en el condensador en kg por cm ²
N_i = fuerza indicada en caballos con n vueltas por 1′
N_e = fuerza efectiva = η N (η como en el num **262**)

La figura 187 da el diagrama teórico $AGHFDD_1B$ de una máquina monocilindrica ideal, equivalente a la dada que funcione con la misma presión p en la caldera y con los grados de admisión y compresión E, e — Si p_2 es la presión absoluta en el *receptor*, $AHKB$ sera el diagrama de la alta y $HFDD_1K$ el de la de baja — La figura 188 representa los diagramas *reales* A, B de la alta y baja presión, este ultimo con las abscisas aumentadas en la relación $\frac{O_b}{O_a}$ para hacer comparables los dos diagramas — La relación entre la suma de las áreas de los dos diagramas y el área total del diagrama teórico da el coeficiente de *utilidad ó utilización* α

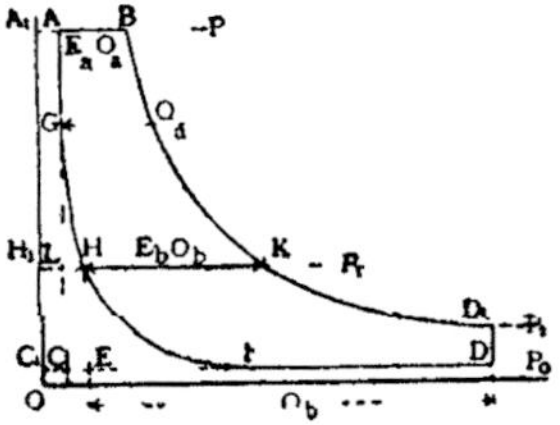

Fig. 187

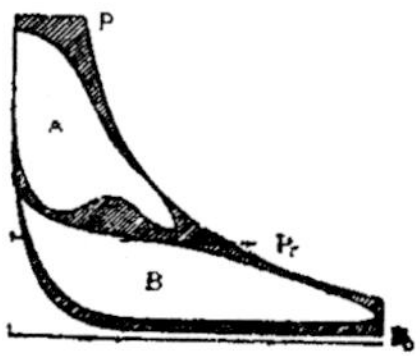

Fig. 188

Construcción dadas p y N_i

a) Teniendo en cuenta los espacios perpendiculares y la compresión

Se fija la presión absoluta final p_2 como en el núm. **262**, se traza (fig. 187) una longitud arbitraria $A_1 B$, que representa a $(E_a + m) O_a$ en la ordenada p; después $C_1 D = A_1 B \frac{p}{p_2}$ en la ordenada p_0 — Se toma $C_1 C = \frac{m_1}{1 + m_1} C_1 D$, en la que $m_1 = \frac{1}{3} - \frac{1}{4,5}$ veces el espacio perjudicial m que corresponde al tipo de la máquina, después se traza la curva de expansión con el método de la fig. 184, tomando por origen O y un espacio perjudicial $= C_1 C$ — Fijando el punto F donde se quiere empiece la compresión por el mismo método.— Se divide el diagrama con la recta HK, en dos partes de superficie casi igual, cuya ordenada será la presión absoluta en el receptor — Se tiene entonces

$$E = \frac{AB}{CD}; \quad e = \frac{CF}{CD}.$$

La longitud CD representa el area de un émbolo ideal O_1, y $C_1 C$ el espacio perjudicial respectivo; se les puede substituir con gran aproximación el émbolo de area O_b representado por ED con un espacio perjudicial $C_1 E$.— Se deduce entonces O_b con la fórmula del núm. **262**·

$$O_b = \frac{1}{\alpha} \frac{75 N_i}{10000 p_m V}$$

α = coeficiente de utilización $= 0{,}80 \div 0{,}85$, V = velocidad en m. por 1" del émbolo; p_m como en el núm. **262**, en función de los valores de $E\,e$, calculados como antes y el valor de m correspondiente á la maquina.

Se tiene, pues:

$$O_a = \frac{H_1 K}{C_1 D} O_b = \frac{p_2}{p_r} O_b$$

$$E_a = \frac{AB}{LK} = (1 + m) \frac{p_r}{p_1} - m, \quad E_b = \frac{HK}{LD} = (1 + m) \frac{p_2}{p_1} - m,$$

$$e_a = \frac{LH}{LK}; \quad e_b = \frac{EI}{LD}; \quad S, n \text{ como en el núm } \mathbf{262}.$$

b) Despreciando los espacios perjudiciales y la compresión

Se fija p_2 como antes, después $E = \frac{p_2}{p}$, se traza AB arbitraria y después $CD = AB \frac{p}{p_2}$ y se construye el diagrama $ACDD_1B$ sin compresión, trazando por puntos la curva de expansión con la ley abscisa $\times$ ordenada $= AB \cdot p =$ constante.— Se la divide en dos partes lo más iguales posible por la p_r que será la presión en el receptor y entonces se tiene aproximadamente

$$p_m = k_1 p - p_0 = \left(E + E \log \text{hip} \frac{1}{E}\right) p - p_0, \quad O_b = \frac{1}{\alpha} \frac{75 N_i}{10000 p_m V}$$

$$O_a = O_b \frac{p_2}{p_r}, \quad E_a = \frac{p_r}{p}, \quad E_b = \frac{p_2}{p_r},$$ S y n como en el núm **262**

Valores de α en este caso $\alpha = 0{,}70 - 0{,}75$,

$k_1 = E + E \log$ hip $\frac{1}{E}$ se calcula con los logaritmos hiperbólicos ó con la

E	$^3/_5$	$^1/_2$	$^2/_5$	$^1/_3$	$^3/_{10}$	$^1/_4$	$^1/_5$	$^1/_6$	$^1/_7$	$^1/_8$
k_1	0,907	0,864	0,767	0,700	0,661	0,597	0,522	0,465	0,421	0,385
E	$^1/_9$	$^1/_{10}$	$^1/_{11}$	$^1/_{12}$	$^1/_{13}$	$^1/_{14}$	$^1/_{15}$	$^1/_{16}$	$^1/_{18}$	$^1/_{20}$
k_1	0,335	0,330	0,309	0,290	0,274	0,260	0,247	0,236	0,216	0,200

Generalmente para presiones de $6 \div 10$ kg se tiene $\frac{O_b}{O_a} = 3 -$ $4{,}5$ con $E = \frac{1}{8} - \frac{1}{10}$.—Expansión fija para O_b y variable para O_a.

Máquinas del tipo Woolf — Dos cilindros de alta y baja presión, manivelas a 0° y 180°, el vapor de descarga del cilindro de alta va directamente á expansionarse en el cilindro de baja presión, durante toda la carrera y sin receptor intermedio

Despreciando los espacios perjudiciales y la compresión, se procede como antes: se fija p_2, después $E = \frac{p_2}{p}$ y trazando el diagrama se tiene O_b como antes, tomando $\alpha = 0{,}70 - 0{,}75$

La relación $\frac{O_b}{O_a}$ se fija $= 3 - 4$, de donde O_a y $E_a = E \frac{O_a}{O_b}$.

265 *bis*. Máquinas de triple y cuádruple expansión.

Máquinas de triple expansión. — Convienen para presiones > 8 kg, tres cilindros con manivelas a 120° Sean

O_a O_m, O_b el área de los tres émbolos, de alta, media y baja presión

E_a, E_m, E_b, e_a, e_m e_b los grados parciales de admisión y compresión

E y e los grados totales

La fig 189 da el diagrama teórico de una maquina monocilíndrica equivalente a la dada que funciona con la misma presión p en la caldera y los mismos grados E, e, p_2 es la presión final, p_r p_s las presiones en los dos receptores.—Los diagramas reales pueden superponerse al teórico, aumentando la abscisa de la media y de la baja presión en la relación

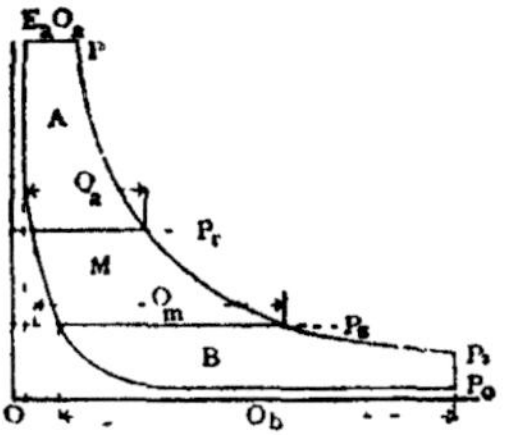

Fig 189

$$\frac{O_m}{O_a} \quad \frac{O_b}{O_a}$$

Construcción como en el numero anterior, fijando p_2, después E y trazando el diagrama con un valor de $m_1 = \frac{1}{5} - \frac{1}{7}$ veces al de m correspondiente al tipo de la máquina —Se trazan p_r, p_s de modo que dividan al area en 3 partes casi iguales —Después se obtiene O_b como antes con un coeficiente $\alpha = 0{,}75 - 0{,}80$ y del diagrama, como los valores de O_a, O_m con relación a O_b y los grados E_a, E_m, E_b, e_a, e_m, e_b

Despreciando los espacios perjudiciales y la compresión, se tiene O_b como antes con $\alpha = 0\ 65 - 0\ 70$, luego

$$O_a = O_b \frac{p_2}{p} \qquad O_m = O_b \frac{r_2}{p_s}, \quad I_a = \frac{p_r}{p}, \quad L_m = \frac{p_s}{p_r}, \quad I_b = \frac{p_2}{p}$$

Generalmente, para presiones de 8 — 12 kg se tiene

$$\frac{O_b}{O_a} = 5 - 7, \quad r = \frac{1}{10} - \frac{1}{15}$$ (Véase también num **288**)

Máquinas de cuádruple expansión —Convienen para presiones de 12 — 15 kg, $E = \frac{1}{15} - \frac{1}{20}$, relación entre las areas de los émbolos de baja el de alta y los dos de media presión, 7 — 10 4 — 7, 2 — 3 —Construcción como antes para $m_1 = \frac{1}{7} - \frac{1}{10}$ veces m

Valores de $\alpha = 0{,}70 - 0{,}75$ en relación con el diagrama teórico, con espacios perjudiciales y compresión, 0 60 — 0,65 con respecto al diagrama simplificado

266. Consumo de vapor y hulla.—El consumo de vapor por caballo y por hora para máquinas de un cilindro, se deduce de

$$P = \beta \gamma_1 \frac{120\, n\, O\, S\, (E + m)}{\text{fuerza en caballos}} \text{ kg}$$

γ_1 = peso de 1 m^3 de vapor a la presión inicial p_1 (num **247**)

β = coeficiente de corrección, cuyo valor aproximado puede variar de 1,25 — 1,80 para maquinas con envolvente de vapor ± extensa, de 1,80 — 2,20 para maquinas sin envolvente de vapor, de 1,10 — 1,30 para máquinas de vapor ± recalentado Por término medio, puede admitirse, que el recalentado reduce el consumo de vapor en ~ 1 % cada 5 — 6° de recalentado

La misma fórmula sirve para las máquinas compuestas, aplicandola sólo al cilindro de alta presión con β = 1,20 — 1,50 para maquinas ± grandes con envolvente de vapor ± recalentado (suponiendo un recalentamiento de 100 — 50°)

Consumo de hulla —La cantidad de hulla consumida se obtiene dividiendo el consumo de vapor por la producción en vapor de 1 kg de hulla (num. **260**) ademas depende de la caldera En las mejores maquinas y calderas pueden admitirse como limite las cifras siguientes

CLASE DE MAQUINAS	Consumo por caballo indicado y hora	
	Vapor o agua de alimentacion	Carbon (con buenas calderas)
Maquinas de 10 — 12 caballos	20 — 25 kg	3 — 4 kg
Idem sin condensación (± grandes) .	12 — 18 »	1 5 — 2,5 »
Idem de condensación (± grandes) ...	8,0 — 12 »	0,9 — 1,5 »
Idem de doble expansión (± grandes)	6,0 — 9 »	0,7 — 1 »
Idem de triple expansión (± grandes)	5 — 7 »	0,65 — 0,8 »

Con máquinas grandes y muy buenas de vapor recalentado puede llegarse (en los ensayos) á un consumo mínimo de 0,5 kilogramos de hulla.

Pruebas de las calderas y maquinas de vapor.—En las pruebas de recepción, para averiguar la producción de vapor en la caldera y consumo de vapor y hulla de la maquina, puede determinarse, según las condiciones prescritas, la cantidad integra de hulla y vapor, la cantidad total de hulla consumida deducida de las cenizas, ó la de vapor (ó agua de alimentación) por el agua condensada en el tubo de conducción y en la envolvente del receptor, que para ello se recoge aparte. No se deduce la cantidad de vapor condensado en la envolvente de los cilindros (en las envolventes se condensa por término medio $4 \div 5\,^0/_0$ del consumo total en las maquinas de un cilindro, y $8 \div 12\,^0/_0$ en las de varios cilindros).

Para formarse idea exacta de cómo funciona una máquina de vapor, se superponen los diagramas reales á los teóricos, del modo que se representa en la fig. 188, para ver si hay defectos en la maquina y cuales son éstos.

Título del vapor.—De un modo aproximado, se determina, derivando vapor de la caldera por un tubo y pasando á un recipiente de agua fría, en el que se condensa. Si P es el peso primitivo del agua y θ_0 su temperatura, P_1 el peso del agua procedente de la condensación del vapor, θ la temperatura final del agua, t la temperatura del vapor y x su título, se deduce x de la expresión:

$$P_1\,[x\,(606{,}5 + 0{,}305\,t) + (1 - x)\,t - \theta] = P\,(\theta - \theta_0)$$

267. Gastos accesorios.—Consumo de aceite y estopas para la limpieza $= 5 \div 8\,^0/_0$ del coste del carbón. Consumo para encender (trabajando sólo de día) $= 2 \div 3$ kg. de carbón por día y m.^{2} de superficie de caldeo de la caldera.

268. Alimentación.—La bomba de alimentación se calcula para el mayor grado de admisión de la maquina, y un volumen de agua triple, por lo menos, del correspondiente al vapor consumido.

Siendo D, V el diámetro y la velocidad en metros del émbolo motor y d_1, v_1 el diámetro y velocidad del émbolo de la bomba, se puede tomar como término medio:

$$d_1 = \alpha_1 D \sqrt{\frac{V}{v_1}}, \quad \alpha_1 = \begin{cases} 0{,}15 \text{ para bombas de simple efecto} \\ 0{,}10 \quad \text{»} \quad \text{»} \quad \text{de doble efecto.} \end{cases}$$

269. Condensación.—(Conviene sólo para fuerzas $>$ 20 — 25 caballos)

Condensación por mezcla —Agua fría necesaria para cada kilogramo de vapor 25 — 35 litros, segun la temperatura del agua, para obtener una temperatura de condensación de 30 — 35° y presión $\gtreqless$ 0,1 atm (tabla XVIII) Si el agua se encuentra a más de 3 — 4 m bajo el condensador no se puede contar con la aspiración natural y hay que elevarla con una bomba Se puede disponer un condensador comun a varias máquinas

Volumen total aspirado por la bomba de aire para tener un vacío = ~ cuatro veces el volumen de agua fría

Si ademas de la bomba para el agua caliente se aplica al condensador una bomba especial para el aire, haciendo circular en el condensador agua fría en sentido inverso del vapor, y aspirando el aire en el punto donde su temperatura es más baja, puede reducirse la presión en el condensador hasta 0,05 kg por cm²—En este caso, la bomba especial para el aire, se calcula para aspirar un volumen = 0,12 — 0,16 litros por litro de agua fría, aumentado en razon inversa de las presiones y directa de las tenperaturas absolutas, es decir, ~ 10 veces tanto si la presión en el condensador es 0,1 kg y ~ 20 veces si la presión se reduce a 0,05 kg — Con este sistema se calcula la bomba para el agua caliente para un volumen menor del indicado antes, teniendo en cuenta el volumen extraído por la bomba especial de aire

Pudiendo disponerse de una profundidad suficiente para la descarga natural del agua caliente (por lo menos 10,33 m), puede suprimirse la bomba para el agua caliente aplicando el sistema de condensador barométrico También, si no se dispone de la profundidad necesaria, puede aplicarse el mismo sistema sirviéndose de una bomba centrifuga sencilla para descargar el agua calculada (con cierta margen) para el volumen de agua caliente solo

Condensadores de superficie — Superficie necesaria de tubos = 0,10 — 0,16 m² por HP indicado — Agua fría necesaria = 40 — 50 litros por kg de vapor Volumen extraído por la bomba de aire = por lo menos 60 litros por kg de vapor (Véase también numero **289**) —Respecto al empleo de una bomba separada para el aire, sirven las mismas observaciones anteriores

270. Tubos de toma y escape de vapor —La sección de estos tubos es = 1 2 — 1,5 veces las de las respectivas lumbreras de admisión y descarga, calculadas como en el num **272.**

271. Peso de las máquinas de vapor.—La tabla siguiente puede dar idea del peso de las maquinas de tipo ordinario

Tabla LXXXVI.

Máquinas horizontales de un cilindro

(Armadura de bayoneta, caja de distribución para los cinco primeros tipos, de valvula para los demás, presión efectiva, 8 kg)

Cilindro		Numero de vueltas por 1'.	Máquinas sin condensacion			Máquinas de condensacion			Volante	
Diámetro	Carrera		Fuerza indicada $E=1/6$	Fuerza indicada $E=1/3$	Peso total	Fuerza indicada $E=1/8$	Fuerza indicada $E=1/3$	Peso total	Diámetro	Peso
mm	mm		cab	cab	kg	cab	cab	kg	mm	kg
160	**225**	200	12	16	850	13	19	1200	850	250
180	**275**	170	15	21	1300	17	25	1700	1000	350
225	**350**	150	26	36	2000	30	45	2500	1310	700
250	**450**	120	34	46	3400	38	55	4000	2000	1050
300	**550**	100	50	68	5300	54	80	6000	2500	1650
350	**650**	90	79	119	7000	88	130	7800	3200	2100
400	**750**	88	117	175	9800	130	190	11000	3600	3000
500	**900**	85	200	300	14200	230	340	16000	4200	4000

Tabla LXXXVII

Máquinas horizontales de dos cilindros (pre efec = 10 kg)

(Armadura de bayoneta, condensación, caja de distribución en los dos primeros tipos, valvula en los demas)

Diametros de los cilindros		Carrera	Numero de vueltas por 1'	Fuerza indicada		Peso total	Volante	
Alta presion	Baja presion			$E=1/15$	$E=1/8$		Diametro	Peso
mm	mm	mm		cab	cab	kg	mm	kg
160	**250**	400	180	34	45	3500	1200	950
200	**325**	500	150	60	80	5500	1600	1300
250	**425**	600	105	83	112	9500	3000	2500
275	**475**	700	100	116	155	12500	3300	4000
300	**500**	800	97	134	192	16000	3600	6000
325	**550**	900	95	190	255	22000	3900	8000
350	**575**	1000	92	225	300	30000	4200	10000
400	**675**	1100	90	335	450	40000	4500	13000
450	**750**	1200	88	440	580	53000	4800	16000
500	**825**	1300	86	560	750	68000	5100	19500
550	**900**	1400	84	700	1250	85000	5500	25000

Sigue TABLA LXXXVII.

Diametros de los cilindros		Carrera	Numero de vueltas por 1'	Fuerza indicada		Peso total	Volante	
Alta presion	Baja presion			$E = 1/15$	$E = 1/8$		Diámetro	Peso
mm	mm	mm		cab	cab	kg	mm	kg
			A gran velocidad para dinamos					
300	**500**	650	135	160	220	19500	3200	6000
325	**550**	650	135	200	265	21500	3200	7000
350	**575**	750	130	230	310	26000	3600	8500
375	**625**	750	130	280	370	29000	3600	10000
400	**675**	900	122	375	500	39000	4000	12000
425	**725**	900	122	430	575	42000	4000	14000
450	**750**	1050	115	510	700	51500	4500	16000
525	**850**	1050	115	650	870	61000	4500	18000
550	**900**	1200	107	780	1040	78000	4900	20000
600	**975**	1200	107	900	1200	83000	4900	23500
650	**1050**	1350	100	1100	1500	110000	5200	27000
700	**1125**	1350	100	1300	1750	120000	5200	30000

TABLA LXXXVII *bis*

Motores horizontales con 3 cilindros (Tosi, Legnano).

(Armadura de bayoneta, condensación, distribución con valvulas, presión = 12 kg)

Diametro de los cilindros			Carrera...	Num de vueltas por 1'...	Fuerza indicada		Peso total	Volante	
Alta presion	Media presion	Baja presion			$E = 1/2$	$E = 1/16$		Dia metro	Peso
mm	mm	mm	mm		cab	cab	kg	mm	kg
250	**400**	**625**	600	105	133	180	17500	3000	4000
275	**450**	**700**	700	100	182	250	22500	3300	6200
300	**475**	**775**	800	97	230	310	28000	3600	9000
325	**525**	**825**	900	95	310	420	36000	3900	11500
375	**600**	**950**	1000	92	440	590	47000	4200	14000
425	**675**	**1050**	1100	90	580	780	65000	4500	18000
475	**750**	**1200**	1200	88	800	1080	90000	4800	22000
525	**850**	**1325**	1300	86	1050	1400	120000	5100	26000
575	**900**	**2 × 1050**	1400	84	1350	1820	155000	5500	33000

TABLA LXXXII *ter*.

Motores verticales de 2 cilindros (Tosi, Legnano)

(Gran velocidad, condensación cajas cilíndricas de distribución, presión 10 kg)

Cilindros		Carrera.	Num de vueltas por 1′	Fuerza indicada		Peso total	Volante	
Alta presion	Baja presion			$E = 1/13$	$E = 1/6$		Diametro	Peso
mm	mm	mm		cab	cab	kg	mm	kg
180	**275**	200	375	41	62	2800	1000	450
227	**325**	250	325	62	95	4800	1300	800
275	**400**	300	285	100	150	7200	1500	1300
325	**475**	350	260	155	220	11000	1700	2000
400	**600**	425	240	260	400	20000	1900	3500
450	**675**	500	220	360	550	26000	2200	5500

TABLA LXXXVIII.

Máquinas semifijas y locomóviles.

Cilindro		Numero de vueltas por 1′	LOCOMÓVILES				Semifijas (caldera vertical)	
			De un cilindro		De dos cilindros			
Diametro.	Carrera		Fuerza nominal	Peso con caldera	Fuerza nominal	Peso con caldera	Fuerza nominal	Fuerza con caldera
m	m		cab	quint	cab	quint	cab	quint
160	**250**	150	3	22	—	—	3	12,5
175	**300**	125	4	26	8	45	4	20
190	**300**	125	5	33	10	53	5	22
210	**300**	125	6	35	12	59	6	27
225	**300**	125	7	37	14	62	—	—
250	**350**	115	8	41	16	73	8	36
265	**350**	115	10	53	20	105	10	41
300	**400**	110	12	58	24	112	12	50
350	**400**	110	—	—	30	134	—	—

272. Caja de distribución.

1) *Superficie de las lumbreras de admisión y escape* (sirve para cualquier sistema de distribución) — Sean o, o_1 estas super

ficies (en m.²), O área en m² del émbolo V su velocidad en metros por 1" — Se toma:

$$\frac{o}{O} \leqq \frac{V}{30}, \qquad o_1 = 1{,}4\,o - 1{,}5\,o$$

2) *Caja* — Sean

a b = ancho y largo de la lumbrera de admisión (fig 190),
a_0 = ancho de la de escape,
e, i = cubrimiento exterior é interior,
j = intervalo entre las lumbreras,
ρ = excentricidad del excéntrico

Todas estas dimensiones en milímetros

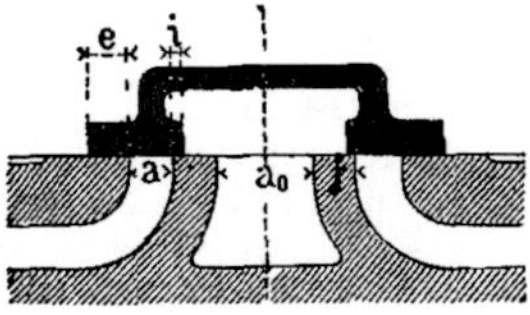

Fig 190

Se fijan a y b de modo que
$l = 6\,a - 10\,a = \sim (6 + 2\,D)\,a$,
(D diámetro del émbolo en m)

Para una caja simétrica (como se hace cuando la biela es bastante larga respecto a la manivela) puede adoptarse la siguiente construcción, fundada en datos tomados de gran numero de maquinas

Se toma (fig 191) $\omega A = 50$ mm (representando la semicarrera ó el radio de la manivela) — El punto B (punto de la carrrera en que debe empezar la descarga) se fija por las

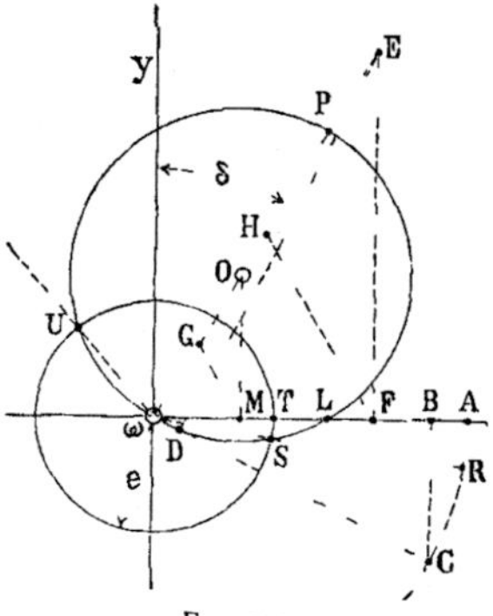

Fig 191

$AB = (4\,V - 2$ mm$)$ como máximum, para cajas sencillas de distribución,
$AB = (2\,V - 1$ mm$)$, como máximum, para cajas de distribución con expansión

También se fija el ***avance lineal*** $u = \sim 0{,}04\,V\,a$ (cantidad que debe estar abierta la lumbrera de admisión en el punto muerto) Se admite que la caja debe pasar de la lumbrera una magnitud (que se puede tomar $= 0{,}10\,a - 0{,}25\,a$, segun sea grande ó pequeña la caja)

Se baja $BC \perp \omega A$ hasta encontrar en C el círculo de radio ωA — Sobre $C\omega$ se lleva la magnitud arbitraria ωD desde D la $\perp$ a ωC y sobre ésta se toma $DE = 20\ \omega D$ — Se baja $EF \perp \omega A$ y en la ωF se lleva

$$\omega G = 0{,}5\,(a - u + w), \quad I\,H = w\,I$$

Se traza $GM \parallel FH$, después $MO \perp \omega A$. — Haciendo centro en O, con el radio $O\omega$, se describe el círculo ωLP — Se toma

$$L\,T = \textit{avance lineal} = u\,,$$

y se describe el círculo de radio ωT que encuentra al otro en U, S — Después se hace

$$\rho = \omega P, \quad e = \omega T, \quad i = {}^1/_{20}\,\rho$$

Con estos valores se traza la distribución, tomando también

$$j = 10 + 0{,}5\,a\,,\ a_0 \text{ no} < \rho + a + i - j\,,\ \text{ni} < 1{,}4\,a - 1{,}5\,a$$

El excéntrico se cala con un angulo $= 90^\circ + y\,\omega P = 90^\circ + \delta$, antes de la manivela ($y\,\omega P = \delta =$ angulo de *precesión* ó avance)

En el caso de bielas cortas, se modifica la construcción con arreglo a las normas que siguen

3) ***Diagrama de la caja de distribución*** (fig 192) — Todas las fases de la distribución se determinan por medio del círculo O de diametro ρ inclinado δ sobre el eje y, de su simétrico O_1 y con dos círculos de radios e, i, que tienen su centro en el origen de los ejes — V posición de la manivela, detrás del émbolo al principio del escape, Z posición delante del émbolo al principio de la admisión, A_0 punto muerto, U posición de la manivela al principio de la expansión, T posición de la manivela al principio de la compresión — En el círculo O_1 se repiten las mismas fases para la carrera de vuelta. — Los radios vectores de los círculos OO_1 representan los verdaderos espacios recorridos por la caja, partiendo de su posición media, para las posiciones correspondientes de la manivela —

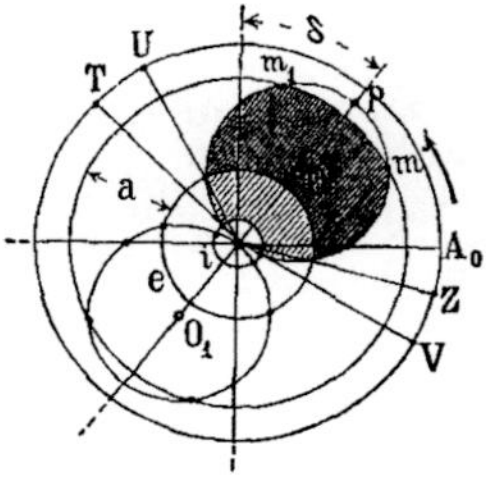

Fig 192.

Así, descrito el círculo de radio $e + a$, se tienen los puntos $m\,m_1$ *en que la lumbrera de admisión está abierta del todo* y en el radio OP la magnitud en que la caja pasa de la lumbrera (u), la parte rayada fuerte en la figura, representa todas las fases de apertura de la lumbrera de admisión, y el círculo de radio $i+a$, las fases de apertura de la lumbrera de escape

Cuando la biela es bastante larga respecto a la manivela, las proyecciones de los puntos $UIVZ$, sobre el diametro horizontal dan ~ las verdaderas fracciones de carrera, simétricas, de ida y vuelta, verificadas al principio de la expansión, compresión, descarga y admisión — No sucede esto, si la biela es corta entonces puede convenir que la caja sea asimétrica para hacer iguales las fases en la ida y vuelta.—Para ello hay que trazar en la prolongación del diámetro horizontal la carrera de la cruz, y señalar los puntos dispuestos simétricamente en que deben empezar la admisión y la descarga para la ida y vuelta; después, desde estos puntos y con un radio = á la biela, se corta el círculo de la manivela (de diametro = a la carrera) en los puntos VZ, para la ida (círculo O) y en los puntos correspondientes para la vuelta (círculo O_1) — Trazando los radios que pasen por estos puntos, y hallando los puntos de encuentro con los círculos $O\,O_1$ se tendran los valores de e, i que resultaron distintos para uno y otro lado de la caja

4) *Distribución con expansión variable excéntrico variable* — Separando el excéntrico de modo que varíen ρ, δ, varía la expansión — Este movimiento se hace á mano, ó bien con un regulador aplicado al mismo eje, ó de otro modo — Á cada posición corresponde un par de valores de ρ, δ, con las que se halla el centro O del diagrama (fig 192) y el grado relativo de admision.— El mejor sistema es aquel en que el centro O se halla sobre una paralela al eje de ordenadas, lo que da un valor constante al avance u

273. Caja de distribución con inversión del movimiento.

1) *Corredera Stephenson* (fig 193) — DD_1 corredera cuyo radio de curvatura = a la longitud de la varilla del excéntrico CC_1, E vástago del distribuidor, guiado en línea recta.— GHK mecanismo para mover la corredera (en el centro de ésta hay un botón) — La excentricidad ρ y el ángulo de avance δ de un excéntrico conveniente para la distribución normal se determinan como anteriormente, después se fija la excentricidad de los excéntricos que mueven la corredera con la $\rho_1 = \rho \dfrac{c}{c_1}$ (c semilargo de la corredera, c_1 semicarrera del botón) calado a $90^\circ + \delta$, antes y después de la manivela (M_0 manivela fig 193).—Se dibuja la corredera con el centro sobre el eje, después de haber puesto la manivela en un punto muerto y el botón en medio de la corredera

Generalmente se toma $c = 2\rho_1 - 2{,}5\rho_1$

2) *Corredera Gooch* (fig 194) —Radio de la corredera = longitud de la biela *B*, lo demás como en lo precedente Presión lineal constante

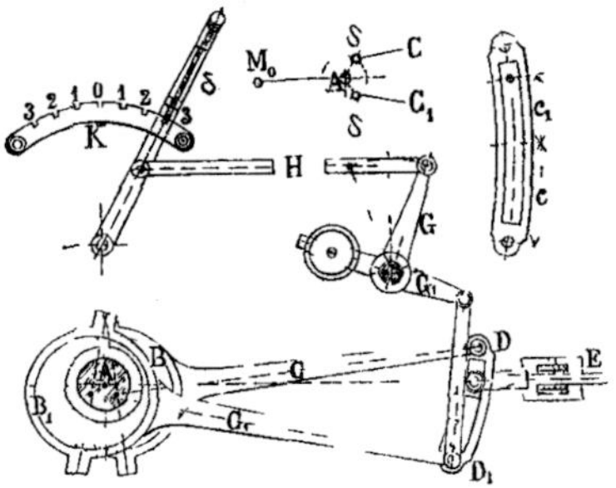

Fig 193

3) *Excéntrico de corredera* (fig 195) —Excéntrico calado a 180° con la manivela, radio de la corredera = longitud de la biela *B*, excentricidad del excéntrico $= e + u$ (véase núm **272**) Presión lineal constante

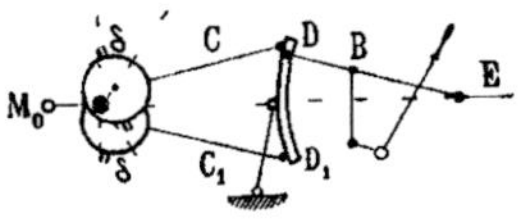

Fig 194

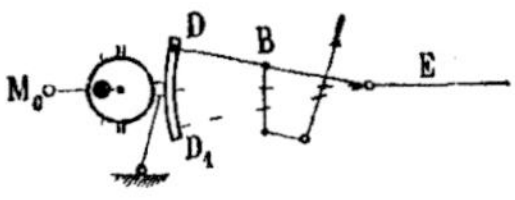

Fig 195

274. Caja de distribución con órganos de expansión.

1) *Sistema Rider* figuras 196 y 197 (caja de distribución con lumbreras oblicuas, mecanismo de expansión formado por una placa S envuelta por un tubo ó parte de tubo, y que para variar la expansión se mueve á mano ó por la acción de un regulador) Se usa mucho, principalmente para las máquinas de poca fuerza

Trazado del distribuidor Rider.— Se dibuja la caja como en el núm. **272**, añadiendo lateralmente los dos conductos de ancho $a_1 = 1{,}07\,a - 1{,}15\,a$.

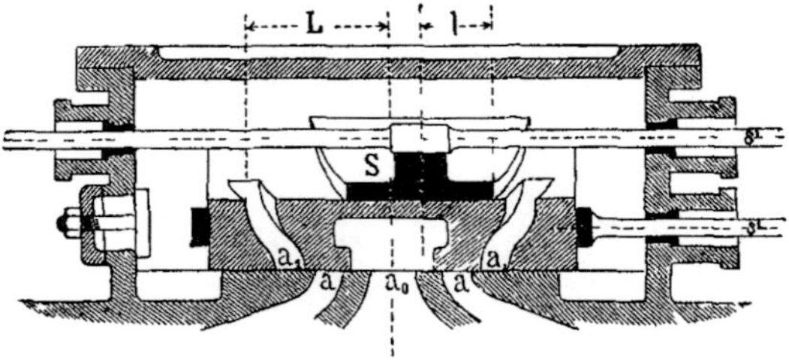

Fig. 196.

Para la placa de expansión se procede como sigue se describen como antes (fig 191) los círculos ωP, ωTU; después de señaladas las ωP, ωU, se traza por ω (fig. 198) una recta ωP_0 inclinada $60 \div 80°$, sobre ωy (90° si la distribución ha de ser con inversión de movimiento), y se la corta en P_0 con la $PP_0 \parallel \omega U$. Se tiene así ωP_0, excentricidad del excéntrico de expansión que se cala bajo un ángulo $= (90° + y\,\omega P_0)$ delante de la manivela

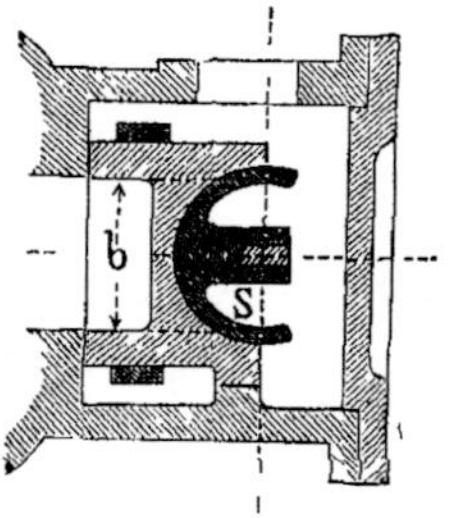

Fig. 197.

Trazada $PP_1 \parallel \omega P_0$ se describe el círculo de diámetro ωP_1 Se determinan sobre la MN, que representa la carrera del émbolo, las fracciones de carrera MB_1, MB_2, correspondientes á la admisión *mínima* y *máxima* que se quiere obtener con el mecanismo, y se trazan los radios correspondientes ωA_1, ωA_2, que cortan al círculo ωP_1 en los puntos a_1, a_2.—Si (como en general conviene) se establece que la escala de grados de admisión disponibles varía entre cero y la admisión natural de la caja, se tendrán los puntos $a_0 P_1$, en vez de $a_1\, a_2$.—Medidas las

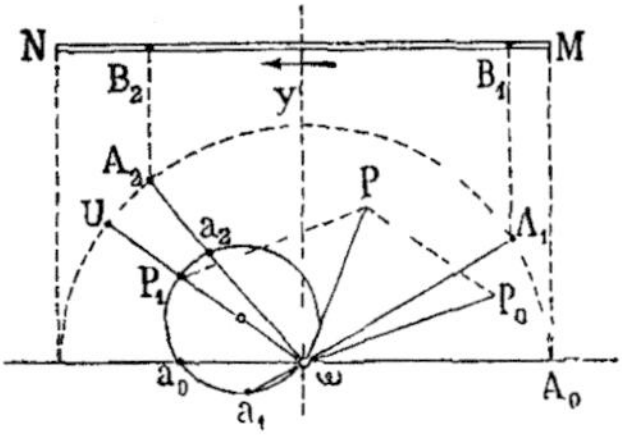

Fig. 198.

longitudes ωa_2, ωa_1 (ó bien ωP_1, ωa_2) se suman si a_1 esta debajo de ω (como en la fig 198), ó se restan si esta encima —Esta suma ó diferencia se representa por d

Una vez fijada la oblicuidad de las lumbreras sobre el desarrollo de la cara superior de la caja (fig 199), queda determinada la semidistancia mínima L_2 entre los bordes exteriores de las mismas después se toma para semiancho mínimo de la placa desarrollada

$$l_2 = L_2 - \omega a_2$$

y se busca en la placa el punto en que el semiancho es

$$l_1 = l_2 + d$$

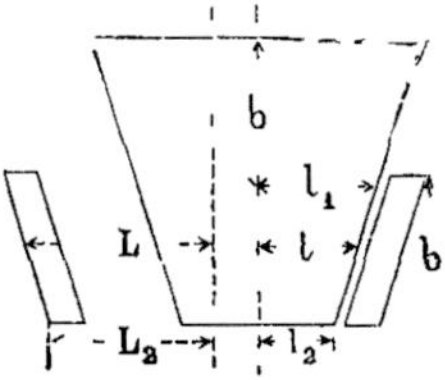

Fig 199

Llevando, después de este punto, una longitud $= b =$ longitud de la lumbrera de admisión se tiene el desarrollo completo de la placa, aumentando un poco la longitud en ambos extremos para que cubra bien las lumbreras en los casos de mínima y maxima admisión

Con este sistema el regulador puede actuar directamente sobre el vastago de la placa, haciéndola girar en los límites del ángulo correspondiente á su desarrollo

Las proporciones medias ordinarias de este sistema, expresadas en centésimas del diametro del cilindro, son, segun Thurston cubrimiento exterior 1 8, interior 0,8, excentricidad del excéntrico de distribución 10, de expansión 8, ancho de las lumbreras de admisión 7, de la de escape 10, ancho de los conductos 7,5, longitud de la placa 23, ángulo de calado delante de la manivela para el excéntrico de distribución 105°, para el de expansión 158°

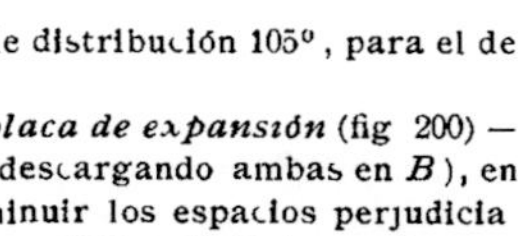

Fig 200

2) *Sistema de caja dividida y placa de expansión* (fig 200) — Se divide la caja en dos partes C (descargando ambas en B), en los extremos del cilindro para disminuir los espacios perjudiciales —La placa S puede ser una placa Rider dividida en dos con excéntrico comun, ó dos placas sencillas con mecanismo de cierre de expansión (num **275**) regido por el regulador.

275. Distribución de escape. —Tipo Corliss y sus derivados de llaves, válvulas ó placas; superficie de las lumbreras como en el núm. **272.**—La figura 201 representa un ejemplo (tipo Sulzer de válvula): *A*, *B*, válvulas de admisión y escape; *C*, *D*, muelles de cierres; *E*, contra-eje de distribución; *F*, *H*, mecanismo de escape movido por el regulador por medio del árbol *J*.

Trazado: se fijan las superficies de las lumbreras de admisión y escape, el avance en la admisión y el principio del escape como en el núm. **272.** Además se fija la relación de compresión y los límites del grado de admisión (estos límites dependen de las condiciones en que funciona la máquina, y á falta de otros conviene fijarlo entre 0 y 0,90).— Se determina entonces el calado de los excéntricos de admisión de modo que, cuando su excentricidad se encuentra en la cuadratura (esto es ⊥ á los puntos muertos), la manivela de la máquina se halle detrás del respectivo punto muerto un ángulo igual al de precesión de la admisión, es decir, la posición en que debe empezar, á un lado ó á otro, la apertura de la lumbrera de admisión.

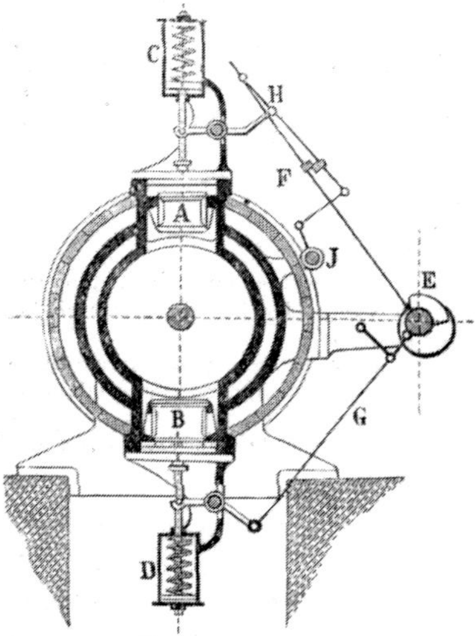

Fig. 201.

En cuanto al del escape, se determina su forma y calado en relación al principio y al fin del escape y de la posición de la manivela motriz, en el momento en que estas fases tienen lugar.

Los límites de admisión sirven para fijar la carrera del regulador.

276. Elementos de las máquinas de vapor (dimensiones en mm.).

Sean:

D, S = diámetro y carrera del émbolo en mm.;

p' = presión efectiva máxima en kg. por cm.², sobre el émbolo (para máquinas sin condensación p' = próximamente p = presión efectiva en la caldera; máquinas de condensación $p' = p + 0,9$).

$P = \sim 0,008\, D^2 p$ = presión correspondiente sobre el émbolo (en kilogramos).

1) *Cilindro* (fig. 202).—La figura representa un cilindro, según la construcción más usada, con envolvente de vapor: unión T, de bayoneta; pedestal B; envolventes *i i* del cilindro y fondos, etcétera. Espesor de las paredes σ, como en el núm. **229**; espesor

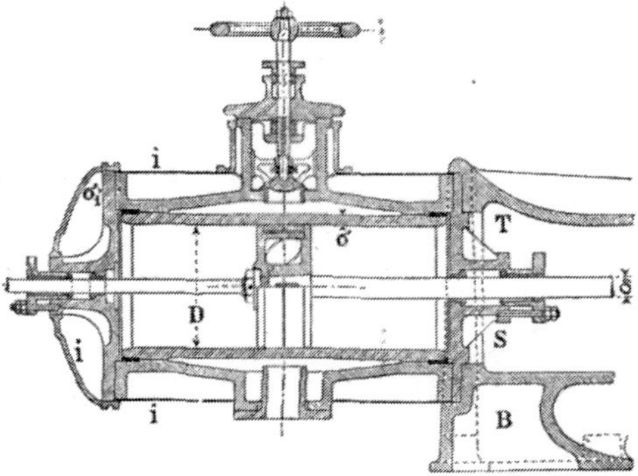

Fig. 202.

en los bordes y en las tapas, $\sigma_1 = 1,4\,\sigma$; pernos distantes $4\,\sigma_1 \div 5\,\sigma_1$; su diámetro se calcula en función de la presión P (tabla LI *bis*) para que no resulte $> \sigma_1$, en cuyo caso se disminuiría oportunamente la distancia (véase también núm. **229**). Juego entre el fondo y el émbolo al final de la carrera $= 5 + 0,005\, S$ mm.

2) *Émbolo y vástago.*—Se calcula como en los números **223** y **231**.

El diámetro δ del émbolo (hierro ó acero) puede deducirse aproximadamente, según varíe S de $1,8\,D \div 2,5\,D$, de:

para p' =	4	$5 \div 6$	$7 \div 8$	$9 \div 10$	$11 \div 12$
$\frac{\delta}{D}$ =	$0,14 \div 0,15$	$0,16 \div 0,17$	$0,18 \div 0,19$	$0,21 \div 0,22$	$0,24 \div 0,25$

3) *Ejes* — Diámetro d_1 del botón de la manivela. véase número **205**, ó aproximadamente de la tabla

para $p'=$	4	5	6	8	10	12
$\frac{d_1}{D}=$	0,20	0,225	0,25	0,29	0,32	0 36

Para el acero, 0,85 de los valores precedentes Longitud $l_1 = d_1 - 1{,}25\, d_1$

Gorrones de la manivela acodada (véase núm **222**)

Idem de la cruceta diametro $d_2 = 0{,}7\, d_1 \sim$, $l_2 = d_2 - 1{,}15\, d_2$ para los laterales, $2\, d_1 - 2{,}25\, d_2$ para el en horquilla

4) *Crucetas y guias* (véase num **223**)

5) *Biela* —Se calcula como en el num **224**, ó bien segun que S varíe entre $1{,}8\, D$ y $2{,}5\, D$ se deduce el diámetro máximo d_1 de la

para $p'=$	4	5 — 6	7 — 8	9 — 10	11 — 12
$\frac{\delta_1}{D}=$	0,21 — 0,24	0,23 — 0 26	0,25 — 0,28	0,28 — 0,31	0,32 — 0 34

Para bielas de sección rectangular de altura a y espesor b, se tomará $b = 0\ 74\, \delta_1$, $0{,}70\, \delta_1$, $0{,}67\, \delta_1$ segun sea $a = 2\, b$, $2{,}5\, b$, $3\, b$

6) *Manivela.*—Vease num **222**

7) *Vástagos de la caja de distribución y del mecanismo de expansión, excéntrico y su brazo.*

Diámetro del vastago del distribuidor, placa, etc, $\delta' = 0{,}33\, \delta + 10$ (δ = diámetro del vastago del émbolo) —Brazo del excéntrico y gorrones del mismo $\delta_2 = 1{,}15\, \delta'$, si es de sección rectangular $= 1{,}5\, \delta' \times 0{,}7\, \delta'$ Proporciones de los excéntricos (véase numero **225**)

8) *Eje motor.*—El diámetro d (en el muñón de la manivela) se calcula como en el num **207**, y aproximadamente con la

para $p'=$	4	5 — 6	7 — 8	9 — 10	11 — 12
$\frac{d}{D}=$	0,37 — 0,40	0,41 — 0,45	0,45 — 0,50	0,48 — 0,53	0,50 — 0 55

tomando las cifras menores para las mayores máquinas y las mayores para las más pequeñas

Longitud l del muñón $= 0{,}9\, d - 1\ 25\, d$ lo menos, pero siempre tal que la presión por mm² de la superficie $l\, d$ no resulte $> 0{,}2 - 0{,}4$ kg, según se trate de maquinas de giro rápido ó lento Diámetro del eje en el empotramiento del volante $= 1{,}25\, d - 1{,}3\, d$

Para máquinas gemelas ó acopladas de N caballos cada una se da al eje comun un diámetro $= 1{,}26\,d$ (d diametro calculado para cada máquina), á causa del menor peso relativo del volante

277. Armadura y cimientos.

Armadura — La más usada actualmente es la de uniones de bayoneta (fig 203) Apoyo unido ó fundido con la viga y 3 cojinetes La sección transversal de la viga es en general de alma llena

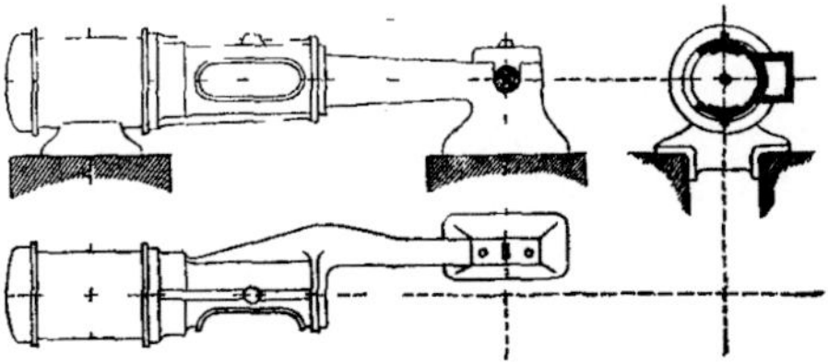

Fig 203

ó celosia, y debe tener una superficie por lo menos, de $0{,}03\,P$ — $0{,}04\,P$ cm², segun se trate de una maquina de giro lento ó rápido (P presión máxima sobre el émbolo en kg, num **276**

Cimientos — Pernos de fundación diametro $= (12 + 0{,}15\,d)$ mm longitud $= (1000 + 150\sqrt{N})$ mm, d diámetro del eje en mm N fuerza en caballos

La altura del cimiento debe exceder a la longitud de los pernos, según las exigencias constructivas y la naturaleza del terreno

278. Reguladores.

1) *Regulador de Watt* (figura 204) — Diámetro de las esferas $= 0{,}3$ del diámetro del cilindro, número de vueltas por 1′

$$n = \frac{32}{\sqrt{a}}$$

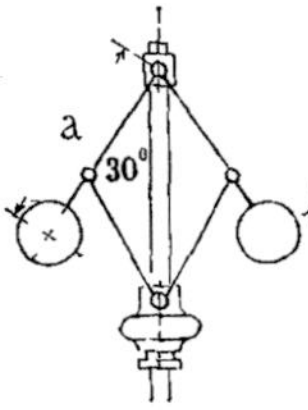

Fig 204

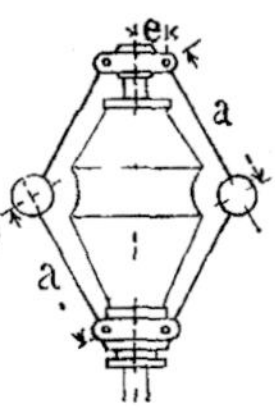

Fig 205

2) *Regulador Porter* (fig 205) — Sea α el ángulo que forman los brazos con el eje s, carrera del manguito, P, peso de una esfera, Q, peso del manguito, R, resistencia en el manguito en kg, n, numero normal de vueltas por 1′, n_1, n_2 numero maximo y mínimo

de vueltas en los límites de la carrera s; δ, ε, grados de falta de uniformidad y de insensibilidad. Se tiene (m. y kg.):

$$\delta = \frac{n_1 - n_2}{n}\ ; \quad \varepsilon = \frac{R}{Q + P}\ ; \quad n = \sqrt{900 \frac{1 + \frac{Q}{P}}{a \cos \alpha + e \cot \alpha}}.$$

Calculado n y fijado $\varepsilon \left(= \frac{1}{40} \div \frac{1}{80}\right)$, se tiene $Q + P$; después Q, dado P, ó viceversa. Puede también usarse (para $\alpha = 48°$) la tabla siguiente:

a	e	s	n para $\frac{Q}{P} =$				δ	$Q + P$
mm.	mm.	mm.	5	10	15	20		kg.
150	20	25	215	290	350	400	$^1/_{14}$	20
200	25	35	185	250	305	350	$^1/_{14,5}$	35
250	30	40	165	225	270	310	$^1/_{15}$	50
300	35	50	150	205	250	285	$^1/_{15,5}$	65
350	40	60	140	190	230	265	$^1/_{16}$	80

279. Volantes.

1) *Volantes para máquinas de vapor.*—G = peso de la llanta en kg.; N_e = fuerza efectiva en caballos con un grado de admisión E y una velocidad v del émbolo; n = número de vueltas por 1′; V_1 = velocidad en la circunferencia media del volante, en m. por 1″ = generalmente $6 \div 12$ m.; máximo, $25 \div 30$ m.; $\alpha = 25 \div 40$ para las máquinas de una regularidad ordinaria; $\alpha = 40 \div 60$ para máquinas muy regulares; L trabajo máximo en kilogramos que debe acumular el volante; μ relación entre L y el trabajo en una vuelta. Se deduce G de la

$$G = 9{,}8 \frac{\alpha L}{V^2_1} = 9{,}8 \frac{\alpha}{V^2_1} \mu \frac{60 \cdot 75 N}{n} = \varphi \frac{\alpha N}{n V^2_1}.$$

Para máquinas de 1 cilindro φ, viene dado aproximadamente por:

v	Máquinas de condensación $E =$				Máquinas sin condensación $E =$			
m. por 1″	1/4	1/6	1/8	1/10	1/2	1/3	1/4	1/6
1,5	7000	7500	8100	8500	7400	8000	8500	9400
2,0	6200	6500	6800	7000	7000	7300	7800	8700
3,0	—	—	6000	6000	—	6200	6300	6900
4,0	—	—	5400	5500	—	—	6200	5500

Para otros tipos de motores se toma aproximadamente:

Máquinas de simple efecto................	$\varphi = 4{,}4$	
Idem gemelas (manivela á 90°)............	$\varphi = 0{,}33$	de los valores de la tabla.
Idem Woolf (manivelas á 90 ó 180°).......	$\varphi = 0{,}75$	
Idem compound de 2 cilindros (manivela á 90°)................................	$\varphi = 0{,}30$	
Idem íd. 3 cilindros (manivela á 120°).....	$\varphi = 0{,}17$	

Para mayor precisión se trazará el diagrama de las fuerzas tangenciales como sigue: por un punto B tomado en la periferia del botón de la manivela (figura 206), se dibuja la biela AB; se deduce del diagrama de las presiones netas sobre el émbolo (fig. 185, núm. **263**) la presión en el punto correspondiente de la carrera, que se lleva á AP; descomponiendo

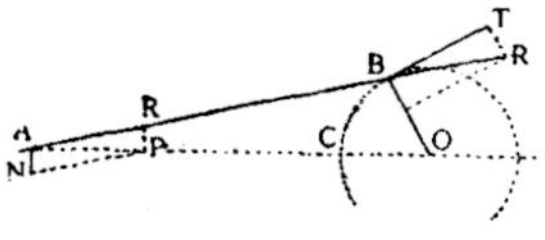

Fig 206.

la AP en los componentes N, R, se lleva la R (fuerza que actúa sobre la biela), en B se halla la componente tangencial T, que se lleva á mn (fig. 207) como ordenada sobre la abscisa $Am =$ al arco CB desarrollado sobre el eje $AA_1 = 2\pi r$ (r radio de la ma-

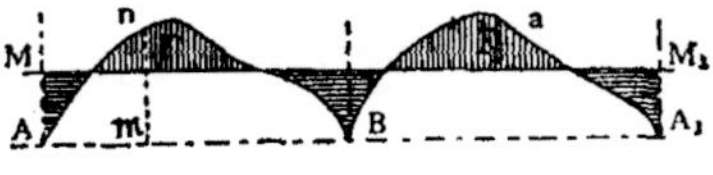

Fig. 207.

nivela). *Operando así para diversos puntos*, se tiene el diagrama $AnBaA_1$, que superficiado y dividido por $2\pi r$, da el rectángulo del esfuerzo medio AMM_1A_1, que representa el trabajo en una vuelta $= \dfrac{60 \cdot 75\,N}{n}$. Se superfician los arcos en exceso sobre el trabajo medio FF_1, y se traduce la mayor de ella (mm.²) en kg. (según la escala adoptada para representar los kg. sobre las ordenadas y los m. en las abscisas), con lo cual se tiene el máximo trabajo en exceso L, que debe almacenar el volante, ó bien se halla la relación μ entre el área mayor y el área del rectángulo AMM_1A_1.—Entonces, ya con el valor de L, ó con el de μ, se calcula el peso G del volante con las fórmulas anteriores.

Para máquinas gemelas á 90° se repite el diagrama de la figura 207, desviándole $^1/_4\ AA_1$, se suman las ordenadas de los dos diagramas superpuestos y con ellas se forma el diagrama de las fuerzas tangenciales, que se comprueba como antes con el rectángulo del esfuerzo medio, superficiando las áreas en exceso y deduciendo después L ó μ.—Para las máquinas *compound* se procede de un modo análogo, superponiendo los diagramas de los diversos cilindros, desviados $^1/_4$ ó $^1/_3$ de la periferia según los casos.

2) *Volantes para otros motores de émbolo.*—Sea $A\,a\,b\,c\,d\,e\,A_1$ (fig. 208) el diagrama de las fuerzas tangenciales, obtenido como antes del de las presiones sobre el émbolo, en un período AA_1 medido en el perímetro del botón de la manivela (igual, por ejemplo, á dos vueltas para los motores de explosión con ciclo de cuatro tiempos).—Se halla, partiendo de una base cualquiera, por

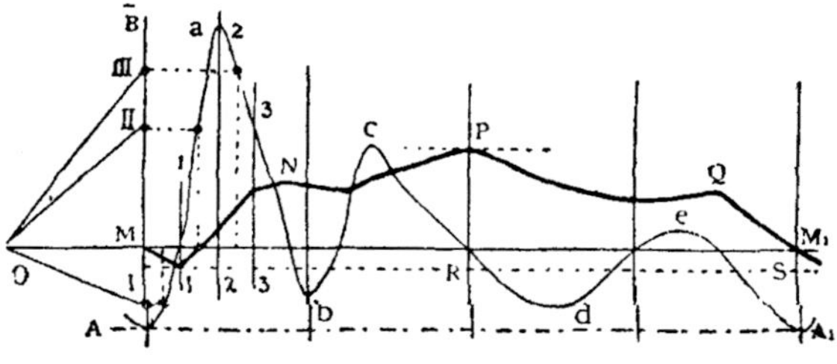

Fig. 208.

ejemplo, AA_1, la recta MM_1, que representa como antes los esfuerzos medios, de modo que la suma de las áreas sobre MM_1 sea igual á la suma sobre las de debajo, esto es, que el área del rectángulo AMM_1A_1 sea = al área mixtilínea $A\,a\,b\,c\,d\,e\,A_1$.—Se integran las áreas por exceso y por defecto respecto á la MM_1 por el método de la figura 2, es decir, dividiendo estas áreas por un número conveniente de ordenadas como 1-1, 2-2, 3-3, etc., trazadas por los puntos más convenientes de la curva del diagrama, se llevan sobre AB las alturas medias de las figuras obtenidas (triángulos ó trapecios) en M I, M II, M III, etc., y desde un punto cualquiera O, tomando como polo sobre la MM_1, se trazan los radios O I, O II, O III, etc.

Por M la M 1 paralela á O 1 hasta encontrar á la ordenada 1-1;

desde el punto de encuentro la paralela á la OII, hasta encontrar á la 2-2, etc. Se obtiene así una línea $MNPQM_1$, cuyas ordenadas, multiplicadas por la distancia polar OM, darán las áreas comprendidas entre el origen M y la ordenada que se considere.

En la línea $M, N....., M_1$, se determinan los puntos más bajos (1) y el más alto (P), entre los cuales se halla el área máxima, dada por $RP \times OM$ (siendo RP la distancia entre las horizontales que pasan por 1 y por P, es decir, por los puntos más alto y más bajo).—Este área $RP \times OM$, expresada en mm.², representa (según la escala adoptada para kg. y m.) el trabajo máximo en exceso L, entre el punto 1 de velocidad mínima y el P de velocidad máxima en el período AA_1.—Con el valor de L se calcula después el volante por medio de la fórmula precedente

$$G = 9{,}8 \frac{\alpha L}{V^2_1}.$$

3) *Volantes para máquinas-herramientas de acción intermitente.*—Se aplicará la fórmula precedente $G = \varphi \frac{\alpha N}{n V^2_1}$, tomando φ y α como sigue:

Sierras alternas, máquinas de cortar y taladrar, etc., aproximadamente $\varphi = 44000\,\psi$, siendo ψ la relación entre la duración del movimiento en vacío y la de la fase del trabajo á cada vuelta; $\alpha = 15 \div 25$. Laminadoras: $\varphi = 100000 \div 120000$; $\alpha = 20 \div 30$.

4) *Proporciones de los volantes.*—Diámetro D_1 de la circunferencia media de la llanta: salvo casos especiales, se tomará $D_1 = 3\,S \div 5\,S$ (S carrera del émbolo). Superficie de la sección de la llanta en m.² (D_1 expresado en m.):

$$q = \frac{G}{22600\,D_1} \text{ m.}^2$$

Sección de la llanta: oval ó rectangular de espesor $= 0{,}5 \div 0{,}8$ de la altura radial, á excepción de los volantes destinados á servir de poleas para cables y cuerdas, ó de ruedas dentadas que reciben las proporciones correspondientes al caso (véase números **212**, **213** y **216**).

La fuerza que tiende á romper la llanta es

$$P = \frac{G\,V^2_1}{31\,D_1} \text{ kg.}$$

en función de la cual se calculan las placas y pernos de unión, si la llanta se compone de varias partes.

Radios del volante: el número m se fija con la tabla:

para D_1 = hasta 2 m.	$2 \div 4$ m.	$4 \div 7$ m.	$7 \div 10$ m.
» m = 4	6	8	10

El esfuerzo de tracción á que esta sometido cada radio.

$$P_1 = \frac{G V^2_1}{4{,}9 D_1 m} \text{ kg.}$$

Ancho de los radios en el cubo (D_2 diámetro exterior del volante en m.):

$$h = 0{,}046 D_2 \sqrt[3]{\frac{n q}{c m}} \text{ m.,}$$

c = relación entre el espesor y el ancho $= 0{,}5 \div 0{,}7$ para secciones ovaladas; $= 0{,}2 \div 0{,}3$ secciones rectangulares con nervios de $0{,}6\,h \div 0{,}8\,h$ de altura.

Espesor y ancho en el extremo $= 0{,}8 \div 0{,}9$ del en el cubo.

En los volantes para grandes velocidades (laminadores, transmisiones, etc.), se da al radio una sección $= {}^1/_3 \div {}^1/_2$ de la q calculada como antes para velocidades de $25 \div 30$ m.

Cubo del volante: espesor $0{,}6 \div 0{,}7$ del diametro del eje en el cubo; longitud = 4 veces el espesor.

7.—Navegación á vapor.

(Segun notas de los ingenieros navales Martorelli, Rota y Russo.)

A.—Arquitectura naval.

280. Dimensiones principales de una nave.

L = eslora en m. en la línea de flotación a toda carga;
l = manga en m.;
t = calado (media de los calados a popa y proa) en m ;
A = superficie de carena de la cuaderna maestra en m.;
M = perímetro mojado de la cuaderna maestra en m.;
F = superficie del plano de flotación en m.^{2};
φ = coeficiente de finura.

Se tiene:

Desplazamiento en m.^{3} = volumen de la carena: $C = \varphi\, L l t$.

Desplazamiento en toneladas = peso total de la nave = peso propio + peso de la carga (desplazamiento útil); $D = 1{,}026\, C$ en el mar ($D = C$ en el agua dulce).

Desplazamiento en toneladas por 1 cm de calado $= 0{,}01026\,F$ en el mar ($0{,}01\,F$ en agua dulce)

Superficie S de la carena en m² aproximadamente se puede calcular por el método de Kirk del num **284** ó por una de las fórmulas siguientes

$$S = 0{,}61\,l\,(l + 2t), \quad S = \left[0{,}95\,\frac{C}{t\,l}\,M + 2t\left(1 - \frac{C}{4\,l}\right)\right] l$$

281 Estabilidad de la nave

Centro de carena (centro de gravedad del volumen de agua desalojado), para una nave en reposo puede admitirse aproximadamente que la distancia al plano de flotación es $0{,}40\,t$ para los buques de formas ordinarias, y $0{,}45\,t$ en los de formas redondas

Metacentro punto de intersección de la linea de empuje (cuando la nave se inclina un ángulo muy pequeño) con la dirección de la línea de empuje en reposo, *radio metacéntrico* (distancia entre el metacentro y el centro de carena) $= \frac{I}{C}$ siendo I el momento de inercia de la superficie de flotación respecto al eje, alrededor del que tiene lugar la desviación

Valores particulares del radio metacéntrico

$$\text{transversal } r = \frac{\alpha\,b^2}{\varphi\,t}, \quad \text{longitudinal } R = \frac{\beta\,l^2}{\varphi\,t}$$

Valores aproximados de α y β

Buques de formas muy finas		$\alpha = 0{,}04$	
»	» finas. .	$\alpha = 0{,}05$	$\beta = 0{,}45 - 0{,}50$
»	» redondas.	$\alpha = 0{,}06$	

Altura metacéntrica la distancia entre el centro de gravedad de la nave y el metacentro se expresa por

$$h = r - a$$

$a =$ distancia entre los centros de gravedad y de carena r como antes La altura h varía en general entre $0{,}45 - 1{,}40$, segun el tamaño y tipo de la nave

Momento de estabilidad para una desviación α de la vertical

$$m = D\,(h_1 - h_2)\ \text{sen}\ \alpha$$

h_1 altura, respecto á la línea de construcción, de la intersección de la línea de empuje (vertical que pasa por el centro de carena) con el plano diametral longitudinal de la nave, separada α, h_2 altura, respecto a la misma linea de construcción, del centro de gravedad.

Para ángulos pequeños hasta $\alpha = 10 \div 15^\circ$ se tiene aproximadamente:

$$m = D\,(r - a)\ \text{sen}\ \alpha.$$

Balances: en aguas tranquilas, el período de un balance sencillo, es, en segundos:

$$T = \pi \sqrt{\frac{J}{D\,(r - a)}}$$

J = momento de inercia de la nave respecto al eje longitudinal que pasa por el centro de gravedad.

Aproximadamente, se deduce el número de balances por 1', de la

$$n = \gamma \frac{\sqrt{r - a}}{l}$$

$\gamma = 160 \div 175$ para buques de guerra; $175 \div 190$ para vapores mercantes.

Pruebas de estabilidad (da la posición del centro de gravedad de la nave y el valor de la altura metacéntrica $r - a$). Se dispone sobre cubierta un peso P, en el centro de la nave, y una plomada de longitud $\lambda = 5 \div 8$ m. desde el puente á la sentina. Se separa el peso hacia las bandas, se mide esta desviación y la correspondiente del extremo de la plomada. Sea s la media de las desviaciones del peso; σ la de las correspondientes de la plomada en m. Se tiene entonces:

$$r - a = \frac{p\,s}{D\ \text{sen}\ \alpha} = \frac{p\,s}{D\,\frac{\sigma}{\lambda}},$$

siendo p el peso móvil y D el desplazamiento en toneladas.

De ordinario no debe resultar $r - a < 0{,}25$ m.; de otro modo conviene cambiar la disposición de la carga á bordo.

Transporte vertical de los pesos á bordo: si un peso p se desplaza verticalmente una altura z, la altura metacéntrica inicial $r - a$, se convierte en:

$$r - a \pm \frac{p\,z}{D} \quad \begin{cases} + \text{para el descenso.} \\ - \text{para la elevación.} \end{cases}$$

Carga líquida.—Si un recipiente á bordo contiene una carga líquida de nivel libre (agua en las calderas, algibes, compartimentos-estancos, etc.) la altura metacéntrica será:

$$r - a - \frac{\mu}{D}\,\delta$$

en la que $r - a$ es la altura metacéntrica que se tendría si la carga líquida se supusiese solidificada; μ el momento de inercia del plano de nivel libre respecto al eje baricéntrico longitudinal, δ el peso específico del líquido

Momento necesario para hacer variar 1 cm la diferencia de calados entre proa y popa: se deduce de la

$$m_c = \frac{D\,R}{100\,L}, \quad (D, R, l \text{ como antes})$$

El transporte de un peso p en una distancia d produce una variación, en la diferencia de calados, de $\frac{Pd}{m_c}$ cm

281 *bis.* **Olas.**—Sean

L_0 = longitud de la onda en m de cresta a cresta,
H_0 = altura de la onda en m del fondo á la cresta,
T_0 = período en segundos, ó sea tiempo empleado por una cresta ó fondo, en recorrer la longitud L_e,
V_0 = velocidad de la onda en m por 1"
v_0 = velocidad de las moléculas en la superficie en m por 1''.

Si la profundidad es bastante grande, se tiene:

$$T_0 = \sqrt{\frac{2\pi}{g}\,L_0}, \qquad \text{ó sea} \quad \sim = \frac{4}{5}\sqrt{L_0},$$

$$V_0 = \frac{g}{2\pi}\,T_0; \qquad \text{»} \quad \sim = 1{,}561\;T_0,$$

$$v_0 = V_0\,\frac{\pi H_0}{\sqrt{L_0}}, \qquad \text{»} \quad \sim = 3{,}93\,\frac{H_0}{\sqrt{L_0}},$$

El seno del angulo de maxima pendiente ó inclinación es $= \pi\,\frac{H_0}{L_0}$.

Longitud máxima de las olas en casos excepcionales		500 — 800 m
Longitud de las olas frecuentes en el Atlantico		150 — 200 m
Idem íd ordinarias		60 — 120 m
Altura máxima		15 — 30 m
Idem de las olas ordinarias		menos de 9 m
Relación entre la longitud y la altura	Olas pequeñas	6 ÷ 8 m.
	Idem ordinarias	15 — 25 m
	Idem bastante largas	40 — 50 m.

282. Peso del casco.—Se expresa por una fracción del desplazamiento D de la nave (en toneladas), según la tabla siguiente:

Marina de guerra.

Acorazados, casco de acero con arboladura.........	$0{,}40 \div 0{,}45$
» » » sin »	$0{,}30 \div 0{,}35$
» » de hierro, tipo antiguo..........	$0{,}52 \div 0{,}58$
» » de madera......................	$0{,}48 \div 0{,}50$
Barcos con casco de madera, sin coraza.............	0,50
Cruceros, casco de acero............................	0,50
Transportes modernos, casco de acero..............	$0{,}48 \div 0{,}50$
» antiguos, casco de madera............	$0{,}50 \div 0{,}52$

Marina mercante.

Vapores rápidos, casco de acero.....................	$0{,}35 \div 0{,}45$
» de carga, » »	$0{,}30 \div 0{,}35$
Barcos con casco de madera.........................	$0{,}35 \div 0{,}45$

Peso de la parte metálica del casco (fórmula Thomson).

$$H = K \left[\frac{L(0{,}5\, l + h + 0{,}5\, E)}{100} \right]^x \text{ toneladas inglesas de 1016 kg.}$$

en la que:

$L =$ eslora, $l =$ manga; $h =$ puntal; $E =$ perímetro de la cuaderna maestra; todo ello en pies ingleses de 0,305 m.

$K = 0{,}492$ $x = 1{,}40$ para vapores de tipo ordinario.
$K = 0{,}576$ $x = 1{,}35$ » » con dos cubiertas.
$K = 0{,}665$ $x = 1{,}30$ » » con cubierta de maniobras.
$K = 0{,}410$ $x = 1{,}40$ » buques de vela.

283. Arqueo.

1) *Arqueo del desplazamiento* (arqueo oficial para los buques de guerra) es el peso del barco en toneladas cuando flota al máximo calado ó línea de carga (núm. **280**).

2) *Arqueo sistema Moorson* para buques mercantes.

a) Tonelaje total.—Es la medida de la capacidad del barco, ó sea la suma de los espacios interiores bajo cubierta y de los espacios cerrados sobre cubierta, expresada en pies cúbicos ingleses y dividida por 100, resultando toneladas de 100 pies cúbicos ($2{,}83$ m.^{3}).

Para una aproximación se puede admitir:

$$\text{Tonelaje total bajo cubierta} = \alpha \frac{L B D_1}{100},$$

en la que L = eslora en el plano de flotación en carga, B = manga máxima entre forros (como en el núm. **280**), D_1 = altura de la cuaderna maestra desde la cara superior del puente de cubierta a la cara superior de la quilla

$$\alpha = \begin{cases} 0{,}65 \text{ vapores de pasajeros rapidos} \\ 0{,}70 - 0{,}72 \text{ ídem de pasajeros y de carga} \\ 0{,}72 - 0{,}75 \text{ ídem de carga} \end{cases}$$

Para determinar el tonelaje total se procede como sigue

Capacidad bajo cubierta se toman en el buque las secciones transversales necesarias (4 — 12, segun sea la eslora sobre cubierta $< 15{,}24$ m $> 68{,}58$ m), aplicando después la fórmula de Simpson

Capacidad de los espacios sobre cubierta — Si son de forma paralelepipédica, se hace el producto de sus tres dimensiones cuando la forma es irregular, se trazan tres secciones horizontales (una a la mitad de la altura) y se aplica la fórmula de Simpson

b) ***Tonelaje neto ó de registro*** es la capacidad (en toneladas de 100 pies cubicos) de que se puede disponer para el pasaje y carga El ***tonelaje neto*** se obtiene del ***tonelaje total*** deduciendo los espacios ocupados por los oficiales y tripulación, como maximo $^1/_{20}$ del tonelaje total — Se excluye el camarote del capitán y los de los camareros dedicados al servicio del pasaje

En los barcos de vapor se deduce 1 °, el espacio ocupado por la tripulación, como en el caso anterior, 2 ° el espacio para calderas, maquinas y carboneras etc, como sigue

Se mide el espacio ocupado por las calderas, maquinas y sus anejos (sin contar las carboneras). — Si este espacio resulta $> 13\ ^0/_0$ y $< 20\ ^0/_0$ del tonelaje total, en los vapores de hélice se fija la deducción total para calderas, máquinas y carboneras en el 32 $^0/_0$ del tonelaje total — En los vapores de ruedas el 37 $^0/_0$ si es $> 20\ ^0/_0$ y $< 30\ ^0/_0$ — En todos los demás casos, la deducción se hace de acuerdo entre la Administración naval y el armador, pudiendo una y otro deducir el espacio efectivamente ocupado por las calderas, máquinas y accesorios aumentando en $^3/_4$ dicho espacio para los buques de hélice y en $^1/_2$ para los de ruedas

El tonelaje neto, en la práctica, varia entre 77 $^0/_0$ del tonelaje total (para vapores de hélice, en que el espacio para calderas y máquinas es $< 13\ ^0/_0$) y 57 $^0/_0$ (en vapores rápidos en que dicho espacio excede de 20 $^0/_0$)

En los ***remolcadores*** se deduce el espacio efectivamente ocupado por las calderas, maquinas y carboneras

c) Otras reglas para el tonelaje neto.

Regla llamada del Danubio —Se mide el espacio ocupado por las calderas y máquinas y se deduce 1 $^3/_4$ veces este espacio para los buques de hélice y 1 $^1/_2$ veces en los de ruedas, con tal que la deducción no sea $>$ 50 % del tonelaje total (se exceptuan los remolcadores)

Regla alemana —Se mide el espacio como en la precedente y ademas el ocupado por las carboneras y se deducen ambos integros, siempre que dicha deducción no sea $>$ 50 % del tonelaje total (se exceptuan los remolcadores)

Regla para el Canal de Suez —La deducción para la tripulación no puede ser $>$ 5 % del tonelaje total en dicha deducción se comprende camarotes del capitán médico, comedor de oficiales y maquinistas (con un maximo de 6 $^1/_2$ toneladas) y baños (maximo 2 toneladas) —Para las maquinas, calderas y carboneras se sigue la regla del Danubio ó la alemana (para vapores de carboneras fijas) —La deducción total por este método es por término medio 30 % para los buques mercantes y 30—50 % para los de guerra (que igualmente estan sometidos a la tasa)

283 *bis* Carga transportable.—La carga (incluso el carbón) que puede transportar un vapor de tipo ordinario esta dada por

Velocidad de la nave en nudos por hora	Peso de carga en toneladas para un tonelaje de arqueo (medido hasta la cubierta) de toneladas						
	500	**1000**	**2000**	**3000**	**4000**	**5000**	**6000**
10	700	1450	3010	4450	5820	7130	8410
12	500	1150	2520	3810	5060	6200	7460
14	345	880	2050	3180	4270	5380	6480
16	330	600	1560	2530	3480	4380	5530
18	320	500	900	1670	2450	3010	4220

284. Resistencia á la propulsión

Fórmula Froude-Taylor —Sean

S = superficie total de la carena en m², L eslora del barco a calado en m, A superficie de la parte sumergida de la cuaderna maestra en m², D desplazamiento en toneladas como en el num **280**,

V = velocidad en nudos por hora (1 nudo = 1852 m, 1 nudo por hora = 0,5144 m por 1")

v = 0 5144, V la velocidad en m por 1",

R_a = resistencia del rozamiento, R_o resistencia debida a la formación de las ondas,

$R = R_a + R_o$ resistencia total del barco en kg.,

N_e = fuerza (en caballos) necesaria para la propulsión

N_i = fuerza indicada en la maquina —Se tiene

$$R_a = f\,\delta\,S\,v^{1,825} = 0,297\,f\,\delta\,S\,V^{1,825},$$

δ = 1,026 para el agua del mar, 1 para el agua dulce,

f = coeficiente de rozamiento dado para los barcos de carena metalica pintada, por la siguiente tabla

L =	**20** m	**25** m	**30** m	**35** m	**40** m	**45** m	**50** m	**55** m
f =	0,1508	0,1488	0,1474	0,1463	0,1457	0,1451	0,1444	0,1443
L =	**60** m	**65** m	**70** m	**75** m	**80** m	**85** m	**90** m	**95** m
f =	0,1438	0,1437	0,1434	0,1431	0 1429	0,1426	0,1425	0,1423
L =	**100** m	**105** m	**110** m	**115** m	**120** m	**125** m	—	—
f =	0,1421	0,1420	0,1417	0,1416	0,1415	0,1413		

$$R_o = k\,\frac{D^{\frac{2}{3}}\,V^4}{l}$$

k =
- $^1/_{21}$ para barcos de formas muy finas y gran velocidad (trasatlánticos),
- $^1/_{19}$ para barcos de formas finas,
- $^1/_{17}$ para barcos de formas comunes, velocidad media,
- $^1/_{15}$ para barcos de formas redondas, velocidad media,

$$N_e = \frac{R\,v}{75} = \frac{R_a + R_o}{75}\,v, \quad N_i = \frac{N_e}{\alpha}.$$

α =
- 0,40 barcos de hélice, formas redondas a popa,
- 0,50 — 0,55 barcos de hélice, formas menos redondas a popa,
- 0,40 — 0,45 barcos de doble helice, maquinas horizontales,
- 0,50 — 0,60 barcos de doble hélice ligeros, maquinas verticales,
- 0,55 — 0,70 torpederos y barcos ligeros, máquinas de gran velocidad.
- 0,50 barcos mercantes, formas corrientes

Método de Kirk:

$$N_i = k_1 \frac{S V^3}{9280}; \quad k_1 = \begin{cases} 4 \text{ para barcos ligeros, carena lisa.} \\ 5 \text{ para barcos mercantes, formas comunes.} \\ 6 \text{ para barcos cortos, formas redondas.} \end{cases}$$

S se deduce de la superficie de un prisma equivalente á la carena:

$$S = \alpha \left[(L - m)\lambda + 2(L - 2m)\, i + 4\, i \sqrt{m^2 + \frac{\lambda^2}{4}} \right]$$

en la que:

$$\lambda = \frac{A}{l}; \quad m = L - \frac{D}{1{,}026\, A}; \quad \alpha = \begin{cases} 0{,}98 \text{ para formas redondas.} \\ 0{,}97 \quad » \quad » \quad \text{comunes.} \\ 0{,}95 \quad » \quad » \quad \text{finas.} \\ 0{,}92 \quad » \quad » \quad \text{muy finas.} \end{cases}$$

(para agua dulce se pone 1 en vez de 1,026).

La profundidad del mar influye en el valor de V, á menos que sea $\gtreqless$ que los límites dados por la siguiente tabla:

Desplazamiento de la nave ton.	Profundidad del mar en metros para V = nudos por hora.							
	12	**14**	**16**	**18**	**20**	**22**	**24**	**26**
12000	47	54	61	68	75	82	—	—
8000	42	48	54	60	65	71	77	—
6000	33	38	44	49	55	62	70	—
3000	27	32	38	43	49	56	62	69
1000	23	28	33	38	44	50	56	62

285. Resistencia en los ríos y canales.—Las fórmulas precedentes suponen una extensión de agua ilimitada ó muy grande; si la navegación se hace en ríos estrechos ó canales, la resistencia se hace 5, 3,3, 1,8, 1,5, 1,3 veces mayor cuando la sección del canal sea 5, 6, 8, 12, 20 veces mayor que la de la parte sumergida de la cuaderna maestra.

B.—MÁQUINAS MARINAS.

286. Fuerza de las máquinas marinas.

Fuerza indicada N_i desarrollada por la máquina. Se determina con el indicador, ó previamente, de un modo aproximado, en función de los datos de la máquina, según las reglas de los números **262-265**.

Fuerza disponible en el eje motor $N_d = \eta N_i$ (η coeficiente de rendimiento de la maquina $= 0,70 \div 0,85$) (véase núm. **262**)

Fuerza efectiva N_e empleada en vencer la resistencia de la nave $= \alpha N_i$ (α coeficiente de propulsión $= 0,40 \div 0,70$; véase numero **284**).

Fuerza nominal N_n: da el valor comercial á las maquinas marinas, y tiene diversos valores según los constructores

Puede admitirse $= {}^1/_4 \div {}^1/_6$ de N_i.

287. Calderas.

1) *Calderas ordinarias de tubos de humo.*—Superficie de caldeo. consta de la parte de los hogares, inferior al plano de la parrilla, de la parte de caja de fuego (ó camara de combustión) sobre el altar y de toda la superficie de los tubos.

Proporciones principales para presiones efectivas de $6 \div 10$ atmósferas = unas $90 \div 150$ libras inglesas por pulgada cuadrada diametro mínimo 3 m con 2 hogares; 3,60 m con 3 hogares; 4,50 metros con 4 hogares Longitud. 3 m. (con un solo frente), 5,50 metros (con dos frentes).—Espesor del palastro (acero) $20 \div 25$ milímetros

Hogares: diametro, $0,90 \div 1,10$ m., longitud siempre $<$ que el doble del diametro, en general $1,20 \div 1,50$ m., espesor $11 \div 14$ mm (no conviene pasar de 14 mm., es preferible emplear anillos de refuerzo ó palastro ondulado, véanse números **252-253**); se usa palastro de acero dulce, cuya resistencia no exceda de 40 kilogramos por mm.², con un alargamiento de 25 por 100 en 200 mm de longitud

Caja de fuego: capacidad = a la capacidad de los hogares sobre la parrilla para calderas de un solo frente, ${}^3/_4$ de la capacidad de los hogares para las de dos frentes. Espesor $11 \div 13$ mm, aumentando $1 \div 3$ mm en la parte superior (cielo).

Placas tubulares: *placa interior, espesor $16 \div 21$ mm; placa* exterior, $18 \div 23$ mm.

Tubos (latón, hierro, acero dulce); diámetro exterior $63 \div 76$ milímetros en la marina de guerra, hasta 100 mm. en la marina mercante; en las maquinas para torpederos 40 mm. Espesor 4 mm, y para los tubos tirantes $6 \div 6,5$ mm. Longitud. nunca $>$ 24 diametros para tiro natural, y de 35 diámetros para tiro forzado, 50 diámetros ó mas en las de tipo locomotora Intervalo entre los tubos 25 mm; distancia de centro á centro 1,35 veces el diámetro

Relación entre la superficie de los tubos y la de caldeo total por termino medio 0,84 para tiro natural; 0,86 para tiro más activo (presión $10 \div 12$ mm. de columna de agua), $0,88 \div 0,90$ para tiro forzado con presión $>$ 12 mm. de columna de agua

Relación entre las secciones de los tubos y el area de la parrilla $= {}^1/_5 - {}^1/_7$

Parrilla su superficie total se calcula para un consumo de carbón por m² y por hora de 90 kg con tiro natural, 120 — 150 kg con tiro forzado, y presión de 10 — 12 mm de columna de agua, 150 — 180 kg con presiones de 20 — 30 mm, 180 — 210 kg con presión de 30 — 40 mm, 210 — 250 kg con presión de 40 — 50 mm, 250 — 300 kg con presión de 50 — 75 mm, 370 kg con presión de 100 mm,, 450 kg para presiones de 150 mm

Relación entre la superficie de caldeo, de la caldera y la parrilla, cerca de 30 en las calderas de baja presión, 30 — 33 en las de alta presión, tipo ordinario, 40 — 50 en las calderas tipo locomotora

Cámara de vapor capacidad = aproximadamente 0 023 m³ por caballo indicado en las máquinas de movimiento lento (maquinas de ruedas), 0 018 m³ en las de hélice de la marina mercante, 0,015 m³ en las de hélice de la marina de guerra, con 60 — 90 revoluciones por 1', 0,010 m³ con 90 — 150 revoluciones 0,003 m³ con 360 ó mas revoluciones

Chimenea sección $= {}^1/_5 - {}^1/$ de la superficie de la parrilla para tiro natural, ${}^1/_8 - {}^1/_{10}$ para tiro forzado

Altura mínima de agua 0 18 m sobre el punto mas alto de la superficie de caldeo

Producción de vapor por kg de carbón = 7 5 — 9 kg

2) *Calderas con tubos de agua* (presión hasta 200 — 300 libras = 14 — 21 atmósferas) — Tubos (acero) diametro 70 — 130 mm, espesor 6 — 9 mm para calderas de tipo normal (Belleville La grafel d'Allest y analogas), diametro 25 — 30 mm, espesor 3 mm para calderas de tipo ligero *(express-boilers,* tipo Thornycroft) Parrilla, se calcula como en las anteriores

Superficie de caldeo consta de la superficie de los tubos de agua y de los tubos hervidores sobre el plano de la parrilla Relación entre la superficie de caldeo de la caldera y la superficie total de la parrilla = término medio, 30 en las calderas de tipo normal, 40 — 50 en las de tipo ligero

Chimenea y producción de vapor, como las anteriores

Fuerza indicada en caballos por m² de superficie de caldeo (a tiro forzado) 4 — 5 caballos en tipos normales, 5 — 7 caballos en tipos ligeros.

288 Máquinas. — Para presiones de 85 — 115 libras puede admitirse máquinas compuestas *(compound)* de doble expansión — Si resultase para el cilindro de baja presión un diametro > 2,50 m, se ponen dos en vez de uno, y el volumen se reparte entre ambos —*Relación entre el volumen del cilindro ó cilindros de baja presión y el de alta* = 3 — 4,5

Para presiones > 115 libras, se emplean maquinas de triple expansión con 3 ó 4 cilindros (2 de baja presión) —Relación entre el cilindro de baja y el de alta presión

Marina militar....	1	2,25,	4,84 — 5	para	10 — 11 atm
	1	2,40,	5 7	»	14 »
	1	2,60,	7	»	17 — 18 »
Marina mercante .	1	2,7 ,	7	»	10 — 11 »
	1	2,7	8,5	»	12 — 13 »

Cálculo —Se fijan n y p_m en la fórmula del num **262**

$$N_i = \frac{2 n S O p_m}{60\ 75} = 0{,}000444\, n\, S\, O\, p_m,$$

y se deduce la sección O del cilindro de baja presión Los demas cilindros se calculan por medio de las relaciones indicadas

En las maquinas de proporciones ordinarias se fija S de 1 — 1,30 m. en la marina de guerra y 1 35 — 1,95 m en la mercante, n de 110 — 120 revoluciones para las grandes maquinas ordinarias y hasta 300 — 400 en los buques muy rapidos,

$V = \frac{2 n S}{60} = 4 - 5$ m por 1″ hasta 5 40 m para maquinas de mucha velocidad,

p_m = presión media *efectiva*, probable en kg por m² se deduce de la presión *absoluta* inicial p_1 ó final p_2 y del grado de admisión E (num **262**), calculando primero la presión media *absoluta* p_a en la hipótesis de una expansión hiperbólica con la fórmula

$$p_a = p_1 I \left(1 + \log \text{ hip } \frac{1}{E}\right) = p_2 \left(1 + \log \text{ hip } \frac{1}{I}\right)$$

Véase la tabla de logaritmos hiperbólicos ó la siguiente

$\frac{1}{E}$	$\frac{p_a}{p_1}$	$\frac{p_a}{p_2}$	$\frac{1}{E}$	$\frac{p_a}{p_1}$	$\frac{p_a}{p_2}$	$\frac{1}{E}$	$\frac{p_a}{p_1}$	$\frac{p_a}{p_2}$
16	0,2358	3,77	**12**	0,2904	3,48	**8**	0,3849	3,08
15	0,2472	3 70	**11**	0,3089	3,40	**7**	0,4210	2,95
14	0,2599	3,64	**10**	0,3303	3,30	**6**	0 4653	2 79
13	0,2742	3,56	**9**	0,3552	3,20	**5**	0,5219	2,61

Se deduce después p_m, comprendiendo todas las pérdidas y hasta la contrapresión, de la

$$p_m = \alpha\, p_a\,,\quad \alpha = \begin{cases} 0{,}5 \div 0{,}6 \text{ para maquinas de la marina de guerra;} \\ 0{,}5 \div 0{,}7 \quad \text{»} \quad \text{»} \quad \text{»} \quad \text{» mercante.} \end{cases}$$

El valor de E se obtiene multiplicando la relación entre el cilindro de alta y baja presión por el grado de admisión en el cilindro de alta (que es de 0,70 ÷ 0,80 en las maquinas de la marina de guerra y de 0,65 por término medio en las de la marina mercante).

289. Condensadores.

Condensadores de mezcla (para navegación en agua dulce); (véase núm. **269**)

Condensadores de superficie tubos de latón probados a 20 atmósferas; diámetro exterior 12 ÷ 26 mm. en los condensadores de la marina mercante, 14 ÷ 19 en la marina de guerra; espesor cerca de 1 mm.; longitud no $>$ 120 diametros, distancia de centro a centro 28 ÷ 30 mm., espesor de la placa tubular 1,2 ÷ 1,5 veces el diametro de los tubos.

Superficie total de los tubos = 0,11 ÷ 0,14 m.² por caballo indicado de la fuerza maxima desarrollable.

Agua de circulación = 40 ÷ 50 litros por cada kg. de vapor condensado, es decir, ∼ 120 ÷ 150 litros por caballo indicado-hora.

Bomba de aire: se calcula como para la condensación por mezcla (caso en que el condensador de superficie funcione por mezcla) La bomba de circulación se calcula para el volumen de agua en circulación.

La bomba de alimentación se calcula como en el núm. **268**.— El diámetro del émbolo motor se hace generalmente en los caballitos de alimentación = al doble del de la bomba, para igual velocidad

290. Peso de las calderas y máquinas y consumo de carbón.

Peso de las calderas —Calderas ordinarias. el peso aproximado es (comprendiendo el agua) = 0,55 del peso total de la maquina y caldera.

Calderas de tubos de agua —Tipo normal. peso con agua = por término medio, 120 kg por m.² de superficie de caldeo ó 27,5 kg. por caballo indicado (sin agua 100 y 25 kg.)—Tipo ligero: peso con agua = 70 ÷ 100 kg. por m ² de superficie de caldeo ó 7 ÷ 9 por caballo indicado (sin agua 60 ÷ 80 y 6 ÷ 7 kg).

Peso total y consumo de carbón: véase la tabla siguiente.

TIPO DE LA MÁQUINA	Peso de la máquina y caldera (con agua) por caballo indicado kg	Consumo de carbón por caballo indicado y hora kg
Admisión directa, condensador de mezcla. . .	150 — 170	1,80 — 2,70
Admisión directa, condensador de superficie..... máq. horizontales	132 — 170	1,30 — 1,80
» verticales. .	media 216	
Compound, doble expansión, caldera ordinaria, presión 60 — 120 libras .... tiro natural..	113 — 160	1,10 — 1,20
» forzado. .	90 — 100	1,25 — 1,40
Tipo para grandes buques: Caldera ordinaria presión 150 libras, tiro natural	120 — 130	0,90
Id. forzado á 40 mm de columna de agua, $n = 120 — 150$	80 — 90	1,15 — 1,30
Calderas de tubos de agua, tipo normal presión 220 libras, tiro natural ó forzado á 10 — 12 mm de agua, $n = 120 — 150$	80	0,90 — 1,00
Tipo aviso y caza torpederos (4000 — 7000 caballos): Caldera, tipo locomotora, 150 libras, tiro forzado á 70 mm de agua $n = 250$	32 — 45	1,10 — 1,20
Caldera de tubos de agua, tipo ligero, 250 libras, tiro forzado á 70 mm de agua $n = 350 — 400$	19 — 22	
Tipo torpederos de alta mar (900 — 2500 caballos): Calderas tipo locomotoras, 150 libras, tiro forzado a 150 mm de agua $n = 350 — 400$	28 — 35	—
Calderas de tubos de agua, tipo ligero, tiro y número de vueltas como la anterior	19 — 22	—

291. Hélice.—Sean

d, el diámetro, p, el paso medio de la hélice i, la inmersión de la nave (en m.), V, velocidad de la nave en nudos por hora, ρ, coeficiente de retroceso, N_i fuerza indicada de la máquina en caballos, n, número de revoluciones por 1′

d y p se determinan por las siguientes relaciones

$$d = \alpha \sqrt{\frac{N_i}{(p\,n)^3}} \quad \text{pero no} > {}^1/_7\, i,$$

$$\alpha = \begin{cases} 870 \text{ para valores pequeños de } n \\ 1025 \quad — \quad — \quad \text{medios de } n \\ 1280 \quad — \quad — \quad \text{grandes de } n \end{cases}$$

$$p = \frac{30{,}84\ V}{n}\ (1 + \rho), \qquad \rho = 0{,}20 - 0{,}30,$$

p varía generalmente entre 0,9 d — 1,6 d.

El punto más alto de la hélice debe hallarse á 0,3 — 0,5 m bajo el agua y el punto mas bajo á 0,1 — 0,2 m sobre la quilla.

Numero de palas, 2, 3 ó 4, superficie total $= \beta \sqrt{\frac{N_i}{n}}$ en la que $\beta = 0{,}9,\ 1{,}2,\ 1{,}4$ para 2, 3, 4 palas.

Ancho maximo de las palas $= \gamma \sqrt[3]{\frac{N_i}{n}}$ (en lo que $\gamma = 6{,}7,\ 5{,}16,\ 4{,}25$, para 2, 3, 4 palas), en el extremo el ancho se reduce a $^1/_3 - ^2/_3$.

Diámetro del cubo $= ^1/_4\,d - ^1/_5\,d$, longitud $= 0{,}75 - 0{,}95$ veces el diámetro.

n varía inversamente á N_i, en la marina mercante es generalmente 50 — 80 para los grandes vapores, 80 — 100 en los medianos, 100 — 120 en los pequeños, en la marina de guerra 100 — 150, 150 — 300 y 300 — 400 respectivamente, para los grandes, medianos y pequeños.

Generalmente sólo se emplea una hélice; en el caso de naves de poco calado ó de gran velocidad se pueden usar 2 y aun 3 hélices.

292. Ruedas de paletas. — A sección resistente en m², V velocidad de la nave en nudos por hora, d_m diámetro medio (a la mitad de la paleta), d_e diámetro exterior de la rueda.

Una vez fija la posición del eje, se determina d_e, de modo que el angulo de la paleta con el agua en el momento de la inmersión sea de 37 — 45° en las ruedas de paletas fijas. En las de paletas articuladas el angulo en el punto de inmersión debe ser de 70 — 75° para la paleta y de 35 — 45° para el radio.

La inmersión de la rueda se establece después, de modo que el borde superior de la paleta (colocada en la vertical) se encuentre a una profundidad de 0,50 — 1 m para buques grandes, 0,50 — 0,10 en los medianos y pequeños y 0,05 — 0,15 en los vapores para ríos y lagos. Con esto queda establecida la altura de las paletas, y por consiguiente, el diametro medio d_m.

La superficie total F de las paletas sumergidas para ambas ruedas juntas se fija de modo que

$$F \text{ no sea } < 0{,}33\,A, \text{ y mejor } F = 0{,}5\,A - 0{,}7\,A$$

Establecida en la circunferencia media la distancia entre las paletas $= 0{,}80 - 1{,}20$ m para ruedas de paletas fijas, y 1,40 — 1,80 metros en las paletas articuladas, y trazada la rueda, se deduce el número m de paletas sumergidas para cada rueda y la superficie de cada paleta $f = \frac{F}{2\,m}$.

El ancho de la rueda no debe exceder de $1/3$ de la manga del barco ($1/2$ en los ríos)

Número de revoluciones por 1′ $n = \frac{30{,}84}{\pi\, d_m}\, V(1 + \rho)$,

ρ = coeficiente de retroceso = $0{,}15 \div 0{,}30$

8.—Turbinas de vapor.

292 *bis*. Tipos de turbinas de vapor.—Diagrama del trabajo disponible (fig. 209); $v_1\ v_0$ volúmenes específicos del vapor (saturado ó recalentado) á las presiones p_1 y p_0 del condensador (véase números **248** y **251**).—La curva es la adiabática (números **249** *bis* y **251**) El área del diagrama da, en kgm por 1″, el trabajo disponible por cada kg. de vapor consumido por 1″.—En las turbinas de acción este trabajo es $= \frac{w^2_1}{2\,g}$, siendo w_1 la velocidad de salida correspondiente al salto de presión $p_1 - p_0$—En las turbinas de reacción una parte del trabajo esta en forma de fuerza viva y corresponde a la velocidad de salida, debido á una parte del salto total, es decir, un salto de $p_1 - p$; el resto queda en estado potencial, correspondiendo al salto restante $p - p_0$.

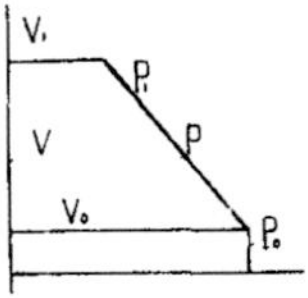

Fig. 209.

1) *Turbinas de accion*—En las turbinas de acción, tipo *De Laval*, hay una sola rueda de paletas A (fig. 210) que recibe el vapor por uno ó varios conductos B.—Estos tienen una sección creciente en la relación necesaria para que el vapor salga con la velocidad maxima w_1, correspondiente á la diferencia total de presiones (números **249** y **251** *bis*)· la rueda gira en una camara que comunica con el condensador.—Estas turbinas pueden usarse para fuerzas $\overline{<}$ 500 HP; rara vez se excede de 200 HP; en estos límites tienen las proporciones siguientes·

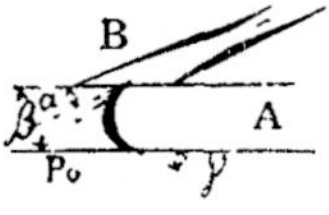

Fig. 210.

Diámetro de la rueda $0{,}10 \div 1$ m — Paletas de ~ 10 mm. de altura (paralelamente al eje), intervalo ó paso = $8 \div 10$ mm., desviación radial = $15 \div 60$ mm según la fuerza; angulo $\alpha = \sim 20°$;

$\beta = \gamma = \sim 30^\circ$ — Velocidad en la circunferencia = 0,3 — 0,4 de la velocidad w_1 del vapor, le corresponde un numero de vueltas = 8000 — 30000, que se reduce á 1000 — 25000 con un engranaje

Trabajo disponible por 1" y kg de vapor

$$L = \frac{w^2_1}{2g} \text{ kgm por } 1''$$

Peso del vapor por 1" para tener una fuerza efectiva de N_e caballos

$$G = \frac{75\, N_e}{\eta L}, \quad \eta = 0{,}35 - 0{,}65 \text{ segun la fuerza}$$

Construcción como para una turbina hidráulica en función de la velocidad y del volumen de vapor que sale por los conductos

2) *Turbina de reacción* (tipo Parsons) — Aplicables para cualquier potencia El salto total de presión ó carga $p_1 - p_0$ (fig 211) se divide en un cierto número de saltos, cada uno de los cuales se utiliza por un par de ruedas, con el sistema de reacción Generalmente se aplican 3 — 5 y aun mas grupos, cada uno de ellos compuesto de una serie de pares iguales, se tienen así 50 — 80 y aun más pares segun sean las turbinas pequeñas ó grandes

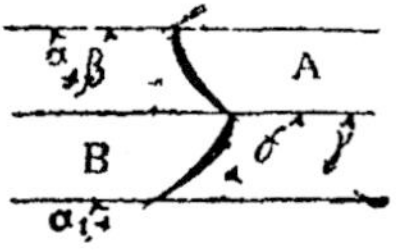

Fig 211

Directrices y paletas altura (paralela al eje) 10 — 20 mm, intervalo ó paso = ∼ 4 mm, ancho ó saliente radial = de 40 ó menos á 200 mm ó más, del primero al ultimo grupo segun la fuerza, angulos (fig 211) $\beta = \delta = \sim 90^\circ$, $\alpha = \gamma = \alpha_1 = \sim 30^\circ$, intervalo entre las ruedas = ∼ 0,5 mm, juego entre las paletas y la corona = ∼ 0 4 mm — Diametro de la rueda de 0,60 m para el primer par hasta 2 m y mas para el ultimo, segun la fuerza

Numero de vueltas por 1' = 4000 — 1200 de las pequeñas a las grandes

Admisión del vapor y regulación de la velocidad mediante una valvula oscilante, con 250 — 150 oscilaciones por 1', la variación del numero de vueltas puede reducirse á 0,4 % para una variación de 1/4 de carga y á 0,9 % para una variación de 1/2

Pérdida de fuerza por rozamientos, choques y fugas de vapor, y por el calor irradiado 30 — 50 % — Rendimiento organico 0,85 — 0,95 — Trabajo en vacio 0,10 — 0,15 — Rendimiento total η = 0,35 — 0,65

Trabajo disponible por 1″ por kg de vapor $L = \frac{w^2_1}{2g}$

Peso del vapor por 1″ para una potencia de N_e caballos efectivos $G = \frac{75 N_e}{\eta L}$

Consumo de vapor por hora por kw ó por HP efectivo con turbinas funcionando a plena carga y con vapor a la presión de 10 — 14 kg recalentado á 250 — 300°

Fuerza de 50 — 1000 kw, 15 — 5 kg por kw = 12 — 7 kg por HP
» 1000 — 5000 kw, 9 — 7 kg por kw = 7 — 5 kg por HP

Construcción — Para construir la turbina se divide el diagrama de la figura 209 en un numero de fajas horizontales = al numero de pares, de modo que todas ellas utilicen igual salto ó presión, ó trabajos (areas) iguales Cada par ó cada elemento de un par puede calcularse como en el caso de una turbina hidráulica teniendo en cuenta los volumenes específicos y las presiones dadas en el diagrama para cada par ó grupo, y disponiendo oportunamente del radio medio, de los angulos y del ancho ó saliente radial de las paletas, para satisfacer a las condiciones del mejor rendimiento y del principio de continuidad para el paso del peso G del vapor, calculado como antes para la fuerza dada N_e

9.—Motores de combustión.

293. Motores de gas.

1) *Gas pobre* — Gas combustible contenido en un m³ de gas ± pobre (∓ rico en hidrógeno) obtenido con antracita 0 17 — 0 23 de hidrógeno, 0,26 — 0,22 óxido de carbono, densidad 1 00 — 0,85 kg por m³, poder calorífico 1200 — 1500 calorias por m³ — Gas ± pobre producido por kg antracita 5,5 — 4 5 m³, agua á vaporizar por kilogramo de antracita 1 — 1 25 kilogramos, aire teóricamente necesario para la combustión perfecta de 1 m³ de gas, 1,05 — 1,50 m³, según sea el gas ± pobre

Motores de gas pobre — Generalmente con cielo de cuatro tiempos, efectuado en cuatro carreras sucesivas (fig 212)

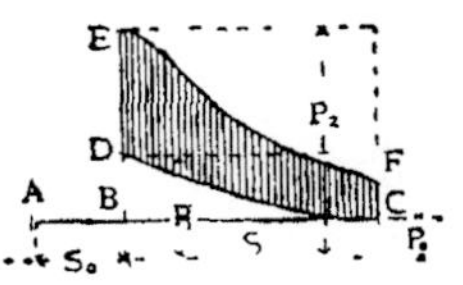

Fig 212

$AB = S_0$ longitud de la cámara de compresión, BC = carrera S fase de aspiración ($p_0 = \sim 1$ kg por cm [2]), CD = fase de compresión, DE explosión, EF expansión, FCB descarga (presión algo $> p_0$)

Presión al final de la compresión $P_1 = 8 - 5$ kg por cm [2] para gas ± pobre, **temperatura final ∼ 150° — Presión correspondiente al momento** de la explosión $p_2 = 24 - 16$ kg, temperatura 1000° — 1250°

Leyes de compresión y de expansión (p, s presión y carrera en un punto cualquiera)

$$\text{compresión} \quad p(S_0 + s)^{\delta_1} = p_0 (S_0 + S)^{\delta_1}, \qquad \delta_1 = 1{,}20 - 1{,}25$$
$$\text{expansión} \quad p(S_0 + s)^{\delta_2} = p_1 S_0^{\delta_2}, \qquad \delta_2 = 1{,}35 - 1{,}45$$

De la primera se deduce $\left(1 + \frac{S}{S_0}\right)^{\delta_1} = \frac{p_1}{p_0}$, en lo que fijando p_1 como antes, se deduce la relación $\frac{S}{S_0}$.

Del diagrama se obtiene la presión media p_m = a la ordenada media del area señalada por el rayado, después si N_i es la fuerza indicada en caballos, D el diametro en m y V la velocidad en m por 1″ del émbolo (se fija como para las maquinas de vapor numero **262**) y se expresa p_m en kg por m [2], se tiene

$$N_i = \frac{1}{4} \frac{\pi D^2}{4} \frac{p_m V}{75} \quad \text{de donde } N_i \text{ ó } D \text{ segun los casos}$$

Tomando $S = 1{,}5\,D - 2\,D$ $\left(\text{ó también } S_0 \text{ si se conoce } \frac{S}{S_0}\right)$ se deduce el numero de vueltas, n por 1′ de la $V = \frac{2nS}{60}$

Generalmente $p_m = 3{,}5 - 5{,}5$ kg por cm [2] para gas ± pobre.

Consumo minimo de combustible para máquinas a plena carga maquinas hasta de 10 ⊢P 0,60 kg de antracita por ⊢P, efectivo-hora, de 10 — 50 ⊢P, 0,50 kg, de 50 — 100 ⊢P 0,40 kg, de 100 ⊢P en adelante 0,40 — 0,38 kg

Consumo de agua ∼ 35 litros para el enfriamiento y 15 para el gasógeno por ⊢P y hora

2) *Gas del alumbrado* — Densidad media 0 5 kg, poder calorifico 5500 calorias, aire teoricamente necesario 6 m [3] por m [3] de gas

Motores como antes, $p_1 = 4 - 6$ kg, $p_2 = 16 - 24$ kg por cm [2] temperatura de explosión ∼ 1500°, $p_m = 5 - 6$ kg — Consumo de gas 1000 — 600 litros, de agua 50 — 35 litros *por ⊢P-hora*, segun se trate de poca ó mucha fuerza

3) *Gas de los altos hornos* — Gas combustible en 1 m [3] por termino medio 0,35 de óxido de carbono y 0,02 de hidrógeno, densi-

dad 1 — 1,10 kg., aire 0,9 m [3], poder calorífico ∼ 1000 calorías por cada m.[3] de gas

Motores como antes, $p_1 = 6 - 9$ kg, $p_2 = 15 - 25$ kg por cm [2], temperatura de explosión ∼900°, $p_m = \sim 3 - 4$ kg. por cm [2] — Consumo de gas 2,5 — 3,5 m [3] por HP-hora, agua como en 1)

4) *Motores de esencia (bencina, gasolina)* — Se emplea bencina de 0,68 — 0,7 kg de peso por litro (y también petróleo de 0,75 — 0,80) con lo que se carbura el aire aspirado por el motor — Poder calorífico ∼ 11000 calorías por kg — Aire para la combustión; 12 — 18 m.[3] por kg de *esencia*.

Motores como antes, $p_1 = 4 - 5$ kg. **por** cm [2], $p_2 = \sim 15$ kg temperatura de explosión = 1500° — 1800°. — Consumo por HP a toda carga 0,50 — 0,35 kg de esencia (pequeñas máquinas a grandes) y hasta 0,30 en los motores Diesel, con compresión llevada hasta la temperatura de ignición, es decir $p_1 = \sim 30$ kg agua 35 — 50 litros.

TABLA LXXXVIII *bis*

Motores de gas pobre (tipo Langen-Wolf)

Fuerza en HP	Cilindro. Diámetro	Cilindro. Carrera	Vueltas por 1'	Locales Motor Longitud.	Locales Motor Ancho	Locales Gasógeno Longitud.	Locales Gasógeno Ancho	Fuerza en HP	Cilindro Diámetro	Cilindro Carrera	Vueltas por 1'	Locales Motor Longitud	Locales Motor Ancho	Locales Gasógeno Longitud.	Locales Gasógeno Ancho
	mm	mm		m	m	m	m		mm.	mm		m	m	m	m
6	180	300	240	3,6	2,4	2,5	2,5	**40**	350	520	190	5,1	3,4	3,8	3,0
8	200	320	230	3,8	2,5	2,5	2,5	**50**	380	550	190	3,3	3,6	4,0	3,0
10	210	360	200	4,1	2,6	2,8	2,7	**60**	400	600	180	5,5	3,7	4,2	3,0
12	225	380	200	4,3	2,7	2,8	2,7	**70**	420	620	180	5,8	3,9	4,3	3,0
16	240	420	200	4,3	2,9	3,0	2,8	**80**	440	650	180	6,0	4,1	4,5	3,1
20	270	440	200	4,6	3,0	3,2	2,8	**90**	460	700	170	6,3	4,2	4,6	3,2
25	290	470	200	4,7	3,1	3,2	2,8	**100**	475	720	170	6,6	4,4	4,8	3,3
30	*310*	*480*	*200*	*4,8*	*3,2*	*3,5*	*3,0*	**125**	*520*	*760*	*160*	*6,9*	*4,6*	*5,0*	*3,*[illegible]
35	330	500	200	4,9	3,3	3,5	3,0	**150**	550	800	160	7,3	4,7	5,3	4,[illegible]

10.—Máquinas frigoríficas.

294. Enfriamiento de líquidos ó gases.

a) Para enfriar líquidos ó gases a una temperatura de 20 se emplea un gas (amoniaco, acido sulfuroso ó carbónico) que á la temperatura ordinaria se liquide á una presión no muy alta comprimiéndolo a una presión algo > que ésta —El gas enfriado hasta la temperatura ambiente se liquida en un condensador de superficie, con agua fría, después se le deja salir y evaporar en un serpentín sumergido en el congelador, que contiene agua salada (generalmente con 40 % de cloruro de calcio) y de allí vuelve al compresor —Con el agua salada, que se congela á temperaturas de — 10° á — 18° se puede helar el agua dulce contenida en moldes de 10 á 25 litros de cabida

Para el enfriamiento de liquidos (circulando en tubos ó serpentines sumergidos en agua salada) se calcula transmitidas unas 400 calorías por hora, m² de superficie por grado de diferencia entre la temperatura media del líquido que se enfría y el agua salada — Para enfriar un ambiente (mediante la circulación del agua salada en tubos) se calculan 6—8 calorías por m², hora y grado como antes

Datos sobre los gases usados en las máquinas frigoríficas (véase num. **84**)

	Ácido sulfuroso	Amoniaco	Acido carbonico
Temperatura crítica en grados centígrados	156°	131°	31°
Presión en atm (á + 20°) en el punto de liquefacción	3,25	8,50	60
» » (á 0°) . . .	1,55	4,20	36
» » (á — 20°)	0,63	1,85	20
Temperatura bajo la presión de 1 atm	— 10°	— 40°	— 80°
Calorías de evaporación á — 10°. . . .	93,4	320,8	62 6
Volumenes relativos de los compresores a — 15°	2 79	1	0,27

b) Enfriamiento de gases hasta liquefacción (procedimiento Linde para el aire), compresión con enfriamiento como antes, después enfriamiento por medio del mismo gas, dejandolo expansionar antes de volver al compresor

294 *bis* **Máquinas frigoríficas de amoniaco** —Datos usuales, suponiendo se emplee para la condensación agua á 10° (si la temperatura es mayor, se calcula un aumento de fuerza y de agua condensante de 30 % por cada grado de mayor temperatura).—Presión del amoniaco cerca de 2 kg por m² en el congelador, 9 kg en el condensador

Calorías substraídas al congelador por hora	5000	10000	30000	50000	100000
Hielo producido por hora........ kg.	50	100	300	500	1000
Volumen engendrado por 1′ por el émbolo del compresor......... $m.^3$	0,26	0,52	1;50	2,60	5,20
Superficie del condensador...... $m.^2$	9	19	57	95	190
» del congelador....... $m.^2$	9	18	54	90	180
Fuerza necesaria.............. cab.	5	7	18	30	50
Agua para la condensación (por hora)........................ $m.^3$	0,8	1,8	5,4	9	18

11.—Máquinas elevadoras.

295. Máquinas elevadoras, movidas á brazo ó por malacate.—(La jornada se supone de 8 horas de trabajo útil).

Rosario de mano (para elevación rápida á una altura que no exceda de 1 m.) Trabajo diario de un hombre: $L = 48000$ kg. (6 $m.^3$ elevados á 1 m. de altura ó 12 $m.^3$ á 0,50 m. por hora de trabajo).

Doble cubo con polea: $L = 72000$ kg. (9 $m.^3$ á 1 m. por hora).

El mismo movido por torno: $L = 130000$ kg. (16 $m.^3$ á 1 m. por hora).

El mismo movido por malacate: trabajo diario de un caballo: $L = 1000000$ kg. (120 $m.^3$ á 1 m. por hora).

Noria: arcaduces de $7 \div 15$ litros: velocidad $0{,}70 \div 0{,}80$ m. por 1″. Trabajo ordinario de un caballo, como en la anterior. Noria de paletas, ídem.

Tornillo (no conviene más que para alturas < 4 m.) diámetro exterior $0{,}35 \div 0{,}70$; longitud $12 \div 18$ veces el diámetro: ángulo de la hélice con el eje $= 50 \div 60°$; inclinación del eje sobre el horizonte $= 35 \div 45°$. Trabajo diario de un hombre: $L = 100000$ kg. (12 $m.^3$ á 1 m. por hora).

Bombas ordinarias de mano: $L = 120000$ kgm. (15 $m.^3$ á 1 m. por hora).

El coste de 1 $m.^3$ de agua elevada á 1 m. se obtiene dividiendo el jornal del operario (ó el jornal de la caballería y su conductor) más el alquiler ó amortización de la máquina, por 0,001 L.

296. Ruedas de paletas (fig. 213).—Aunque se aplican para elevar el agua hasta 3,50 m. de altura, no conviene pasar de $2 \div 2{,}50$ m. con niveles poco variables.

Volumen de agua elevado por metro de ancho de la rueda $=$ 0,6 $m.^3$ por 1″; ancho máximo $=$ 2,50 m.

Sean: AA el nivel más alto admisible en el canal de llegada *(línea de cero)*:

H = altura en m (entre los niveles de aguas arriba y aguas abajo),
Q = volumen de agua que ha de elevarse en m³ por 1″
R = radio,
b = ancho de la rueda en m,
v = velocidad en la circunferencia en m por 1″
h_1 = altura de la *línea de cero* sobre el punto más bajo de la rueda,
η = coeficiente de efecto útil

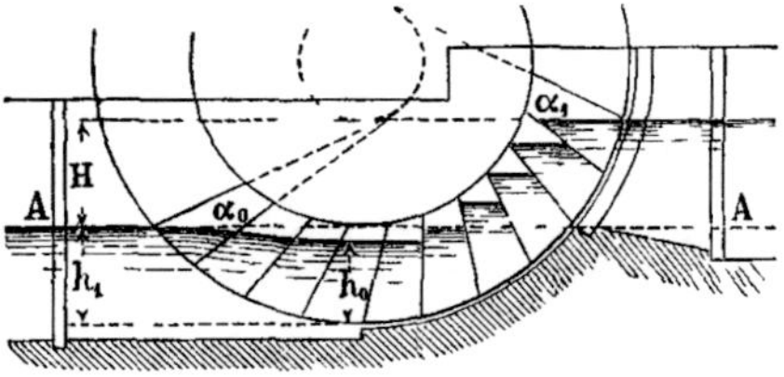

Fig 213

La altura h_1 es conocida, y no debe ser > que el desnivel del fondo del canal colector ó de llegada, desde su origen hasta la rueda Dado h_1, se tomará $R = 2\,72 \sqrt{\{H + h_1\}}$ (fórmula del Ingeniero Forster), $v = 1{,}50 - 1\,80$ m, en seguida se deduce aproximadamente $h_0 = h_1 - 0{,}7 \frac{v^2}{2g}$ Se obtiene

$$b = \frac{2{,}2\,Q\,R}{h_0\,v\,(2R - h_0)}$$

(la pérdida media de agua se admite llega al 10 %).

El umbral del canal receptor á la salida del agua de la rueda se coloca á la altura de la *línea de cero* AA esta línea fija también la longitud útil de las paletas (véase la fig 213)

Distancia entre las paletas, generalmente = 0,80 — 1 m Ángulo de inmersión α_0 no < 25° (para no golpear el agua) ángulo de emergencia α_1 no < 35 — 40° (para que la pala no eleve el agua). Si no se consiguiese con el radio elegido, se aumenta éste Así se obtiene la inclinación de las paletas Por su forma son rectas ó ligeramente encorvadas en el extremo interior, para facilitar la unión con la rueda

El juego entre la rueda y el saetín no debe ser > 10 mm El saetín se enlaza al canal de llegada y al receptor, mediante paredes divergentes de la rueda

η varía de 0 60 — 0 75 segun varíe H de 2 50 — 1

Detalles de construcción como en el num **241** —El eje se calcula sólo para la flexión producida por el peso (num **206**) cuando el movimiento se trasmite a la rueda mediante un engranaje en el caso contrario se calcula para flexión y torsión (num **207**) y por medio de la tabla del num **241**

297. Rueda-bomba (fig 214) —Se aplican para niveles muy variables y alturas de 1 50 — 4 m lo mas Volumen de agua elevada por metro de ancho de la rueda 0 75 — 1 50 m ³

Denominaciones como en el numero precedente — Se fija $v = 1\ 50 - 2$ m , después se establece el punto más bajo del tambor (del que salen las paletas) a una profundidad e no $< 0\ 8 \frac{v^2}{2g}$ del nivel más bajo de llegada

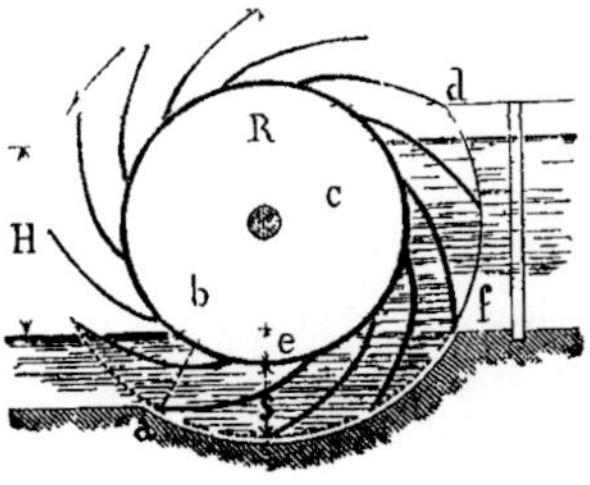

Fig 214

$R = 2\ 70 - 4$ m segun que la altura a que ha de elevar se sea de 2 — 4 m Saliente radial de las paletas $s = {}^1/_4 R$ próximamente Distancia entre las paletas unos 2 m Juego entre la rueda y el saetín ó entre la rueda y los muros de la caja en la parte $a\,b\,c\,d\,f$ (fig 196) como en el numero precedente

$$\text{Ancho de la rueda } b = \frac{2\ 25\,Q\,R}{s\,v\,(2\,R - s)} \quad (b \text{ máximo} < 2\ 50 \text{ m})$$

η varía entre 0 65 y 0 80 segun lo haga H entre 4 — 1 50 m

Eje radios, etc se calculan como en el num **241**

298. Bombas de émbolo. — Se aplican para cualquier altura convienen principalmente para aguas claras, grandes alturas y volumenes pequeños de agua

1) *Calculo* — Sean H altura $= H_i$ altura desde el nivel inferior al cilindro (altura de aspiración) $+ H_p$ altura del cilindro a la boca de descarga en m , Q volumen de agua en m ³ por 1″ O superficie en m ² D S diametro y carrera del émbolo, v velocidad media en m por 1″

Altura maxima de aspiración H_i admitida para tubos aspirantes de sección suficiente, cortos y rectos bombas ordinarias 5 — 7 m buenas 7 — 8 m Si el tubo de aspiración es largo y acodado se adoptan alturas menores ó se aumenta proporcionalmente la sección Si la sección del tubo es suficiente y los codos abiertos y pocos, se puede aspirar con seguridad desde 2 — 3 m hasta distancias de 60 m ó mas El tubo aspirante debe siempre subir hacia la bomba

Para que una bomba pueda ponerse en acción, aunque no esté cebada ó mal cebada, se debe tener

$$H_a < \frac{10\,33\ \text{m}}{1+m}\ \text{m}\,, \qquad H_p < \frac{10{,}33\ \text{m}}{m}\ \text{m}\,,$$

en la que m (generalmente $= 0\,05 - 1$) es la relación entre el espacio perjudicial y el volumen $O\,S$

Velocidad del émbolo $v = 0{,}15 - 0{,}30$ m por 1″, maxima 0,50 m en bombas pequeñas En las bombas medianas y grandes v puede llegar de 1 — 1 50 m y excepcionalmente hasta 2 m por 1″ y un numero de vueltas de 100 por 1′, sobre todo aplicando a las valvulas un sistema de distribución mecanica

El limite maximo de v para que no se produzcan golpes de ariete en los tubos aspirante ó impelente, se deduce de

$$v_{max} = 1{,}41 \sqrt{\frac{o}{O}\ \frac{h}{1+m\,S}}\ S$$

en la que $h = (10{,}33 - H_a)$ m para el tubo aspirante, $h = (10{,}33 + H_p)$ m para el impelente, l, o, longitud y sección del tubo Si hay caja de aire, h permanece casi la misma, pero l es la longitud del tubo comprendido entre la caja de aire y el cilindro

Volumen Q_t teóricamente elevable por 1″ con un émbolo de O m² de sección neta bombas de simple efecto $Q_t = 0{,}5\,O\,v$, de doble efecto $Q_t = O\,v$

Volumen efectivo elevado por 1″ $Q = 0{,}85\,Q_t - 0{,}95\,Q_t$ Solamente en el caso de bombas para agua caliente (bombas de alimentación de las calderas) podría llegar á ser $Q = 0{,}5\,Q_t = 0{,}7\,Q$

Dado Q (por consiguiente $Q_t = 1{,}18\,Q - 1{,}05\,Q$) y fijada v se obtiene O y el diametro D del émbolo Carrera $S = 1{,}5\,D - 4\,D$

Capacidad de la caja de aire sobre la válvula impelente no $< 4\,O\,S$ para bombas de simple efecto, $> 1\,6\,O\,S$ para las de doble efecto ó 2 de simple efecto acopladas, y $> 0{,}8\,O\,S$ para bombas de doble efecto acopladas Capacidad de la caja de aire de aspiración (cuando la hay) como en la anterior — Caja principal de aire se coloca en el origen de la tubería principal para un grupo de bombas capacidad $>$ 30 veces la total de las bombas

El diametro del tubo aspirante se calcula de modo que la velocidad del agua que lo recorre sea = ó poco > que la del émbolo En el tubo impelente puede admitirse una velocidad mayor, especialmente si es muy largo, a causa del coste Generalmente se les da un diámetro $= 0,9\,D \div 0,6\,D$, según la longitud. Sin embargo, en las bombas de gran velocidad del émbolo, es preferible hacer el diámetro de los tubos aspirante é impelente $= D$ ó poco menos

Superficie neta del orificio de la valvula = por lo menos á la sección del tubo

Superficie del paso libre en las valvulas, igual, por lo menos, y mejor cerca de la mitad > que la sección de los tubos, con lo cual se determina la altura (núm **228**) El peso de las válvulas se establece de un modo aproximado como sigue

Velocidad del agua a través de la valvula.... m	**0,60**	**0,80**	**1,0**	**1,25**	**1,50**
Peso de la válvula por cm² de superficie .... kg	0,007	0,012	0,018	0,029	0,042

Hasta superficies de $200 \div 300$ cm² se pueden adoptar válvulas sencillas; en las superiores a este límite son necesarias válvulas de rejilla ó múltiples.

2) *Tipos de bombas* – Varían mucho, según los casos. Para bombas pequeñas, bombas de presión, etc, se prefiere el émbolo

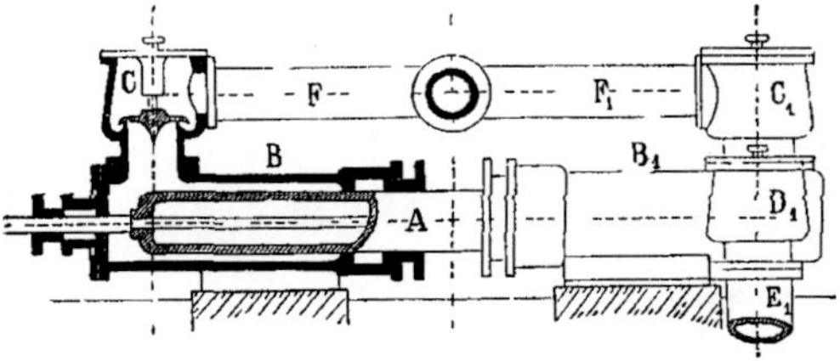

Fig. 215.

sumergido; para alturas pequeñas el émbolo ordinario. El tipo Girard (fig. 215) es preferible en las grandes instalaciones, sobre todo, si se aplica un sistema de distribución mecánica para las válvulas (sistema Riedler), se compone de dos bombas de simple efecto $B\,B_1$, con un solo émbolo A, las válvulas, generalmente de asiento plano, tienen forma apropiada para evitar las pérdidas de fuerza viva; están movidas por un resorte, mecánicamente por un excéntrico ó de otro modo.

3) *Efecto util*. $\eta = 0,80 \div 0,85$ en las bombas Girard; $0,65 \div 0,75$ en las ordinarias. Fuerza efectiva en caballos $N_e = \dfrac{1000\,Q\,H}{75\,\eta}$

(si el tubo es largo, H se aumenta en la pérdida de carga relativa núm. **57**).

4) *Bombas de incendio.*—Se calculan para una elevación $H = {}^4/_3$ de la altura efectiva del surtidor. Capacidad de la caja de aire = 10 veces las de un cilindro. En general, las bombas movidas por 8, 16, 24 hombres lanzan un surtidor de 16, 24 ó 30 m., con un volumen de agua de 5, 7,8 litros por 1″

5) *Construcción.*—(Véase números **228-231 222-225**).

299. Bombas centrífugas.—Se aplican para elevar hasta 15 m. y más, y volúmenes Q de agua de 0,004 ÷ 4 m.^{3} por 1″; lo más conveniente es para alturas de 6 m., y especialmente en el caso de aguas turbias ó instalaciones provisionales.

Altura máxima de aspiración = 4 ÷ 5 m., es preferible limitarla á $\leqq$ 3 m. y, si se puede, á cero. Necesitan el cebo.

Cálculo (fig. 216).—Se fija la velocidad del agua en los tubos aspirante é impelente $V = {}^1/_6 \sqrt{2gH}$, de donde el diámetro d con la

$$\frac{\pi d^2}{4} = \frac{Q}{V}.$$

Diámetro de los dos orificios de admisión de la bomba	$d_0 = 0{,}7\,d$.
Diámetro de la circunferencia interior de las paletas	$d_1 = 1{,}2\,d$.
Ancho de las paletas..........	$b_1 = 0{,}36\,d$.
Diámetro de la circunferencia exterior de las paletas (salvo el caso en que se haya establecido el número de vueltas).............................	$d_2 = 2\,d_1$.
Ancho de las paletas en la circunferencia exterior.	$b_2 = 0{,}5\,b_1$.

Si la bomba tiene un solo orificio de admisión, se hace $d_0 = d_1$ y el resto como anteriormente.

El tubo impelente puede estar dirigido horizontal ó verticalmente (fig. 216). Á excepción del caso en que salga horizontalmente del vértice de la rueda, es necesario disponer en el extremo del conducto anular una llave para salida del aire, durante el cebo ó mientras funciona la bomba. Al pie del tubo de aspiración se coloca una válvula de cierre para mantener siempre cebada la bomba.

Paletas.—De 4 ÷ 8 según el tamaño de la bomba. Pueden estar limitadas todas en la circunferencia interior, ó prolongarse alternativamente (fig. 216) hasta el cubo. En cuanto á la forma, hay varios tipos.

1) Paletas con la convexidad hacia la salida por el tubo impelente, como en las figuras 216-217 A, en que la curva es una espi-

ral de Arquímedes, que comprende un ángulo *m o n* de 160° (tipo Fink). En este caso α_1 y α_2 son $> 90°$.

2) Paletas con la concavidad hacia la salida (figura 216 *B*), $\alpha_1 > 90°$, $\alpha_2 \leqq 90°$ generalmente $= 90°$).

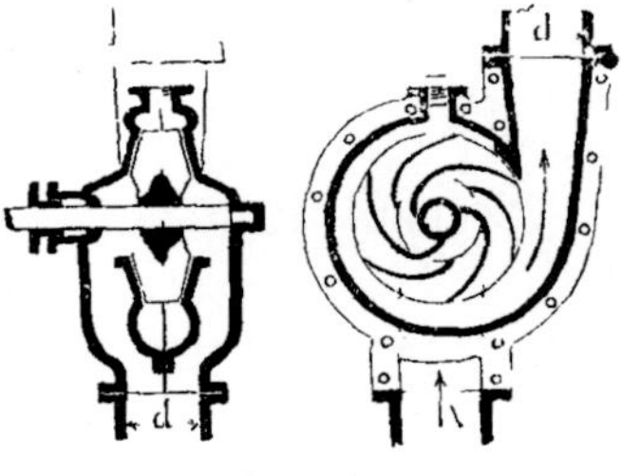

Fig. 216

La velocidad v_2 en la circunferencia exterior se determina como se dirá más adelante $v_1 = v_2 \frac{d_1}{d_2}$ en la circunferencia interior para α_1 se tiene

$$\tang (180 - \alpha_1) = \frac{V}{v_1}$$

α_2 depende de la forma de la curva y está ligado con el valor de v_2.

Las paletas pueden colocarse entre dos coronas ó libres, como en la fig. 216. El juego entre el borde de la corona y las paredes de la caja, ó entre ésta y el borde de las paletas, no será > 2 mm.

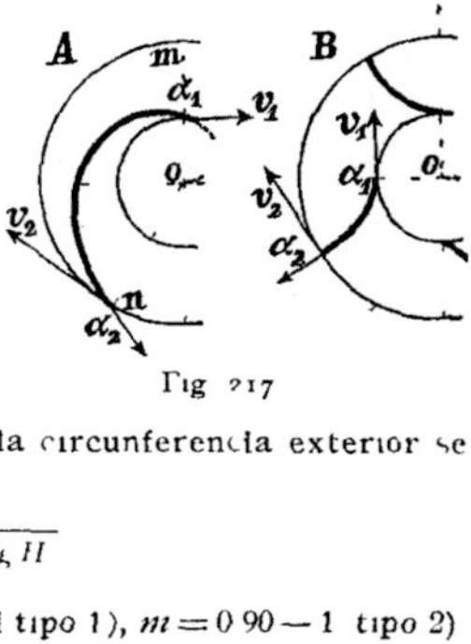

Fig. 217

Conducto anular alrededor de las paletas de sección creciente gradualmente desde cero hasta un diámetro $= 0{,}6\, d$ (ó una sección equivalente), que se enlaza después con la sección del tubo impelente.

Velocidad. —La velocidad v_2 en la circunferencia exterior se fija por la fórmula

$$v_2 = m \sqrt{2gH}$$

en la que $m = 1{,}25$ para paletas del tipo 1), $m = 0{,}90 - 1$ tipo 2) con $\alpha_2 = 80°$.

Número de vueltas por $1' = \frac{60\, v_2}{\pi\, d_2}$. Cuando se hubiere establecido *n a priori* (caso de las bombas de vapor sin transmisión intermedia) puede darse a d_2 un valor mayor (de $2\, d_1 - 5\, d_1$) y en consecuencia se hace $b_2 = \frac{d_1}{d_2} b_1$, el resto permanece invariable.

Relación entre la velocidad y el gasto. —Una bomba calculada para un gasto Q, con un número de vueltas n, puede elevar con n_1 vueltas un volumen:

$$Q_1 = Q \frac{n^2_1}{n^2}, \text{ aproximadamente.}$$

Efecto útil $\mu = 0{,}55 \div 0{,}60$; rara vez $0{,}70$.—$N_e = \frac{13{,}3}{\mu} Q H$.

TABLA LXXXIX.—Bombas centrífugas.

(Typo Gwynne.)

d	$H = 3$ m.			$H = 6$ m.			$H = 9$ m.			$H = 12$ m.		
	Q	N_e	n	Q	N_e	n	Q	N_e	n	Q	N_e	n
mm.	m.³	cab.	vuelt.	m.³	cab	vuelt	m.³	cab.	vuelt	m.³	cab	vuelt
75	0,004	0,29	1200	0,007	1,00	1700	0,008	1,80	2100	0,009	2,70	2400
100	0,008	0,57	900	0,012	1,73	1300	0,014	3,10	1600	0,017	5,10	1800
125	0,014	1,00	750	0,019	2,70	1050	0,023	4,96	1300	0,027	7,85	1500
150	0,021	1,50	625	0,028	3,86	875	0,035	7,56	1075	0,040	11,60	1225
175	0,025	1,73	525	0,036	4,96	750	0,043	8,90	900	0,051	14,30	1050
200	0,033	2,30	450	0,051	7,00	650	0,062	12,80	800	0,073	20,40	925
225	0,041	2,80	400	0,061	8,05	575	0,075	14,85	700	0,088	23,70	820
250	0,054	3,60	375	0,076	10,00	525	0,095	18,80	650	0,110	28,60	750
300	0,076	5,00	300	0,108	14,20	425	0,130	25,70	525	0,150	39,00	600

Diámetro de la polea $75 \div 400$ mm., ancho $90 - 250$ mm, según varíe d entre $75 \div 300$ mm.

300. Turbina elevadora.—Es una bomba centrífuga de eje vertical, sin tubos; aspira el agua del canal de llegada mediante un orificio tronco-cónico, y la vierte directamente en una cámara superior. Cálculo como la anterior, haciendo $d_0 = d$; $b_1 = 0{,}3\ d_1$

En agotamientos con niveles variables conviene instalar 2 ó más turbinas elevadoras, calculadas para el máximo Q y mínimo H.—Si H aumenta, se detiene una ó más y se da a las restantes mayor velocidad.

12.—Máquinas hidráulicas.

301. Acumuladores.—Diversos tipos: (fig. 218) tipo de cilindro fijo y émbolo A móvil; tipo diferencial (fig. 219), émbolo fijo de dos diámetros $A\ A_1$ y cilindro móvil para disminuir el contrapeso en el caso de altas presiones.—$B\ B_1$ tubos de entrada y de salida del agua.— C, contrapeso —Las presiones usuales, en las instalaciones de maquinas con agua a presión son de 35 — 100 atm.

El diámetro del émbolo no excede en general de 0,60 m., la altura se determina en función de las condiciones especiales de cada instalación

Si D (fig. 218) ó D, d (figura 219) son los diametros de los émbolos (en m), n_e la presión efectiva en atmósferas, P el contrapeso, se tiene, no calculando los rozamientos,

Fig 218,

$$P = 8100\, n_e\, D^2,$$

Fig 219,

$$P = 8100\, n_e\, (D^2 - d^2)$$

La pérdida por rozamiento es de cerca de 20 %.

Espesor del cilindro como en el num **303**

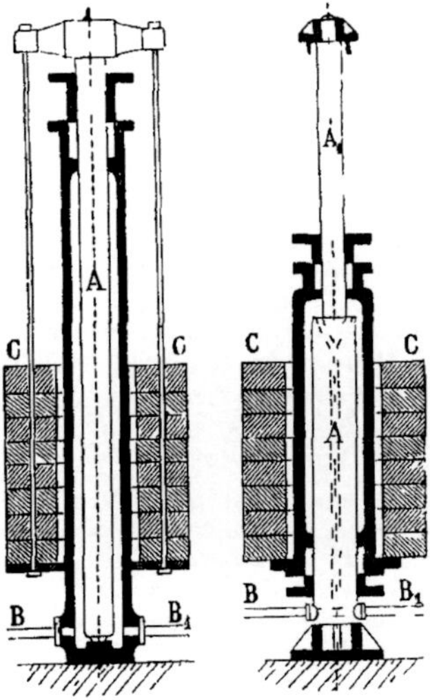

Fig 218 Fig 219

302 Motores de agua á presión —Aplicables sólo para alturas ó presiones ($> 2 \div 3$ atm.) y volumenes Q pequeños —Velocidad del émbolo $= 0{,}25 - 0{,}40$ m. en las grandes maquinas, $0{,}50 - 0{,}75$ m en las pequeñas, el diametro como en el caso de las bombas — Coeficiente de efecto util $\eta = 0{,}60 - 0{,}75$, segun la magnitud.

303 Prensa hidráulica —Sean

P = presión (en kg.) que ha de ejercerse,
n_e = presión efectiva interior en atm,
D, d = diámetros (en m) de los émbolos de la prensa y bomba
p = fuerza en kg aplicada al émbolo de la bomba,
v = velocidad de este embolo en m por 1″ ($v = 0{,}15 - 0{,}30$ m)

Elegida n_e entre los limites de 50 — 500 atm segun la presión que se haya de ejercer, se tiene, contando con el rozamiento evaluado en un 20 %

$$10000\, d^2\, n_e = p,$$

conocido p, se deduce d ó viceversa — Generalmente en las bombas para una sola prensa $d = 0{,}02 - 0{,}05$ m $0{,}15 - 0{,}30$ m de carrera y $40 - 20$ golpes por 1′ — Si la bomba sirve para varias prensas, se aumenta proporcionalmente la sección del émbolo.— Las bombas con motor necesitan una fuerza $= \frac{p\,v}{150}$ caballos

$P = 6500\, D^2\, n_e$, conocido P, se deduce D ó viceversa — En general $D = 0{,}25 - 0{,}50$ m, frecuentemente $0{,}30 - 0{,}35$ m, carrera $0{,}50 - 0{,}65$ m, en las prensas de aceite, $0{,}80 - 1$ m, y mas en las de embalar, etc

Conviene emplear 2 ó más bombas calculadas para presiones de $50 - 60$ atm para la primera bomba y hasta n_e para la última (actuando directamente ó con acumuladores)

Espesor de las paredes del cilindro y de la bomba, para fundición ó bronce

Espesor =	0,10	0,20	0,30	0,40	0,50	0,70	del diámetro respectivo
para n_e =	50	100	200	300	400	500	atm

Vease el num **104** — Espesor del fondo 1,2 — 1,4 veces el de las paredes y enlazado con éstas sin ángulos bruscos

304 Ascensores — Relación entre la carga neta P, el diametro D del émbolo y la presión n_e como anteriormente — Velocidad de subida $0{,}20 - 0{,}40$ m

13.—Máquinas de aire.

305. Máquinas de aire (con émbolo).

1) *Maquinas impelentes, aspirantes, de agotamiento, etc* — Sean Q_0 el volumen efectivo en m³ de aire (ó de un gas cualquiera) que ha de aspirarse por 1″, medido á la presión p_0 de aspiración

p_0 = la presión absoluta a que se hace la aspiración en kg. por m²,

p_1 = la presión absoluta a que se ha de comprimir el aire ó gas, en kg por m² (por consiguiente, $p_1 - p_0$ es la presión efectiva de compresión,,

D V, s = diámetro, velocidad por 1″ y carrera del émbolo en m

Determinado $V = 1{,}20 - 1{,}80$ m, se tiene, para máquinas de doble efecto, área neta del émbolo, $O = \frac{Q_t}{V}$, en la que Q_t = volumen teórico $= 1{,}33\, Q_0 - 1{,}40\, Q_0$, $D = 1{,}14 \sqrt{O}$

Carrera $s = 1{,}2\,D - 2\,D$.

Superficie de las valvulas aspirante no $< \frac{1}{8} - \frac{1}{10}$, impelente no $< \frac{1}{12} - \frac{1}{16}$ de la del émbolo. — Velocidad en los tubos como en el num. **88**: conocida ésta se deduce el diámetro.

Fuerza efectiva en cab. $N_e = \frac{p_0 Q_0}{75\,\eta} \log \text{hip} \frac{p_1}{p_0}$
y para valores pequeños de $\frac{p_1 - p_0}{p_0}$: $N_e = \frac{Q_0}{75\,\eta}(p_1 - p_0)$ $\Big\}$ $\eta = 0{,}60 - 0{,}70$

En las maquinas impelentes empleadas en las fundiciones $p_0 = 10330$ kg. por 1 m.² (1 atm.), $p_1 = 12500 - 13800$ (correspondiente á una presión efectiva de 16 — 25 cm. de mercurio) en los altos hornos, $p_1 = 15500 - 20660$ (1,5 — 2 atm.) en las fundiciones de acero Bessemer ó con conversores.

2) *Compresores.* — Q_0 volumen efectivo del aire aspirado por 1″ medido á la presión atmosférica, D, V, como antes; n_a presión absoluta en atmósferas á que debe comprimirse el aire.

El volumen efectivo del aire comprimido, medido a la presión n (conservando constante la temperatura) sera $= \frac{Q_0}{n}$.

Fijado $V = 1 - 1{,}50$ m. se tienen D, S como antes en función de un volumen teórico $Q_t = 1{,}25\,Q_0 - 1{,}33\,Q_0$. — Superficie de las valvulas $\overline{>} \frac{1}{4} - \frac{1}{3}$ del área del embolo. — Velocidad del aire en los tubos, como el num. **88**.

El enfriamiento para conservar constante la temperatura se obtiene con agua introducida por las valvulas aspirantes ó inyectada con pulverizadores. — Volumen de agua inyectada $= 0{,}0012 - 0{,}001$ del de aire aspirado.

Para $n_a = 6 - 8$ atm. se hace la compresión de una sola vez; para presiones mayores conviene hacerla en dos veces comprimiendo primero hasta una presión de 4 — 8 atm. y después con un segundo compresor hasta el limite fijado.

Fuerza efectiva en cab. $N_e = \frac{138}{\eta} Q_0 \log \text{hip}\, n_a$. $\eta = 0{,}60 - 0{,}70$

306. Ventiladores y aspiradores centrifugos. — Sean Q m.³ el volumen de aire aspirado por 1″; p_0, p_1 como en el numero **305**, γ_0 y $\gamma_1 \left(= \gamma_0 \frac{p_1}{p_0}\right)$ la densidad del gas a las presiones p_0, p_1 en kg. por m.², $Q = Q_1 \frac{p_0}{p_1}$ volumen del gas salido por el ventilador, $w = \sqrt{\left\{ 2g \left(\frac{p_1 - p_0}{\gamma_1} \right) \right\}}$ la velocidad correspondiente a la presión efectiva $p_1 - p_0$ (valor de w para el aire véase num. **85**).

Los diametros se fijan como sigue diametro del tubo de aspiración, $d = 2{,}75\sqrt{\frac{Q}{V}}$, del tubo impelente, $d' = d\sqrt{\frac{p_0}{p_1}}$

Diametro en la circunferencia interior de las paletas $d_1 = 1{,}2\,d$
» » » exterior de las paletas
(salvo el caso en que se fije el numero de vueltas).. $d_2 = 3\,d$
Ancho de las paletas en la circunferencia interior .. $b_1 = 0{,}38\,d$
» » » » » exterior . $b_2 = 0{,}5\,b_1$

También se suele hacer $b_1 = b_2 = 0{,}25\,d$

En los ventiladores pequeños conviene aumentar d y disminuir b_1 en un 20 % de los valores precedentes

Conducto anular de sección creciente desde cero hasta una sección = a cerca de 1/3 de la del tubo impelente con que se enlaza

Numero de paletas 6 — 8 en los ventiladores ordinarios y hasta 24 en los grandes aspiradores y ventiladores para minas, pueden ser de los tipos indicados en 1), 2) num **299** para las bombas centrífugas (en el caso del tipo Fink, con paletas en espiral las paletas comprenden un ángulo de 104° si $b_2 = 0{,}5\,b_1$, y de 125° si $b_2 = b_1$)

Velocidad en la circunferencia exterior $v_2 = m\,V$, $n = \frac{60\,v_2}{\pi\,d_2}$ en la que $m = 1{,}1$ para paletas del tipo 1) $m = 0{,}80$ para las del tipo 2) con $\alpha = 90°$

n puede disminuir hasta cualquier límite, aumentando el valor de d_2 en relación á d_1 (grandes aparatos en minas, etc), permaneciendo iguales todas las demas relaciones como más arriba

Con un numero de vueltas n_1 distinto de n, se puede obtener un volumen $Q_1 = Q\,\frac{n^2_1}{n^2}$

Fuerza efectiva en caballos $N_e = \frac{1000\,Q\,h}{75\,\eta}$

$\eta = 0{,}50$ como maximum en buenos ventiladores con frecuencia se limita de 0,25 — 0,30 m en los ventiladores ordinarios de las fraguas

Valores de h $\left(h = \frac{p_1 - p_0}{\gamma_1}\right)$ — Hornos de cupula $h = 0{,}30$ — 0,40 m, fraguas $h = 0{,}10$ — 0 20 m, ventilación de locales, secadores, alimentación de hogares, etc, h siempre $< 0{,}02$ m

307. Ventiladores giratorios.—El mas usado es el ventilador Root, cuyos datos principales figuran en la tabla XCI —

Coeficiente de rendimiento $\eta = 0{,}40$ al máximo para presiones $< 0{,}05$ de columna de agua y $0{,}20 \div 0{,}15$ *m.* para presiones $> 0{,}50$ m.

TABLA XC.

Ventiladores centrífugos.

(Tipo Sulzer.)

Diámetro d de la boca de salida	Presión efectiva h en mm. de agua	Volumen Q de aire por 1''..	Número n de vueltas por 1'	Fuerza efectiva N_e	Diámetro d de la boca de salida	Presión efectiva h en mm. de agua	Volumen Q de aire por 1''..	Número n de vueltas por 1'	Fuerza efectiva N_e
mm.	mm.	m.³			mm.	mm.	m.³		
	10	0,032	1800	0,06		20	0,70	600	0,60
	14	0,037	2100	0,09		45	1,04	900	2,15
	21	0,044	2500	0,12		80	1,39	1200	4,30
60	31	0,053	3000	0,17	**225**	120	1,74	1500	6,60
	42	0,062	3500	0,23		180	2,10	1800	9,80
	55	0,070	4000	0,32		246	2,44	2100	15,00
	21	0,078	1800	0,20		20	1,20	600	1,24
	29	0,090	2100	0,28		60	1,82	900	4,10
75	41	0,108	2500	0,40	**285**	105	2,44	1200	8,30
	63	0,130	3000	0,57		162	3,05	1500	13,20
	85	0,150	3500	0,77		235	3,65	1800	19,40
	28	0,17	1200	0,38		15	1,30	400	0,95
	43	0,21	1500	0,62		35	1,95	600	2,50
105	65	0,25	1800	1,00	**345**	79	2,90	900	7,60
	85	0,30	2100	1,50		140	3,90	1200	15,60
	120	0,35	2500	2,10		220	4,90	1500	25,50
	26	0,52	750	0,70		19	2,05	400	1,80
	70	0,84	1200	2,50		50	3,10	600	6,05
180	110	1,05	1500	4,00	**390**	110	4,65	900	15,50
	220	1,42	2100	8,40		195	6,18	1200	27,70
	300	1,70	2500	12,03		—	—	—	—

Ventiladores de fábrica (tipo Sulzer).

Diámetro en la circunferencia exterior de las paletas..............................	mm.	**2100**	**3000**
Presión (en columna de agua)..........	mm.	17	24
Volumen de aire por 1''.................	m.³	8,30	16
Número de *vueltas por* 1'......................		250	125
Fuerza efectiva..........................	cab.	4	8

TABLA XCI.—Ventiladores Root.

Diám. de la boca de salida.	Volumen de aire por 1''	Número de vueltas por 1'.	Fuerza.	Número de fraguas servidas.			Hierro fundido por hora.	Espacio ocupado.	Peso.
				peq.	med.	gran.			
mm.	m.^{3}		cab.				kg.	m.	kg.
80	0,08	300	0,3	4	3	2	—	0,75.0,54	200
135	0,15	300	0,5	8	6	4	—	0,85.0,65	300
200	0,32	300	1	16	11	8	1250	1,40.0,80	520
240	0,50	300	1 ÷ 2	24	17	12	2000	1,70.1,00	1088
300	0,73	300	2 ÷ 4	36	26	18	3000	2,00.1,00	1300
425	1,33	250	4 ÷ 6	64	45	30	5000	2,36.1,40	2150
475	1,75	250	5 ÷ 7	85	60	40	6500	2,66.1,40	2450
550	2,20	250	6 ÷ 8	100	80	50	8500	2,96.1,40	2800

TEGNOLOGÍA.

1.—Hilado de algodón.

308. Clasificación.

Sistema inglés.—1 madeja (hank) = 7 cadejos (leas) = 840 yardas (de 0,915 m.) = 268 metros, es del núm 1 cuando pesa 1 libra (0,454 kg.) Si el peso es de $^1/_2$, $^1/_3$, etc. de libra, el número de la madeja es 2,3, etc.—Una madeja del núm. t pesa $p = ^1/_t$ libras, el número t de un hilo, que pesa p libras por madeja, sera $t = ^1/_p$. Circunferencia del devanador = 1 $^1/_2$ yardas = 1,37 m, número de vueltas del devanador, que forman una madeja = 560 —Venta en paquetes de 10 libras (4,536 kg.)

Sistema francés.—Una madeja de 1000 m es del num 1 cuando pesa 0,5 kg.—Si del número t, pesa = $^1/_2 t$ kg.

Si t_i, t_f son los numeros inglés y francés de un mismo hilo, y p el peso en kg. de l metros de hilo, se tiene:

$$t_i = 1,182\, t_f = 0,00059 \frac{l}{p}, \quad t_f = 0,846\, t_i = 0,0005 \frac{l}{p}.$$

TABLA XCII.

Peso en kg de una madeja de 840 yardas

Núm. ingles	Peso	Num ingles	Peso.	Num. ingles	Peso.	Num. ingles	Peso	Num ingles.	Peso
	kg		kg		kg.		kg		kg
0,15	3,030	**0,80**	0,567	**7**	0,0650	**20**	0 0227	**36**	0,0126
0,20	2,270	**0,90**	0,504	**8**	0,0567	**22**	0,0206	**38**	0,0119
0,25	1,816	**1**	0,454	**9**	0,0504	**24**	0,0189	**40**	0,0113
0,30	1,510	**2**	0,227	**10**	0,0454	**26**	0,0174	**42**	0,0108
0,40	1,130	**3**	0,151	**12**	0,0378	**28**	0,0162	**44**	0,0103
0,50	0,908	**4**	0,113	**14**	0,0324	**30**	0,0151	**46**	0,0099
0,60	0,757	**5**	0,091	**16**	0,0284	**32**	0,0142	**48**	0,0095
0,70	0,650	**6**	0,076	**18**	0,0252	**34**	0,0133	**50**	0,0091

309. Datos para el establecimiento de una fábrica de hilados de algodón.

Fuerza total.

1 caballo efectivo por cada	40 husos Ring,	ó 45 id.	Automaticos en núm.	12 — 24
	45 »	» 50 »	»	» 24 ÷ 34
	50 »	» 60 »	»	» 36 ÷ 46
		70 »	»	» 50 ÷ 60

Producto medio por huso y año medio de 295 días de 10 horas de trabajo efectivo.

Numeros ingleses .	**12**	**20**	**24**	**30**	**36**	**40**
Kilogramos . .	85	45	37	30	23	20

Locales — Superficie del local por cada 1000 husos, comprendiendo los almacenes y servicios diversos, pero excluyendo los locales para el devanado y empaquetado

Números ingleses	12 — 24,	Ring 320 m ²,	Automaticos 370 m ²
» »	24 — 36,	» 300 »	» 350 »
» »	36 — 46,	» 280 »	» 320 »
» »	46 — 60,	» » »	» 280 »

Mano de obra — En las fábricas bien montadas, la mano de obra por cada 1000 husos, comprendiendo el personal para la dirección, oficina y carga, sin contar el de los devanadores, es

Numero inglés-medio .	**12**	**20**	**30**	**40**
Numero de operarios .	13	10	8	7

310 Máquinas de hilar —Sean

P = producto de cada maquina en kg en 10 horas,
N = fuerza efectiva necesaria, en caballos,
L, B = longitud y ancho en m del espacio ocupado, incluso las poleas,
n = numero de vueltas,
z, δ = número y distancia de los husos,
t = numero inglés de la cinta ó hilo,
G = peso en kg de cada máquina

a) ***Bale Breaker*** (vareadora).— $P = 4500$ kg, $N = 2$ cab, $L = 3{,}20$ m, $B = 1{,}80$, $G_1 = 2500$ kg $G = 1650$ kg

b) ***Opper Feeder*** (cargadores alimentadores) — $P = 3000$ kg, $N = 1\ 5$ cab, $L = 3{,}10$ m, $B = 1{,}80$ m, $G = 1800$ kg

c) ***Opener*** (abridor) — $P = 2000$ kg, $N = 5$ cab, $L = 4\ 20$ m, $B = 1{,}85$ m, $G = 2000$ kg

d) ***Exhaust Opener*** (abridor automático) — $P = 2800$ kg, $N = 5$ cab, $L = 4$ m, $B = 1{,}60$ m, $G = 2000$ kg

El mismo con escogedor $P = 2550$ kg $N = 10$ cab, $L = 5{,}75$ m, $B = 1{,}85$ m $G = 6000$ kg

e) ***Scutchers ó batanes***

1) ***Single Beater Scutcher*** (batan sencillo) $P = 950$ kg., $N = 3$ cab, $L = 4{,}20$ m, $B = 1{,}55$ m $G = 2800$ kg

2) ***Double Beater Scutcher*** (batan doble) $P = 950$ kg, $N = 4,5$ cab, $L = 7,20$ m, $B = 1,85$ m, $G = 4000$ kg

f) ***Revolvingflat Carding Engine*** (carda de sombreretes giratorios) para telas de 40 pulg $= 1,020$ m — $P = 70 - 90$ kg para algodón de América, $30 - 45$ para algodón de Egipto, $N = 1$ cab $L = 3,15$ m, $B = 1,70$ m, $G = 2600$ kg

g) ***Drawing Frame*** —Manuares (para el estirado)

Tres pasadas Pasada automática Máquinas de $1 - 4$ frentes con $2 - 7$ cintas cada una $P = 50 - 80$ kg, $N = 0,15$ cab por cinta $G = 240$ kg por cinta, $L = 0,406\ x\ z + 0,90 + 0,57\ (x - 1)$ metros

h) ***Mecheras*** —2 pases para numeros gruesos de 2ª calidad 3 para id de 1ª calidad y numeros intermedios, 4 para fino Numero de vueltas por pulgada $= \sqrt{t}$, por metro $= 40\sqrt{t}$

1) ***Slubbing Frame*** (mechera para grueso) numero de carretes $z = 60 - 100$ en 2 filas, producto variable segun el numero de la mecha

$t =$ **0,5**	**0,6**	**0,7**	**0,8**	**0,9**	**1**
$P = 9,7$	8	6 4	5 7	5	4 3 kg

$N = 0,022$ cab. por carrete, δ (distancia entre las proyecciones de los husos de dos filas, á lo largo del banco) $= 0,10 - 0,125$ m, $L = \delta z + 0,915$ m, $B = 1,25$ m (con depósito), $G = 55$ kg por carrete Peso del algodón por carrete 0,70 kg, dimensiones del carrete $0,255 \times 0,127$ m

2) ***Intermediante Frame*** —Mechera para intermedios $z = 90 - 140$ en 2 filas, producción

$t =$ **1**	**1,10**	**1,20**	**1 30**	**1,40**	**1,50**	**1,60**
$P = 4\ 85$	4 30	3,90	3,50	3,15	2,90	2,60 kg.

$N = 0,019$ cab. por carrete, $\delta = 0,082 - 0,090$ m, $L = \delta z + 0,915$ m $B = 0,915$ m $G = 46$ kg por carrete Peso del algodón por carrete $= 0,68 - 0,70$ kg, dimensiones del carrete $0,255 \times 0,140$ m

3) ***Rowing Frame*** —Mechera para fino $z = 120 - 180$ en dos filas, producto como sigue

$t =$ **3**	**3,50**	**4**	**4,50**	**5**	**5,50**	**6**
$P = 1,40$	1,13	0,90	0,77	0,68	0 60	0,53 kg

$N = 0,0155$ cab por carrete, $\delta = 0,63 - 0,68$ m, $L = \delta z + 0,915$ m $B = 0,915$ m, $G = 33$ kg por carrete Peso del algodón (América) por carrete 0,28 kg, dimensiones del carrete $0,180 \times 0,095$ m

4) ***Fine Rowing Frame*** (mechera para extrafino) — Conviene para hilos superiores al num 40 $z = 150 - 230$, producto

$t=$	**5**	**6**	**7**	**8**	**9**	**10**	**11**
$P=$	0,73	0,57	0,44	0,37	0,32	0,27	0,24 kg

$N=0,015$ cab por carrete, $\delta=0,50-0,60$ m, $L=\delta z+0,915$ m., $B=0,915$ m, $G=26$ kg por carrete $n=1200$ Peso del algodón (América) por carrete 0,20 kg, dimensiones del carrete $0,152 \times 0,082$ m

k) Ring Spinnin Frame (hiladora continua de anillos) torcedora ó acolchadora

1) *Twist Spinning Ring Frame* $z=200-500$ en 2 filas, velocidad del carrete 6000 — 10000 vueltas por 1′, torsión del hilo $=160\sqrt{t}$ por m $=4\sqrt{t}$ por pulgada

Producto en kg y numero de madejas (*hanks*, vease num **308**) por carrete

$n=6000$	$t=$	**8**	**10**	**12**	**14**	**16**	**18**	**20**
	$P=$	0,52	0,37	0,28	0,24	0,19	0,16	0,14 kg
	madejas	9,2	8,3	7,6	7,4	6,9	6,5	6,2
$n=8000$	$t=$	**12**	**16**	**20**	**24**	**28**	**32**	
	$P=$	0,36	0,26	0,18	0,14	0,11	0,09 kg	
	madejas	10	9,4	8,3	7,6	7	6,6	
$n=10000$	$t=$	**24**	**28**	**32**	**36**	**40**	**44**	**50**
	$P=$	0,18	0,15	0,11	0,09	0,08	0,068	0,06 kg
	madejas	9,6	8,7	8,2	7,7	7,3	6,8	6,4

$N=0,012$ cab por carrete a 7500 vueltas, $\delta=0,063-0,068$ m, $L=\delta z+0,76$ m $B=0,85-0,915$ m, $G=12$ kg por carrete

2) *Weft Spinning Ring Frame* (hilado de urdimbre ó mecha conviene hasta el num 36 — Torsión — $130\sqrt{t}$ por m $=3,25\sqrt{t}$ por pulgada, $\delta=0,050-0,063$ m, $G=10$ kg por carrete — P, n como en la anterior

l) Maquina Selfacting (hiladora continua automatica)

$z=600-1200$ en una sola fila $n-7000-10000$ vueltas por 1′ para algodón ordinario de la India y América num 16 — 50, 9500 — 7500 vueltas para algodón de América ó Egipto num 30 — 100, 6500 — 3500 vueltas para algodón Georgia (Sea-Island) numero 70 — 300 Producto, madejas y numero de vueltas de los usos como sigue

$t=$	**16**	**20**	**24**	**30**	**34**	**40**	**44**	**50**
$P=$	0,16	0,127	0,106	0,086	0,073	0,06	0,05	0,044 kg
madejas	5,8	5,8	5,8	5,7	5,5	5,3	5	4,8
$n=$	7700	8000	9000	10000	10000	10500	[illegible]	10300

$N = 0,003$ cab. por huso, $\delta = 0,028 - 0,038$ m, $L = \delta z + 1,64$ m hasta 800 husos, $= \delta z + 1,83$ m para $z > 800$ Ancho libre entre dos maquinas $= 1,62$ m, distancia entre los ejes de los cilindros anteriores $= 4,42$ m, distancia entre los extremos exteriores de los rasteles $= 5,49$ m, id entre los extremos exteriores de las cabezas $= 6,10$ m, $G = 9$ kg por huso

m) Máquinas para la torsión ó colchado

Si t es el numero del hilo y se retuercen juntos n_1 cabos, el numero del torcido sera $t_1 = \frac{t}{n_1}$

1) *Double Winding Frame* (torno acoplador) $n = 2 - 6$ cabos — $z = 40 - 160$ carretes — Producto por carrete, num 12 para 6 cabos 5 — 5,5 kg, num 20 — 3 cabos 2,40 kg, num 30 — 3 cabos 1,70 kg, $G = 16$ kg por cartete

2) *Ring Double Frame* (torno de anillos) — Torsión media $= 4,5\sqrt{t_1}$ por pulgada $= 180\sqrt{t_1}$ por m, $z = 120 - 500$ husos en dos filas, $N = 0,017$ cab. por huso $\delta = 0,06 - 0,10$ m, $L = \delta \frac{z}{2} + 0,76$ m, $B = 0,76 - 0,91$ m, diametro del carrete $= 0,127 - 0,152$ metros, carrera $= 0,127 - 0,152$ m Velocidad de los husos 5000 vueltas para los numeros $^{10}/_4$, $^{12}/_4$, 5500 para los números $^{10}/_3$, $^{12}/_3$, $^{16}/_4$, $^{20}/_4$, 6000 para los numeros $^{10}/_2$, $^{12}/_2$, $^{16}/_3$, $^{20}/_3$, $^{24}/_4$, $^{40}/_4$, 6500 para los números $^{16}/_2$, $^{20}/_2$, $^{24}/_3$, $^{40}/_3$, $^{50}/_4$, $^{60}/_4$, 7000 para los numeros $^{24}/_2$, $^{40}/_2$, $^{50}/_3$, $^{60}/_3$ y mas de 4 cabos, 7500 — 8000 para los hilos mas finos — Producto y numero de madejas para una torsión $= 180\sqrt{t_1}$,

$t =$	10/2	12/2	20/2	32/2	40/2	50/2	60/2
$P =$	0,95	0,75	0,38	0,20	0,15	0,12	0,09 kg
madejas	10,4	9,5	8,3	8	6,4	6,2	5,8

$d = 0,305$ m, $l = 0,09 - 0,115$ m, $G_1 = 15 - 20$ kg, $G = 11 - 14$ kg por huso

3) *Selfacting Twiner* (torno autogemelo) — $N = 0,005$ cab por huso, $\delta = 0,035 - 0,038$ m, $L = \delta z + 1,60$ m, ancho libre entre los dos tornos $= 1,70$ m, distancia entre los extremos exteriores de los rastreles $= 6$ m, idem entre los extremos exteriores de las cabezas $= 6,50$ m — Producto $P =$ cerca del 7 % más que en las Selfacting, a igualdad de torsión y de numero del torcido (es decir el numero del hilado sencillo dividido por el numero de cabos), — $G_1 = 10$ kg, $G = 7,50$ kg por huso

n) *Reel* (devanaderas)

1) *Single Reel* (devanadera sencilla) mecánica ($N = 0,06$ cab por huso) ó a mano, $d = 0,180$ m, $l = 0,040$ m, $n = 125$, 30 — 50 husos ó carretes por cada devanadera, producto efectivo, cerca

del 50 % del teórico (unas 2000 madejas por cada devanadera de 40 husos ó carretes), — $\delta = 0{,}08 - 0{,}11$ m, $L = \delta s + 0{,}35$ m, $B = 0{,}92$ m, $G_1 = 150$ kg, $G = 110$ kg por cada devanadera de 40 husos ó carretes

2) *Double Reel* (devanadera doble) —Una por cada lado, $s = 60 - 100$ husos $\delta = 0{,}08 - 0{,}11$ m $L = \delta \frac{s}{2} + 0{,}50$ m, $B = 1{,}22$ m, producto por máquinas de 80 husos = unas 4000 madejas, ó sea

para $t =$	**20**	**36**	**40**	**50**	**60**
$P =$	87	50	45	36	30 kg

$d = 0{,}180$ m, $l = 0{,}04$ m, $n = 160 - 200$, $G_1 = 480$ kg, $G = 330$ kg por cada máquina de 80 husos

o) Yarn Bundling Press (prensas)

$N = 1$ cab, $L = 1{,}20$ m, $B = 0{,}76$, $P = 180 - 200$ paquetes, $G_1 = 250$ kg, $G = 500$ kg

2. — Hilado del lino y cáñamo.

311. Clasificación.

Sistema inglés —1 madeja (lea) = 300 yardas = 274 m es del núm 1 cuando pesa 1 libra (0,454 kg) —Desarrollo de la devanadera = 3 yardas = 2,74 m, número de vueltas para formar una madeja = 100 —1 Bundle (paquete) = 200 madejas —Paquetes de 12 bundles —Número de un hilo que pese p libras por madeja $= \frac{1}{p}$

Sistema escocés —1 madeja (cut) = 300 yardas = 274 m es del núm 1 cuando pesa 1 libra —Desarrollo de la devanadera = $2\frac{1}{2}$ yardas = 2,285 m con 120 vueltas por madeja —1 Bundle = 240 madejas —Paquetes de 10 bundles —Numeración como la anterior

Sistema francés —1 madeja = 1000 m es del núm 1 cuando pesa 0,5 kg —Desarrollo de la devanadera 2,50 m con 400 vueltas por madeja —Paquete de 12 bundles = 500 madejas — El número de un hilo de p kg es l m $= 0{,}0005 \frac{l}{p}$

312. Datos para el establecimiento de una fábrica de hilados de lino y cáñamo.

Agua caldera y secadero —Agua 90 litros por hora para cada 100 husos, presión 4 atm

Superficie de las calderas para el agua 1 m² de superficie de caldeo por cada 100 husos presión 4 atm efectivas Temperatura del agua para el hilado 60° (hasta el núm 6 se hila en seco, del 6 — 14 en seco ó en agua caliente, de 14 en adelate en agua caliente)

Secadero capacidad lo menos 300 m ³ por cada 1000 kg de hilado producido al día, agua que ha de evaporarse 120 % del peso del hilo

Fuerza total término medio 50 cab efectivos cada 1000 husos

Peso de las máquinas unos 80 kg por huso con motor y caldera

Locales superficie media total de los locales destinados a las maquinas por cada 1000 husos cardado y preparación (ventilación artificial) 300 — 340 m ² hilado, 150 — 180 m ², devanado, 50 m ² Ademas se necesita local para el secadero (si es posible sobre las calderas), almacén de materiales (en sótanos secos, capacidad para la fabricación en un periodo de tres meses), almacén de materia bruta (locales frescos y ligeramente humedos, capacidad para la producción en nueve meses), almacén de hilo (locales frescos y ligeramente humedos), local para el empaquetado (1 m ² lo menos por cada 100 husos)

Producción como término medio puede admitirse, por huso y dia un producto de 0 75 kg en trama 0 65 kg en cadena, numero medio, 12

Mano de obra 90 — 120 operarios por cada 1000 husos para hilos gruesos 60 — 70 para los medianos y 40 — 55 los finos

3 —Hilado de la seda.

313 Clasificación.— Una madeja de 475 m es del num 1 cuando pesa 0,000051 kg, del num 2 si pesa el doble etc

La madeja de p kg de peso tiene por numero $t = 19608\ p$, una madeja del numero t pesa kg $p = 0\ 000051\ t$ Desarrollo del devanador = 1,875 m numero de vueltas por madeja = 400

314 Preparación.

Sofocación ó ahogue de los gusanos se hace en los primeros diez dias temperatura 60 — 75° durante 6 — 8 horas Un kg de capullos secos equivale a tres kg de capullos frescos

Rendimiento en seda cruda un kg de seda cruda por cada 3 — 4,5 kg de capullos secos segun la calidad, ademas de las borras

Hilado a vapor temperatura del agua en los depósitos 50 — 60° en los ídem para el batido 80 — 100° Un depósito de batir, por cada 2 y hasta 6 — 8 de preparación, generalmente 2

Velocidad de la devanadera 120 — 150 m por 1′ hilando 4 he

bras, 110 — 130 m hilando 6 hebras Cajas para calentar las devanaderas a 40° — 50 en invierno

Agua maximo 10 — 12 litros por depósito y hora, comprendiendo el de batido, mínimo 2 — 3 litros si se filtra el agua empleada y se vuelve a los depósitos por un sistema de circulación continua

Vapor 5 — 7 kg por depósito y hora contando con el de batido, presión 0,75 — 1 atm efectiva Se puede emplear el vapor de descarga del motor, separando previamente el aceite

Fuerza 1,5 — 2 caballos por cada 100 depósitos, con los de batido, pero sin las bombas

Producto medio dos devanados al día, es decir, 0,400 kg de seda como mínimo y 0,800 kg como maximo

Gasto medio por kg de seda cruda combustibles y engrase 0 70 — 1 peseta, mano de obra 2,50 — 3 pesetas

Locales. para 100 depósitos y 50 de batido tipo ordinario, (8,50 — 9 m) × (42 — 44 m) Local contiguo para las borras (dividido de modo que una parte sirva de secadero), locales para almacén y entrega, de 50 — 60 m² cada uno Extracción de los vapores con aspiradores mecanicos (1 — 2 cab) ó con tubos de aspiración para los batidores a tiro natural (consumo máximo de carbón para 50 batidores, 80 — 100 kg diarios)

315. Hilado.

P = producto en kg de 100 carretes ó husos en 12 horas,

n = numero de vueltas por 1′

t = numero del hilo crudo

a) *Hilado* $P = 2 - 25$ kg para $n = 250 - 300$, $t = 10 - 15$ Una operaria para 12 — 15 carretes 1 cab. por cada 900 carretes

b) *Purgador* $P = 3 - 45$ kg para $n = 250 - 300$, $t = 10 - 15$ Una operaria para 15 — 20 carretes, 1 cab para 900 carretes

c) *Doblado* $P = 10 - 15$ kg, dos hebras 15 — 20 kg, 3, para $n = 450$, $t = 10 - 15$ Una operaria para 25 carretes, 1 cab para cada 800 carretes

d) *Torcido* $n = 3500 - 6000$, producto de 100 husos por hora

Torzal 1.ª torsión .. .. $0{,}00051 \dfrac{n\,t}{\theta}$,

» 2.ª torsión y trama .... .. $0{,}00057 \dfrac{n\,n_1}{\theta}\,t$,

siendo n_1 el numero de hebras acopladas, θ el de vueltas de torsión por m l (varia bastante con el hilado) Un operario para 300 — 400 husos, 2 — 3 caballos por cada 1000 husos, segun la velocidad

e) *Devanado* cada devanadera al día = 2 — 3 kg, una operaria para 10 devanaderas

316. Datos de establecimiento —Edificios de 4 — 5 pisos de los que 2 — 3 se destinan al torcido, locales para la preparación, batido, purga hilado, doblado, empaquetado, almacenes, etc Superficie en planta 45 × 9 m por cada 10000 husos

4 —Hilado de la lana cardada.

317. Clasificación

Sistema inglés —Una madeja (hank) = 560 yardas — 512 m se dice es del num 1 cuando pesa 1 libra (0 454 kg) Devanadera de una yarda = 0 915 m de desarrollo, con 560 vueltas por madeja

Sistema francés —Reims, sistema métrico Elbœuf madeja de 3000 anas (1 ana = 1,20 m) = 3600 m , unidad de peso 0 5 kg desarrollo de la devanadera 2 m con 1800 vueltas por madeja Sedán madeja de 1500 m , unidad de peso 1 kg

Sistema métrico —Madeja de 1000 m = 10 cadejos de 100 m , unidad de peso 1 kg El numero es el de madejas ó kg correspondientes a 1 kg de peso Una madeja de p kg de peso es del numero $t = 1/_p$ Devanadera = 1 50 m con 67 vueltas por madeja

318. Fuerza, local, mano de obra, agua. —Fuerza total = 6 — 7 caballos por servicio Superficie total de un local para 1000 husos hilado, comprendiendo servicios y motores, 550 — 600 m.², almacenes limpia y tintorería 100 — 120 m ² Personal 18 — 20 individuos por cada 1000 husos

Generalmente en las fábricas de hilados se comprenden las de tejidos y en este caso se puede calcular una fuerza total para el hilado y tejido de cerca de un caballo por telar y una cantidad de agua para el lavado etc de $^1/_3$ de litro por 1″ y telar

5 —Tejidos

319. Producto teórico y efectivo de un telar.

n = numero de golpes por 1′,

i — numero de hilos de trama por cm de longitud del tejido

i' — numero de hilos de trama por $^1/_4$ de pulgada de longitud

i_1 = número de hilos de urdimbre por cm de ancho del tejido,

b = ancho (altura) del tejido (en m),

$\lambda\lambda_1$ = longitud en m de la trama y urdimbre necesarios por cada metro de longitud del tejido,

P = producto efectivo (en m) de tejido en 10 horas de trabajo

Se tiene

$$\lambda = 100\, i\, b + 3 - 5\,\%, \qquad \lambda_1 = 100\, i_1\, b + 4 - 8\,\%,$$

$$l = \alpha \times \text{producto teórico} = \alpha\, \frac{10\ 60\, n}{100\, i} = \alpha\, \frac{10\ 60\, n}{157\, i'},$$

α = coeficiente de rendimiento = 0,60 — 0,80 según la naturaleza de los materiales y la habilidad del tejedor, comprende, pues, el movimiento de la lanzadera, cuya velocidad efectiva resulta menor que la calculada

320. Disposición de los telares.—Salvo el caso en que los telares funcionen directamente por medio de motores eléctricos, se acostumbra a agruparlos 4 a 4 con los frentes vueltos y las poleas, dispuestas todas al interior del grupo, con distinto vuelo en el telar respectivo, para poder mover las cuatro si fuera preciso Intervalo entre los frentes ni $<$ 0,66 m, ni $>$ 0,80 m, idem entre las cabezas posteriores = 0,50 m, distancias entre los lados en los de las poleas, 0,05 — 0,08 m, entre los extremos de los bastidores, separación de los telares en el lado opuesto al de las poleas 1,50 m, lo menos para formar paso de servicio

Transmisión, con preferencia por debajo

321. Telares para algodones crudos.

1) *Telares ligeros* para calicot, sarga, raso (peso del tejido = 0,05 — 0,18 kg por m ^{2})

a) Telares bajos —Luz del peine = 36 40, 44 pulgadas, ancho del tejido = 0,60 — 1 m, peso = 0,03 — 0,15 kg por m cor —Golpes ó pasadas velocidad n = 210, 200, 190.—Fuerza N = 1 caballo cada 4 telares, con la preparación —Peso neto del telar G = 550 — 650 kg —Espacio ocupado por un telar 5 — 5,50 m ^{2} y 7 — 8 m ^{2} comprendiendo la preparación y diversos servicios.

b) Telares altos —Luz del peine = 52, 58, 64 pulgadas, ancho del tejido (sencillo ó doble) = 1,18 — 1,45 m, peso = 0,6 — 0,25 kg por metro lineal —Pasadas n — 160, 150, 145 —N = 1 cab por cada 3 telares, con la preparación —G = 850 — 1000 kg —Espacio para cada telar 6 — 6,50 m ^{2}, 8 — 9 m ^{2} con lo necesario para la preparación y demas servicios

2) *Telares pesados* —(Peso del tejido = 0,20 — 0,45 kg por m ^{2})

a) Telares bajos —Luz del peine = 32, 36 pulgadas ancho del tejido = 0,60 — 0,80 m, peso = 0,150 — 0,350 kg por m cor —Pasadas superiores ó inferiores, según los casos n = 160, 140 —N = 1 caballo por 3 $^1/_2$ telares y preparación —G = 700 — 800 kg —Espacio = 4,50 — 5 m ^{2} y 6,50 — 7 m ^{2}, con los servicios y preparación

b) Telares altos —Luz del peine = 52, 58, 64 pulgadas, ancho del tejido (sencillo ó doble) = 1,18 — 1,45 m, peso 0,30 — 0,60 kg.

por metro cor —$n = 140 - 120$ —$N = 1$ cab para dos telares y preparación —$G = 1000 - 1200$ kg. — Espacio 6 — 6,50 m ² y 8 — 9 m ², segun se comprendan los demás servicios y la preparación

322. Telares para tejidos de algodón de color — Tienen varias lanzaderas, dimensiones como las anteriores, velocidad, se reduce en 10 % respecto la de los telares para algodones crudos de igual ancho.

323. Telares para tejidos de algodón — De pastel ó Jacquard, dimensiones como las anteriores, velocidad reducida en 10 % para las primeras y en 15 % para las Jacquard

324. Telas y arpilleras de lino y cáñamo.—Ancho de las telas lisas y de la arpillera $b = 0{,}70 - 1$ m —Lonas $b = 0{,}60 - 0{,}75$ m —Clase (inglesa) de los hilos urdimbre 6 — 50, trama 6 — 40 — Numero de hilos por cm = 14 — 30 —Piezas de 45 m generalmente, también de 30 y 60 m

Fuerza total 1 caballo para 3 telares en tejidos pesados, para 4 telares en telas ligeras —Superficie total 14 — 15 m ² por telar

325. Telas de seda.—Ancho de la tela = 0,50 — 0,75 m Numero de hilos por cm urdimbre 70 — 90, trama 40 — 50 — Consumo medio de seda por metro corriente de tela 0 025 — 0,400 kg + 8 % de pérdida

Fuerza total 1 caballo para 6 ó 7 telares — Superficie 14 — 15 m ² por telar.

326. Franelas y paños —Ancho ordinario de las franelas en el telar 1,70 m después del batanado, 1 30 m con 2400 hilos de urdimbre —Numero (métrico) urdimbre 16 — 18, trama 18 —Piezas de 50 m —Para los paños en general los datos son muy variables

1) *Tejido* — Fuerza total 1 caballo para cada 5 telares —Superficie 11 m ² por telar

2) *Preparación* —Superficie total necesaria para el paño tejido en 100 telares repasado y depósito 200 m ², batanado y cardado 150 m ², prensado, doblado, etc, 200 m ²—Fuerza cerca de 8 — 10 caballos —Agua para el batanado 7 — 8 litros por 1"

6.—Fundiciones y fraguas.

327. Hornos de cúpula (cubilotes para hierro fundido) 100 kg de fundición ordinaria producen 90 — 95 kg de fundición afinada, necesitando 8 — 10 kg de cok 3 — 4 kg de fundente y 80 — 150 m ³ de aire por hora á una presión de 0,30 — 0,40 m de agua

Dimensiones —Tipo ordinario altura desde la solera á la

boca de carga 2 — 5 m, **envolvente** refractaria de 0,15 — 0,25, puerta 0,30 × 0,40 m, boca de carga 0,50 — **0,80 de lado**, altura de la chimenea 2 — 5 m, toberas en una ó varias series **horizontales** distantes 0 32 — 0,24 m de la más alta á la más baja, su sección total 0,16 — 0,3 de la del horno —Tipo Krigar con crisol separado, dimensiones y producto como en la tabla siguiente

Diámetro del horno en el plano de las toberas	m	0,50	0,70	0,80	0 88	0,95	1 10
Capacidad del crisol (quintales)	q	25	30	40	50	100	150
Producto máximo en quintales-hora	q	50	60	80	100	150	200
Altura total sobre el suelo ...	m	7 00	7,30	7,90	8,50	9,00	9 60

Pérdidas, 25 — 30 % del peso de la colada.

328. Hornos de reverbero (para fundición ó bronce).—100 kg de fundición dan 86 — 94 kg de metal fundido, y necesitan 35 — 50 kg de carbón, 0 20 — 0,24 m² de superficie de parrilla (con 0,12 — 1,15 m² de huecos), 0,75 — 0,90 m² de superficie de la plaza, y 0,07 — 0,08 m² de sección sobre el altar y la chimenea

329. Crisoles (para fusión del bronce y aleaciones) —Consumo de carbón = 1 — 1,5 kg por 1 kg de metal, mermas del metal 5 — 15 % —Crisoles capacidad 5 — 35 kg, duración 4 — 5 fusiones si son de tierra refractaria, 7 — 8 si de grafito —Altura de los hornos 0,60 — 0 70 m, el ancho depende del diámetro de los crisoles

330 Moldes —Los moldes se hacen en una escala de 1009 milímetros por 1 m para el hierro fundido, 1012 para el bronce, 1016 para el latón —Del peso de los moldes se deduce el de la pieza fundida, si es maciza multiplicando el peso del molde (segun sea de madera ligera ó pesada) por 13 — 15 para el hierro fundido, 16 — 18 para el bronce y latón

331 Superficie de una fundición —Superficie mínima (para preparación, hornos, etc) por cada cubilote 250 — 360 m², horno de reverbero 120 — 160 m², crisol 9 — 12 m²

332. Fraguas —Consumo medio de hulla por fuego y hora

Fuegos pequeños (clavos y varillas)	1 — 1 5	kg.
Idem medianos (barras de 2 — 5 cm² de sección) . . .	2 — 3	»
Idem grandes (piezas de 6 — 15 cm² de sección) ...	3 — 5	»
Idem muy grandes (piezas de 15 — 25 cm² de sección)	6 — 8	»

Carbón por cada 100 kg de hierro, 50 — 65 kg. para una sola calda, 40 — 50 kg por cada calda sucesiva mermas del hierro 6 — 7 % en cada calda

Para cada fuego pequeño y medio aire 0 01 — 0,015 m ³ por 1" a la presión de 0 05 — 0,08 m de agua, tubo de 30 — 70 mm y tobera de 15 — 25 mm, superficie en planta 1 — 4 m ² diametro ó lado de la chimenea 0 20 — 0 30 m Para fuegos grandes aire 0 02 — 0,03 m ³ por 1" a la presión de 0 10 — 0 20 m de agua tubo de 80 — 120 mm y tobera de 30 — 40 mm superficie en planta 5 — 6 m ², diametro ó lado de la chimenea 0 30 — 0 40 m Altura sobre el suelo 0 70 — 0 9 m Espacio mínimo libre alrededor 2 3 m

333. Hornos de puddlar ó pudelar — Consumo de hulla unos 40 — 50 kg por cada 100 kg de hierro y calda merma del hierro 3 — 10 % Arco de la parrilla 0 01 m ² para 1 5 — 2 kg de hulla por hora sección de la chimenea $^1/_3$ — $^1/_4$ de la superficie de la parrilla

334. Superficie para una fragua. — Por cada fuego pequeño 15 — 20 m ² lo menos 20 — 25 m para fuegos medios y 25 — 30 m ² para los grandes con maquinas

7. — Trabajo de los metales

335. Elementos para el cálculo de las máquinas.

Maquinas de cortar y perforar — Velocidad del cuchillo ó punzón $v = 30 - 60$ mm por 1" carrera h depende del espesor de la pieza numero de golpes por $1' = 30\frac{z}{h}$ La fuerza se calcula tomando como base un trabajo de 0 15 kgm por mm ² de sección cortada

El volante se pone sobre el eje mas rapido y se calcula con la fórmula

$$\text{Peso de la llanta en kg} = 44000 \frac{\alpha N}{n V^2}$$

N fuerza en caballos n numero de vueltas por 1 V, velocidad en m por 1" de la llanta del volante α se toma = 6 — 12 según la < ó > regularidad que se quiera obtener (vease tambien num **279**

Máquinas para batir estampar, moldear, roblonar en caliente, etc — Se calcula la fuerza tomando como base un trabajo medio de 0 1 kg por mm ³ del volumen de una pieza cuyas dimensiones se hayan reducido a cerca de la mitad en el sentido de la presión (roblonado mecánico) — El volante (si lo necesita la maquina) se calcula como antes

Máquinas para tornear, alisar, acepillar, limar, avellanar trepanar — Angulo de incidencia del util 3 4°, angulo del corte 50° para el hierro y la fundición 65° para el bronce

Esfuerzo por mm ² de sección del *hierro*. 150 kg para el hierro, 90 para la fundición, 250 para el acero, 70 para el bronce (en las condiciones del máximo efecto útil)

Grados de temperatura del útil para un hierro cuyo corte tenga un angulo de 50° amarillo azulado, de 55° amarillo, de 60° amarillo paja, de 70° blanco

Velocidad en la superficie de las piezas que se trabajan en milímetros por 1″

Metal	Torno	Alisadora	Acepilladora	Limadora	Avellanadora	Trepanadora
Hierro. ...	90 — 100	70 — 80	65 — 75	130 — 170	110 — 140	150 — 200
Fundición	80 — 90	60 — 70	60 — 70	110 — 150	90 — 120	150 200
Acero	40 — 50	30 — 40	25 — 35	70 — 100	75 — 90	150 — 200
Bronce . ..	160 — 200	100 — 120	90 — 100	160 — 220	100 — 160	150 — 200

Máquinas de afilar —Velocidad en la circunferencia de la muela 5 — 10 m por segundo

Transmisión á las máquinas —Velocidad de los ejes secundarios · 80 — 110 vueltas por 1′ para tornos pequeños, 30 ÷ 60 tornos grandes, 70 ÷ 120 trepanadoras, 70 — 90 limas, 80 100 acepilladoras y avellanadoras, 60 — 80 perforadoras

8.—Trabajo de la madera.

336. Elementos para calcular las máquinas.

Sierras alternas (para vigas) —(h = diametro del tronco ó canto de la viga en m) —Carrera del bastidor $s = 1{,}7\,h - 2\,h$, numero de golpes por 1′ $n = 120 - 200$ para $s = 0{,}80 - 0{,}50$ m —Numero de hojas. $z = 1 - 18$ — Avance de la madera a cada golpe $\delta = 0{,}001 - 0{,}0025$ m para maderas duras, 0,003 — 0,005 m maderas blandas —Superficie aserrada por hora (m ²)

$$f = \alpha\, 60\, n\, \delta\, z,$$

en la que $\alpha = 0{,}33 - 0{,}5$ a causa de la pérdida de tiempo en mover el tronco (como término medio puede admitirse maderas duras $F = 6$ m ², maderas blandas 12 m ² por hoja y hora) —Fuerza media en caballos $N = 3 + 0{,}5\,z$

Aserrado a brazo —Superficie aserrada, 1,4 ÷ 2,4 m ² por par de aserradores y hora, segun el diámetro del tronco y la dureza de la madera

Sierra circular —(h = canto de la pieza que se asierra en m)

Velocidad en la circunferencia de la hoja $v = 25 - 40$ m por 1'' — Avance de la pieza por 1'' $\delta = 0{,}015 - 0{,}035$ m —Superficie aserrada por hora en m² $F = 3600\,\delta\,h = 15 - 36$ m² segun los valores de h, δ —Fuerza $N = 0{,}15\,F - 0{,}25\,F$ cab, segun se trate de maderas duras ó blandas

Sierra de cinta —(h como antes) — Se emplea en substitucion de las alternas para troncos —Velocidad de la cinta en m por 1'' $v = 8 - 18$ —Avance del madero por 1'' $\delta = 0{,}008 - 0{,}020$ m —Superficie aserrada por hora $F = 3600\,\delta\,h = 8 - 20$ m² segun los valores de h y δ —Fuerza $N = 0{,}12\,F - 0{,}15\,F$ caballos segun la dureza de la madera

Sierras para chapas (horizontales alternas de una hoja) — Carrera de la sierra $s = 0{,}50 - 0{,}70$ m, a la que corresponde un numero de golpes por 1' $n = 300 - 200$ —Avance como en la primera —Superficie aserrada por hora $F = 4 - 6$ m²—Fuerza $N =$ 2 caballos

Máquinas de acepillar —(b ancho de la superficie que se acepilla).—Velocidad del útil por 1'' $v = 17 - 25$ m — Avance de la pieza de madera por 1'' $\delta = 0{,}015 - 0{,}040$ — Superficie acepillada por hora $3600\,\delta\,b$ —Fuerza $N = 0{,}8 - 1{,}5$ caballos por cada decimetro de ancho acepillado

Máquinas de taladrar y escoplear —($d =$ diametro del agujero en m) —Numero de vueltas del util por 1' $n = 800 - 1500$ (varia en razón inversa de d) — Avance por cada vuelta $\delta = 0{,}0002$ 0,001 m —Volumen de madera sacado del taladro por hora en m³ $V = 60\,n\,\delta\,\frac{\pi d^2}{4}$.—Fuerza $N = 0{,}05 - 0{,}25$ caballos por dm³ de madera sacada por hora (crece con la dureza de la madera y en razón inversa del diámetro d del agujero)

Tornos — Velocidad en la circunferencia de la pieza que se tornea $0{,}40 - 1{,}20$ m y más

9 —Trabajo de la piedra.

337. Aserrado á brazo —Un hombre puede durante el dia hacer un corte de $0{,}08 - 0{,}25$ m de profundidad y 2 m de longitud ó sea aserrar una superficie de $0{,}16 - 0{,}50$ m² segun la dureza de la piedra En los mármoles y demas piedras calizas 0,40 m²

338 Aserrado á máquina —Bastidor horizontal con 1—30 hojas (hojas lisas, con agua y arena fina) —Numero de golpes por 1' 60 — 100 Carrera 0,40 — 0,50 m cualquiera que sea la longitud del bloque Profundidad del corte doble al menos que con la sierra del brazo, superficie aserrada al día por cada hoja, 0,40 — 1 m² para piedras duras ó blandas. Fuerza para cada hoja 0,08 — 0 14 caballos, segun la dureza y la velocidad.

10.—Fábricas de papel.

(Notas del profesor Saldini)

339. Primeras materias — Se emplean pastas formadas por trapos mezclados con sucedaneos como la celulosa (que se *obtiene químicamente*, tratando en caliente en depósitos cerrados madera de abeto ó alamo, por el bisulfito calcico), pasta de madera desfibrada mecánicamente paja, cañamo, etc

340. Fuerza, producto, agua.

Fuerza.— 150 — 200 caballos por cada maquina continua, segun la mayor ó menor importancia del satinado y demás operaciones

Producto —El de una maquina continua plana es variable con el espesor y ancho del papel como término medio, 10000 — 12000 quintales anualmente.

Agua —1200 — 1500 litros por 1′ cada máquina continua (comprendiendo todos los aparatos

341 Pasta de madera

Pasta mecanica — Aparatos capaces de producir por término medio 1000 — 1200 kg de pasta seca al dia, equivalente á 2500 kg de pasta humeda (60 % de agua), como se presenta en el comercio Madera necesaria, 2500 ÷ 3500 kg Fuerza 8 caballos, agua 30 — 35 litros por 1′ y quintal de pasta seca en 24 horas

Pasta quimica (celulosa) — Aparatos capaces de producir, termino medio, 1000 kg de pasta en 24 horas.— Peso de la madera empleada = 8 — 10 veces el de la pasta seca Fuerza = $^1/_4$ — $^1/_5$ de la necesaria para la pasta mecanica, salvo el caso de hacer el blanqueo eléctricamente en vez de usar el hipoclorito de cal Vapor 770 — 800 kg por hora á 2 ÷ 3 atm

11.—Molinos.

(Notas del profesor Saldini)

342 Peso de los cereales y harinas. — Un hectólitro pesa

Trigo	kg	70 — 83	Maiz.....	kg	66 — 80
Espelta...	»	41 — 47	Sémola *(gries)*....	»	68 — 69
Centeno..	»	66 — 82	Idem fina *(dunst)*	»	50 — 56
Cebada gruesa. ..	»	60 — 73	Harina mezclada..	»	45 — 47
Idem ordinaria ...	»	50 — 55	Idem buena	»	43 — 46
Idem de invierno ..	»	53 — 60	Salvados finos.....	»	26 — 28
Avena...	»	36 — 55	Idem gruesos	»	18 — 19

Un moyo milanés = 1,462 hectólitros peso medio de un moyo de trigo = 112 — 114 kg., maiz 102 ÷ 106

343. Rendimiento en harina — Rendimiento medio 100 kg. de grano 75 ÷ 76 kg de harina (70 — 71 kg de marca *B*, 2 kg de *C* y 3 kg de *D*), 22 kg de salvados, y el resto pérdidas en granos blandos Para granos duros 56 kg de sémola dura, 9 kg de sémola fina, 16 kg de harina, 17 de salvados y 2 kg de pérdidas

344 Almacenaje del grano — *Silos* ó cajones de madera, hierro, fábrica ó mixtos (hierro y cemento), sección rectangular cuadrada, exagonal, circular, etc — Grandes depósitos (puertos mercados de granos) cajones de 10 ÷ 15 m² de sección y 15 m de altura util, capaces para 200 ÷ 300 mil quintales, con servicio de carga, descarga, peso, limpieza Depósitos para molinos capacidad para 30 ÷ 60 dias de trabajo, montacargas dispuestos en una torre, construcción de fabrica

345 Fuerza consumida — Caballos efectivos 8 — 9 por quintal molido por hora en molinos automáticos para granos blandos, comprendiendo la limpieza y almacenaje mecanico — Molinos mas sencillos (no automaticos), 7 caballos efectivos — Molinos para granos duros, 5 caballos La limpieza sola exige 1,5 — 2 caballos por quintal-hora

12.—Molinos de arroz.

346 Peso específico y rendimiento del arroz — Peso medio = 50 — 60 kg por hectólitro — Un quintal de arroz da por término medio: *arroz amitoso* 96,5 kg., *arroz blanco comun* 66 8 kg, *blanco de plata A* 59 kg, idem estrella 55 kg

347 Fuerza y superficie total — Para producir 100 quintales de arroz blanco del comercio se necesita una fuerza total de 25 caballos y un local de 1000 m² de superficie

13.—Molinos de aceite (almazaras)

348 Aceite de granos — Peso de un hectólitro de grano y rendimiento máximo en aceite

Semilla	Peso de 1 hl	Aceite p 100 k	Semilla	Peso de 1 hl	Aceite p 100 k
	kg	kg		kg	kg
Colza	68 69	40 44	Cañamo.	56	31
Sésamo........	62	50 54	Algodón.	63	24
Lino....	70 80	24 26	Adormideras ...	59 66	39 48

Producción.—Suponiendo un prensado previo de 24 ÷ 28 mil kg de presión, el producto por cada prensa (diámetro 0,35 ÷ 0,40 m., carrera 0,60 ÷ 0,65 m.; carga 70 ÷ 100 kg. de semilla; duración de la operación comprendiendo la carga y descarga 1 1/2 ÷ 2 horas) será de 12 ÷ 20 kg de aceite por hora, siendo continuo el trabajo Si se emplean dos presiones, la primera de 60 ÷ 100 atm, la segunda de 300 ÷ 400

Fuerza total.—Un caballo por cada 0,25 ÷ 0,30 hectólitros de semilla prensada por hora (2 ÷ 2,5 caballos por prensa si el trabajo es continuo).

349. Aceite de olivas.

Peso específico y rendimiento —Peso de un hectólitro de aceitunas frescas 42 ÷ 44 kg —Aceite obtenido de 100 kg. de aceitunas frescas 15 ÷ 22 kg

Producto por prensa (diámetro del émbolo 0,24 ÷ 0,32 m, presión 200 ÷ 300 atm): 2,5 ÷ 3 hectólitros de aceitunas prensadas en cada operación —Dos presiones, la segunda empleando agua caliente

Fuerza total por prensa como en el número precedente

14. —Azucar de remolacha.

(Datos del ingeniero C Huck)

349 *bis*. Productos de la fabricación.—110 kg de raíces, con una proporción media del 15% de azucar, dan, por término medio, 12 kg de azucar de primera extracción, 1 kg. de segunda; 0,3 kg. de tercera; 5 kg de pulpa seca; 2,5 kg de melaza y 10 kg de espuma.

Peso de 1 m.³ de raíces = 550 ÷ 600 kg

349 *ter*. Fabricación.

Depósitos de raíces —Silos con capacidad para el material trabajado en cinco días; transporte hidraulico por canales; pendiente 7 ÷ 8 mm. por metro en recta, 10 mm. por metro en las curvas

Lavado —Lavadoras mecanicas 20 vueltas por 1′, fuerza media 10 HP; una lavadora por cada 5 ÷ 6 quintales de raíces tratadas en 24 horas Del lavador se elevan las raíces en cangilones ó cestos, fuerza media para cada aparato 5 HP

Cortadoras ó cortaraíces —Cortaraíces de disco 95 ÷ 100 vueltas para discos de 1,50 m. de diametro, 60 para los de 2 ÷ 2,50 m.—Fuerza ~ 10 HP por cada 1000 quintales de raíces tratadas en 24 horas.

Difusión —Baterías de 10 ÷ 14 vasos, capacidad media de la batería 10 hectólitros por cada 1000 quintales en 24 horas —Temperatura máxima de difusión 85° — Calentamiento por vapor con tubos, duración del contacto del agua con el jugo 1 — 1½ horas.— Filtro para separar la pulpa, cajas-medidas de la capacidad de un difusor, con vaciado automatico, presión en la batería dada por la altura á que se ha colocado el depósito de agua, no debe ser $<$ 1 atm

Por cada 100 kg de raíces se extraen 110 — 115 litros de jugo, pureza media del jugo 80 — 88, agotamiento conveniente cuando en la pulpa hay un residuo de 0,2 — 0 4 %

Defecación, saturación —Dos ó tres *saturaciones*, con la base de CO^2 y SO^2 —Hornos de cal sistema belga de 20 m ³ de capacidad ~ por cada 3000 quintales de raíces tratados en 24 horas, por cada quintal de raíces ~ 3,5 kg de cal correspondientes á 6 25 kg de caliza la cal seca ó en lechada a 20° Beaumé, 6 kg de agua (del lavado en los filtros) por kg de cal que ha de apagarse, cok para los hornos de cal 8 — 10% del peso de la caliza, cantidad de CO^2 en el gas del horno = 20 — 32 % del volumen del gas

Bomba de acido carbónico una bomba de 0,80 m de diámetro con 60 vueltas por 1′ necesita 30 — 40 ⊢P

Alcalinidad que debe tener el jugo de primera extracción 1 — 1,2 g. de *CaO* por litro, de segunda 0,4 — 0,6, de tercera 0,05 — 0,1 g

Agotamiento de las espumas hasta 1 5% de azucar, agua 75 — 80% del peso de la espuma

Filtración — Filtros prensa para primera y segunda saturación, filtros mecánicos para la tercera y demás filtraciones sucesivas, superficie de las prensas para 3000 q de raices tratadas en el día, 150 — 180 m ² para la primera saturación, 50 — 60 m ² para la segunda, para filtros mecanicos ~ 1 m.³ por cada 40 hectólitros de jugo que se filtren —Fuerza para la bomba de espuma de primera y segunda ~ 15 ⊢P, presión de la prensa 2 — 3 atm Pureza media de los jugos defecados 90 — 92

Evaporación — Consumo de vapor para la evaporación de 1 hectólitro de jugo en cuádruple efecto $\lesseqqgtr$ 50 kg (5,5 kg de carbón), consumo total de vapor comprendiendo el de caldeo y cocción 60 — 70 kg

El modo de aplicar el vapor varía segun estén las calderas formando una batería unica ó divididas en dos baterías, una de alta y otra de baja presión

El jugo llega á 12 — 15° Brix en la batería de evaporación y sale de la cuarta evaporación á 50 — 55° (residuo en agua de la masa cocida 6 — 7 %)

Alcalinidad del jugo concentrado 0,4 — 0,8 kg de *CaO* por litro

En las baterías provistas de condensador barométrico se requiere agua en cantidad no $<$ 150 % del peso de las raíces para la evaporación y 200 % para la cocción —Bomba de aire, una bomba de 0,50 m de diametro y 0,55 m de carrera con 55 — 60 vueltas necesita una fuerza de 30 HP.

Coeficiente máximo de sobresaturación al principio de la deposición del grano 1 5, al final de la cocción 1,3 —Pureza media de la masa cocida al salir del *Vacuum* 93 — 95, del jarabe que envuelve los cristales ~ 80

Trabajo de la masa cocida —Mezcladores abiertos (para la masa cocida de primera extracción) de capacidad correspondiente al contenido del Vacuum, cerrados para los de segunda y tercera extracción —Eje agitador 1 — 1½ vueltas, temperatura conveniente 70° —Adición de 20 — 30 % de jarabe de primera extracción en los mezcladores abiertos —Permanencia en los mezcladores de la masa de primera extracción 18 — 24 horas, de la segunda 2 — 10 dias

Turbinaje —Extractores centrífugos de 0,75 — 0,80 m de diametro (1 m para el azucar blanca), velocidad 600 — 1000 vueltas, temperatura conveniente 45 — 55°

Generadores de vapor —Se calculan a razón de 2 m² de superficie de caldeo por cada 1000 kg de raíces tratadas en 24 horas, carbón consumido al dia 7 — 10 % del peso de las raíces tratadas.

Agua necesaria —6500 — 7000 litros por cada 1000 kg de raíces tratadas al día.

15 —Alumbrado.

A.—CONSUMO DE LUZ (PÚBLICO Y PRIVADO)

350. Alumbrado público.—El numero de horas que dura el alumbrado publico en el año varia segun los casos desde 1500 — 2500 y hasta 4000 horas en las grandes poblaciones, segun esté encendido toda la noche ó parte de ella

351 Alumbrado privado.

Numero de horas —Luz eléctrica El numero de horas que dura el alumbrado privado varia al año de 400 a 1600 horas, segun se trate de habitaciones, hoteles, teatros, cafés, etc

Para el calculo de una instalación se puede admitir que en el momento de máximo consumo sólo se hallan encendidas el 50 —

65 % de las lámparas correspondientes a las instalaciones privadas.

Gas —Se acostumbra a suponer una media anual de 650 horas

352. Consumo total de luz (público y privado)

Consumo anual por habitante —Gas es muy variable, de 150 m³ para el alumbrado público, 53 m³ para el privado (y calefacción) —París, 115 m³—Londres, 200 m³—En otras poblaciones 50 m³ y hasta 10 m³

Número de luces por habitante —Milán alumbrado por gas 0,01, alumbrado privado por gas 0,7

Consumo máximo y mínimo —Gas (Milán 1895-9) máximo consumo mensual en Diciembre = 12,5 % del consumo anual, idem mínimo en Julio = 5,2 % del anual, idem máximo y mínimo por día = 0,5 % y 0,16 % del anual

353. Cantidad de luz necesaria.

Alumbrado público —Según se trate de un alumbrado apenas suficiente ó profuso, se calcula

0,05 — 1,5 lámparas incandescentes (ó gas)	por m² de superficie de calle
ó bien 1 — 5 bujías nominales de arco	

Para las lámparas de arco se dice *bujías nominales*, partiendo de la base de la intensidad luminosa máxima del arco (véase número **359**)

Para el alumbrado de las calles de 12 — 28 m de anchas, en algunas poblaciones, como Milán, se emplean focos de 2000 bujías nominales colocados sobre candelabros ó farolas de 7 — 9 m de altura y distantes entre sí 50 — 90

Patios, galerías, etc —0,7 — 2 bujías nominales por m²

Locales cerrados —Según sea el alumbrado necesario ó profuso, se calcula por m² de pavimento

Habitaciones, oficinas	1 — 5	bujías (incandescencia ó gas)
Grandes locales públicos..	5 — 15	» nominales de arco

Fábricas de hilados —De algodón, lana, hilo 0,6 — 1 bujías (incandescentes) por m² del local para máquinas (manuales, mecheras, etc), 0,25 — 0,5 batanes y cardas De seda, una bujía de incandescencia ó 5 — 7 de arco por m²

Fábricas de tejidos —4 — 8 bujías por telar (una lámpara por cada 2 ó 4 telares), ó sea 1 — 2 bujías (incandescentes) ó 5 — 7 bujías de arco por m²

Fundiciones —3 — 7 bujías de arco por m²

Estaciones de ferrocarril —Para las vías 0,6 — 3, para las superficies cubiertas 12 — 5 bujías nominales de arco por m ² (arcos colocados de 6 — 15 m de altura)

Teatros —Teatro de la Scala (Milán) alumbrado eléctrico ordinario de la sala 10 bujías (incandescentes) por m ² de platea, ó sea 0,5 bujías por m ³ de la sala, alumbrado de gala 70 % más Alumbrado del escenario 20 bujías (incandescentes) por m ², ó sea cerca de 1,5 bujías por m ³ Teatros de París alumbrado ordinario de la sala 7 — 20 bujías por m ², ó 0,5 — 2 bujías por m ³

354 Unidad de luz

Carcel cantidad de luz de una lampara *Carcel*, que quema 42 gramos de aceite de colza por hora, con una llama de 40 mm de alta —*Bujía* bujía francesa de *La Estrella*, de estearina (1 *Carcel* = 7,4 bujías de 5 en paquete, 1 *Carcel* = 7 6 bujías (de 6 en paquete), bujía alemana de parafina (1 *Carcel* = 7 6 bujías, que consumen 7,5 g por hora cada una), bujía inglesa ó *Parliamentary Standard-Candle*, de espermaceti de 22 mm de diámetro, con sumo de 7 8 g por hora con una llama de 45 mm de alta (1 *Carcel* = 9,5 bujías) —Esta ultima es la unidad que se usa generalmente y la adoptada en este MANUAL (la bujía decimal propuesta en 1889 al Congreso electricista es próximamente = a la bujía inglesa, es decir, 1 *Carcel* = 9 6 bujias decimales)

Un mechero de gas tipo *Bengel*, de tubo que consume por hora 105 litros de buen gas ordinario a una presión de 15 mm de agua, equivale á 1 *Carcel* —La llama de petróleo de un mechero circular da cerca de 1 *Carcel* por cada 30 g de petróleo ordinario consumido por hora

B — ALUMBRADO POR GAS.

355 Mecheros de gas —Llama libre en abanico generalmente consume 120 — 180 litros con una intensidad luminosa de 1 1 — 1 7 *Carcel* Mecheros de tubo 180 — 250 litros, 1,8 — 3 *Carcel* Mecheros intensivos (Siemens y otros) 120 — 600 litros 2 — 20 *Carcel* Mechero Auer 100 litros, 2 5 — 3 *Carcel*, duración media de la red 600 horas

356 Producción de gas, cok, alquitrán

Gas producido por 1000 kg de hulla

Boghead Cannel.	m ³ gas 420	peso de 1 m ³ 0,70 k,	poder luminico	1,00
Newcastle Cannel	» 280 — 310	» 0,57 k,	»	0 60
Newcastle Pelton	» 270 — 300	» 0,41 k.;	»	0,38

Se aumenta la potencia lumínica del gas, agregando al carbón 1 — 6 % de Boghead, ó también benzol a razón de ∼4 g por m^3 por cada 1/10 de *Carcel*

Potencia calorífica media —5500 calorías por m^3, 5000 calorías quitando el agua de condensación

Productos secundarios de 1000 kg de hulla çok 650 — 700 kg, alquitrán 40 — 50 kg, amoniaco (NH^3) 0,8 — 1,4 kg, cianuros en estado de ferrocianuro potásico 1 4 — 2 kg

Consumo de cok para calentar las retortas por cada 1000 kg de hulla destilada

Grandes fábricas	hornos	ordinarios . .	150 — 200 kg
» »	»	de gas...... .	110 — 150 »
Fabricas pequeñas	»	ordinarios ..	300 — 400 »
» »	»	de gas	200 — 250 »

357. Fábricas de gas

Superficie necesaria —0 7 — 1 m^2 por m^3 de gas producido en 24 horas

Hornos y retortas —El numero de hornos se calcula teniendo en cuenta la reserva de 20 — 30 % —Espesor de los pilares interiores y bóvedas 510 mm, pilares exteriores 800 — 1000 mm —Hornos, generalmente adosados.—Altura de la sala de hornos $\gtreqless$ 8 m Lucernario en el techo —Espacio libre de los hornos $\gtreqless$ 6 m

Producción por retortas en 24 horas, 110 — 200 m^3 por horno de parrilla, hasta 280 m^3 para hornos con gasógeno ordinario *y hasta 350 m^3 para hornos con retortas inclinadas*

Temperatura de las retortas 1160 — 1300° —Temperatura a la salida de los productos de la combustión 500 — 550°

Retortas ordinarias, sección oval ó ⌓ longitud 2,5 — 3 metros, ancho 0 45 — 0,60 m, altura 0 30 — 0,40 m, espesor 100 — 110 milímetros en la cabeza, 60 — 70 mm en las paredes, duración 800 — 1000 días Hornos ordinarios de parrilla Pueden contener 1 — 7 retortas, con una superficie de parrilla de 0,18 — 0,30 m^2— Sección de la chimenea = 1/2 — 1/3 de la superficie de la parrilla

Hornos de gasógeno Pueden ser de gasógeno completo ó de medio gasógeno, estos ultimos se emplean cuando no se puede alcanzar una gran profundidad — Aspiración en el horno 3 mm de agua aspiración antes de la salida del canal de humos 12 mm, en la chimenea 12 — 15 mm —Sección de la chimenea 0,14 m^2 por cada horno de ocho retortas, altura 20 — 30 m

Hornos de gasógeno con retortas inclinadas (sistema Coze) — Angulo de inclinación de las retortas 32°, longitud 4 — 6 m —Re quieren maquinaria para triturar el carbón y elevarlo —Espacio libre delante de los hornos, mayor que la parte en que se efectua la descarga, y por lo menos = 4 m —Salida del gas, por la parte más baja de la superior ó cabeza —Transporte mecanico del cok Tubos ascensionales ligeramente cónicos, diámetro interior 125 — 170 mm , tubos entre los ascensionales y el barrilete provistos de orificios para la limpieza

Barrilete —Altura de la defensa hidráulica 10 — 40 mm , sección en el nivel del líquido de cierre = por lo menos á 11 veces la sección de los tubos sumergidos

Diámetro de la cañería en la fábrica $m < 25\sqrt{Q}$ milímetros (Q = producto maximo en m³ en las 24 horas)

Condensador de aire.—Superficie 15 — 20 m² por cada 1000 m³ de gas producido en 24 horas

Condensador de agua —Por lo menos 10 m² por cada 1000 m³ de gas, producidos en 24 horas, consumo de agua 3 — 5 m³ por cada 1000 m³ de gas

Extractor —Conserva una presión de pocos milímetros de agua en el barrilete y envia el gas a los aparatos sucesivos — Puede ser de cilindro ó giratorio ó de vapor —Está unido á un regulador

Condensador Pelouse y Audouin.—Para separar el alquitrán del gas

Scrubber —Capacidad 5 m³ por cada 1000 m³ de gas producido en 24 horas —Dimensiones de cada torre, diametro 1,20 — 2,40 metros, altura 3 — 8 m Agua a razón de 300 — 400 litros por cada 1000 m³ de gas producido —En vez de los *scrubber* se usan en muchas fábricas los *lavadores de amoniaco* Standard, cilíndricos, con eje horizontal, diametro 1 20 — 3 m , longitud 2,70 — 9 m

Depuradores —Batería de tres cajas con una sección de paso, de 3 m², ó de cuatro cajas y 1,8 m² por cada 1000 m³ producidos en 24 horas —Tuberías con valvula para alternar el orden en las cajas de servicio

Contador de fabricación para medir el gas producido

Gasómetro —Sea G el producto maximo diario en m³ (en los dias mas cortos de invierno), es el volumen que la fabrica debe poder producir en 24 horas U el volumen consumido en el tiempo t —Se tiene para la capacidad del gasómetro

$$V = U - t\,\frac{G}{20}\,, \quad \text{generalmente } V = 0\,5\,G - 0{,}75\,G$$

Cuando la proporción entre el número de retortas y el volumen de gas que se ha de producir no sea tal que exija una producción contínua, basta que el gasómetro pueda contener el volumen preparado antes de empezar el alumbrado.

Altura del gasómetro $=0,5$ del diámetro para los gasómetros de telescopio; $0,30 \div 0,35$ del diámetro para los demas sistemas.— Palastro de $2 \div 3$ mm. (Véase números **201-254**). Presión efectiva del gasómetro en mm de agua $=$ al peso en kg. dividido por la superficie del casquete en m.^{2} (generalmente de $80 \div 100$, mínimo 65, máximo 200 mm.)

Coste medio ~ *del gas en la fábrica* $=0,004\,(P-0,5\,P_1)+0,06$ pesetas el m^3 (P, P_1 precio por tonelada de la hulla y del cok).

Reguladores de presión.—Pueden ser con sobrecarga á mano ó automáticos.—La zona de consumo, según su altimetría, se divide en zonas; cada regulador sirve á una zona.

Presión mínima de la cañería: 15 — 20 mm. de agua.

358. Cañerías.—Se calculan con las fórmulas y datos de los números **60** y **87**, ó por la fórmula

$$y = 0,84\,\frac{Q^2 L}{d^5} \text{ mm. de agua}$$

en la que $y=$ pérdida de carga en milímetros de agua para un tuvo de L m. de longitud, d cm. de diametro, por el que pasan por hora Q m.^{3}, densidad del gas $=0,42$ de la del aire.

La tabla siguiente, calculada según dichas fórmulas, da el número de mecheros de 120 litros que pueden alimentarse, con una pérdida de presión $\frac{y}{L}$ de agua por metro corriente de cañería. Si se puede ó debe admitir una pérdida de $\frac{y_1}{L}$ milímetros por metro en vez de 0,01 mm, se multiplican los números de la tabla por un coeficiente dado por la

coeficiente $=$	**0,7**	**1,4**	**2**	**2,45**	**3**	**4**	**5**
para $\frac{y_1}{L}=$ mm.	0,005	0,02	0,04	0,06	0,09	0,16	0,25

El volumen de gas por hora se obtiene multiplicando el número de mecheros por 120 litros para el caso del gas ordinario —Si se trata de otro gas (petróleo ó *boghead*), el número de mecheros puede ser triple del dado por la tabla (á 40 litros por mechero.)

TABLA XCIII.—Cañerías de gas.

Diám. del tubo.	Numero de mecheros.	Diám. del tubo.	Número de mecheros.	Diám del tubo.	Número de mecheros.	Diám. del tubo.	Numero de mecheros
cm.	m.³	cm	m.³	cm.	m.³	cm.	m ³
3	1,7	**18**	150	**35**	800	**55**	2460
4	3,5	**20**	195	**36**	850	**60**	3070
5	6,1	**22**	250	**38**	1050	**65**	3740
6	9,7	**24**	310	**40**	1100	**70**	4500
8	20	**25**	340	**42**	1250	**75**	5350
10	35	**26**	380	**44**	1400	**80**	6300
12	55	**28**	450	**45**	1500	**85**	7300
14	80	**30**	540	**46**	1580	**90**	8450
15	96	**32**	640	**48**	1750	**95**	9700
16	110	**34**	740	**50**	1950	**100**	11000

Si las cañerías no son horizontales, la presión en el extremo aumenta en las ascendentes y disminuye en las descendentes (independientemente de las pérdidas precedentes) en 0,7 ÷ 0,8 milímetros por cada metro de desnivel (en las casas corresponde a cada piso cerca de 3 mm. de aumento de presión, de donde resulta la conveniencia de colocar el gasómetro en el punto más bajo de la red de distribución).

Las pérdidas por fugas en toda la red se calculan en 8 ÷ 15 % según la longitud, el estado de la red y consumo de gas.

Tubos: generalmente de fundición (véanse tablas LXVIII y LXVIII *bis*); para los de diámetro inferior á 40 mm. y cañerías al aire libre se emplea el hierro ó el plomo (tablas LXXI y LXXII).— En las calles se disponen los tubos á una profundidad de 0,60 ÷ 1 metro del suelo y con una inclinación de 2,5 mm por metro hacia los sifones que se colocan en los puntos más bajos y á una profundidad que no exceda de 2 m.

358 *bis.* **Acetileno.**—Peso por m.³, 1,17 kg. Se produce tratando el carburo de calcio con agua (eléctricamente ∼ 8000 caballos-hora por ton.) a razón de ∼ 300 m.³ por tonelada de carburo del comercio (á 90 %). Arde en mecheros de llama libre.— Consumo de acetileno por hora = ∼ 0,6 ÷ 0,7 litros por bujía inglesa. La mezcla de gas ordinario con 5, 10, 15, 30 % de acetileno, necesita 8, 5, 3, 2 litros por hora y bujía.

C.—ALUMBRADO ELÉCTRICO

359 Lámparas eléctricas

a) Lámparas de arco —1) Arcos de corriente continua fuerza electromotriz (f e m) en los polos de la lampara 42 — 48 volt Como intensidad luminosa hay que distinguir la intensidad maxima I_n (intensidad *nominal ó convencional*) que existe en el cono proyectado por el carbón positivo, y la intensidad efectiva I_e (media esférica) que próximamente es 0 30 — 0 40 de la *nominal* Para una intensidad i de la corriente pueden adoptarse los siguientes valores de I_n I_e y d

i = amp	**5**	**10**	**15**	**20**	**30**	**40**	**50**	**60**	**80**	**100**
I_n = bujías.	600	1800	3200	4000	6000	8000	10500	13000	20000	30000
I_e = bujías	250	700	1250	1600	2500	3500	4500	6000	10000	15000
d = mm	8	11-12	12-13	14 15	16	18	20	20 25	25 30	30

Consumo de carbón por hora en lamparas de intensidad media carbón positivo 40 — 60 mm , carbón negativo 20 — 30 mm

2) Arcos de corriente alterna fuerza electromotriz 33 — 37 volt

Intensidad de la corriente.	i =	**8**	**12**	**16**	**24**	**32**	amp
» luminosa, media	I_e =	300	600	1000	1800	3000	bujías

3) Arcos de gran duración, de corriente continua, f e m 78 volt por 4 — 6 amp corriente alterna 70 volt con 6 amp

b) Lámparas incandescentes —1) La intensidad luminosa ordinaria varia, segun los tipos de 5 á 10 bujías f e m ordinaria 100 — 120 volt Consumo de energía 2 5 — 4 5 (generalmente 3 — 3,5 watt por bujía (num **15**), dividiendo por el número de volt de f e m se tiene expresada la corriente en amp

La duración media de una lámpara incandescente, segun los casos se supone 500 horas para lamparas de 3 watts por bujía y 1000 horas para las de 4 watts Aumentando el numero de horas de iluminación disminuye la intensidad luminosa y crece el consumo de energía por bujía *Al final de la duración media* se admite que la intensidad luminosa ha disminuido en 40 % y la energia consumida por cada bujía crecido en 50 % (generalmente se cambian las lámparas cuando la luz ha disminuido 25 — 30 % en este caso la duración se considera = a la mitad de la vida media)

2) Lámparas con filamento de osmio, energía por bujía, 1 5 watt , duración 500 — 800 horas, tipos de 25 bujías á 38 — 57 volt y de 50 bujias á 105 volt

Con filamento de tántalo energia 1 7 watt por bujia duración media 400 horas tipos de 12 bujías á 50 volt y de 27 bujías á 120 volt

3) Lampara Nernst energia 1 7 watt por bujía, duración media 400 horas

c) Lamparas de vapores mercuriales —Energía por bujía = ~ 0,6 watts, tipos de 50 — 500 volt con 0,2 — 20 amperios

d) Fuerza necesaria para las lámparas eléctricas —Dividiendo por 736 los watts (amp × volt) consumidos por una lámpara, se tiene la fuerza correspondiente en caballos —Así, por ejemplo, con lamparas Edison incandescentes de 3,1 watt por bujia, se necesitan 0 0042 cab para cada una, ó sea 1 cab por cada 240 bujias Las lamparas de arco de corriente continua de 10 amp a 48 volts (480 watts) necesitan $^2/_3$ de cab, ó sea unas 1100 bujías de intensidad luminosa efectiva (media esférica por cab)—Si es de corriente alterna de 16 amp a 36 volt necesita cerca de $^4/_5$ de cab esto es, unas 1250 bujías de intensidad luminosa efectiva por caballo —En estos cálculos se trata de los watts, efectivamente consumidos por la lampara y no se incluye la energía perdida en la conducción y en las resistencias adicionales si las hay (num **360**)

e) Pérdidas por absorción á través de los globos vidrio claro 10 %, ligeramente esmerilado 30 %, completamente esmerilado u opalino 40 — 50 %

f) Calor producido lamparas de arco (media) 1, incandescentes 4 50 calorías por bujía y hora (el gas produce 50 — 80 calorías por bujía y hora)

360. Disposición de las lámparas.—Sean I E la intensidad y la fuerza electromotriz (deducidas las pérdidas en los conductores) de la corriente suministrada por la dinamo, i e intensidad y fuerza electromotriz necesaria por lampara, R resistencia total de las lámparas en el circuito

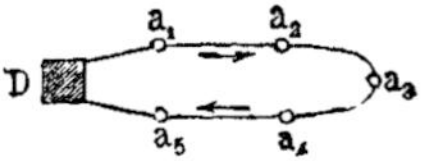

Fig 220

1) Lamparas en serie (fig 220) es el sistema generalmente adoptado para las lámparas de arco, D dinamo, a_1 a_2, etc, lamparas —Para n lamparas en serie se tiene

$$I = i, \quad E = n e, \quad R = \frac{n}{i}.$$

2) n grupos de n_1 lámparas cada uno, dispuestos en serie (fig 221)

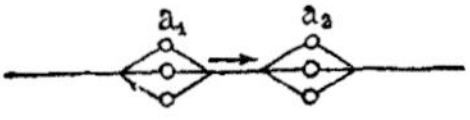

Fig 221

$$I = n_1 i, \quad E = n e, \quad R = \frac{n}{n_1} \frac{e}{i}.$$

3) *Lámparas* en derivación (figuras 222 y 223) 1 a 1 ó n derivaciones de n_1 lámparas cada una este sistema se aplica á las lamparas de arco, a las incandescentes ó á ambas, interponiendo en la derivación de los arcos una resistencia que compense la diferencia entre la fuerza electromotriz disponible en la derivación y la necesaria para los arcos — D dinamo, AA hilo de ida, BB hilo de vuelta Se tiene

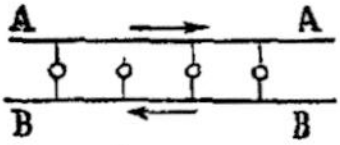

Fig 222

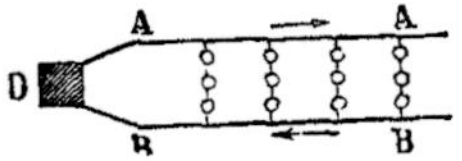

Fig 223

$$I = n\,i, \quad E = n_1 e, \quad R = \frac{n_1}{n}\,\frac{e}{i} \quad [n_1 = 1 \text{ fig } 222, n_1 = 3, \text{ fig } 223]$$

En la disposición en serie, I debe permanecer constante y E variar segun el numero de lámparas encendidas — Lo contrario sucede en la distribución en derivación, en que E debe ser constante y variar I con el numero de lámparas encendidas

4) Disposición con corrientes trifásicas

a) Disposición en triangulo (fig 224), es decir, las lámparas en derivación entre dos cualesquiera de los tres hilos (es la mas usada) Resultan así tres sistemas de lámparas que se trata de igualar todo lo posible Se tiene

Corriente en cada hilo principal $I = n\,i\,\sqrt{3}$, $\Gamma = e$

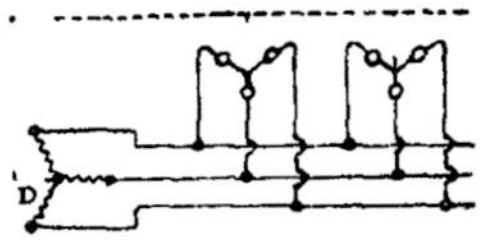

Fig 224

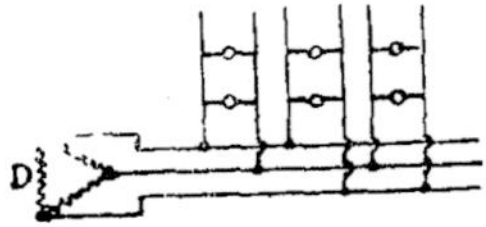

Fig 225

b) Disposición en estrella (fig 225) con hilo neutro esto es lamparas derivadas de cada hilo y el hilo neutro

$$I = n\,i, \quad \Gamma = e\sqrt{3}$$

5) Sistemas polifilares ó de varios hilos — Generalmente se usan tres conductores, de los que dos están enlazados á los polos opuestos de dos dinamos ó transformadores, montados en serie y el tercero (hilo neutro) unido a los polos adyacentes — Las lamparas se distribuyen por mitad, en derivación, entre los conduc

tores y el hilo neutro (el peso del cobre se reduce a $^3/_8$ del de las líneas bifilares, á igual distancia, numero de lámparas y pérdida de tensión, reduciéndose a $^1/_4$ la sección de los hilos)

También se usan sistemas análogos con más de tres hilos.

361. Cálculo de los conductores en función de la diferencia de potencial.—Resistencia eléctrica, peso y capacidad (véanse números **17** á **21** y tabla XX)

a) Corriente continua —Para calcular la sección A y la resistencia R de un conductor de cobre de L m de longitud, para una corriente de I amp y una diferencia de potencial de E volts, se emplean las fórmulas

$$R = \frac{E}{I} \text{ ohm}, \quad A = 0{,}017\, L \frac{I}{L} = 0{,}17 \frac{I}{R} \text{ mm}^2$$

El coeficiente 0,017 corresponde al cobre electrolítico del comercio —Después se observa si $\frac{I}{A}$ (corriente por mm ^{2} de sección) se halla en los límites indicados en el num **18**, modificando oportunamente el valor de E en caso contrario —Para otros metales véase la tabla XIX

Se trata, por ejemplo, de calcular la sección de un conductor para transportar la corriente a un grupo de 50 lámparas mediante un circuito de 400 m de largo (ida y vuelta), lamparas Edison de 16 bujías, necesitando una corriente de $^1/_2$ amp a 100 volt, pérdida en el circuíto 4 volt, parte en el hilo de ida y el resto en el de vuelta —La corriente que ha de pasar por el conductor es de $50 \times 0{,}50 = 25$ amp, con una diferencia de potencial de 4 volt en 400 m, la resistencia $R = {}^4/_{25} = 0{,}16$ ohm, la sección será

$$A = 0{,}017 \frac{400}{0{,}16} = 42 \text{ mm}^2$$

que corresponde a una corriente de unos $^{25}/_{42} = 0{,}6$ amp por mm ^{2}, resultando conforme con lo expuesto en el núm **18**

b) Corriente alterna monofásica —Conservando la significación de los símbolos precedentes, pero referidos a los valores eficaces (num. **29**), sea φ el angulo de separación de fase entre la corriente y la diferencia de potencial en los extremos, debido a la *inductancia* del conductor (véase numeros **19** y **21**) ó a los aparatos que contiene Se tiene

$$R = \frac{E}{I} \cos\varphi \text{ ohm}, \quad A = 0\,017 \frac{L}{R} \text{ mm}^2$$

E es la pérdida de potencial que se mide entre los extremos de los conductores, para evaluar después el efecto en el circuito completo hay que compararla con las demas f e m del mismo circuito (num **21**)

c) Corriente trifásica — *L* longitud de cada uno de los tres conductores (suponiéndolos recorridos por corrientes equilibradas y simétricas), *V* diferencia eficaz de potencial que se quiere perder entre dos cualquiera de los tres hilos, *I* corriente eficaz en cada hilo, φ separación de fase Se tiene

$$R = \frac{V}{I\sqrt{3}} \cos\varphi \text{ ohm}, \quad A = 0{,}017 \frac{L}{R} \text{ mm}^2$$

362 Sistemas de distribución de la corriente

a) Distribución directa — La corriente se distribuye en uno ó varios circuitos, en los que se intercalan las lámparas en serie ó en derivación como en el num **360** Sirve para todas las corrientes continuas y alternas

En las distribuciones directas en derivación, que requieren una red extensa, se conduce la corriente desde la fábrica a diversos puntos ó nudos de la red por medio de pares de conductores de alimentación *(alimentadores, feeders* de igual resistencia todos), recibiéndola los nudos a la misma tensión —La diferencia de f e m entre dos nudos sucesivos no debe ser $> 2 - 2{,}5\ \%$ — Para regular la f e m en los nudos se intercalan resistencias en los conductores

b) Distribución con acumuladores —Aplicable sólo con corriente continua Las dinamos de la fabrica trabajan continuamente, cargando las baterías de acumuladores dispuestos en los puntos convenientes de la red, y desde los que se distribuye la corriente á los consumidores

c) Distribución por corrieutes alternas con transformadores.—Aplicable a corrientes alternas monofasicas ó polifásicas Dinamos de corriente alterna con un circuito primario de alta tensión — *Transformadores* para convertir la corriente de alta en baja tensión para los circuitos secundarios, en que se disponen las lamparas como en el sistema directo — Rendimiento de los transformadores 0,93 — 0,96 á toda carga, 0,89 — 0,94 a media carga, 0,80 — 0,90 á $^1/_4$ de carga, segun sea la tensión primitiva de 1000 — 10000 volt

d) Sistema mixto — Dinamo de corriente alterna monofasica ó polifásica en un circuito de alta tensión, aparatos *conversores* ó transformadores para convertir la corriente alterna en continua para el servicio de la red — Estos *conversores* consisten en máquinas (que suministran la corriente a una tensión $= \sim \sqrt{2}$ de la producida por la corriente alterna) ó en un grupo de dinamos-motores que producen la corriente á una tensión cualquiera

363 Alumbrado con acumuladores — Para los datos relativos á los acumuladores véase num **23** En los casos de alumbrado son más exactos los datos siguientes

Corriente de carga por kg de acumuladores $= \sim$ 1 amp

Corriente de descarga y capacidad por kg. como sigue

Duración de la descarga hora	**3**	**4**	**5**	**6**	**7**	**8**	**9**	**10**
Corriente descargada, amp..	1 6	1 25	1 1	0,95	0 85	0,75	0,70	0 65
Capacidad, amp . .	4,8	5	5 5	5,7	5 9	6	6 3	6,5

Véase ejemplo en el num **25**

364. Cálculo de la red de distribución.

1 er caso *Circuito de corriente constante en todo el recorrido* —Véase núm **361**

2 º caso *Circuito abierto, con derivaciones* — La figura 227 representa el diagrama del conductor de ida del circuíto abierto delineado en la figura 226 Sean

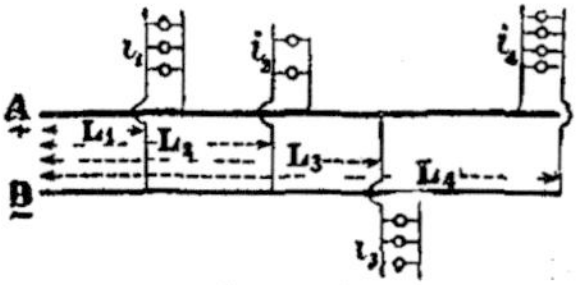

Fig 226

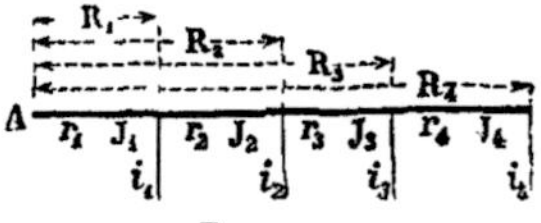

Fig 227

$R_1\ R_2\ R_3\ R_4$ las resistencias del conductor de ida desde el origen del circuíto á los puntos de derivación,

$r_1\ r_2\ r_3\ r_4$ las resistencias de los trozos sucesivos,

$J_1\ J_2\ J_3\ J_4$ la intensidad de la corriente en cada trozo,

$i_1\ i_2\ i_3\ i_4$ las corrientes derivadas en los diversos puntos

La pérdida de fuerza electromotriz (ó diferencia de potencial) en cada trozo, en la ida y vuelta, es.

$$V_1 = 2\ J_1\ r_1 = 2\ (i_1 + i_2 + i_3 + i_4 + \quad)\ r_1 \text{ voltios}$$
$$V_2 = 2\ J_2\ r_2 = 2\ (i_2 + i_3 + i_4 + \quad)\ r_2 \quad \text{»}$$
$$V_3 = 2\ J_3\ r_3 = 2\ (i_3 + i_4 + \quad)\ r_3 \quad \text{»}$$
$$V_4 = 2\ J_4\ r_4 = 2\ (i_4 + \quad)\ r_4 \quad \text{»}$$

etcétera

La pérdida total (debe fijarse igual á una fracción pequeña de la f. e. m. disponible en la dinamo), será·

$$V = 2\,(J_1\,r_1 + J_2\,r_2 + J_3\,r_3 + J_4\,r_4 + \ldots)$$
$$= 2\,(i_1\,R_1 + i_2\,R_2 + i_3\,R_3 + i_4\,R_4 + \ldots)$$

Siendo constante la sección del conductor, $\sigma = a$ mm.² se tendrá, suponiendo el hilo de vuelta paralelo al de ida:

$$a = 2 \cdot \frac{0{,}017}{V}\,(i_1\,L_1 + i_2\,L_2 + i_3\,L_3 + i_4\,L_4 + \ldots)$$

en que $L_1\ L_2\ L_3\ L_4$ son las distancias (en m.) desde las derivaciones al origen.

Si el hilo de vuelta tuviese recorrido y longitud distinta del de ida, será necesario calcular separadamente los de ida y vuelta, siempre con las mismas reglas.

Si las derivaciones estuviesen muy próximas y difiriesen muy poco entre sí, para poder admitir que la corriente se deriva de una manera continua y uniforme en toda la longitud L, desde el origen hasta la última derivación, se tendría:

$$a = \frac{0{,}017}{V}\,I\,L\,,\ \text{en que } I = \text{corriente total derivada}$$

Las derivaciones particulares se calculan como el circuito principal

En la distribución trifilar se aplica el mismo cálculo al circuito formado por los dos conductores exteriores —Al conductor intermedio se le da una sección igual á la de los otros dos, lo que es más que suficiente; en algunos casos, cuando no se prevé un desequilibrio sensible en el número de lamparas servidas por cada conductor externo y el intermedio, se le da una sección menor

El cálculo del circuito, representado por las figuras 226 y 227, puede hacerse de modo que satisfaga á la condición de máxima economía en el peso de los conductores; en este caso la sección no es constante, sino que varía de un trozo a otro y se calcula como sigue; sean:

$$a_1\ a_2\ a_3 \ldots\ldots,\quad l_1\ l_2\ l_3 \ldots;$$

las secciones en mm.² y la longitud en metros, de cada trozo, recorrido por las corrientes $J_1\,J_2\,J_3\,J_4 \ldots\ldots$, V, como antes, la pérdida total de potencial. Atendiendo á la economía se debe tener:

$$\frac{a^2_1}{J_1} = \frac{a^2_2}{J_2} = \frac{a^2_3}{J_3} = \frac{a^2_4}{J_4} = \ldots\ldots$$

y como consecuencia la sección de los diversos trozos se determina con las fórmulas

$$a_1 = 2 \cdot \frac{0{,}017}{V} \Sigma l \sqrt{J} \cdot \sqrt{J_1}$$

$$a_2 = 2 \cdot \frac{0{,}017}{V} \Sigma l \sqrt{J} \cdot \sqrt{J_2}$$

$$a_3 = 2 \cdot \frac{0{,}017}{V} \Sigma l \sqrt{J} \cdot \sqrt{J_3} \text{ etc.,}$$

en las que $\Sigma l \sqrt{J} = l_1 \sqrt{J_1} + l_2 \sqrt{J_2} + l_3 \sqrt{J_3} + \ldots\ldots$

Ejemplo: De un circuíto principal se derivan cinco grupos de lámparas ó circuítos secundarios de 200, 80, 100, 40, 60 lámparas de 0,5 amp. á la tensión media de 100 volt.—Las distancias de las derivaciones á la dinamo son 80, 200, 240, 300, 400 m. Se quiere adoptar un conductor de sección constante y determinar esta sección de modo que la pérdida total sea de 5 volt. (5 %) de la tensión útil); se tiene en este caso:

$$a = 2 \frac{0{,}017}{5} (100 . 80 + 40 . 200 + 50 . 240 + 20 . 300 + 30 . 400) = 313 \text{ mm.}^2$$

Si se tratase de una distribución trifilar, el potencial sería doble y la corriente en cada derivación la mitad; para que la pérdida sea 5 % de la tensión útil, esto es, 10 volt., resultará para sección del conductor:

$$a = 2 \frac{0{,}017}{10} (50 . 80 + 20 . 200 + 25 . 240 + 10 . 300 + 15 . 400) = 78 \text{ mm}^2$$

Calculando el mismo circuíto, atendiendó á la máxima economía, se tiene:

$$\Sigma l \sqrt{J} = 80 \sqrt{240} + 120 \sqrt{140} + 40 \sqrt{100} + 60 \sqrt{50} + 100 \sqrt{30} = 4032.$$

$$a_1 = 2 \frac{0{,}017}{5} 4032 \sqrt{240} = 414 \text{ mm.}^2$$

$$a_2 = 2 \frac{0{,}017}{5} 4032 \sqrt{140} = 324 \quad \text{»}$$

$$a_3 = 2 \frac{0{,}017}{5} 4032 \sqrt{100} = 274 \quad \text{»}$$

$$a_4 = 2 \frac{0{,}017}{5} 4032 \sqrt{50} = 194 \quad \text{»}$$

$$a_5 = 2 \frac{0{,}017}{5} 4032 \sqrt{30} = 150 \quad \text{»}$$

La economía obtenida, respecto a la sección constante de la solución precedente = 313 mm ², es del 12 %.

3.er caso. *Circuito con derivación de potencial constante.*—El potencial puede ser constante en cada derivación con la disposición de la figura 228.

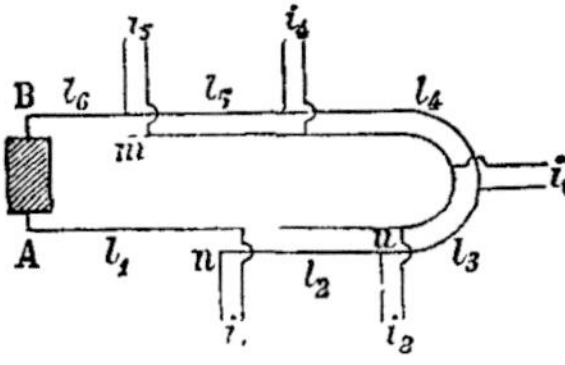

Fig. 228.

Sean:

E fuerza electromotriz ó potencial en el origen AB del circuito.

E_1 potencial, que ha de ser constante en las derivaciones.

$i_1\ i_2\ i_3$....., corrientes derivadas.

Partiendo del polo A (el mas distante de las derivaciones) se fija arbitrariamente la sección de los trozos sucesivos del conductor Am, de modo que la pérdida de tensión en el mismo, desde el origen A hasta el extremo m, sea menor que $E - E_1$. Después se calcula la sección del otro conductor Bn, para que cada derivación tenga el potencial E_1; de manera que en cada derivación la u, p. e., se tiene:

Pérdida en la longitud Bu + pérdida en la $Au = E - E_1$.

Ejemplo: Se trata de un circuito de 5 derivaciones: sea

$$i_1 = 1; \quad i_2 = 2{,}5; \quad i_3 = 2; \quad i_4 = 1; \quad i_5 = 1{,}5 \text{ amp.}$$
$$l_1 = 60; \quad l_2 = 40; \quad l_3 = 30; \quad l_4 = 50; \quad l_5 = 40; \quad l_6 = 20 \text{ m.};$$
$$E = 110; \quad E_1 = 105 \text{ volts}$$

Admitiendo una pérdida de 4,75 volts, desde A hasta m en el conductor Am, se puede establecer, por ejemplo, que la pérdida crezca de A hasta m casi proporcionalmente á la distancia. Obtenidas las pérdidas en los puntos de derivación y siendo de

$$1{,}25; \quad 2{,}25; \quad 3; \quad 4; \quad 4{,}75 \text{ volts},$$

se deducen las secciones de los trozos de Am con las

$$a_1 = \frac{0{,}017}{1{,}25}\, l_1 (i_1 + i_2 + i_3 + i_4 + i_5) = 6{,}5 \text{ mm}^2$$
$$a_1 = \frac{0{,}017}{2{,}25 - 1{,}25}\, l_2 (i_2 + i_3 + i_4 + i^5) = 4{,}8 \ \text{»}$$
$$a_3 = \frac{0{,}017}{3 - 2{,}25}\, l_3 (i_3 + i_4 + i_5) = 3{,}1 \ \text{»}$$
$$a_4 = \frac{0{,}017}{4 - 3}\, l_4 (i_4 + i_5) = 2{,}1 \ \text{»}$$
$$a_5 = \frac{0{,}017}{4{,}75 - 4}\, l_5\, i_5 = 1{,}4 \ \text{»}$$

Para que el potencial sea constante en todas las derivaciones $e = 105$ volts., la pérdida en los puntos 1, 2, 3, 4, 5 en el conductor Bn deberá ser:

3,75; 2,75; 2; 1; 0,25 volts.,

con cuyo dato se calculan las secciones b_6, b_5, b_4, b_3, b_2 del conductor Bn á partir de B con las

$$\frac{0{,}017}{b_6} l_6 (i_5 + i_4 + i_3 + i_2 + i_1) = 0{,}25; \qquad b_6 = 10{,}9 \text{ mm.}^2$$

$$\frac{0{,}017}{b_5} l_5 (i_4 + i_3 + i_2 + i_1) = 1 - 0{,}25, \qquad b_5 = 5{,}9 \text{ »}$$

$$\frac{0{,}017}{b_4} l_4 (i_3 + i_2 + i_1) = 2 - 1; \qquad b_4 = 4{,}7 \text{ »}$$

$$\frac{0{,}017}{b_3} l_3 (i_2 + i_1) = 2{,}75 - 2; \qquad b_3 = 2{,}4 \text{ »}$$

$$\frac{0{,}017}{b_2} l_2 i_1 = 3{,}75 - 2{,}75; \qquad b_2 = 0{,}7 \text{ »}$$

En la practica se toman las secciones de los hilos que se expenden en el comercio, y también, tratándose de cables aéreos, la constancia del potencial en las derivaciones se obtiene sólo aproximadamente.

4.° caso. *Circuito cerrado, con varias derivaciones, cerrado* (red alimentada por un par de conductores, que arrancan de la dinamo, ó por una estación secundaria de acumuladores ó transformadores).

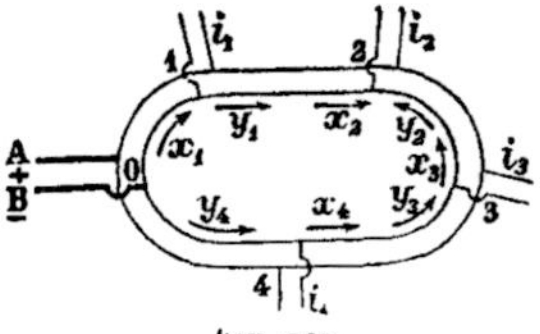

Fig. 229.

El par de conductores de alimentación AB (fig. 229), da paso en O á la corriente, estableciendo circuíto cerrado, del que parten diversas derivaciones $i_1 \, i_2 \, i_3 \, i_4$ .....

Las letras x é y indican las corrientes que recorren el circuíto á la derecha y la izquierda de cada derivación. Se suponen del mismo signo cuando ambas afluyen á la derivación, como se ve en el punto 2 de la figura; de signo contrario, cuando una afluye y la otra se aleja, como en los puntos 1, 3, 4. Es evidente que en el punto 2 se puede cortar el circuíto sin alterar la distribución de la corriente en todas las derivaciones.

Se calcula un par de valores de x é y, p. e., $x_1 y_1$ como sigue:

$$x_1 = i_1 + i_2 + i_3 + i_4 + \dots - \frac{\Sigma\, i\, R}{R}\,;\; y_1 = i_1 - x_1$$

en que

$$\Sigma\, i\, R = i_1 R_1 + i_2 R_2 + i_3 R_3 + i_4 R_4 + \dots\,.$$

R = resistencia total del circuito.

Los demás pares de valores se obtienen entonces por medio de las expresiones:

$$x_2 = x_1 - i_1 \qquad y_2 = y_1 + i_2$$
$$x_3 = x_2 - i_2 \qquad y_3 = y_2 + i_3$$
$$x_4 = x_3 - i_3 \qquad y_4 = y_3 + i_4$$

y en general $\quad x_n = x_{n-1} - i_{n-1} \qquad y_n = y_{n-1} + i_n$

Cuando se llega a un par de valores, ambos positivos, indica es un punto en que se puede cortar el circuito, y entonces se calcula éste como abierto en aquel punto. Así, si el punto en cuestión fuese el 2, se calcularían según las reglas del caso precedente, dos circuitos abiertos, ambos con el origen en O, y terminados á derecha é izquierda del punto 2.

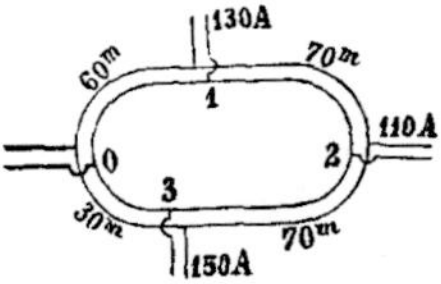

Fig 230.

Ejemplo: Sean tres derivaciones de 130, 110, 150 amp.; longitud de los trozos, 60, 70, 70, 30 m.; sección de los trozos, 314, 254, 254, 254 mm.² (fig. 230). La resistencia total del circuito es:

$$R = 2 \times 0{,}017 \left(\frac{60}{314} + \frac{70}{254} + \frac{70}{254} + \frac{30}{254}\right)$$
$$= 2\,(0{,}00318 + 0{,}00461 + 0{,}00461 + 0{,}00197) = 0{,}02874 \text{ ohm.}$$

Además se tiene:

$$\Sigma\, i\, R = 2\,[130 \cdot 0{,}00318 + 110\,(0{,}00318 + 0{,}00461) + 150\,(0{,}00318 + 0{,}00461 + 0{,}00461)] = 2\,(0{,}4134 + 0{,}8569 + 1{,}860) = 6{,}2606.$$

$$x_1 = 130 + 110 + 150 - \frac{6{,}2606}{0{,}02874} = +172 \text{ amp.}$$
$$y_1 - 130 - 176 = -42 \text{ amp.}$$

Siendo x_1 é y_1 de signo contrario, no puede darse el corte en 1 En 2 y 3 se tiene·

$$x_2 = 172 - 130 = +42 \qquad y_2 = -42 + 110 = +68$$
$$x_3 = 42 - 110 = -68 \qquad y_3 = +68 + 150 = +218$$

En 2 se puede cortar el circuíto; es decir, al punto 2 llegan corrientes de 42 amp. desde el punto 1 y de 68 desde el 3; mientras en el primer trozo $O \div 1$ circulan 172 amp., dirigidos hacia 1, y en el tercer trozo $3 \div O$, 218 amp., dirigidos hacia 3.

La pérdida de potencial entre O y el punto 2, partiendo de O, lo mismo hacia la derecha que hacia la izquierda, será:

$$V = 2\,[130\,r_1 + 42\,(r_1 + r_2)] = 2\,[130\,.\,0{,}00318 + 42\,(0{,}00318 + 0{,}00461)]$$
$$= 1{,}48 \text{ volt.; ó bien,}$$
$$V = 2\,[150\,r_1 + 68\,(r_1 + r_3)] = 2\,[150\,.\,0{,}00197 + 68\,(0{,}00197 + 0{,}00461)]$$
$$= 1{,}48 \text{ volt.}$$

El cálculo expuesto supone un circuíto dado y determinado; si, al contrario, se debieran calcular las secciones en los diversos trozos, se procedería por tanteos, haciendo hipótesis y calculando por el método precedente.

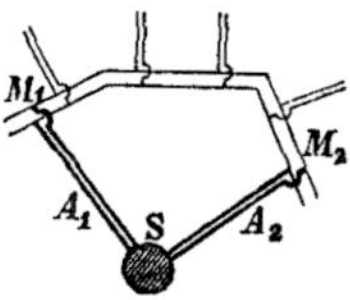

Fig. 231.

Si hay más de un par de conductores de alimentación (como en la figura 231, en que se representan dos), y se calculan de modo que hagan igual el potencial en todos los puntos de unión M_1 M_2, el cálculo de la red M_1 M_2 es idéntico al precedente, puesto que se puede asimilar á un circuíto cerrado, suponiendo los puntos M_1 M_2 reunidos entre sí y ligados á un par único de conductores desde la estación central.

Cuando los potenciales en M_1 M_2 son distintos, si se representan por E_1 E_2, bastará sustituir la fórmula del 4.° caso, que da x_1 por la siguiente:

$$x_1 = \frac{E_1 - E_2}{2\,R} + i_1 + i_2 + i_3 + i_4 + \ldots\ldots - \frac{\Sigma\, i\, R}{R}.$$

Todos los demás valores de y_1, x_2 y_2, x_3 y_3, etc., quedan como en el 4.° y del mismo modo se termina el cálculo.

Puede ocurrir que el punto en que se corte el circuíto no esté entre M_1 y M_2, sino á la izquierda de M_1 ó á la derecha de M_2 en los trozos adyacentes de la red. Esto se determina fácilmente haciendo el cálculo previo de ambos trozos.

5.° caso. *Distribución con transformadores ó con estaciones secundarias de transformadores ó acumuladores.*—Establecido el perímetro servido por cada transformador ó estación secundaria, si no se han determinado por otras condiciones los puntos en que deben colocarse los transformadores ó estaciones, se hace siguiendo el método explicado para hallar el centro de gravedad de un sistema de puntos en los que hay aplicadas fuerzas representando I, II, III, IV los puntos de consumo y m_1 m_2 m_3 m_4 los amp consumidos en ellos

Del mismo modo se establece el punto donde debe colocarse la estación central

Los conductores de la estación central a las secundarias se calculan como en el caso 1.° y después los circuitos de las estaciones secundarias con las reglas de los casos 2.°, 3.° y 4.°, segun las condiciones de cada uno

16.—Transmisión de la energía eléctrica

365. Sistemas de transmisión y distribución.

1.° *De corriente continua* —Puede hacerse

a) Con una ó mas dinamos, generatrices de corriente continua, montadas en série ó con motores igualmente excitados y dispuestos

La transmisión se hace con tensión constante y la corriente varia con la carga

b) Con una ó varias generatrices excitadas en derivación y dispuestas en paralelo, y con motores dispuestos en paralelo y excitados en série ó en derivación

La transmisión se hace con tensión constante, y la corriente varía con la carga

Sea E la tensión de las generatrices, P la potencia total suministrada en watios, η_1, η_2 η_3, los rendimientos de las generatrices, de la línea y de los motores (si son varias las generatrices) y ηp representan el rendimiento y la potencia de cada una, sera

$$\eta_1 = \frac{\Sigma \eta p}{\Sigma p}$$

(lo mismo sucede para los motores) La corriente que recorre la línea es

$$I = \frac{\eta_1 P}{E},$$

y el rendimiento de la linea

$$\eta_2 = \frac{\eta_1 P - IR}{\eta_1 P},$$

(R = resistencia de la linea ida y vuelta)

El rendimiento total será $= \eta_1 \times \eta_2 \times \eta_3$.

Rendimiento medio de los dinamos y motores de corriente contínua:

Potencia HP...	$^1/_2$	1	5	10	25	50	100	500 y más.
Rendimiento...	0,60	0,65	0,70	0,74	0,82	0,87	0,91	0,92

2.° *Corriente alterna.*—Se emplean corrientes monofásicas, bifásicas (poco usadas) ó trifásicas.

Las generatrices, se disponen en paralelo, y la transmisión se hace siempre á tensión constante. Frecuencia n, ó número de períodos completos por 1";

$$n = \frac{n_1 N}{120}.$$

(n_1 = número de polos.

N = número de vueltas por 1' del alternador), frecuencias más usadas; 60; 50; 42 para instalaciones de alumbrado y mixtas; 25 y 15 para las destinadas exclusivamente á fuerza ó tracción.

Los motores pueden ser síncronos ó asíncronos. Los primeros se construyen exactamente como los alternadores y deben tener la excitación con corriente contínua; darán un número de vueltas N, que se deduce del de polos n_1 con la fórmula precedente. En general deben disponerse de modo que alcancen la velocidad de sincronismo, antes de intercalarlos en el circuito. Variando la corriente de excitación puede conseguirse que la corriente absorbida por ellas esté retardada ó adelantada de fase (DE, dirigido hacia arriba ó hacia abajo figura 7, núm. **21**).

Los motores asíncronos adquieren una velocidad $= 0{,}96 \div 0{,}98$ de la del sincronismo. Absorben siempre corriente con retardo de fase, sobre la f. e. m., y por consiguiente, siempre hay que tener en cuenta el factor de potencia.

Para corriente monofásica, se usan también motores del tipo de los de corriente contínua, en série, construídos especialmente, los cuales pueden adquirir distintas velocidades con la carga.

En la transmisión y distribución de corrientes alternas, puede aprovecharse la posibilidad de variar con transformadores la tensión de la corriente, producíendo corrientes de baja tensión ($500 \div 5000$ voltios) en la fábrica y transformándola en alta tensión para la línea ($10000 \div 60000$ voltios), para después rebajarla en la distribución ($100 \div 125$ voltios).

El cálculo del rendimiento de la transmisión, en energía, se hace como en el caso de corriente contínua, teniendo también en cuenta el rendimiento de los transformadores.

La corriente en cada hilo de la línea será:

para las monofásicas: $I = \frac{\eta_1 P}{E \cos \varphi}$,

en la que E = tensión en la línea; $\cos \varphi$ = factor de potencia debido á la carga y á la *inductancia* de la línea; η_1 = rendimiento combinado de las generatrices y de los transformadores;

para las trifásicas: $I = \frac{\eta_1 P}{E \sqrt{3} \cos \varphi}$

(en la que E = tensión triangular ó en Δ).

Rendimiento de los alternadores y motores síncronos:

potencia en kw.....	**50**	**100**	**200**	**500**	**1000**
rendimiento........	0,88	0,91	0,92	0,93	0,945.

Rendimiento y factor de potencia de los motores asíncronos.

potencia ⊢P.........	$^1/_2$	**1**	**2**	**5**	**10**	**20**	**50**	**100**	**200**
rendimiento.........	0,68	0,70	0,75	0,85	0,86	0 87	0,88	0,89	0,90
cos φ (á plena carga).	0,65	0,70	0,75	0,85	0,86	0,87	0,88	0,89	0,90

Rendimiento de los transformadores:

potencia en kw.......	**5**	**10**	**100**	**1000**
rendimiento..........	0,93	0,95	0,96	0,98

La pérdida de tensión en la línea se calcula con las fórmulas y los diagramas del num. **21**.

365 *bis.* **Centrales eléctricas para distribución de energía.**

Centrales de vapor.

1) Gastos de establecimiento (sin contar la línea = 400 ÷ 500 pesetas por kw)

2) Gastos de explotación: coste mínimo del kilowatio-hora (kw.-h.) en el cuadro, en las grandes centrales, con hulla de 35 ÷ 40 pesetas la tonelada y trabajo de 10 horas, en 365, incluyendo amortización é intereses 0,10 ÷ 0,12 pesetas. Disminuye el gasto al aumentar las horas de trabajo al día

Consumo de hulla = 1 ÷ 1,5 kg. por kw.-h. medido en el cuadro, para calderas y motores que se requieren 0,7 ÷ 0,8 kg. de hulla por ⊢P indicado.

Centrales hidroeléctricas.

1) Potencia efectiva de la instalación:

$$P = \eta \frac{Q H}{7} \text{ caballos}, \quad \text{ó bien}, \quad P_1 = \eta \frac{Q H}{105} \text{ kwt.}$$

siendo Q = gasto en litros por 1", H = salto utilizable en m, η = rendimiento de las tuberías y las turbinas ($\eta = 0,75 - 0,80$) Como el gasto Q, en general, no es constante, hay que fijarlo entre el gasto mínimo anual (seguro en todo el año) y un valor mayor, en cuyo caso se necesita una instalación auxiliar (para suplir las deficiencias eventuales) como una instalación de reserva, ó un depósito ó embalse;

2) Coste de instalación por kw medido en el eje de la turbina 500 — 900 pesetas. Coste del kw medido á la salida de la central (no siempre se incluye el coste de la maquinaria de vapor de reserva), 700 — 1200 pesetas. Para las instalaciones de una maquinaria de reserva de vapor, véase en 1) *Centrales á vapor.*

Coste de la línea sin contar el cobre (se calcula como en el número **21**) de 2000 — 8000 pesetas por km sin contar las indemnizaciones y expropiaciones del terreno, según la distancia y el material de los postes, numero de hilos, etc

Estaciones para transformadores de gran potencia a razón de 50 pesetas por kilowatio todo comprendido Para los pequeños (100 kw ~) 150 pesetas por kilowatio

3) Gastos de explotación pueden evaluarse entre 13 — 15 % del coste total de la instalación (4 — 5 % de interés, 6 — 8 % de amortización y conservación, 3 % gastos generales y de administración, impuestos, personal)

Datos generales sobre centrales eléctricas — Coeficiente de utilización de la energía distribuida (relación entre la energía efectivamente distribuída al año y la que se distribuiría, trabajando siempre a plena carga)

distribución para alumbrado solo	....	25 — 35 %
» » alumbrado y fuerza	....	40 — 70 %
» » *fuerza solo*	. . ..	40 — 80 %

Respecto de la fuerza distribuída para industria (Milán, Turín, Lyon), 60 — 80 % para fuerzas $\overline{\gtrless}$ 5 HP, 10 — 30 % para fuerza de 5 — 20 HP, 6 — 12 % para fuerzas superiores

Relación entre la fuerza utilizada por los motores colocados en el punto de empleo y la fuerza medida en el eje motor, en la central, *término medio 0,60 (rendimiento medio por 100*, alternadores 94, transformadores en la central, en el origen de la red de distribución y para pasar del potencial de distribución al de utilización, cada uno 97, línea 88 ÷ 92, red de distribución 94, motores eléctricos 85, total ~ 60 por 100)

366 Tracción eléctrica (tranvías urbanos).

1) *Resistencia á la tracción* — Resistencia en horizontal y en

recta = 9 — 18 kg por tonelada, según el estado de vía, en condiciones ordinarias 12 — 15 kg por tonelada La resistencia es doble en la curvas de 15 m de radio y triple en las de 10 m —En arranque es mucho mayor (véase núm **177**)

Sea Q el peso total del coche y de la carga en kg (los coches automóviles vacíos, de un solo motor para 32 — 48 viajeros, pesan 5000 — 6000 kg., con dos motores para 40 — 50 viajeros, 7000 — 8000 kg), v velocidad en m por 1″ (velocidad ordinaria = 15 — 20 km por hora = 4,18 — 5,55 m por 1″), f coeficiente de resistencia á la tracción en kg por tonelada, i pendiente en m. por kilómetro —La potencia necesaria para la tracción será, por coche

$$W = \frac{Qv}{75} \frac{f+i}{1000} \text{ cab } = \frac{Qv(f+i)}{102} \text{ watt}$$

Para tener la potencia en kw necesaria en la línea, hay que dividir aún por el coeficiente de rendimiento del motor y de la transmisión (por término medio 0,70)

Teniendo en cuenta todos los coches que haya en movimiento, en la red de un tranvía urbano se necesita una energía que varía de 300 — 800 watt-hora por coche y kilómetro —En líneas de condiciones medias de velocidad y pendientes, y con vehículos de peso medio, se puede admitir por término medio 500 — 600 watt-hora

2) *Motores.*—Uno ó dos de fuerza nominal de 10 — 25 caballos por coche (15 — 20 caballos para líneas en condiciones medias) — Generalmente funcionan á 500 volts —Peso 700 — 1200 kg para fuerza de 15 — 25 caballos

3) *Potencia en la fábrica* —Varía segun el numero de coches en servicio.—Con coches pesados, provistos de dos motores de 25 caballos, es necesario tener disponible en la fábrica una fuerza de

35	caballos	indicados	por	coche,	con	1 — 5	coches	en servicio
30	»	»	»	»	»	5 — 10	»	»
25	»	»	»	»	»	10 — 15	»	»
20	»	»	»	»	»	15 — 25	»	»
15	»	»	»	»	»	25 en adelante		»

Con coches ligeros dos motores de 15 — 20 caballos

20	caballos	indicados	por	coche,	con	1 — 5	coches	en servicio
15	»	»	»	»	»	5 — 25	»	»
12	»	»	»	»	»	25 en adelante		»

4) *Sistemas de tracción*

a) De conductores —Línea de conductor aéreo y vuelta de la corriente por los carriles (provistos de juntas de cobre ó soldadas), ó conductor entre la vía ó subterráneo.—Los motores de los coches se disponen en derivación; tensión ordinaria $500 \div 650$ volt.—El rendimiento total puede variar de $0{,}40 \div 0{,}60$ ($0{,}60 \div 0{,}80$ en la estación generatriz; $0{,}80 \div 0{,}95$ en la red; $0{,}70 \div 0{,}80$ en los motores y transmisiones).

b) Acumuladores.—El suministro de la corriente se hace por acumuladores dispuestos en los coches.—El peso q de los acumuladores necesarios para un coche de peso Q se deduce de la fórmula:

$$(Q+q)\, v \frac{1f+i}{102} = a\, q \text{ kg.};$$

en la que a ($=3 \div 5$ wat. en los tipos corrientes) es la potencia útil por kg. de acumulador.

Si P indica como antes la energía en wat-hora absorbida por coche-kilómetro y b la energía que puede proporcionar 1 **kg.** de acumuladores ($12 \div 20$ wat.-hora para los tipos ordinarios), el coche podrá recorrer $\frac{b\,q}{P}$ kilómetros sin cargar de nuevo los acumuladores.

Rendimiento $= 0{,}25 \div 0{,}50$ ($0{,}60 \div 0{,}90$ en la fábrica, $0{,}50 \div 0{,}70$ para los acumuladores, $0{,}50 \div 0{,}80$ en los motores y su transmisión): comparado con el sistema de conductores, el rendimiento disminuye, á causa del peso de los acumuladores, en la relación

$$\frac{Q}{Q+q}.$$

367. Ferrocarriles eléctricos.

Resistencia de los trenes eléctricos por coche automotor, pesando P toneladas con la velocidad de v m. por 1″.

$$f = 3{,}5 + 0{,}2\, v + 0{,}5 \frac{v^2}{P} \text{ kg. por ton.}$$

Sistemas de tracción: corriente continua con tercer carril ó trolley; corriente trifásica ó monofásica con línea de contacto distinta de la del transporte de energía, y á menor potencial, ó con línea única de transporte y contacto.—Tensión en la línea de contacto para la corriente continua $500 \div 700$ voltios para corriente alterna, según la tensión de la corriente primaria.

Material móvil.—Coches automotores de $30 \div 50$ ton. (hasta 75 y más) con dos ó cuatro motores de una fuerza normal total de 120 ÷ 800 HP; velocidad 40 ÷ 80 km. hora (hasta 100 y más).

El servicio se hace con coches automotores solos ó remolcando uno ó más coches ordinarios; ó con trenes formados por coches ordinarios, remolcados por una locomotora eléctrica.

Consumo de energía por ton. km sobre líneas con pendiente $\leqq$ 20 ÷ 25 % y velocidad media de 40 ÷ 60 kg. por hora; 30 ÷ 60 wat-hora, según la pendiente y velocidad.

17.—Datos de coste para establecimientos industriales.

368. Derechos de aduana.—Para estos datos consúltense los aranceles vigentes.

369. Gastos de montaje, embalado.

Embalado: Montaje: 2 ÷ 5 % del coste según la clase de máquinas. Las calderas y piezas muy grandes no necesitan embalaje.

Montaje: 3 ÷ 5 % del coste para máquinas de vapor; 5 ÷ 15 % para motores hidráulicos; 3,5 ÷ 4 % para máquinas eléctricas; 5 % como término medio para las transmisiones y máquinas diversas (sin contar las fabricas, suministro de materiales). Cuando no se incluye el montaje en el coste de una maquina, se paga al montador un jornal de 6 ÷ 15 pesetas según los casos

370. Amortización y conservación.—Como tipos medios corrientes para la amortización y conservación de un establecimiento industrial, pueden servir las cifras siguientes, que indican el tanto por 100 para cada concepto:

	Amortización.	Conservación.
Gastos generales de estudio, proyecto, etc.	0,6 ÷ 1,5	»
Terrenos según las condiciones locales....	0,5 ÷ 1,50	»
Edificios..............	1,5 ÷ 2	2
Construcciones hidráulicas, canales.......	2 ÷ 3	2
Idem metálicas (tuberías, vigas, etc.).....	1 ÷ 3	2
Conducciones y líneas eléctricas..........	2 ÷ 5	5
Turbinas y máquinas hidráulicas.........	2 ÷ 5	3
Calderas y máquinas de vapor...........	8 ÷ 10	5
Máquinaria eléctrica (dinamos, cuadros)..	5 ÷ 10	5
Accesorios, utensilios, máquinas diversas.	5 ÷ 10	8

371. Coste de establecimientos industriales completos —(Estos datos se han deducido de establecimientos fundados en la alta Italia durante los años 1870 — 1901)

Fábricas de hilados y tejidos de algodón.— Coste medio por huso incluyendo los edificios, pero sin contar los motores, 90, 67 y 50 ptas y hasta 12, 20 y 40

De lino y cáñamo — Coste medio como antes 120 ptas

Telares de seda — Coste medio por molino, incluyendo el motor 800 ptas con edificios, 400 sin ellos

Hilado de seda —Coste medio 20 — 24 ptas con edificios, 9 — 10 sin ellos por cada huso de que están provistas las maquinas (incluso el devanado) si se hace en el mismo edificio

De lana — Coste medio por telar, incluso hilados, motores, etcétera, 8 400 ptas con edificios, 5 900 sin ellos

Telares mecánicos — Coste por telar, sin contar edificios y motores para telas de algodón lisas 500 ptas (con edificios 1 300), otras telas de algodón, lino, cañamo, de seda lisas 1 200

Fábricas de papel — Coste medio por maquina continua plana, incluso edificios y motores, 650 000 ptas

Molinos de cilindros —1 000 ptas por quintal de grano molido al día.

Centrales eléctricas (1901) — Coste del material por kw sin contar la fuerza motriz y los edificios 65 — 75 ptas, 34 — 3 800, si se incluye la fuerza motriz á vapor, sin contar los edificios (véase también num **365** *bis*)

18.—Explosivos.

372. Pólvora —Composición

Pólvora de guerra	Nitro	75,0	partes	Azufre	12,5	Carbón	12,5
» de mina...	»	72,0	»	»	20,0	»	18,0
» de caza ...	»	76,9	»	»	9,6	»	13,5

700 g de pólvora, 19 m³ de gases, ó sea un volumen 2500 veces mayor, tensión desarrollada 2000 — 3000 atm

Algodón fulminante (Shombein) — Algodón tratado con los acidos nitrico y sulfúrico fuerza explosiva = 3 veces la de la pólvora. Se inflama a 150°, no produce humos ni deja resíduos

Dinamita (Nobel) — Sílice ó arcilla porosa (harina fósil, kieselguhr) impregnada de nitroglicerina en la proporción de 10 — 75 por 100 de nitroglicerina fuerza explosiva = 8 veces la de la pólvora.

La nitroglicerina se obtiene tratando la glicerina (resíduo de la saponificación) con los ácidos nítrico y sulfúrico: explota á los 190°. La dinamita á los 300°.

Gelatina explosiva.—Es el algodón fulminante llamado soluble, sobre el que la nitroglicerina ejerce una acción disolvente especial.—La substancia fibrosa se reduce á gelatina, y queda fija la nitroglicerina.

Este explosivo no se altera en el agua. Posee mayor fuerza explosiva que la dinamita.

Dinamita-gelatina.—Es un derivado de la gelatina explosiva. Se compone de gelatina explosiva mezclada con otras substancias como el algodón tratado por el ácido nítrico y el carbón vegetal. Contiene el 80 por 100 de explosivo.

Gelignita.—Se compone de dinamita-gelatina mezclada con nitratos potásico y otros. Contiene el 60 por 100 de explosivo.

Carbo-dinamita.—Consta de 90 partes en peso de nitroglicerina mezclada con 10 por 100 de un carbón especial muy poroso y de gran poder absorbente. Tiene mayor energía que la dinamita ordinaria; no produce gases deletéreos y puede mezclarse con el agua en cualquier proporción.

Hay una modificación de la carbo-dinamita, que contiene 50 por 100 de nitroglicerina con nitrato de potasa y carbón de corcho; es de más potencia que la anterior y más económica.

Dinamita de seguridad de von Dahmen.—Está formada por los ingredientes de la dinamita más una pequeña cantidad de otras substancias, que impide se hiele la dinamita y se vuelva inerte, sino que la hace desarrollar toda su energía cuando explota á temperaturas bajas.

Roburita.—Es una mezcla de *nitrato amónico* y clorato de *dinitro-bencina* (substancias que separadas no poseen propiedades explosivas); tiene el aspecto de un polvo amarillento y necesita un fuerte fulminante para desarrollar toda su energía. La roburita se maneja con seguridad; la explosión no produce chispas ni llamas; los gases nocivos que produce son en cantidad pequeñísima; no se altera por los cambios atmosféricos. Debe conservarse seca; pero si se humedece se la deseca fácilmente sin que pierda energía. La potencia explosiva es triple que la pólvora, y cuesta ~ como ésta. Es un explosivo excelente para las minas de carbón.

Securita.—Mezcla de dinitro-bencina y nitrato amónico (pertenece al grupo de la roburita). Agregándola una sal orgánica se ha conseguido no desarrolle llama alguna en la explosión. La *securita* sin llama es un polvo amarillo de grano fino; no es higroscópica. A igual peso, triple fuerza explosiva que la pólvora, y los gases que produce menos intensos y nocivos.

Bellita.—Compuesto de dinitro-benzoato y nitrato amónico en proporciones dadas.—No explota por choque, presión, fricción ni exposición á la llama; es relativamente incombustible, no produce gases deletéreos al explotar. No es higroscópico, no produce llama ni se altera por las variaciones atmosféricas. Sólo explota por la acción de un fulminante especial.

Hengstita.—Es una pólvora útil para las armas y los barrenos en las minas. Tiene por base una especie de pulpa obtenida de la paja y tratada primero con ácidos y luego con álcalis; el producto es una substancia fibrosa que se granula para el empleo en las armas de fuego y se comprime para los trabajos mineros.

La hengstita se considera como pólvora sin humo y sin llama; no mancha ni calienta las armas. Se asegura que el retroceso del arma en los disparos y la detonacion es menor que con la pólvora ordinaria y que con carga menor se obtiene igual fuerza de penetración y regularidad de acción.

Tonita.—Se compone de algodón fulminante nitrado con nitrato bórico.

Potentita.—Variedad de la tonita, resultante de substituir el nitrato bórico por el potásico.

Romita.—Mezcla de nitrato amónico con naftalina ó nitro-naftalina; para usarla se mezcla con clorhidrato potásico. Tiene las siguientes ventajas: seguridad de transporte y facilidad de obtener un explosivo potente en el momento necesario. Según experiencias su fuerza explosiva es $\sim 1/2$ de la dinamita.

Melinita.—La composición es secreta. Se cree es un perfeccionamiento del explosivo descubierto por Turpin (1885) que era un compuesto de ácido pícrico y otras substancias. Fuerza explosiva, triple que la de la pólvora.

La *cresilita* es una substancia que, mezclada con la dinamita, aumenta la potencia y seguridad en el manejo de ésta, haciéndola más estable. Se dice que la *cresilita* es una substancia gomosa, que se funde en vasos de cobre y se la vierte en los proyectiles que han de cargarse con melinita. La carga de los proyectiles es delicada y peligrosa.

Enmensita.—Se prepara disolviendo á una temperatura moderada ácido pícrico en ácido nítrico de densidad $50 \div 60^{\circ}$ Beaumé. La disolución se hace sin peligro con tal que la temperatura se mantenga baja. Después de sucesivas preparaciones la enmensita se convierte en un sólido amorfo, de color amarillo, inodoro y de sabor amargo. Es algo sensible á los choques y explota al calentarla.

Graydonita.—No se conoce su composición.—Según el inventor es completamente segura para el manejo y transporte y desarrolla 400 ÷ 700 % más fuerza que la dinamita núm. 1.

FIN